“十二五”普通高等教育本科国家级规划教材
普通高等教育“十一五”国家级规划教材

# 检测技术

第4版

主　编　施文康　余晓芬
参　编　孙长库　许陇云　吉小军
主　审　靳世久　安志勇　梅杓春

机械工业出版社

本书系统地阐述了检测技术中关于电磁量、长度量、机械量、热工量、环境量等基本参量的典型检测原理和方法，以及相关的基础知识。

书中以注重学科基础为宗旨，减少了对仪器具体结构的介绍，而着重叙述基本的检测原理、检测方法、系统框图、应用实例和检测新技术，目的是使读者建立设计检测过程的整体概念，掌握本专业检测技术的基础理论和专门知识。本书力求论述全面系统、内容丰富新颖。为帮助读者理解和掌握各章内容，每章末均设有一定量的思考题和习题。

本书主要作为高等学校测控技术与仪器专业的专业课教材，也可作为仪器科学与技术学科内各二级学科非本专业本科毕业的研究生教材和部分自动化专业本科教材，以及机械、电气类其他相关专业的教学参考书，还可供广大检测科技工作者自学和参考。

（编辑邮箱：jinacmp@163.com）

**图书在版编目（CIP）数据**

检测技术/施文康，余晓芬主编．—4版．—北京：机械工业出版社，2015.7（2023.7重印）

普通高等教育“十一五”国家级规划教材．“十二五”普通高等教育本科国家级规划教材

ISBN 978-7-111-50063-6

Ⅰ.①检… Ⅱ.①施…②余… Ⅲ.①传感器－检测－高等学校－教材 Ⅳ.①TP212

中国版本图书馆CIP数据核字（2015）第084912号

机械工业出版社（北京市百万庄大街22号 邮政编码100037）

策划编辑：贡克勤 责任编辑：贡克勤 吉 玲

责任校对：刘怡丹 封面设计：张 静

责任印制：常天培

固安县铭成印刷有限公司印刷

2023年7月第4版第6次印刷

184mm×260mm · 22印张 · 519千字

标准书号：ISBN 978-7-111-50063-6

定价：46.00元

凡购本书，如有缺页、倒页、脱页，由本社发行部调换

电话服务

服务咨询热线：010－88379833

读者购书热线：010－88379649

网络服务

机 工 官 网：www.cmpbook.com

机 工 官 博：weibo.com/cmp1952

教育服务网：www.cmpedu.com

金 书 网：www.golden－book.com

# 前　言

本书在其前3版的基础上改写而成，但与第1版旨在实现“测控技术与仪器”宽口径专业整合之初“检测技术”适用教材的从无到有，第2版旨在填补内容的空缺和第3版着重于在内容上体现时代性、实用性以及在叙述上强调可教性、可读性有别。本次修订将进一步发扬精品精神，精益求精，在文字和内容上认真推敲，以发扬特色、注重基础、删繁求简、吐故纳新，力求在质量上有一个显著的提升，在编排上的一个重大调整是将原先“速度、转速和加速度测量”与“机械振动的测试”两章整合为“速度、加速度和振动测量”，其他各章均有新内容加入和一些陈旧内容的退出。为适应创新性人才培养目标的要求，在各章末精心设计了思考题和习题。本书各版次分别被列为普通高等学校“十五”“十一五”“十二五”国家级规划教材。本书由教育部仪器科学与技术学科教学指导委员会委托上海交通大学、合肥工业大学、天津大学、上海理工大学联合编写，博采众长，是一个大协作的产物。

本课程的实践性、综合性很强。书中力求理论和实践密切结合，教学中宜配以相应的实验、综合课程设计等环节。上海交通大学、合肥工业大学等院校网页均有相关教学课件可供读者参考。

本书主要作为全国高等学校测控技术与仪器专业的本科专业课教材，也可作为仪器科学与技术学科内各二级学科非本专业本科毕业的研究生教材和部分自动化专业本科教材以及机械、电气类其他相关专业的教学参考书，还可供广大检测科技工作者自学和参考。本书学科涉及面广、知识面宽、内容经典又不失新颖，这对教师和学生都是挑战，特别对教师要求具有较高的业务和教学能力。亟望通过本书的教学，对读者今后的学习和工作有较大的帮助。本书适用于48～54学时的教学安排，各使用学校可根据各自的教学计划、课程衔接、专业特色按需选用相关章节。编者建议讲深讲透绪论，帮助学生对仪器仪表专业的地位、作用有一个正确、全面、客观的认识，以增强学习的动力，激发强烈的事业心和高度的责任感。

本书由上海交通大学施文康、合肥工业大学余晓芬主编。上海交通大学施文康编写第一、九、十、十二章，合肥工业大学余晓芬编写第五、六章，天津大学孙长库、王鹏编写第七、八章，上海理工大学许陇云编写第二、十一章，上海交通大学吉小军编写第三、四章。

本版教材由天津大学靳世久教授、长春理工大学安志勇教授、南京邮电大学梅杓春教授主审，感谢他们的严格把关和宝贵建议。借此机会一并感谢的还有为前三版做过大量编、审工作的居滋培教授、徐锡林教授、童玲教授、樊玉铭教授以及钟先信、丁天怀、费业泰、周百令、陈明仪、曾周末、徐科军、王祈、孔力、赵建、俞建卫、王宏涛、徐从裕、王标等同行老师的一贯支持与帮助。感谢中国航天集团102研究所缪宙宵研究员、上海自动化仪表研究院范铠研究员、上海环境监测中心周亚康副研究员等对本书编写所给予的帮助，特别是在实践性方面的真知灼见。感谢众多学者所公开的大量参考文献使本书编者有条件集思广益、开拓思路。感谢教育部、上海市教委给予本书的历次奖励和支持。感谢众多兄弟院校对本书的信任和厚爱。感谢所有给予本书以关心和帮助的朋友。

尽管全体编者都尽心尽力，但缺点和错误在所难免，恳请广大读者批评指正。

编　者

# 目　录

# 第一章 绪 论

## 第一节 检测的基本概念

### 一、检测的地位与作用

世上万物千差万别，含有大量的信息。无论是现代化大生产、科学研究，还是人们的日常生活、医疗保健、所处环境，无不包含着大量的有用信息。正像物质和能源是人类生存和发展所必需的资源一样，信息也是一种不可缺少的资源。物质提供各种各样有用的材料；能源提供各种形式的动力；而信息向人类所提供的则是无穷无尽的知识和智慧。信息化是当今社会的一大特征，检测技术作为信息科学的一个分支起着越来越重要的作用。我国著名科学家钱学森院士指出：“新技术革命的关键技术是信息技术。信息技术是由测量技术、计算机技术、通信技术三部分组成，测量技术是关键和基础。”因为检测技术除了能为相关学科分支提供所需的信息原材料外，它本身也融信息的采集、调理、处理、控制与输出为一体，形成完整的测控系统及仪器设备，以满足越来越多和越来越高的需求。例如，在工业生产中对产品质量的控制，在科学研究中对未知世界的探求，在生物医学工程中对人体生命活动的监视和诊断，在人类赖以生存的外部世界内对环境和各类设施的监测和控制，以及在对航天飞机、飞船、人造卫星、导弹等空间领域的开发利用方面，都离不开检测技术。信息工业的要素包括信息的获取、存储、处理、传输和利用，而信息的获取主要是靠仪器仪表来实现。检测技术是信息工业的基础。如果获取的信息是错误的，那么对其后续的存储、传输、处理等进一步操作都是毫无意义的。没有现代化的检测技术，也就没有现代化的生产和现代化的社会生活。检测和控制更是密不可分的，检测是控制的前提条件，而控制又是检测的目的之一。所以，仪器仪表是信息产业的一个重要组成部分，是信息工业的源头，被誉为工业生产的“倍增器”，科学研究的“先行官”，军事上的“战斗力”，社会上的“物化法官”，遍及“农轻重、海陆空、吃穿用”各个领域，是一个国家科技水平和综合国力的重要体现，应予以高度重视和大力发展。

### 二、检测系统的基本组成

顾名思义，检测技术包含着“检”和“测”两个内容。“检”就是力图发现被测对象中的某些待测量并以信号形式表示出来，它是在所用技术能及的范围内回答“有无”待测量的操作；“测”则是将待测量的信号加以量化，是以一定的精确度回答待测量“大小”的问题。工程中，“检测”被视为“测量”的同义词或近义词。国家标准对测量定义为：测量是指以确定对象属性和量值为目的的全部操作。

一个完整的检测系统除“检”和“测”的基本功能外，还应该有对检测过程的操作控制、数据的传输和分析处理等环节。也就是说，检测系统一般应包括：

信息的提取——用传感器来完成。信号是信息的载体。一般将被测信息转换成电信号，即把被测信息转换成电压、电流、频率等电信号输出。

信号的转换存储与传输——用中间转换装置来完成。一般是把信号转换成传输方便、功率足够，可以被传输、存储、记录并具有驱动能力的电压量，或将这个电压量转换为数字量以供后续数字化设备所需。

信号的显示和记录——用显示器、指示器、各类磁或半导体存储器和记录仪完成。

信号的处理和分析——用数据分析仪、频谱分析仪、计算机等来完成。找出被测信息的规律，给出测得信息的精确度，为研究和鉴定工作提供有效依据，为控制提供信号。如今，一些单一功能的仪器可通过计算机软件来取代或方便组合，构成“虚拟仪器”。不断发展完善的分析理论和算法能将深藏在紊乱、微弱信号中的有用信息挖掘整理显露出来。图1-1为一个典型的检测系统框图。

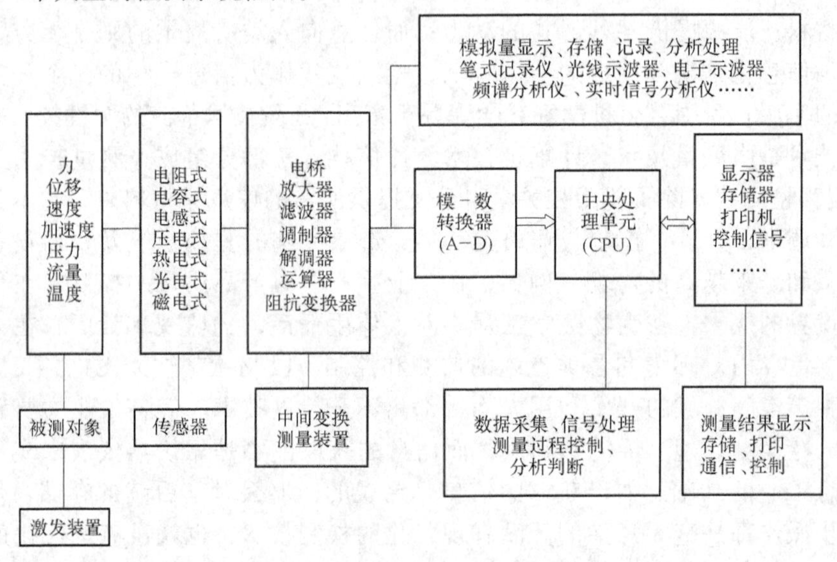


图1-1 典型测试系统框图

综上所述，检测技术归纳起来，有如下三种功能：

1）被测对象中参数测量功能。

2）过程中参数监测控制功能。

3）测量数据分析、处理和判断功能。

## 三、单位制

测量是人们对客观事物取得定量认识的一种手段。用以定量表示同类量量值而约定采用的那个已知特定量被称作该类量的计量单位。例如，将“秒”作为“时间量”的计量单位。按类似约定规则确定的一套完善的制度及其全部单位的总体，称为计量单位制。最普遍使用的是国际单位制，它是在1960年第十一届国际计量大会(CGPM)上通过的，用符号“SI”(Standard International)表示。

**(一) 国际单位制的构成**

国际单位制由基本单位及补充单位、导出单位、倍数单位三大块组成，如图 1-2 所示。

国际单位制（SI）
- SI 单位
  - (1) SI 基本单位及补充单位
  - (2) SI 导出单位
    - 赋于专门名称
    - 无专门名称
- (3) SI 单位的倍数单位

图 1-2 国际单位制的组成

(1) SI 基本单位、补充单位 SI 基本单位共有 7 个，补充单位共有两个，如表 1-1 所示。

**表 1-1 基本单位及补充单位**

| 量 | 单位名称和符号 | 量 | 单位名称和符号 |
|---|---|---|---|
| 基 本 单 位 | | 基 本 单 位 | |
| 长度 | 米(m) | 物质的量 | 摩尔(mol) |
| 质量 | 千克(kg) | 发光强度 | 坎德拉(cd) |
| 时间 | 秒(s) | 补 充 单 位 | |
| 电流 | 安培(A) | 平面角 | 弧度(rad) |
| 热力学温度 | 开尔文(K) | 立体角 | 球面弧度(sr) |

(2) SI 导出单位 由 SI 基本单位及补充单位通过选定的公式而导出的单位。其主要有两种，一种是有专门名称和符号的，一般是以科学家名字命名的，如表 1-2 所示；另一种是以基本单位、补充单位、导出单位等组合而成的，不具有所赋予专门符号的常用导出单位，如表 1-3 所示。

**表 1-2 导出单位及其被赋予的专门符号**

| 量 | 单位 | 符号 | 公 式 | 量 | 单位 | 符号 | 公 式 |
|---|---|---|---|---|---|---|---|
| 电容 | 法拉 | F | C/V | 频率 | 赫兹 | Hz | l/s |
| 电导 | 西门子 | S | A/V | 磁通量 | 韦伯 | Wb | V·s |
| 电感 | 亨利 | H | Wb/A | 磁通密度 | 特斯拉 | T | $Wb/m^2$ |
| 电势(电压) | 伏特 | V | W/A | 功率 | 瓦特 | W | J/s |
| 电阻 | 欧姆 | Ω | V/A | 压强、压力 | 帕斯卡 | Pa | $N/m^2$ |
| 能量(功、势量) | 焦耳 | J | N·m | 电荷量 | 库仑 | C | A·s |
| 力 | 牛顿 | N | $kg \cdot m/s^2$ | | | | |

**表 1-3 不具有所赋予专门符号的常用导出单位**

| 量 | 公 式 | 量 | 公 式 | 量 | 公 式 |
|---|---|---|---|---|---|
| 加速度 | $m/s^2$ | 密度(质量) | $kg/m^3$ | 速度 | m/s |
| 角加速度 | $rad/s^2$ | 密度(能量) | $J/m^3$ | (绝对)黏度 | Pa·s |
| 角速度 | rad/s | 热通量 | $W/m^2$ | 体积 | $m^3$ |
| 面积 | $m^2$ | 力矩 | N·m | | |

（3）SI单位的倍数单位　SI单位词头前冠以十进制倍数或分数代号以扩大或缩小原有单位，成为SI单位的倍数单位，如表1-4所示。

**表1-4　倍数单位前缀**

| 倍数和分数 | 前缀 | 符号 | 倍数和分数 | 前缀 | 符号 | 倍数和分数 | 前缀 | 符号 | 倍数和分数 | 前缀 | 符号 |
|---|---|---|---|---|---|---|---|---|---|---|---|
| $10^{18}$ | Exa | E | $10^{6}$ | Mega | M | $10^{-1}$ | Deci | d | $10^{-9}$ | Nano | n |
| $10^{15}$ | Peta | P | $10^{3}$ | Kilo | k | $10^{-2}$ | Centi | c | $10^{-12}$ | Pico | p |
| $10^{12}$ | Tera | T | $10^{2}$ | Hector | h | $10^{-3}$ | Milli | m | $10^{-15}$ | Femto | f |
| $10^{9}$ | Giga | G | 10 | Deka | da | $10^{-6}$ | Micro | μ | $10^{-18}$ | atto | a |

**（二）我国的法定计量单位**

我国的法定计量单位是以国际单位制为基础，根据我国的实际情况，适当增加了一些其他单位而构成的，如表1-5所示。

**表1-5　国家选定的非国际单位制单位**

| 序号 | 量的名称 | 单位名称 | 单位符号 | 序号 | 量的名称 | 单位名称 | 单位符号 |
|---|---|---|---|---|---|---|---|
| 1 | 时间 | 分 | min | 5 | 速度 | 节 | kn |
| | | [小]时 | h | 6 | 质量 | 吨 | t |
| | | 日(天) | d | | | 原子质量单位 | u |
| 2 | 平面角 | [角]秒 | (″) | 7 | 体积 | 升 | L(l) |
| | | [角]分 | (′) | 8 | 能 | 电子伏 | eV |
| | | 度 | (°) | 9 | 级差 | 分贝 | dB |
| 3 | 旋转速度 | 转每分 | r/min | 10 | 线密度 | 特[克斯] | tex |
| 4 | 长度 | 海里 | n mile | 11 | 面积 | 公顷 | $hm^2$ |

### 四、量值的传递与溯源

**（一）量值的传递**

任何计量器具，都具有不同程度的误差，必须用适当等级的计量标准进行周期检定，以保证其误差在允许的范围之内。

将国家计量基准所复现的计量单位量量值，依次逐级传递给下一等级的计量器具。这一过程称为量值传递。这种自上而下的活动带有强制性。

**（二）量值的溯源**

量值的溯源是从下而上，主动地由基层企业根据测量准确度的要求，自主地寻求具有较佳不确定度的参考标准进行测量设备的校准，甚至与国家或国际的计量基准进行比对和校准。这种自下而上的活动则是量值传递的逆过程。

正常运行的量值传递和溯源是正常生产和质量保证的前提。

## 第二节　检测技术研究的主要内容

为实现对某一特定量的检测，需要涉及测量原理、测量方法、测量系统和测量数据处理等。测量原理是指实现测量所依据的物理、化学、生物等现象与有关定律的总体，例如热电偶测温时所依据的热电效应，压电晶体测力时所依据的压电效应，激光测速时所依据的多普勒效应等。一般说来，对应于任何一个信息，总可以找到多个与其对应的信号；反之，一个信号中也往往包含着许多信息。这种信息、信号表现形式的多样化给检测技术的发展提供了广阔的天地。对于一个量的测量可通过若干种不同的测量原理来实现。发现与应用新的测量原理，从事相应传感器的开发研究是检测工程技术人员最富有创造性的工作，选择合适的、性价比好的测量原理也是测试人员最为日常的工作。要选择好的测量原理，必须充分了解被测量的物理化学特性、变化范围、性能要求、成本开销、设备条件和外界环境等。这些都要求检测技术人员的知识面广，具有扎实的基础理论、专业知识和优良的实践动手能力及创新意识。

测量方法是指测量原理确定后，根据测量任务的具体要求所采用的不同策略，有电测法或非电测法、模拟量测量法或数字量测量法、单次或多次测量、等精度或不等精度测量、直接测量或间接测量法，偏差测量法或零位测量法等。确定了测量原理和测量方法，便可着手设计或选用各类装置组成测量系统，并对测量数据进行必要的整理加工、分析处理，得出符合客观实际的结论。

## 第三节 本课程的任务以及与其他课程的关联

检测技术是一门综合性技术。现代检测系统常常是集光机电于一体的、软硬件相结合的、具有智能化和自动化的系统，甚或虚拟化、网络化的系统。它涉及传感器技术、电子技术、光电技术、控制技术、计算机技术、数据处理技术、精密机械设计技术等众多基础理论和基础技术。

本课程是在修完各类相关技术基础课程后进行的专业教学课程。本课程着重培养学生灵活、合理应用所学的基础技术知识，全面考虑精度、稳定性、经济性、可行性、寿命、使用维修方便性与环境适应性等方面的各种要求，从选择、发现测量原理、测量方法入手，设计开发各类测量系统；或掌握现有检测仪器设备的性能，并合理选用；对测量值进行误差分析、验证并加以控制。可以说，对本课程掌握的程度在很大程度上能反映出一个测控技术人才的综合业务能力。

人类历史上很早就有关于测量仪器的记载，现代测量仪器更是种类繁多。本课程不可能也没有必要对测量仪器作产品式的认知学习，而是围绕对典型被测量所用的典型原理、方法系统展开讨论，归纳出检测技术的一些共同的基本原理和特性，以便举一反三、灵活应用，激发学生获取新知识的进取精神和探索新领域的创新意识，为培养宽厚型、复合型、开放型、创新型的高层次、高水平、高素质优秀人才的总目标而努力。

总之，通过本课程的学习，要求学生能做到：

1）掌握常用检测技术的基本理论。

2）熟练掌握各类典型传感器的基本原理、适用范围和工程应用。

3）提高可持续发展的自学能力和自主创新的开拓精神。

4）具有检测系统的机、电、计算机方面的总体设计能力和技术开发、实践动手能力。

5）具有实验数据处理和误差分析能力。

## 第四节　检测技术的发展方向

现代科学技术的迅猛发展为检测技术的进步和发展创造了条件。同时，也不断地向检测技术提出更新更高的要求。尤其是计算机技术、微电子技术的发展和物理、化学基础学科成果的不断涌现，使得检测技术和仪器仪表得到了划时代的进步和发展。将测量和控制自然地组合在一起的“测控技术与仪器”专业近十多年来以异乎寻常的速度向前发展，受到普遍的欢迎。可以预见，伴随着我国由制造大国向制造强国发展的步伐，这种发展趋势将变得越来越强劲。

测试仪器仪表近20年来发展的突出特点是向着智能仪器、虚拟仪器和网络化仪器及远程测控方向发展，计算机视觉检测技术近年来也受到极大的关注。

对智能仪器的认识已从过去宣传广告般的将具有少许校正、补偿功能的计算机化仪器号称为智能仪器这种状态中解放出来，而是将人工智能的理论、方法和技术较大范围地应用于仪器，使其具有类似于人类智能化的特性或功能。智能仪器中一般都使用嵌入式微处理机系统芯片(SOC)、数字信号处理器(DSP)、专用电路(ASIC)或可编程逻辑门阵列(如PLD、CPLD、FPGA等)，带有处理能力很强的软件，具有采集信息、与外界对话、记忆存储、处理信息、输出控制信息、自检自诊断、自补偿自适应、自校准、自学习等功能。

虚拟仪器概念的引入使传统仪器仪表的面貌发生了革命性的变化。“软件就是仪器”已成为现实，应用图形化编程语言LabVIEW、LabWindows、CVI、VEE等开发软件，用户可以自己定义自己的仪器，方便地创建仪器软面板，或通过VXI、PXI、PCI仪器总线自由地将各测试模块组合成完整的测试系统，或将GPIB、RS-232等接口的传统仪器自由组合起来，从而大大扩展了仪器的功能，节省了不少硬件资源。

网络技术大大缩小了时间和空间领域，人类所居住的地球好像成了一个小村落，世界上所发生的事情好像就在街坊邻里间。网络化仪器则把远在千里的测控任务犹如放在本实验室进行。现场网络化、智能化仪器(或传感器)通过嵌入式TCP/IP软件，使它们与计算机一样，成为网络中独立的结点，用户可通过浏览器或符合规范的应用程序即可实时浏览这些测试信息。无线传感器网络具有自组网的能力，使散布的各别检测节点能灵活地根据现场情况组合起来，发挥群体的优势。

作为制造业升级的“工业4.0”是一个灼热的关键词，它的最大价值在于整个产业链上实现彻底的信息化，使制造业从需求、设计、制造、销售、运行、服务等诸环节组成一个完整的产业生态链，实现工业化与信息化的“两化融合”。

机器视觉检测技术之所以得到了快速发展，是因为视觉是一个有待于进一步开发的巨大的信息资源宝库。因为人们从外界所获取的信息有一半以上是由视觉获得的，即视觉大约占60%，听觉占20%，触觉15%，味觉3%，嗅觉2%。机器视觉就是用机器代替人眼来做测量和判断，它起步于20世纪80年代，经历了从黑白图像到彩色图像、模拟到数字、二维到三维，图像处理、图像识别（模式识别）到图像理解（景物分析）的不同层次的发展。根据这几年的发展来看，图像传感技术的不断更新与提高在其中起着至关重要的作用。例如，基于 MOS 工艺的 CCD 图像传感器多年来一家独大的局面也在相当大的程度上由性能上各有千秋的 CMOS 图像传感器所打破；同时，采用非晶硅或非晶硒的平板图像探测器的中技术（Digital Radiography，DR）已成为对结构内部缺陷、复合材料图像无损检测领域的新宠。与此同时，嵌入式系统也将扮演越来越重要的角色。

作为检测技术的一个重要分支，无损检测在航空、航天、船舶、石化等领域有着特别广泛的应用，除了很常见的超声、磁学、X 光技术外，激光散斑技术、DR 技术、激光扫描雷达等也纷纷引入到检测领域。

微纳米检测（包括 MEMS 检测、纳米检测）已成为一种前沿的检测技术并引起了广泛的关注。它对微纳米技术的发展起着极其关键的支撑作用。由于 MEMS 具有结构尺寸小、集成度高等特点，纳米技术更是集中于纳米尺度上的操作、分析，当尺寸缩小到一定范围时，许多物理现象将与宏观世界有很大差别，包括尺度效应和表面效应、微流体力学、微观力学和热力学、微机械特性和微摩擦学、微光学等。因此，传统的精密检测技术与方法已不能完全满足需要，一些新型的检测手段的研究开发是摆在检测工作者面前的一个迫切任务。目前，隧道扫描显微镜、原子力显微镜、近场光学显微镜等已进入微纳米检测领域，更令人欣喜的是，2014 年诺贝尔奖颁给了美国、德国的三位科学家，他们发展了超分辨率荧光显微技术，突破了沿袭一百多年的显微镜分辨率极限，使得对活体细胞内部的蛋白质、DNA 等有机分子的观察成为可能。另一方面，微纳米技术的进步所提供的微型构件、微型驱动器、微型传感器和微型执行器等基础元件，给仪器仪表的微型化、集成化创造了有利条件。检测工作者应该时刻掌握这些新技术发展的动态，及时应用和开发这些新技术的成果。

从仪器仪表本身的角度看，微型仪器也是人们长期追求的目标。至今，这个梦想已部分地成为现实：掌上式频率计和频谱分析仪早已面市，手提式血液分析系统已可取代一大套大型生化仪器，手提式微金属探测仪可方便地检测水质等。用于元素分析的质谱仪按理说是一台庞大的设备，它应具有真空、电离、探测等许多部分，但目前已做得如台式计算机般大小，并已着手向手提式方向发展。这些都得益于计算机技术、微电子技术、表面封装技术、信号处理技术、微机械技术的长足进步。

云计算是互联网发展的新阶段。云计算是以虚拟化技术为基础、以按需付费为商业模式，具备弹性扩展、动态分配和资源共享等特点的新型网络化计算模式。在云计算模式下，软件、硬件、平台等 IT 资源将作为基础设施，以服务的方式提供给使用者。

云计算把信息变成了像水和电一样，任何时候、任何地点用户都可以随用随取。正像早期的电力供应是每个建筑自己发电，而现在则是电网发电，插上插头就可以用电。有观点认为，下一个十年里，计算将由‘端’走向‘云’，最终全部聚合到云中，成为纯‘云’计算的时代。国家确定了 10 项典型应用示范工程“十朵云”：工业云、金融云、科技云、电力智能云、中小企业云等面向不同行业领域的“专业云”和政务云、教育云、健康云、交通云、文化云等“民生云”。这种发展趋势必将对仪器仪表产生重大的影响。例如，可以应用“仪表云”实现无线传感器之间的连接。

同样地，随着计算机技术、信号分析处理技术和检测理论的发展，软测量技术（Soft

Sensor Technology）及其应用也常见于文献、刊物、报端。这是利用易测参量与难以直接测量的参量之间的数学关系，通过数学计算和方法估计，在测定易测量的基础上实现对待测量的测定。其实质是基于间接测量的思想，是对传统意义上的间接测量的扩展。它不仅有助于检测由于技术或经济等方面的原因造成的难以直接测量的参量，扩大测量范围，而且可以更深刻地发掘包含在测得的信号中的丰富信息，如被测对象的二维或三维空间、时间的分布信息、状态估计、诊断和趋势分析信息等。同时，软测量技术能为测量系统的动态校准及动态特性改善提供一种有效手段，对测量系统进行误差补偿、误差分离，提高测量系统的精度和可靠性。软测量技术的关键是建立表征辅助变量（易测变量）与主导变量（难以直接测量的待测变量）之间数学关系的软测量模型。按建立数学模型的方法不同，可将软测量技术分为机理建模、回归分析、状态估计和辨识、模式识别、人工神经网络、模糊数学、相关分析、过程层析成像、非线性处埋（小波分析、混沌和分形技术等）。目前，这些理论和方法已越来越完善，并开发了许多相应的“软仪器”。

宇宙是无限的，因此人类认识世界、改造世界的目标是无止境的。随之，测控技术面临的挑战也是不间断的。这些挑战可概括为：

（1）测量精度向亚纳米级、纳米量级挺进　例如，发现石墨烯的英国曼彻斯特大学安德烈·海姆（Andre Geim）和康斯坦丁·沃肖洛夫（Knstantin Novoselov）获2010年诺贝尔物理学奖，引起世界轰动。石墨烯这种材料的厚度仅为0.335nm，它比钻石还硬，比最好的钢铁强100倍。时隔不久，2012年中、美科学家又发现了一种超越石墨烯的神奇新材料——铋锑合金，被认为有望成为未来产业革命的基础。一旦这种材料制成计算机芯片，其速度会比现有的硅芯片快很多倍，电子在这种材料中的传播速度将比在硅中快几百倍。将来，基于这些材料的微器件制造、测试都有赖于纳米领域的检测技术。新发现、新发明、新技术的这种异乎寻常快的发展节奏是对我们的极大激励与挑战。

（2）测量尺度向大、极大尺寸发展　如航天航空、船舶制造领域，测量的对象是庞然大物，就其制造的相对精度而言是个很高的要求，如船舶、飞机为$10^{-5}\sim10^{-6}$，空间探测为$10^{-8}\sim10^{-9}$数量级。

（3）测量条件向复杂化、极端化方向发展，在非传统领域的应用发展更迅猛。上天、入地、下海，全方位地向未知世界进发，是一个大国对人类的贡献，同时也是个艰巨的任务。例如，对于地球的深入研究，至今仍保持的钻探深度记录为12.26km（前苏联），仅相当于地球半径的0.2%；如果再想向地心深入，其难度可想而知。

海洋不仅是重要的航运通道，又是一个潜在的资源宝库，但人们对海平面2000m以下有太多未知，人类对深海海底的了解，还不如对月球、火星表面了解得多。海底最深处为11034m（西太平洋马里亚纳群岛东南侧），我国蛟龙号（载人）设计深度为7000m（2010年8月26日已达3759m，2011年7月26日达5038.5m，2012年6月27日潜至7062m马里亚纳海沟）。海洋是一个巨大的天然资源宝库，例如新发现的天然气水合物“可燃冰”中碳的储量据估计超过目前全部矿物燃料的总和，有希望成为未来能源的主体。

上述仪器仪表发展的总趋势，今后将变得更快、更深、更广。

我们的祖先在科学仪器的发展创造方面有过辉煌的历史，无论在度量衡、计时，还是天文地理仪器方面，涌现出诸如度量衡制度等法规和度量衡器具、日冕、沙漏、地动仪、浑仪、象限仪、经纬仪、指南针、罗盘等各色领先世界的创造发明，这是我们中华民族的骄傲。英国科普学家罗伯特·坦普尔在1986年出版的《中国——发现和发明的国度》一书中，就介绍了中国的100个“世界第一”。但到新中国成立之前，我国的仪器仪表工业差不多完全空白。新中国成立后，经过多年的发展，已具有一定的研究、开发和生产能力，改革开放以来，特别是20世纪90年代以后，更呈良性快速发展态势。今天，中低档产品品种基本齐全，能够批量生产，质量稳定，已能承担一部分国家重大工程仪器仪表系统成套工作，开始摆脱国家重大工程测控系统全部被外国公司垄断的局面，一些大型高端的如核磁共振、CT等医疗器械已能与国际知名产品一争高下。但毋须讳言，我国的仪器仪表业与国际水平还有不小的差距，令人更为不安的是仪器仪表是我国装备制造业中外贸逆差最大的行业。

《国家中长期科学和技术发展规划纲要（2006—2020年）》明确提出要“加强科学仪器设备及检测技术的自主研究开发”和“科学实验与观测方法、技术和设备的创新”，在未来10~15年内，使我国仪器仪表产业总体水平同国际水平的差距缩短至3~5年，约30%的产品达到国际同期先进水平，国产仪器仪表在大工程中的配套能力达到85%以上，在国内市场需求中占领75%以上的份额。形势迫人，任务艰巨，真是任重而道远。

## 思考题

结合本章内容写一篇不少于1000字的概述文。内容可为仪器仪表行业的地位作用、仪器仪表的发展前景展望、我们的责任和努力方向、检测新技术专题介绍等，题材不限。

# 第二章 测试系统

## 第一节 测试系统的组成

如第一章所述，包含对被测对象的特征量进行检出、变换、传输、分析、处理、判断和显示等不同功能环节所构成的一个总体，称为测试系统。图2-1为一个典型测试系统的组成框图。

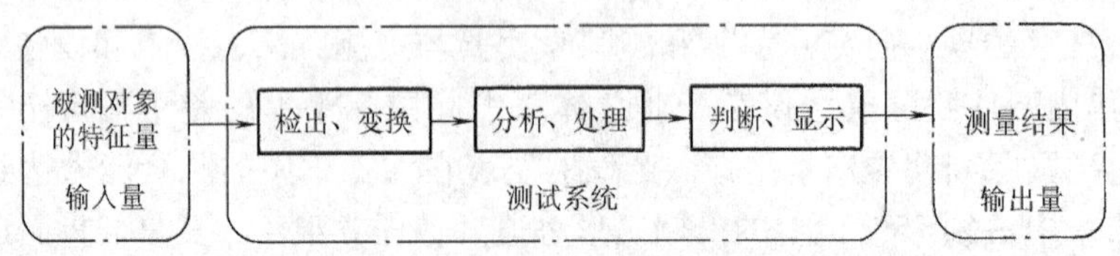


图2-1 测试系统的组成框图

严格地讲，测试系统还应包括使被测对象置于预定状态下的试验装置、连接和协调各环节工作的传输手段及控制部分。

从被测特征量的检出到最后的处理和显示所连成的一个完整的测试系统，还可以进一步划分成若干较小的分系统。例如，以将被测特征量转换成以电量为主要信号形式的传感器为中心的检出分系统；对检出信号进行变换，以提高测量效率和便于作数据处理的信号变换分系统；进行测量的测量分系统；按测试目的对数据进行分析、处理的数据分析处理分系统；以及将所测得的有用信号及其变化过程显示或记录下来的显示或记录分系统等。必须指出，将测试系统划分成若干分系统的目的是为了便于对整个系统进行深入的分析和研究。实际上，构成这些分系统的具体装置或仪器，可以是单台仪器或由多台仪器组合而成，也可以是传感器、放大器、中间变换器、记录器，甚至是一个简单的$RC$滤波电路等。

随着信号处理技术的迅速发展和计算机技术在信号处理中的广泛应用，计算机(包括其硬件和相应软件)已成为现代测试系统的有机组成部分。

测试系统的基本要求是信号不失真，即测试系统任何时刻的输出量$y(t)$与对应时刻的输入量$x(t)$之比为常数$A_0$。如果输出延迟了$t_0$，则指$y(t)=A_0x(t-t_0)$。

其次，系统的信噪比必须充分大。信噪比过小甚至信号被淹没在噪声中，会给测试带来很大的不确定度。为此，必须努力降低损耗，提高信号转换中的效率，提高灵敏度。

任何动态测试都有过渡过程，但只有稳态输出才能得到稳定可靠的数据。因此，良好的动态测试系统应该具有尽可能短的过渡过程和尽可能小的超调量。

对于任何一个测试系统的基本要求是可靠性高而实用，通用性好而经济。这也应成为考虑测试系统组成的前提条件。

## 第二节 测试系统的数学模型及频率特性

### 一、测试系统的数学模型

整个测试的核心问题是分析和研究被测量(输入量)$x(t)$、测试系统属性、输出量$y(t)$三者之间的关系（如图 2-2 所示），从而为合理设计或选择测试系统，正确评价测试结果奠定理论基础。

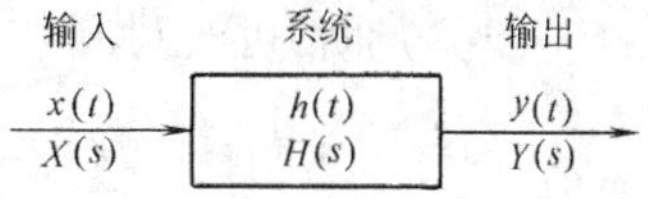

输入 系统 输出
$x(t)$ / $X(s)$ → $h(t)$ / $H(s)$ → $y(t)$ / $Y(s)$

图 2-2 被测量、系统和输出

测试系统的数学模型是根据相应的物理定律（如牛顿定律、能量守恒定律、基尔霍夫电路定律等）而得出的一组将系统的输出与输入联系起来的数学方程式。它能够深刻反映出测试仪器的工作特性和品质，预测作用在各仪器上的输入量、外界干扰量和仪器自身的内部参数对测试的影响。因此，常常借助于数学模型来研究测试系统及其各环节的属性。

大多数的测试系统都可假定为具有集中参数、有限自由度和参数时不变的物理系统。因此，测试系统都可被视作线性定常系统来处理，即系统的输入信号(激励)$x(t)$和输出信号(响应)$y(t)$之间存在着这样一个解析关系式：

$$a_n\frac{d^n y(t)}{dt^n}+a_{n-1}\frac{d^{n-1}y(t)}{dt^{n-1}}+\cdots+a_1\frac{dy(t)}{dt}+a_0y(t)$$
$$=b_m\frac{d^m x(t)}{dt^m}+b_{m-1}\frac{d^{m-1}x(t)}{dt^{m-1}}+\cdots+b_1\frac{dx(t)}{dt}+b_0x(t) \tag{2-1}$$

式中，$d^n y(t)/dt^n, d^m x(t)/dt^m$，…分别为系统输出、输入对时间的各阶微商；$a_n$，$b_m$，…为系统的结构特性参数，均为常数。

式(2-1)为常系数线性微分方程式。

系统的阶次由输出量最高的微商阶次决定。在工程实际中，大量测试系统只有有限阶次，其中最常见的测试系统可概括为零阶系统、一阶系统、二阶系统。更为复杂的系统可被看作这些简单系统的组合。

#### （一）零阶系统

若式(2-1)中的系数除了 $a_0$ 与 $b_0$ 外，其他系数均为零，则此时测试系统的微分方程式为

$$a_0y(t)=b_0x(t) \tag{2-2}$$

凡是在预定工作范围内其输入、输出之间的关系符合式(2-2)的系统，称为零阶系统。

式（2-2）通常可改写成

$$y(t)=\frac{b_0}{a_0}x(t)=kx(t) \tag{2-3}$$

式中，$k=b_0/a_0$ 称为系统的静态灵敏度。

不难看出，不论输入 $x(t)$怎样变化，零阶系统的输出 $y(t)$均能跟踪其变化，不产生任何的失真和延迟。自然，零阶系统所代表的是一种理想的测试系统。

在工程应用中，可近似地把位移电位器、电子示波器等测试装置视作零阶系统。

**（二）一阶系统**

若式(2-1)中的系数除 $a_1$、$a_0$ 与 $b_0$ 外，其他系数均为零，则方程成为一阶微分方程式

$$a_1\frac{\mathrm{d}y(t)}{\mathrm{d}t}+a_0y(t)=b_0x(t) \tag{2-4}$$

任何在预定工作范围内其输入、输出关系可用一阶微分方程式所描述的系统，称一阶系统。

式(2-4)通常可改写成

$$\tau\frac{\mathrm{d}y(t)}{\mathrm{d}t}+y(t)=kx(t) \tag{2-5}$$

式中，$k=b_0/a_0$ 为静态灵敏度；$\tau=a_1/a_0$ 为系统的时间常数。

在工程实际中，一个忽略了质量的单自由度振动系统，在施于 $A$ 点的外力 $f(t)$ 作用下(见图2-3a)，其运动方程为

$$c\frac{\mathrm{d}y(t)}{\mathrm{d}t}+ky(t)=f(t)$$

一个无源积分电路(见图2-3b)，其输出电压 $v(t)$ 和输入电压 $u(t)$ 间的关系为

$$RC\frac{\mathrm{d}v(t)}{\mathrm{d}t}+v(t)=u(t)$$

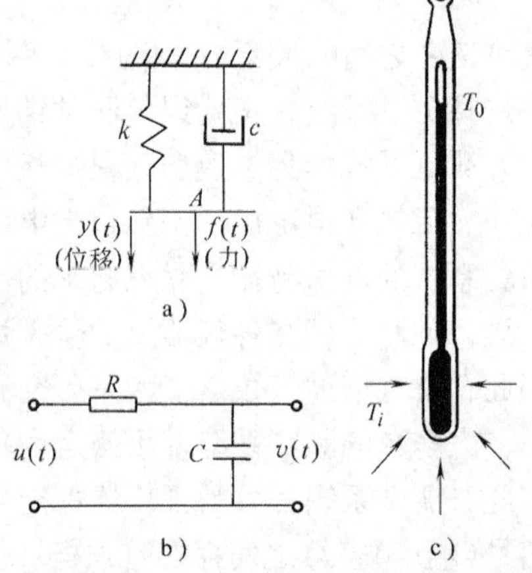


图2-3 一阶系统实例

a) 忽略质量的单自由度系统

b) 简单 $RC$ 积分电路 c) 液柱式温度计

对图2-3c所示的液柱式温度计，设 $T_i(t)$ 为被测温度，$T_0(t)$ 为其示值温度，$C$ 为温度计的温包(包括液柱介质)的热容，$R$ 为传导介质的热阻，它们之间的关系是

$$C\frac{\mathrm{d}T_0(t)}{\mathrm{d}t}=\frac{1}{R}[T_i(t)-T_0(t)]$$

或

$$RC\frac{\mathrm{d}T_0(t)}{\mathrm{d}t}+T_0(t)=T_i(t)$$

上述所列举的三个装置的输入、输出关系都可用一阶微分方程式描述，均属一阶系统。

**（三）二阶系统**

若式(2-1)中的系数除 $a_2$、$a_1$、$a_0$ 和 $b_0$ 外，其他系数均为零，则方程成为二阶微分方程式

$$a_2\frac{\mathrm{d}^2y(t)}{\mathrm{d}t^2}+a_1\frac{\mathrm{d}y(t)}{\mathrm{d}t}+a_0y(t)=b_0x(t) \tag{2-6}$$

任何在预定工作范围内其输入、输出关系可用二阶微分方程式所描述的系统，称为二阶系统。

式(2-6)通常可改写成

$$\frac{\mathrm{d}^2y(t)}{\mathrm{d}t^2}+2\xi\omega_n\frac{\mathrm{d}y(t)}{\mathrm{d}t}+\omega_n^2y(t)=\omega_n^2kx(t) \tag{2-7}$$

式中，$\omega_n$ 为系统固有频率，$\omega_n=\sqrt{a_0/a_2}$；$\xi$ 为系统的相对阻尼比，$\xi=a_1/2\sqrt{a_0a_2}$；$k$ 为系统的静态灵敏度，$k=b_0/a_0$。

在工程实际中，图 2-4a 所示的弹簧－质量－阻尼系统的运动方程为

$$m\frac{\mathrm{d}^2y(t)}{\mathrm{d}t^2}+c\frac{\mathrm{d}y(t)}{\mathrm{d}t}+ky(t)=f(t)$$

图 2-4b 中 $RLC$ 振荡电路的电流方程为

$$L\frac{\mathrm{d}i(t)}{\mathrm{d}t}+Ri(t)+\frac{1}{C}\int i(t)\mathrm{d}t=u(t)$$

式中，$i(t)=C\dfrac{\mathrm{d}v(t)}{\mathrm{d}t}\left(\text{或}\dfrac{1}{C}\int i(t)\mathrm{d}t=v(t)\right)$

于是上式又可改写为

$$LC\frac{\mathrm{d}^2v(t)}{\mathrm{d}t^2}+RC\frac{\mathrm{d}v(t)}{\mathrm{d}t}+v(t)=u(t)$$

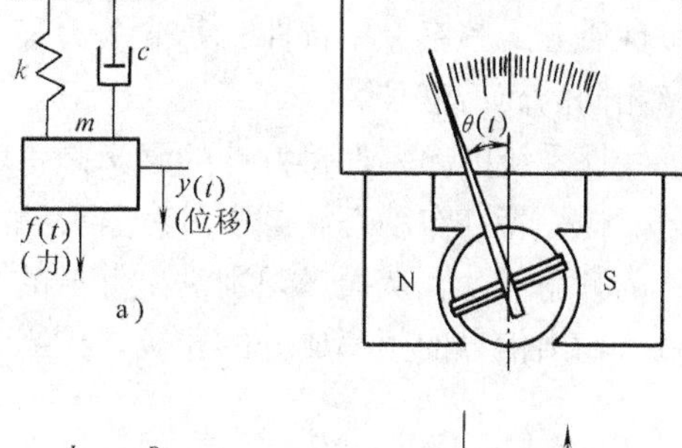


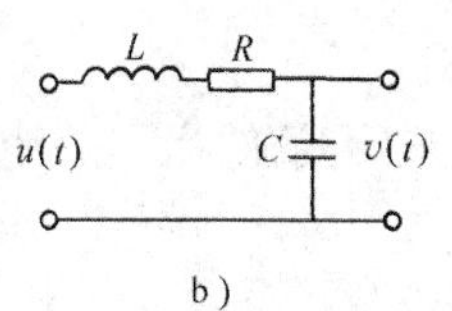


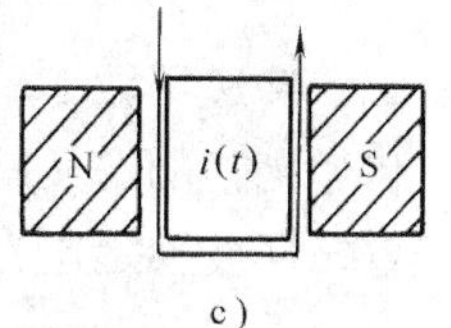


图 2-4 二阶系统实例

a）弹簧－质量－阻尼系统

b）$RLC$ 振荡电路 c）动圈式仪表

在动圈式仪表中，由永久磁钢所形成的磁场和通电线圈所形成的动圈磁场相互作用而产生的电磁转矩，使线圈产生偏转运动，如图 2-4c 所示，动圈做偏转运动的方程式为

$$J\frac{\mathrm{d}^2\theta(t)}{\mathrm{d}t^2}+\mu\frac{\mathrm{d}\theta(t)}{\mathrm{d}t}+G\theta(t)=k_i i(t)$$

式中，$i(t)$ 为输入动圈的电流信号；$\theta(t)$ 为动圈偏转的角位移（即输出信号）；$J$ 为转动部件的转动惯量；$\mu$ 为阻尼系数；$G$ 为游丝的扭转刚度；$k_i$ 为电磁转矩系数。

上述所举三例，它们的输入、输出关系都用二阶微分方程式描述，均属二阶系统。

## 二、线性系统的性质

一般的测试系统都可被视作线性定常系统。因此，测试系统亦具有线性系统所具有的主要性质。

如果线性系统的输入为 $x(t)$ 及其相应的输出为 $y(t)$，则有如下性质：

性质一 叠加特性，即若

$$x_1(t)\to y_1(t)$$

$$x_2(t)\to y_2(t)$$

则

$$[x_1(t)\pm x_2(t)]\to[y_1(t)\pm y_2(t)]$$

性质二 比例特性，即对于任意常数 $a$，都有

$$ax(t)\to ay(t)$$

性质三 微分特性，即系统对输入微分的响应等同于对原输入响应的同阶微分：

$$\frac{\mathrm{d}x(t)}{\mathrm{d}t}\to\frac{\mathrm{d}y(t)}{\mathrm{d}t}$$

性质四 积分特性 在系统的初始状态为零时，系统对输入积分的响应等同于对原输入响应的同次积分：

$$\int_0^t x(t)\,dt \to \int_0^t y(t)\,dt$$

性质五　频率保持特性，若输入为某一频率的简谐信号，则系统的稳态输出为与输入频率相同的简谐信号。

线性系统的频率保持特性的含义是：输入信号通过线性系统后，仍然保持原有的频率成分。这一特性在动态测试中具有重要意义。它可以根据输入信号的频率成分来确定输出信号的频率成分，从而来识别输出信号的真伪以及噪声和干扰。亦可反用，即通过对系统的输入输出信号的频率成分的比较来判断该系统是否为线性系统。

### 三、传递函数

传递函数的定义是：初始条件为零的线性系统，输出信号 $y(t)$ 与输入信号 $x(t)$ 两者的拉普拉斯变换之比，记为 $H(s)$。对式(2-1)作拉普拉斯变换可求得

$$H(s)=\frac{Y(s)}{X(s)}=\frac{b_m s^m+b_{m-1}s^{m-1}+\cdots+b_1 s+b_0}{a_n s^n+a_{n-1}s^{n-1}+\cdots+a_1 s+a_0} \tag{2-8}$$

式(2-8)分母中 $s$ 的幂次 $n$ 代表了系统微分方程的阶数，如 $n=1$ 或 $n=2$，就分别为一阶系统或二阶系统的传递函数。传递函数以代数式的形式表征了系统的传输、转换特性，同样是系统数学模型的一种表达形式。

传递函数有以下几个特点：

1）$H(s)$ 与输入无关，不因 $x(t)$ 而变化，它反映了系统的特性。

2）$H(s)$ 反映了系统的传输、转换和响应特性，而与系统的具体物理结构无关。同一形式的传递函数可以表征两个完全不同的物理系统。例如，液柱温度计和 $RC$ 低通滤波电路同是一阶系统；弹簧－质量－阻尼系统、$LRC$ 振荡电路和动圈式仪表及光线示波器的振子都是二阶系统。它们分别具有相似的传递函数。

3）$H(s)$ 所描述的系统对任一具体的输入 $x(t)$ 都确定地给出了相应的输出 $y(t)$。由于输入 $x(t)$、输出 $y(t)$ 常具有不同的量纲，所以函数传递也真实地反映了这种量纲变换。

4）$H(s)$ 中的分母通常取决于系统（包括研究对象和测试装置）的结构，而分子则和输入点的位置、激励方式、所测的变量以及测点布置情况有关。

### 四、环节的串联和并联

对于由几个环节组成的测试系统，其环节有串联和并联两种情况，如图2-5和图2-6所示。系统的传递函数按下面介绍的方法计算。

设两个环节的传递函数各为 $H_1(s)$ 和 $H_2(s)$，其串联后，系统的传递函数 $H(s)$ 为

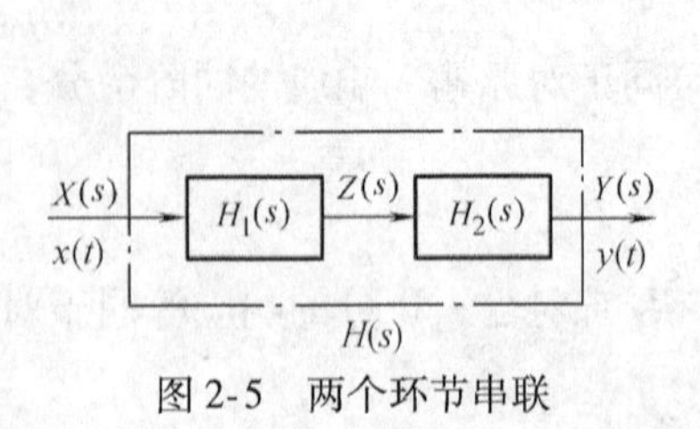


图2-5　两个环节串联

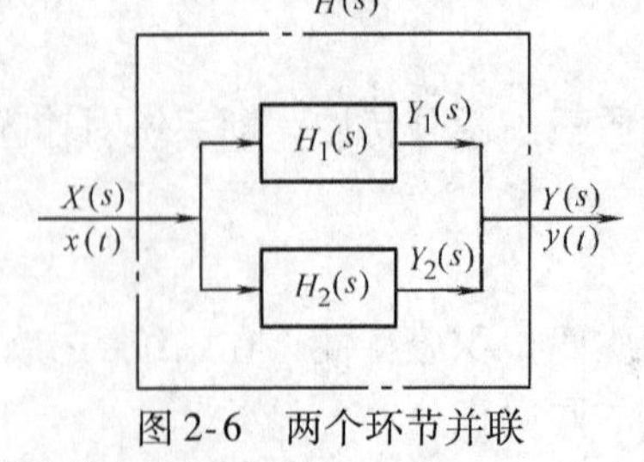


图2-6　两个环节并联

$$H(s)=\frac{Y(s)}{X(s)}=\frac{Z(s)}{X(s)}\frac{Y(s)}{Z(s)}=H_1(s)H_2(s) \tag{2-9}$$

同理，由 $n$ 个环节串联组成的系统，总传递函数为

$$H(s)=\prod_{i=1}^{n}H_i(s) \tag{2-10}$$

若两个环节并联，则根据并联的含义

$$Y(s)=Y_1(s)+Y_2(s)$$

所以

$$H(s)=\frac{Y(s)}{X(s)}=\frac{Y_1(s)}{X(s)}+\frac{Y_2(s)}{X(s)}=H_1(s)+H_2(s) \tag{2-11}$$

同理可得，由 $n$ 个环节并联组成的系统，总传递函数为

$$H(s)=\sum_{i=1}^{n}H_i(s) \tag{2-12}$$

一般测试系统都是稳定系统，其传递函数的分母中 $s$ 的幂次高于分子中 $s$ 的幂次，即 $n>m$，且 $s$ 的极点都应具有负实部。式(2-8)为代数式，可将式中的分母分解为 $s$ 的一次和二次实系数因子式(二次实系数因子式对应其共扼复数极点)，即

$$\begin{aligned}&a_ns^n+a_{n-1}s^{n-1}+\cdots+a_1s+a_0\\&=a_n\prod_{i=1}^{r}(s+p_i)\prod_{i=1}^{\frac{n-r}{2}}(s^2+2\xi_i\omega_{ni}s+\omega_{ni}^2)\end{aligned}$$

式中，$p_i$、$\xi_i$、$\omega_{ni}$均为常量。

由此，式(2-8)可改写为

$$H(s)=\sum_{i=1}^{r}\frac{q_i}{s+p_i}+\sum_{i=1}^{\frac{n-r}{2}}\frac{\alpha_is+\beta_i}{s^2+2\xi_i\omega_{ni}s+\omega_{ni}^2} \tag{2-13}$$

式中，$\alpha_i$、$\beta_i$ 和 $q_i$ 也都为常量。

式(2-13)表明，任何一个高阶系统总可以被看作若干一阶、二阶环节的并联。由此可见，研究一阶和二阶环节的传输特性是分析并了解高阶、复杂系统传输特性的基础。

**例** 一个带记录器的测试系统，它包括传感器、放大器和记录器三个环节(见图2-7a)，求系统的传递函数。

据式(2-10)可知，三个环节串联后的总的传递函数，等于三个环节传递函数的乘积，见图2-7b。

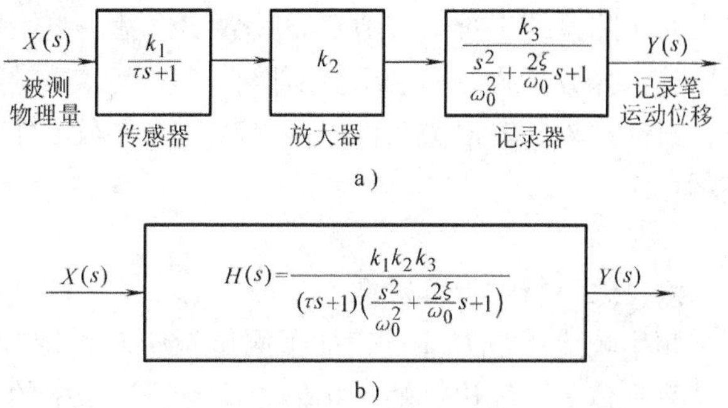

图2-7 串联环节的传递函数

a）系统框图 b）总的传递函数

## 五、频率响应函数

当测试系统的输入为正弦信号 $x(t)=X_0e^{j\omega t}$时，由于暂态响应的存在，开始时的输出并不是纯正弦波，当暂态响应衰减直至消失后，输出才只为稳定的正弦信号 $y(t)=Y_0e^{j(\omega t+\varphi)}$。根据线性系统的频率保持性，

该输出与输入的频率相同，但其幅值和相角差都是频率的函数。代入式(2-1)可得

$$[a_n(j\omega)^n + a_{n-1}(j\omega)^{n-1} + \cdots + a_1(j\omega) + a_0]Y_0 e^{j(\omega t+\phi)}$$
$$= [b_m(j\omega)^m + b_{m-1}(j\omega)^{m-1} + \cdots + b_1(j\omega) + b_0]X_0 e^{j\omega t}$$

将该频率信号的输出与输入之比定义为频率响应函数，记作 $H(j\omega)$，即

$$H(j\omega) = \frac{Y_0 e^{j(\omega t+\phi)}}{X_0 e^{j\omega t}} = \frac{b_m(j\omega)^m + b_{m-1}(j\omega)^{m-1} + \cdots + b_1(j\omega) + b_0}{a_n(j\omega)^n + a_{n-1}(j\omega)^{n-1} + \cdots + a_1(j\omega) + a_0} \tag{2-14}$$

对式(2-1)两边作傅里叶变换，并仅由系统稳态输出量的傅里叶变换与输入量的傅里叶变换之比，也能得到式(2-14)。因此，频率响应函数也可定义为系统稳态输出量的傅里叶变换与输入量的傅里叶变换之比。此外，若以 $s = j\omega$ 代入式(2-8)，也可以得到式(2-14)，这说明频率响应函数是传递函数的特例。因此，频率响应函数的三个含义具有相同的本质。

关于环节串、并联后所组成系统的频率响应函数的计算，完全类同于上述环节串联、并联后有关的传递函数的描述。仿照式(2-9)，由两个频率响应函数各为 $H_1(j\omega)$ 和 $H_2(j\omega)$ 的环节串联后所组成系统的频率响应函数为

$$H(j\omega) = H_1(j\omega)H_2(j\omega) \tag{2-15}$$

仿照式(2-11)，并联后组成系统的频率响应函数 $H(j\omega)$ 为

$$H(j\omega) = H_1(j\omega) + H_2(j\omega) \tag{2-16}$$

同样，$n$ 阶系统的频率响应函数，仿照式(2-13)，可以看作是 $r$ 个一阶环节和 $(n-r)/2$ 个二阶环节的并联，即

$$H(j\omega) = \sum_{i=1}^{r} \frac{q_i}{j\omega + p_i} + \sum_{i=1}^{\frac{n-r}{2}} \left( \frac{j\alpha_i\omega + \beta_i}{(j\omega)^2 + 2\xi_i\omega_{ni}(j\omega) + \omega_{ni}^2} \right)$$
$$= \sum_{i=1}^{r} \frac{q_i}{p_i + j\omega} + \sum_{i=1}^{\frac{n-r}{2}} \frac{\beta_i + j\alpha_i\omega}{(\omega_{ni}^2 - \omega^2) + j2\xi_i\omega_{ni}\omega} \tag{2-17}$$

频率响应函数 $H(j\omega)$ 直观地反映了测试系统对各个不同频率正弦输入信号的响应特性。通过 $H(j\omega)$ 可以画出反映测试系统动态特性的各种图形，简明直观。此外，很多工程中的实际系统很难确切地建立其数学模型，更不易确定其模型中的参数，因此要完整地列出其微分方程式并非易事。所以，工程上常通过实验方法，对系统施加激励，测量其响应，根据输入、输出关系可以确立对系统动态特性的认识。因而频率响应函数有着重要的实际意义。

### 六、频率特性及其图像

频率响应函数 $H(j\omega)$ 表征了测试系统对给定频率 $\omega$ 下的稳态输出与输入的关系。这个关系具体是指输出、输入幅值之比与输入频率的函数关系，和输出、输入相位差与输入频率的函数关系。这两个关系称为测试系统的频率特性。

频率响应函数 $H(j\omega)$ 一般是一个复数。如将 $H(j\omega)$ 写成实部和虚部的形式，即

$$H(j\omega) = \mathrm{Re}(\omega) + j\mathrm{Im}(\omega) \tag{2-18}$$

则 $\mathrm{Re}(\omega)$ 和 $\mathrm{Im}(\omega)$ 都是 $\omega$ 的实函数。据此画出的 $\mathrm{Re}(\omega)-\omega$ 曲线和 $\mathrm{Im}(\omega)-\omega$ 曲线分别

称为系统的实频特性曲线和虚频特性曲线。

又若将 $H(\mathrm{j}\omega)$ 写成模和相角的形式，即

$$H(\mathrm{j}\omega)=A(\omega)\mathrm{e}^{\mathrm{j}\phi(\omega)} \tag{2-19}$$

式中

$$A(\omega)=|H(\mathrm{j}\omega)|=\sqrt{\mathrm{Re}(\omega)^2+\mathrm{Im}(\omega)^2} \tag{2-20}$$

称 $A(\omega)$ 为系统的幅频特性，其 $A(\omega)-\omega$ 曲线称为幅频特性曲线；

$$\phi(\omega)=\angle H(\mathrm{j}\omega)=\arctan\frac{\mathrm{Im}(\omega)}{\mathrm{Re}(\omega)} \tag{2-21}$$

称 $\phi(\omega)$ 为系统的相频特性，其 $\phi(\omega)-\omega$ 曲线称为相频特性曲线。

实际作图时，常对自变量取对数标尺，幅值坐标也取分贝数，即分别画出 $20\lg A(\omega)-\lg\omega$ 和 $\phi(\omega)-\lg\omega$ 曲线，两者分别称为对数幅频曲线和对数相频曲线，总称为博德图（Bode 图）。

如果将 $H(\mathrm{j}\omega)$ 的虚部和实部分别作纵横坐标，画出 $\mathrm{Im}(\omega)-\mathrm{Re}(\omega)$ 曲线并在曲线上注明相应的频率 $\omega$，那么所得的图像称为奈奎斯特图（Nyquist 图）。图中自原点所画的矢量向径，其长度和与横轴夹角就是该频率点的幅、相特性。频率响应函数为 $H(\mathrm{j}\omega)=1/(1+\mathrm{j}\tau\omega)$ 的一阶系统的博德图和奈奎斯特图分别如图 2-8 和图 2-9 所示。

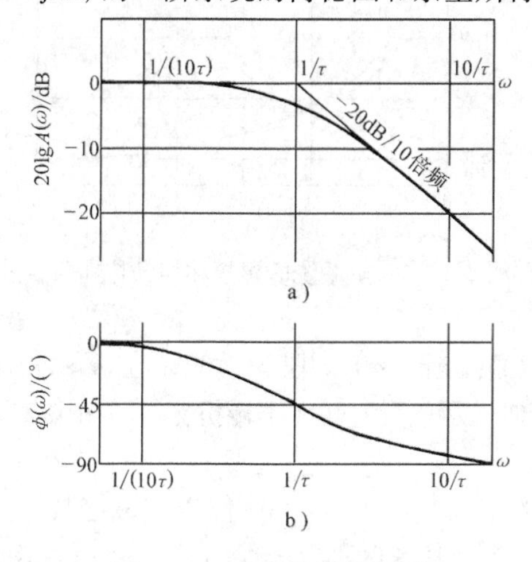


图 2-8　一阶系统的博德图

a）对数幅 - 频曲线　b）对数相 - 频曲线

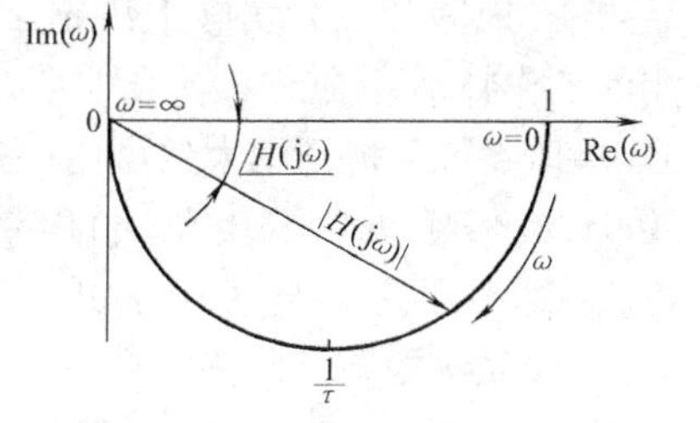


图 2-9　一阶系统的奈奎斯特图

## 七、一阶、二阶系统的频率特性

### （一）一阶系统的频率特性

将描述一阶系统的微分方程式(2-5)经归一化后成为标准形式

$$\tau\frac{\mathrm{d}y(t)}{\mathrm{d}t}+y(t)=x(t) \tag{2-22}$$

将式(2-22)作拉普拉斯变换，可得其传递函数

$$H(s)=\frac{Y(s)}{X(s)}=\frac{1}{\tau s+1} \tag{2-23}$$

其频率响应函数为

$$H(\mathrm{j}\omega)=\frac{1}{\mathrm{j}\omega\tau+1}=\frac{1}{1+(\tau\omega)^2}-\mathrm{j}\frac{\tau\omega}{1+(\tau\omega)^2} \tag{2-24}$$

它的幅频、相频特性的表达式为

$$A(\omega)=|H(\mathrm{j}\omega)|=\frac{1}{\sqrt{1+(\tau\omega)^2}} \tag{2-25}$$

$$\phi(\omega)=\angle H(\mathrm{j}\omega)=-\arctan(\tau\omega) \tag{2-26}$$

相位负值表示了相角的滞后。若以无量纲系数 $\tau\omega$ 为横坐标，分别以 $A(\omega)$ 和 $\phi(\omega)$ 为纵坐标，根据式(2-25)和式(2-26)展开而画成的幅频、相频特性曲线如图2-10所示。

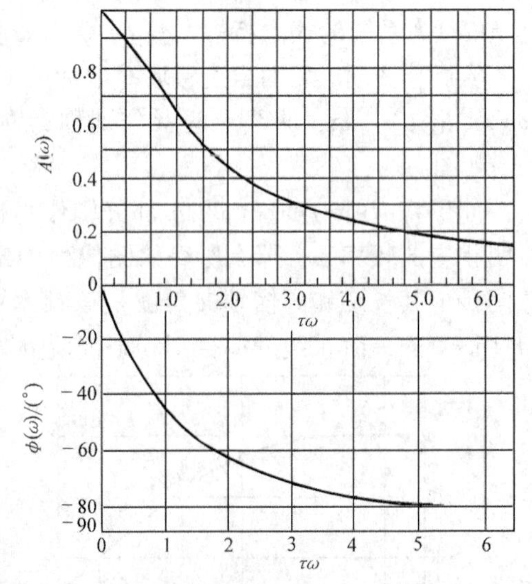


图2-10 一阶系统的幅频和相频特性曲线

一阶系统的频率特性有下述特点：

1）$H(\mathrm{j}\omega)=1/(1+\mathrm{j}\tau\omega)$ 的一阶系统是一个低通环节。当激励频率 $\omega>(2\sim3)/\tau$ 时，响应特性接近于一个积分环节，其输出幅值几乎与激励频率成反比，相位滞后近90°。只有 $\omega$ 远小于 $1/\tau$ 时，幅频响应才接近于1。因此一阶测试系统只适用于被测量缓变或低频的参数。

2）反映一阶系统动态特性的一个重要参量是时间常数 $\tau$。在 $\omega=1/\tau$ 处，输出输入的幅值之比降为原来的0.707(即 -3dB)，相位角滞后45°，时间常数 $\tau$ 实际上决定了测试系统适用的工作频率范围。

3）一阶系统的博德图大致可用一条折线近似之。当 $\omega<1/\tau$ 段为横线，在 $\omega>1/\tau$ 段以 -20dB/10倍频(或 -6dB/倍频)斜率的直线近似表示。$1/\tau$ 点称作转折频率。在该点折线偏离实际曲线的最大误差为 -3dB。

4）一阶系统的奈奎斯特图是一个单位直径的半圆。起点($\omega=0$)位于实轴坐标点1。半圆的中点 $\omega=1/\tau$，在 $\omega\to\infty$ 时趋于坐标原点。半圆上每点对应一个频率。自原点向曲线上某一点所引的矢量反映了该点的幅、相特性。

**（二）二阶系统的频率特性**

将描述二阶系统的微分方程式(2-7)作拉普拉斯变换，并经整理后可得二阶系统的传递函数

$$H(s)=\frac{Y(s)}{X(s)}=\frac{k\omega_n^2}{s^2+2\xi\omega_n s+\omega_n^2} \tag{2-27}$$

相应的频率响应函数

$$H(\mathrm{j}\omega)=\frac{Y(\mathrm{j}\omega)}{X(\mathrm{j}\omega)}=\frac{k\omega_n^2}{\omega_n^2-\omega^2+\mathrm{j}2\xi\omega_n\omega}=\frac{k}{1-\left(\frac{\omega}{\omega_n}\right)^2+\mathrm{j}2\xi\frac{\omega}{\omega_n}} \tag{2-28}$$

它的幅频、相频特性的表达式为

$$A(\omega)=|H(\mathrm{j}\omega)|=\frac{k}{\sqrt{\left[1-\left(\frac{\omega}{\omega_n}\right)^2\right]^2+4\xi^2\left(\frac{\omega}{\omega_n}\right)^2}} \tag{2-29}$$

$$\phi(\omega)=\angle H(\mathrm{j}\omega)=-\arctan\frac{2\xi\left(\frac{\omega}{\omega_n}\right)}{1-\left(\frac{\omega}{\omega_n}\right)^2} \tag{2-30}$$

相位角负值表示相位角的滞后。若令 $k=1$，则由此二公式可绘制出二阶系统的幅频特性曲线和相频特性曲线，如图 2-11 所示。

二阶系统的博德图及奈奎斯特图分别如图 2-12 和图 2-13 所示。

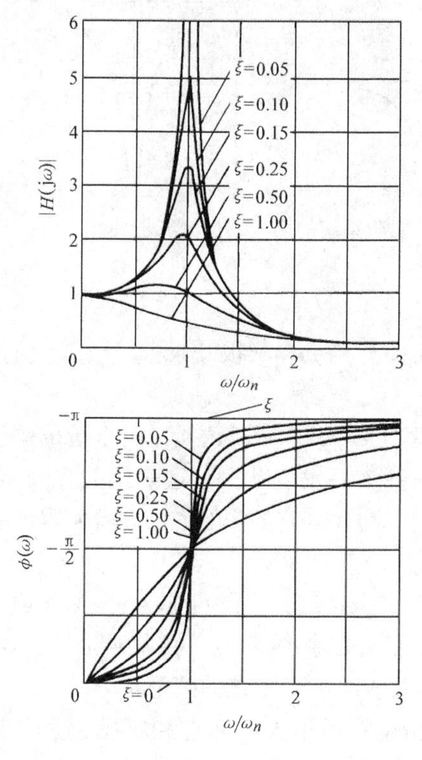


图 2-11 二阶系统的幅频、相频特性曲线

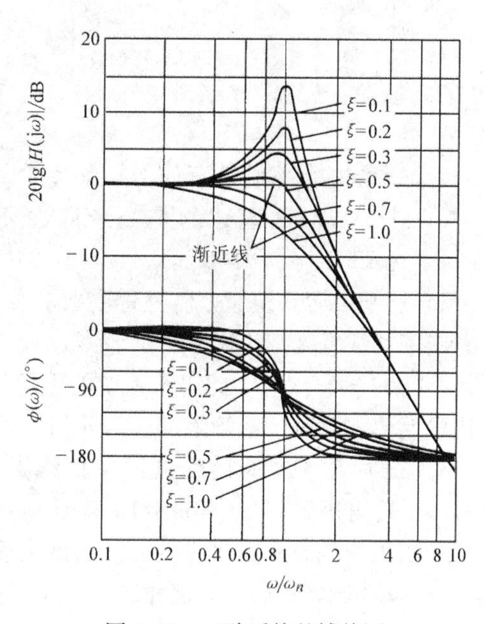


图 2-12 二阶系统的博德图

将二阶系统的频率响应函数 $H(\mathrm{j}\omega)$ 表达成如下形式：

$$H(\mathrm{j}\omega)=\mathrm{Re}(\omega)+\mathrm{jIm}(\omega)$$

式中，$\mathrm{Re}(\omega)$ 和 $\mathrm{Im}(\omega)$ 都是 $\omega$ 的实函数：

$$\mathrm{Re}(\omega)=\frac{1-\left(\dfrac{\omega}{\omega_n}\right)^2}{\sqrt{\left[1-\left(\dfrac{\omega}{\omega_n}\right)^2\right]^2+4\xi^2\left(\dfrac{\omega}{\omega_n}\right)^2}} \tag{2-31}$$

$$\mathrm{Im}(\omega)=\frac{-2\xi\left(\dfrac{\omega}{\omega_n}\right)}{\sqrt{\left[1-\left(\dfrac{\omega}{\omega_n}\right)^2\right]^2+4\xi^2\left(\dfrac{\omega}{\omega_n}\right)^2}} \tag{2-32}$$

分别可绘制出二者的曲线图，如图2-14所示，称之为实频特性曲线和虚频特性曲线。

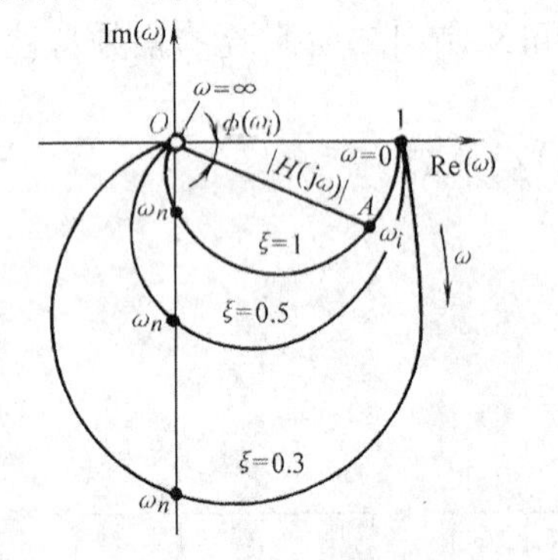


图2-13　二阶系统的奈奎斯特图

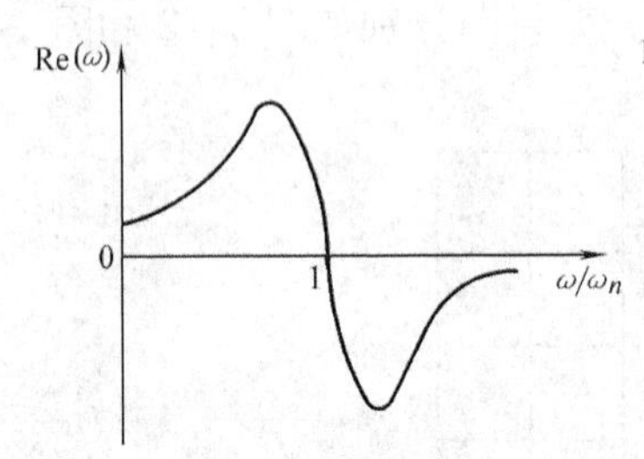


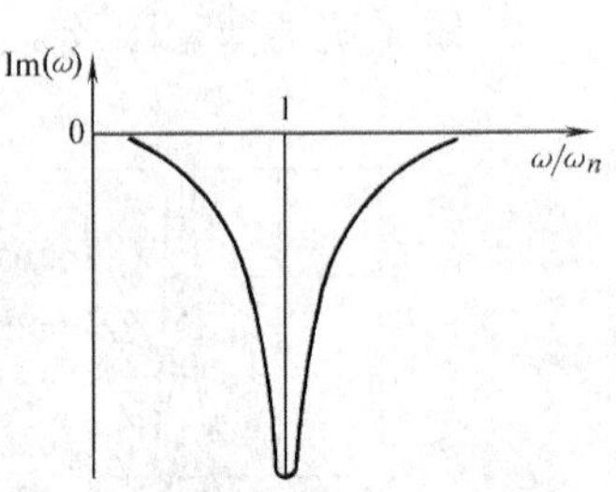


图2-14　二阶系统的实频、虚频特性曲线

二阶系统的频率特性有如下几点特性：

1）式(2-29)所表达的是一个低通环节，即只有当 $\omega/\omega_n$ 很小时，$A(\omega)\approx k$，当 $(\omega/\omega_n)\gg 1$ 时，$A(\omega)\to 0$。

2）影响二阶系统频率特性最主要的参数是频率比 $\omega/\omega_n$，所以选择二阶系统的固有频率时应密切注意其工作频率范围。当 $\omega/\omega_n=1$ 时，系统将发生共振。这是因为在 $\omega/\omega_n=1$ 处，$A(\omega)=k/(2\xi)$，此时若系统的阻尼比 $\xi$ 甚小，则 $A(\omega)$ 值急剧增大；增大程度和阻尼比成反比。此时，不管阻尼比为几何，输出相位角总是滞后90°。

3）二阶系统的博德图也可用折线近似表示。在 $\omega/\omega_n<1$ 段可用水平线近似。在 $\omega/\omega_n>1$ 段可用斜率为 −40dB/10倍频或 −12dB/1倍频的斜线近似。在临近 $\omega/\omega_n=1$ 区段，近似折线偏离实际曲线较大。而该区段的实际曲线取决于系统的阻尼比 $\xi$。

4）从相频特性看，在频率比 $(\omega/\omega_n)\ll 1$ 段相位滞后不大，而且和频率也近似地成比例增加。在 $(\omega/\omega_n)\gg 1$ 段相位滞后接近180°，即输出信号与输入信号反相。在 $\omega/\omega_n=1$ 的区段，相位滞后量变化明显，且当 $\xi$ 越小，相位变化越陡。当 $\xi\approx 0$，在 $\omega/\omega_n=1$ 附近相位差接近180°。

5）二阶系统是一个振荡环节。对于测试而言，总是希望或要求系统能在宽广的频率范围内，由于幅频特性和相频特性而引起的失真要小，为此应选择具有合适的固有频率 $\omega_n$ 和阻尼比 $\xi$ 的测试系统，通常应使 $(\omega/\omega_n)<0.3$，且 $\xi\approx 0.6\sim 0.7$。

## 八、理想频率响应函数

输出不失真是对测试系统的基本要求。设测试系统由输入信号 $x(t)$ 所引起的输出信号为 $y(t)$。从时域上看，如果输入与输出信号满足方程

$$y(t)=A_0x(t-t_0) \tag{2-33}$$

且 $A_0$ 和 $t_0$ 都是常量，则认为是不失真测试。此式表明此测试系统的输出波形和输入波形精确相一致，只是幅值增大了 $A_0$ 倍和时间上延迟了 $t_0$ 而已，如图 2-15 所示。

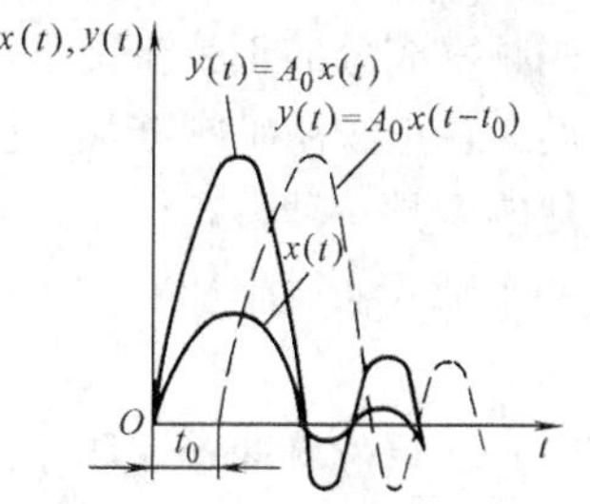

图 2-15　不失真测试的时域波形

根据这一时域表达式可以导出输入与输出不失真测试的频域表达式。对式(2-33)作傅里叶变换，则

$$Y(\mathrm{j}\omega)=A_0X(\mathrm{j}\omega)\mathrm{e}^{-\mathrm{j}\omega t_0}$$

于是可得出实现不失真测试条件下对系统的频率响应函数的要求

$$H(\mathrm{j}\omega)=\frac{Y(\mathrm{j}\omega)}{X(\mathrm{j}\omega)}=A_0\mathrm{e}^{-\mathrm{j}\omega t_0} \tag{2-34}$$

从而得到相应的幅频特性和相频特性要求

$$A(\omega)=A_0 \tag{2-35}$$

$$\phi(\omega)=-t_0\omega \tag{2-36}$$

式(2-35)和式(2-36)的物理意义是：①输入信号所含各频率成分的幅值在通过测试系统后的增益是一与频率无关的常数，即幅频特性曲线是一条与横坐标轴平行的直线，如图 2-16a 所示；②输入信号中各频率成分的相位角在通过测试系统后的相位延迟与频率成正比例，即相频曲线是一条通过原点并具有负斜率的直线，如图 2-16b 所示。

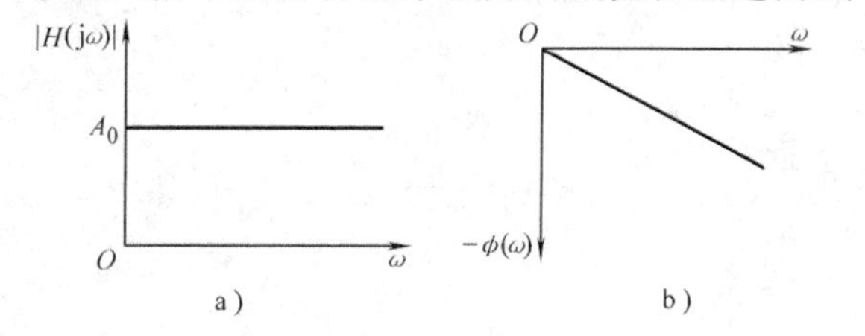

图 2-16　不失真测试的频响特性曲线

实际的测试系统往往很难做到无限频带宽上完全符合不失真测试的条件，即使在某一频段范围内，也难以完全理想地实现不失真测试。人们只努力使波形失真限制在一个允许的误差范围内，以满足测试的特定要求。

从实现不失真测试和其他工作性能综合来看，对于一阶系统而言，时间常数 $\tau$ 愈小，则响应越快。$\tau$ 小的转折频率($1/\tau$)较大，通频带亦较宽。所以一阶系统的时间常数 $\tau$ 原则上应取得尽可能地小。对于二阶系统而言，由二阶系统的频响曲线(见图 2-11)不难看出，在 $\omega<0.3\omega_n$ 范围内，$\phi(\omega)$的数值较小，且 $\phi(\omega)-\omega$ 特性曲线接近直线。$A(\omega)$在该频率范围内的变化不超过 10%。又，在 $\omega>(2.5\sim3)\omega_n$ 范围内，$\phi(\omega)$接近 180°，若通过反相接线也可实现不失真测试。另外，二阶系统的频率特性受阻尼比 $\xi$ 的影响较大。分析表明，$\xi$ 愈小，系统对输入扰动容易发生超调和振荡，对使用不利。在 $\xi=0.6\sim0.7$ 时，系统可以获得较为合适的综合特性。所以，二阶测试系统的特性参数——阻尼比 $\xi$ 通常都设计选择在该范围内。

## 第三节　测试系统对瞬态激励的响应

频率响应函数充分描述了在稳态输入－输出情况下测试系统的动态特性，它反映了在不同频率成分的正弦激励下，系统输出、输入的幅值比和两者相位差随频率成分的变化。然而，在正弦激励刚施加上去的一段时间内，系统的输出中含有着系统的自然响应部分。自然响应是一种瞬态输出，它将随时间逐渐衰减至零。自然响应反映了系统的固有特性，它和激励的初始施加方式有关而和激励的稳态频率无关。

### 一、单位脉冲输入和系统的脉冲响应函数

若输入为单位脉冲，即 $x(t)=\delta(t)$，则 $X(s)=L[\delta(t)]=1$。系统的输出 $Y(s)=H(s)X(s)=H(s)$。其时域描述可通过对 $Y(s)$ 的拉普拉斯反变换得到

$$y(t)=L^{-1}[Y(s)]=L^{-1}[H(s)]=h(t)$$

$h(t)$ 常称为脉冲响应函数或权函数。一阶和二阶测试系统的脉冲响应函数及其图形列于表 2-1 中。

**表 2-1　一阶和二阶测试系统的脉冲响应函数及其图形**

| | 传递函数 | 脉冲响应函数 $h(t)$ 及其图形 |
|---|---|---|
| 一阶惯性系统 | $H(s)=\dfrac{1}{\tau s+1}$ | $h(t)=\dfrac{1}{\tau}e^{-t/\tau}$ |
| 二阶低通系统 | $H(s)=\dfrac{\omega_n^2}{s^2+2\xi\omega_n s+\omega_n^2}$（灵敏度 $k=1$） | $h(t)=\dfrac{\omega_n}{\sqrt{1-\xi^2}}e^{-\xi\omega_n t}\sin\sqrt{1-\xi^2}\,\omega_n t$ ① |

① 对二阶系统只考虑 $0<\xi<1$ 的欠阻尼情况，若 $\xi>1$，则可将系统看成是二个一阶环节的串联。

### 二、单位阶跃输入和系统的阶跃响应

由于单位阶跃函数可以看作单位脉冲函数的积分，因此单位阶跃输入下系统的输出就

是系统脉冲响应的积分。一阶和二阶测试系统对单位阶跃输入信号的响应示于表2-2中。

表2-2　一阶和二阶测试系统对单位阶跃输入信号的响应

| 输　入 | | 输　出 | |
|---|---|---|---|
| | | 一阶惯性系统 | 二阶低通系统 |
| | | $H(s)=\dfrac{1}{\tau s+1}$ | $H(s)=\dfrac{\omega_n^2}{s^2+2\xi\omega_n s+\omega_n^2}$ |
| 单位阶跃 | $X(s)=\dfrac{1}{s}$ | $Y(s)=\dfrac{1}{s(\tau s+1)}$ | $Y(s)=\dfrac{\omega_n^2}{s(s^2+2\xi\omega_n s+\omega_n^2)}$ |
| | $x(t)=\begin{cases}0 & t<0\\ 1 & t\geqslant 0\end{cases}$ | $y(t)=1-\mathrm{e}^{-\frac{t}{\tau}}$ | $y(t)=1-\left[\dfrac{\mathrm{e}^{-\xi\omega_n t}}{\sqrt{1-\xi^2}}\right]\sin(\omega_d t+\varphi_2)$<br>$\omega_d=\omega_n\sqrt{1-\xi^2}$<br>$\varphi_2=\arctan\left[\dfrac{\sqrt{1-\xi^2}}{\xi}\right]$ |
| | $x(t)$；1；0；$t$ | $x(t)$ $y(t)$；1；0.632；0.865；0.950；0.982；0.993；0；$\tau$；$2\tau$；$3\tau$；$4\tau$；$5\tau$；$t$ | $y(t)$；2；1；$\xi=0.1$；$\xi=0.2$；$\xi=0.3$；$\xi=0.5$；$\xi=0.7$；$\xi=1$；$\xi=2$；0；$t$ |

一阶系统在单位阶跃激励下的稳态输出误差为零，系统的初始上升斜率为$1/\tau$（$\tau$为时间常数）。在$t=\tau$时，$y(t)=0.632$；在$t=4\tau$时，$y(t)=0.982$；在$t=5\tau$时，$y(t)=0.993$。理论上系统的响应只在$t$趋于无穷大才达到稳态。实际上当$t=4\tau$时其输出和稳态响应间的误差已小于2%，可以认为达到了稳态。

二阶系统在单位阶跃激励下的稳态输出误差也为零。但是系统的响应在很大程度上决定于阻尼比$\xi$和固有频率$\omega_n$，系统的固有频率又为其主要结构参数所决定。$\omega_n$越高，系统的响应越快。阻尼比$\xi$直接影响超调量和振荡次数。如果阻尼比$\xi$选择在0.6～0.7范围内，则最大超调量将不超过10%，且当误差允许在（5～2）%时趋于“稳态”的调整时间也将最短，约为$1/(\xi\omega_n)$的3～4倍。这就是通常设计选择测试系统的阻尼比为此范围内的理由之一。

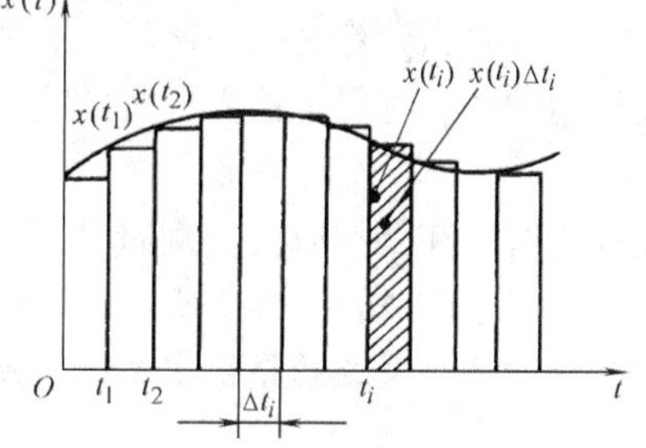

图2-17　信号的分割

### 三、测试系统对任意输入的响应

若测试系统在任意输入信号$x(t)$时的输出信号为$y(t)$。为分析系统对信号的转换特性，现将输入信号$x(t)$按时间等间隔分割离散成许多窄矩形，如

图2-17那样，在 $t_i$ 时刻的窄矩形面积为 $x(t_i)\Delta t_i$。当 $\Delta t_i$ 足够小时，则窄矩形可以视作在 $t_i$ 时刻幅度为 $x(t_i)\Delta t_i$ 的脉冲输入。根据延迟单位脉冲信号 $\delta(t-t_i)$ 引起系统响应为 $h(t-t_i)$ 的原理，在 $t_i$ 时刻幅度为 $x(t_i)\Delta t_i$ 的脉冲输入引起的系统响应为 $[x(t_i)\Delta t_i]h(t-t_i)$（见图2-18a）。由许多窄矩形叠加而成的 $x(t)$ 所引起的总的响应为各窄矩形各自的响应之和（见图2-18b）。

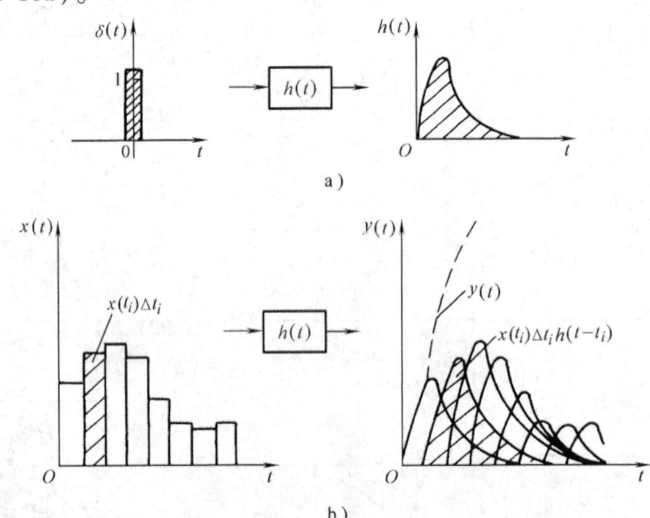


图2-18　单位脉冲响应和任意输入的响应

$$y(t) \approx \sum_{t_i=0}^{t} [x(t_i)\Delta t_i]h(t-t_i)$$

令 $\Delta t_i \to 0$，则可得

$$y(t) = \int_0^t x(t_i)h(t-t_i)\mathrm{d}t_i \tag{2-37}$$

该式可写成卷积形式

$$y(t) = x(t) * h(t) \tag{2-38}$$

式(2-38)表明，在时域内，测试系统对任意输入 $x(t)$ 的响应 $y(t)$ 是输入信号 $x(t)$ 与系统的单位脉冲响应函数的卷积。所以说，单位脉冲响应函数标志着一个测试系统对信号的传输特性。只要知道了测试系统的单位脉冲响应函数，就可以通过卷积计算出任意一输入信号通过该测试系统的输出信号。

由于卷积计算是一件比较困难的事，因此为了处理问题简捷，常用在复频域和频域内描述测试系统对任意输入信号的响应。由式(2-8)可得在复频域内

$$Y(s) = H(s)X(s) \tag{2-39}$$

此式表明，在复频域内，测试系统对任意输入 $X(s)$（输入 $x(t)$ 的拉普拉斯变换）的响应 $Y(s)$（响应 $y(t)$ 的拉普拉斯变换）是输入 $X(s)$ 与系统传递函数 $H(s)$ 的乘积。

一般测试系统总是稳定系统，所以式(2-39)可以写成

$$Y(\mathrm{j}\omega) = H(\mathrm{j}\omega)X(\mathrm{j}\omega) \tag{2-40}$$

同样地在频率域内，测试系统对任意输入 $X(\mathrm{j}\omega)$（输入 $x(t)$ 的傅里叶变换）的响应 $Y(\mathrm{j}\omega)$（响应 $y(t)$ 的傅里叶变换）是输入 $X(\mathrm{j}\omega)$ 与系统的频率响应函数 $H(\mathrm{j}\omega)$ 的乘积。

## 第四节 测试系统频率特性的测定

测试系统在其设计调试阶段和长期使用阶段里，为保证测试结果的精确可靠，需要进行定度或定期校准。为确定系统不失真测试的工作频段范围是否符合规定要求，需要对系统的频率特性进行实验测定。测定频率特性的方法是以标准信号作输入，测出其输出信号，从而求得需要的特性参数。输入的标准信号有正弦信号和阶跃信号两种。

### 一、正弦信号激励

测试系统的频率响应函数 $H(j\omega)$ 为

$$H(j\omega)=\frac{Y(j\omega)}{X(j\omega)}=A(\omega)e^{j\phi(\omega)}$$

它表征了测试系统在给定频率 $\omega$ 的正弦信号 $X(j\omega)$ 下，稳态输出 $Y(j\omega)$ 与输入的关系：幅频特性和相频特性。所以在实际操作时，可以逐点改变输入正弦信号的频率 $\omega$，测取系统的输出信号对应各频率的幅值 $A(\omega)$ 和相位 $\phi(\omega)$，即可得到系统的幅频特性和相频特性曲线。

对于一阶测试系统，其主要的特性参数是时间常数 $\tau$，可以通过所测得的幅频或相频特性数据代入式(2-25)或式(2-26)，直接确定 $\tau$ 值。

对于二阶测试系统，通常通过幅频特性曲线估计其固有频率 $\omega_n$ 和阻尼比 $\xi$。由于一般测试系统的 $\xi<1$，所以其幅频特性曲线的峰值出现在稍偏离 $\omega_n$ 的 $\omega_r$ 处，且

$$\omega_r=\omega_n\sqrt{1-2\xi^2}$$

又

$$\frac{A(\omega_r)}{A(0)}=\frac{1}{2\xi\sqrt{1-\xi^2}}$$

根据上述两式从实验数据来估计出 $\omega_n$ 和 $\xi$。也可从实验测得的相频特性曲线直接估计系统的 $\omega_n$ 和 $\xi$。在 $\omega=\omega_n$ 处输出与输入的相位差为90°，曲线在该点的斜率也反映了阻尼比的大小。

### 二、阶跃信号激励

#### （一）一阶测试系统阶跃响应的求法

由表2-2中所列的公式，一阶测试系统的阶跃响应函数为

$$y(t)=1-e^{-\frac{t}{\tau}} \tag{2-41}$$

改写后得

$$1-y(t)=e^{-\frac{t}{\tau}}$$

两边取对数

$$-\frac{t}{\tau}=\ln[1-y(t)]$$

令

$$Z=\ln[1-y(t)] \tag{2-42}$$

则
$$\frac{dZ}{dt}=-\frac{1}{\tau}$$

图2-19a、b分别表示阶跃激励信号及一阶系统的响应函数曲线。

为了求得$\tau$值，需绘制出$Z-t$的曲线。这可以由实验测得的$y(t)-t$数据通过式(2-42)求得与$Z-t$的相对应的值，如图2-19c所示。若这些点基本上落在一条直线上，则说明该系统是一阶系统，该直线的斜率在数值上等于$-1/\tau$，从而精确求得时间常数$\tau$值。

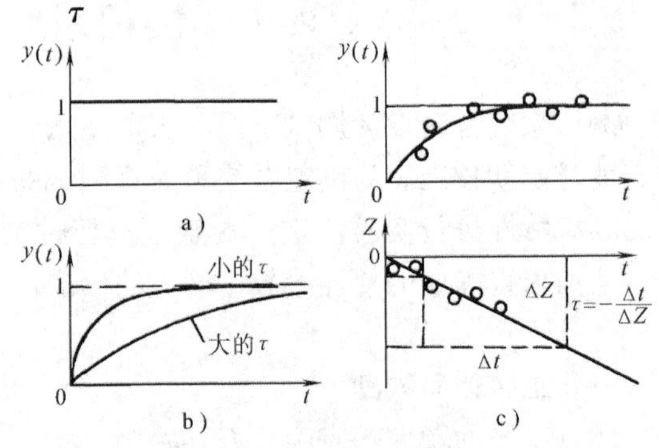


图2-19　一阶系统时间常数的求取

## （二）二阶测试系统阶跃响应的求法

一个典型二阶系统($\xi<1$)的阶跃响应函数的表达式为

$$y(t)=1-\frac{e^{-\xi\omega_n t}}{\sqrt{1-\xi^2}}\sin\left(\omega_n\sqrt{1-\xi^2}t+\arctan\frac{\sqrt{1-\xi^2}}{\xi}\right) \tag{2-43}$$

其图形如图2-20所示。这一阶跃响应函数表明它的瞬态响应是以$\omega_n\sqrt{1-\xi^2}$为圆频率作衰减振荡。将此圆频率记作$\omega_d$，称为有阻尼固有频率。对此响应函数求极值，即为各振荡峰值所对应的时间$t_p=0,\pi/\omega_d,2\pi/\omega_d,\cdots$其出现的时间间隔$t_p$为半周期。将$t_p=T_d/2=\pi/\omega_d$代入式(2-43)，可求得最大过冲量度$M_1$(见图2-20)和阻尼比$\xi$的关系

$$M_1=\exp\left[-\left(\frac{\xi\pi}{\sqrt{1-\xi^2}}\right)\right] \tag{2-44}$$

或

$$\xi=\sqrt{\frac{1}{\left(\frac{\pi}{\ln M_1}\right)^2+1}} \tag{2-45}$$

因此在测得$M_1$后即可按上式求得$\xi$。亦可根据上式作出的$M_1-\xi$曲线图，如图2-21所示，求得阻尼比$\xi$。

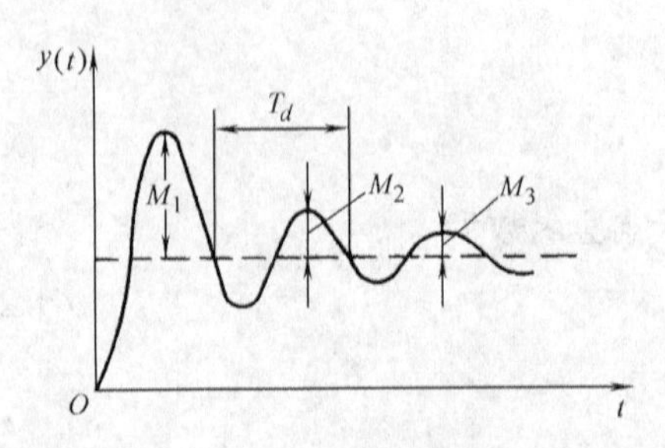


图2-20　二阶系统($\xi<1$)的阶跃响应

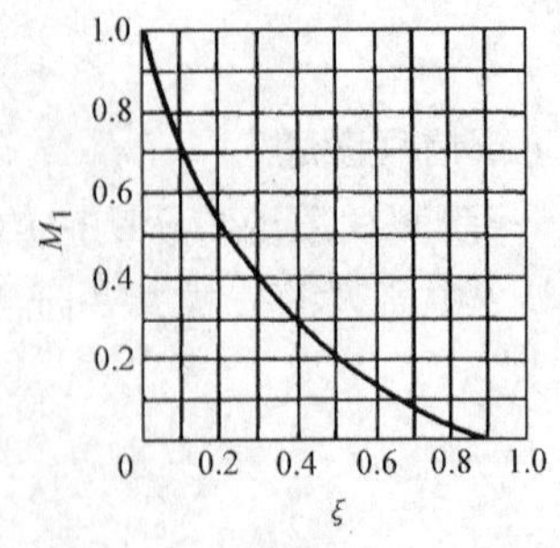


图2-21　二阶系统($\xi<1$)的$M_1-\xi$曲线图

若可测得多个峰值 $M_i$ 和 $M_{i+n}$，（$n$ 是两峰值相隔的周期数）两峰值各自对应的时间应为 $t_i$ 和 $t_{i+n}$，则

$$t_{i+n}=t_i+\frac{2\pi n}{\omega_n\sqrt{1-\xi^2}}$$

将它们代人式(2-43)可得

$$\ln\frac{M_i}{M_{i+n}}=\frac{2n\pi\xi}{\sqrt{1-\xi^2}} \tag{2-46}$$

令 $\delta_n=\ln\frac{M_i}{M_{i+n}}$，则

$$\xi=\sqrt{\frac{\delta_n^2}{\delta_n^2+4\pi^2n^2}} \tag{2-47}$$

## 第五节 测量仪器的特性

测量仪器是一种技术工具或装置。它单独地或连同辅助设备一起进行测量，并能得到被测对象的确切量值。测量仪器是测量设备的组成部分。测量设备是指测量仪器、测量物质、参考物质、辅助设备以及进行测量所必需的资料的总称。根据 ISO 10012. 1 标准，测量设备不但包括硬件和软件，还包括进行测量所必需的资料。不过，就我国测试界的习惯而言，测试装置只指测量设备中的硬件部分，而且大多指测量仪器，并常简称仪器。工业过程中使用的仪器习惯称为仪表。

为了使测量仪器发挥正常的效能，必须通过性能指标为使用者表明仪器特性及仪器功能的有关技术数据。理解和掌握测量仪器的特性是设计、选购、使用仪器并正确处理和表达测量结果的基础。由于历史的原因，特性指标在不同的领域可能有不同的名称，同一个指标也可能有不同的含义。我们应该根据国际标准和国家计量技术规范来理解掌握有关指标，同时也应适当照顾到各个领域内历史沿用下来的习惯用法，因为指标的名称和含义总是随技术进步不断发展的，不会永远停留在原有的名称和意义上。

我国国家计量技术规范规定了 28 项特性。本节介绍规范中的 15 项特性。其中，测量仪器的准确度、准确度等级、测量仪器的示值误差和测量仪器的最大允许误差等 4 项特性描述测量仪器的准确度特性；测量仪器的重复性描述测量仪器的示值分散性；标称范围、量程、测量范围等 3 项表述仪器对输入量范围的要求；灵敏度、鉴别力阈、显示装置的分辨力(常简称分辨力)、死区、漂移、响应特性、响应时间等 7 项特性体现仪器对输入量的响应能力和特点。为了满足动态测试的要求，本节还增加该规范中未列出的信噪比、动态范围、线性度、工作频率范围和回程误差等 5 项指标。

由于测试系统就是组装起来进行特定测量的全套测量仪器和其他设备，所以测量仪器的特性概念可以推广到测试系统中去。

### 一、测量仪器的准确度及其定量指标

测量仪器准确度是测量仪器最主要的计量性能指标。测量仪器的准确度是指测量仪器

给出的示值接近于真值的能力。示值与真值的这种偏差仅仅是由于仪器本身的原因所造成的。由于各种测量误差存在，通常任何测量都是不完善的。所以多数情况下真值是不可知的，（当然有的真值与测试无关,是可知的,如一个圆周为360°），接近于真值的能力也是不确定的。因此，测量仪器准确度是一种测量仪器示值接近真值的程度，所以准确度是定性的概念。

测量仪器准确度是表征测量仪器品质和特性的最主要的性能，因为任何测量的目的就是为了得到准确可靠的测量结果，实质就是要求示值更接近于真值。为此，虽然测量仪器准确度是一种定性的概念，但从实际应用上人们需要以定量的概念来进行表述，来具体确定测量仪器的示值接近于真值能力的大小。

在实际应用中这一表述是用其他的术语来定义的，如准确度等级、测量仪器的示值误差、测量仪器的最大允许误差或测量仪器的引用误差等等。

准确度等级就是按测量仪器的计量性能而划分的准确度等别或级别，如电工测量指示仪表按仪表准确度等级分类可分为0.1，0.2，0.5，1.0，1.5，2.0，5.0七级，它们就是该测量仪器满量程的引用误差。如1.0级指示仪表则其满量程误差为±1.0% FS(FS指满量程)。如百分表准确度等级分为0，1，2级，则主要是以示值最大允许误差来确定。如准确度代号为B级的称重传感器，当载荷$m$处于$0 \leqslant m \leqslant 5000v$时($v$为传感器的检定分度值)，则其最大允许误差为$0.35v$；又如一等、二等标准水银温度计，就是以其示值的最大允许误差来划分的。所以准确度等级实质上是以测量仪器的误差来定量地表述了测量仪器准确度大小。

有的测量仪器没有准确度等级指标，则测量仪器示值接近于真值的能力就是用测量仪器允许的示值误差来表述。因为测量仪器的示值误差就是指在特定条件下测量仪器示值与对应输入量的真值之差。如长度用半径样板，就是以名义半径尺寸规定的允许工作尺寸偏差值来确定其准确度。因为真值是不可知的，实际上测量仪器准确度可以用约定真值或实际值来计算其误差的大小，从而来定量地进行表述。

测量仪器示值接近于真值的能力也可以用测量仪器引用误差或最大允许误差来表述。测量仪器引用误差是指测量仪器的误差与某特定值(如量程或标称范围等)的比值。最大允许误差是指对特定的测量仪器，规范、规程等所允许的误差极限值。

这里要注意，从术语的名称和定义来看，测量仪器准确度、准确度等级、测量仪器示值误差、最大允许误差、引用误差等概念是不同的。严格地讲，要定量地给出测量仪器示值接近于真值的能力，应该指明给出的量是个什么量，是示值误差、最大允许误差、引用误差或准确度等级，不能笼统地称为准确度。我们可以说准确度是它们一个具有定性概念的总称，即测量仪器准确度是定性的概念，但它又可以用准确度等级、测量仪器示值误差等来定量表述。但这二者是有区别的，“准确度1级”不如称为“准确度等级为1级”；“准确度为0.1%”改为“引用误差为0.1% FS”更好。但有时为了制定表格或方便表述，也可笼统写“准确度”，但表内应填写准确度等级或规定的允许误差等数值。

要说明一点，当前仍然流行的“仪器精度”的术语是不规范的，含糊的概念。实际上说“某种仪器的精度是0.1μm”往往是指这种仪器的示值误差为0.1μm，也可能是指这种仪器的分辨力为0.1μm。但是按照“约定俗成”的惯例，大量场合仍然在使用名词

“精度”，只是在不同场合可能有不同的含义。建议读者遇到“精度”时，务必弄清它的具体含义。

## 二、重复性

测量仪器的重复性是指在相同的测量条件下，重复测量同一个被测量时测量仪器示值的一致程度。任何一种测量，只要被测量的真值和仪器的示值之间存在一一对应的确定性单调关系，且这种关系是可重复的，这种测量仪器就是可信的、有效的，能够满足生产需要的。因此，重复性是测量仪器的重要指标。

在重复性定义中，相同的测量条件称为重复性条件。它包括：相同的测量程序，相同的观察者，在相同条件下使用相同的测量仪器，相同地点和短时间(观测者能力、仪器参数及使用条件均保持不变的时间段)内重复测量。仪器示值的一致程度就是指仪器示值分散在允许的范围内。所以重复性可以用示值的分散性来定量地表示。

## 三、灵敏度、分辨力、鉴别力阈和信噪比

灵敏度定义为测量仪器响应的变化除以对应的激励变化。它反映了仪器对一定大小的输入量响应的能力。当灵敏度 $S$ 与激励(输入量) $x$ 的大小无关时，灵敏度是常数，可用仪器响应(输出量) $y$ 的增量 $\Delta y$ 与激励 $x$ 增量 $\Delta x$ 之比来表示

$$S=\frac{\Delta y}{\Delta x}=k=\text{const} \tag{2-48}$$

式中，$k$ 称为传递系数，当响应和激励是同一种量时，又称为放大系数。

如果灵敏度 $S$ 与激励(输入量) $x$ 的大小有关时，应该用仪器响应(输出量) $y$ 对激励 $x$ 的导数来表示

$$S=\frac{\mathrm{d}y}{\mathrm{d}x}=f'(x) \tag{2-49}$$

例如在磁电类仪表中，响应大小和激励大小是线性关系，所以灵敏度是常数。但电磁类仪表的响应大小与激励成平方关系，灵敏度与激励有关。而电动类仪表测量功率时灵敏度是常数，测量电流或电压时又与激励有关。所以表述灵敏度时往往要说明是对哪个量。例如检流计就应说明是电压灵敏度还是电流灵敏度。

灵敏度过小，测量噪声相对大，信噪比过低；灵敏度过大，仪器示值不稳定。所以灵敏度应该适中，当然一般还是大一些好。

分辨力是指显示装置中对其最小示值差的辨别能力。通常模拟式显示装置的分辨力为标尺分度值的一半，即用肉眼可以分辨到一个分度值的1/2，当然也可以采取其他工具，如放大镜、读数显微镜等提高其分辨力。对于数字式显示装置的分辨力为末位数字的一个数码，对半数字式的显示装置的分辨力为末位数字的一个单位。此概念也适用于记录式仪器。显示装置的分辨力可简称为分辨力。

分辨力高可以降低读数误差，从而减少由于读数误差引起的对测量结果的影响。要提高分辨力，往往有很多措施，如指示仪器可增大标尺间距，规定刻线和指针宽度，规定指针和度盘间的距离等等。这些一般在测量仪器的标准或检定规程中都有规定，因为它直接

影响着测量的准确度。有的测量仪器则改进读数装置，如广泛使用的游标卡尺，它利用游标读数原理来提高卡尺读数的分辨力，使游标量具的游标分辨力达到0.10mm、0.05mm或0.02mm。

要区别分辨力和鉴别力阈的概念，不要把二者相混淆。因为鉴别力阈是须在测量仪器处于工作状态时通过实验才能评估或确定数值，它说明觉察到响应变化所需要的最小激励值。而分辨力是只须观察显示装置，即使是一台不工作的测量仪器也可确定其分辨力。它是说明仪器对最小示值差的辨别能力。

根据电学原理工作的测量仪器，混杂在输出信号中的无用成分称为噪声。仪器本身产生的噪声，例如电子热运动产生的热噪声或半导体中电子流产生的散粒噪声等，常称为本底噪声。仪器的信噪比可以指噪声信号的峰值与输出信号峰值之比的分贝值，也可以是功率之比的分贝值，视不同仪器而定。

由于任何电学仪器不可能没有噪声，因此常需要在噪声中检出信号，信噪比就体现了这种能力。一般仪器的最大信噪比应达到40dB以上。

### 四、标称范围、量程、测量范围和动态范围

显示装置上最大与最小示值的范围称为示值范围。测量仪器的操纵器件调到特定位置时可得到的示值范围称为标称范围。例如，一台万用表，把操纵器件调到×10V一挡，其标尺上下限数码为0～10，则其标称范围为0～100V。注意标称范围必须以被测量的单位表示。当测量仪器只有一挡时，通常所指的示值范围就是标称范围。

量程就是标称范围两极限值之差的模。例如温度计下限为-30℃，上限为+80℃，则其量程为$|+80-(-30)|$℃，即为110℃。引入量程的主要目的是计算引用误差，因为一般仪器的引用误差就取为仪器的绝对误差与量程之比。

测量范围也称为工作范围，它是测量仪器的误差处在规定极限内的一组被测量的值。当测量范围两个极限值同符号时，测量范围就是被测量最大值与最小值之差。因此在测量范围内工作的仪器，其示值误差就应处于允许极限内，如超出极限范围使用，示值误差将超出允许极限。所以测量范围就是在正常工作条件下，能确保测量仪器规定准确度的被测量值范围。由于测量范围与仪器准确度有关而标称范围不涉及准确度，所以测量范围不会超出标称范围，有的就等于标称范围。

动态范围是仪器所能测量的最强信号和最弱信号之比，一般用分贝值(dB数)来表示。

$$\text{动态范围}=20\lg(\text{最强信号幅值或有效值}/\text{最弱信号幅值或有效值}) \tag{2-50}$$

例如某频谱分析仪的动态范围为80dB，就是说如果所能分析的输入信号最弱为1mV，最强为10V($20\lg(10\text{V}/1\text{mV})=80$)。虽然动态范围只是测量范围的相对表示，但是由于输入信号是可以衰减或增益的，仪器的测量范围随着输入信号的衰减或增益而改变，但动态范围却不变。所以像频谱分析仪这样的仪器，动态范围更能刻画其测量范围的特性。

### 五、漂移、回程误差、死区和线性度

测量仪器在规定条件下，其特性随时间而缓慢变化的现象称为漂移。仪器的零点漂移

或量程偏移都是漂移的实例。例如热导式氢分析器，规定用校准气体将示值分别调到量程的5%，50%和85%，经24h后，根据分别记下的前后读数，则50%示值变化称为零点漂移，85%的示值变化减去5%的示值变化称为量程漂移。产生漂移的原因往往是温度、压力、湿度等环境参数的缓慢变化，或者仪器本身性能的不稳定。采用预热、预先放置一段时间等措施，使仪器温度接近室温可以减少漂移。

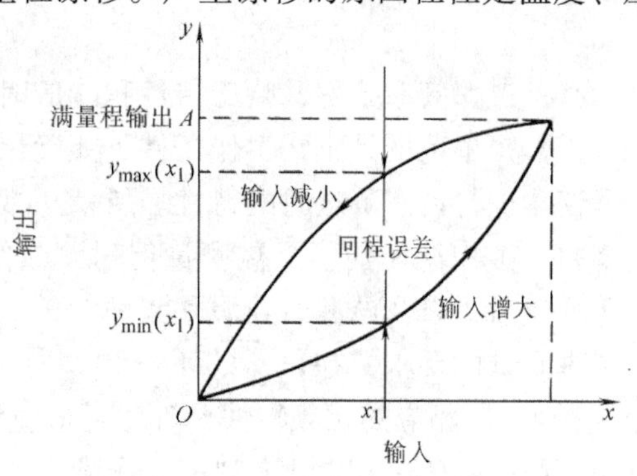


图2-22 回程误差

回程误差是在相同条件下，被测量值不变，测量仪器的行程方向（指输入量增大或减少两个方向）不同，而同一输入量值对应的示值之差最大值的绝对值，或者此绝对值与满量程输出之比的百分数。回程误差也称为滞后值，如图2-22所示。

$$回程误差 = \frac{y_{max}(x_1)}{y_{min}(x_1)} = h_{max} \tag{2-51}$$

或

$$回程误差 = \frac{h_{max}}{A} \times 100\% \tag{2-52}$$

回程误差往往是由磁性材料的磁滞、弹性材料的变形滞迟、机械结构的摩擦和间隙等原因引起的。有回程误差的仪器，测量时输入量要增大和减少各一次，再将两测量结果算术平均来减小回程误差的影响。

死区是不至于引起测量仪器响应发生变化的激励变化范围。死区往往是由机构零件的摩擦，零件间的间隙、阻尼机构的影响、弹性材料的变形或者输出量相对于输入量滞后等等原因引起的。表现为增大输入时没有响应输出或减少输入时也没有响应变化。死区通常用滞后误差或回程误差进行定量确定。

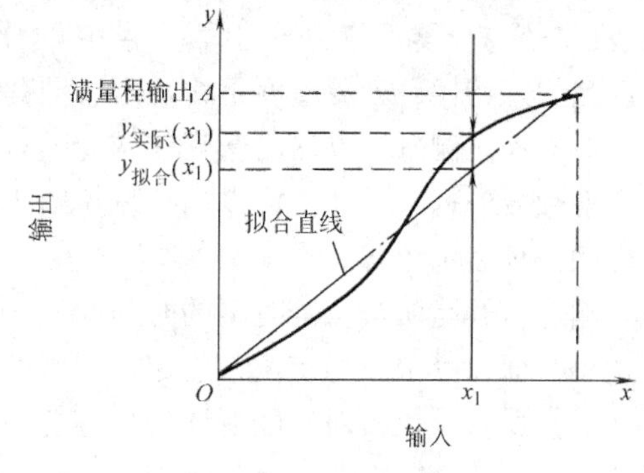


图2-23 线性度

表示测量仪器响应和激励之间关系的曲线称为响应特性曲线（定度曲线）。如果把此曲线拟合成直线，线性度就表示了特性曲线和拟合直线的接近程度，常用量程内特性曲线与拟合直线的输出量偏差最大绝对值与满量程输出之比来表示，如图2-23所示。

$$线性度 = \frac{|y_{实际}(x_1) - y_{拟合}(x_1)|}{A} \times 100\% \tag{2-53}$$

不同的拟合方法有不同的线性度，常用的是最小二乘线性度。有的文献将线性度称为非线性度。

在静态测量中，线性度良好的仪器易于刻度，也易于读数和估值。在动态测量中，线性度不佳的仪器使得输入任一正弦波波形上的各点大小被不成比例地放大或缩小，产生波形畸变，而输入信号可分解成不同正弦波的叠加，所以必然引起输出失真。此时的测量仪器已不能视作线性系统了。所以线性度是动态测量仪器的重要特性指标。

### 六、工作频率范围、响应特性和响应时间

工作频率范围是正常工作条件下能确保测量仪器规定准确度的被测量频率范围。它是测量仪器进行动态测量时的特性。所谓正常工作条件就是额定操作条件，即被测量在规定范围内，影响量（指不是被测量但对测量结果有影响的量，如温度、湿度、电磁场、振动等环境量，以及电源、热源和频率等等）也在规定范围内的仪器工作条件。按照实现不失真测试的要求，在仪器的工作频率范围内，一般要求其幅频特性中幅值变化不超过(5~10)%，相应的相频特性允许对近似直线的偏差范围为3°~6°。而在极限情况下，也有用幅频曲线的-3dB处来规定工作频率范围的上下极限频率，不过此时幅值的最大相对误差达到30%左右，已有一定失真。

二阶测试系统的固有频率和阻尼比，或一阶系统的时间常数，都对工作频率范围有显著影响。

响应特性就是在确定条件下，激励与对应响应之间的关系。这种关系可以用数学等式、数值表或图表示。所以，响应特性就是测量系统的数学模型。例如热电偶的电动势与温度的函数关系，模拟式磁电系电流表的指针偏转角与被测电流的线性关系等等。响应特性是测量仪器最基本的特性。

对于静态测量，输入$x$与输出$y$均不随时间而变，因而响应特性就简单地是输出与输入的函数关系$y=f(x)$。对于线性测量仪器(名义上线性度为零的仪器)，静态响应特性$y=kx$，$k$是惟一可确定的常数。只要将已知的标准量值作为激励，确定仪器的校准曲线(标准量值与仪器示值关系曲线)并将它线性化求其斜率，就能求得常数$k$，进而可以研究一系列静态特性，如灵敏度、线性度、漂移等，以及由此引起的测量误差。

对于动态测量，仪器的激励和响应随时间而变。一般认为他们之间的关系可以用常系数线性微分方程来描述。可以用拉普拉斯积分变换来求解此微分方程。传递函数也是响应特性的一种表示形式。

响应时间是两个特定时刻的时间间隔。一个是激励受到规定突变的时刻，另一个是响应达到并保持其最终稳定值在规定极限内的时刻。它是测量仪器动态响应特性的主要参数之一。它反映了仪器对激励变化的反应能力。响应时间越短，则仪器指示灵敏快捷，有利于快速测量或调节控制。例如动圈式温度指示调节仪有一项指标称为阻尼时间。它要求仪表突然加上相当于标尺几何中心点的被测量(毫伏值或电阻值)的瞬时起，至指针距最后静止位置不大于标尺弧长±10%的范围为止，这个时间间隔对于张丝支承仪表不得超过7s，对轴承、轴尖支承的仪表不超过10s，这一阻尼时间就是响应时间。由于动圈仪表的指针在测量过程中稳定下来需要一定时间，所以调节特性不够理想，使用受到限制。对于一阶系统，响应时间就是时间常数。

# 第六节 测量不确定度

任何测量都有误差。测量结果仅仅是被测量值的一个估计。因此测量结果必然带有不确定性。不确定性越大，重复测量的数值就越分散，单次测量的结果就越不可信，测量结果的质量就越低。测量不确定度就是评定测量结果质量的一个重要指标。由于测量系统的原因造成测量结果的不确定性是测量不确定度的重要来源。

## 一、测量不确定度的含义

测量不确定度是指测量结果变化的不肯定程度，是表征被测量真值在某个量值范围内的一个估计，是测量结果含有的一个参数，用以表示被测量的分散性。因此一个完整的测量结果应包含被测量值的估计与分散性参数两部分。被测量 $Y$ 的测量结果应表示为 $y \pm U$。其中 $y$ 是被测量的估计。$y$ 具有测量不确定度 $U$。

引起测量结果不确定的原因是多方面的。其中测量系统是一个重要方面。由于测量系统是由若干测量仪器组成，测量过程受到各种因素的影响，最终测量结果也往往是由许多直接测量结果合成的，因此测量不确定度有多个分量。求出测量不确定度的大小称为测量不确定度的评定。不论分量来源如何，评定方法可分为两大类：A类和B类。通过对一系列的观测数据的统计分析评定不确定度称为A类评定；不经过统计分析，而基于经验或其他信息所认定的概率分布来评定不确定度称为B类评定。两类评定都建立在概率统计的理论之上，仅仅是概率分布的来源不同，因此具有同等价值。

## 二、标准不确定度的评定

用标准差表征的不确定度称为标准不确定度（standard uncertainty），用 $u$ 表示。测量不确定度所包含的若干分量均是标准不确定度分量，用 $u_i$ 表示。

### （一）标准不确定度的A类评定

若进行等精度重复多次测量，即在相同测量条件下得到被测量 $x_i$ 的 $n$ 个独立观测值 $q_1, q_2, \cdots, q_n$，一般采用这些独立观测值的算术平均值 $\bar{q}$ 表示被测量的估计值。因此这种测量的标准不确定度的A类评定为

$$u_i = \sqrt{\frac{1}{n(n-1)} \sum_{i=1}^{n} (q_i - \bar{q})^2} \tag{2-54}$$

### （二）标准不确定度的B类评定

标准不确定度的B类评定是通过非统计分析法得到的数值。它是根据以前的测量数据、经验或资料，有关仪器和装置的一般知识，使用说明书、检验证书、其他报告或手册提供的数据等等估计出的。必要时对观测值进行一定的分布假设，如正态分布、均匀分布、三角分布、反正弦分布等。若已知观测值分布区间半宽 $a$，对于正态分布：$u_i = a/3$；对于均匀分布：$u_i = a/1.732$；对于三角分布，可取 $u_i = a/\sqrt{6}$。

若观测值取自资料，且资料说明该观测值的测量不确定度 $U_i$ 是标准差的 $k$ 倍，则该观测值的标准不确定度 $u_i = U_i/k$。

若缺乏可用的资料，只能根据经验直接给出不确定度数值。

## 三、自由度及其确定

每个不确定度都对应着一个自由度(degrees of freedom)，记作 $v$。自由度是计算不确定度的变量总数(如 $n$)与这些变量间的线性约束数(如 $k$)之差($n-k$)。自由度定量地表征了不确定度评定的质量。自由度越大表示参与不确定度计算的独立参数越多，因此评定结果就越可信，评定质量也就越高。合成标准不确定度的自由度又称为有效自由度 $v_{\text{eff}}$。不确定度评定中自由度有3个作用：表明不确定度数值的可信程度，确定包含因子 $k$ 和参与计算有效自由度。所以给出测量不确定度的同时应给出自由度。

标准不确定度的A类评定的自由度 $v=n-1$，$n$ 是测量数据的个数。

标准不确定度的B类评定 $u$ 的自由度

$$v=\frac{1}{2\left(\frac{\sigma(u)}{u}\right)^{2}} \tag{2-55}$$

式中，$\sigma(u)$ 是 $u$ 的标准差；$\sigma(u)/u$ 称为标准不确定度 $u$ 的相对标准不确定度。

## 四、测量不确定度的合成

### （一）合成标准不确定度

测量不确定度的合成有两层意义：

1）对于任何一个直接测量量 $x_{\text{i}}$，由于有若干个相互独立的因素影响它的估计值，因此 $x_{\text{i}}$ 对应若干标准不确定度分量 $u_{x\text{i}1},u_{x\text{i}2},\cdots,u_{x\text{i}m}$。所以 $x_{\text{i}}$ 的标准不确定度 $u_{\text{i}}$

$$u_{\text{i}}=\sqrt{u_{x\text{i}1}^{2}+u_{x\text{i}2}^{2}+\cdots+u_{x\text{i}m}^{2}} \tag{2-56}$$

2）对于间接测量量 $y=f(x_1,x_2,\cdots,x_N)$，若各个直接测量量 $x_1,x_2,\cdots,x_N$ 的标准不确定度分量为 $u_1,u_2,\cdots,u_N$，应把它们合并为合成标准不确定度 $u_{\text{c}}$。当各个不确定度分量相互独立时

$$u_{\text{c}}=\sqrt{\left(\frac{\partial f}{\partial x_1}\right)^{2}u_1^{2}+\left(\frac{\partial f}{\partial x_2}\right)^{2}u_2^{2}+\cdots+\left(\frac{\partial f}{\partial x_N}\right)^{2}u_N^{2}} \tag{2-57}$$

### （二）扩展不确定度

在一些实际工作中，如高精度比对以及与安全、健康有关的测量中，希望给出一个测量结果区间，使被测量的各次观测值大部分（以大概率，或称为以置信概率 $P$）被包含在该区间内。这个区间宽度的一半称为扩展不确定度 $U$(expanded uncertainty 或称为展伸不确定度)。

扩展不确定度 $U$ 等于合成标准不确定度 $u_{\text{c}}$ 乘以包含因子 $k$，包含因子(coverage factor)也称为覆盖因子。即

$$U=ku_{\text{c}} \tag{2-58}$$

包含因子 $k$ 由 $t$ 分布的临界值 $t_{\text{p}}(v)$ 给出，即

$$k=t_{\text{p}}(v) \tag{2-59}$$

式中，$v$ 是合成标准不确定度 $u_{\text{c}}$ 的自由度，根据自由度 $v$ 和事先给定的置信概率 $P$，查 $t$

分布表，得到 $t_p(v)$ 的值。

当 $N$ 个标准不确定度分量 $u_i$ 相互独立时，$v$ 可通过每个分量 $u_i$ 的自由度 $v_i$ 求出

$$v=\frac{u_c^4}{\sum_{i=1}^{N}\frac{u_i^4}{v_i^4}} \tag{2-60}$$

当难以确定各个分量的自由度时，一般情况下可以直接取 $k=2\sim3$。

求出扩展不确定度 $U$ 后，就可以用扩展不确定度表示测量结果

$$Y=y\pm U \tag{2-61}$$

**（三）不确定度报告**

在进行了不确定度分析和评定后，应给出不确定度报告。测量结果一般使用扩展不确定度表示。报告中除了给出扩展不确定度 $U$ 外，还应说明它计算时所依据的合成不确定度 $u_c$、自由度 $v$、置信概率 $P$ 和包含因子 $k$。

例如，标称值为 100g 的砝码，其测量结果可表示为

$$Y=y\pm U=(100.02147\pm0.00079)\text{g}$$

扩展不确定度 $U=ku_c=0.00079\text{g}$，是由合成标准不确定度 $u_c=0.35\text{mg}$ 和包含因子 $k=2.26$ 确定的，$k$ 是依据置信概率 $P=0.95$ 和自由度 $v=9$，并由 $t$ 分布表查得的。注意必须说明 0.00079g 是扩展不确定度。

## 五、测量不确定度评定实例—电压测量的不确定度计算

用标准数字电压表在标准条件下，对被测直流电流源 10V 点的输出电压值进行独立测量 10 次，测得值如下：

| $n$ | 1 | 2 | 3 | 4 | 5 | 6 | 7 | 8 | 9 | 10 |
|---|---|---|---|---|---|---|---|---|---|---|
| $U_i$/V | 10.000107 | 10.000103 | 10.000097 | 10.000111 | 10.000091 | 10.000108 | 10.000121 | 10.000101 | 10.000110 | 10.000094 |

计算出 10 次测量的平均值 $U_{av}=10.000104\text{V}$，取该平均值作为测量结果的估计值。

经分析，由于在标准条件下测量，由温度等环境因素引起的不确定度可以忽略。因此电压测量不确定度影因素主要有：标准电压表的示值漂移引起的不确定度 $u_1$，标准电压表的示值误差引起的不确定度 $u_2$，电压测量重复性引起的不确定度 $u_3$。经分析，$u_1$ 和 $u_2$ 应采用 B 类评定法；$u_3$ 应采用 A 类评定法。

在电压测量前对标准电压表进行24h 校准，并已知10V 点测量时，标准电压表24h 示值漂移量范围为 ±15μV，取均匀分布计算得到

$$u_1=\frac{15\mu\text{V}}{1.732}=8.7\mu\text{V}$$

因为给出示值漂移量的数据很可靠，故取其自由度 $v_1=\infty$。

标准电压表的检定证书给出，其示值误差按 3 倍标准差计算为 $3.5\times10^{-6}\times$标准电压表的示值，故 10V 电压对应的 $u_2$ 为

$$u_2=\frac{3.5\times10^{-6}\times10\text{V}}{3}=1.17\times10^{-5}\text{V}=11.7\mu\text{V}$$

因为 $k=3$，可认为置信概率很高，即 $u_2$ 的评定数值非常可靠，故取自由度 $v_2=\infty$。

根据10次测量数据，通过式(2-54)求得

$$
\begin{aligned}
u_3 &= \sqrt{\frac{1}{n(n-1)}\sum_{i=1}^{n}(q_i-\bar{q})^2} \\
&= \sqrt{\frac{1}{10(10-1)}[(10.000107-10.000104)^2+\cdots+(10.000094-10.000104)^2]}\ \mu V \\
&= 2.8\mu V
\end{aligned}
$$

其自由度 $v_3=n-1=9$。

由于 $u_1$、$u_2$、$u_3$ 相互独立，按照式(2-56)合成标准不确定度 $u_c$ 为

$$u_c=\sqrt{u_1^2+u_2^2+u_3^2}=\sqrt{8.7^2+11.7^2+2.8^2}\mu V=14.85\mu V\approx 15\mu V$$

按照式(2-60)，$u_c$ 的自由度

$$v=\frac{u_c^4}{\sum_{i=1}^{N}\frac{u_i^4}{v_i^4}}=\frac{15^4}{\left(\frac{8.7^4}{\infty}+\frac{11.7^4}{\infty}+\frac{2.8^4}{9}\right)}=7412$$

取置信概率 $P=95\%$，由自由度 $v=7412$，查 $t$ 分布表，取 $v\to\infty$，得到 $k=1.960$。根据式(2-58)，电压测量值的扩展不确定度 $U$ 为

$$U=ku_c=1.96\times 15\mu V=29.4\mu V\approx 30\mu V$$

用扩展不确定度评定电压 $U$ 的测量不确定度

$$U=(10.000104\pm 0.000030)V,\ P=95\%,\ v=7412,\ k=1.960$$

## 思 考 题

2-1 测试系统应满足哪些要求，哪些是最重要的，为什么？

2-2 什么是二阶系统？对于二阶系统，为何取阻尼比 $\xi=0.6\sim0.7$ 最佳？

2-3 说明测试系统的3种数学描述方式：微分方程、传递函数和频率响应函数各自的含义及相互关系。

2-4 频率特性与频响函数是什么关系？理想频响函数满足什么要求才能保证测试不失真？

2-5 一个优良的测量装置或系统，当测取一个理想的三角波时，也只能做到工程意义上的不失真测量，为什么？

2-6 一阶和二阶系统的主要参数是什么？如何测量它们？

2-7 对测试仪器而言，“准确度”是什么含义，“精度”又可能是什么含义，试举三例说明。

2-8 “灵敏度”是否一定是常数？试举例说明。

2-9 通过数值表述，能否区分“量程”和“测量范围”？

2-10 测量不确定度与误差有什么区别和联系？为什么现在测量界普遍采用不确定度？

## 习 题

2-1 某动压力测量时，所采用的压电式压力传感器灵敏度为90.0nC/MPa，将它与增益为0.005V/(nC)的电荷放大器相连，然后将其输出送入到一台笔式记录仪，记录仪的灵敏度为20mm/V，试计算系统的总灵敏度。又当压力变化3.5MPa时，记录笔在记录纸上的偏移量多少？

2-2 用某一阶装置测量频率为100Hz的正弦信号，要求幅值误差限制在5%以内，问其时间常数应

取多少？如果用具有该时间常数的同一装置测量频率为 50Hz 的正弦信号，试问此时的幅值误差和相角差分别为多少？

2-3　设用一个时间常数为 $\tau=0.1\text{s}$ 的一阶装置测量输入为 $x(t)=\sin 4t+0.2\sin 40t$ 的信号，试求其稳态输出 $y(t)$ 的表达式。设静态灵敏度 $k=1$。

2-4　某 $\tau=0.1\text{s}$ 的一阶装置，当允许幅值误差在 10% 以内时，试确定输入信号的频率范围。

2-5　设初始条件均为零，请推证式（2-5）所示的一阶系统传递函数为

$$\boldsymbol{H}(s)=\frac{k}{\tau s+1}$$

式（2-7）所示的二阶系统传递函数为

$$\boldsymbol{H}(s)=\frac{k}{\left(\frac{s}{\omega_n}\right)^2+2\xi\left(\frac{s}{\omega_n}\right)+1}$$

并说明这两个传递函数中 $k$ 的含义。

2-6　两环节的传递函数分别为 $1.5/(3.5s+5)$ 和 $41\omega_n^2/(s^2+1.4\omega_n s+\omega_n^2)$，试求串联后所组成装置的灵敏度。（提示：先将传递函数化成标准形式。）

2-7　设某力传感器为二阶系统，静态灵敏度 $k=1$。已知其固有频率为 800Hz，阻尼比为 $\xi=0.14$，当测频率为 400Hz 变化的力参量时，其振幅比 $A(\omega)$ 和相位差 $\varphi(\omega)$ 各为多少？若使该装置的阻尼比 $\xi=0.7$，则 $A(\omega)$ 和 $\varphi(\omega)$ 又为多少？

2-8　对某二阶装置输入单位阶跃信号后，测得其响应中第一个超调量峰值为 1.5，同时测得其振荡周期为 6.2832s。若该装置的静态灵敏度 $k=3$，试求该装置的动态特性参数 $\xi$ 和 $\omega_n$ 及其频率响应函数 $H(\mathrm{j}\omega)$。

2-9　在光学计上用 3 块量块研合成量块组作标准量测量圆柱体直径。3 块量块的长度标称值分别是：$l_1=40\text{mm}$，$l_2=10\text{mm}$，$l_3=2.5\text{mm}$。量块按“级”使用。根据量块的出厂技术文件，量块长度对标称值的极限偏差分别为 $\pm0.45\mu\text{m}$，$\pm0.30\mu\text{m}$，$\pm0.25\mu\text{m}$（极限偏差按置信概率为 99.97% 的正态分布计算）。求该量块组引起的合成标准不确定度和自由度。

# 第三章　信号描述及分析

## 第一节　概　　述

信息科学是研究信息的获取、传输、处理和利用的一门科学，检测技术就是获取信息的技术，它处于信息科学的最前端，是信息科学的前提和基础。自然界和工程实践中充满着大量的信息。获取其中的某些信息并对其进行分析、处理，揭示事物的内在规律和固有特性以及事物之间的相互关系，继而作出判断、决策等是测试工程所要解决的主要任务。

信息是一个抽象的概念，需要通过一定的形式把它表示出来才便于表征、储存、传输和利用，这就是信号。信号是信息的表达形式和载体，一个信号中包含着丰富的信息，它是测试工程师的原材料。人们在长期的生产活动和科学实践中不断寻找能准确反映信息内容的各种各样的信号，并研究这些信号之间的定性与定量关系，形成了独立的信号处理学科领域。根据目的不同，在检测技术中数字信号处理技术可分为三类：①以剔除信号中的噪声为目的的数字滤波技术；②以估计、提取信号的相关信息为目的的数字信号分析技术；③在信号分析基础上进行判断、识别、定位或跟踪等技术。对于各种不同信号，可以从不同角度进行分类。在动态测试技术中，常将信号作为时间函数来研究。按能否用确定的时间函数关系描述，可将信号分为确定性信号和随机信号两大类，常用的信号分类关系大致如图 3-1 所示。

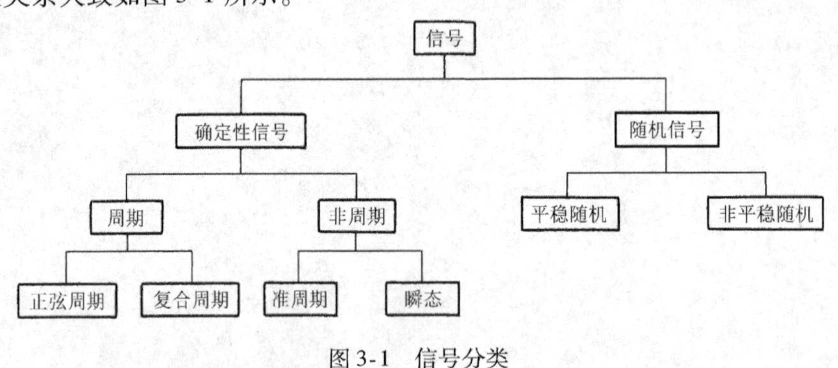


图 3-1　信号分类

### 一、确定性信号

确定性信号是指可用明确的数学关系来描述的信号，或者说信号能被表示为一确定的时间函数，对于指定的某时刻，可以确定一相应的函数值，如图 3-2 所示，如简谐信号等。确定性信号既可以是周期性信号，也可以是非周期性信号。

周期性信号包括简谐周期信号和复杂周期信号。所谓复杂的周期信号就是由若干频率为基频整数倍信号组合而成的信号。非周期信号包括准周期信号和瞬态信号。准周期信号是由一些不同频率的简谐信号合成的信号，但组成它的各简谐分量的频率不全为有理数。而上述复杂周期信号的简谐分量中任意两个分量的频率之比都是有理数，这是准周期信号与复杂周期信号的不同之处。

瞬态信号包括除准周期信号以外的一切可以用时间函数来描述的非周期信号，它的时间函数为各种脉冲函数或者衰减函数。当然它也是一种确定性信号。

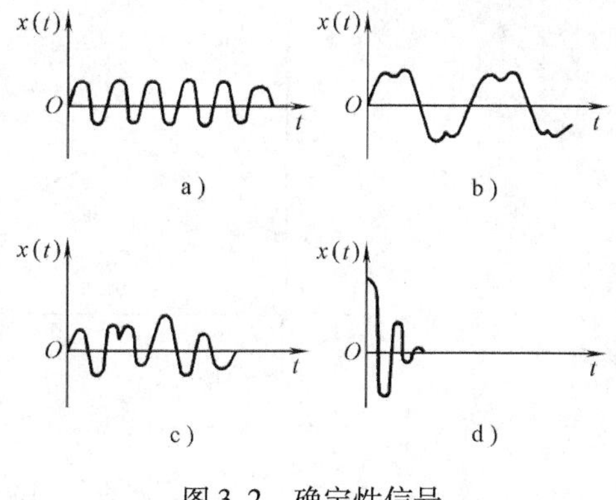


图 3-2　确定性信号

a）简谐信号　b）复杂周期信号

c）准周期信号　d）瞬态信号

## 二、随机信号

随机信号具有随机特点，每次观测的结果都不相同，无法用精确的数学关系式或图表来描述，更不能由此准确预测未来的结果，而只能用概率统计的方法来描述它的规律，所以此种信号也被称为非确定性信号。根据随机信号的统计特征量（均值、方差、自相关函数）是否随时间变化，随机信号又可以分为（宽）平稳随机信号和非平稳随机信号。

在工程和实际生活中，随机信号的例子很多，例如，各种无线电系统及电子装置中的噪声和干扰，建筑物所承载的风载，船舶航行时所受到的波浪冲击，许多生物信号（心电、脑电、肌电、心音等）以及我们天天都在发出的语音信号等都是随机的。因此，随机信号也是检测技术所面对的一个主要对象。

## 三、连续信号与离散信号

根据信号自变量的取值是否连续，也可以把信号分为连续时间信号与离散时间信号，简称连续信号与离散信号。

连续信号：若在所讨论的时间间隔内，对于任意时间值（除若干不连续点以外）都具有对应的函数值，此信号称为连续信号，见图 3-3a。连续信号的幅值可以是连续的，也可以是离散的（只取某些规定值）。对于时间和幅值都是连续的信号又称为模拟信号。现实世界上大多数信号均是模拟信号。

离散信号：离散信号是只在一些离散的时间点上取值，而在其他时间没有定义，见图 3-3b。

信号处理可以采用模拟系统对连续时间信号进行处理，也可以采用数字系统对离散信号进行处理。鉴于数字处理方法的显著优势以及数字处理技术的快速发展，目前绝大多数信号处理都是采用计算机或专用数字处理芯片进行的，所处理的对象为离散信号。因此，本章介绍的信号分析、处理方法，如无特别说明，都是针对离散信号的。

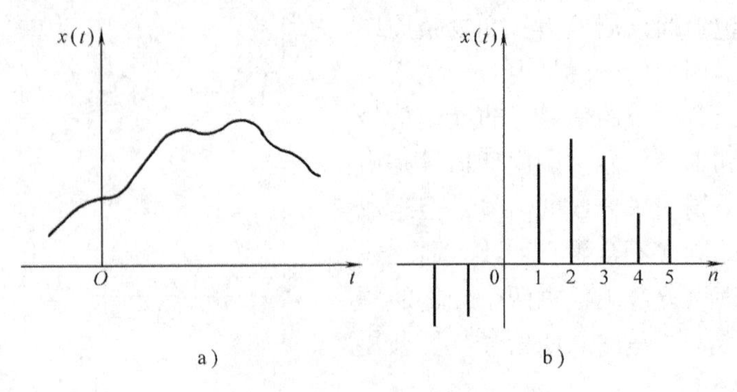


图3-3 连续信号与离散信号

a）连续信号 b）离散信号

## 四、信号的描述和评价

1. *时域描述和频域描述* 信号是信息的具体表现形式，这种表现可以从时域描述，也可以从频域描述。

直接检测或记录到的信号一般是随时间变化的物理量，称为信号的时间域描述。这种以时间为独立自变量的描述方式可以直观地展示被测信号幅值随时间的变化特征（幅值变化的快慢或规律等），但不能明确揭示信号包含哪些频率成分以及各频率成分的幅值与相位。通过傅里叶变换，可以把以时间为自变量的信号变换成以频率为自变量的频谱函数，称为信号的频率域描述或称为频谱分析。

受测试条件或实际工况的影响，无论是在时域还是在频域，信号中总是既包含有用信息，也包含无用的干扰信息，有些情况下，干扰信息甚至会远超过有用信息。为了准确了解或把握信息的本质特征，往往需要对测试信号进行适当处理或变换，达到去伪存真，突出有用信息的目的。检测技术中常用的信号处理方法包括：滤波、频谱分析、相关分析、短时傅里叶变换、小波变换、经验模态分解D、独立分量和主分量分析等。

2. *信号质量的评价——信息熵理论概述* 检测的目的是为了获取信息。信息是个很抽象的概念，人们常常说信号中包含丰富的信息，或者信息较少，但却很难说清楚到底包含多少信息。直到1948年，香农提出了“信息熵”（Information Entropy）概念，才解决了信息的量化度量问题。

根据实践经验，香农指出一个事件给予人们的信息量多少，与这一事件发生的概率（可能性）大小有关，用 $H(A)=-\lg p(A)$ 来度量事件 $A$ 给出的信息量，称为事件 $A$ 的自信息量，其中 $p(A)$ 表示该事件发生的概率。若一次试验有 $m$ 个可能结果（事件），或一个信源可能产生 $m$ 个消息（事件），它们出现的概率分别为 $p_1, p_2, \cdots, p_m$，则用 $H=-\sum_{i=0}^{m-1} p_i \lg p_i$ 来度量一次试验或一个消息所给出的平均信息量。$H$ 称为信息熵，由于 $H$ 的表达式与热力学熵的表达式差一个负号，故又称为负熵。

从信息熵的定义可以看出，变量的不确定性越大，熵也就越大，把它搞清楚所需要的信息量也就越大。一个系统越是有序，信息熵就越低；反之，一个系统越是混乱，信息熵就越高。从这个意义上看，信息熵也可以说是系统有序化程度的一个度量。具体说来，凡是导致随机事件集合的肯定性、组织性、法则性或有序性等增加或减少的活动过程，都可以用信息熵的改变量这个统一的标尺来度量。

以香农信息论为基础的测量信息论是以信息熵为研究核心的一套现代测量数据和测量系统评价理论。它摒弃了传统的测量数学模型（如真值、误差等），代之以集合、分布、信息熵、信息传递等现代信息论模型。在传统的测量中，被测量被视为一个客观存在的、测量过程中保持不变的量值，而实际被测量不是一个不变的单一量值。在各种因素影响下，除单向漂移变化外，任何一个被测量都是随时间变化的随机参量，即被测量本质上为一个随机过程。被测量 $X$ 的实际数学模型可以表示为一个可能性分布函数(pdf)，它是随被测量量值和时间变化的连续信源集合。测量过程是追求在 $p(x,t)$ 分布下的集合的数学期望值及不确定性——信息熵 $H_x(t)$ 的操作。根据概率论和香农信息论，被测量的数学期望和信息熵分别为

$$\left.\begin{aligned} \overline{X}(t) &= \int_{-\infty}^{\infty} xp(x,t)\,\mathrm{d}x \\ H(x,t) &= -\int_{-\infty}^{\infty} p(x,t)\lg p(x,t)\,\mathrm{d}x \end{aligned}\right\} \tag{3-1}$$

被测量数学期望反映了被测量的随机平均特性；而被测量的信息熵则是被测信源集合不确定性的体现。

例如，有两个信源，其概率空间分别为

$$[X,p(x_i)] = \begin{pmatrix} x_1 & x_2 \\ 0.99 & 0.01 \end{pmatrix}$$

$$[Y,p(y_i)] = \begin{pmatrix} y_1 & y_2 \\ 0.5 & 0.5 \end{pmatrix}$$

则信息熵分别为

$$H(X) = -0.99\lg 0.99 - 0.01\lg 0.01 = 0.024$$

$$H(Y) = -0.5\lg 0.5 - 0.5\lg 0.5 = 0.3$$

可见 $H(Y) > H(X)$，说明信源 $Y$ 比信源 $X$ 的平均不确定性要大。

自然界存在的所有客观量值的概率密度函数(pdf)都随时间变化，其数学期望和信息熵也随时间变化。相对于测量操作而言，有的量变化慢，有的量变化快。实用中，可操作的物理模型大致可简化为下列三类：①被测量是单一的、固定不变的量值；②被测量是一个拥有一定概率分布不随时间变化的连续集合；③被测量概率分布满足时间遍历条件的连续集合。

代表测量结果的数据构成测量的另一个信息集合：测量结果信息集合。它是一个离散的具有一定概率分布的集合，但不是一个独立存在的信息集合。它所含的信息内容和信息熵由被测量信源和测量过程决定，离散的最小间距与测量分辨率有关。离散性使得被测量信源的部分信息丢失，表现在信息量减少，信息熵变化。此集合的不确定性可用信息熵来表示。

设测量结果集合由数据 $Y = \{y_0, y_1, \cdots, y_2\}$ 构成，其概率空间为

$$\begin{bmatrix} y_0, y_1, \cdots, y_i, \cdots y_{n-1} \\ p_0, p_1, \cdots, p_i, \cdots p_{n-1} \end{bmatrix} \qquad \sum_{i=0}^{n-1} p_i = 1$$

则测量结果的信息熵为

$$H(y) = -\sum_{i=0}^{n-1} p(y_i)\lg p(y_1) \tag{3-2}$$

测量结果信息集合不是一个独立存在的信息集合，它是以信源集合的内容及其分布为条件而存在的。信源集合与测量结果信息集合之间的关系充分反映了测量的质量，因此在测量信息论中用信息熵这个表示二者之间关系的信息量参数来表示测量及其信号的质量。

## 第二节　傅里叶变换与频谱分析

以时间为独立变量的时域描述方式能直观反映信号的幅值随时间变化的特征，但不能明确揭示信号的频率结构和各频率成分的幅值与相位。通过傅里叶变换，可以把以时间为自变量的时域信号转换成以频率为自变量的频率域信号，称为信号的频率域描述。借鉴物理学中光谱的概念，人们把信号由时域向频域变换的过程称为频谱分析，称由此得到的不同频率分量为信号的频谱。

### 一、傅里叶变换的原理

傅里叶变换是信号处理领域一种很重要的方法。傅里叶原理表明：任何连续测量的时间信号，都可以表示为不同频率的正弦信号的无限叠加。而根据该原理创立的傅里叶变换算法利用直接测量到的原始信号，以累加方式来计算该信号中不同正弦波信号的频率、振幅和相位。和傅里叶变换算法对应的反傅里叶变换算法，从本质上说也是一种累加处理，可以将单独改变的正弦波信号以累加的方式转换成一个时间信号。因此，傅里叶变换将原来难以处理的时域信号转换成易于分析的频域信号（信号的频谱），可以利用一些工具对这些频域信号进行处理、加工。最后还可以利用傅里叶反变换将这些频域信号还原成时域信号。

由此可以看出，傅里叶变换的本质是以不同频率的正弦信号为基函数来分解原来的信号。这样处理具有以下好处：①正弦函数在物理上是被充分研究而相对简单的函数，只要用幅值、频率和相位三个参量就可充分表征；②正弦信号具有独特的保真性，一个正弦曲线信号输入系统后，输出的仍是正弦曲线，只有幅度和相位可能发生变化，但是频率和波的形状仍是一样的，且只有正弦曲线才拥有这样的性质；③傅里叶变换是线性算子，其逆变换形式与正变换非常类似，容易求出，从而系统对于复杂激励的响应可以通过组合其对不同频率正弦信号的响应来获取；④具有快速算法（快速傅里叶变换算法——FFT）。

周期信号的幅值谱是以基频 $\omega_1$ 为间隔的若干离散谱线组成，其分布情况取决于信号的波形。信号频谱的疏密程度与信号的基波周期直接有关，周期越长，即基频越低，谱线之间的距离越小。当信号周期无限增大时，谱线间的距离将无限缩小，最后当信号成为非周期（相当于周期无限大）时，其频谱将从离散转变为连续。

正是由于上述的良好性质，傅里叶变换在物理学、数论、组合数学、信号处理、概率、统计、密码学、声学、光学等领域都有着广泛的应用。

## 二、傅里叶变换的基本形式

傅里叶变换是把以时间为自变量的时域“信号”转换成以频率为自变量的“频谱（密度）函数”的过程，根据时间和频率是取连续值还是离散值，有 4 种不同的变换形式：

1. 连续傅里叶变换（FT）　连续时间、连续频率的傅里叶变换。设 $x(t)$ 是一连续时间信号，如果其满足狄里赫利条件且能量有限，即 $\int_{-\infty}^{\infty}|x(t)|^2\mathrm{d}t<\infty$，那么 $x(t)$ 的傅里叶变换存在，定义为

$$
\begin{aligned}
X(\mathrm{j}\Omega) &= \int_{-\infty}^{\infty} x(t)\mathrm{e}^{-\mathrm{j}\Omega t}\mathrm{d}t \\
x(t) &= \frac{1}{2\pi}\int_{-\infty}^{\infty} X(\mathrm{j}\Omega)\mathrm{e}^{\mathrm{j}\Omega t}\mathrm{d}\Omega
\end{aligned}
\tag{3-3}
$$

式中，$\Omega=2\pi f$ 为角频率（rad/s）；$X(\mathrm{j}\Omega)$ 是 $\Omega$ 的连续函数，称为信号 $x(t)$ 的频谱密度函数，简称频谱。

2. 傅里叶级数（FS）　连续时间、离散频率的傅里叶变换。设 $\tilde{x}(t)$ 是一周期信号，其周期为 $T$，如果其满足狄里赫利条件且在一个周期内能量有限，即 $\int_{-T/2}^{T/2}|\tilde{x}(t)|^2\mathrm{d}t<\infty$，那么 $\tilde{x}(t)$ 可以展开成傅里叶级数：

$$
\begin{aligned}
\tilde{x}(t) &= \sum_{k=-\infty}^{\infty} X(k\Omega_0)\mathrm{e}^{\mathrm{j}k\Omega_0 t} \\
X(k\Omega_0) &= \frac{1}{T}\int_{-\frac{T}{2}}^{\frac{T}{2}} \tilde{x}(t)\mathrm{e}^{-\mathrm{j}k\Omega_0 t}\mathrm{d}t
\end{aligned}
\tag{3-4}
$$

式中，$k$ 为整数；$\Omega$ 为 $\tilde{x}(t)$ 的基波频率，$\Omega_0=\dfrac{2\pi}{T}$，$k\Omega_0$ 为其第 $k$ 次谐波频率；$X(k\Omega_0)$ 代表了 $x(t)$ 中第 $k$ 次谐波的幅度，它是离散的，仅在 $\Omega_0$ 的整数倍处取值，反映了 $\tilde{x}(t)$ 中所包含的频率为 $k\Omega_0$ 的成分的大小。

3. 序列的傅里叶变换（DTFT）　离散时间、连续频率的傅里叶变换。对于连续时间信号 $x(t)$ 以采样频率 $f_s$ 进行采样，得到离散时间信号 $x(n)$，若 $|x(n)|<\infty$，则定义其傅里叶变换为

$$
\begin{aligned}
X(\mathrm{e}^{\mathrm{j}\omega}) &= \sum_{n=-\infty}^{\infty} x(n)\mathrm{e}^{-\mathrm{j}\omega n} \\
x(n) &= \frac{1}{2\pi}\int_{-\pi}^{\pi} X(\mathrm{e}^{\mathrm{j}\omega})\mathrm{e}^{\mathrm{j}\omega n}\mathrm{d}\omega
\end{aligned}
\tag{3-5}
$$

式中 $\omega=\Omega T=2\pi f/f_s$ 为数字角频率。$X(\mathrm{e}^{\mathrm{j}\omega})$ 是 $\omega$ 的连续函数，也是 $\omega$ 以 $2\pi$ 为周期的周期函数。

4. 离散傅里叶级数（DFS）与离散傅里叶变换（DFT）　离散时间、离散频率的傅

里叶变换。我们知道计算机只能处理有限长的离散信号，上述三种形式的傅里叶变换至少在一个域（时域或频域）的取值是连续的，因此它们无法用计算机来实现。同时可以看到一个现象：如果信号在时域（或频域）是周期的，那么它在频域（或时域）是离散的，反过来也成立。因此一个在时域是周期的离散信号，它在频域一定可以表示为离散的周期的频谱，这就是离散傅里叶级数（DFS），即

$$
\begin{aligned}
\tilde{X}(k) &= \sum_{n=0}^{N-1} \tilde{x}(n)\mathrm{e}^{-\mathrm{j}\frac{2\pi}{N}nk} \qquad k = -\infty \to +\infty \\
\tilde{x}(n) &= \frac{1}{N}\sum_{k=0}^{N-1} \tilde{X}(k)\mathrm{e}^{\mathrm{j}\frac{2\pi}{N}nk} \qquad n = -\infty \to +\infty
\end{aligned}
\tag{3-6}
$$

离散傅里叶级数（DFS）在时域、频域都是离散的、周期的。时域的离散间隔为 $T_s = 1/f_s$，周期为 $T_p = NT_s$；频域的离散频率间隔为 $\omega_0 = 2\pi/N$，周期为 $\omega_p = 2\pi$（即采样频率 $f_s$）。

4 种形式的傅里叶变换之间的对应关系可以用图 3-4 表示。

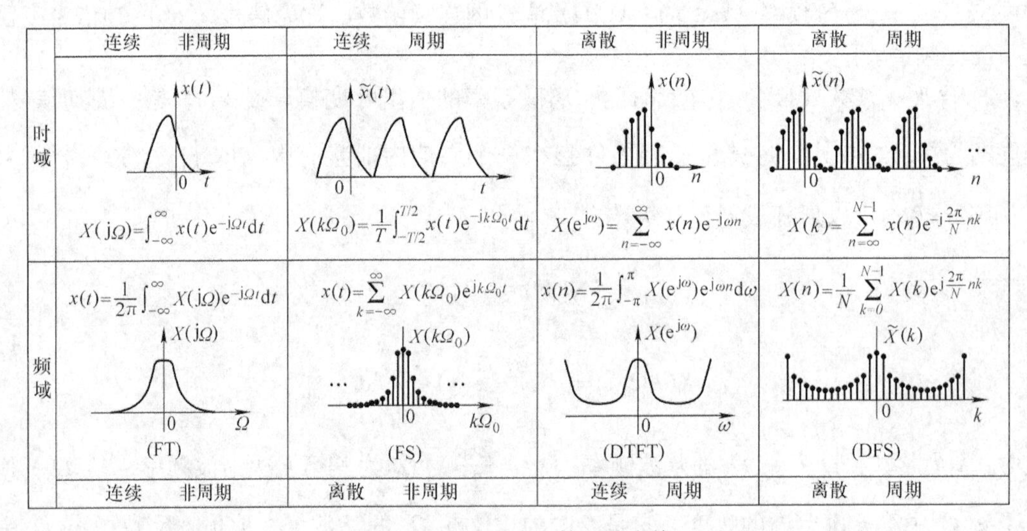

图 3-4　4 种形式的傅里叶变换

尽管式（3-3）~式（3-6）中标注的 $n$、$k$ 都是从 $-\infty$ 至 $+\infty$，但受采样频率的制约，满足抽样定理的信号的最高频率只能是采样频率的一半，即 $N\Omega_0/2$，这样实际有效的 $n$、$k$ 只能是 $0,1,\cdots,N-1$，即

$$
\begin{aligned}
X(k) &= \sum_{n=0}^{N-1} x(n)\mathrm{e}^{-\mathrm{j}\frac{2\pi}{N}nk} \qquad k = 0,1,\cdots,N-1 \\
x(n) &= \frac{1}{N}\sum_{k=0}^{N-1} X(k)\mathrm{e}^{\mathrm{j}\frac{2\pi}{N}nk} \qquad n = 0,1,\cdots,N-1
\end{aligned}
\tag{3-7}
$$

这里时域和频域都是有限长的，即为有限长离散序列的傅里叶变换（DFT）。关于从连续傅里叶变换（FT）到离散序列的傅里叶变换（DFT）的演变过程，可以作如图

3-5 图解。

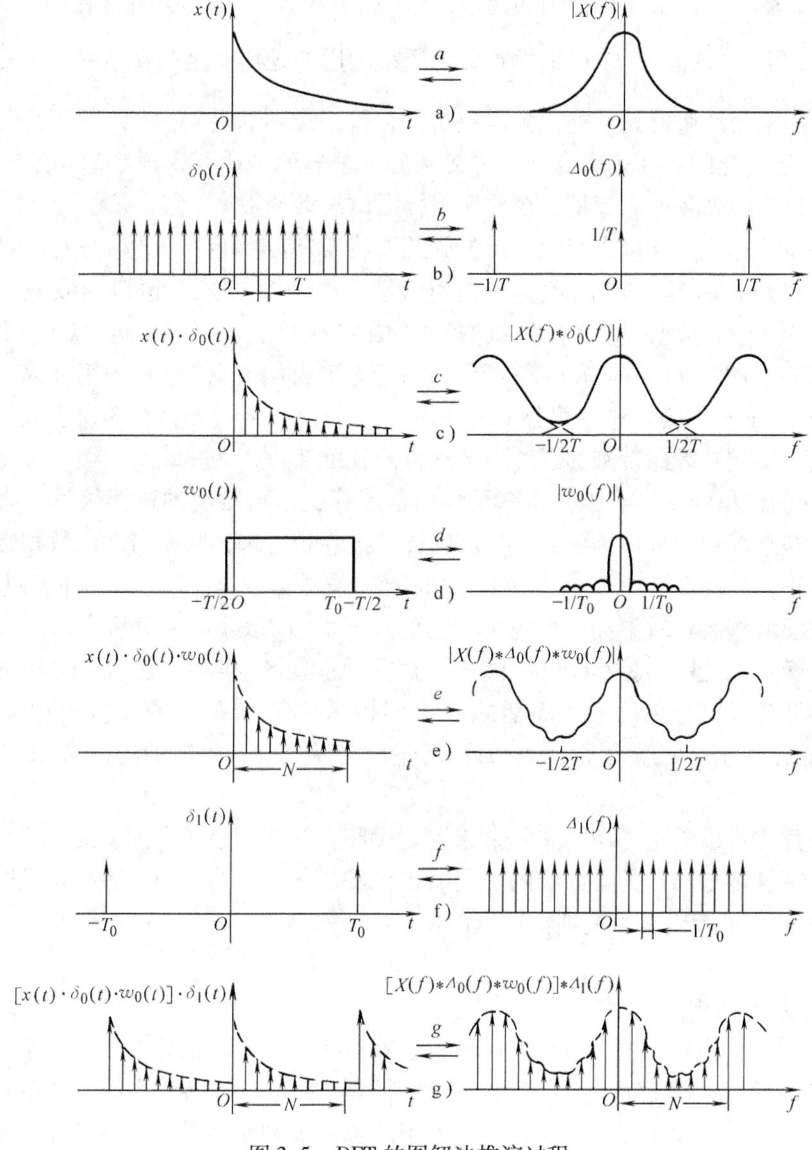


图 3-5 DFT 的图解法推演过程

图 3-5a 所示为一连续时间函数 $x(t)$，它是一个单向指数衰减函数：

$$x(t)=\begin{cases}0 & t<0\\ \beta e^{-\alpha t} & t\geqslant 0(\alpha>0)\end{cases}$$

若要求在计算机上对其作频谱分析，就必须首先对 $x(t)$ 进行采样使其离散化。采样的实质就是在时间域将 $x(t)$ 乘以图 3-5b 所示的采样函数 $\delta_0(t)$，它是周期为 $T$ 的 $\delta$ 函数系列，即采样频率 $f_s=\dfrac{1}{T}$。采样后的离散时间序列就是图 3-5c 所示的离散函数 $x(n)=x(t)\cdot\delta_0(t)$。根据卷积定理：在时间域两函数相乘对应于其频率域的卷积，即 $x(t)\cdot$

$\delta_0(t) \Leftrightarrow X(f) * \Delta_0(f)$，这里，“·”表示乘积运算，“*”表示卷积运算，$\Leftrightarrow$ 表示正逆傅里叶变换。显然，经过采样后得到的离散函数 $x(n) = x(t) \cdot \delta_0(t)$ 的频谱 $X(f) * \Delta_0(f)$ 是原连续函数 $x(t)$ 的频谱 $X(f)$ 以采样频率为周期的周期延拓，因此在频率大于 $\frac{1}{2}f_s$ 时会出现重叠现象，从而产生混叠误差。为避免这一误差，必须满足，$f_s \geqslant 2f_{max}$，此处 $f_{max}$ 表示原函数 $x(t)$ 所包含的最高频率成分。这又从另一个侧面证明了采样定理：采样频率必须高于信号所包含最高频率的2倍。至此，采样后的离散函数 $x(n) = x(t) \cdot \delta_0(t)$ 仍有无限个采样点，而计算机只能接受有限个点，因此要将 $x(n) = x(t) \cdot \delta_0(t)$ 进行时域截断，取出有限的 $N$ 个点，如图3-5d所示，这相当于用宽度为 $T_0$ 的矩形窗口函数 $w_0(t)$ 与其相乘。同样根据卷积定理，$N$ 个有限点的离散函数 $x(t) \cdot \delta_0(t) \cdot w_0(t)$ 的频谱应等于 $[X(f) * \Delta_0(f)] * W_0(f)$，如图3-5e所示，由于矩形窗函数 $w_0(t)$ 的傅里叶变换 $W_0(f)$ 是一个抽样函数 sin $cx$，同它作卷积必须出现图3-5e所示由sinc函数旁瓣所引起的频谱展宽和波动起伏，要减少因此带来的误差，增加截断长度 $T_0$ 是有利的。

图3-5e的傅里叶变换对中，频率函数仍是计算机不可接受的连续函数，为此还要将其离散化，即乘以频率采样函数 $\Delta_0(f)$。同样，按卷积定理，频率域两函数相乘对应于时间域要作卷积，如图3-5e、f、g所示。此处频率采样函数 $\Delta_0(f)$ 的采样间隔应为 $1/T_0$，以保证在时间域作卷积时不会产生混叠，这里 $f_0 = 1/T_0$ 表示频率分辨率。

这样，图3-5g已经成为计算机可接受的离散傅里叶变换对。它们在时间域和频率域上均离散周期化了。分别取一个周期的 $N$ 个时间采样值和 $N$ 个频率值相对应，即 $T_0 = NT$，从而导出了与原来连续函数 $x(t)$ 及傅里叶变换 $X(f)$ 相当的有限离散傅里叶变换（DFT）对。

由上述过程可以看出，DFT实际上来自于DFS，只不过在时域和频域各取一个周期，这样时域、频域都是离散的有限长的。同时也说明，无论信号 $x(n)$ 是否为周期信号，只要采用DFT处理，就隐含着周期性在里面。

### 三、频谱分析的应用实例

以振动噪声严重超标的某机械传动系统故障诊断为例，理论分析表明该系统中各种类型的故障在其噪声频谱上都有其相应的故障特征频率，它随着传动系统的某些几何参数的改变而改变。当故障发生时，在噪声频谱上与故障特征频率相对应的频点附近和倍频上会出现一些频谱峰，据此可进行噪声源识别和故障诊断。

对于待检测的机械传动系统，经验分析出现异常噪声的原因可能是轴承磨损、齿轮啮合不当或转动部件磕碰机体所致，在1000r/min的输入转速下，用2000Hz采样频率采集其噪声信号，并经8阶的Daubechies共轭正交滤波器滤除高频噪声后的时域曲线如图3-6a所示。从图中可以看出，时域曲线存在一定的周期性，但很难确定周期的具体大小和程度。对该信号做DFT处理后的频谱曲线如图3-6b所示，从中可以看出该信号的主要频率结构为127Hz及其倍频成分，其能量占据了信号总能量的80%以上。结合传动系统的几何参数，推知噪声可能是由于齿轮箱二级传动齿轮啮合不当而引起的，故障原因可能是断齿，经开箱检查，发现故障原因与分析结果完全吻合。

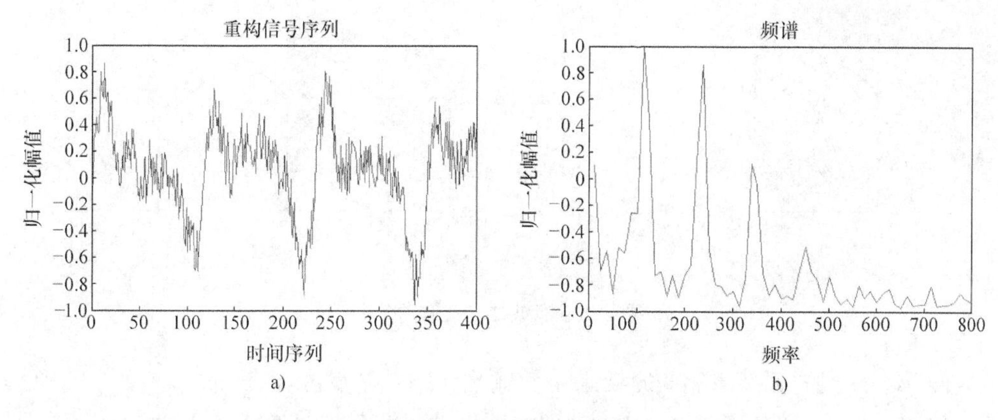


图3-6　某机械传动系统故障噪声信号及其频谱

a）时间信号　b）频谱结构

## 第三节　信号滤波

传感器的输出信号中不可避免地存在干扰与噪声，对于检测电路来说，干扰引起的输出信号变化与被测对象引起的输出变化是无法分辨的，这势必影响测量结果的准确性。因此检测系统必须有相应的措施来减小和抑制干扰的影响。滤波是一种保持需要的频率成分，去除不需要的频率成分的抑制干扰的信号处理方法。根据其工作原理的不同，可分为经典滤波和现代滤波两大类。经典滤波是基于信号和噪声具有不同的频率结构（或者说有用信号和噪声分布在不同的频带上），提取有用信号，抑制不需要的噪声干扰。现代滤波是按随机信号内部的统计分布规律，从与信号共频的干扰中最佳提取信号，其主要方法是基于信号检测、估计和建模等，如维纳滤波器、卡尔曼滤波器、自适应滤波器等。

### 一、经典滤波器的工作原理

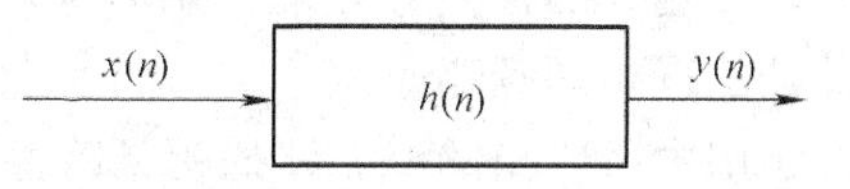


图3-7　LSI系统的输入和输出关系

在检测技术中，应用最广和最成熟的是经典滤波，它可以进行模拟滤波（AF），如RC、LC滤波器等，也可以进行数字滤波（DF），其工作原理是相同的。这里以数字滤波来说明经典滤波器的基本原理。它本质上就是一个线性时不变系统。如图3-7所示，设$x(n)$是系统的输入，$X(e^{j\omega})$是其傅里叶变换，$y(n)$是系统的输出，$Y(e^{j\omega})$是其傅里叶变换，则

$$y(n)=\sum_{m=-\infty}^{\infty}h(n-m)x(m)=F^{-1}[X(e^{j\omega})H(e^{j\omega})] \tag{3-8}$$

可以看出输入序列的频谱$X(e^{j\omega})$经过滤波器（其系统性能用$H(e^{j\omega})$表示）后变成了$X(e^{j\omega})H(e^{j\omega})$。假定$|X(e^{j\omega})|$，$|H(e^{j\omega})|$如图3-8a、b所示（图中$\omega_c$称为滤波器的截止频率），那么由式（3-8），$|Y(e^{j\omega})|$将如图3-8c所示。

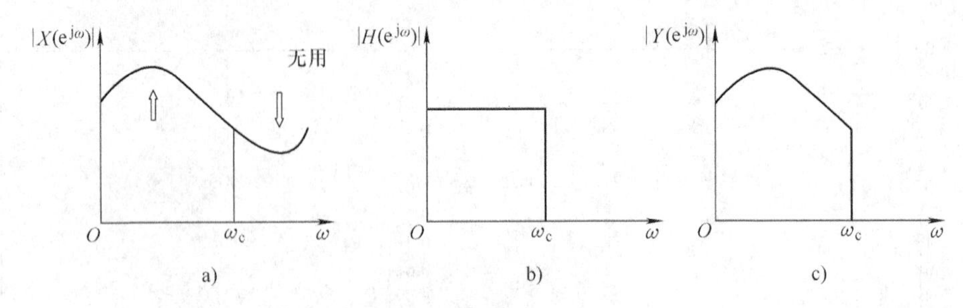


图3-8　滤波器的工作原理

这样，$x(n)$ 通过系统 $h(n)$ 的结果是使输出 $y(n)$ 中不再含有 $|\omega|>|\omega_c|$ 的频率成分，而使 $|\omega|<|\omega_c|$ 的成分“不失真”地通过。因此设计出不同形状的 $|H(e^{j\omega})|$，就可以得到不同的滤波结果，这就是经典滤波器的基本工作原理。

## 二、经典滤波器的分类和主要参数

滤波器的分类方法很多，可以从功能上分（低通、高通、带通、带阻），也可以从实现方法上分（IIR、FIR），或从设计方法上来分（Butterworth，Chebyshev，椭圆滤波器等）。由于使用中我们最关心的是它的功能，所以本节从功能上来分别说明不同滤波器的特点和主要参数。

经典滤波器从功能上可分为低通（LP）、高通（HP）、带通（BP）、带阻（BS）4种，每一种又有模拟滤波器（AF）和数字滤波器（DF）两种形式。滤波器的频率特性包括幅频特性和相频特性两个方面。

$$H(e^{j\omega})=|H(e^{j\omega})|e^{j\varphi(\omega)} \tag{3-9}$$

其中幅频特性 $|H(e^{j\omega})|$ 反映信号通过滤波器后各频率成分的衰减情况，相频特性 $\varphi(\omega)$ 反映各频率成分通过滤波器后在时间上的延时情况。在多数情况下，一般只关心幅频特性，称为选频滤波器。若对输出波形有要求，则需要考虑相频特性的要求，如语音合成，波形传输，图像信号处理，则需采用线性相位滤波器。图3-9所示为AF及DF的4种滤波器的理想幅频响应。

图中所给出的滤波器的幅频特性都是理想情况，实际上是不可能实现的。实际滤波器都是在某些准则下对理想滤波器的近似。图3-10所示为实际滤波器的幅频特性曲线。

实际滤波器幅频特性与理想滤波器的差异主要表现在三个方面：第一，通带（允许信号通过并具有一定传输增益的频率范围）不平坦；第二，存在过渡带宽；第三，阻带（不允许信号通过的频率范围）不严格等于零。

描述实际滤波器特性的主要参数有：

1. *通带增益* $A_0$　滤波器的通带增益 $A_0$ 是指通带内的放大倍数。对于低通滤波器，$A_0$ 即是它的直流增益；对于高通滤波器，$A_0$ 可用频率趋于无限大时电路的传输增益来表示。一般对滤波器的幅频特性按 $A_0$ 做归一化处理。

2. *截止频率* $\omega_p$ *和* $\omega_s$　截止频率是滤波器通带与阻带之间的分界线，实际滤波器通常设置通带和阻带允许的误差容限（如图3-10a中的 $\delta_1$ 和 $\delta_2$），定义滤波器幅频值衰减达到

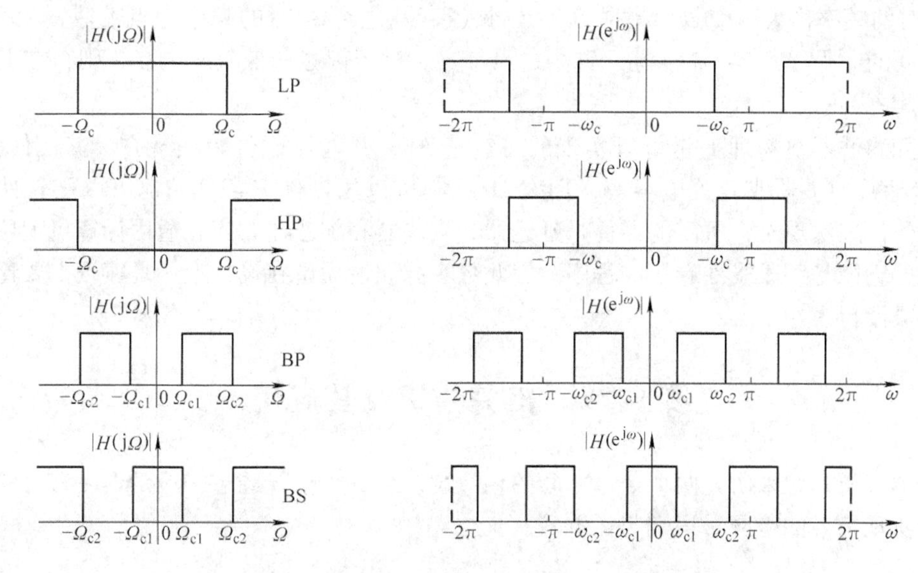


图 3-9　AF 和 DF 的 4 种滤波器的理想幅频特性曲线

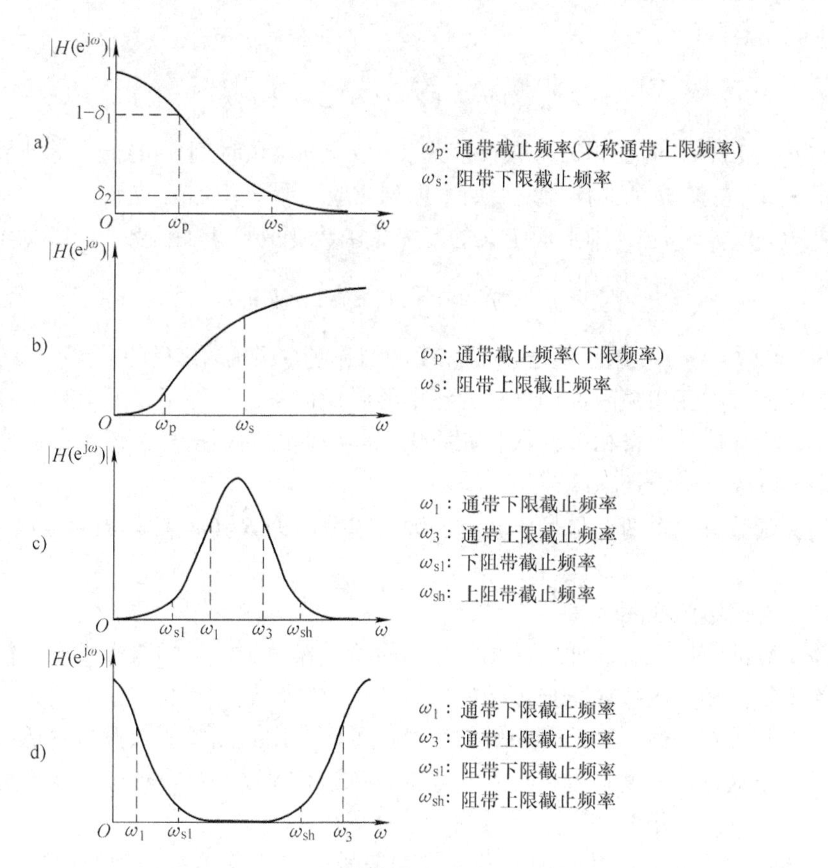


图 3-10　实际滤波器的幅频特性曲线

$1-\delta_1$ 时的频率称为通带截止频率 $\omega_p$，幅频值衰减达到 $\delta_2$ 时的频率为阻带截止频率 $\omega_s$，二者之间的间隔 $BW=|\omega_p-\omega_s|$ 称为过渡带宽。对于带通和带阻滤波器，则存在上下两个截止频率。

实际滤波器在物理上是可以实现的。对于 AF，只能用硬件来实现它，其元件是 $R$、$L$、$C$ 及运算放大器或开关电容等，而对 DF，既可以用硬件来实现，也可以用软件来实现。用硬件来实现时，所需的器件是延迟器、乘法器和加法器。当在通用计算机上用软件实现时，它即是一段线性卷积的程序。因此数字滤波器无论在设计上还是实现上要比模拟滤波器灵活得多。

## 第四节　相关分析及其应用

相关分析是用来研究两个信号之间的相似性，或一个信号经过一段延迟后自身的相似性，以实现信号的检测、识别与提取等。

### 一、相关函数的定义

对于能量有限的信号，定义

$$r_{xy}(m)=\sum_{n=-\infty}^{\infty}x(n)y(n+m) \tag{3-10a}$$

为信号 $x(n)$ 和 $y(n)$ 的互相关函数，该式表示 $r_{xy}(m)$ 在时刻 $m$ 的值，等于将 $x(n)$ 保持不动而将 $y(n)$ 左移 $m$ 个抽样周期后两个序列对应相乘再相加的结果。

如果 $y(n)=x(n)$，则上面定义的互相关函数变成自相关函数 $r_x(m)$，即

$$r_x(m)=\sum_{n=-\infty}^{\infty}x(n)x(n+m) \tag{3-10b}$$

自相关函数 $r_x(m)$ 反映了信号 $x(n)$ 和其自身作了一段延迟之后的 $x(n+m)$ 的相似程度。

两周期信号的互相关函数仍然是同频率的周期信号，且保留了原信号的幅值、频率和相位信息；周期信号的自相关函数是和原信号同周期的周期信号，但不保留原信号的相位信息，即 $r_x(m)=r_x(m+N)$。

互相关函数只包含两个信号所共有的频率成分，即 $R_{xy}(e^{j\omega})=X(e^{j\omega})Y(e^{j\omega})$。

### 二、相关函数的应用

相关函数的应用很广，如信号相关性的检验、噪声中信号的检测提取、信号中隐含的周期性检测等。相关函数还是描述随机信号的重要统计量。互相关函数的大小直接反映了两个信号之间的相关性，是信号相似的度量。可以利用互相关函数测量管道内液体、气体流速、机动车辆运行速度；可以检测并分析设备运行振动和噪声传递主要通道影响等。这里例举几个常见的应用案例。

1. 信号中隐含周期性的检测　利用周期信号的自相关函数是和原信号同周期的周期信号这一性质，可以检测信号中所隐含的周期性成分。如图 3-11 所示，信号 $x$ 是否包含周期性成分以及周期的大小，从它的原始曲线中很难看出，但它的自相关函数则表现出明

显的周期性，从自相关函数中可以很容易检测出原信号中隐含100Hz的周期信号。

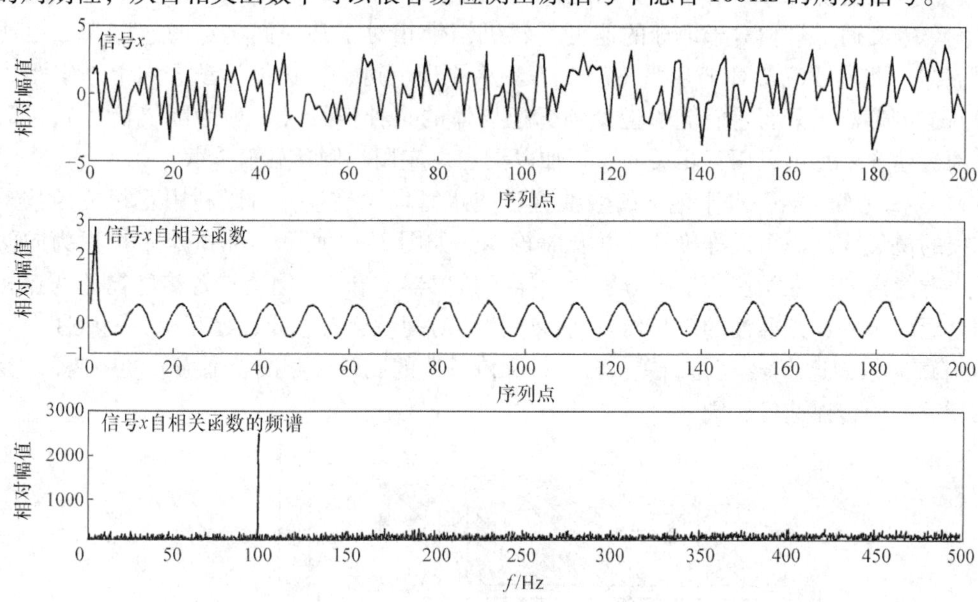


图3-11　利用自相关函数检测信号中隐含的周期性成分

2. 噪声中信号的检测　利用互相关函数只包含两个信号所共有的频率成分的性质，可以从复杂多源复合信号中提取或检测某一特定信号。如图3-12所示，信号$x$为频率为100Hz正弦信号，信号$y$为包含100Hz和180Hz以及强白噪声的复合信号，而$x$和$y$的互相关函数中仅包含他们共有的100Hz信号，其他成分几乎都被剔除了，也就是实现了对信号$x$的检测。

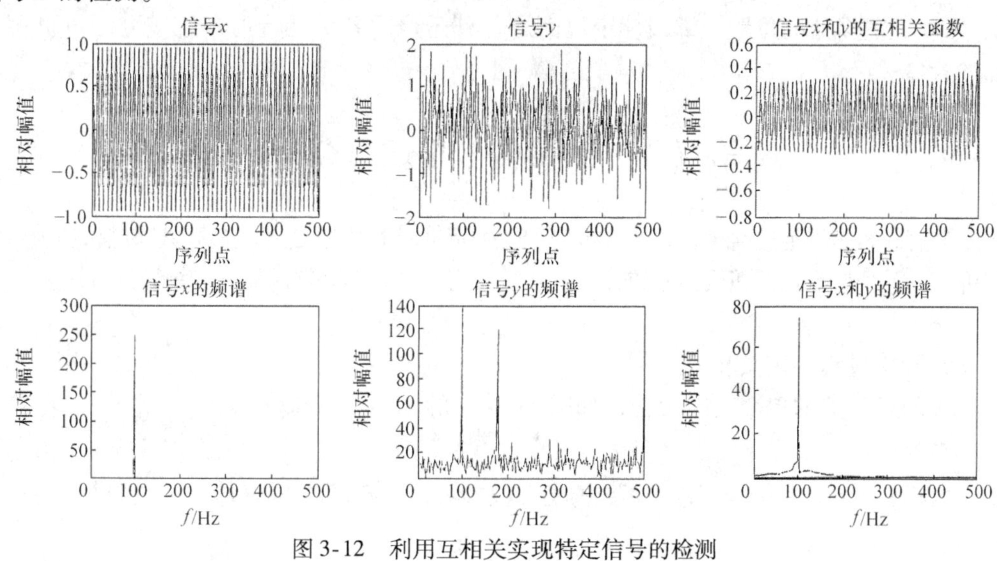


图3-12　利用互相关实现特定信号的检测

3. 相关测速　相关测速是基于信号采集技术与传感器技术发展起来的一种现代测速方法，与传统测速方法相比，它抗干扰能力更强，能在复杂的干扰条件下准确测量运动体速度，并且不受物体形状的影响。因此，相关测速在现代有着多方面的应用，如飞机、船舶、汽车等交通工具相对于地球的速度；轧机钢带相对于某一固定点的速度；二相（多相）流体中非连续流相对于管壁的速度等。从原理上讲，在物体运动方向上一定距离处布置两个传感器，只要它们能够检拾到标记物体的某种信号（一般为随机信号），那么，物体的运动速度都可以用互相关的原理加以测定。应用实例参见第7章。

4. 线性定位　若深埋于地下的输油管道或水管发生破损，可以利用互相关函数来确定破损的位置，从而可以准确开挖并及时抢修。如图3-13所示。漏损处$K$可视为向两侧传播声音的声源，在两侧管道上分别放置振动传感器1和2。因为放置传感器的两点相距漏损处距离不等，则漏油的声响传至两传感器的时间就会有差异，在互相关函数图上$\tau=\tau_m$处有最大值，这个$\tau_m$就是时差。设$s$为两传感器的安装中心线至漏损处的距离，$v$为音响在管道中的传播速度，则

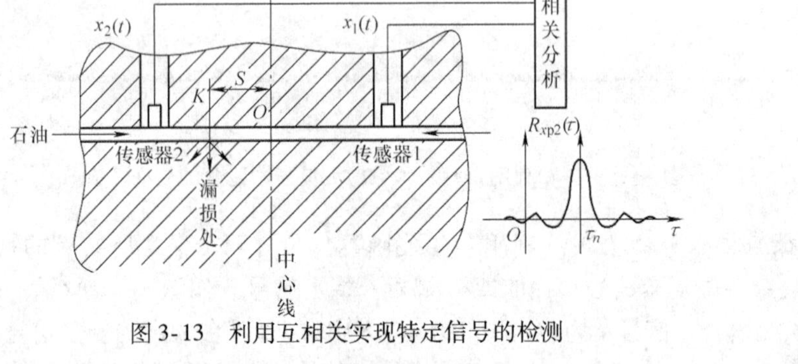


图3-13　利用互相关实现特定信号的检测

$$s=\frac{1}{2}v\tau_m \tag{3-11}$$

用$\tau_m$来确定漏损处的位置，即线性定位问题，其定位误差为几十厘米，该方法也可用于弯曲的管道。

## 第五节　随机信号描述与分析

随机信号是非确定性信号，它的分析处理和确定信号有相似之处，如都可以进行滤波、频谱分析、相关分析等。但随机信号的分析也有其独特之处，即必须用概率和统计的方法。

### 一、随机过程的定义和分类

表示随机现象的单个时间历程，如图3-14中的$x_1(t)$，$x_2(t)$，$x_3(t)$，…，$x_n(t)$称为样本函数。

随机现象可能产生的全部样本函数的集合（总体）称为随机过程$X(t)=\{x_n(t)\}$，简记为$\{x(t)\}$。

随机过程$X(t)=\{x_n(t_k)\}$有下列几种情况：

当$n$、$k$均固定时，代表一个点；

当$k$固定时，代表一个随机变量；

当 $n$ 固定时，代表一个样本记录(时间历程)；

当 $n$、$k$ 均不固定时，代表一个随机过程。

随机过程又有平稳过程和非平稳过程之分，所谓平稳随机过程是指其统计特征参数不随时间变化的随机过程，否则为非平稳随机过程。在平稳随机过程中，若任一单个样本函数的时间平均统计特征等于该过程的集合平均统计特征，这样的平稳随机过程称为各态历经随机过程。在实际工程测试方面，绝大多数随机过程都符合各态历经的特点，因此如不作特别说明，对随机信号都按各态历经来处理。

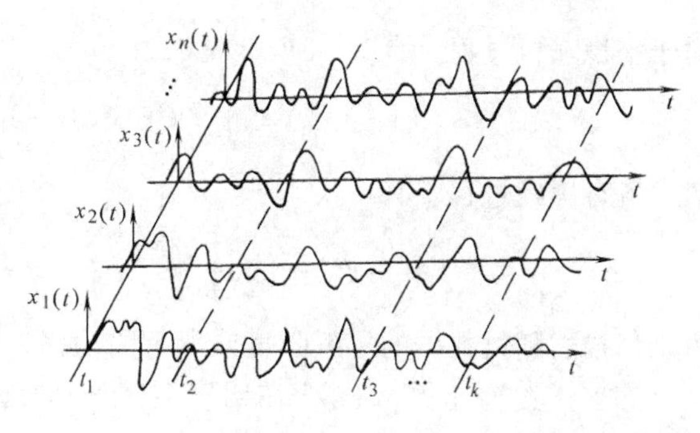

图 3-14　随机过程

随机过程的分类如图 3-15 所示。

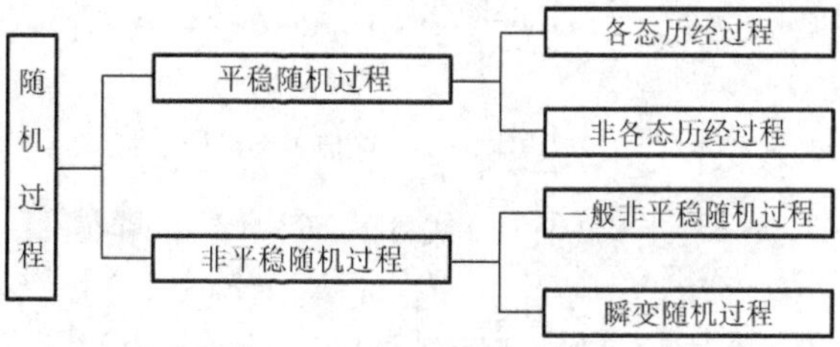

随机过程
- 平稳随机过程
  - 各态历经过程
  - 非各态历经过程
- 非平稳随机过程
  - 一般非平稳随机过程
  - 瞬变随机过程

图 3-15　随机过程的分类

## 二、随机信号的统计特性

要完整地描述一个各态历经随机过程，理论上要有无限长时间记录。但实际上这是不可能的。通常用统计方法对以下三个方面进行数学描述：

（1）幅值域描述　均值、方均值、方差、概率密度函数等。

（2）时间域描述　自相关函数、互相关函数。

（3）频率域描述　自功率谱密度函数、互功率谱密度函数。

均值：随机过程 $\{x(t)\}$ 在给定时刻 $t_1$ 的随机变量 $x(t_1)$ 的平均值，可以用 $x(t_1)$ 的数学期望来计算，即

$$E[x(t_1)] = \int_{-\infty}^{\infty} xf(x,t_1)\,\mathrm{d}x = \lim_{n\to\infty}\frac{1}{n}\sum_{k=1}^{n} x_k(t_1) \tag{3-12}$$

它是过程在 $t=t_1$ 时的集合平均，对于平稳随机过程，统计量不随时间而变化，有

$$f(x,t)=f(x)\,,\ E[x(t)] = \int_{-\infty}^{\infty} xf(x)\,\mathrm{d}x = \lim_{n\to\infty}\frac{1}{n}\sum_{k=1}^{n} x_k(t) = \text{常数} \tag{3-13}$$

对于各态历经过程，时间平均等于集合平均，即

$$\mu(k) = \lim_{T\to\infty}\frac{1}{T}\int_{-\frac{T}{2}}^{\frac{T}{2}} x(t)\,\mathrm{d}t = E[x(t)] = \text{常数} \tag{3-14}$$

$x(t)$ 的平均值象征一族数据的重心，各数与平均值之差的平方和为最小。

方均值：随机过程 $\{x(t)\}$ 在给定时刻 $t_1$ 的均方值，就是 $x^2(t_1)$ 的数学期望，可用下式计算，即

$$E[x^2(t_1)] = \int_{-\infty}^{\infty} x^2 f(x,t_1)\,\mathrm{d}x = \lim_{n\to\infty}\frac{1}{n}\sum_{k=1}^{n} x_k^2(t_1) \tag{3-15}$$

对于平稳随机过程，有

$$E[x^2(t)] = \int_{-\infty}^{\infty} x^2 f(x)\,\mathrm{d}x = \lim_{n\to\infty}\frac{1}{n}\sum_{k=1}^{n} x_k^2(t) = 常数 \tag{3-16}$$

对于各态历经过程，有

$$\Psi_x^2 = \lim_{T\to\infty}\frac{1}{T}\int_{-\frac{T}{2}}^{\frac{T}{2}} x^2(t)\,\mathrm{d}t = E[x^2(t)] = 常数 \tag{3-17}$$

方均值描述随机数据的一般强度或所含的功率。

方差：随机过程$\{x(t)\}$在给定时刻$t_1$的随机变量$x(t_1)$的方差就是$\{x(t_1)-E[x(t_1)]\}^2$的数学期望，表达为

$$D[x(t_1)] = E\{x(t_1)-E[x(t_1)]\}^2 \tag{3-18}$$

对于平稳随机过程

$$\begin{aligned} D[x(t)] &= \lim_{n\to\infty}\frac{1}{n}\sum_{k=1}^{n}\{x_k(t)-E[x_k(t)]\}^2 \\ &= \lim_{n\to\infty}\frac{1}{n}\sum_{k=1}^{n}\{x_k^2(t)-2x_k(t)E[x_k(t)]+E^2[x_k(t)]\} \\ &= \lim_{n\to\infty}\frac{1}{n}\sum_{k=1}^{n}x_k^2(t)-2\lim_{n\to\infty}\frac{1}{n}\sum_{k=1}^{n}x_k(t)E[x_k(t)]+E^2[x_k(t)] \end{aligned} \tag{3-19}$$

将式(3-13)、式(3-16)代入式（3-19），即得

$$D[x(t)] = E[x^2(t)] - E^2[x_k(t)] = 常数 \tag{3-20}$$

对于各态历经过程，以式(3-14)、式(3-17)代入，可得

$$D[x(t)] = \Psi_x^2 - \mu_x^2 \tag{3-21}$$

因此可见，方差是随机变量对均值的方均值，它描述随机数据的动态部分。综合了均值及方差，亦即综合了静态与动态部分，构成了随机量的总体，以方均差来描述，即

$$\Psi_x^2 = \mu_x^2 + D[x(t)] = \mu_x^2 + \sigma^2 \tag{3-22}$$

式中，$\sigma$为方均根误差。

概率密度函数：随机过程的概率密度函数是信号瞬时幅值落在指定空间内的概率。图3-16所示的信号$x(t)$落在$(x,x+\Delta x)$区间内的时间为$T_x$，即

$$T_x = \Delta t_1 + \Delta t_2 + \cdots + \Delta t_n$$

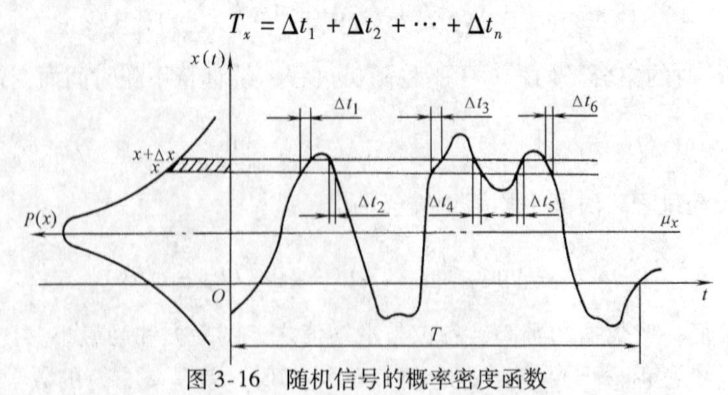


图3-16　随机信号的概率密度函数

当样本函数的记录时间趋于无穷大时，$T_x/T$值将趋于确定的概率$P$，其表达式为

$$p[x<x(t)\leqslant x+\Delta x]=\lim_{T\to\infty}\frac{T_x}{T}$$

对于很小的 $\Delta x$，可定义概率密度函数 $P(x)$ 为

$$P(x)=\lim_{\Delta x\to 0}\frac{P[x<x(t)\leqslant x+\Delta x]}{\Delta x} \tag{3-23}$$

概率密度函数给出了随机信号沿幅值域分布的统计规律。不同的随机信号有不同的概率密度函数图形，可以此来辨别信号的性质。

自相关函数：随机过程 $\{x(t)\}$ 在时刻 $t_1$ 和 $t_1+\tau$ 的自相关函数定义为 $x(t_1)x(t_1+\tau)$ 的数学期望，即

$$\begin{aligned}R_{xx}(t_1,\tau)&=E[x(t_1)x(t_1+\tau)]\\&=\lim_{n\to\infty}\frac{1}{n}\sum_{k=1}^{n}x_k(t_1)x_k(t_1+\tau)\end{aligned} \tag{3-24}$$

式中，$\tau$ 是对时刻 $t_1$ 的时间延迟。

对于平稳随机过程，$R_{xx}$ 与 $t$ 无关，仅为 $\tau$ 的函数。对于各态历经过程，有

$$R_{xx}(\tau)=\lim_{T\to\infty}\frac{1}{T}\int_{-\frac{T}{2}}^{\frac{T}{2}}x(t)x(t+\tau)\mathrm{d}t \tag{3-25}$$

自相关函数表达了随机过程在时刻 $t$ 和 $t+\tau$ 之间的相关程度，是信号内在联系的一种度量。$\tau$ 越小，$R_{xx}$ 越大；反之，$\tau$ 越大，$R_{xx}$ 越小。当 $\tau=0$ 时，$R_{xx}(0)=E[x^2(t)]$，即等于随机变量的均方值，表示信号的平均功率。

如果随机信号 $x(t)$ 是由噪声 $n(t)$ 和完全独立的信号 $y(t)$ 组成，则 $x(t)$ 的自相关函数是由这两部分的自相关函数的和构成，即 $R_x(\tau)=R_y(\tau)+R_n(\tau)$。利用自相关分析可发现和提取混杂在噪声中的周期信号。因为当延时 $\tau$ 很大时，随机噪声的自相关函数趋于零，而周期信号的自相关函数仍是周期函数，且其周期不变。

互相关函数：对于各态历经过程，两个信号 $x(t)$ 和 $y(t)$ 的互相关函数定义为

$$R_{xy}(\tau)=\lim_{T\to\infty}\int_0^T x(t)y(t+\tau)\mathrm{d}t \tag{3-26}$$

互相关函数描述一个信号的取值对另一个信号的依赖程度。

自功率谱密度函数：自功率谱密度函数是描述随机过程的重要函数。随机过程的自功率谱密度函数为该随机过程的自相关函数的傅里叶变换，即为自相关函数在频域中的描述，简称自谱。对于平稳随机过程，自谱密度函数为

$$S_x(\omega)=\int_{-\infty}^{\infty}R_x(\tau)\mathrm{e}^{-\mathrm{j}\omega t}\mathrm{d}\tau \tag{3-27}$$

或

$$S_x(f)=\int_{-\infty}^{\infty}R_x(\tau)\mathrm{e}^{-\mathrm{j}2\pi f\tau}\mathrm{d}\tau \tag{3-28}$$

即自谱密度函数为自相关函数的傅里叶变换，其逆变换则为

$$R_x(\tau)=\int_{-\infty}^{\infty}S_x(f)\mathrm{e}^{\mathrm{j}2\pi f\tau}\mathrm{d}f \tag{3-29}$$

因此可以说，自相关函数与自谱密度函数构成一傅里叶变换对。由于 $R_x(\tau)$ 是 $\tau$ 的偶函数，所以 $S_x(f)$ 一定是实偶函数，其功率谱 $S_x(f)$ 是非负的。在实际处理信号时，$-f$ 不可能出现，往往处理成单边谱。双边谱 $S_x(f)$ 与单边谱 $G_x(f)$ 有下列关系：

$$G_x(f)=2S_x(f)=\begin{cases}2\int_0^{\infty}R_x(\tau)\mathrm{e}^{-\mathrm{j}2\pi f\tau}\mathrm{d}\tau & 0\leqslant f<\infty\\ 0 & -\infty<f<0\end{cases} \tag{3-30}$$

自谱密度函数从频率域对随机过程作统计描述，集中显示了随机过程的频率结构。

## 第六节　短时傅里叶变换

传统的傅里叶变换(FT)是建立在平稳信号基础上的，一般检测得到的绝大多数信号都可以简化为平稳随机信号，但实际中也存在非平稳信号，即信号的均值、方差和频率会随时间而变化，如语音及其他有较多突变分量的信号。非平稳信号又称时变信号。对于时变信号，人们不只感兴趣该信号的频率，而且尤其关心该信号在不同时刻的频率，希望用时间和频率两个指标来刻划信号。

对于传统的FT

$$\begin{aligned}X(\mathrm{j}\Omega)&=\int_{-\infty}^{\infty}x(t)\mathrm{e}^{-\mathrm{j}\Omega t}\mathrm{d}t\\ x(t)&=\frac{1}{2\pi}\int_{-\infty}^{\infty}X(\mathrm{j}\Omega)\mathrm{e}^{\mathrm{j}\Omega t}\mathrm{d}\Omega\end{aligned} \tag{3-31}$$

显然，为了求得某一频率处的$X(\mathrm{j}\Omega)$，需要整个$x(t)$的全部信息，反之，如果要求某一时刻的$x(t)$，同样也需要$X(\mathrm{j}\Omega)$的全部信息，实际上，上式所求得$X(\mathrm{j}\Omega)$是信号$x(t)$在整个积分时间范围内所具有的频率特征的平均表示，反之亦然。

因此如果想知道某一特定时间($t_i$)所对应的频率或某一特定频率所对应的时间，那么传统的FT就无能为力了，也就是说传统的FT不具有时间和频率的定位功能，这使得它很难用于统计特征不断随时间变化的非平稳信号分析。对非平稳信号，人们希望有一种方法能把时域分析和频域分析结合起来，即找到一个二维函数，它既能反映该信号的频率内容，也能反映出该频率随时间变化的规律，短时傅里叶变换(STFT)就是这么一种方法。

STFT定义为

$$X(t,\Omega)=\int x(\tau)w^*(\tau-t)\mathrm{e}^{-\mathrm{j}\Omega\tau}\mathrm{d}\tau \tag{3-32}$$

说明：

1）当窗函数$w$沿着$t$轴移动时，它可以不断地截取一小段一小段的信号，然后对每一小段的信号进行FT，因此可以得到二维函数STFT$(t,\Omega)$，从而得到信号的联合时频分布。

2）尽管信号$x(n)$是非平稳的，但将它分成许多小段后，可以假定它的每一小段是平稳的，$w$的作用是尽可能地保证所截取的每一小段都是平稳的，由此可见，$w$的宽度越小，则时域分辨率越好。

**例**　对于时变信号

$$x(n)=\begin{cases}\sin(2\pi f_1 n/f_s) & n=0\sim99,\ f_1=50\mathrm{Hz}\\ \sin(2\pi f_2 n/f_s) & n=100\sim199,\ f_2=120\mathrm{Hz}\\ \sin(2\pi f_3 n/f_s) & n=200\sim299,\ f_3=210\mathrm{Hz}\end{cases}$$

分别作DFT和STFT，结果如图3-17所示，可以看出DFT结果虽然可以反映出信号中具有50、120和210三个主要频率成分，但却不能反映出各频率成分何时存在，而

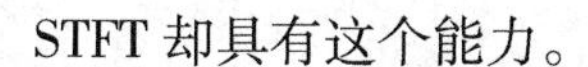
STFT 却具有这个能力。

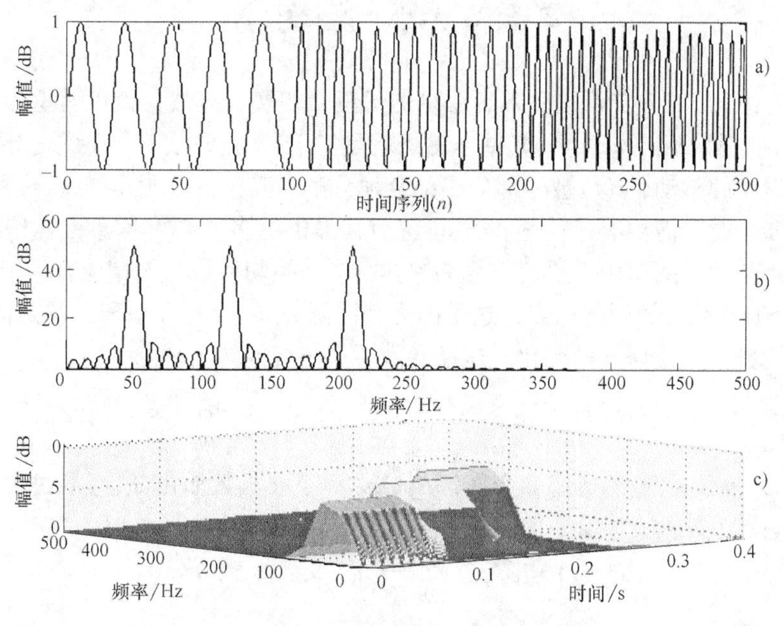


图 3-17　时变信号 DFT 与 STFT 结果比较

a）原始信号　b）DFT 结果　c）STFT 结果

**例**　通信中常用线性调频信号 $x(n) = \sin(2\pi nf \cdot n)$，其 DFT 和 STFT 结果如图 3-18 所示，同样可以反映出 STFT 在时变信号分析方面的优势。

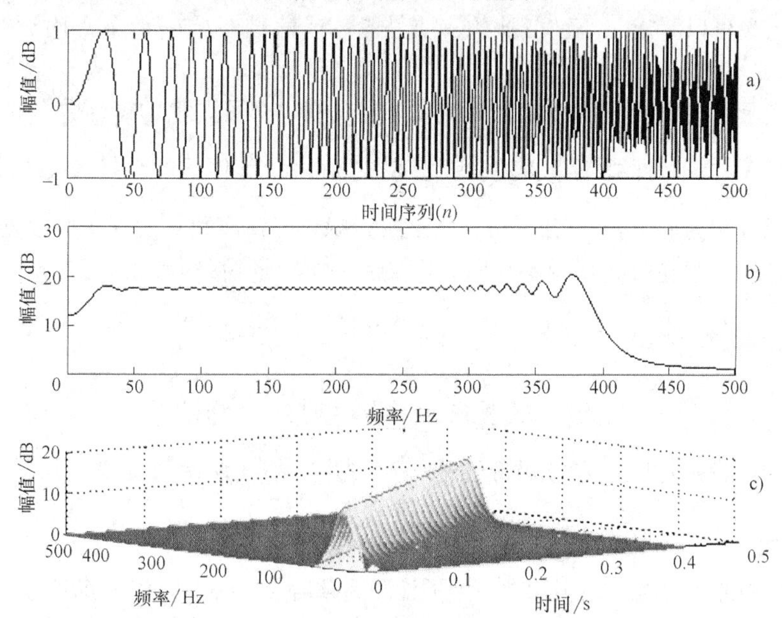


图 3-18　线性调频信号 DFT 和 STFT 结果比较

a）原始信号　b）DFT 结果　c）STFT 结果

# 第七节 小 波 变 换

上节所介绍的STFT实际是引入了窗口的傅里叶变换。显然，窗口傅里叶变换比傅里叶变换多了一个时限函数$w(t)$。其基本思想就是对于待分析的信号$f(t)$先开窗再做傅里叶变换，随着窗的移动，$f(t)$被一部分一部分地分解。其中的时限函数$w(t)$称为窗函数。当信号尖锐变化时，需要有一个短的时间窗为其提供更多的频率信息；当信号变化平缓时，需要一个长的时间窗用于描述信号的整体行为。换句话说，希望能有一个灵活可变的时间窗。而STFT无法做到这一点，这是因为其窗函数$w(t)$的大小和形状是固定不变的，不能适应不同频率分量信号的变化，这就导致了小波变换的出现。

若函数$\phi(t)\in L^2(R)$满足下述条件：$\int_{R^*}|\hat{\phi}(\omega)|^2/|\omega|\mathrm{d}\omega<\infty$，此处，$R^*$表示非零实数全体，$\hat{\phi}(\omega)$表示$\phi(t)$的傅里叶变换，$\phi(t)$称为小波函数而由$\phi(t)$经过伸缩和平移得到的一族函数

$$\phi_{a,b}(t)=|a|^{-\frac{1}{2}}\phi\left(\frac{t-b}{a}\right)\quad a,\ b\in R;\ a\neq 0 \tag{3-33}$$

称为小波函数族。
式中$a$称为伸缩因子或称为尺度参数；$b$称为平移因子或称为时间中心参数。

对于任意的函数或信号$f(t)$，其小波变换就定义为

$$W_f(a,b)=\int_R f(t)\overline{\phi}_{a,b}(t)\mathrm{d}t=|a|^{-\frac{1}{2}}\int_R f(t)\overline{\phi}\left(\frac{t-b}{a}\right)\mathrm{d}t \tag{3-34}$$

从上述定义可以看出，小波变换的实质是函数或信号$f(t)$在$t=b$点附近按$\phi_{a,b}(t)$进行加权平均。

小波变换具有时频局部化性能，关键在于它具有一个可调整的窗函数，有关窗函数的定义请查阅相关文献，此处不再赘述。设基小波$\phi(t)$及其傅里叶变换$\hat{\phi}(\omega)$都是窗函数，其中心与半径分别为$t^*$，$\omega^*$，$\Delta_\phi$，$\Delta_{\hat{\phi}}$，则小波函数$\phi_{a,b}(t)$和它的傅里叶变换$\hat{\phi}_{a,b}(\omega)$也是窗函数，它们一起在时间—频率平面上定义了一个矩形窗（时频窗）

$$(b+at^*-a\Delta_\phi,b+at^*+a\Delta_\phi)\times\left(\frac{\omega^*}{a}-\frac{1}{a}\Delta_{\hat{\phi}},\ \frac{\omega^*}{a}+\frac{1}{a}\Delta_{\hat{\phi}}\right) \tag{3-35}$$

其中心在$\left(b+at^*,\frac{\omega^*}{a}\right)$，窗的高度（频窗）和宽度（时窗）分别为$2\frac{\Delta_{\hat{\phi}}}{a}$，$2a\Delta_\phi$。可以看出，窗函数决定的窗口是对信号$f(t)$局部性的一次刻化，小波窗函数提供了信号$f(t)$在时段$(b+at^*-a\Delta_\phi,b+at^*+a\Delta_\phi)$和频带$\left(\frac{\omega^*}{a}-\frac{1}{a}\Delta_{\hat{\phi}},\ \frac{\omega^*}{a}+\frac{1}{a}\Delta_{\hat{\phi}}\right)$时的“含量”。因此，小波变换具有时频局部化性能。在实际中，为了检测高频信号，必须选择足够窄的时间窗，而在检测低频信号时，必须选择足够宽的时间窗。由定义可知，小波窗函数的窗口形状是变化的。对于高频信号，时窗变窄，频窗变宽，有利于描述信号的细节；对于低频信号，时窗变宽，频窗变窄，有利于描述信号的整体行为。正是由于小波函数的这种变窗特性，使它能够

表示各种不同频率分量的信号，特别是具有突变性质的信号。这正是小波变换的优点。

在每个可能的尺度下计算小波系数，计算量将相当大，产生惊人数据量。因此考虑部分膨胀和位移来进行计算。运用二进膨胀和移位，可使分析十分有效，并且也是相当精确的，也就是所谓的离散小波变换(DWT)。

取 $a=\frac{1}{2^j}$，$b=\frac{k}{2^j}$，$j$、$k\in Z$。即尺度参数 $a$ 使用2的幂把频率轴剖分为二进的、相互毗邻的频带，同时，平移参数 $b$ 只在时间轴上的二进位值取值。此时，连续小波变换转换为离散的小波变换。

$$W_{\mathrm{f}}\left(\frac{1}{2^j},\frac{k}{2^j}\right)=\int_{-\infty}^{\infty}f(t)\left[2^{j/2}\overline{\phi}(2^jt-k)\right]\mathrm{d}t \tag{3-36}$$

对于许多信号，低频成分相当重要，常蕴含着信号的特征，而高频成分则给出信号的细节或差别。小波分析中常用到近似和细节。近似表示信号的高尺度，低频率成分；而细节表示的是低尺度，高频成分，因此原始信号通过两个互补滤波器产生两个信号。

下面给出了一阶滤波的简要示意图3-19。

通过不断的分解过程，将近似信号连续分解，就可将信号分解成许多低分频率成分。图3-21就是一个小波分解树。图中S表示原始信号，A表示近似，D表示细节，下标表示分解的层数。

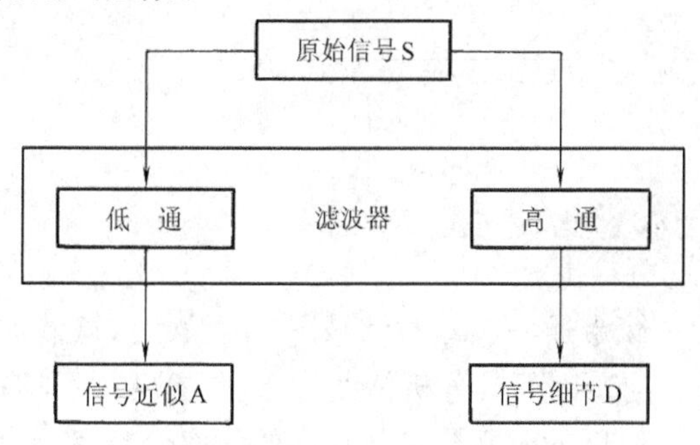


图3-19　信号一阶滤波示意图

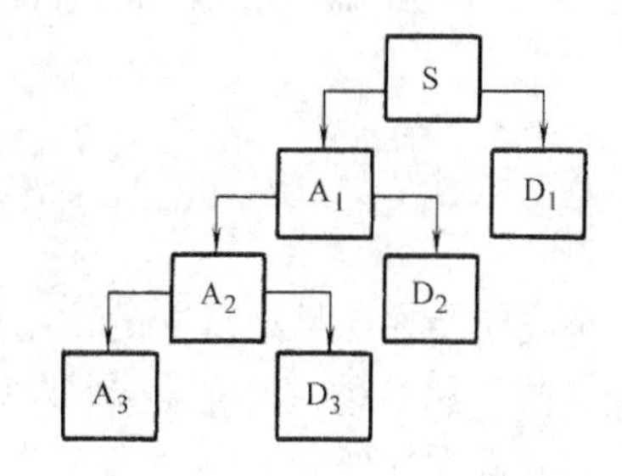


图3-20　小波分解树示意图

$$\begin{aligned}S&=A_1+D_1\\&=A_2+D_2+D_1\\&=A_3+D_3+D_2+D_1\end{aligned}$$

信号可表示为小波分量的叠加。研究小波变换的目的在于用小波表示信号。对于离散小波变换，这种表示可由它们的逆变换(IDWT)直观看出：

$$f(t)=\sum_{j,k=-\infty}^{\infty}(W_{\mathrm{f}})\left(\frac{1}{2^j},\frac{k}{2^j}\right)\overline{\phi}_{j,k} \tag{3-37}$$

根据式(3-37)，信号 $f(t)$ 可以表示为不同频率的小波分量的和，即

$$f(t)=\sum_j g_j=\cdots+g_{-1}(t)+g_0(t)+g_1(t)+\cdots \tag{3-38}$$

当信号 $f(t)$ 被分解为小波后，对信号的研究就转化为对其小波分量或在某一尺度(不同的 $j$)下的小波变换的研究。

与傅里叶变换不同，小波变换中的小波函数具有多样性。不同的信号、不同的研究目的、采用不同的小波变换对于小波函数的要求各不相同。譬如，要求小波函数具有正交性、一定的对称性和光滑性等，这些要求经常矛盾，需要在应用中合理予以取舍。

选择最简单的 Haar 小波，运用一维离散小波变换，对图 3-21 图信号进行一步分解，得到得的近似和细节，如图 3-22 所示。

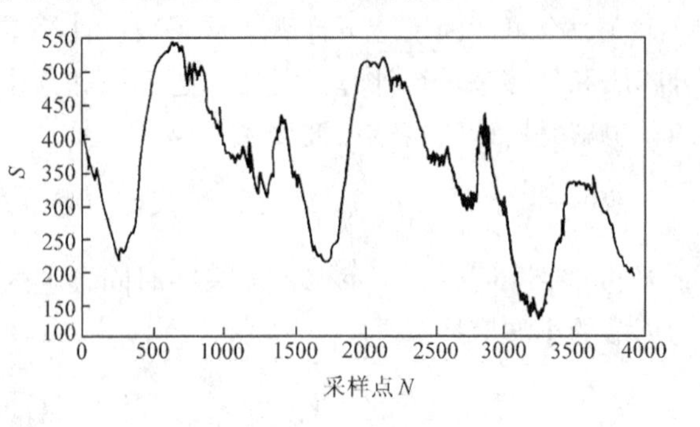


图 3-21　原始信号

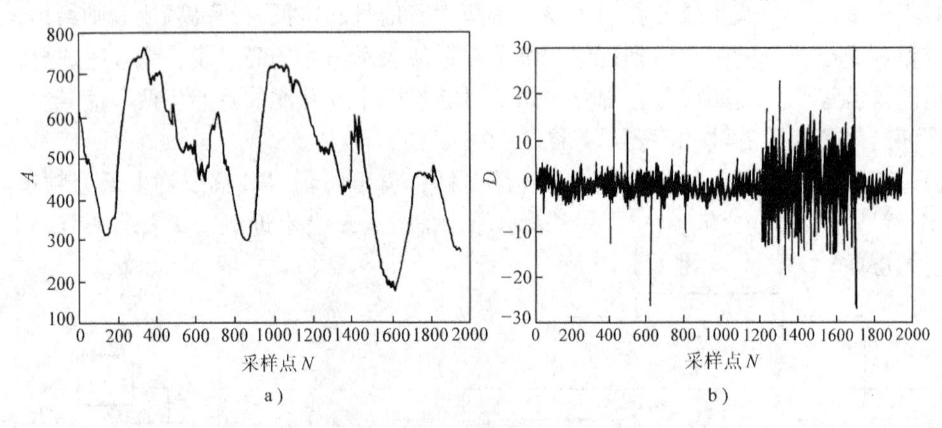


图 3-22　信号的小波分解(一步)

a）一步分解近似　b）一步分解细节

小波变换在信号处理中的作用相当于用一簇带通滤波器对信号进行滤波，这簇滤波器的特点在于其 $Q$ 值（中心频率/带宽）基本相同，因而其分析精度可变，在高频段具有高的时间分辨率和低的频率分辨率，在低频段具有低的时间分辨率和高的频率分辨率，克服了传统 FFT 中时频分辨率恒定的弱点，因而它能更好应用于非平稳信号的实时处理。

## 第八节　Hilbert-Huang 变换与经验模态分解

### 一、算法简介

小波变换通过小波基的伸缩和平移，实现了信号分析局部化，利用其多分辨特性可获得干扰背景下信号的有效检测，因此在非平稳信号分析和处理中有自身的优越性，但小波方法的难点和关键在于小波基的构造和选择。

Hilbert-Huang 变换是最新发展起来的处理非线性非平稳信号的时频分析方法，这种方法吸取了小波变换的多分辨率的优势，同时又克服了选择小波基的困难，因此该方法同样可以用来对非平稳信号进行滤波和去噪，还可以从时频两个方面同时对信号进行分析，增加信号处理的灵活性和有效性。这种方法最早是由美国国家航空航天局的 Huang 等在 1998 年提出的，其原本是用来处理非线性、非平稳的信号，但对于线性平稳信号同样适用。目前该分析方法已逐渐应用到流体力学、地震与振动信号分析、故障诊断等领域，其分析效果完全可以和小波变换方法相媲美，具有很大的研究和应用价值。

由于非平稳信号的频率是时变的，为了对其进行频谱分析，引入瞬时频率的概念：对信号进行 Hilbert 变换，求出解析信号，再对其相位求导，从而得到一个具有频率量纲的参量，定义为瞬时频率，它与 FT 的频率定义是相容的。即

$$z(t)=x(t)+\mathrm{j}\hat{x}(t)=A(t)\mathrm{e}^{\mathrm{j}\theta(t)}$$
$$\omega(t)=\frac{\mathrm{d}\theta(t)}{\mathrm{d}t} \tag{3-39}$$

有关 Hilbert 变换的相关理论参见文献，这里不作详细论述。

瞬时频率是定义在解析信号相位求导上的，并不是任意信号都可以通过 Hilbert 变换得到瞬时频率，只有窄带信号才可以，对非平稳信号进行瞬时频率的频谱分析时，需要首先对其进行分解，把原始信号分解成一系列满足窄带条件信号的组合，然后对每一分解分量进行 Hilbert 变换，并求解相应的解析函数的瞬时频谱，从而得到原始信号的时频谱。

由此可见 Hilbert-Huang 变换是一种两步骤的信号处理方法，首先用经验模态分解方法（EMD）将信号分解成一系列表征信号特征的以时间为尺度的固有模态函数（IMF）和一个残余量，各 IMF 反映了信号的局部特性，残余量反映了信号的趋势或均值。各 IMF 要满足两个条件：①整个信号中零点数与极点数（包括极大值点和极小值点）相等，至多相差 1；②信号上任意一点，由局部极大值点确定的包络线和由局部极小值点确定的包络线均值均为零，即信号关于时间轴局部对称。

具体分解过程可采用以下方法：①首先确定出信号 $x(t)$ 的所有极大值点和极小值点，然后将所有极大值点和极小值点分别用三次样条曲线拟合，从而获得信号的上包络曲线和下包络曲线，计算出它们的平均值曲线 $m_1(t)$，用 $x(t)$ 减去 $m_1(t)$ 得：$h_1(t)=x(t)-m_1(t)$；②若 $h_1(t)$ 不满足 IMF 的两个条件，则将 $h_1(t)$ 作为原信号重复第①步，直到满足条件，完成 IMF 第一阶分解得：$C_1(t)=h_{1k}(t)$；③从原信号中减去 $C_1(t)$ 得第一阶剩余信号 $r_1(t)=x(t)-C_1(t)$，再把 $r_1(t)$ 作为新的原信号，重复第①、②步依次得到 $C_2(t)$、$r_2(t)$、$C_3(t)$、$r_3(t)$、…、$C_n(t)$、$r_n(t)$；④当 $r_n(t)$ 成为一个单调函数时，筛分结束。由此得到把原始数据表示为固有模态函数分量和一个残余项之和。

从上述的 EMD 分解过程可以看出，这种分解方法可以理解为以信号的极值特征为尺度的度量筛分过程。信号从最小的特征尺度进行筛分，从而获得最短周期的固有模态函数，随后，经过一层层的筛分，获得周期长度逐渐增大的多个 IMF，这个过程也体现了多分辨分析的滤波过程。越早分解出来的本征模函数频率越高，第一个分解出来的代表原信号的最高频率成分。通过把某些 IMF 进行组合，便可构成自适应的高通、低通、带通滤波器。这种滤波器充分保留了信号本身的非线性和非平稳特征，具有自适应强、对信号类型没有限制的特点。利用这些特征可以有效的去除信号的噪声干扰，充分保留信号的局部特征。在信号的滤波和去噪中具有很大的优势。

## 二、EMD 方法对实际漏磁信号的处理实例

以实验室测试的管道缺陷漏磁信号为对象，举例说明 EMD 方法在噪声去除方面的应

用。这些数据的测试条件为：采用与海底输油管道相同材质的内径为190mm，壁厚为12mm，长度为3000mm的试件，在管道内部采用电火花加工方法加工长宽为10mm，深度分别为1.5mm、2.5mm和4.5mm的凹槽模拟管道缺陷，磁探头（霍尔器件或巨磁阻）由10个沿管道内壁均匀布置的可单独拆装的探头单元组成，采用永久磁铁对钢管磁化，由电动机拖动漏磁探头在钢管内以25mm/s的速度爬行，以检测并记录得到管道不同位置的漏磁信号。

图3-23所示为用巨磁阻传感器测试的一路漏磁信号的EMD分解结果，图3-23中的子图1为没有经过任何处理的原始信号，其余子图为EMD分解得到的9～14阶IMF。在实际的测试试件上沿该探头的移动路径上分布的深度1.5mm、2.5mm和4.5mm的凹槽数分别为3、2、1，从原始信号图上看，由于各种复杂干扰的影响，除了较深的一个缺陷有明显的信号特征外，其余缺陷的信号都被噪声淹没，而且还有需多尖锐毛刺，因此直接从原始信号上是很难定量准确地确定缺陷信号的起止位置、波峰的高度、宽度、包络面积等信息，而这些量又是识别缺陷形式及尺寸所必需的，因此必须对原始信号进行处理以剔除噪声干扰，从而得到较为干净的信号以利于后续处理。从分解出的各阶IMF上看，由上到下表现出从高频到低频的层层过滤，高频的随机噪声主要包含在较早分离出来的低阶IMF中，而真正有用的信号则包含在后面分离出来的高阶IMF中。由此，我们得到启示，可以简单地将高阶IMF重新组合而得到表征缺陷存在与否及其特征的有用信号，达到对噪声自适应滤波的效果。图3-24所示为将原信号的1～8阶IMF组合得到的信号中所包含的高频随机噪声和将9～14阶IMF组合得到的低频有用信号。从图中可以看出，通过EMD分解和重组可以将噪声成分有效分离而得到近似理想的缺陷特征信号。在重组的低频信号中，人们可以清晰地分辨出缺陷所在的位置。通过进一步利用缺陷处的信号特征，

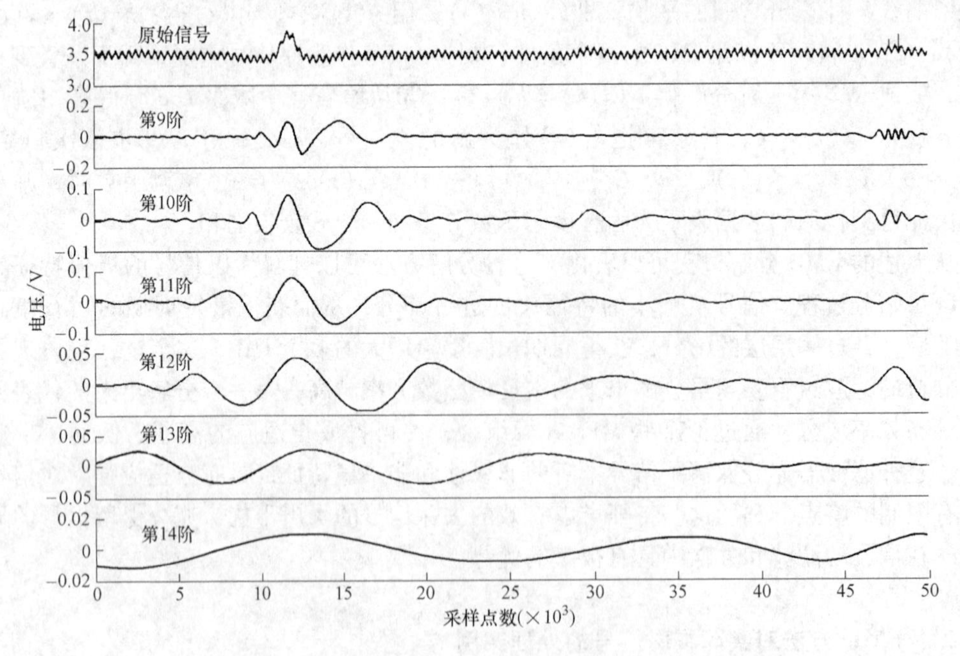


图3-23 原始漏磁信号及其EMD分解的高阶IMF

如波峰的高度、宽度、包络面积等，以及相邻通道的信号，就可以对缺陷的形式及尺寸作出定量的判别。

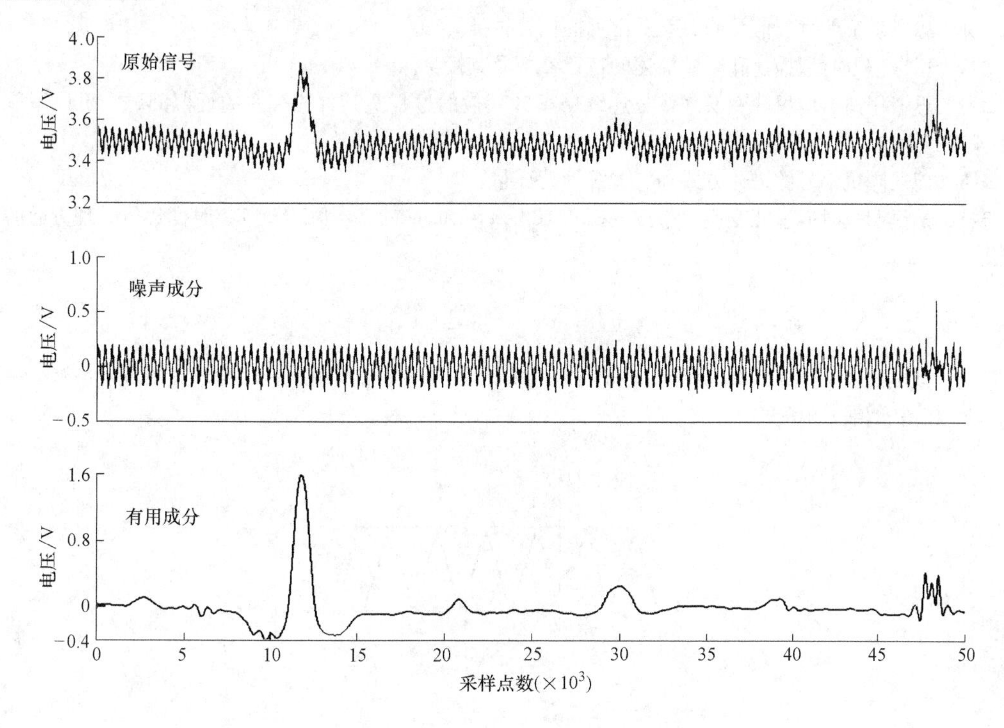


图 3-24 原始漏磁信号及重构而成的有用成分及噪声成分

经验模态分解是新近出现的一种非线性、非平稳信号分析方法，能够自适应地将信号分解成不同频段的本征模态函数，并可通过有选择的组合实现噪声分离与信号提取，结合 Hibert 变换可以实现时频分析功能。通过对实测的漏磁信号的处理表明，这种方法可以有效地抑制噪声从而提取出清晰的缺陷信号，达到与小波变换几乎一致的处理结果。与小波变换相比，IMF 直接由原始信号分离得到，算法简单快捷，物理意义明显，且不受傅里叶变换及测不准原理的限制。同时，由于这种方法不是基于波形匹配原则，因此分解效果不受小波基函数选择的影响。所以该方法为信号的处理提供了一种新的技术途径，并有望发挥重要作用。

不断增长的客观需求和技术日渐进步提供的现实可能使信号分析处理技术在近些年得到快速发展。经典的数字信号处理理论限于线性时不变系统理论，并假设信号及背景是高斯平稳的，信号的分析基于二阶矩、数字滤波和 DFT 等常用方法。近十几年来，随着计算机技术的发展，数字信号处理的理论和方法都获得了迅速发展。人们已不满足于用线性、因果、最小相位系统和平稳、高斯分布的随机信号去描述实际的系统和信号。非线性、非因果、非最小相位、时变系统及非平稳信号和非高斯信号已被确定为信号处理的对象；高阶统计量方法、时频分析理论、自适应滤波、离散小波变换、信号盲处理、分形、混沌理论、神经网络等已成为研究的热点。这些新发展的理论和技术也为检测方法改进和检测水平的提高提供了新的理论基础。

## 思考题

3-1 思考理解信息、信号的关系及常见的信号种类。

3-2 思考信号时域描述和频域描述的特征参数及其涵义。

3-3 思考用离散傅里叶变换来代替连续傅里叶变换的过程及其可能存在的近似问题？可以采取哪些手段来尽量减小或克服这些近似？

3-4 简述随机信号的描述方式和有关统计特征量。

3-5 试说明短时傅里叶变换、小波变换和 Hilbert – Huang 的基本原理及其在时变信号处理方面的优缺点。

## 习题

3-1 某电压波形如图3-25所示，该电压由周期性等腰三角形所组成，试确定其傅里叶系数，并绘制其幅度频谱和相位频谱图。

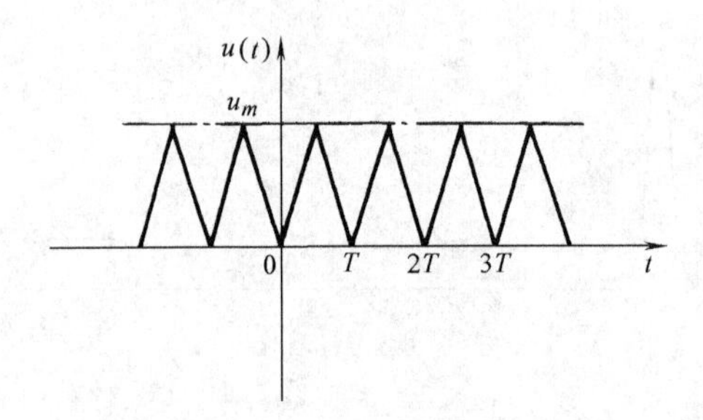


图3-25 题3-1图

3-2 在全波整流电路中，如输入交流电压为 $x(t)$，则输出电压 $y(t)=|x(t)|$。

（1）当 $x(t)=\text{const}$ 时，求输出的傅里叶系数。

（2）输入、输出信号的直流分量分别是多少？

3-3 有限长序列 $f(k)$ 如下式所示：

$$f(k)=\begin{cases}1, & k=0\\ 2, & k=1\\ -1, & k=2\\ 3, & k=3\end{cases}$$

试求其离散傅里叶变换，再由所得离散傅里叶变换反求 $f(k)$，验证结果之正确性。

3-4 下面数组给出的是从1870年至1970年这100年间每12个月所检测到的太阳黑子出现次数的平均值。

101，82，66，35，31，7，20，92，154，125，85，68，38，23，10，24，83，132，131，118，90，67，60，47，41，21，16，6，4，7，14，34，45，43，48，42，28，10，8，2，0，1，5，12，14，35，46，41，30，24，16，7，4，2，8，17，36，50，62，67，71，48，28，8，13，57，122，138，103，86，63，37，24，11，15，40，62，98，124，96，66，64，54，39，21，7，4，23，55，94，96，77，59，44，47，30，16，7，37，74

（1）对该数据作自相关，画出自相关函数的图形，观察太阳黑子活动的周期；

（2）将该数据去均值，再重复（1）的内容，比较去均值前后对作自相关的影响。

3-5　求随机相位正弦信号 $x(t)=a\cos(\omega t+\theta)$ 的均值和方差，它是否为平稳随机过程？其中 $a$、$\omega$ 为常数，$\theta$ 是在 $(0,2\pi)$ 上均匀分布的随机变量。

3-6　幅度为 $A$，宽度为 $\tau_0$ 的矩形脉冲信号和三角形脉冲信号如图 3-26 所示，求其互相关函数。

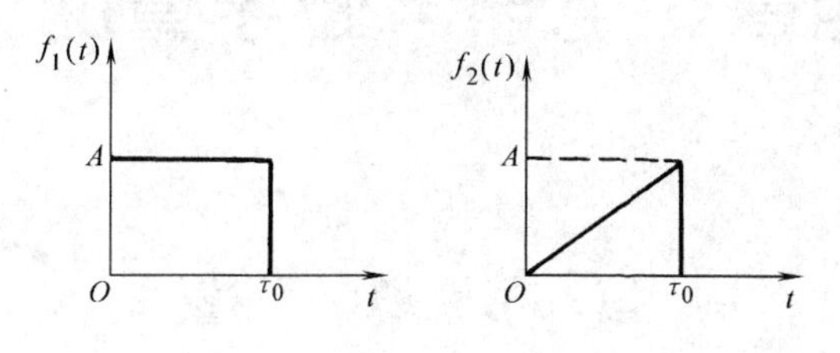


图 3-26　题 3-6 图

3-7　设平稳随机过程的自相关函数为 $R_X(\tau)=a^2e^{-2\mu|\tau|}$，求其自谱密度函数。

# 第四章　电学与磁学量的测量

## 第一节　概　　述

电、磁是自然界的两个重要基本现象，在 1820 年奥斯特发现电生磁现象以前，电学测量和磁学测量是独立发展的。随着人们对电、磁现象及其规律认识的深入，电磁测量相互结合并得到了快速发展。电磁测量是研究电学量、磁学量以及可转化为电学量、磁学量的各种非电量的测量原理、方法和仪器仪表的技术科学。在自然界众多的现象和规律中，电磁规律与其他物理现象具有广泛的联系，例如电或磁的力学效应、热效应、光效应、化学效应等。这不仅为电学量和磁学量本身的测量，而且为几乎所有非电量的测量提供了多种多样的方法和手段。另外，由于电信号比其他种类信号更便于转换、放大、传送，而电子计算机也要求输入电信号，因此，电磁测量在技术科学领域中具有十分重要的地位。

电学量包括电量和电参数两个方面。电量主要包括直流电流和交流电流、直流电压和交流电压、直流电功率和交流电功率、直流电能和交流电能、频率、交流电相量间的相位差及功率因数、静电电荷、静电场强度等。相应地，电量的测量可分为电流测量、电压测量、电功率测量、电能测量、频率测量、相位差测量、功率因数测量、静电测量等。电参数主要包括直流电阻和交流电阻、电容、电感（自感与互感）、电阻时间常数、电容损耗角、自感的品质因数及互感的角差等。由此，电参数的测量可分为电阻测量、电容测量、电感测量、电阻时间常数测量、介质损耗因数测量等。

磁学量测量泛指对表征宏观磁场性质的基本物理量和反映材料磁特性的各种磁学参量的测量。前者又称磁场测量，后者则根据磁性材料不同，主要有永磁材料测量、软磁材料测量、硅钢片磁特性测量等。磁学量测量是电磁测量的重要内容，一方面用于研究物质的磁结构和各种磁现象，以及探索这些现象所遵循的规律。定量地掌握各类材料在磁场中的磁特性，对电工设备的设计、制造以及新材料的开发有着重要意义。此外，在生物学、医学、化学、地质学等领域，测量物质的各种磁学参量也日益重要。另一方面，通过磁学量的测量也为其他非电量的测量提供了多种多样的方法和手段，如通过测量漏磁场强度来进行管道缺陷检测，通过测量三维磁场强度来进行石油钻井钻杆测斜、飞行体空间姿态测量以及利用核磁共振技术的断层扫描等。

表征宏观磁场性质的最基本物理量是磁通密度 $B$ 和磁场强度 $H$。在真空中，磁通密度 $B$ 与磁场强度 $H$ 成比例，比例常数 $\mu_0$ 称真空磁导率。反映磁性材料磁特性的主要参数是材料的磁化曲线和磁滞回线。在这两种特性曲线上，可分别确定材料的磁导率 $\mu$、饱合磁通密度 $B_s$、矫顽力 $H_c$、剩磁 $B_r$ 以及铁损 $P$ 等磁学参量。常用的磁学量单位及换算关系如表 4-1 所示。

表 4-1　常用的磁学量单位及其换算关系

| 磁学名称量 | 符号 | SI 单位 | CGS 单位 | 单位换算（SI 制数值乘以此数即得 CGS 制数值） |
| --- | --- | --- | --- | --- |
| 磁通量 | $\Phi$ | 韦伯(Wb) | 麦克斯韦(Mx) | $10^8$ |
| 磁通密度或磁感应强度 | $B$ | 韦/米$^2$(Wb/m$^2$)或特斯拉(T) | 高斯(Gs) | $10^4$ |
| 磁场强度 | $H$ | 安/米(A/m) | 奥斯特(Oe) | $10^3/(4\pi)$ |
| 磁化强度 | $M$ | 安/米(A/m) | 高斯(Gs) | $10^{-3}$ |
| 磁极化强度 | $J(M)$ | 特斯拉(T) | 高斯(Gs) | $10^4/(4\pi)$ |
| 磁势或磁通势 | $Fm$ | 安匝(A) | 奥·厘米(Oe·cm) | $4\pi/10$ |
| 真空磁导率 | $\mu_0$ | $4\pi\times10^{-7}$H/m | 1 | $10^7/(4\pi)$ |
| 相对磁导率 | $\mu$ | | | 1 |
| 磁矩 | $M_m$ | 安/米$^2$(A/m$^2$) | emu | $10^3$ |
| 磁阻 | $R_m$ | 安/韦伯(A/Wb) | 奥·厘米/麦克斯韦(Oe·cm/Mx) | $4\pi\times10^{-9}$ |

注：SI 单位指目前国际上通用的国际单位制，CGS 指历史上使用过的高斯制，目前已基本不用，但在一些早期（20 世纪 60 年代前）资料中会经常出现。

电学与磁学量测量包含内容十分丰富，限于篇幅，同时考虑到一般的电学量的测量原理在电工技术、电路等课程中已有介绍，本章将重点介绍磁学量测量，对电学量仅作概要说明，并以频率和相位这两个用途较广的两个量为重点。

## 第二节　电学量测量

### 一、电学量测量简介

同大多数测量一样，电学量的测量也包括选择合适的方式与仪表两个方面。

常用的测量方式有直接测量、间接测量和组合测量三种。直接测量是使待测的量与作为标准的量进行直接或间接比较，而得到测量结果的方法。间接测量是利用未知量与一些便于直接测量的电学量或其他物理量之间的简单函数关系，经直接测量这些量，再通过简单计算而获得被测对象量值的测量方法。例如由直接测得的电阻两端的电压和流过该电阻的电流，按欧姆定律算出电阻；又如电阻率一般不能直接测得，通常先直接测出被测材料的截面积、长度和电阻值，再按公式算出。组合测量的对象是那些与便于测量的量间有复杂函数关系的量。为获得测量结果，要经过复杂计算。

从测量方法上看，电参量的测量可分为两大类：

（1）直读（或偏转）法　利用模拟式指示仪表的指针、光标在度盘上所处位置或数字显示装置的读数来显示被测对象量值大小的方法均属于直读（或偏转）法。直读法的优点是观测直观。利用模拟式仪表实施直读测量，可以观察被测对象的连续缓慢变化；测量准确度决定于所用仪表的准确度级。如改用数字式仪表，可使读数无视差，且更为准确、快速。

(2) 比较测量法（简称较量法） 它是将被测的量与标准量直接比较的方法。相当于用天平及砝码称重。其特点是标准量直接参与测量过程。比较测量法又可分为补偿测量法和电桥测量法两类，电桥与电位差计是实施比较测量的两种主要装置。经典的较量仪器如电桥、电位差计等都比直读仪表的准确度高，但操作复杂、费时，且要求操作人员具备熟练的技巧。采用具有自动平衡功能的较量仪器，不仅降低了对操作人员的要求，还可大大缩短测量过程，提高测量精度。

在测量仪表方面，随着集成电路和微机技术的快速发展，电测量技术中长期使用的指针（或光标）式、电子式、电位差计等模拟式仪表已逐渐被数字化、微机化的数字式测量仪表取代。一般数字式仪表的结构框图如图4-1所示，主要由转化功能电路、A－D转换器、计数器或频率计等环节组成。

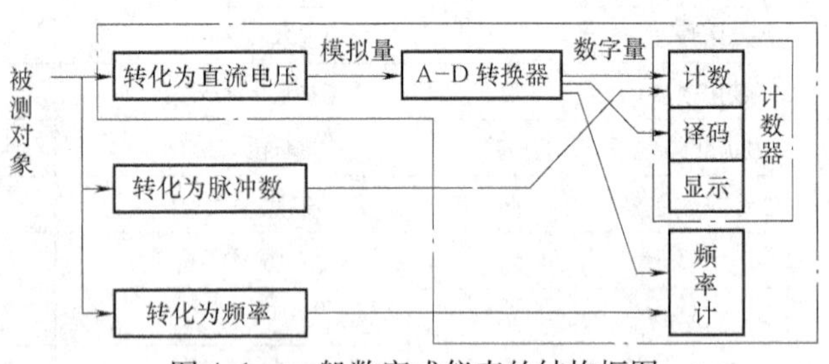


图4-1 一般数字式仪表的结构框图

直流数字电压表是电学量测量中最常用的数字仪表，其原理框图如图4-2所示，A－D转换器是电压表核心部分，它将模拟电压转换为数字量，从而实现对模拟电压的数字测量。

给直流数字电压表配以各种变换器，便可形成一系列数字式仪表。常见的变换器有交/直流电压、交或直流电流/直流电压、电阻/直流电压、电容/直流电压、温度/直流电压、功率、相位变换器和高灵敏度直流电压放大单元等。输出为直流电压的变换器与直流数字电压表相配合并经选择转换开关组装在一起，就形成了数字万用表。图4-3所示为数字万用表原理框图。数字万用表的构成特点决定了被测电学量均转换为直流电压再进行测量；变换器实现模－模变换之后，电压表完成模－数转换，并以高准确度数字配以被测电学量的单位显示出来。

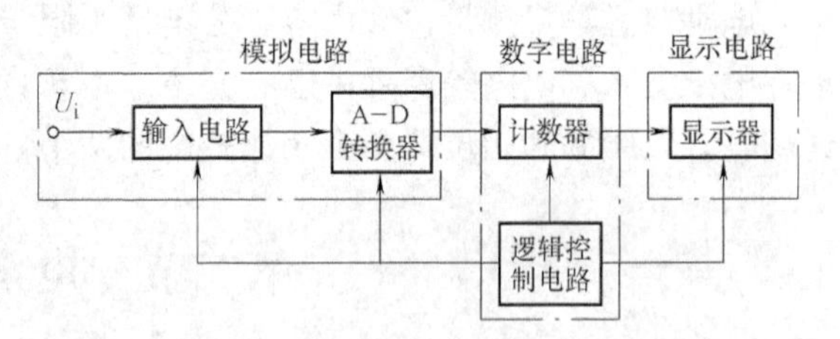


图4-2 直流数字电压表原理框图

数字万用表的测试功能大大多于传统的模拟指针式万用表，它不仅可以测量直流电压、交流电压、直流电流、交流电流、电阻、二极管正向压降和晶体管共发射极放大系数，还能测量电容、电导、温度、频率，并增设有用以检查电路通断的蜂鸣器档、低频功率测量档，有的表还能提供方波电压信号。新型数字万用表在设计上大多增加了示值保持、逻辑测试、有效值测量、相对值测量、电源自动关断、脉冲宽度测量和占空比测量等实用测试功能。有

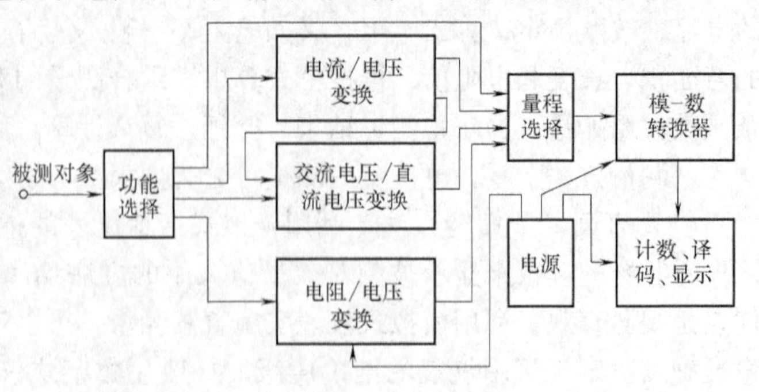


图4-3 数字万用表原理框图

的还具有交流/直流（AC/DC）自动转换功能。

在数字化测量过程中比较容易做 A－D 转换处理和测定的电学量及相关参量是直流电压、脉冲数和频率，相应的数字测量装置是直流数字电压表（DVM）和电子计数器，而其他物理量则是通过各种变换器变成直流电压、脉冲数或频率后再进行数字化测量。因此，数字测量过程可分为两个步骤：首先把被测对象变换成直流电压、脉冲数或频率；然后再用数字电压表或电子计数器实现对它们的测量。这里关于如何对诸如直流电流、电阻、交流电压、交流电功率进行数字测量的介绍侧重于预处理步骤，即仅限于如何将它们变换成直流电压的原理和方法；而对于频率、周期和相位这些量的测量，将在后面安排专门章节作详细说明。

### 二、电压、电流的测量

电压、电流有交直流之分，直流电压一般通过输入衰减网络进行幅值调整后用直流电压表进行测量。交流电压可以用峰值、平均值、有效值来表征其大小，交流电压测量的主要方法是用交－直流转换器把交流电压变换为直流电压，然后再用直流电压表进行测量。根据转换器特性的不同，有峰值电压表、平均值电压表和有效值电压表。

直流电流的测量一般可采用直接测量法和间接测量法。直接测量法就是将直流电流表串接在被测电路中进行测量，间接测量可以利用欧姆定律通过测量电阻两端的电压来换算出被测电流值，在测量大电流时通过分流器进行分流，测量小电流时通过运算放大器提高测量系统的输出阻抗。也可以利用基于磁光法拉第效应、霍尔效应的霍尔元件、钳形电流表、互感器及光纤电流传感器等进行电流测量。

图 4-4 是利用霍尔效应直接检测直流电流的原理图，适用于大电流检测。

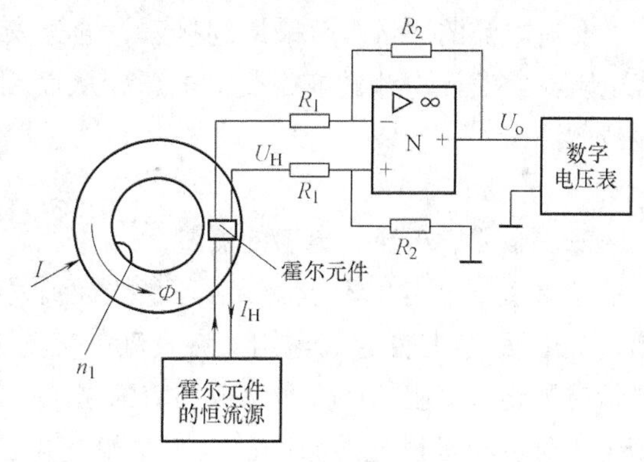


图 4-4　霍尔效应直接检测直流电流的原理图

被测电流 $I$ 在铁心中产生磁通 $\Phi_1$，有

$$\Phi_1 = K_1 I$$

该磁通通过霍尔元件的磁感应强度

$$B_1 = K_2 \Phi_1 = K_1 K_2 I$$

霍尔元件的输出电压为

$$U_H = K_H I_H B_1$$

式中，$K_H$ 为霍尔元件的灵敏度；$I_H$ 为霍尔元件的控制电流。

则有

$$U_H = K_H I_H B_1 = K_H K_1 K_2 I_H I$$

将霍尔元件的输出电压 $U_H$ 通过运算放大器 N 后，其输出电压为

$$U_o = K_H K_1 K_2 \frac{R_2}{R_1} I_H I = KI \tag{4-1}$$

因此通过测量输出电压 $U_o$ 就可换算出被测电流 $I$。

图4-5是利用霍尔检零式测量直流电流的原理图，适用于小电流检测。

被测电流 $I$ 在铁心中产生磁通 $\Phi_1$，$\Phi_1$ 穿过霍尔元件产生霍尔输出电压 $U_H$，$U_H$ 通过放大器N功率放大后，产生输出电流 $I_2$，此电流 $I_2$ 通过线圈 $N_2$ 在铁心中产生磁通 $\Phi_2$，$\Phi_2$ 企图抵消 $\Phi_1$，即

$$\Phi_1=\Phi_2$$

$$IN_1=I_2N_2$$

$$I_2=\frac{N_1}{N_2}I$$

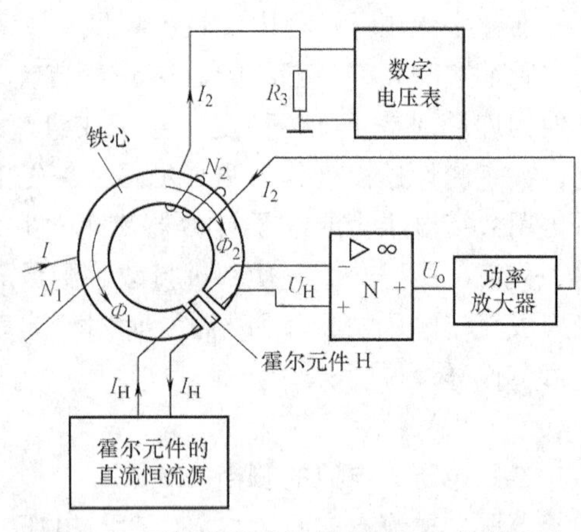


图4-5 霍尔检零式测量直流电流的原理图

电流 $I_2$ 在电阻 $R_3$ 两端产生的电压

$$U=I_2R_3=\frac{N_1R_3}{N_2}I \tag{4-2}$$

因此测量该电压便可达到测量电流的目的。

交流电流的测量一般采用间接法，通过安排在接地端的取样电阻（高频时不宜用绕线电阻）将交流电流转换为交流电压，从而利用一切测量交流电压的方法均可完成交流电流的测量。

### 三、电阻、电容、电感的测量

按量值，电阻大致分为低阻（毫欧级到大约10Ω）、中阻（10Ω到大约100kΩ）和高阻（兆欧级）；按用途，电阻又有直流、交流之分。本节介绍直流电阻的测量方法。电阻测量时需要根据阻值的大小采取相应的措施。对中高值电阻的测量最简单的方法是利用欧姆定律通过测量恒流源激励的电阻两端的电压来换算出被测阻值（即伏安法），如图4-6所示，这种测量的精度较低。

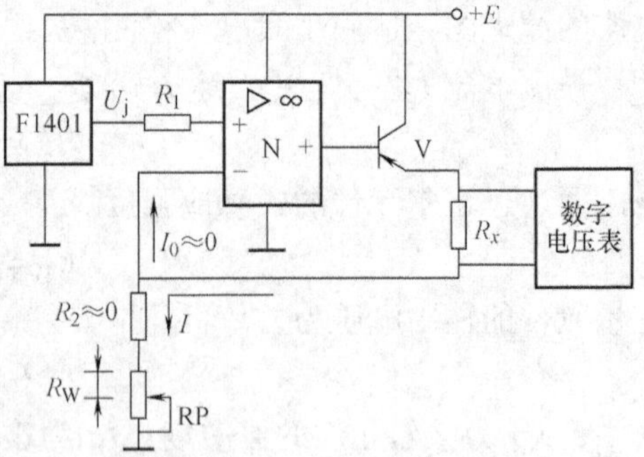

另外也可以通过不平衡电桥来准确测量，如图4-7所示。简单分析可知，其输出电压为

$$U_o=\frac{U'_{AB}}{U'_{BD}}=\frac{R_2R_3}{R_1R_4}\frac{R_x}{2R} \tag{4-3}$$

它与电桥的电源电压无关，因而消除了电源电压波动的影响。

图4-6 恒流源式电阻测量原理

测量低值电阻需要考虑被测电阻引线电阻与接触电阻的影响，可采用四端技术。图4-8是四端式测量低值电阻阻值的数字欧姆表原理图。其中，$I_s$ 为恒流源，$r$ 和 $r'$ 分别代表被测电阻 $R_x$ 的两电流引线端的引线电阻与接

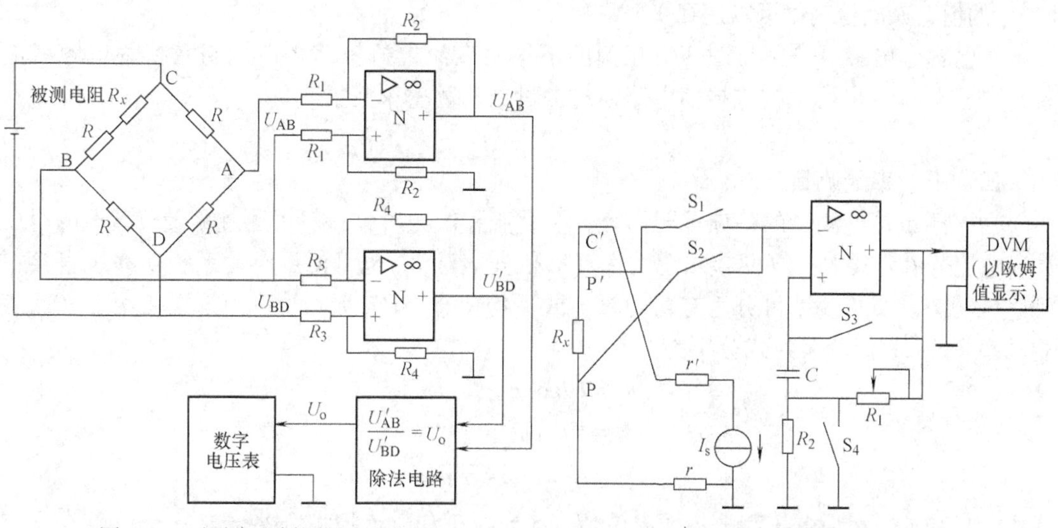


图 4-7　不平衡电桥测量电阻原理

图 4-8　四端式测量低值电阻阻值的数字欧姆表原理图

触电阻之和。由于运算放大器具有很高的输入阻抗，工作时几乎不取电流，因而可不考虑 $R_x$ 引线端的引线及接触电阻。

测量开始时，接通开关 $S_2$、$S_3$ 和 $S_4$，其结果使 $r$ 上的电压 $\Delta U = I_s r$ 经运算放大器加在了电容 $C$ 两端。随后，断开 $S_2$、$S_3$ 与 $S_4$ 的同时合上开关 $S_1$。这样，加到放大器正向输入端的电压变成了被测电阻 $R_x$ 与电流引线端电阻 $r$ 上的电压之和，即 $U_x + \Delta U = I_s(R_x + r)$，而放大器反向输入端的电压等于电容电压 $\Delta U$ 与电阻 $R_2$ 上的电压 $U_o R_2/(R_1 + R_2)$之和，（$U_o$ 为运放输出端对地的电压）。依据运算放大器正、反向输入端等电位的特点，便得到

$$U_x = I_s R_2 = U_o R_2/(R_1 + R_2) \tag{4-4}$$

可见，用图 4-8 所给出的四端式欧姆表线路测量低值电阻，就消除了被测电阻电流引线的引线电阻与接触电阻可能造成的误差。

对于阻值在 $10^9\Omega$ 以上的超高阻值电阻的测量，常采用运算放大器与数字测量电路相结合，依据电容充电原理，用图 4-9 所示的电路进行测量。

设在 $t=0$ 瞬时打开 S，让电容充电，其输出电压为

$$u_o = -\frac{1}{C}\int_0^t I\mathrm{d}t$$

式中，$I = U_1/R_x$ 是常数，假定电平比较器的阈值为 $-U_k$，输出电压 $u_o$ 经过时间 $T$ 达到该值，于是有

$$R_x = -\frac{U_i}{U_k C}T \tag{4-5}$$

通过数字仪表测量 $T$ 值就能计算出超高电

图 4-9　基于电容充电原理的超高值电阻测量原理图

阻 $R_x$ 的值，其测量精度可以达到0.1%。

对电容、电感可采用与图4-7相似的不平衡交流电桥（将桥路电阻替换为电容或电感）进行测量，也可以构成振荡电路通过测量振荡频率来测量。

### 四、电功率的测量

功率测量是电测量的一项重要内容，在直流和低频时，一般可通过测量负载上的电压 $U$ 和电流 $I$ 由公式 $P=UI$ 间接求得功率（即伏安表法），也可使用电动系统功率表直接得到直流功率。交流功率可分为有功功率（或平均功率）$P$、无功功率 $Q$、视在功率（或表观功率）$S$，它们的表达式分别为

$$\begin{aligned} P &= UI\cos\varphi \\ P &= UI\sin\varphi \\ S &= UI = \sqrt{P^2+Q^2} \end{aligned} \tag{4-6}$$

式中，$U$ 和 $I$ 分别为电压和电流的有效值；$\varphi$ 为电压和电流的相位差。

用电压和电流的乘积可间接得到视在功率和阻性电路的有功功率；采用电动系或铁磁电动系功率表可直接测出工作频率下的有功功率；频率较高的情况下可用热电系或整流变换机构的功率表。近年来也有用霍尔变换器式功率表和分割乘法式数字功率表来测量功率的。功率测量涉及内容相当多，限于篇幅这里不作展开，详细内容可参阅相关文献。

## 第三节　频率的测量

频率是描述周期信号的最重要参数，定义为周期信号在单位时间内变化的次数。频率测量是电子测量技术中最基本的测量之一。工程中很多测量，如用振弦式方法测量力、时间测量、速度测量、速度控制等，都涉及或归结为频率测量。频率测量最常用的方法是将被测信号放大整形后送到计数器进行计数测量，按计数器控制方式和计量对象的不同，可分为直接测频和通过测量周期间接测频（简称测周法）两种方法。

### 一、直接测频法

这种方法是在一定的时间间隔 $T$ 内，对输入的周期信号脉冲进行计数，若得到的计数值为 $N$，则信号的频率为 $f_x=N/T$。直接测频的原理框图如图4-10所示。由脉宽为 $T$ 的标准时基脉冲信号通过门控电路控制计数闸门的开启与关闭，当时基脉冲信号上升沿到来或为高电平时，门控电路打开闸门，此时允许被测信号脉冲通过，计数器开始记数，当时基脉冲信号下降沿到来或为低电平时，门控电路关闭闸门，此时被测信号脉冲无法通过，计数器停止计数，此时得到的计数值就是在时间间隔 $T$ 内被测信号的周期数 $N$，

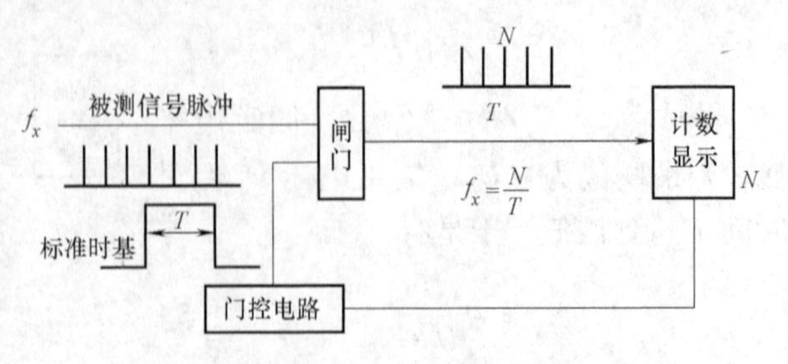


图4-10　直接测频的原理框图

由公式 $f_x=N/T$ 就可以计算出被测信号的频率。如果被测信号不是脉冲或方波形式，则先经过放大整形电路将其变为与被测信号同频率的脉冲串序列，然后再进行测量。

如图 4-11 所示，相对于被测信号来说，计数器开始计数和停止计数的时刻在被测信号的一个周期内是随机的，所以计数值可能存在最大 ±1 个被测信号的脉冲个数误差，在不考虑标准时基脉冲信号误差的情况下，这个计数误差将导致测量的相对误差为 $1/N\times100\%$，且误差值大小与被测信号频率有关。如设定时间间隔 $T=0.1\text{s}$，测量频率为 1000Hz 的信号时，测量的相对误差为 $1/100\times100\%=1\%$，测量频率为 10kHz 的信号时，测量的相对误差为 $1/1000\times100\%=0.1\%$。显然这种方法适合于高频测量，信号的频率越高，则相对误差越小，同时增加测量的时间间隔 $T$ 也可以成比例地减小该项测量误差。

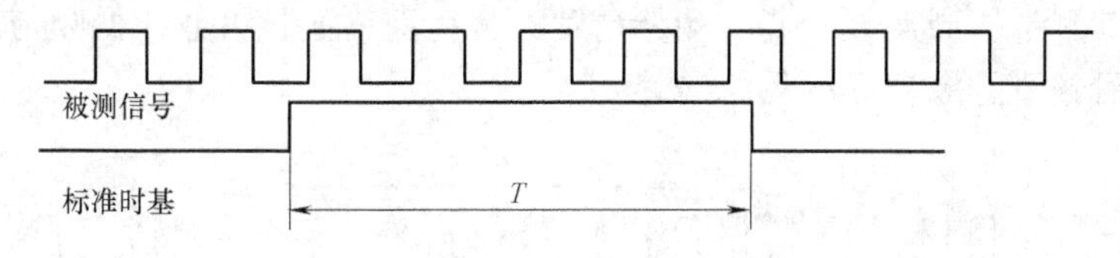


图 4-11　直接测频记数误差示意图

## 二、测周法

这种方法是通过测量被测信号的周期然后换算出被测信号的频率。如图 4-12 所示，测量时利用电子记数器计量被测信号一个周期内频率为 $f_N$ 的标准信号的脉冲数 $N$，然后通过公式

$$f_x=\frac{f_N}{N} \tag{4-7}$$

来计算频率。该方法的测量原理与直接测频法相似，不过被测信号与时基信号进行了功能交换，这里是由被测信号通过门控电路控制计数闸门的开启与关闭，工作时由门控电路根据被测信号相邻的两个上升沿分别启动和停止对标准脉冲信号的计数，从而由记数值和标准脉冲信号频率得到被测信号的周期：$T_x=N/f_N$，再由周期求倒数得到被测信号的频率。同样，如果被测信号不是脉冲或方波形式，则先经过放大整形电路将其变为与被测信号同频率的脉冲串序列，然后再进行测量。

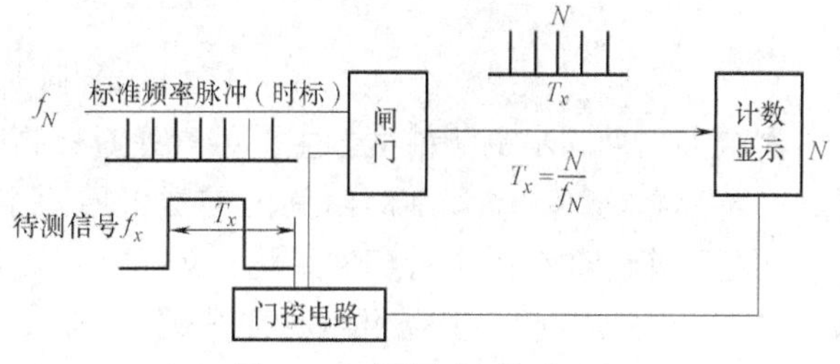


图 4-12　测周法原理框图

从测周法的原理可以看出，尽管这种方法仍然存在 ±1 个字的计数误差，但这个误差是标准脉冲信号的，由于实际测量中标准脉冲信号的频率远远大于被测信号的频率，因此测量误差会大大减小。如用 100MHz 的标准脉冲信号来测量频率为 1000Hz 的被测信号时，测量周期的绝对误差为 ±10ns，由此引起的测量频率的相对误差为 0.001%。显然，这种测量方法的精度也与被测信号的频率有关，被测信号的频率越低，测得的标准信号的脉冲数 $N$ 越大，则相对误差越小，因此这种方法比较适合测量频率较低的信号。

### 三、多周期同步测频法

上面介绍的两种测量方法都存在 ±1 个字的计数误差，且测量的精度与被测信号的频率有关。在上述两种方法基础上发展起来的多周期同步测频法，是目前测频系统中用得最广的一种方法，其核心思想是通过闸门信号与被测信号同步，将闸门时间 $T$ 控制为被测信号周期的整数倍。如图 4-13 所示，测量时，先打开参考闸门，但计数器并不开始工作，当检测到被测信号脉冲沿到达时开始计时，并对标准时钟计数；参考闸门关闭时，计时器并不立即停止计时，而是待检测到被测信号脉冲沿到达时才停止计时，完成测量被测信号整数个周期的过程。测量的实际闸门时间与参考闸门时间可能不完全相同，但最大差值不超过被测信号的一个周期。该方法尽管仍然存在 ±1 个字的标准脉冲信号计数误差，但对不同频率信号其测量的周期数不同，测量精度大大提高，而且可兼顾低频与高频信号，达到了在整个测量频段的等精度测量。

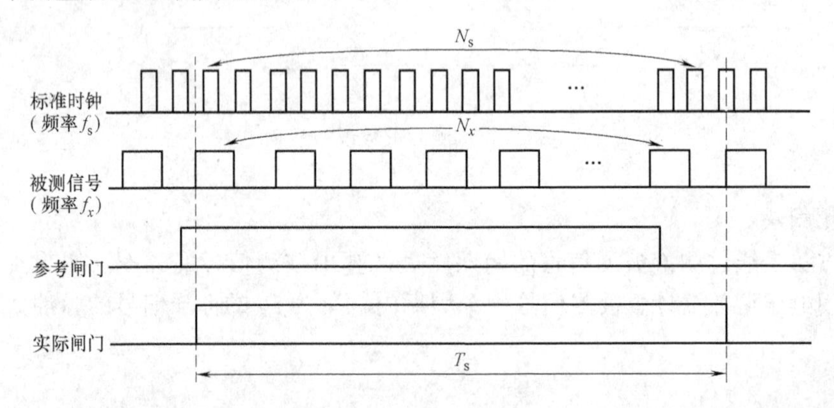


图 4-13 多周期同步测频法

影响多周期同步测频精度的主要因素是对标频脉冲信号的计数仍然存在 ±1 个字的误差，在不提高标频频率和闸门时间的前提下用两个计数器分别对标频上升沿和下降沿计数，再把两个计数结果进行算术平均，理论上可以使误差减少一半。近年来，随着嵌入式技术的不断发展，基于现场可编程门阵列（Field Programmable Gate Array，FPGA）、数字信号处理（Digital Signal Processing，DSP）和高级精简指令集机器（Advanced RISC Machine，ARM）式单片机的测量方法不断涌现，如模拟内插法、游标法等。同时也有对于传统方法加以改进，如基于多周期同步测频的改进方法 - 相位检测法，如图 4-14 所示，它利用被测信号和标准信号两个频率的最小公倍数周期产生计数闸门，理论上当以最小公倍数周期或最小公倍数周期整数倍的时间作为计数闸门时，计数闸门同时与标频 $f_0$ 和被测频率 $f_x$ 同步，避免了 ±1 计数误差。利用式

$$f_x=\frac{N_x}{N_0}$$

即可求出被测频率。式中的 $N_0$、$N_x$ 分别为 $f_0$ 和 $f_x$ 的计数值。图 4-14 中，两个频率在一个最小公倍数周期内会发生一次“绝对相位重合”，在这一时刻两个频率信号的方波上升沿同时到达，两个频率的相位差为零。计数闸门由“绝对相位重合点”产生，没有时间误差，因此理论上的频率测量精度无限高。

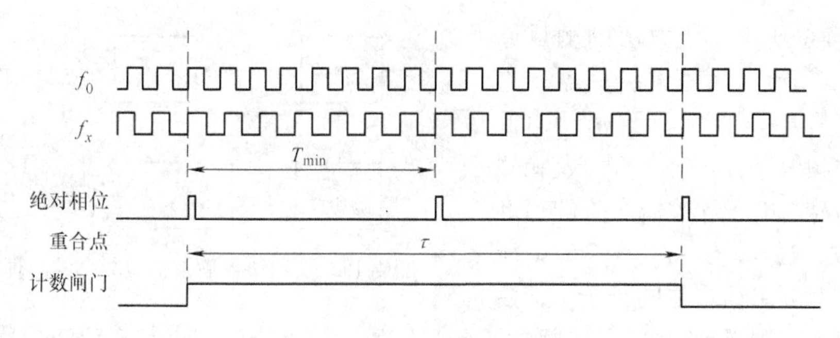


图 4-14　相位检测法测频原理图

**四、频率测量专用芯片**

实际频率测量中除利用单片机、PLC、FPGA/CPLD 等控制器件按上述方法来实现和构建测量仪表之外，目前也有一些专用集成芯片可以实现频率测量，如 ICM7216D、NB8216D、TDC-GP2 等。

ICM7216D 是美国 HARRIS 公司生产的集定时计数与 LED 驱动于一体的、显示驱动、频率计数集成电路，它内含十进制计数单元、数据锁存器、七段 LED 数码译码器、驱动器及小数点位置自动选择等单元，在频率测量方面有着广泛应用。其性能特点如下：

- 具有频率计数功能，测频范围 0 ~ 10MHz，如果输入信号经分频器分频，则测频范围更大，可达 40MHz。
- 有 4 个测量闸门时间（0.01s、0.1s、1s、10s）可供选择。
- 内含译码及驱动电路，可直接驱动 8 位七段 LED 数码显示器。
- 有片内振荡电路，也可利用外部振荡频率作为测量时基。
- 具有自动产生小数点、位锁存及溢出指示等功能，可根据所测频率的高低，自动选择小数点的位置，亦可由外部电路控制小数点的显示位置。当所测频率超出测量范围时有溢出指示。
- 具有显示保持及暂停功能，可在输入信号停止后将测量频率保持在数码管上。

NB8216D 是宁波甬芯微电子公司生产的，其功能与 ICM7216D 基本相似，最高测量频率达 40MHz，可减少分频级数，简化整机设计，工作电压范围拓宽到 2 ~ 5V，可用于手持式设计，同时静态功耗降低，驱动能力增强。

**五、微波频率的测量**

微波泛指频率在 1GHz 以上的电磁波，受晶体管的最高工作频率的制约，对微波信号难以直接用上述的各种方法进行测量，而需要对其进行变频处理然后再进行测量。常用的测量方法有以下两种：

1. *变频法*　该方法的测量原理如图 4-15 所示，由谐波发生器产生谐波 $nf_s$，谐波滤波器从 $n$ 个谐波中取出第 $N$ 次谐波 $Nf_s$，由混频器产生差频信号 $f_1 = f_x - Nf_s$，此差频信号频率已降低为普通信号频率，可以用前面介绍过的方法测量其频率 $f_1$，然后由 $f_x = f_1 + Nf_s$ 得到被测微波信号的频率。该方法的测量范围可达 10GHz，分辨率及精度较高，但灵敏度较差，要求被测信号有足够的幅度（一般要大于 100mV）。

2. 锁相分频法　该方法的测量原理如图4-16所示，由压控振荡器产生基频振荡信号$f_L$及谐波信号$Nf_L$，由混频器产生差频信号$f_1=f_x-Nf_L$，鉴相器将此差频信号与电子计数器产生的标准信号$f_s$比较，当$f_1=f_x-Nf_L=f_s$时，压控振荡器信号频率锁定并同步于$f_s$，由计数器测出$f_L$，则得到被测信号频率：$f_x=f_s+Nf_L$。该方法的特点与变频法相反，即分辨率及精度较差，但灵敏度高。

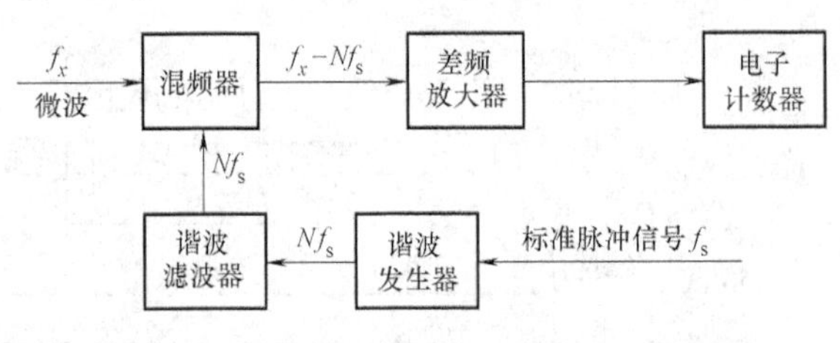


图4-15　变频法测微波信号频率的原理框图

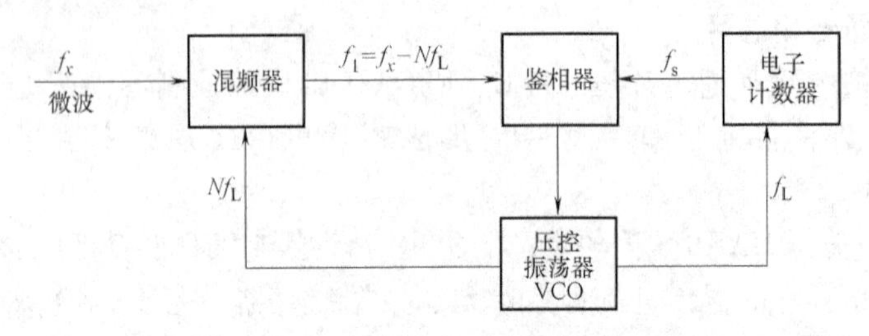


图4-16　锁相分频法测量原理

近年来，随着以锁模飞秒激光器为核心的光学频率梳技术的成熟，其已经被广泛应用于光学频率测量，可以将铯原子微波频标与光频标准确、可靠且相对简单地直接联系起来，使得微波频率测量的精度大大提高。

## 第四节　相位差的测量

相位差的测量通常是指两个同频率的信号之间相位差的测量。早期的相位差测量方法主要有采用示波器的李沙育图形法和矢量电压法，这种测量方法需要特定设备，测量精度也较低。随着电子技术的发展，测量相位差的方法也从模拟式测量转向数字式测量，主要方法有脉冲计数和FFT分析法。

### 一、脉冲计数法测相位

脉冲计数法测相位是基于时间间隔测量法，通过相位—时间转换器，将相位差为$\varphi$的两个信号（分别称参考信号和被测信号）转换成一定时间宽度$\tau$的脉冲信号，然后用电子计数器测量其脉宽$\tau$来测量相位。其原理框图和波形图分别如图4-17和图4-18所示。

若时基信号（记数脉冲）的频率为$f_0$，周期为$T_0$，被测信号的频率为$f$，测量得到的脉宽记数值为$N$，则相位差为

$$\varphi=N\frac{f}{f_0}\times 360° \tag{4-8}$$

测量的分辨率为

$$\Delta\varphi=\frac{f}{f_0}\times 360° \tag{4-9}$$

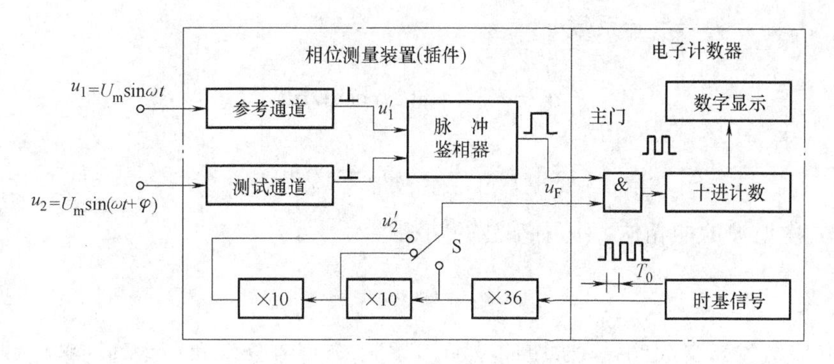


图 4-17　脉冲计数法测相位的原理框图

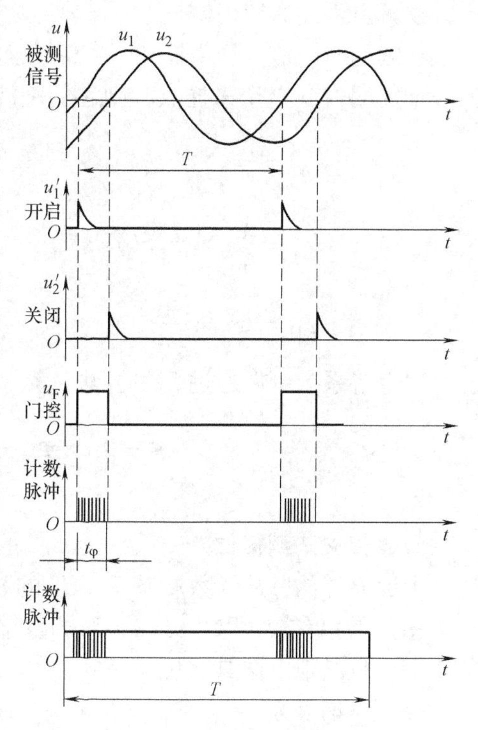


图 4-18　脉冲计数法测相位的波形图

设计时如果取 $f_0$ 为 360 的整数倍，则得到以度的倍数为单位的测量结果。

从上述测量原理可以看出，脉冲计数法测相位需要知道被测信号的频率，如果被测信号的频率是未知的，则需要在测量相位脉宽的同时测量被测信号频率，测量方法如上节所述。为了避免测量信号频率，可以将被测信号倍频后直接作为时基信号，假设将被测信号倍频 $360\times10^n$ 后作为时基信号 $f_0$，测量得到的脉宽计数值为 $N$，则相位差为

$$\varphi = N\frac{f}{f_0}\times360° = N\frac{f}{f\times360\times10^n}\times360° = N\times10^{-n} \tag{4-10}$$

由此可以看出这样做不仅避免了测量被测信号频率，而且可以消除被测信号频率变化对相位测量结果的影响。

另外，脉冲计数法测相位同样可以采用周期同步测量思想（类似多周期同步测频法）进行多周期同步测量，以提高测量精度和对不同频率信号的适应性。

## 二、基于 FFT 的相位测量

根据傅里叶级数理论有，在有限区间（$t$，$t+T$）内绝对可积的任意周期函数 $x(t)$ 可以展开成傅里叶级数：

$$x(t) = \sum_{n=0}^{m}(a_n\cos n\Omega t + b_n\sin n\Omega t) = A_0 + \sum_{n=1}^{m}(a_n\cos n\Omega t + b_n\sin n\Omega t)$$

$$= A_0 + \sum_{n=1}^{m}A_n\sin(n\Omega t+\varphi_n) \tag{4-11}$$

其中，$a_n$、$b_n$ 为傅里叶系数

$$
\begin{aligned}
a_n &= \frac{2}{T}\int_{-\pi}^{\pi} x(t)\cos n\Omega t \mathrm{d}t \\
b_n &= \frac{2}{T}\int_{-\pi}^{\pi} x(t)\sin n\Omega t \mathrm{d}t
\end{aligned}
\tag{4-12}
$$

$\varphi_n$ 为 $n$ 次谐波的初相位，其中基波的初相位为

$$\varphi_1 = \arctan\frac{a_1}{b_1} \tag{4-13}$$

傅里叶级数的意义表明一个周期信号可以用一个直流分量和一系列谐波的线性叠加来表示，只要求出傅里叶级数系数 $a_n$ 和 $b_n$，即可求出任意谐波的初相位 $\varphi_n$，在相位差测量中只要求出基波的初相位 $\varphi_1$。

连续的时间信号经采样和 A－D 转换之后变为数字信号，设在周期函数 $x_1(t)$ 和 $x_2(t)$ 的一个周期内有 $N$ 个采样点，则它们基波傅里叶系数和相位分别为

$$a_{11} = \frac{2}{N}\sum_{k=0}^{N-1} x_1(k)\cos\frac{2\pi k}{N} \qquad a_{21} = \frac{2}{N}\sum_{k=0}^{N-1} x_2(k)\cos\frac{2\pi k}{N}$$

$$b_{11} = \frac{2}{N}\sum_{k=0}^{N-1} x_1(k)\sin\frac{2\pi k}{N} \qquad b_{21} = \frac{2}{N}\sum_{k=0}^{N-1} x_2(k)\sin\frac{2\pi k}{N}$$

$$\varphi_{11} = \arctan\frac{a_{11}}{b_{11}} \qquad \varphi_{21} = \arctan\frac{a_{21}}{b_{21}}$$

以上各系数可以通过 FFT 算法计算，则周期函数 $x_1(t)$ 和 $x_2(t)$ 的相位差为

$$\varphi = \varphi_{21} - \varphi_{11} = \arctan\frac{a_{21}}{b_{21}} - \arctan\frac{a_{11}}{b_{11}} \tag{4-14}$$

## 三、相关法测相位

上面介绍的脉冲计数和基于 FFT 的相位测量方法都没有考虑噪声的影响，实际测量过程中如果存在较大噪声必然会对测量结果产生不利影响。采用相关法可以有效消除噪声的影响，较其他方法具有优势。

设两路信号为

$$
\begin{aligned}
x(t) &= A\sin(\omega t + \varphi_1) + N_x(t) \\
y(t) &= B\sin(\omega t + \varphi_2) + N_y(t)
\end{aligned}
\tag{4-15}
$$

式中，$A$、$B$ 分别为两路信号的幅值；$N_x(t)$，$N_y(t)$ 为噪声信号。

理想情况下，噪声与信号不相关，且噪声之间也不相关，因此对周期信号的互相关函数：

$$R_{xy}(\tau) = \frac{1}{T}\int_0^T x(t)y(t+\tau)\mathrm{d}t \tag{4-16}$$

式中，$T$ 为信号周期。

取 $\tau = 0$，将式（4-15）代入式（4-16），积分后得到

$$R_{xy}(0) = \frac{AB}{2}\cos(\varphi_1 - \varphi_2) \tag{4-17}$$

所以有

$$\Delta\varphi = \varphi_1 - \varphi_2 = \arccos\left(\frac{2R_{xy}(0)}{AB}\right) \tag{4-18}$$

另外，根据自相关函数的定义可知：

$$\begin{aligned} A &= \sqrt{2R_x(0)} \\ B &= \sqrt{2R_y(0)} \end{aligned} \tag{4-19}$$

这样，通过两信号的自相关、互相关就可以求得它们的相位差。

在实际应用中处理的对象是连续信号采样后的离散点序列，计算相关函数时采用相应的离散时间表达式：

$$\begin{aligned} \hat{R}_{xy}[0] &= \frac{1}{N}\sum_{k=0}^{N-1} x[k]y[k] \\ \hat{R}_x[0] &= \frac{1}{N}\sum_{k=0}^{N-1} x^2[k] \\ \hat{R}_y[0] &= \frac{1}{N}\sum_{k=0}^{N-1} y^2[k] \end{aligned} \tag{4-20}$$

式中，$N$ 为采样点数。

## 四、基于集成芯片的相位测量

如同频率测量一样，在相位测量方面目前也有一些集成芯片可供使用，如 ADI 公司生产的 AD8302，是用于 RF/IF 幅度和相位测量的单片集成电路，主要由精密匹配的两个宽带对数检波器、一个相位检波器、输出放大器组、一个偏置单元和一个输出参考电压缓冲器等部分组成，能同时测量从低频到 2.7GHz 频率范围内的两输入信号之间的幅度比和相位差。AD8302 的引脚如图 4-19 所示，幅度、相位测量方程式为

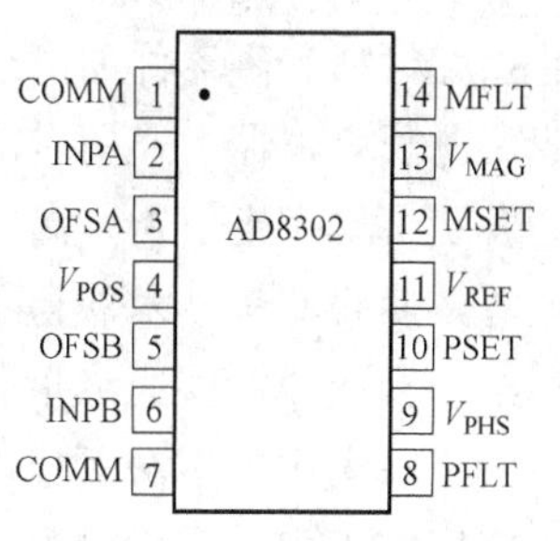


图 4-19 AD8302 引脚图

$$\begin{aligned} V_{\mathrm{MAG}} &= V_{\mathrm{SLP}}\mathrm{LOG}\left(\frac{V_{\mathrm{INA}}}{V_{\mathrm{INB}}}\right) + V_{\mathrm{CP}} \\ V_{\mathrm{PHS}} &= V_{\Phi}[\Phi(V_{\mathrm{INA}}) - \Phi(V_{\mathrm{INB}})] + V_{\mathrm{CP}} \end{aligned} \tag{4-21}$$

式中，$V_{\mathrm{INA}}$为 A 通道的输入信号幅度；$V_{\mathrm{INB}}$为 B 通道的输入信号幅度；$V_{\mathrm{SLP}}$为幅度斜率；$V_{\mathrm{MAG}}$为幅度比较输出；$\Phi$（$V_{\mathrm{INA}}$）为 A 通道的输入信号相位；$\Phi$（$V_{\mathrm{INB}}$）为 B 通道的输入信号相位；$V_{\Phi}$为相位斜率；$V_{\mathrm{PHS}}$为相位比较输出；$V_{\mathrm{CP}}$为工作中心点。

当芯片输出引脚 $V_{\mathrm{MAG}}$和 $V_{\mathrm{PHS}}$直接跟芯片反馈设置输入引脚 MSET 和 PSET 相连时，芯片的测量模式将工作在默认的斜率和中心点上（精确幅度测量比例系数为 30mV/dB，精确相位测量比例系数为 10mV/(°)，中心点为 900mV）。另外测量模式下，工作斜率和中心点可以通过引脚 MSET 和 PSET 的分压加以修改。

AD8302 将测量幅度和相位的能力集中在一块集成电路内，使原本十分复杂的幅相检测系统的设计简化，而且系统性能得到提高。

## 第五节　磁场测量技术及仪器

### 一、磁测量技术简介

磁场的测量除直接利用磁的力效应外，常通过物理规律将磁学量转换成电学量来间接测量。电磁现象是自然界中最普遍的物理现象之一。在人们还没有揭示出电和磁之间的关系之前，仅能根据它们本身的力效应制作简单仪器，分别观察电和磁的现象。磁测量仪器的出现远在电测量仪器之前。最早的磁测量仪器是中国的司南（见电工科技史），它实际是一台磁性罗盘。西方有关磁测量仪器的最早记载，出现于16世纪末。W.吉伯在他的专著《论磁性、磁体和巨大地磁体》中介绍了一种名为Versorium的测磁仪器，此仪器是将一根箭形铁针支承在尖端上，用以观察磁性的吸引现象。1820年，H.C.奥斯特发现电流的磁效应；1831年，M.法拉第发现电磁感应现象；1864年麦克斯韦从理论上总结出电磁相互作用和相互转化的普遍规律——麦克斯韦电磁场理论；1879年E.H.Hall发现霍尔效应，1946年F.Block和E.M.Purcell发现核磁共振现象。这些发现使得科学家掌握了动电、磁和机械力，以及动磁与电之间的关系，促使电与磁的测量和有关仪表的发展产生了跃变，出现了利用磁与电相互作用产生机械力矩并以指针或光点进行指示的各系机械式指示电表和记录仪表，以及在特殊设计的电路（如电桥、电位差计等）中将待测的未知量与标准量进行比较的比较测量仪器（简称较量仪器）。

随着生产的发展和科学技术的进步，磁测量技术也不断向前发展。新的科学理论、新的磁性材料和磁器件的出现，促使新的测量技术和新的测量仪器的出现，并被广泛用于工业、电子、仪器、通信、冶金、医学、国防等部门。特别近几十年来，由于现代尖端技术的发展，如宇宙航行、高能加速器、可控热核聚变工程、计算机、自动控制以及磁流体发电等，使磁测量技术获得了前所未有的发展和提高。不仅如此，磁测量技术还与不同学科相结合，形成一些边缘学科，如地质中的磁法勘探、地球物理中的地磁学、生物中的生物磁学、医学中的磁法医疗以及强磁场中的物理学等。20世纪70年代以来，电子技术的广泛应用，不仅使磁学量测量的频率范围扩大，准确度也进一步提高。利用物质量子态变化原理设计的核磁共振测场仪，能以$10^{-5}$准确度对磁场进行绝对测量。光泵磁强计可测量小于$10^3$A/m的磁场，其分辨力可达$10^{-7}$A/m。超导量子磁强计可测量小于$10^{-3}$A/m的磁场，分辨力达$10^{-9}$A/m。现代科技的发展为新型高精测磁仪器的研制提供了强有力的技术基础，反过来新型测磁仪器的出现也促进了现代科技的进步。

磁场测量涉及的范围很广，测量的方法很多，按原理大体可分如下几种：

力和力矩法：它利用铁磁体或载流体在磁场中所受的力进行测量，是一种比较古典的测量方法。

电磁感应法：以法拉第电磁感应定律为基础，这是一种最基本的测量方法。它可用于测量直流磁场、交流磁场和脉冲磁场。用这种方法测量磁场的仪器通常有冲击检流计、磁通计、电子积分器、数字磁通计、转动线圈磁强计、振动线圈磁强计等。

霍尔效应法：它是利用半导体内载流子在磁场中受力作用而改变行进路线进而在宏观

上反映出电位差（霍尔电动势）来进行磁场测量的方法。这种方法比较简单，因而得到广泛应用。

磁阻效应法：它是利用物质在磁场作用下电阻发生变化的特性进行磁场测量的方法。具有这种效应的传感器主要有半导体磁阻元件和铁磁薄膜磁阻元件等。

磁共振法：它是利用某些物质在磁场中选择性地吸收或辐射一定频率的电磁波，引起微观粒子（核、电子、原子）的共振跃迁来进行磁场测量的方法。由于共振微粒的不同，可制成各种类型的磁共振磁强计，例如核磁共振磁强计、电子共振磁强计、光泵共振磁强计等。其中核磁共振磁强计是测量恒定磁场精度最高的仪器，因而可作为磁基准的传递装置。

超导效应法：利用具有超导结的超导体中超导电流与外部被测磁场的关系（约瑟夫逊效应）来测量磁场的磁强计，称为超导量子干涉仪，它是目前世界上最灵敏的磁强计，主要用于测量微弱磁场。

磁通门法：它是利用铁磁材料的交流饱和磁特性对恒定磁场进行测量的方法。用于测量零磁场附近的微弱磁场。

磁光法：它是利用传光材料在磁场作用下的法拉第磁光效应和磁致伸缩效应等进行磁场测量的方法。基于这种方法的光纤传感器具有独特优点，可用于恶劣环境下的磁场测量。

磁场的各种测量方法都是建立在与磁场有关的各种物理效应和物理现象的基础之上。由于电子技术、计算机技术以及传感器的发展，磁场测量的方法和仪器有了很大的发展。目前测量磁场的方法有几十种，这些方法不仅能用来测量空间磁场，也能测量物质内部的磁性能。凡是与磁场有关的物理量和参数，如 $B$、$H$、$\Phi$、$M$、$\mu$ 等，原则上均可用这些方法进行测量。表 4-2 总结了不同测量技术的测量和应用范围。由于篇幅的限制，这里不一一列举，而仅就一些较为基本的、应用广泛的方法和仪器加以介绍。

**表 4-2　磁测量技术总结表**

| | 基本原理和方法 | 器件名称 | 测量范围/T | 测量温度/℃ | 分辨力/T | 被测磁场类型 |
|---|---|---|---|---|---|---|
| 磁测量技术 | 磁力法 | 定向磁强计 | 0.1~10 | 常温 | $10^{-9}$ | 均匀、非均匀变化磁场 |
| | | 无定向磁强计 | | | | |
| | | 磁变仪 | | | | |
| | 磁光效应法 | 法拉第磁光效应磁强计 | 0.1~10 | 低温 | $10^{-2}$ | 脉冲、交变、直流、低温超导强磁场 |
| | | 克尔效应磁强计 | | | | |
| | 磁阻效应法 | 磁阻效应磁强计 | $10^{-2}$~10 | 常温 | $10^{-3}$ | 较强磁场 |
| | 磁共振效应法 | 核磁共振磁强计 | $10^{-2}$~10 | 常温 | $10^{-6}$ | 中强、均匀恒定磁场 |
| | | 顺磁共振磁强计 | | | | |
| | | 光泵磁强计 | | | | |

（续）

| | 基本原理和方法 | 器件名称 | 测量范围/T | 测量温度/℃ | 分辨力/T | 被测磁场类型 |
|---|---|---|---|---|---|---|
| 磁测量技术 | 霍尔效应法 | 磁敏二极管 | $10^{-5} \sim 10^{-2}$ | 常温 | $10^{-3}$ | 恒定的或5Hz以内的交变磁场 |
| | | 磁敏晶体管 | | | | |
| | | 霍尔器件 | $10^{-7} \sim 10$ | | $10^{-4}$ | 间隙、均匀、非均匀、直流、交流磁场 |
| | 磁致伸缩效应法 | 光纤干涉磁强计 | $10^{-7} \sim 10^{-4}$ | 常温 | $10^{-9}$ | 直流弱磁场 |
| | 约瑟夫逊效应法 | 直流超导量子磁强计 | $10^{-2} \sim 10^{-3}$ | 低温 | $10^{-15}$ | 恒定、交变弱磁场 |
| | | 射频超导量子磁强计 | | | | |
| | 磁饱和法 | 二次谐波磁通门磁强计 | $10^{-12} \sim 10^{-3}$ | 常温 | $10^{-11}$ | 恒定或缓慢变化的弱磁场 |
| | | 相位差式磁通门磁强计 | | | | |
| | 电磁感应法 | 固定线圈磁强计 | $10^{-13} \sim 10^{-3}$ | 常温 | $10^{-4}$ | 恒定或脉冲磁场 |
| | | 抛移线圈磁强计 | | | | |
| | | 旋转线圈磁强计 | | | | |
| | | 振动线圈磁强计 | | | | |

## 二、磁感应法测磁

根据法拉第电磁感应定律，当线圈所交链的磁通 $\phi$ 发生变化时，线圈中将产生感应电动势 $e$，感应电动势的大小与线圈内磁通链的变化率成正比。在 $e$ 的参考方向与 $\phi$ 的参考方向符合右手螺旋定则的条件下，电磁感应定律表示为

$$e = -N\frac{\mathrm{d}\phi}{\mathrm{d}t}$$

$$e(t) = -N\frac{\mathrm{d}\phi(t)}{\mathrm{d}t} = -NS\frac{\mathrm{d}B(t)}{\mathrm{d}t} \tag{4-22}$$

将式（4-22）对时间积分得

$$\Delta\phi = \frac{1}{N}\int_{t_1}^{t_2} e\mathrm{d}t$$

$$\Delta B = \frac{1}{NS}\int_{t_1}^{t_2} e\mathrm{d}t \tag{4-23}$$

式中，$N$ 为线圈的匝数；$S$ 为线圈的截面积；$\Delta\phi$ 为单匝线圈内磁通的变化量，它与被测磁场有关。

由式（4-23）可看出，若能测出感应电动势对时间的积分值，便可求出磁感应强度 $B$。

测量线圈的形状很多，有球形的、圆柱形的、方形的、扁平形的、带形的等。形状的选择应根据具体情况确定。电磁感应法测量的磁感应强度不是某一点的值，而是探测线圈界定范围内磁感应强度的平均值。如果被测磁场是非均匀的，探测线圈所界定的区域内的磁场有显著的变化，这时探测线圈所交链的磁通量就不能准确地反映某点的磁场。所以在

测量不均匀磁场时，探测线圈一般都做得尽可能小，使探测线圈所界定范围内的磁场能近似地看作是均匀的，测量结果就可以比较接近于点磁场值。但探测线圈太小时，相应的感应电动势要减小，则会使测量灵敏度受到影响。显然，探测线圈的分辨力和灵敏度是互相矛盾的，为了兼顾两方面，在设计探测线圈时，对于不均匀磁场，应保证它所测得的平均磁场值与探测线圈几何中心的磁场值相等，这种线圈称为点线圈。另外，根据电磁感应定律，感应电动势是与磁通的变化率成正比的，即使测量恒定磁场，也必须设法使线圈交链的磁通发生变化。因此，还必须考虑测量线圈的频率响应问题。

常用的磁场感应测量方法有冲击法、磁通计法、电子积分器法、转（振）动线圈法等，详见参考文献。

### 三、霍尔效应法

1. *原理简介*　霍尔元件的工作原理如图4-20所示，在N型半导体薄片的 $x$ 方向通以电流 $I$（称为控制电流），并在 $y$ 方向施以磁感应强度为 $B$ 的磁场，那么载流子（电子）在磁场中就会受到洛伦兹力的作用向下侧偏转，并在该侧积累，从而在片子的 $z$ 向形成了电场 $E_H$。随后，运动着的电子在受到洛伦兹力作用的同时，还受到与此相反的电场力 $F_s$ 的作用。当两力相等时，电子的积累使达到动态平衡，这时在元件两端面之间建立的电场称为霍尔电场，相应的电压 $U_H$ 称为霍尔电压，可以导出：

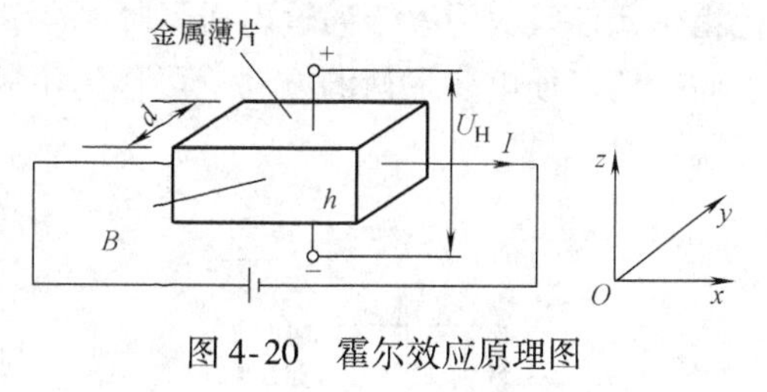


图4-20　霍尔效应原理图

$$U_H = \frac{R_H IB}{d} = K_H IB \tag{4-24}$$

式中，$R_H$ 为霍尔常数，$R_H = 1/(ne)$，其大小取决于导体载流子密度；$K_H$ 为霍尔片的灵敏度，$K_H = R_H/d$。

霍尔电压一般在毫伏级，在实际使用时必须加差分放大器，并分为线性测量和开关状态两种使用方式，测量电路如图4-21所示。

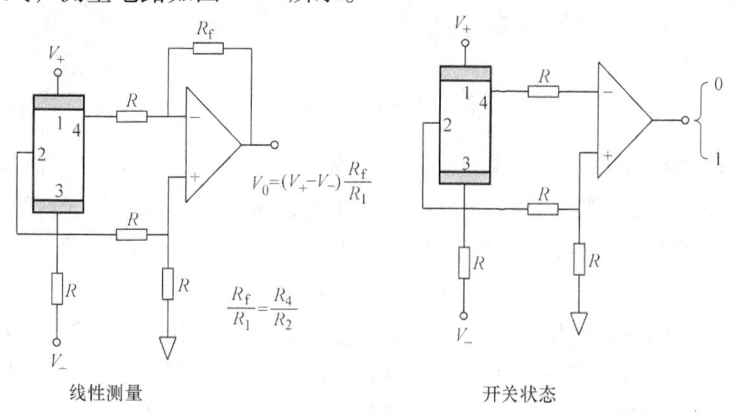


图4-21　霍尔元件测量电路

2. 霍尔元件的特性参数　霍尔元件使用时必须了解其特性参数，以便有针对性地设计测量或补偿电路。其主要特性参数包括：

（1）额定激励电流 $I$　它是使在空气中的霍尔器件产生允许温升 $\Delta T$ 的控制电流。（霍尔器件会因通电流而发热）。

（2）输入电阻　它指激励电极间的电阻值。

（3）输出电阻　它指霍尔电动势输出极之间的电阻值。

（4）乘积灵敏度 $K_H$　指单位电流、单位磁感应强度、霍尔电极间空载时（$R_L=\infty$）的霍尔电动势。

（5）不等位电动势 $E_0$ 与不等位电阻 $r_0$　不等位电动势又称零位电动势。即不加控制电流时出现的霍尔电动势 $E_0$。不等位电动势产生的主要原因是制造工艺不可能保证 A、B 两电极完全绝对对称地焊接在等电位面上，另外霍尔元件电阻率或厚度不均匀也会产生零位电动势，如图 4-22 所示。一般要求 $E_0<1\text{mV}$，必要时应予以补偿。补偿的基本思想是把霍尔元件等效为一个四臂电桥，如图 4-23 所示，不等位电压相当于电桥的不平衡输出，因而一切可使电桥平衡的方法均可作为不等位电动势的补偿措施，如图 4-24 所示。

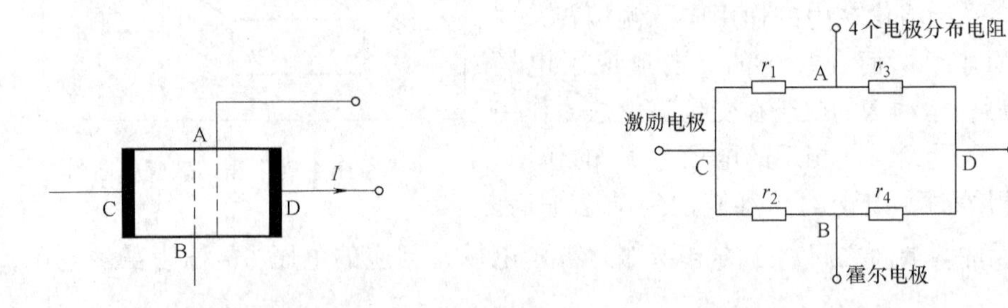


图 4-22　霍尔元件的不等位电动势　　　图 4-23　霍尔元件等效电路

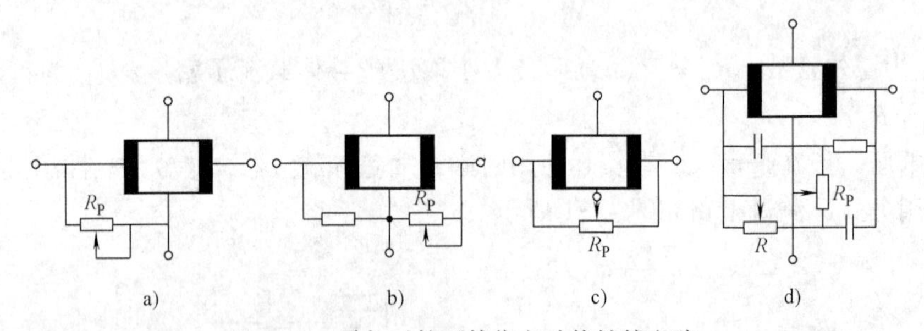


图 4-24　霍尔元件不等位电动势补偿电路

（6）霍尔元件的温度特性及其补偿方法　霍尔元件是采用半导体材料制成的，因此其许多参数都具有较大的温度系数。当温度变化时，霍尔元件的载流子浓度、迁移率、电阻率及霍尔系数都将发生变化，从而使霍尔元件产生温度误差。在磁感应强度及控制电流恒定情况下，温度变化 1℃ 相应霍尔电动势、电阻值变化的百分率，通常在（$10^{-2}$ ~ $10^{-4}$）/℃量级。为了减小温度误差，除采用恒温措施和选用温度系数较小的材料如砷化铟做霍尔基片外，还可以采用适当的补偿电路进行温度补偿，常用的补偿方式有以下几种：

1）恒流源供电和输入回路并联电阻　恒流源供电克服温度变化引起输入电阻变化而

引起的控制电流的变化。大多数霍尔元件的温度系数 $\alpha$ 是正值，霍尔电动势随温度升高而增加 $\alpha\Delta T$ 倍。但如果同时让激励电流 $I_S$ 相应地减小，并能保持 $K_H I_S$ 乘积不变，就可以抵消 $K_H$ 随温度增加的影响。在温度补偿电路（见图4-25）中，设初始温度为 $T_0$，霍尔元件输入电阻为 $R_{i0}$，灵敏系数为 $K_{H0}$，分流电阻为 $R_{P0}$，则霍尔电流为

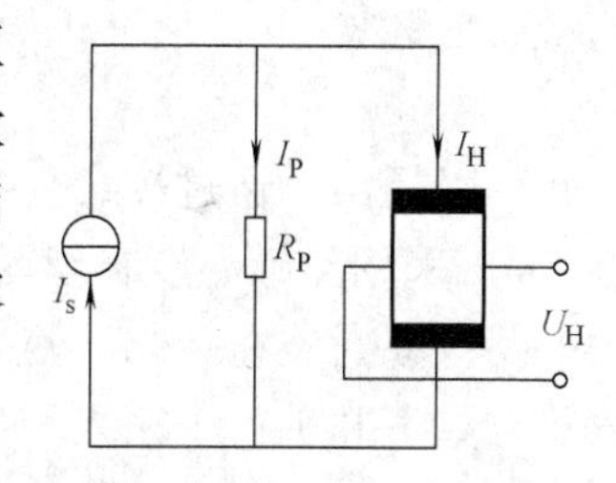


图4-25 恒流源温度补偿电路

$$I_{H0}=\frac{R_{P0}I_S}{R_{P0}+R_{i0}} \tag{4-25}$$

当温度升至 $T$ 时，电路中各参数变为

$$\begin{aligned} R_i&=R_{i0}(1+\delta\Delta T)\\ R_P&=R_{P0}(1+\beta\Delta T)\end{aligned} \tag{4-26}$$

式中，$\delta$ 为霍尔元件输入电阻温度系数；$\beta$ 为分流电阻温度系数。

$$\begin{aligned} I_H&=\frac{R_P I_S}{R_P+R_i}=\frac{R_{P0}(1+\beta\Delta T)I_S}{R_{P0}(1+\beta\Delta T)+R_{i0}(1+\delta\Delta T)}\\ K_H&=K_{H0}(1+\alpha\Delta T)\end{aligned} \tag{4-27}$$

补偿电路必须满足温升前后霍尔电动势不变，即 $U_{H0}=U_H$，而

$$\begin{aligned} U_H&=K_H I_H B\\ K_{H0}I_{H0}B&=K_H I_H B \Rightarrow K_{H0}I_{H0}=K_H I_H\end{aligned} \tag{4-28}$$

将 $K_H$、$I_{H0}$、$I_H$ 代入式(4-28)，经整理并略去 $\beta\alpha(\Delta T)^2$ 高次项后得

$$R_{P0}=\frac{(\delta-\beta-\alpha)R_{i0}}{\alpha} \tag{4-29}$$

霍尔元件选定后，其输入电阻 $R_{i0}$、温度系数 $\delta$ 及霍尔电动势温度系数 $\alpha$ 是确定值。因此可由式（4-29）选定分流电阻 $R_{P0}$ 及其所需的分流电阻温度系数 $\beta$ 值，从而实现温度补偿。

2）采用恒压源供电和输入回路串联电阻　当采用稳压电源供电、且霍尔输出端开路状态下工作时，利用等效电源定理可将上述恒流源补偿电路转换为恒压源与补偿电阻 $R$ 的串联，其补偿思想相同，如图4-26所示。

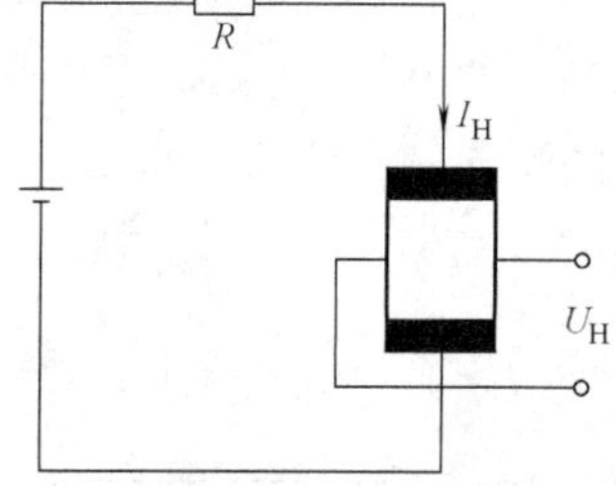


图4-26 恒压源温度补偿电路

3）合理选取负载电阻的阻值　霍尔元件输出电阻 $R_0$ 和霍尔电压 $U_H$ 是温度的函数：

$$\begin{aligned} R_0&=R_{00}(1+b\Delta T)\\ U_H&=U_{H0}(1+a\Delta T)\end{aligned} \tag{4-30}$$

式中，$R_{00}$、$U_{H0}$ 分别为0℃温度时的霍尔元件的输出电阻和霍尔电压。

负载电阻 $R_L$ 上的电压：

$$U_L=\frac{R_L}{R_0+R_L}U_H=\frac{R_L U_{H0}(1+a\Delta T)}{R_L+R_{00}(1+b\Delta T)} \tag{4-31}$$

为使 $U_L$ 不随温度变化，应使 $U_L$ 对 $T$ 导数为零，得到

$$R_L = R_{00}\left(\frac{b}{a} - 1\right) \tag{4-32}$$

由此可以得出，通过按式（4-32）选取负载电阻，可以实现温度补偿。

4）采用热敏温度补偿元件　热敏电阻 $R_t$ 也是温度的函数，将它与霍尔元件组成适当的电路，并封装在一起，使温度影响相互抵消，以达到补偿的目的。采用热敏电阻补偿的方式有如下几种：①输入回路补偿电路，如图 4-27a 所示；②输出回路热敏电阻补偿电路，如图 4-27b 所示；③输入回路电阻丝补偿电路，如图 4-27c 所示。

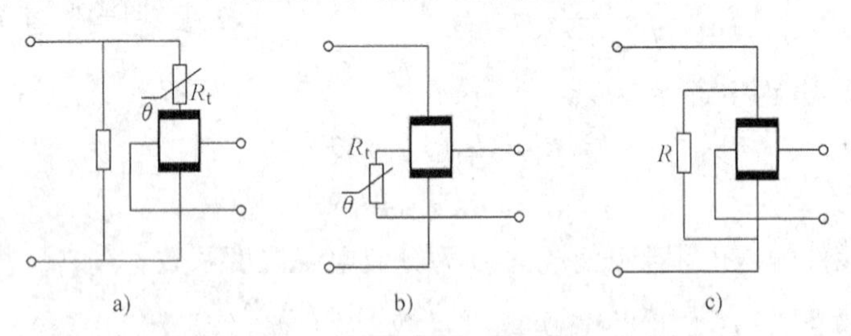


图 4-27　热敏电阻温度补偿

3. 霍尔元件的使用　这里介绍实用中需要注意的几个问题，供读者参考。

1）元件的选择。元件的选择主要决定于被测对象的条件和要求。测量弱磁场时，霍尔输出电压比较小，应选择灵敏度高、噪声低的元件，如锗、锑化铟、砷化铀等元件；测量强磁场时，对元件的灵敏度要求不高，应选用磁场线性度较好的霍尔元件，如硅、锗（100）之类的元件；当供电电源容量比较小时，从省电角度出发，采用锗霍尔元件有利；对环境温度有变化的场合，使用温度线性度较好的元件，如砷化镓、硅元件比较合适。总之，元件的选择要根据具体情况，全面考虑，以解决主要矛盾为首位，其余的可通过补偿办法加以克服。

2）正确的接法。首先，输入和输出不能共地，其次，为了获得较大的霍尔电压，可将几块霍尔元件的输出端串联起来，这时控制电流端应该并联起来，如图 4-28 所示。第三，当控制电流为交流，或被测磁场为交变磁场时，可采用图 4-29 所示电路，以增加霍尔输出的电压及功率。图中元件的控制电流端串联，而各元件的霍尔电压端分别接至变压器的不同一次绕组，从变压器的二次绕组便获得各霍尔元件输出电压的总和。

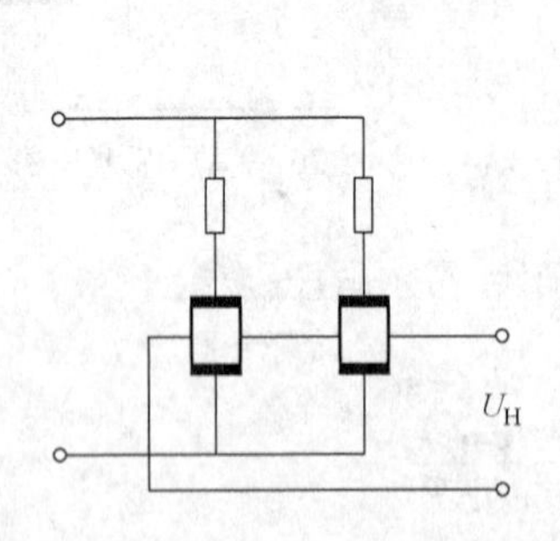


图 4-28　霍尔输出的串联接法

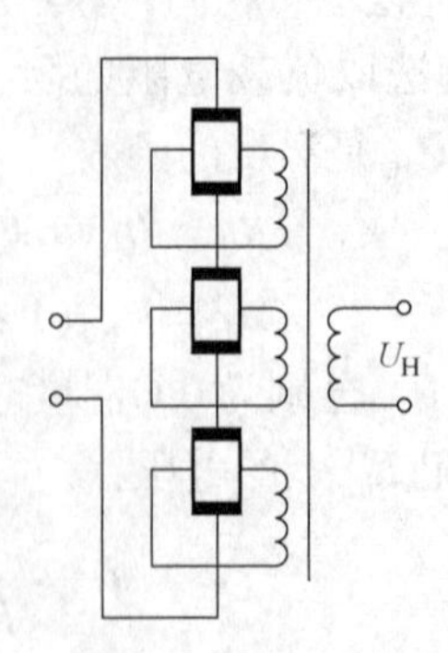


图 4-29　霍尔交流应用的串联接法

3）测量方向未知的磁场时，若霍尔元件平面与磁场的方向线成 $\varphi$ 角斜交，则霍尔电动势应为 $U_H = K_H IB\cos\varphi$，通过旋转霍尔元件使输出达到最大值，从而确定出磁场方向。

4）测量诸如地磁场等这样的微弱磁场时，常采用磁场集中器（高磁导率材料制成的圆棒或圆锥体），以增强磁场，如图4-30所示。

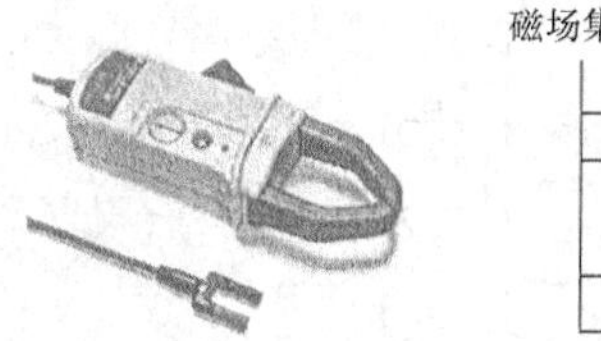
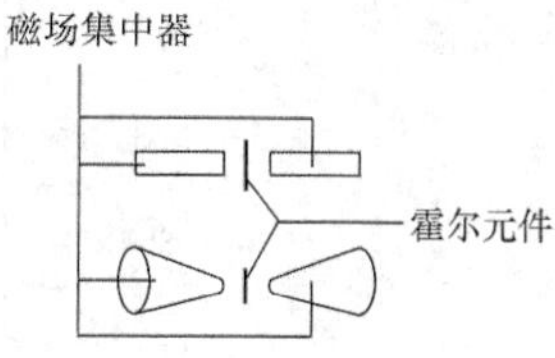


图4-30　磁场集中器

## 四、磁阻效应法

1. *原理简介*　给通以电流的金属或半导体材料的薄片加一与电流垂直的外磁场时，由于电流的流动路径会因磁场作用而加长（即在洛伦兹力作用下载流子路径由直线变为斜线），从而使其阻值增加，这种现象称为磁阻效应。

磁阻效应与材料本身导电离子的迁移率有关（物理磁阻效应，若某种金属或半导体材料的两种载流子（电子和空穴）的迁移率相差较大，则主要由迁移率较大的一种载流子引起电阻变化（当材料中仅存在一种载流子时，磁阻效应很小，此时霍尔效应更为强烈），它可表示为

$$\frac{\rho-\rho_0}{\rho_0}=\frac{\Delta\rho}{\rho_0}=0.275\mu^2B^2 \tag{4-33}$$

式中，$B$ 为磁感应强度；$\rho$ 为材料在磁感应强度为 $B$ 时的电阻率；$\rho_0$ 为材料在磁感应强度为0时的电阻率；$\mu$ 为载流子迁移率。

另外，磁阻效应还与材料形状、尺寸密切相关（几何磁阻效应）。长方形磁阻器件只有在 $L$(长度) < $W$(宽度)条件下才表现出较高的灵敏度。把 $L<W$ 的扁平元件串联起来，就会形成零磁场电阻值较大、灵敏度较高的磁阻元件。

2. *磁阻元件（MR）及其应用*　如前所述，磁阻效应法是利用物质在磁场的作用下电阻发生变化的特性，用金属铋、砷化铟、磷砷化铟、坡莫合金等材料制成的磁阻元件来进行磁场测量的方法。一般磁阻元件的阻值与磁场的极性无关，它只随磁感应强度的增加而增加。此外，磁敏二极管和磁敏晶体管也属于这类磁敏感元件，它们对磁场的灵敏度很高，比霍尔元件高数百甚至数千倍，而且还能区别磁场的方向。

磁阻传感器常用于检测磁场的存在、测量磁场的大小，确定磁场的方向或测定磁场的大小或方向是否改变，可根据物体磁性信号的特征支持对物体的识别，这些特性可用于如武器等的安全系统或收费公路中车辆的检测，它特别适用于货币鉴别、跟踪系统（如在虚拟现实设备和固态电子（定向软盘中），也可用于检测静止的或如汽车卡车或火车等运动的铁磁物体门或闩锁的关闭，如飞机货舱门及旋转运动物体的部位等。

为了方便使用，常用的磁阻元件在半导体内部已经制成了半桥或全桥以及有单轴、双轴、三轴等多种形式。如霍尼韦尔（Honeywell）公司的HMC系列磁阻传感器就在其内部集成了由磁阻元件构成的惠斯通电桥及磁置位/复位等部件。图4-31所示为HMC1001单轴磁阻传感器的结构示意图。

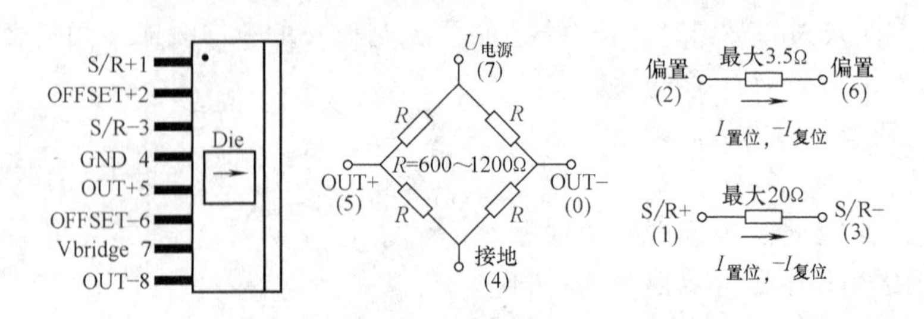


图4-31　HMC1001单轴磁阻传感器的结构示意图

图4-32为HMC1001传感器的简单应用举例。该电路起到接近传感器的作用，并在距传感器5~10mm范围内放置磁铁时，点亮LED。放大器起到一个简单比较器的作用，它在HMC1001传感器的电路输出超过30mV时切换到低位。磁铁必须具有强的磁场强度(0.02T)，其中的一个磁极指向应顺着传感器的敏感方向。该电路可用来检测门开/门关的情况或检测有无磁性物体存在的情况。

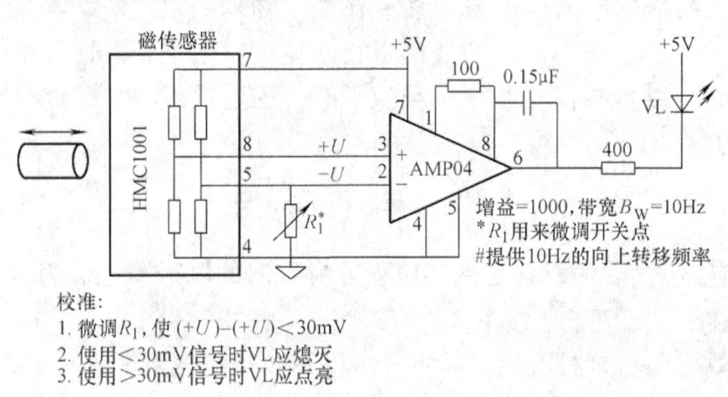


图4-32　HMC1001传感器的简单应用举例

## 五、磁通门法

磁通门法也称之为二次谐波法，这种方法是利用高磁导率铁心，在饱和交变励磁下，选通和调制铁心中的恒定弱磁场并进行测量。基于这种方法的测磁装置，称为磁通门磁强计。磁通门磁强计自1930年问世以来，一直广泛地用于测量空间磁场、探潜、探矿、扫雷、导航以及各种监视、检测装置。尽管弱磁场测量技术飞速发展（如光泵磁强计，超导量子磁强计等），但磁通门磁强计仍以其独特的结构简单、牢靠、体积小巧、功耗低、抗振性好、能识别方向、灵敏度高、适于高速运动中使用、便于自动控制和遥测等一系列优点，使它在卫星、探空火箭、宇宙飞船中，成为一种重要的探测仪器。AR美国的阿波罗飞船用这种仪器测量了月球表面的磁场；前苏联的火星探空火箭也装有磁通门磁强计。这种磁强计主要用于测量恒定的弱磁场，其测量范围为$10^{-10}$~$10^{-8}$T，下限受探头噪声的限制。

鉴于目前仅有很少的传感器教科书对磁通门技术有所介绍，本节将用一些篇幅作一系统介绍。

1. *磁通门磁强计的基本原理*　磁通门磁强计种类很多，无论其传感器、励磁电源或是检测电路都是多种多样的，但工作原理都是基于磁调制器。磁通门磁强计主要由磁通门传感器、测量电路、数据采集处理单元等组成。如图4-33所示，磁通门传感器将环境磁场的物理量转化为电动势信号；测量电路对感应电动势偶次谐波分量进行选通、滤波、放大；数据采集处理单元对测量电路输出的信号进行模-数转换、数据处理、计算、存储等。

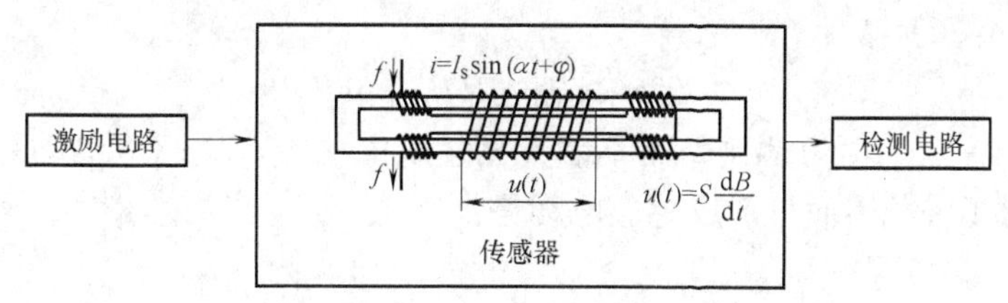


图4-33　磁通门传感器原理图

磁通门传感器由铁心外绕励磁线圈、感应线圈组成。铁心起聚磁作用，要求磁导率高、矫顽力小，如在图4-34a、b所示两种材料中，图a是较合适的。励磁线圈加交变励磁电流。为提高测量精度而需要差分信号输出，采用双铁心传感器，现在一般采用跑道形结构（见图4-35）。铁心上缠绕的励磁线圈反向串联，两铁心激励方向在任一瞬间在空间上都是反向的。但是，环境磁场在两平行铁心轴向分量是同向的。在形状尺寸和电磁参数完全对称的条件下，励磁磁场在公共感应线圈中建立的感应电动势互相抵消，它只起调制铁心磁导率的作用；而环境磁场在感应线圈中建立的感应电动势则互相叠加。

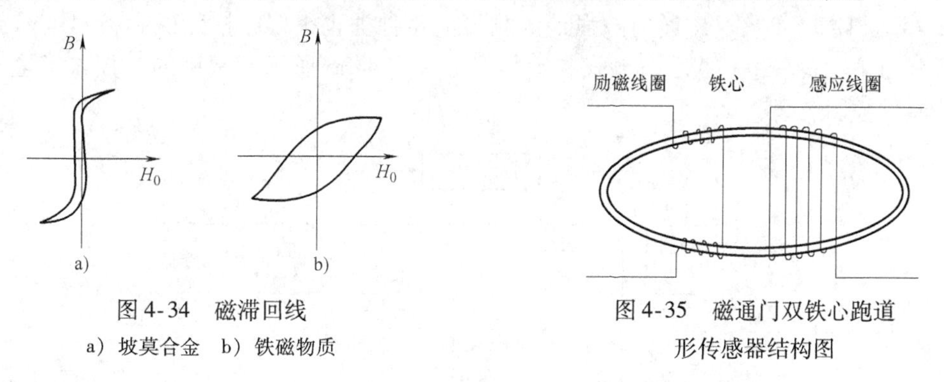


图4-34　磁滞回线
a）坡莫合金　b）铁磁物质

图4-35　磁通门双铁心跑道形传感器结构图

下面用图4-35所示结构来说明磁通门测量原理。设励磁电流在铁心中产生磁场，其强度$H_1$在两根铁心中是完全相等，但方向相反，当存在外磁场$H_0$时，两根铁心分别处在磁场（$H_0-H_1$）和（$H_0+H_1$）作用下，假定这两根铁心的磁特性是相同的，则磁场在铁心中产生的磁感应强度分别为

$$\left.\begin{aligned} B' &= f(H_0 - H_1) \\ B'' &= f(H_0 + H_1) \end{aligned}\right\} \tag{4-34}$$

式中，$f$表示磁场强度与磁感应强度之间的函数关系。

这时测量线圈中的感应电动势为

$$e_2(t) = -Sw_2 \frac{\mathrm{d}}{\mathrm{d}t}(B' + B'') \tag{4-35}$$

式中，$S$ 为铁心横截面积；$w_2$ 为测量线圈的匝数；$t$ 为时间。

对图4-35所示的铁心磁特性，磁场强度与磁感应强度之间的函数关系可用近似公式

$$B = aH + bH^3 \tag{4-36}$$

来表示。式中的 $a$、$b$ 是与铁心形状和材料有关的常数。将式（4-34）中的对应函数关系式 $B(H)$ 用式（4-36）表示，则有

$$B' + B'' = 2aH_0 + 2bH_0^3 + 6bH_0H_1^2 \tag{4-37}$$

式（4-37）中第一、二项为常数因而不能在测量线圈两端产生感应电动势，第三项为交流磁场与固定磁场乘积因而可形成感应电动势：

$$e_2(t)\big|_{H_0=\text{const}\neq 0} = 6bSw_2H_0 \frac{\mathrm{d}}{\mathrm{d}t}[H_1(t)]^2 \tag{4-38}$$

当励磁线圈接上正弦激励电压，则通过励磁线圈的电流产生的激励磁场

$$H_1(t) = H_\mathrm{m}\sin\omega t \tag{4-39}$$

将式（4-39）代入式（4-38）得到：

$$e_2(t)\big|_{H_0=\text{const}\neq 0} = 6\omega bSw_2H_0H_\mathrm{m}^2\sin 2\omega t \tag{4-40}$$

当激励磁场的振幅 $H_\mathrm{m}$ 略大于坡莫合金磁化饱和点 $H_\mathrm{s}$ 时（一般取 $H_\mathrm{m}$ 略大于$\sqrt{2}H_\mathrm{s}$），在环境磁场的作用下，在感应线圈上产生急剧变化的偶次谐波电压分量。式（4-40）说明，$e_2(t)$正比于被测磁场 $H_0$。由此式也可以看出，磁通门传感器是一种磁信号频率调制器，正是调制特性提高了磁通门的抗干扰能力。

2. *磁通门测量电路* 磁通门磁强计的测量电路种类也很多，按励磁和检出信号方式大致可分为检波式、检相式、分频式和锁相式等。图4-36所示为常用的倍频参考检相式磁强计原理框图。

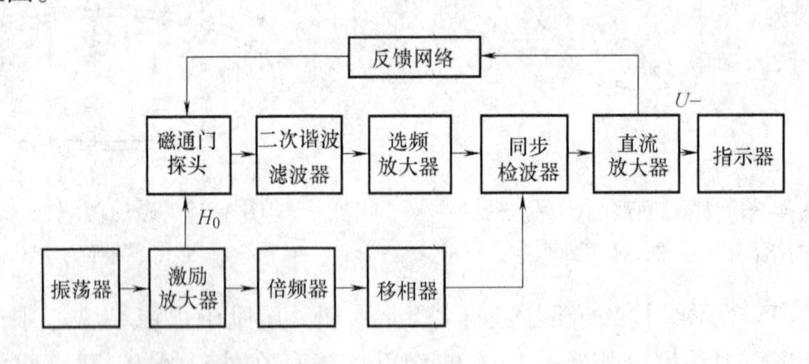


图4-36 常用的倍频参考检相式磁强计原理框图

磁通门测量电路从功能上可分为励磁电路和偶次谐波测量电路两部分。这里介绍一种在实际应用中取得良好效果的测量电路（见图4-37、图4-38）。

励磁电路由晶振J、CD4060分频器、CD4049六反相驱动器组成。晶振频率经CD4060分频后，由CD4049六反相驱动器作功放励磁和提供解调参考信号（见图4-37）。通过调整 $R_2$，使励磁线圈的工作电流满足铁心的工作点要求（即 $H_\mathrm{m}$ 略大于$\sqrt{2}H_\mathrm{s}$），使磁

通门达到对环境磁场最敏感；而 $C_1$ 的调节，可改善解调参考波形。一般情况下，励磁频率在 10kHz 左右。

磁通门传感器输出偶次谐波，从原理上说，2、4、6、…次谐波均能反映 $H_0$ 的幅值和相位，而实际上，二次谐波在偶次谐波中幅值最大，因此，设计二次谐波测量电路来测量磁通门传感器输出。多用途通用有源滤波器 UAF42 集成电路是测量二次谐波的理想电路，UAF42 芯片内部集成有所需的 4 级精密运算放大器、50（1 ±0.5%）kΩ 精密电阻和 1000（1 ±0.5%）pF 的精密电容器，解决了有源滤波器设计中电容、电阻的匹配和低损耗问题，可方便地设计成高通、低通、带通滤波器，应用于精密测试设备、通信设备、医疗仪器和数据采集系统中。将磁通门传感器和感应线圈分成信号线圈和反馈线圈两部分，由滤波器 UAF42 组成双二次型带通滤波器，对信号线圈的二次谐波和反馈线圈的信号进行调制放大（见图 4-38）。

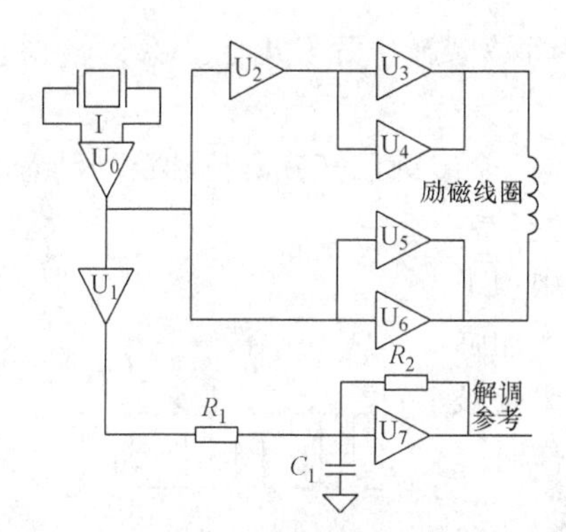


图 4-37　励磁电路

$U_0$、$U_1$ 为 CD4060 分频器；

$U_2 \sim U_7$ 为 CD4049 六反相驱动器

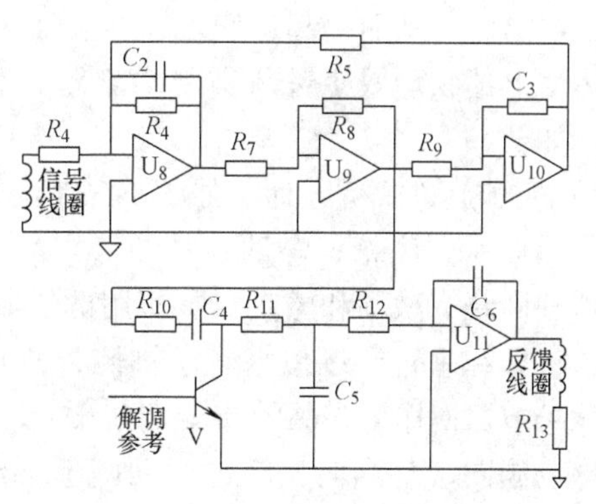


图 4-38　二次谐波测量电路

$U_8 \sim U_{11}$ 为 UAF42 有源滤波器；V 为晶体管

3. *磁通门测量技术的特点*　磁通门技术自形成以来，得到迅速发展和广泛的应用，主要是因为它与传统的磁测量相比具有显著的优点和更优良的性能。

1）具有极好的矢量响应性能，能精确测量磁场矢量、标量、分量、梯度和角参数。

2）可以实现点磁测量。磁通门探头简单、小巧，已经研制了外形尺寸仅为 2.5cm × 2.5cm × 2.5cm 的空间对称结构的三轴探头。应用当今微机械技术，可实现微型化。

3）有较高的测量分辨力，能方便地达到 $10^{-8} \sim 10^{-9}$T。相当于地磁场强度的 $10^{-4} \sim 10^{-5}$。以高分辨力为目标的磁通门系统，测量分辨力可以达到 $10^{-11} \sim 10^{-12}$T。

4）磁通门探头没有重复性误差、迟滞误差和灵敏阈。非线性可由系统闭环来削弱到可以忽略的程度。系统信号零偏和标度因素（梯度）可调节、补偿和校正。所以，磁通门测量仪的可达精度主要取决于信号稳定度。

5）磁通门测强仪器一般适用于弱磁场测量，而现有其他仪器最高测量上限只有 $1.25 \times 10^{-3}$T。

6）可以实现无接触和远距离检测。

### 六、其他磁测量技术简介

1. *核磁法* 物质具有磁性和相应的磁矩，半数以上的原子核具有自旋，旋转时也会产生一小磁场。当这些物质置于外磁场 $B_0$ 作用下，会出现下列物理现象：

1）磁矩在外磁场作用下绕外磁场旋进，其旋进角速度为 $\omega=\gamma B_0$（称为拉莫频率），其中 $\gamma$ 为测量介质的旋磁比，对于氢原子核，其值为 $2.67513\times10^8$ Hz/T；对于锂原子核，其值为 $1.039652\times10^8$ Hz/T。可以看出，旋进角速度 $\omega$ 与外磁场 $B_0$ 和作为测量介质的物质的旋磁比成正比。

2）塞曼效应。原子核的能级在磁场中将被分裂，能级差为 $\Delta=\gamma_s\frac{h}{2\pi}B_0$，式中的 $h$ 为普朗克常数，$\gamma_s$ 为电子的总旋磁比。

3）磁共振现象。这些具有磁矩的微观粒子在外磁场中会有选择性地吸收或辐射一定频率的电磁波，从而引起它们之间的能量交换。

为使上述物理效应付诸实用，工程上采取了一些巧妙措施，开发出了一系列测磁仪器，例如：

1）质子旋进式磁强计。如图4-39所示，其核心是一个装满已知旋磁比和恰当动态响应的物质如水、酒精、煤油、甘油等样品的有机玻璃容器，在容器外面绕有激励和感应双重作用的线圈。这里采用预极化方法，即在垂直或近似垂直于被测外磁场 $B_0$ 方向施加强力极化场 $H$，使作为样品的质子宏观磁矩较大程度地不与被测外磁场同向（如同向，旋进运动则不会产生），工作时一旦去掉极化场，质子磁矩则以拉莫频率绕被测外磁场 $B_0$ 旋进，旋进过程中切割线圈，使线圈环绕面积中的磁通量发生变化，于是在线圈中产生感应电动势，其频率即为质子磁矩旋进的频率，测出感应信号的频率就可换算出外磁场的大小。

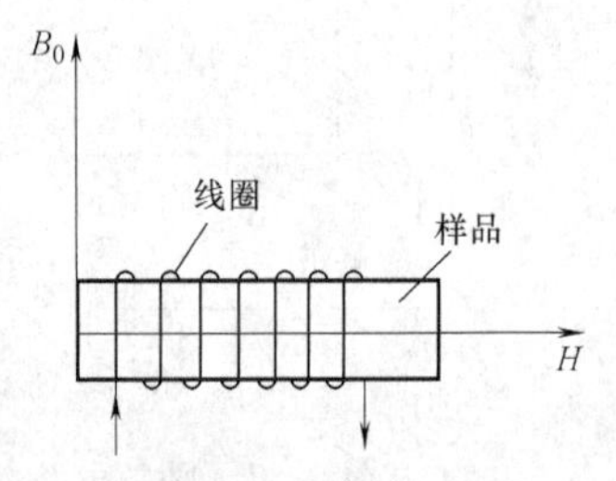


图4-39 质子旋进式磁强计原理

2）核磁共振光泵法。若再在垂直于 $B_0$ 的方向加一个频率在射频范围的交变磁场 $B$，当其频率与核磁矩旋进频率一致时，便产生共振吸收；当射频场被撤去后，磁场又把这部分能量以辐射形式释放出来，这就是共振发射。这共振吸收和共振发射的过程称为核磁共振。技术上常用光泵（利用光使原子磁矩达到定向排列的过程）和磁共振（用射频场打乱原子磁矩定向排列的过程）交替作用来测量共振频率。得到了磁共振频率（在数值上等于原子在亚稳态的磁子能级间的跃迁频率），进一步可求得外磁场 $B$ 的大小，光泵法即为此工作原理。

2. *超导量子干涉器*（SQUID） 某些物质在温度降到一定数值后，其电阻率突然消失为零，成为超导体。在两块超导体中间隔着一层仅为1～3nm（10～30Å）厚的绝缘介质而形成超导体—绝缘层—超导体的结构，称为超导隧道结，如图4-40所示。当结区两端不加电压，由于隧道效应也会有很小的电流从超导金属Ⅰ流向超导金属Ⅱ，这种现象称直流约瑟夫逊（Josephson）效应。当结区两端加上直流电压为V时，除直流超导电流之外，还存在交流电流，其频率正比于所加的直流电压 $U$，即 $f=KU$（$K=483.6\times10$Hz/

V)，这个现象称作交流约瑟夫逊效应。

直流约瑟夫逊效应受外磁场的影响，超导结临界电流随外加磁场呈衰减性的周期起伏变化，每次振荡渗入超导结的磁通量子 $\Phi_0=\frac{h}{2e}$，则振荡次数 $n$ 乘以磁通量子 $\Phi_0$ 的乘积即为渗入超导结的磁通量 $\Phi$，由此测得振荡次数 $n$ 就可以知道与外磁场相联系的磁通量 $\Phi$。

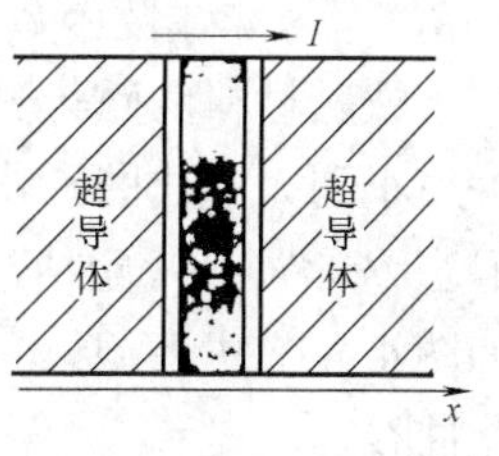

图 4-40　超导隧道结示意图

3. *磁光法*　磁光法是利用传光物质在磁场作用下，引起光的振幅、相位或偏振态发生变化进行磁场测量的方法。最早用于测量磁场的是 1846 年法拉第发现的磁光效应：当偏振光通过处于磁场中的传光物质，而且光的传播方向与磁场方向一致时，光的偏振面会发生偏转，其偏转角 $\alpha$ 与磁感应强度 $B$ 以及光穿过传光物质的长度 $l$ 成正比，即

$$\alpha=\nu lB \tag{4-41}$$

式中，$\nu$ 为费尔德常数，其值与材料、光波波长和温度等有关。

为了提高测量灵敏度，希望费尔德常数 $\nu$ 大，一般采用铅玻璃、铯玻璃等。此外，增加磁场中光路的长度 $l$ 也可提高测量灵敏度，由式（4-41）可见，当 $\nu$ 和 $l$ 选定时，$\alpha$ 与 $B$ 成正比，因而通过测量 $\alpha$ 便可求出被测磁感应强度 $B$。

4. *磁致伸缩型*　利用紧贴在光纤上的铁磁材料如镍、金属玻璃（非晶态金属）等在磁场中的磁致伸缩效应来测量磁场。当这类铁磁材料在磁场作用下，其长度发生变化时，与它紧贴的光纤会产生纵向应变，使得光纤的折射率和长度发生变化，因而引起光的相位发生变化，这一相位变化可用光学中的干涉仪测得，从而求出被测磁场值。

## 第六节　材料磁特性测量技术

磁性材料应用广泛，从常用的永久磁铁、变压器铁心到录音、录像、计算机存储的磁盘等都采用磁性材料。反映磁性材料磁特性的主要是材料的磁化曲线和磁滞回线。在这两种特性曲线上，可分别确定材料的磁导率 $\mu$、饱合磁通密度 $B_s$、矫顽力 $H_c$、剩磁 $B_r$ 以及铁损 $P$ 等磁学参量。铁磁材料分为硬磁和软磁两大类，其根本区别在于矫顽力 $H_c$ 的大小不同。硬磁材料的磁滞回线宽，剩磁和矫顽力大（达 120～20000A/m 以上），因而磁化后，其磁性可长久保持，适宜做永久磁铁。软磁材料的磁滞回线窄，矫顽力 $H_c$ 一般小于 120A/m，但其磁导率和饱和磁感应强度大，容易磁化和去磁，故广泛用于电机、电器和仪表制造等工业部门。磁性材料在交变磁化时，材料内部将产生能量损耗（磁滞损耗）；又由于磁通的变化，在材料内部还将产生涡流损耗。因此，材料的磁特性测量还包括磁滞损耗和涡流损耗的测量。下面介绍一种用示波法测量铁磁材料动态磁滞回线和基本磁化曲线的方法。

1. *磁化曲线*　铁磁物质内部的磁场强度 $H$ 与磁感应强度 $B$ 有如下的关系：

$$B=\mu H \tag{4-42}$$

对于铁磁物质而言，磁导率 $\mu$ 并非常数，而是随 $H$ 的变化而变化的物理量，即 $\mu=$

$f$（$H$），为非线性函数。所以 $B$ 与 $H$ 也是非线性关系，如图4-41所示。

铁磁材料的磁化过程为：其未被磁化时的状态称为去磁状态，这时若在铁磁材料上加一由小到大变化的磁化场，则铁磁材料内部的磁场强度 $H$ 与磁感应强度 $B$ 也随之变大。但当 $H$ 增加到一定值（$H_s$）后，$B$ 几乎不再随着 $H$ 的增加而增加，说明磁化达到饱和，如图4-41a中的 $OS$ 段曲线所示。从未磁化到饱和磁化的这段磁化曲线称为材料的起始磁化曲线。

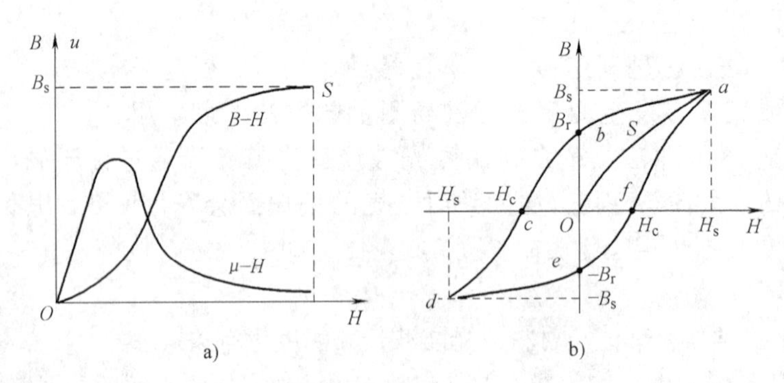


图4-41 铁磁物质的磁化曲线与磁滞回线

a）磁化曲线和 $\mu$—$H$ 曲线 b）起始磁化曲线和磁滞回线

2. *磁滞回线* 当铁磁材料的磁化达到饱和之后，如果将磁场减小，则铁磁材料内部的 $B$ 和 $H$ 也随之减小。但其减小的过程并不是沿着磁化时的 $OS$ 段退回。显然，当磁化场撤消，$H=0$ 时，磁感应强度仍然保持一定数值 $B=B_r$，称为剩磁（剩余磁感应强度）。

若要使被磁化的铁磁材料的磁感应强度 $B$ 减小到0，必须加上一个反向磁场并逐步增大。当铁磁材料内部反向磁场强度增加到 $H=H_c$ 时（见图4-41b上的 $c$ 点），磁感应强度 $B$ 才为0，达到退磁。图4-41b中的 $bc$ 段曲线为退磁曲线，$H_c$ 为矫顽力。如 $H$ 按 $O \to H_s \to O \to -H_s \to -H_c \to O \to H_c \to H_s$ 的顺序变化时，$B$ 相应沿 $O \to B_s \to B_r \to O \to -B_s \to -B_r \to O \to B_s$ 的顺序变化。图中的 $Oa$ 段曲线称起始磁化曲线，所形成的封闭曲线 $abcdefa$ 称为磁滞回线。由图4-41b可知：

1）当 $H=0$ 时，$B \neq 0$，这说明铁磁材料还残留一定值的磁感应强度 $B_r$，通常称 $B_r$ 为铁磁物质的剩余感应强度（剩磁）。

2）若要使铁磁物质完全退磁，即 $B=0$，必须加一个反向磁场 $H_c$。这个反向磁场强度 $H_c$ 称为该铁磁材料的矫顽力。

3）图中 $bc$ 曲线段称为退磁曲线。

4）$B$ 的变化始终落后于 $H$ 的变化，这种现象称为磁滞现象。

5）$H$ 的上升与下降到同一数值时，铁磁材料内部的 $B$ 值并不相同，即磁化过程与铁磁材料过去的磁化经历有关。

6）当从初始状态 $H=0$，$B=0$ 开始周期性地改变磁场强度的幅值时，在磁场由弱到强单调增加过程中，可以得到面积由大到小的一簇磁滞回线，如图4-41所示。其中最大面积的磁滞回线称为极限磁滞回线。

7）由于铁磁材料磁化过程的不可逆性及具有剩磁的特点，在测定磁化曲线和磁滞回线时，首先须将铁磁材料预先退磁，以保证外加磁场 $H=0$ 时，$B=0$；其次，磁化电流在实验过程中只允许单调增加或减少，不能时增时减。在理论上，要消除剩磁 $B_r$，只需改变磁化电流方向，使外加磁场正好等于铁磁材料的矫顽力即可。实际上，矫顽力的大小通常并不知道，因而无法确定退磁电流的大小。我们从磁滞回线得到启示，如果使铁磁材料磁化达到磁饱和，然后不断改变磁化电流的方向，与此同时逐渐减小磁化电流，直至为零。则该材料的磁化过程就是一连串逐渐缩小而最终趋于原点的环状回线，如图 4-42 所示。

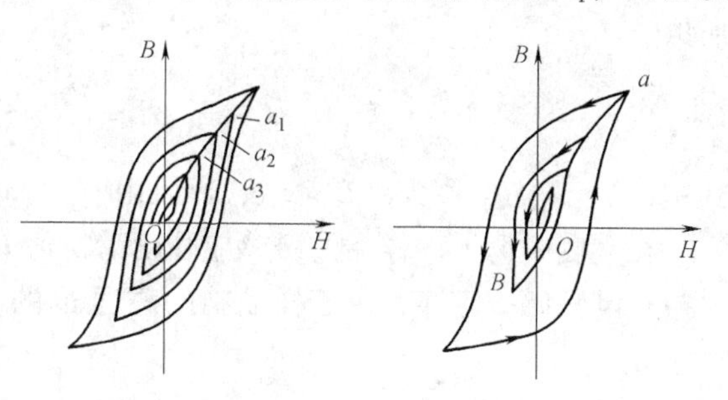


图 4-42　铁磁物质的磁滞回线

实验表明，经过多次反复磁化后，$B$—$H$ 的量值关系形成一个稳定的闭合的“磁滞回线”。通常以这条曲线来表示该材料的磁化性质。这种反复磁化的过程称为“磁锻炼”。测试时采用 50Hz 的交变电流，所以每个状态都是经过充分的“磁锻炼”，随时可以获得磁滞回线。

将图 4-42 中原点 $O$ 和各个磁滞回线的顶点 $a_1, a_2, a_3, \cdots a_n$ 所连成的曲线，称为铁磁材料的基本磁化曲线。不同的铁磁材料其基本磁化曲线是不同的。为了使样品的磁特性可以重复出现，也就是指所测得的基本磁化曲线都是由原始状态（$H=0$，$B=0$）开始，在测量前必须进行退磁，以消除样品中的剩余磁性。

磁化曲线和磁滞回线是铁磁材料分类和选用的主要依据，其中软磁材料的磁滞回线狭长，矫顽力、剩磁和磁滞损耗均较小，是制造变压器、电机和交流磁铁的主要材料。而硬磁材料的磁滞回线较宽，矫顽力大，剩磁强，可用来制造永久磁体。

3. 示波器显示 $B$—$H$ 曲线的原理和线路　示波器测量 $B$—$H$ 曲线的测量电路如图4-43所示。

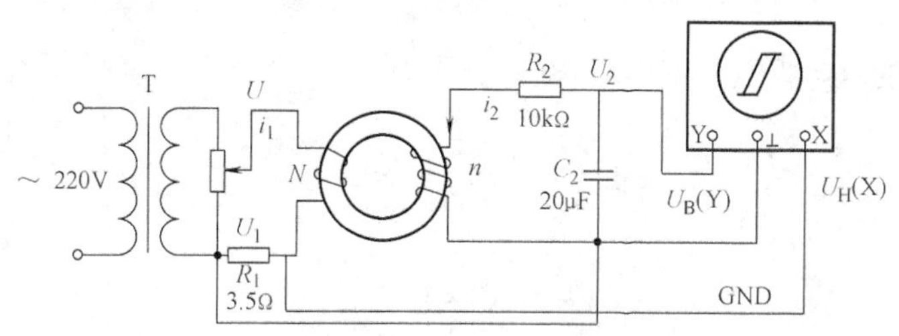


图 4-43　$B$—$H$ 曲线的测量电路

本实验研究的铁磁物质为环形和 EI 形硅钢片，$N$ 为励磁绕组，$n$ 为用来测量磁感应强度 $B$ 而设置的绕组。$R_1$ 为励磁电流取样电阻，设通过 $N$ 的交流励磁电流为 $i_1$，$U$、$U_1$、$U_2$ 为对应结点处的电压值。根据安培环路定律，样品的磁化场强为

$$H=\frac{Ni}{L}$$

式中，$L$ 为样品的平均磁路长度。

因为 $$i_1=\frac{U_1}{R_1}$$

所以

$$H=\frac{Ni_1}{L}=\frac{N}{LR_1}U_1 \tag{4-43}$$

式中，$N$、$L$、$R_1$ 均为已知常数，所以由 $U_1$ 可确定 $H$。

在交变磁场下，样品的磁感应强度瞬时值 $B$ 是测量绕组 $n$ 和 $R_2C_2$ 电路给定的，根据法拉第电磁感应定律，由于样品中的磁通 $\phi$ 的变化，在测量线圈中产生的感生电动势的大小为

$$\varepsilon_2=n\frac{\mathrm{d}\phi}{\mathrm{d}t}$$

$$\phi=\frac{1}{n}\int\varepsilon_2\mathrm{d}t$$

$$B=\frac{\phi}{S}=\frac{1}{nS}\int\varepsilon_2\mathrm{d}t \tag{4-44}$$

式中，$S$ 为样品的截面积。

如果忽略自感电动势和电路损耗，则回路方程为

$$\varepsilon_2=i_2R_2+U_2$$

式中，$i_2$ 为感生电流；$U_2$ 为积分电容 $C_2$ 两端电压。

设在 $\Delta t$ 时间内，$i_2$ 向电容 $C_2$ 的充电电量为 $Q$，则

$$U_2=\frac{Q}{C_2}$$

所以

$$\varepsilon_2=i_2R_2+\frac{Q}{C_2}$$

如果选取足够大的 $R_2$ 和 $C_2$，使 $i_2R_2\gg\frac{Q}{C_2}$，则

$$\varepsilon_2=i_2R_2$$

因为

$$i_2=\frac{\mathrm{d}Q}{\mathrm{d}t}=C_2\frac{\mathrm{d}U_2}{\mathrm{d}t}$$

所以

$$\varepsilon_2=C_2R_2\frac{\mathrm{d}U_2}{\mathrm{d}t} \tag{4-45}$$

由式（4-44）可得

$$B=\frac{C_2R_2}{nS}U_2 \tag{4-46}$$

式中，$C_2$、$R_2$、$n$ 和 $S$ 均为已知常数，所以由 $U_2$ 可确定 $B$。

综上所述，将图4-42中的 $U_1(U_\mathrm{H})$ 和 $U_2(U_\mathrm{B})$ 分别加到示波器的“X输入”和“Y输

入”便可观察样品的动态磁滞回线；接上数字电压表则可以直接测出 $U_1(U_H)$ 和 $U_2(U_B)$ 的值，即可绘制出 $B—H$ 曲线，通过计算可测定样品的饱和磁感应强度 $B_s$、剩磁 $B_r$、矫顽力 $H_c$、磁滞损耗($BH$)以及磁导率 $\mu$ 等参数。

## 思　考　题

4-1　试说明数字万用表的工作原理。

4-2　高、中、低电阻如何划分？测量时各有何特殊考虑？

4-3　比较频率测量的直接测频法和测周法的相同点和不同点。试分析影响二者测量精度的因素，思考进一步提高测量精度的措施。

4-4　测量磁场的方法有哪几种？各有什么特点？

4-5　试述磁通门磁强计的工作原理，并指出提高其灵敏度的途径。

4-6　简述用示波法测量铁磁材料动态磁滞回线和基本磁化曲线的原理与过程。

## 习　　题

4-1　推导图4-7所示不平衡电桥的输出表达式。试将桥路中的电阻分别替换为电容、电感，再推导其输出表达式。

4-2　欲用电子计数器测量一个大约为200Hz的信号频率，采用测频（选闸门时间为1s）和测周（选时标为0.1μs）两种方法。

（1）试比较这两种方法由±计数误差引起的测量误差分别是多少？

（2）从减小±计数误差的影响来看，试问信号频率在什么范围内宜采用测频方法，什么范围宜采用测周方法？

4-3　设最大显示为“1999”的3 $\frac{1}{2}$位数字电压表和最大显示为“19999”的4 $\frac{1}{2}$位数字电压表的量程，均有200mV，2V，20V，200V的档级，若用它们去测量同一电压1.5V时，试比较其分辨力。

4-4　列出主要磁学量如磁通、磁感应强度、磁场强度、磁导率、磁阻、磁能积等的名称、符号及单位，并写出它们在SI制和CGS制之向的转换关系。

# 第五章　长度及线位移的测量

## 第一节　概　　述

### 一、长度单位和定义

目前，我国采用的长度单位与国际单位制是一致的，即以国际单位制的基本单位之一“米”作为我国法定的长度计量单位。“米”（m）的定义为：1m 是光在真空中于 1/299792458s 的时间间隔内所经历路程的长度。

### 二、长度量值传递系统

为保证长度量值的统一和准确，必须把测得的尺寸与基准长度联系起来，这种联系渠道称为量值传递系统。

我国用激光波长复现米以后，通过拍频法和波长比较法传递到用于检定工作的谱线，然后用绝对光波干涉法分别传递至线纹尺和量块两种实物基准，再按此两大系统逐级传递到相应级别的测量仪器和量具，最终传至被测工件。

### 三、长度测量的标准量

测量是将被测量与标准量进行比较的过程。标准量是体现测量单位的某种物质形式，它具有较高的精确度和稳定性。标准量与被测量是相对的，实际测量中的标准量在被检定时为被测量，经过较高精度检测的被测量也可作为大批量测量的标准量。

长度测量中常用的标准量有：

1. *光波波长*　由激光光源、氪 86 光源、单色光光源或经过处理得到的光波波长是精度很高的标准量。它常被用于高精度测量仪器和对其他较低精度标准量的检定。由于它易于实现自动瞄准和动态读数，所以常用于动态测试仪器和智能仪器。

2. *量块的长度*　量块是长度测量中应用最广的实物基准之一。国家标准对量块的材料、形状、表面粗糙度以及量块中心长度的制造精度和检定精度等均有严格的规定。

量块成套制造和出售，每套量块的总块数有 91、83、46 等十多种，不同套别中量块的尺寸也不相同。量块属于单值量具，每一块量块仅体现一个标准长度，利用量块的研合特性，可用若干不同尺寸的量块组合成所需的尺寸。

依据量块长度的制造精度，即量块测量面上任意点的长度极限偏差和长度变动量最大允许值的大小分为 K 级、0 级、1 级、2 级、3 级共 5 个不同的级别；依据量块长度的检定精度，即量块长度测量不确定度和长度变动量最大允许值的大小又可分为 1、2、3、4、5 共 5 个不同的等级。量块可按“级”使用，也可按“等”使用。量块按“级”使用时直接取量块的标称长度作为工作尺寸，相应级和相应标称长度段对应的长度极限偏差为尺寸误差源；按“等”使用时，用其实际尺寸作为工作尺寸，相应等和相应标称长度段对应的长度测量不确定度为尺寸误差源。除了上述因子外，量块尺寸误差还应考虑不同等级的长度变动量最大允许值和长度的最大允许年变化量。

量块常用于仪器精度的检定和工件尺寸的相对测量。

3. *光栅与容栅的栅距、磁栅的节距和感应同步器的线距*　光栅、容栅、磁栅、感应同步器均为近代发展起来的新型长度测量标准器件。它们均可实现测量系统数字化和自动化，并可在测量过程中实现实时控制和修正，所以它们广泛用于智能型的动态和静态测量仪器以及各类加工机械。

光栅的示值精度较高，但对测量环境要求较苛刻，特别是对温度及油污、灰尘较敏感。感应同步器抗干扰能力很强，对使用环境的要求较低；磁栅易受外界磁场的影响，应注意屏蔽。容栅有中等精度的产品，也有较高精度的品种，与光栅、磁栅等相比，它具有体积小、抗干扰能力强、造价低、耗电省和环境适应性强等特点。

传统的长度标准量体现形式还有线纹尺的刻线间距以及精密丝杠的螺距等。线纹尺大多数仍需人工瞄准读数，多用于静态测量仪器。精密丝杠能实现自动瞄准和控制，常用于智能仪器和数控机床。

### 四、阿贝原则

长度测量的基本原则（阿贝原则）要求：长度测量时，被测量的尺寸线段应与标准量的尺寸线段重合或在其延长线上。

测量过程若能按阿贝原则的要求进行，可不考虑仪器导轨直线度误差对测量结果的影响，否则必须采取措施，减小因不遵守阿贝原则而引起的阿贝误差的影响。

### 五、长度测量的环境标准要求

测量环境的温度、湿度、气压、振动等因素均会引起测量值的变化。因此，某被测量的测量结果应是相对于标准测量环境而言的，即环境温度为20℃，相对湿度在50%~60%之间，气压为0.1MPa，测量装置远离振源等。若测量环境不处于标准状态，则应考虑环境因素引起的测量误差，或进行修正，或计入测量不确定度。

## 第二节　长度尺寸的测量

长度尺寸是生产实践中最常遇到的被测量之一，而大多长度尺寸均定义为两点、两线或两面（平面或曲面）之间的距离，如轴径、孔径、工件的长宽高等。

如果被测尺寸介于测量仪器的示值范围之内，则采用直接测量法，即直接将被测线段与仪器中的标准量相比较，得到被测线段的实际尺寸，该方法数据处理极为简便。

有些大尺寸超出了仪器的测量范围，有些微小尺寸测量所要求的分辨率、测量精度或测量效率用直接测量法不能实现，还有些尺寸（如非整圆的圆弧直径）根本无法直接测量，则可采用间接测量法，即通过测量一些与被测量有确定函数关系的参量，然后通过计算确定被测尺寸的量值。随着计算机辅助测量技术的发展，间接测量的数据处理越来越迅捷，所以应用范围越来越宽，如多参数测量时常用坐标测量机实现一次定位测量。实现间接测量的关键是建立直接测量参量与被测量之间的数学模型。

仪器的示值范围和测量范围是两个不同的概念。仪器的示值范围是由内置标准量决定的，而仪器的测量范围取决于仪器结构。所以有些仪器示值范围很小（如仅为数百微米），但测量范围较大（如可达数百毫米或不受限制），这类仪器与大示值范围的绝对测量仪器相比，一般示值精度较高，主要用于相对测量，即测量被测线段相对于一定值标准量（如量块、环规）的尺寸偏差。

## 一、常见尺寸的测量

常见尺寸指的是介于1mm 和1m 之间的尺寸，这类尺寸测量可用直接测量法或用属于间接测量范畴的坐标测量法来实现。

测量方法和测量仪器选定以后，无论是手动测量还是自动测量，测量的主要步骤均为：定位、瞄准、读数、数据处理、给出测量结果等。

### （一）定位

定位是测量过程中非常重要的环节，定位的目的是使被测工件处于最佳方位，使实际测量量符合被测量的定义。

典型的工件定位方法有平面定位（见图5-1a）、外圆柱面定位（见图5-1b）、内圆柱面定位（见图5-1c）、顶尖定位（见图5-1d）等。定位质量的高低直接影响测量精度，而定位质量与工件定位面的选取和仪器定位系统的制作精度及调整精度有关。

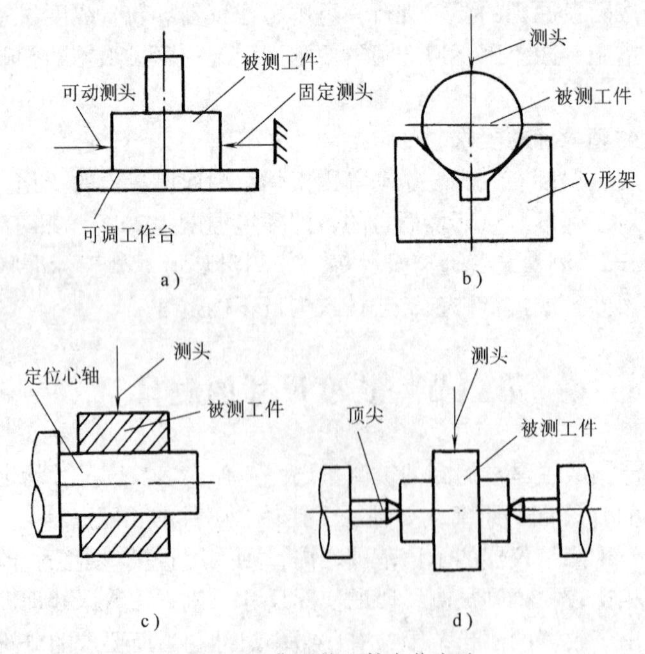


图5-1 典型的工件定位方法

选取定位面时一般考虑以下原则：

1）尽可能与测量基面、工艺基面、装配基面统一。

2）选取尺寸及形状精度高的面为定位面。

3）所选定位面能保证定位的稳定性。

4）多参量测量时，所选定位方式最好能满足所有参量测量的要求，避免多次定位。

测量仪器中多有辅助定位系统，如可调工作台、可调测头等。被测工件装夹后，应正确调整仪器的辅助定位系统，找到最佳采样点。

图 5-2 所示实例为平面定位，工作台表面的形位误差及工件定位面的形位误差都会影响被测直径的测量精度，因此需借助于可调工作台和可调测头对工件方位作进一步的调整。首先调整测头，使两测头同轴；再使工作台绕 $y$ 轴转动，使得工件的被测线段在轴截面内符合定义（为最短）；最后使工作台沿 $y$ 轴方向移动，使得工件的被测线段在横截面内符合定义（为最长）。

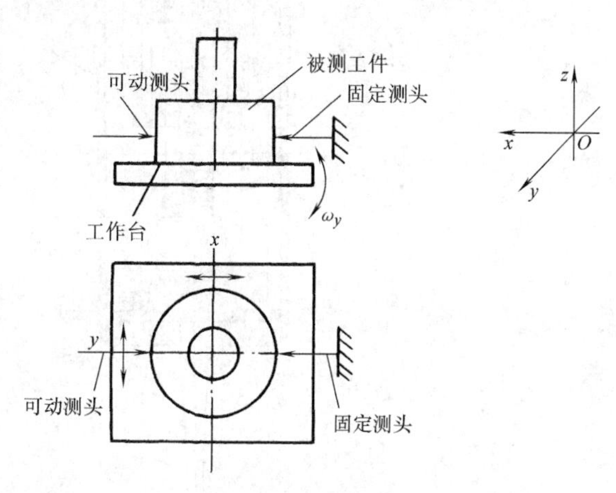


图 5-2　定位调整示例

直接测量法对定位精度的要求较高，调整很费时。而用坐标法测量时，则只要求工件位于仪器的测量范围之内，不需要作定位调整。坐标测量机通过实测，可直接将仪器坐标系转换成工件坐标系，后续测量均在工件坐标系中进行，即通过坐标转换的方法达到准确定位的目的，此为坐标测量法的一大优点。

**（二）瞄准**

在进行被测量与标准量比对时，需要进行准确的瞄准。瞄准就是建立标准量与被测量间正确的对应关系，瞄准常常是借助于测量仪器的瞄准装置进行的。标准量的瞄准形式主要由仪器的测量方法所决定，而被测量的瞄准形式需根据被测量的特点选定，如软质工件、太小尺寸的被测面等不宜用接触法瞄准。有些仪器备有几套不同原理的瞄准系统，以用于不同类工件的测量。

仪器对被测量的瞄准系统可分成接触式和非接触式两大类。

1. *接触式瞄准举例*　图 5-3 所示为一种三坐标测量机电触式测头。在测头不受外力作用时，弹簧 5 压在测杆 1 的半球座上，保证测杆处于垂直位置，三对钢球副（2 与 3）均匀接触，电路处于正常状态，指示灯 4 不亮；而当测头与工件接触时，受外力作用测杆产生偏转，这时相接触的三对钢球至少有一对脱开，电路发出瞄准信号；测头与工件脱离后，弹簧力又使测杆恢复原始状态。该测头原理相当于零位发信开关，利用触点的开合实现瞄准。

2. *非接触式瞄准举例*　图 5-4 为工具显微镜非接触式瞄准系统的光路。照明系统 1 发出平行光照亮以工作台面 2 定位或用顶尖定位的工件 3，物镜 4 将被测工件轮廓成像于测角目镜分划板 5 上（见图 5-5），人眼借助于目镜 6 进行瞄准。该方法称为影像法测量。

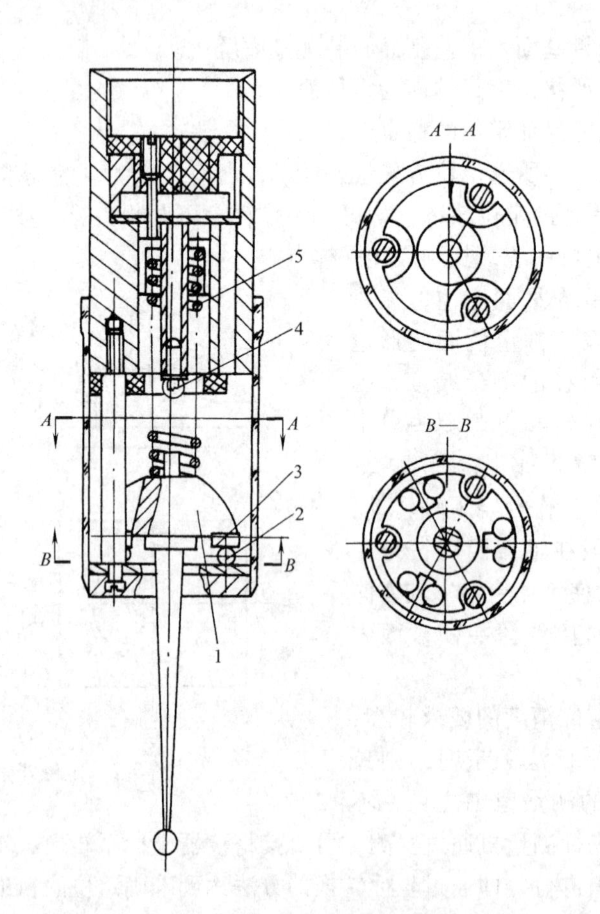


图5-3　三坐标测量机电触式测头

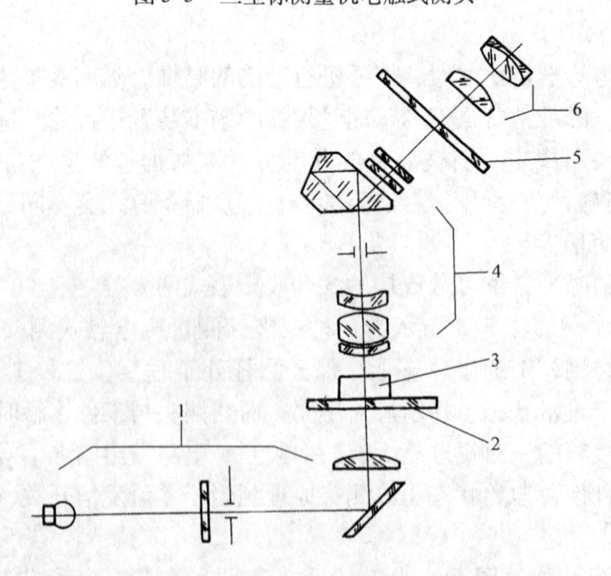


图5-4　工具显微镜非接触式瞄准系统光路示意图

工具显微镜测角目镜分划板俗称米字线分划板，其上刻有如图5-5所示的虚线和细实线，分划板可作360°的旋转，瞄准时可选择合适的瞄准方法。

上述影像法的瞄准精度受主观因素影响很大，同一台仪器，不同的操作者，测量精度和测量效率可能会存在较大差异，所以很多新型仪器用光电元件替代人眼进行瞄准，以实现电子化、自动化。如用由面阵CCD构成的摄像机与图像采集器、计算机构成瞄准系统，物镜直接将工件轮廓成像至CCD感光面上，则从计算机屏幕上即可看到工件影像，通过物镜调焦使轮廓影像最清晰，再经过适当的图像处理，分割目标与背景，即可由计算机自动精确识别工件轮廓采样点在CCD坐标系中的位置。如果成像质量高，则用CCD瞄准可达到很高的精度。

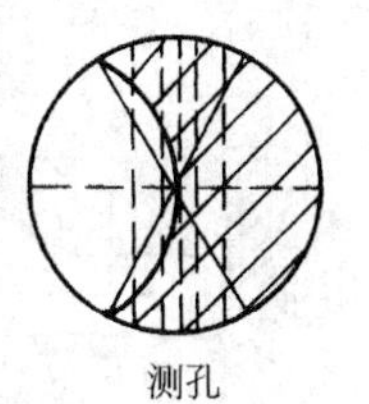

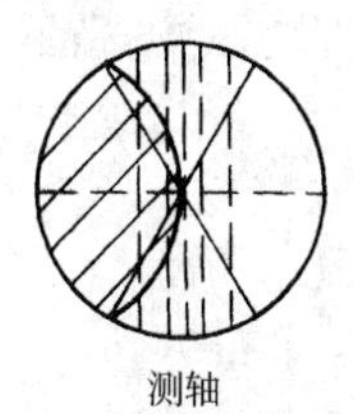

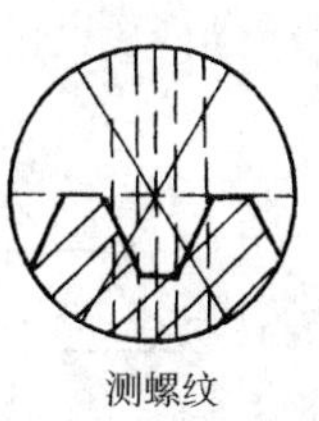


图5-5　影像法瞄准视场示意图

**（三）读数**

测量值有很多种显示方法，如指针式显示、数字式显示等。无论是哪种显示形式，正式读取数值之前均需检查仪器示值是否能够“回零”。即在调整好仪器零位以后，推动测头在全量程范围内移动数个来回，然后让测头回到起始位置，看读数是否仍为零；或在进行封闭尺寸测量时（如齿轮齿距极限偏差测量），先测第一个尺寸，然后在依次测完各个尺寸后，再重测一下第一个尺寸，看前后两次读数是否相同。一般来说，仪器要做到绝对回零是很困难的，只要偏差在允许范围内，即可认为仪器与被测件已进入稳定的测量状态。如果偏差较大，则必须检查测量系统中的不确定因素，否则在不回零情况下进行的测量是无效的。

**（四）测量过程举例**

*1. 用电感式内孔比较仪测量孔径*　图5-6所示为电感式内孔比较仪的结构示意图，用它实现的是相对法测量。相对法测量内尺寸一般使用双测头，图中为两个反向放置的旁向电感测头，一测头位置固定，一测头位置可调，从而可使两测头的间距能与不同被测尺寸相适应。测量时，先按被测孔径的标准尺寸组合量块，用量块夹夹持量块组构成标准内尺寸并放在可升降工作台上；如图5-7a调整工作台的高低和可调测头的位置，使两测头的示值均为零，这时两测头的间距恰等于量块组的尺寸；上下微移动工作台，观察零位是否稳定，若零位示值稳定，则移开放置量块的工作台。移入放置被测工件的三自由度可调工作台，使双测头位于被测孔内；为了使测量线符合内径的定义，须对被测工件的方位作如图5-7b所示的调整，即上下移动工件，使两个传感器均工作在线性区内；使工件在轴截面内转动，寻找出现最小值的拐点位置；再使工件在垂轴方向上水平移动，寻找出现最大值的拐点位置。完成上述调整后，即可进

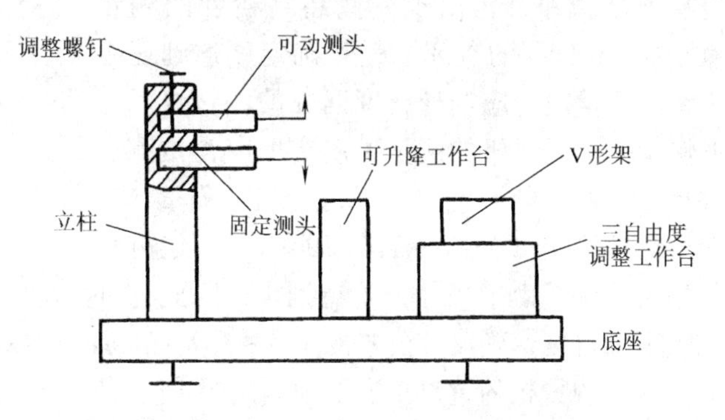


图5-6　电感式内孔比较仪的结构示意图

行读数，两电感传感器示值之和即为被测直径相对于由量块构成的标准尺寸的偏差值，其与量块组尺寸相加即为被测直径的实际尺寸。

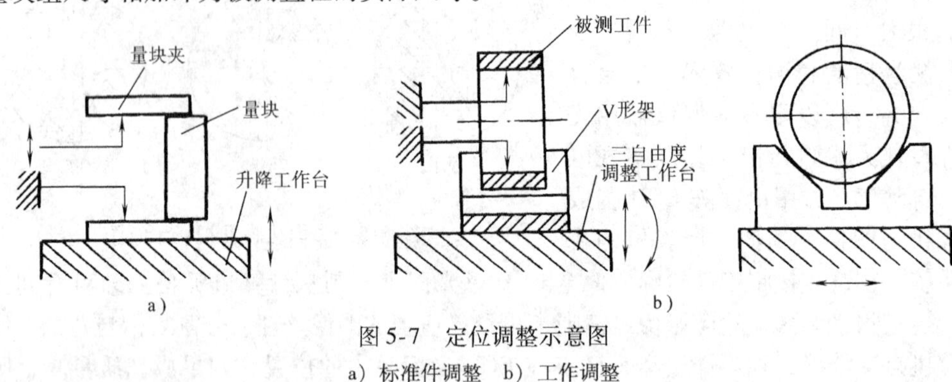


图 5-7 定位调整示意图

a）标准件调整 b）工作调整

图5-6所示仪器中的电感传感器也可用其他小量程传感器如电容传感器、压电传感器等替换。若换成气动测头、光纤测头等非接触式微位移传感器，还可实现非接触式相对测量。

2. 用三坐标测量机测量孔与直线间的间距 三坐标测量机按精度可分为生产型和计量型。生产型测量机多用于车间或生产线，单轴的测量不确定度不高于$1\times10^{-5}L$，空间最大测量不确定度不高于$(2\sim3)\times10^{-5}L$；计量型测量机主要在计量室和实验室使用，单轴的测量不确定度不低于$1\times10^{-6}L$，空间最大测量不确定度不低于$(2\sim3)\times10^{-6}L$。文中$L$表示被检的长度。随着科学技术的发展和加工制造水平的提高，测量机的测量不确定度也在不断减小，已出现一些超高精度的测量机，如1m量程的空间测量不确定度达到亚微米级。测量时，应选择精度匹配的测量机。一般测量时，测量机的测量不确定度应为被测工件尺寸公差带的1/5～1/3；对于精密测量，一般应为被测尺寸公差带的1/10～1/5，但测量超精密零件，由于尺寸公差特别小，因此允许测量不确定度达到尺寸公差的1/3～1/2。特别应注意，测量机的重复精度必须满足要求。

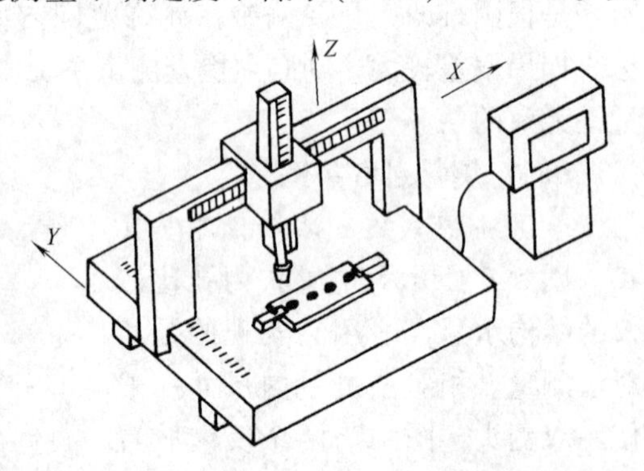


图 5-8 移动桥式三坐标测量机结构示意图

三坐标测量机有很多种结构形式，如移动桥式、固定桥式、龙门式、悬臂梁式等，图5-8所示为移动桥式三坐标测量机。坐标测量机最常用的标准件是长光栅，应用较广的是振幅型黑白透射光栅和反射光栅，其产生如图5-9a所示的横向莫尔条纹。当指示光栅相对于标尺光栅位移一个栅距$W$时，由其产生的莫尔条纹也相应移动一个莫尔条纹节距$B$。当光栅副的$\theta$角很小时，莫尔条纹节距$B\approx W/\theta$，相对于栅距$W$来说，具有很大的放大倍数；另外虽然光栅和线纹尺都是刻线，但由于莫尔条纹是由大量（数百条）光栅刻线共同形成的，因此它对光栅的刻线误差有平均作用，即刻线位置误差对光栅测量的影响比对用线纹尺测量小很多，所以光栅能实现很高的测量精度和很小的分辨率。常用的玻璃透射光栅是在玻璃表面感光材料涂层或金属镀膜上，通过刻制、腐蚀、涂黑等工艺制作透明与不透明等宽相间条纹，每毫米的栅线数可至100条，这种光栅测量系统的组成如图5-9b所示，光源多采用垂直入射方式，读数头的结构比较简单，光电元件接收的光信号强，分辨力较高。金属反射光栅是在钢尺或不锈钢带的表面上通过机械方法压制或钻石刀刻划的方法制作光栅线纹，每毫米的栅线数多为25～50，这种光栅尺易于接长，不易碰碎，且其线膨胀系数容易做到与测量机主机材料接近一致，从而减小温度对测量的影响。反射光栅读数头的组成如图5-9c所示。

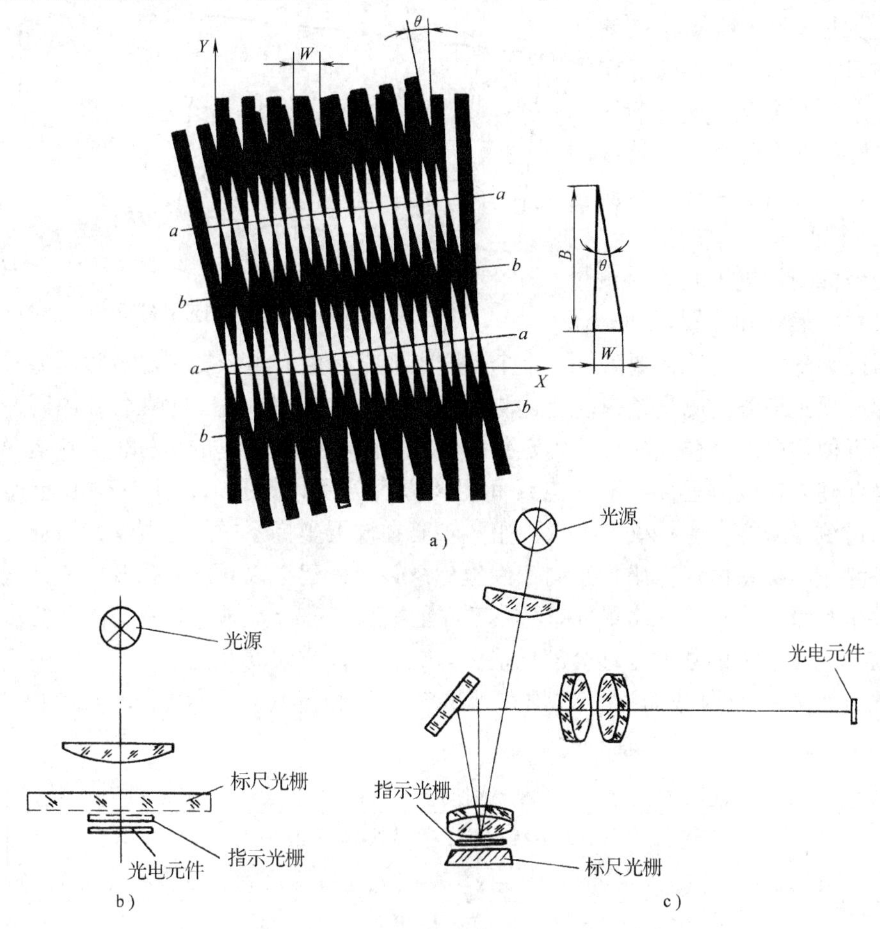


图5-9　莫尔条纹及莫尔条纹读数系统

a）横向莫尔条纹　b）透射光栅系统　c）反射光栅系统

理论上用三坐标测量机可测不经过定位调整的任何工件的任意参量，实现测量的关键是能建立被测参量与采样点坐标的关系模型。测量精度在很大程度上取决于建模精度，测量系统的功能和效率也受系统数据处理软件质量的影响。坐标测量的数据处理主要包含两个部分：

（1）建立工件坐标系　工件在三坐标机上可任意放置而不需精确调整，所以测量的第一步即应根据工件基准面的方位，建立工件坐标系。后续测量均在工件坐标系中进行，可大大简化数据处理工作。建立工件坐标系的基本步骤为：首先确定测量基准面、线或点在测量机坐标系中的位置，再通过对坐标系作平移或旋转，将坐标面或坐标轴或坐标原点与基准面或基准线或基准点重合。对同一被测工件而言，工件坐标系的方位不是唯一的，可根据测量项目建立不同的坐标系。在多任务测量过程中，可随时改变坐标系的位置，以适应不同测量项目的需要。

（2）由采样点的坐标值计算被测量　当采样点的坐标值完成了从测量机坐标系到工件坐标系的转换以后，建立计算被测量的数学模型就比较容易了。

本例为测量工件上孔与直线间的间距。如图5-10所示，被测工件随意置于三坐标测量机工作台上，工件上有4个孔，被测量为孔C、孔D与孔A、孔B中心连线间的距离 $L_C$、$L_D$，图中 $xOy$ 为测量机坐标系。

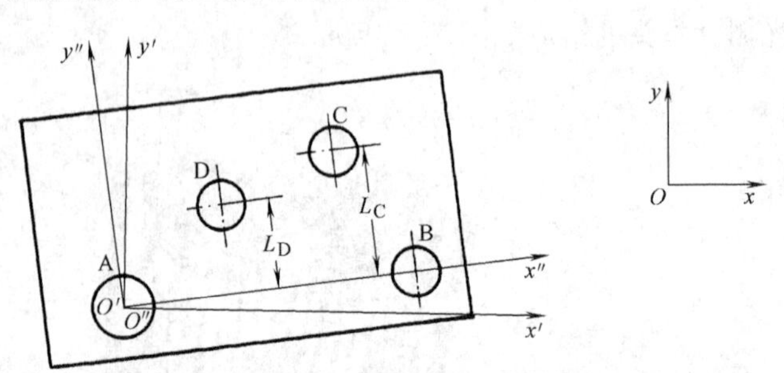


图5-10　三坐标测量机测量孔线间距示意图

用三坐标测量机不是直接测量需测的尺寸、形状和位置，而是通过测量与被测量相关的几何要素上一个个采样点的坐标值，再依据一定数学模型进行数据处理，即可得到最终的测量结果。上述测量任务有两种处理方法：①在各孔内同一截面上测量三个近似均布的采样点坐标，确定各孔轴心在仪器坐标系里的坐标值，由孔A、孔B的轴心坐标建立连线方程，再利用点线间距离方程分别计算孔C、孔D轴心至连线的距离。②通过测量采样点坐标确定孔A、孔B轴心在仪器坐标系中的位置，然后通过平移和旋转可将测量坐标系由仪器坐标系向工件坐标系转换，建立以孔A、孔B中心连线为坐标轴的工件坐标系 $x''O''y''$，后续测量即可在工件坐标系中进行。对于同一工件上的多参数测量，方法②比方法①的数据处理会简化很多。在此即以方法②为例。

在孔A的某一圆周截面上大致均布地取三点，测得（$x_{A1}$，$y_{A1}$，$z_A$）、（$x_{A2}$，$y_{A2}$，$z_A$）、（$x_{A3}$，$y_{A3}$，$z_A$），则A轴心的坐标为

$$\left.\begin{aligned} x_{A0} &= \frac{(y_{A1}-y_{A3})(y_{A1}^2-y_{A2}^2+x_{A1}^2-x_{A2}^2)-(y_{A1}-y_{A2})(y_{A1}^2-y_{A3}^2+x_{A1}^2-x_{A3}^2)}{2[(y_{A1}-y_{A3})(x_{A1}-x_{A2})-(y_{A1}-y_{A2})(x_{A1}-x_{A3})]} \\ y_{A0} &= \frac{(x_{A1}-x_{A3})(x_{A1}^2-x_{A2}^2+y_{A1}^2-y_{A2}^2)-(x_{A1}-x_{A2})(x_{A1}^2-x_{A3}^2+y_{A1}^2-y_{A3}^2)}{2[(x_{A1}-x_{A3})(y_{A1}-y_{A2})-(x_{A1}-x_{A2})(y_{A1}-y_{A3})]} \\ z_{A0} &= z_A \end{aligned}\right\} \tag{5-1}$$

孔B轴心坐标($x_{B0}$,$y_{B0}$,$z_{B0}$)可用相同方法确定，测量时使 $z_B=z_A$。然后移动坐标原点，使其与孔A轴心重合，设平移后的坐标系为 $x'O'y'$，则测量点在该坐标系中的坐标值为

$$\left.\begin{aligned} x' &= x-x_{A0} \\ y' &= y-y_{A0} \\ z' &= z-z_{A0} \end{aligned}\right\} \tag{5-2}$$

最后通过旋转使 $x$ 轴与孔A、孔B轴心连线重合，即可得坐标系 $x''O''y''$。工件坐标系与测量机坐标系之间的关系为

$$\left.\begin{aligned}x''&=\frac{(x-x_{A0})(x_{B0}-x_{A0})+(y-y_{A0})(y_{B0}-y_{A0})}{\sqrt{(x_{B0}-x_{A0})^2+(y_{B0}-y_{A0})^2}}\\y''&=\frac{-(x-x_{A0})(y_{B0}-y_{A0})+(y-y_{A0})(x_{B0}-x_{A0})}{\sqrt{(x_{B0}-x_{A0})^2+(y_{B0}-y_{A0})^2}}\\z''&=z'\end{aligned}\right\}\tag{5-3}$$

完成了上述坐标系转换后，测量数据处理就非常简单了。孔 C 至孔 A、孔 B 轴心连线的距离即为 $y''_{C0}$，孔 D 至孔 A、孔 B 轴心连线的距离即为 $y''_{D0}$。

根据解析几何理论，两点能定一条直线，3 点可以定一个平面或一个圆，4 点能定一个椭圆或一个球，5 点可以定一个圆柱，6 点可以定一个圆锥。上述理论确定了测量相应几何要素时的最少采样点数。但由于几何要素存在形状误差，采样点太少了反映不出被测几何要素的真实信息，所以实际测量时，通常应多取一些采样点。

3. *锅炉壁厚的连续测量*　锅炉是高压容器，如果锅炉壁厚不均或炉壁上有瑕疵，可能会引起爆炸，危及国家财产和人民生命，所以锅炉除了在出厂时要作认真检测外，使用过程中还要定期检测。测量使用过程中的锅炉壁厚，只能从锅炉外侧进行单侧测量。能实现单侧厚度测量的方法有超声波测量法、微波测量法以及 X 射线测量法等。

图 5-11 为一便携式超声测厚仪测量示意图。双晶探头 1 左边的压电晶体发射超声波脉冲 3，脉冲进入被测工件 5 后，在壁的另一侧被反射回来，反射波 4 被右边的压电晶片接收，信号由电缆 2 传给二次仪表 6，经处理后给出测量结果。超声波测厚的实质是测量从发射脉冲到接收脉冲所经历的时间 $t$，再乘上被测体的声速常数 $c$，即可得超声脉冲在工件壁内走过的距离。因测头很小，两晶体间距相对于被测厚度也可忽略，所以被测锅炉厚度 $h$ 为

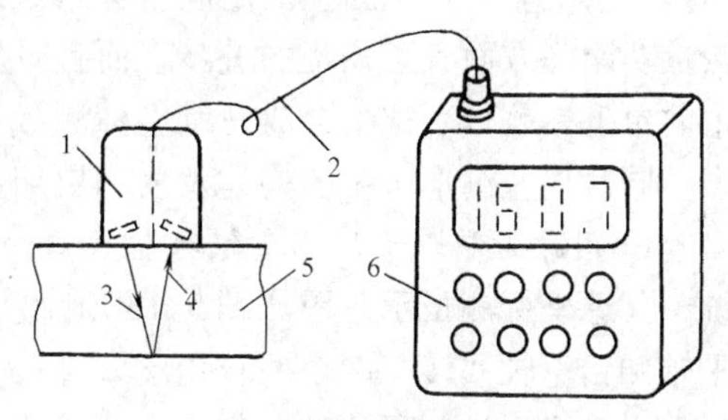

图 5-11　便携式超声测厚仪测量示意图

$$h=\frac{1}{2}ct\tag{5-4}$$

X 射线在被测物体表面反射的强度也与被测件的材料有关，且随被测件厚度的增大而增大。所以利用 X 射线反射原理也可从单侧测量锅炉、管道等的壁厚。图 5-12 为反射式 X 射线测厚装置原理图。

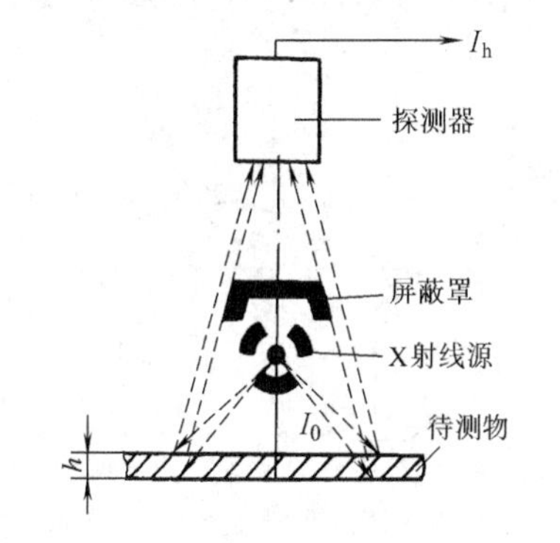

图 5-12　反射式 X 射线测厚装置原理图

$I_h$—$I_{hmax}(1-e^{-kh})$

$I_{hmax}$—$h$ 为无穷大时的反射强度

$k$—与材料有关的反射系数

## 二、大尺寸的测量

随着国家经济全面、快速发展，以重大技术装备及其制造能力为标志的基础工业在国民经济中的地位日益重要，如大型飞机制造、万吨级以上船舶制造、军工和民用大型成套设备制造等，重大装备技术的进步离不开先进的大尺寸精密测量技术的

支持。

大尺寸测量并不是常见尺寸测量技术简单的量程拓展。大尺寸测量来源于大型零部件的加工与装配。大工件因体积和质量庞大，测量一般要求在制造现场甚至在线完成。复杂的空间状况、恶劣的测量环境以及在线测量对测量效率的要求等，都是大尺寸测量方法及系统研究必须考虑和解决的关键问题。

目前用于大尺寸测量的主要有两大类测量系统：空间坐标柔性测量系统和单一参数的专用测量系统。

**（一）空间坐标柔性测量系统**

所谓的空间坐标柔性测量系统是指通过测量工件特征点的空间坐标实现尺寸、形貌、方位等各类几何参量的测量系统。用于常见尺寸测量的多为三个测量轴相互垂直的正交三坐标测量机，但该类正交坐标测量机难以实现大工件的在线测量，所以传统用于大尺寸在线测量的多为双经纬仪测量系统、全站仪等非正交系坐标测量系统。这类仪器虽然测量精度一般没有正交坐标系测量系统高，数据处理也较复杂，但它的测量范围理论上不受限制，系统构成也很灵活，可方便地实现大型工件的在线测量。近年来非正交系空间坐标测量技术发展很快，如激光跟踪干涉测量仪、测量臂、室内GPS测量系统、数字摄影三坐标测量系统等。这些新型的空间坐标测量系统，不仅在测量精度、测量效率、测量范围、测量功能等方面有了长足的进步，而且对坐标测量系统的构建理念予以拓展，如用多于三个的单坐标测量系统组合成三维坐标测量系统，一方面能通过冗余测量提高系统的测量精度，同时也使测量系统的构建及使用更加柔性化。

1. 用激光跟踪干涉测量仪测量大曲面形状　激光跟踪干涉测量仪为一球坐标测量系统，其球坐标测量示意图如图5-13所示。整个干涉系统安装在一个立柱上，它可以绕水平轴和铅垂轴回转，两个回转角度 $\varphi_i$ 和 $\theta_i$ 由装在这两根轴上的测角系统读出。矢径测量 $L_i$ 采用激光干涉测量原理，作为测量标靶常采用猫眼（见图5-14a）或角锥棱镜（见图5-14b），猫眼的测量范围比角锥棱镜大很多（猫眼可接收入射角范围为±60°的入射光，角锥棱镜仅为±20°），但价格昂贵，且造成的光能损失较大。

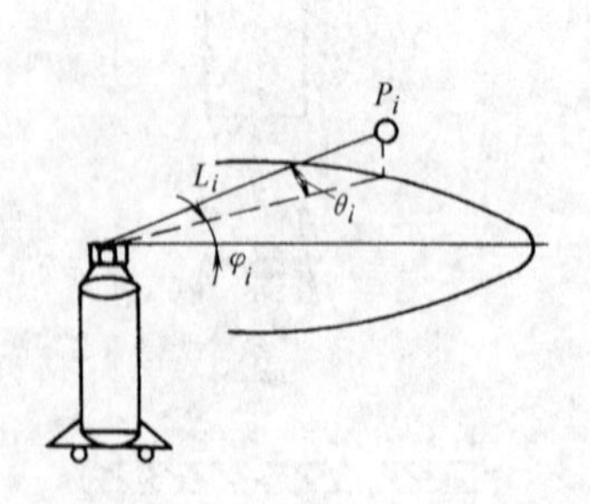


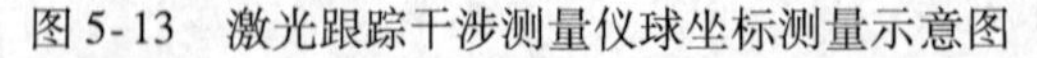

图5-13　激光跟踪干涉测量仪球坐标测量示意图

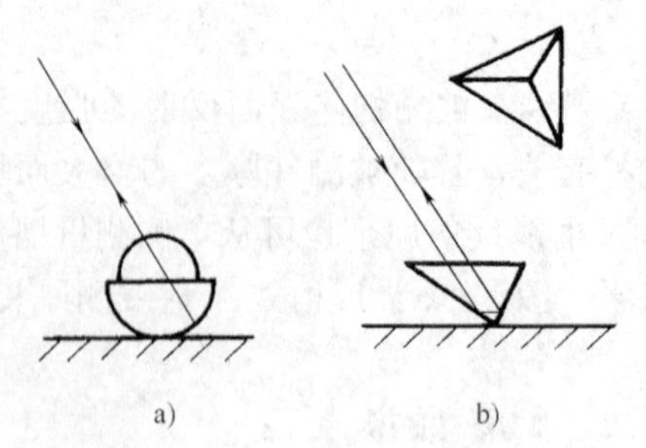


图5-14　激光跟踪干涉测量仪的反射镜
a）猫眼　b）角锥棱镜

自由曲面的测量通常是在一个个截面上进行的，截面与曲面的交线为一曲线。以等间距沿曲线进行采样，由测得的采样点坐标即可绘出实际曲线形状并拟合出曲线方程。若需测量曲面的误差，则只需将测得的各曲线与储存在计算机内的标准曲线相比较，即可确定实际曲面的尺寸或形状误差。

测量时如图5-15所示，猫眼（或角锥棱镜）8装在一个测量座9上，测量座沿被测截面10移动。激光器4发出的光经反射镜2、分光镜11与6射入转镜5，经转镜5反射后，射到猫眼8上。若入射光正好通过猫眼的中心（或角锥棱镜的顶点）P点时，反射光由原路返回；只要入射光不通过P点，反射光束就要偏离入射光束。反射光束再经转镜5反射后，由分光镜6分成两路：一束光至分光镜11，与由参考反射镜7反射回来的参考光形成干涉，干涉信号由干涉条纹计数器1记数，得到矢径 $L_i$ 的测量值；另一束光射至四象限光电元件3，若猫眼上的反射光原路返回，则光电元件3无信号输出（处于平衡状态），当猫眼上的反射光偏离入射光时，光电元件3就有差动信号输出，该信号经放大后用于伺服电动机的控制，电动机带动转镜5旋转，直至猫眼上的入射光束通过P点，使光电元件3恢复平衡状态，由此完成了跟踪瞄准，并由测角元件测出转镜5绕两个垂直轴的转角，得到两个角度坐标测量值 $\varphi_i$ 和 $\theta_i$。

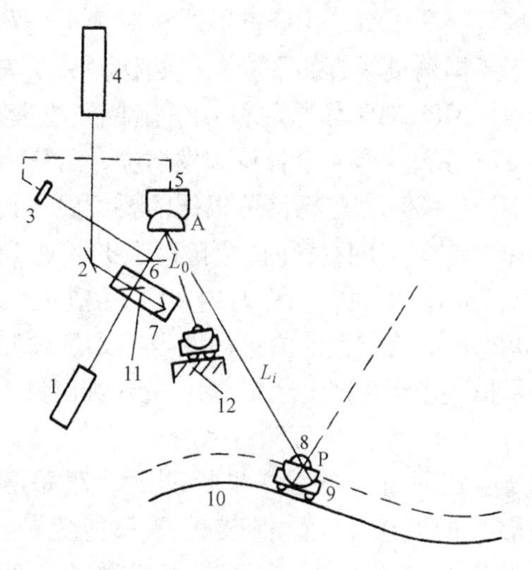

图5-15　激光跟踪干涉测量原理

激光干涉仪是增量式测量系统，因无绝对零点，所以一次测量必须连续进行，光路不能中断。激光跟踪干涉仪上有一个标定座，猫眼及测量座置于标定座上，则仪器显示的是转镜5中心A至猫眼中心P之间的距离，由此设定矢径的初始值 $L_0$，然后再将测量座缓慢移到被测表面上。移动时一定要小心谨慎，移动速度太快或不小心断光均需重新进行标定。

2. *用室内GPS系统测量空间点坐标*　在20世纪90年代，GPS向世界展示了全球定位设备的强大力量并为三维测量建立了新的标准。这是空间测量的一场革命。如今，GPS全球定位系统无处不在，并且被视为全世界通用的定位系统。它的优势不仅在于它的先进技术，更在于它的系统理念。

室内GPS（indoor GPS，iGPS）由信号发射器（见图5-16）、传感器（信号接收器，见图5-17）、信号处理单元、测量控制单元等构成。发射器的固定安置位置为已知，传感器置于被测点上，一个发射器和一个传感器可构建一个二维空间角坐标测量系统（垂直角和水平角），测量一个未知点空间坐标，传感器至少需与两个发射器构成基于空间角度前方交会测量原理的测量系统，其工作方式与双经纬仪系统类似。每个传感器均能接收所

图5-16　iGPS的发射器

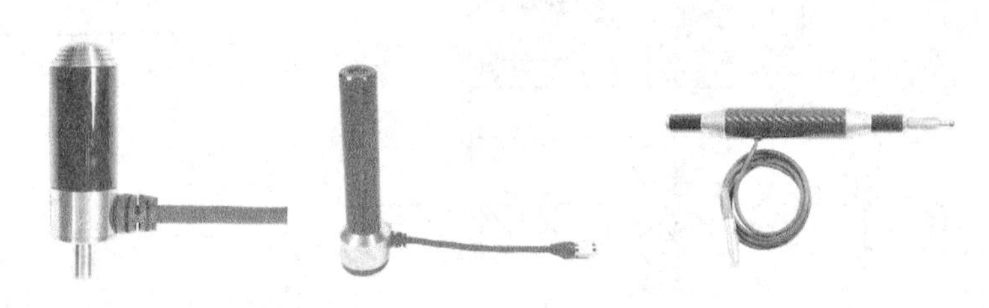

图5-17　iGPS不同类型的传感器

有不被遮挡发射器的信号（见图5-18），参与计算的发射器越多，测量结果越精确。3个发射器相对于两个发射器其测量精度可提高50%，4个发射器相对于3个发射器其测量精度可提高30%，5个发射器相对于4个发射器其测量精度可提高10%~15%。此外，适用于不同测量场合的平测头、圆柱测头及矢量测头等，具有不同的精度。

iGPS的工作原理和GPS定位的原理非常相似，但定位精度却高得多。目前，标准的iGPS系统含有4个计量型发射器，测量范围为2~80m，传感器可根据需要配置。其在$10m^2$工作区域内，测量精度可达到0.12mm；在$40m^2$区域内，测量精度为0.25mm，在更大的测量区域内，iGPS的测量精度甚至可能赶上和超过激光干涉测量。

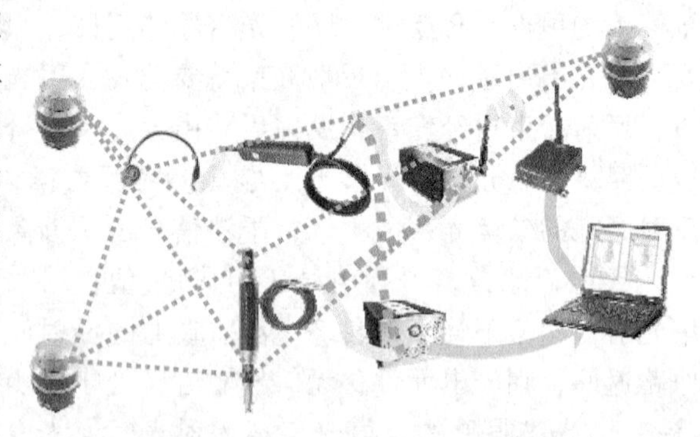

图5-18 iGPS测量系统构建示意图

iGPS空间坐标测量系统一旦建立后，所有的测量任务，如坐标测量、跟踪测量、准直定位、监视装配等都能完成。用iGPS能很方便地解决飞机整机、船身、火车车身和装甲车身等大尺寸精密测量的难题。

（二）单一参数的专用测量系统

有的单一参数专用测量系统已有很长的历史，但因其具有成本低，使用方便快捷，测量精度及效率高等优点，所以依然被广泛应用。

1. 弓高弦长法测量大直径　弓高弦长法是一种测量大孔或大轴直径的间接测量法。先由被测圆直径的公称值算出对应于固定弦$2s_0$处的理论弓高值$h_0$，然后通过测量该弓高的偏差值，间接确定被测直径相对于理论值的偏差。图5-19即为用基于弓高弦长法原理

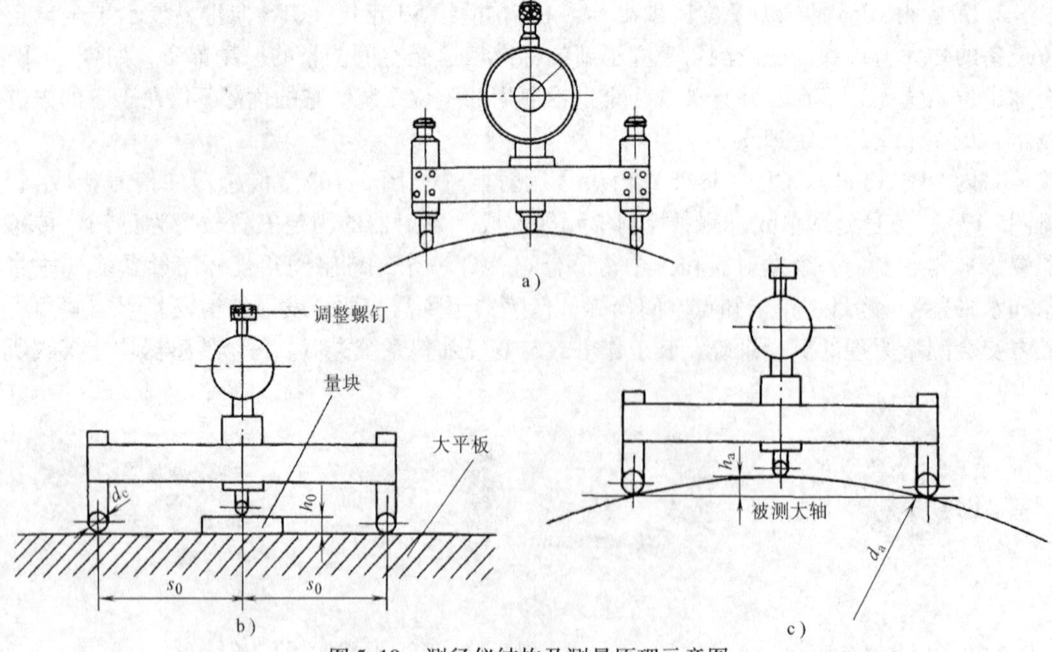


图5-19 测径仪结构及测量原理示意图

的内外径量具——测径仪（见图5-19a）测量轴径的示意图，其实现的是相对测量法。测量前，先将量具置于大平板上（见图5-19b），用量块组成被测轴的理论弓高 $h_0$，调整测微表示值为零；再将量具放到被测大轴上（见图5-19c），从测微表上读取被测大轴在固定弦位置处的实际弓高 $h_a$ 相对于用量块体现的理论弓高 $h_0$ 的偏差值 $\Delta h$，则实际轴径 $d_a$ 相对于公称值 $d_0$ 的偏差 $\Delta d$ 即为

$$\Delta d = -\left(\frac{s_0^2}{h_0^2}-1\right)\Delta h \tag{5-5}$$

量块尺寸
$$h_0 = \frac{d_0 + d_c - \sqrt{(d_0+d_c)^2 - 4s_0^2}}{2}$$

2. *滚轮法测量大轴直径*　滚轮法也为间接测量法。测量时，已知直径的标准滚轮与被测大轴作无滑动的对滚，通过测量相同时间内两者的转数，即可确定被测大轴直径。滚轮法测量装置如图5-20所示。在被测大轴上吸上一带有磁性座的遮光板，其与大轴一起转动，每转一圈，遮挡光电开关一次，光电开关发出一个记数脉冲，由此测量被测大轴转过的圈数 $N$；与标准滚轮同轴安装了一个光栅测角系统实时测量标准滚轮的转角 $\varphi$，若标准滚轮的直径为 $d_1$，则被测大轴直径 $d_2$ 可由下式求得：

$$d_2 = \frac{d_1\varphi}{N\times 360} \tag{5-6}$$

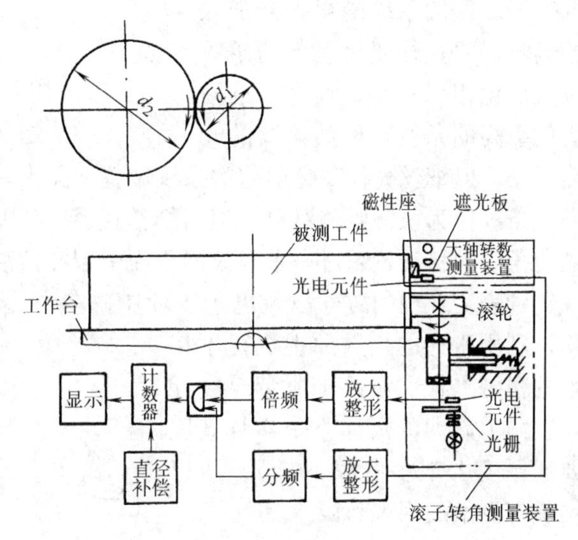


图5-20　滚轮法测量系统示意图

**三、微小尺寸的测量**

随着生产的发展，需要对各种金属细丝、光导纤维等的几何尺寸进行高精度的检测，而传统的光学影像法、接触式测量法等的测量精度均难以满足要求，因此研究出了一些新的间接测量原理和方法。

1. *金属细丝直径的测量*　根据夫琅和费衍射原理及互补定理，当平行激光束照射细丝时，在接收屏上可以得到明暗相间的衍射条纹。如图5-21所示利用透镜将衍射图像成像于透镜的焦平面上，则细丝直径 $d$ 与条纹间距 $s$ 及 $k$ 级条纹的位置 $x_k$ 间有如下关系：

$$d = \frac{[k\lambda(x_k^2 + f'^2)^{1/2}]}{x_k} \tag{5-7}$$

或

$$d = \frac{[\lambda(x_k^2 + f'^2)^{1/2}]}{s} \tag{5-8}$$

式中，$f'$ 为透镜焦距；$\lambda$ 为测量光波长。

细丝直径发生变化会引起条纹间距和条纹位置的变化（以中心亮点为原点收缩或扩散），因此通过测量 $x_k$ 或 $s$ 可实现对细丝直径的间接测量。

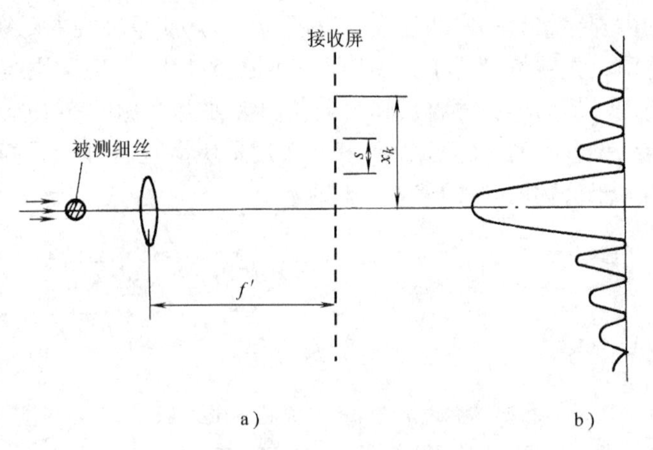


图 5-21 衍射法测量细丝直径原理图
a）测量系统光路图 b）接收屏上光强分布示意图

衍射条纹的光强分布随着衍射级的增加而迅速减小，因此，测量瞄准时，要选择对被测对象来说最佳的衍射级条纹。虽然选取衍射级低的条纹能得到光强大的信号，但直径变化引起的条纹位置变化相对较小；反之，选取衍射级高的条纹，虽然条纹的光能量小，但细丝直径变化引起的条纹位置变化大。综合考虑两方面，一般选择第二级或第三级条纹作为位置监测对象。但当细丝直径的公差较大时，应考虑选择更低级的条纹，以避免条纹的移动量超过一个条纹间距而引起测量混乱。

钟表工业中的游丝以及电子工业中的各种金属薄带宽度（一般宽度在 1mm 以下），均可利用激光的衍射原理进行不接触的精密测量。但由于薄带厚度和宽度两个方向的尺寸不一样且宽度要比厚度大很多倍（$b \gg d$），所以增加了测量的困难和误差。

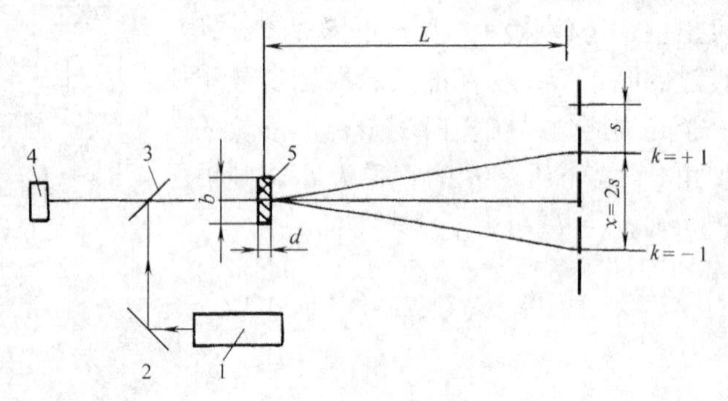


图 5-22 衍射法测量薄带宽度原理图

测量时，只有保证薄带面严格垂直于激光束光轴，才能测得准确的带宽，所以测量系统须增设定位装置。图 5-22 为薄带测量原理图，其测量原理与测细丝相似，不同的是增加了定位系统：激光器 1 发出的光（经过全反射镜 2 和半透半反射镜 3 后照射到被测薄带 5 上）有一部分被薄带表面反射并通过半透半反射镜 3 照射到定位指示光敏二极管 4 上，薄带的转动将引起光敏二极管接收光强的变化，由其发出信号使调整机构调整薄带方位，从而保证准确定位。此外，通过测量距离 $x=2s$ 或 $x=4s$ 后求均值，一般可比直接测 $s$ 获得更高的测量精度。

2. 光纤直径的测量　由于光纤是透明介质，衍射时难以获得清晰的衍射条纹，所以衍射法不能实现光纤直径的测量。

图 5-23 所示为激光能量法测光纤直径的原理图。光纤本身相当于曲率很大的柱面透镜，激光束透过分光镜 1 经透镜 2 会聚到被测光纤 3 上，光纤即可在曲率方向上将光束扩展成一条很长的亮线 $bb'$ 照到透镜 4 上，透镜 4 使由通光孔径决定的具有确定长短的亮线 $aa'$ 会聚于光敏二极管 5，经光电转换后，电信号通过直流放大器输入比较器的右端；由

分光镜 1 反射的光束则作为比较光束直接照到光敏二极管 6 上，以固定的激光能量转变成电信号输入放大器放大，再输入比较器左端。被测光纤 3 直径变化时，所扩展亮线 $bb'$ 的长短也随之变化，并引起被光电管接收亮线 $aa'$ 的能量发生变化。因此经比较器比较后，可求出直径的变化量及绝对值。

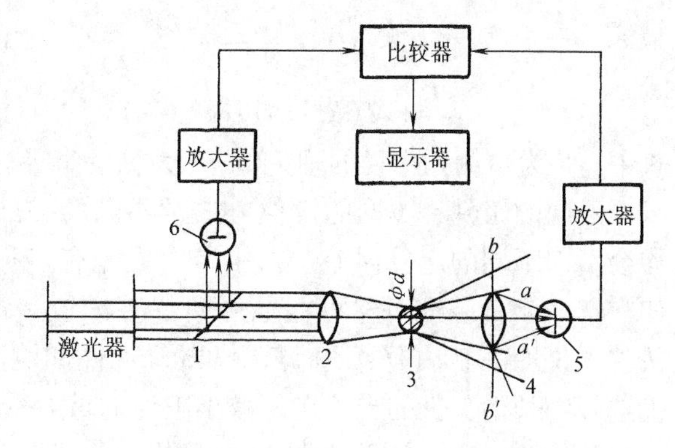

图 5-23　激光能量法测量光纤直径原理图

为提高测量灵敏度，应尽可能使透过分光镜 1 的全部光能量都用于测量，所以透镜 2 的焦距应很短，一般 5mm 左右，其可将激光束会聚成小于光纤直径的光点照到光纤上。透镜 2 焦距的具体值可根据被测光纤直径的大小选取。

### 四、测量误差分析

单一长度尺寸测量乃至所有长度测量的误差源主要有五个方面：测量原理误差、仪器误差、定位误差以及测力和温度的影响。

1. *测量原理误差*　测量原理误差也称测量方法误差，是由所采用的不同的测量原理或采样方案决定的。该项误差多存在于间接测量中，设被测量 $y$ 为各参量 $x_1, x_2, \cdots, x_n$ 的函数，即 $y=f(x_1, x_2, \cdots, x_n)$，则由各参量引起的测量原理误差为

$$dy = \sqrt{\sum_{i=1}^{n}\left(\frac{\partial f}{\partial x_i}dx_i\right)^2} \tag{5-9}$$

该项误差较隐蔽，起因也较复杂。如坐标测量时，若采样点分布不合理，也会引起不可忽视的测量原理误差。又如用滚轮法测量大直径，滚轮受压变形和滚轮打滑等因素引起的也为测量原理误差。必须对所采用的测量方法作深入的分析，才能对其有个量化的认识。通过对测量方法、采样方案等的改进，可减小该项误差。

2. *计量器具的误差*　由于原理、制造、使用环境等方面的原因，任何用于测量或检定的器具，都具有测量不确定度，其必然影响测量结果或检定结果。对于动态测量（如长度尺寸的连续测量），还必须保证测量量的变化频率在测量仪器的工作频率范围内，否则将除仪器给定的测量不确定度以外，增加新的动态误差。

无论是直接测量还是间接测量，大多数被测量的测量结果需通过适当的数学公式计算得到。因此在计算这部分误差时，应先根据所用仪器的测量不确定度计算出公式中相应被测、被检参数的不确定度，然后再乘以各参数不确定度的传递系数，计算其对总误差的影响。

3. *定位误差*　定位误差的表现形式是实际测量线与定义的被测线不相符。如图 5-24 所示，测量一孔径时由于定位误差的存在，使测量线与被测线在横截面内有一个偏移量 $c$ 或在轴截面内有一夹角 $\alpha$。由此引起的孔直径的测量误差可用式(5-10)、式（5-11）计算

$$\Delta D_1 = \frac{-c^2}{R-r} \tag{5-10}$$

$$\Delta D_2 = 2(R-r)(\sec\alpha - 1) \tag{5-11}$$

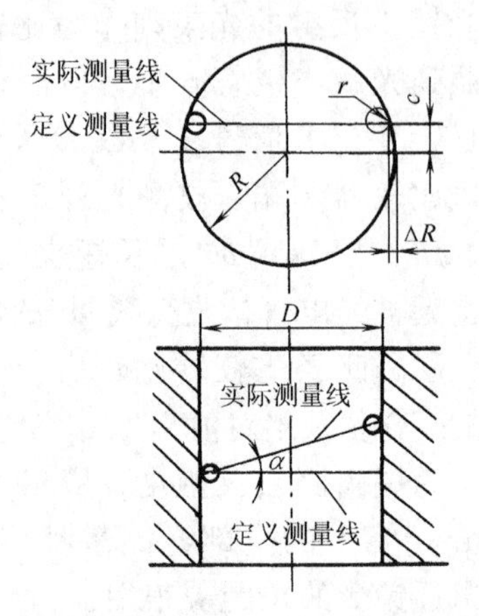

图 5-24　定位误差对孔径测量的影响

式中，$R$ 为被测孔半径的理论值；$r$ 为测头半径。

不同的工件、不同的定位方式及不同的瞄准方法，均会引起不同的定位误差。减小定位误差有多种方法，如在选择测量基准时尽可能地遵循“基准统一原则”；按仪器说明书认真仔细地调整仪器、工件和测头；正确选择细长形工件的支承点，减小工件的重力变形等。

接触测量时，测头选择也很重要。为满足不同工件表面、不同参数的测量要求，仪器往往配有不同形状（如图 5-25 所示）及不同尺寸的测头。由于测头和工件形状各异，所以测头与工件的接触形式有点接触、线接触和面接触三种。点接触可反映被测表面上接触点的信息，一般可使测量的量符合被测量的定义。线接触和面接触受工件表面形状误差和表面粗糙度的影响很大，不能准确知道被测点的位置，很难实现符合定义的测量。因此，测量时应尽可能选择与工件的接触形式为点接触的测头，如球测头。但有时用球测头测量会给定位调整带来很大不便，如用球测头测轴或球的直径就很难准确找到直径的测量点，所以测轴径时最好用柱面测头，测球径时应选平面测头。测平面、内尺寸和用三坐标测量时，一般都用球测头，但应根据被测件的结构及被测尺寸大小选择测头的直径。

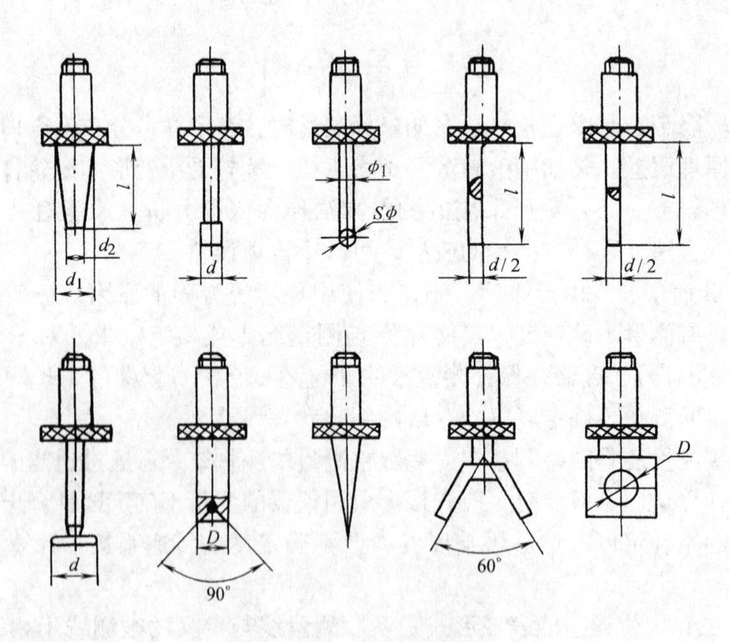

图 5-25　常见测头的形状

相对测量时定位误差的大小有时与所用标准件的尺寸有关。图 5-26 所示为用双钩测内孔时因两测头偏移引起的定位误差，其水平偏移 $\delta y$ 和垂直偏移 $\delta z$ 引起的定位误差均是被测量 $D_c$ 与标准量 $D_b$ 的函数

$$\Delta D_y = A' - A = [(D_c - d)^2 - \delta y^2]^{1/2} - [(D_b - d)^2 - \delta y^2]^{1/2} - (D_c - D_b) \quad (5\text{-}12)$$

$$\Delta D_z = A'' - A = [(D_c - d)^2 - \delta z^2]^{1/2} - [(D_b - d)^2 - \delta z^2]^{1/2} - (D_c - D_b) \quad (5\text{-}13)$$

式中，$d$ 为测头直径。

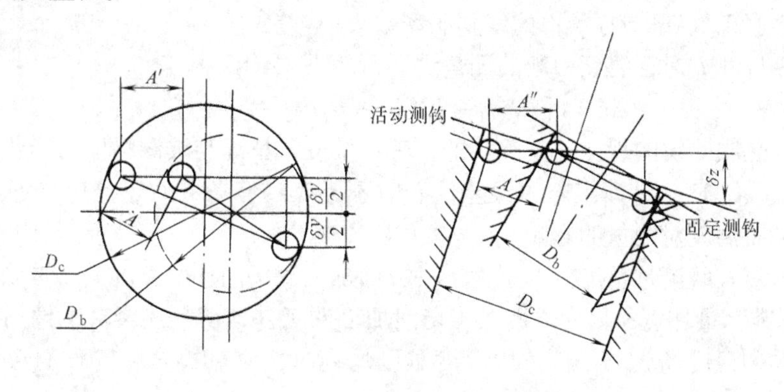


图 5-26　双测头测孔定位误差示意图

当 $D_c$ 与 $D_b$ 相等时，定位误差为零，即两测头偏移对测量结果没影响。

4. *测量力引起的误差*　该项误差主要存在于接触测量中。各种材料受力后都会产生压缩变形，虽然这种变形量不大，但精密测量尤其是小尺寸零件的绝对测量，必须考虑由此引起的误差并加以修正。

压缩变形量与测量力大小、两接触表面的形状及材料等因素有关。具体的可按如下公式计算：球与圆柱、球与球以及直径差较大的圆柱垂直交错接触，变形量为

$$f = K_1 \sqrt{p^2\left(\frac{1}{D} + \frac{1}{d}\right)} \quad (5\text{-}14)$$

球与平面接触，变形量为

$$f = K_1 \sqrt[3]{\frac{p^2}{d}} \quad (5\text{-}15)$$

平面与圆柱接触，变形量为

$$f = \frac{K_2 p}{l\sqrt[3]{D}} \quad (5\text{-}16)$$

式中，$f$ 为变形量（μm）；$p$ 为测量力（N）；$d$ 为测头直径（mm）；$D$ 为被测零件直径（mm）；$l$ 为平面测头与工件的接触长度（mm）；$K_1$、$K_2$ 为不同材料物体接触时的变形系数（见表 5-1）。

**表 5-1　不同材料物体接触时的变形系数**

| 材料 / 系数 | 钢对钢 | 硬质合金对钢 | 钢对青铜 | 硬质合金对青铜 | 钢对青铜 |
|---|---|---|---|---|---|
| $K_1$ | 0.41 | 0.30 | 0.50 | 0.43 | 0.52 |
| $K_2$ | 0.04 | 0.04 | — | — | — |

计算测力引起的测量误差时应考虑被测尺寸两个测点的变形。相对测量时，若标准件与被测件材料、形状均相似，则可忽略该项误差。

5. *温度引起的测量误差* 温度误差在环境影响中占首要位置，特别是大尺寸、高精度的绝对法测量，必须考虑对由温度引起测量误差的修正。温度引起的测量误差来源于以下三个方面：①测量温度偏离标准温度20℃；②工件温度 $t_1$ 和标准件的温度 $t_2$ 不相同；③工件的线膨胀系数 $\alpha_1$ 与标准件的线膨胀系数 $\alpha_2$ 有差异。

测量单一尺寸 $L$ 时，温度引起的测量误差可用下式计算：

$$\Delta L = L[\alpha_1(t_1 - 20℃) - \alpha_2(t_2 - 20℃)] \tag{5-17}$$

由于物体热胀冷缩的规律不是绝对的，其尺寸变化情况与被测物体的形状、材料均有关，所以由式（5-17）计算出来的误差值有时不准确，有条件时还是应该通过控制测量环境温度来减小温度对测量的影响。

该项误差对在线测量精度影响很大。一方面加工现场的环境温度大多难以控制，很难实现20°的标准测量环境；另一方面对于切削加工的工件，切削热会对工件局部加热，形成附加的非均匀温度场。当工件体内温度难以均衡时，应对式（5-17）的形式予以修正（如采用积分形式）。

## 第三节 形位误差和异形曲面的测量

### 一、形位误差的测量

形位误差测量的采样及数据处理比长度尺寸测量复杂得多，但测量原理及方法仍属长度测量的范畴。

#### （一）基本概念

形状与位置误差简称形位误差。形位误差测量就是将被测要素与理想要素进行比较，从而确定并用数值描述实际要素与理想要素形状或位置上的差异。若要求“检测”，则还需将测得值与给定的公差值进行比较判断其合格性。每一个参数的测量过程包括测量和评定两个阶段。测量阶段是根据被测形位误差项的定义，选择采样线、面和采样点，进行测量读数并转换成统一坐标值；而评定阶段则是根据定义对各采样点的坐标值进行处理求得具体的形位误差值。在进行形位误差测量和评定时应注意以下几个问题：

1. *被测要素体现方法* 要进行被测要素与理想要素的比较，必须首先确定被测要素的实际形状和位置。在实际测量中，轮廓被测要素大多用有限测量数据表征的测得要素来替代；对于中心要素，可通过测量相应的轮廓要素计算求得，或者用心轴、定位块等实物来模拟体现。

2. *基准要素的体现方法* 被测要素的理想方向和位置大多是相对基准要素而言的。理论上，基准要素应为理想要素，但实际的基准要素总有形状误差，测量时须减小其对测量结果的影响。常用的基准体现方法有三种：模拟法——用形状精度足够高的检测工具上的要素代替基准要素；分析法——对实际基准要素进行测量，然后按最小条件判别准则确定基准要素的方向和位置；直接法——在基准要素有足够高形状精度的前提下，直接用基准要素作为被测要素的测量基准。

3. *形位误差的测量不确定度确定*　测量方法和数据处理方法不同，形位误差测量不确定度的计算也不同，有时测量不确定度大小还与极值点的位置有关。但影响测量精度的主要因素是仪器的测量不确定度和定位误差，温度和测量力的影响较小。

不同的形位误差测量项目要求不同的测量方法，下面就形状、位置误差测量各举一例，说明形位误差的测量与评定。

**（二）用电感式电子水平仪测量直线度误差**

被测零件上不同的直线往往有不同的直线度公差要求。如圆柱体母线、导轨面素线等，仅在一个方向上有直线度公差要求；多面棱体的棱边可能在两个方向上有直线度要求；而圆柱的轴线则在任意方向上均有直线度要求。最常遇到的是垂直平面内直线度误差的测量，其有多种测量方法。可与刀口尺、量块工作面、钢丝等实物基准进行比较；也可用坐标测量机等绝对测量仪器直接测量采样点的坐标；用得最多的是自准直仪、水平仪等小角度测量实现的间接测量法，其以光轴线或大地的水平面为基准，感受被测线上相邻两采样点间的高度差。

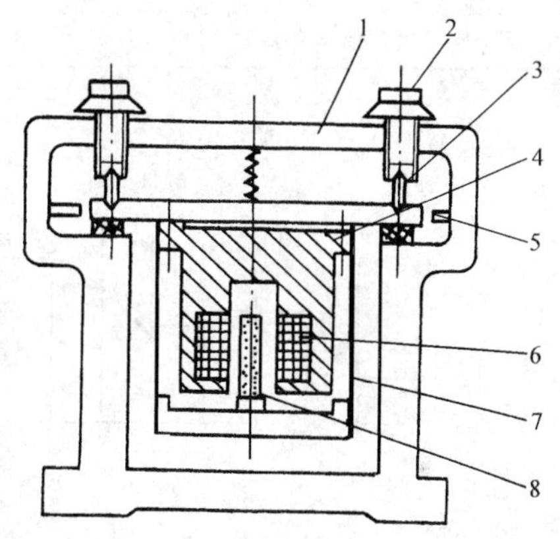

图 5-27　电感式电子水平仪结构示意图

1. *电感式电子水平仪原理*　水平仪有很多种，传统的水平仪以水泡的位置来判断哪端高，高多少，而电感式电子水平仪是利用电学方法将倾斜信号转换成电信号并放大，图 5-27 即为电感式电子水平仪的结构示意图。图中的框体 4 上固定有左右两个电感线圈 6，磁性瓷的摆锤 8 由张丝 7 挂在框体上。测量前，先将水平仪 1 放在基准平板上，利用测微螺钉手轮 2 通过顶销 3 将框体 4 调整为水平状态（差动线圈输出为零）；测量时，若被测线不水平，则摆锤与左右两个线圈的距离不等，因而有电信号输出，电信号的大小与两支撑点的高度差相对应（图中限位销 5 用于限制框体 4 的位移范围）。

2. *测量方法*　为了使采样点数能与被测直线长度和测量精度合理匹配，测量时一般如图 5-28 所示，将水平仪固定在一个长度可调的桥板上，再根据被测直线长度及精度选定桥板长度 $l$。通过首尾相接地移动桥板，逐段测量各相邻采样点的高度差，继而求得各采样点相对于某一水平线的偏差值。若水平仪的分度值为 $c$（角秒），测得的桥板端点连线与水平面的夹角为 $a$（格），则桥板端点的高度差约为

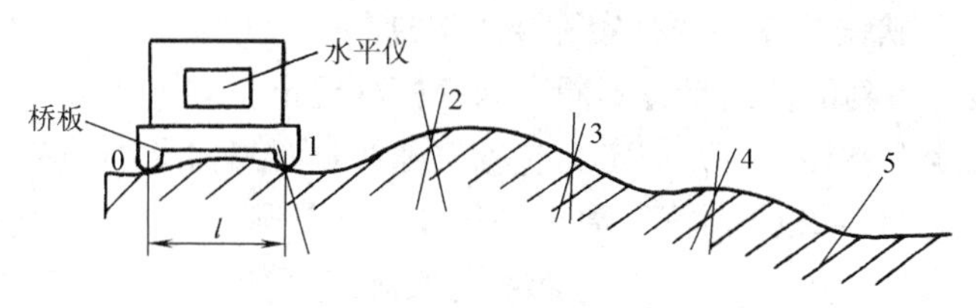

图 5-28　水平仪测直线度误差示意图

$$\delta = 0.005cal \tag{5-18}$$

若水平仪的分度值为 $C$（单位为 mm/m，即 0.001rad），则桥板端点的高度差 $\delta = Cal$， δ 的单位为 μm。

逐段获得各段端点高度差值后，在测量截面内，以过起测点的水平线为横轴建立坐标系，则各采样点在误差轴方向的坐标值

$$y_i = 0.005cl \sum_{j=1}^{i} a_j = \sum_{j=1}^{i} \delta_j \tag{5-19}$$

表 5-2 给出了用分度值为 4″的水平仪、$l=250$mm 的桥板测量 2m 长平导轨直线度误差的采样值及求得的各采样点的坐标值，图 5-29a 所示为相应的误差曲线。

**表 5-2　导轨直线度误差测量数据**

| 分段数 $i$ | 1 | 2 | 3 | 4 | 5 | 6 | 7 | 8 |
|---|---|---|---|---|---|---|---|---|
| 各段读数 $a_i$/格 | +1 | +1.25 | 0 | −0.25 | −0.2 | +1 | +0.5 | +1.5 |
| 各段高度差 $\delta_i$/μm | +5 | +6.25 | 0 | −1.25 | −1 | +5 | +2.5 | +7.5 |
| 各采样点坐标值 $y_i$/μm | +5 | +11.25 | +11.25 | +10 | +9 | +14 | +16.5 | +24 |

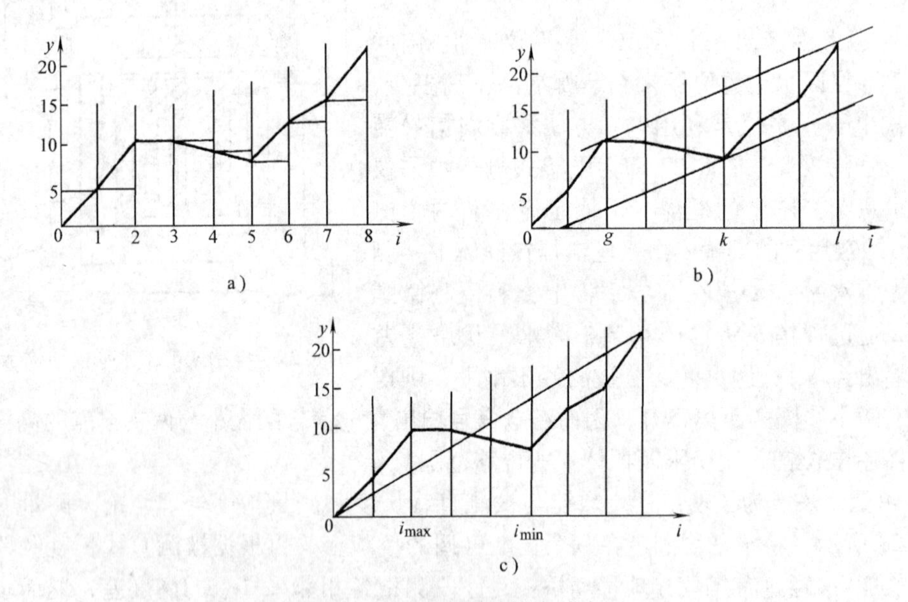


图 5-29　直线度误差评定示意图

a）导轨直线度误差曲线　b）最小条件法评定　c）端点连线法评定

3. *误差评定*　形状误差反映的是实际要素对理想要素的偏离，理想要素的位置不同，实际要素与其比较所得到的偏离量也不同。国家标准规定，理想要素的方位应按最小条件来确定。所以直线度误差评定时，应定义包容实际线且距离为最小的两平行直线之间的距离为直线度误差（见图 5-29b）。符合最小条件的判定法则是：一条包容线与实际线至少有一个切点（最高或最低点），另一条包容线与实际线至少有两个切点（最低或最高点），且两条线的切点相间。这个法则称为高—低—高或低—高—低法则。

计算符合最小条件的直线度误差值的传统方法是图解计算法。即先画出评定示意图确定最高最低点的序号 $g$、$k$、$l$，然后由式(5-20)求得直线度误差 $\Delta$(单位为 μm)为

$$\Delta = \left| y_k - \frac{k-g}{l-g}(y_l - y_g) - y_g \right| \tag{5-20}$$

根据表5-2中数据画出的示意图如图5-30b所示。将 $g=2$、$k=5$、$l=8$ 代入式(5-20)得

$$\Delta = \left| 9 - \frac{5-2}{8-2} \times (24 - 11.25) - 11.25 \right| \mu m = 8.625 \mu m$$

随着计算机技术的发展与普及，现已多用计算机来进行最小条件评定直线度误差的数据处理。对不同的采样点数、不同的精度要求、不同的计算速度要求以及不同的仪器、采样方法，可使用不同的计算方法与处理程序，在此不再举例说明。

除了用最小条件法评定直线度误差外，还有一些简便的评定方法。国家标准规定，如果用其他方法求得的直线度误差小于给定的公差值，则也可评定为合格。端点连线法为一种最常用的简便方法，其理想直线的方向由端点连线决定，上例的端点连线法评定示意图如图5-30c所示。设正向偏离最大点的序号为 $i_{max}$，负向偏离最大点的序号为 $i_{min}$，则用端点连线法评定的直线度误差计算公式为

$$\Delta = \left( y_{i_{max}} - \frac{i_{max}}{n} y_n \right) + \left| y_{i_{min}} - \frac{i_{min}}{n} y_n \right| \tag{5-21}$$

上例中的 $i_{max}=2$，$i_{min}=5$，所以

$$\Delta = \left( 11.25 - \frac{2}{8} \times 24 \right) \mu m + \left| 9 - \frac{5}{8} \times 24 \right| \mu m = 11.25 \mu m$$

当实际直线位于端点连线的一侧时，用端点连线法评定的结果与最小条件法评定的结果相同；一般情况下，端点连线法的评定结果均大于最小条件法的评定结果。

**（三）用圆度仪测量同轴度误差**

被测工件为一阶梯轴，其同轴度误差可以在圆度仪上测量。根据被测工件是否随主轴一起转动，圆度仪可分为传感器回转式和转台式两大类，图5-30即为两类圆度仪的结构示意图。

传感器回转式圆度仪适用于大型工件。测量时，工件1置于静止的工作台4上，传感器3在精密主轴2的带动下绕工件旋转。由于主轴2的回转精度很高，所以测头在不与工件接触时，其回转轨迹可认为是一个“理想圆”，当测头与工件接触时，由于工件存在圆度误差，所以测头将随着被测表面的起伏产生动态径向位移，其输出信号即反映了实际圆周上各采样点相对于“理想圆”半径的偏差值，由此可得到实际轮廓曲线。转台式圆度仪的工作原理与传感器回转式的相类似。

图5-31为圆度仪测同轴误差示意图。同轴度公差要求被测轴线位于直径等于公差值的小圆柱内，该圆柱的轴线与基准轴线同轴。所以确定同轴度误差的关键是确定基准轴线的位置。

精确测量时，先按基准轴上、下两截面调整被测件在工作台上的位置，使由上、下截面轮廓中心体现的轴线与仪器回转轴线基本重合。然后对零件的被测轴和基准轴的若干截面进行测量，确定各截面中心的坐标值。评定时，先根据最小条件确定基准轴线的方位（图5-32中，$O_0 \sim O_i$ 为基准轴线，$O_i \sim O_n$ 为被测轴线），再求出被测轴各采样点至基准轴线的距离，各距离中最大值 $R_{max}$ 的两倍即为所测的同轴度误差。

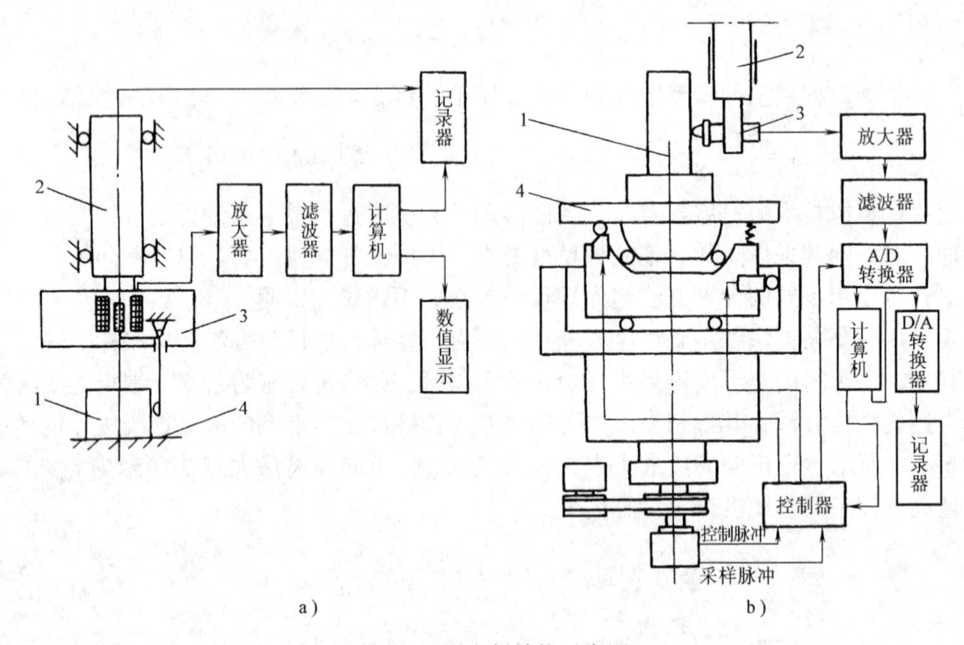


图5-30　圆度仪结构示意图

a）传感器回转式圆度仪　b）转台式圆度仪

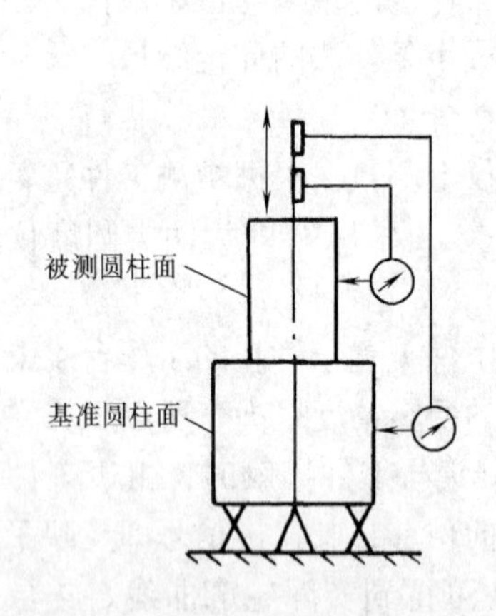


图5-31　圆度仪测同轴度误差示意图

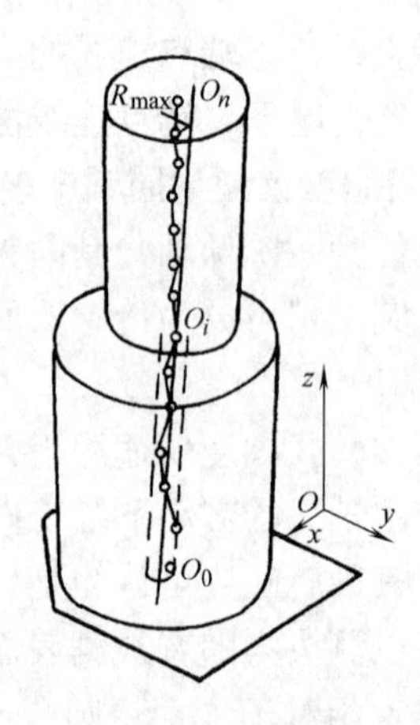


图5-32　同轴度数据处理示意图

如果对测量精度要求不高，也可直接用基准轴上、下两轮廓中心的连线作为基准轴线，对基准轴不再进行多截面测量，仅测量被测轴的若干截面，并将各轮廓中心至回转中心距离最大值的两倍作为同轴度误差。

## 二、异形曲面的测量

异形曲面也称作空间自由曲面，通常是指无法确切用解析几何的方法描述的曲面，如火箭、飞机、汽车、家用电器及办公自动化设备等的复杂的外观造型。计算机和计算数学的发展，为异形曲面的描述和造型打开了方便之门。异形曲面上特征几何参量的高精度检测技术，近年来成为人们研究的热点。

目前可用于异形曲面检测的方法有：手工测量法、机器人测量法、三坐标机测量法、经纬仪组合测量法以及近些年发展起来的机器视觉测量法。专用手工测量法使用最早，但它造价高，速度慢，要求重复调整，因而在实践中的应用已逐渐减少。机器人测量法是在机器人手中装载一个探头，控制机器人手的运动轨迹完成测量线上点的测量。该方法适用范围广，速度快，但精度不高。三坐标机测量法至今为止仍是高精度测量异形曲面的重要手段。三坐标机的测量原理在前文中已有叙述，应用三坐标机配备的一些专用软件，理论上可测任意形状的曲面。但三坐标机采用的是离散点测量，速度慢，工作量大，测量时工件需置于工作台上，工件的大小及重量受到限制，且无法实现在线测量。经纬仪组合测量法是在被测对象周围安置多个经纬仪，使其两两组合，能够瞄准到被测曲面上的所有待测点。测量前先确定经纬仪间的相互位置关系，建立一个统一的空间坐标系，各测点的观测值由与经纬仪联机的计算机转换成统一坐标值，然后再确定各点的误差。该方法的测量系统组成灵活，可实现大型零部件的在线非接触高精度测量；但需人工瞄准，工作强度大，效率较低。机器视觉测量是一种很有发展前途的新兴检测技术，它用视觉传感器采集目标图像，通过对图像各种特征量的分析处理，获取被测曲面信息。下面以轿车白车身三维尺寸测量为例，介绍机器视觉测量的原理及其在异形曲面测量领域中的应用。

**（一）视觉传感器的类型及工作原理**

视觉传感器要求能获取物体表面的三维信息，所以必须在一般的二维灰度图像中加上用测距原理获得的第三维坐标信息。目前应用最广泛的是基于三角测距原理的视觉传感器，其测量精度高，可测范围大，适用于生产现场使用。

光三角测量系统的工作原理如图5-33所示。图5-33a中，半导体激光器1射出的激光经辅助透镜2和发射光学系统3聚焦后，在被测工件4的表面（即目标面）上形成一个尺寸足够小的光点，目标面上的漫反射光经成像光学系统5后，在PSD上形成一个对应的像点。当目标面变化时，PSD上的像点也随之变化，根据PSD上的像点位置，就可以得到位移尺寸$H$。

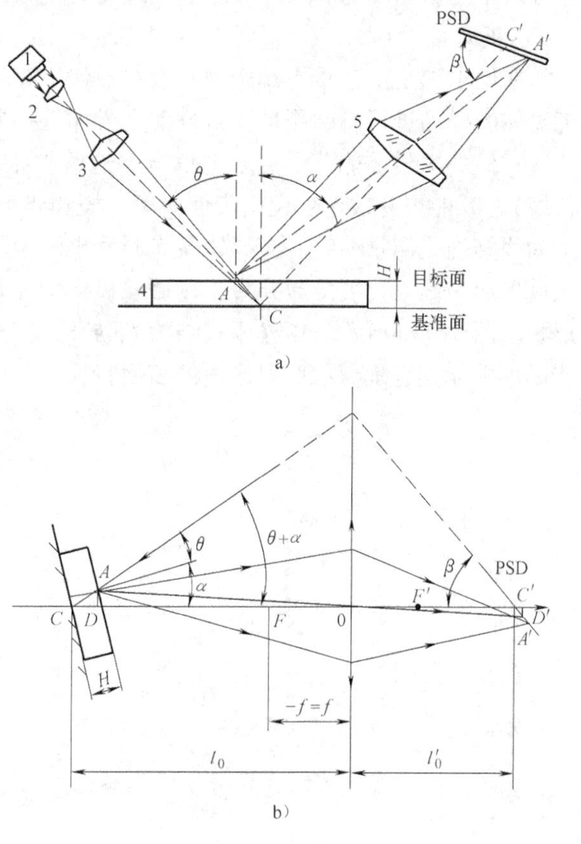


图5-33　光三角测量系统工作原理图

a）光三角测量系统工作原理图

b）光三角成像光学系统成像原理图

位移量 $H$ 与光学系统参数之间的关系可用图 5-33b 来推导出。设在某种情况下，入射光和接收光学系统 5 的光轴与基准面法线夹角分别为 $\theta$ 和 $\alpha$，接收光学系统的垂轴放大率为 $\varphi$。如图5-33b 所示，系统 5 是按基准面和 PSD 像面的物像共轭关系进行设计的。为使不同位置尺寸的目标点都能在 PSD 上精确成像，必须使 PSD 与光轴成一定角度 $\beta$。根据光学成像原理和光学符号规则，由图5-33b 可知，$\frac{A'D'}{AD}=\frac{OD'}{OD}$，即

$$\frac{C'A'\sin\beta}{\frac{H}{\cos\theta}\sin(\alpha+\theta)}=\frac{l_0'+C'A'\cos\beta}{l_0-\frac{H}{\cos\theta}\cos(\alpha+\theta)}$$

令 $C'A'=S$ 代入式并整理，得

$$H=\frac{Sl_0\sin\beta\cos\theta}{l'_0\sin(\alpha+\theta)+S\sin(\alpha+\theta+\beta)} \tag{5-22}$$

式中 $l_0$、$l_0'$分别为接收光学系统 5 的物距和像距。

一个确定测量系统的 $\theta$、$\alpha$、$\beta$、$l_0$、$l_0'$参数均已知，因而可由式（5-22）根据测量得到的 $S$ 求出被测量 $H$。

在反求加工中起重要作用的三维扫描仪一般采用的也是视觉测量原理。其首先对拟加工物体的样品进行轮廓测量，再自动生成加工控制模型，仿制出被测物体。为了提高测量速度，使一次瞄准能获得更多的信息，这些扫描仪多采用线光源或光栅式结构光（多平行线），其能更有效地辨识出表面曲率、棱边走向、孔的位置和尺寸等参数。图 5-34a 所示为线结构光测量系统。半导体激光器发出的激光束通过柱面镜产生线光源，投射在被测区域形成一高对比度的激光带，用摄象机拍摄光带的像，从而获得被测表面光照区的截面形状。图 5-34b 所示为用光栅式结构光瞄准，其投射到物体表面的为一组平行光线，它一次瞄准即能完整地获取照射区内的表面特征，如图中棱边的位置与形状。除了点、线、光

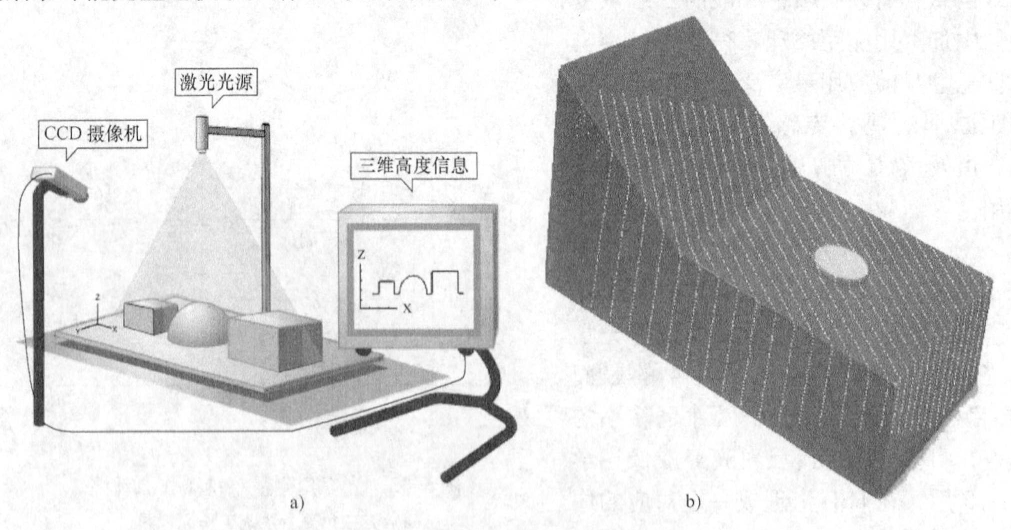


图 5-34 视觉测量示例

a）线结构光测量系统 b）光栅式结构光瞄准

栅式三种结构光以外，还有其他的结构光形式，如同心圆环、圆光斑等。目前正在研究的还有编码式结构光、彩色结构光等在视觉测量中的应用。有时为了利用立体视差更好地确定三维曲面上几何要素间的关系，采用双目体视传感器。如目前市场上有售的数字摄影三坐标测量系统即由两台（或多台）数字照相机组成。如图 5-35 所示，由两台（或多台）性能相同、相互位置固定的高分辨率数字相机从不同的角度拍摄相同的主动发光标志点点阵、高亮投射标志点点阵或回光反射标志点点阵，即可由其中部分已知相互位置关系的点确定未知位置点的空间坐标；或由已知相互位置点阵构成的图像在被测曲面上投影的形状，确定被测曲面的形状。

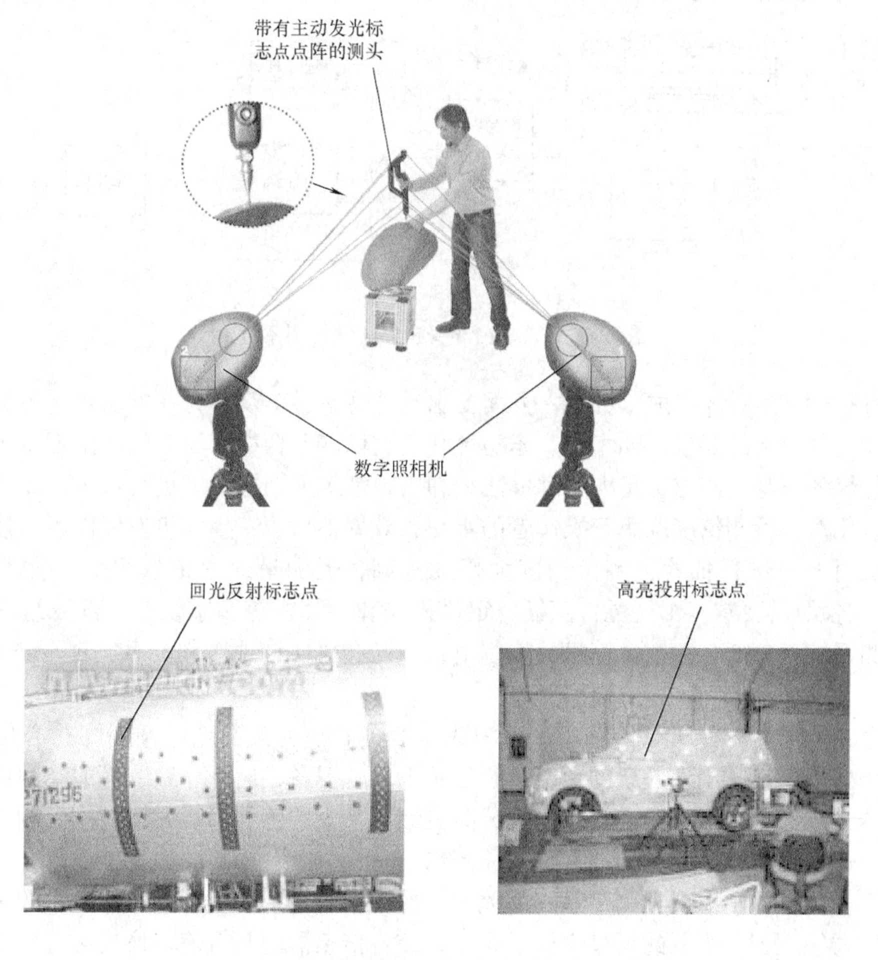


图 5-35　数字摄影三坐标测量系统测量示意图

在建立机器视觉测量系统时，应根据被测对象的情况和测量任务的具体要求，将多种传感器组合使用，使其各尽其能。视觉测量数据处理数学模型的建立，涉及多个知识领域，详细内容可参阅有关的文献和专著。

**（二）机器视觉检测系统**

机器视觉测量系统可分为固定式和可动式两类。固定式测量系统是将一个或多个传感器固定安装在刚性框架上形成一个测试区，对定位在测试区内的工件进行检测。该方法适用于大批量同类产品的快速检测。被测工件变换时，须对框架系统进行重新设计或改造。可动式测量系统是使传感器沿着指定的路线移动来实现对工件的检测，该方法一般用于单件产品或小批量生产的产品的测量。由于固定式系统的测量速度和精度均优于可动式系统，因而大型复杂工件的100%在线检测，应选择固定式，如图5-36所示的轿车白车身机器视觉检测系统。

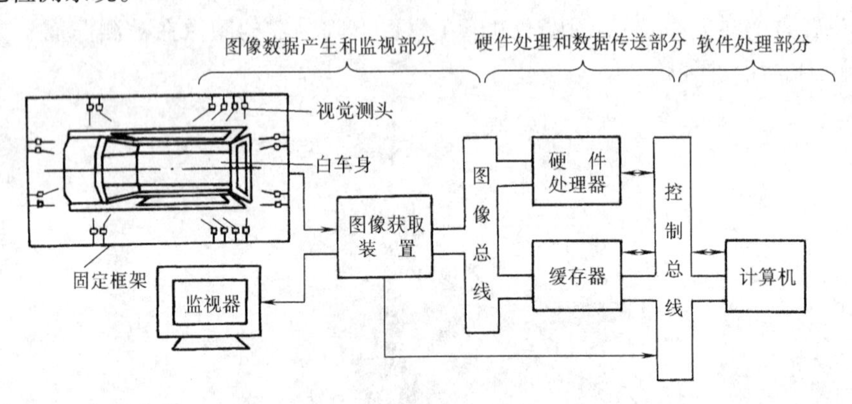


图5-36 轿车白车身机器视觉检测系统

车身是轿车的重要组成部分，一方面要求其外观平整美观，另一方面要求各关键设计点的尺寸达到规定的要求，如车窗、车门尺寸，它们若不合格，整车就会出现漏风、漏雨现象。传统的车身检测方法是人工靠模法，即由技术工人用标准模板与从生产线上抽取的车身进行比对，检测精度取决于操作者的水平，效率很低。三坐标机发展以后，使用大型三坐标机对车身进行抽检，测量精度大幅度提高，但测量效率依然很低，仍不能满足100%在线检测的要求。由视觉传感器、定位机构和计算机控制系统三大部分组成的车身视觉检测系统，各部分在主计算机的控制下，相互有机协调地工作，可实现车身100%在线检测。

整个系统采用多种视觉传感器，以完成直棱、曲棱上关键点以及装配孔心位置的测量。各传感器固定在刚性框架的预定空间位置上，监视各相应点、线、面的空间位置。所有传感器共享一个图像采集卡，计算机分时控制每一个传感器的投射器数据流和测量信号数据流，使传感器顺序、自动地采集本征图像。

建立多传感器机器视觉测量系统的关键工作之一是进行系统的整体标定，即将多个离散的传感器统一到一个总的测量坐标系中来，使各传感器的测量值转换成统一坐标值，便于建模和误差评定。整体标定一般在整个测量系统安装完毕后，借助于三坐标测量机或其他设备在现场进行。

## 第四节 表面粗糙度的测量

被加工零件表面的形状是复杂的，轮廓曲线是在理想形状上叠加了多种不同波距的曲线，国家标准中将波距 $\lambda<1\text{mm}$ 的定义为表面粗糙度，波距 $\lambda$ 在 $1\sim10\text{mm}$ 的定义为表面

波纹度，波距 $\lambda>10$mm 的定义为形状误差。表面粗糙度是一种微观几何形状误差，其对保证配合的可靠性和稳定性、减小磨损、降低振动和噪声等均起着重要作用，直接影响机械和仪器的性能及寿命。

## 一、测量仪器

表面粗糙度被测量的量值小（小于 1mm），变化频率高，所以粗糙度测量方法必须具有分辨率高和频响快的特性。常用的表面粗糙度测量方法可分为接触式和非接触式。

### （一）接触式轮廓仪

接触式轮廓仪常被称为触针式轮廓仪，它们通过测量触针的机械位移而获得被测表面的信息。最常见的是电感式轮廓仪，其测量原理及结构组成如图 5-37 所示。驱动机构带动一个很尖的触针在与被测表面加工痕迹垂直的方向上移动并使其随着表面轮廓的几何形状作起伏运动，电感传感器把起伏运动的微小位移信号转换成电量加以放大，再经数据处理求得表面粗糙度评定参数的数值。

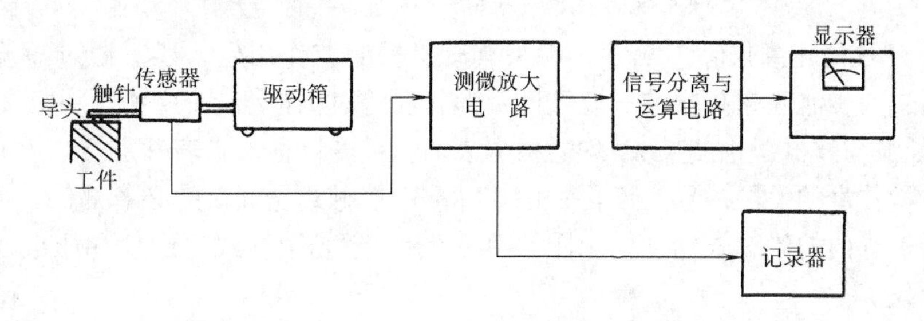


图 5-37　电感式轮廓仪测量原理及结构组成

1. 触针和测量力　轮廓仪的触针是一个具有球形针尖的圆锥形，锥角有 60°、90°两种（“理想”仪器的为 60°）；轮廓仪的触针针尖半径为 2μm、5μm 和 10μm，半径选取与被测表面粗糙度的标称值有关。

测量力太大，会划伤被测表面；测量力太小，针尖与工件接触不可靠，会产生误差。一般采用国家标准推荐的静态测量力，即当触针在中间位置时，测力的标称值是 0.00075N。

2. 导向基准　轮廓仪是通过导轨引导触针在横切面内测量，表面粗糙度的测量基准线原则上要求与被测表面的理想形状一致。但对于量程很小的传感器，还需利用与传感器壳体安装成一体的导头（又称支承滑块）建立相对测量基准，导头的形状如图 5-38 所示。

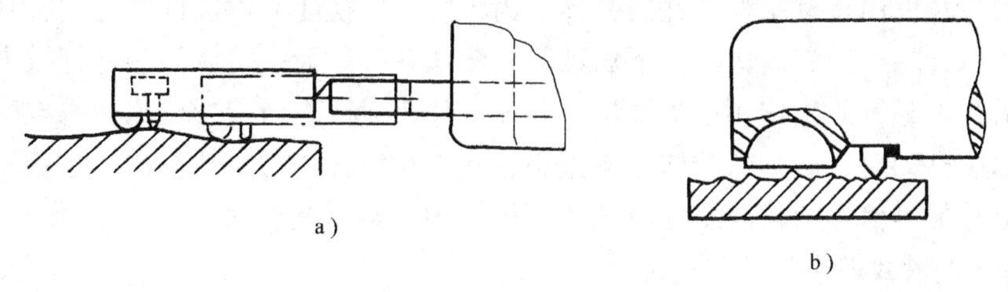


图 5-38　轮廓仪导头结构示意图

a）圆弧导头　b）平面导头

当使用图5-38a所示的圆弧形导头时，导头垂直位移的幅度和变化频率与表面轮廓峰距的密集程度有关（见图5-39），这直接影响测量结果。另外导头和触针不可能同时与被测表面的同一点接触，两者相对运动的相位关系对测量结果也有影响。所以在实际测量中，有的峰谷起伏被扩大，有的被缩小，使测得的轮廓曲线在一定程度上失真。但它所给出的表面轮廓的平均效果还是和实际状况基本一致的。

对于用刨、铣等方法加工的纹路间距较大的粗加工表面，应使用图5-38b所示的平面导头。

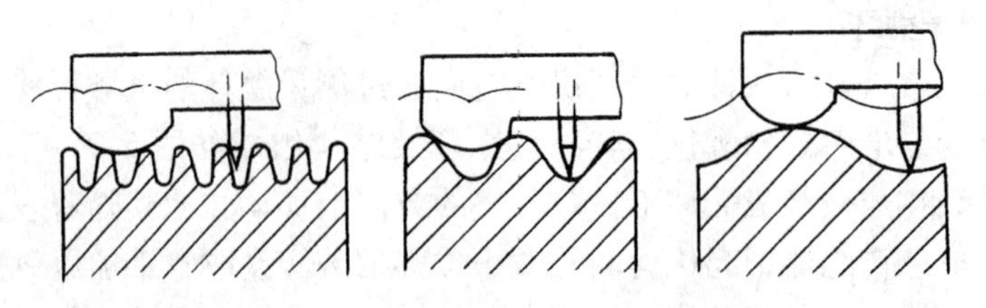

图5-39 导头运动与表面轮廓状况的关系

3. 信号滤波 轮廓仪除了触针、导头具有机械滤波作用外，还需通过短波滤波器和长波滤波器进一步滤除超高频波、波纹度及形状误差对测量结果的影响。短波滤波器截止波长 $\lambda_s$ 和长波滤波器截止波长 $\lambda_c$ 均需根据表面粗糙度标称值查表确定。

随着科学技术的发展，导头不再是国家标准中接触式轮廓仪的必备部件，标准中推荐的是仅由导轨导向的绝对式轮廓仪。图5-40所示的激光干涉式轮廓仪和压电式轮廓仪即为该类轮廓仪。

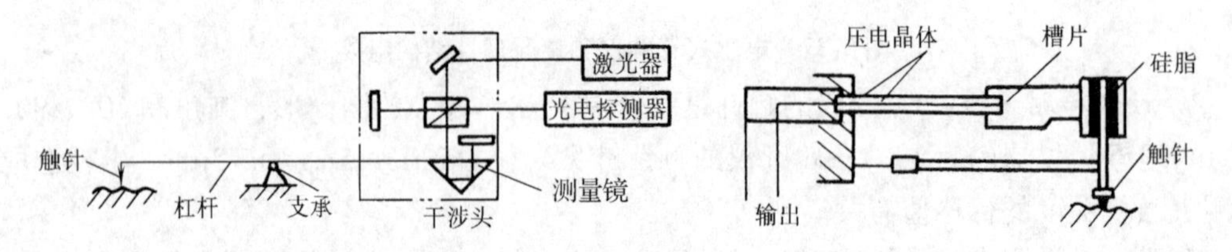


图5-40 激光干涉式、压电式轮廓仪测量原理图

激光干涉式轮廓仪中，干涉系统的测量镜与触针分别位于杠杆的两端，其位移量间为确定的比例关系，因此由测得的测量镜的位移量可算得触针的位移量。与电感式轮廓仪相比，激光式轮廓仪具有宽量程和高分辨力的特点。

压电式轮廓仪用具有压电特性的晶体作为传感器的换能元件。硅脂是一种粘滞性很强的液体，当触针随工件表面快速上下运动时，液体摩擦很大，可认为触针杆被夹紧在槽片中，压电晶片因触针的位移而产生变形，并在晶片表面产生与变形成比例的电荷。当触针以很慢的速度移动时，硅脂的液体摩擦很小，允许触针杆相对槽片打滑，位移不传给压电晶片，有滤除低频信号的功能。压电式轮廓仪结构紧凑，便于携带。

**（二）非接触式轮廓仪**

随着超精密加工技术的发展，在纳米尺度内进行超精密表面形貌测量的需求越来越迫切。超精密加工技术是指亚微米级和纳米级精度的加工技术，亚微米级加工的表面粗糙度

$Ra$ 在 0.03μm ~ 0.005μm，纳米加工的表面粗糙度 $Ra$ 小于等于 0.005μm，而超精密加工的工件不一定是微小器件，尺寸可能为数十毫米甚至更大，因此超精密表面形貌测量仪器必须同时具备垂直方向上的高分辨率和较大的测量范围；为避免超精表面被触针划伤，所以该类轮廓仪大多采用非接触测量原理。

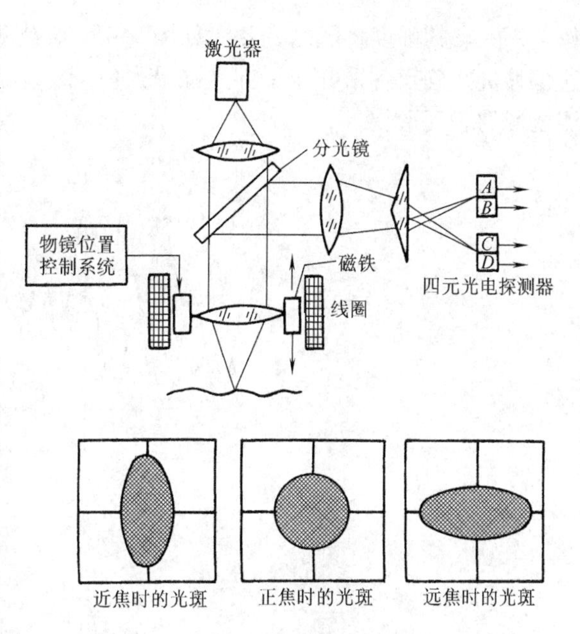


图 5-41　光学轮廓仪测量原理图

图 5-41 给出的是一种基于共焦探测原理的轮廓仪示意图，其采用了聚焦误差检测技术。聚焦误差检测技术类似与机械触针技术，但用“光触针”代替了金刚石触针，其将被测表面高度的变化转换为物镜前焦点相对于目标表面的偏移量，再利用离焦时光电元件所感受的信号变化（如在焦点前后光点像形状的变化：椭圆→圆→椭圆），对物镜进行控制，使其重新对焦。用一测量系统测出物镜的位移量，即可获得表面起伏的信息。

图 5-42 是一种白光干涉表面轮廓仪的结构示意图。白光干涉轮廓仪采用宽带白光光源。从点光源发出的光经过准直镜变成平行光，再经过分光镜分成两束，分别经参考镜和被测试件表面反射，在分光镜处汇聚并产生干涉，最终由 CCD 获取干涉信息。

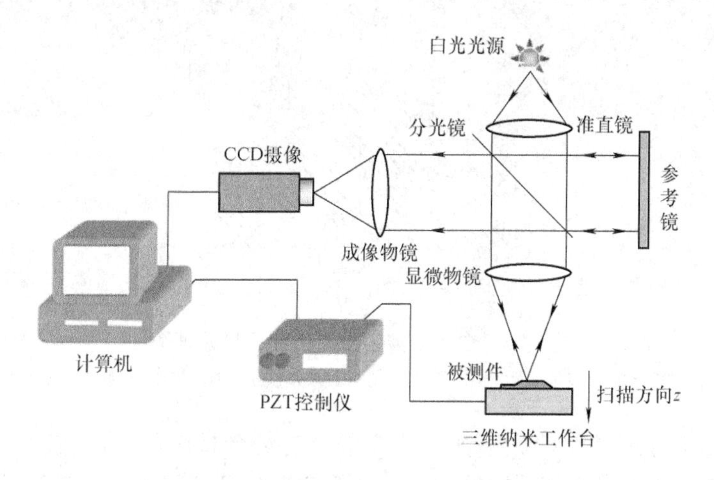


图 5-42　白光干涉表面轮廓仪结构示意图

由图 5-43a 可以看出，不同波长形成干涉条纹的周期不同，白光中各波长干涉条纹叠加后，如图 5-43b 所示，仅在零光程差处相互增强，随着光程差增大，复合光强幅值快速衰减。所以白光的相干长度非常短，只有当两路光束的光程接近相等时才能观察到白光干涉条纹。如果沿着垂直方向移动被测工件，则可实现对被测表面的垂直扫描，那么干涉图像上每一点的强度将随之变化。如图5-43c对被测物面采样点进行扫描，测量工作台的垂直位移量并确定各采样点干涉光强最大值所对应的工作台垂直位置，由此即可重构整个被测区域的表面形貌。

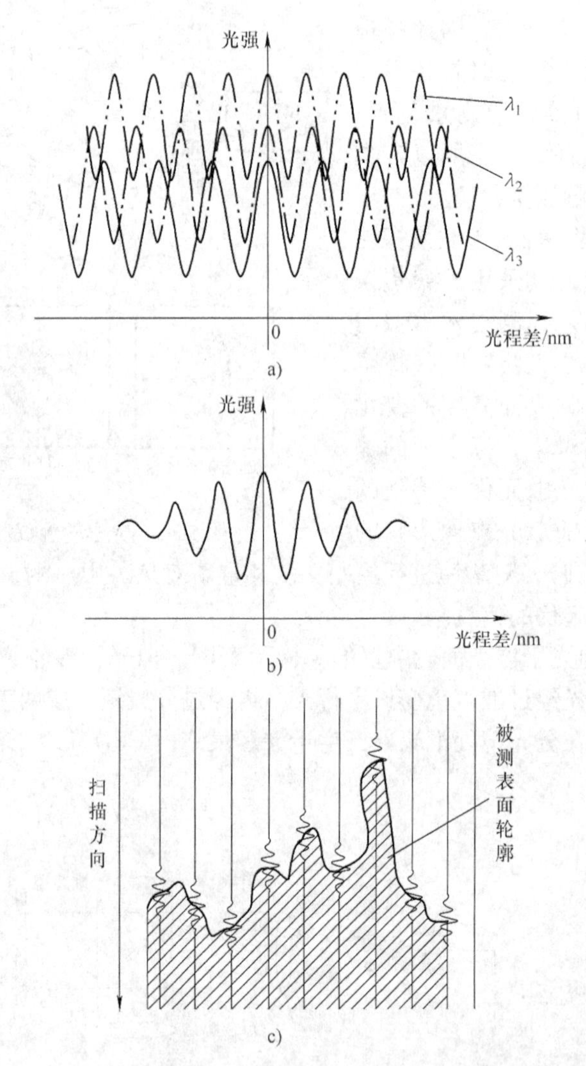


图5-43 白光干涉表面轮廓仪测量原理图

a）不同波长光的干涉条纹示意图 b）白光的干涉条纹示意图 c）被测表面采样示意图

无论是“共焦”还是“白光干涉”均属于具有纳米精度的瞄准技术，轮廓仪的高分辨率和大测量范围还取决于仪器中能实现纳米级定位的位移机构，如三维纳米工作台。近十年发展起来的扫描探针显微测量技术，也能实现微小器件超精表面形貌的测量，其原理将在后面的章节中介绍。

## 二、评定参数

为了抑制和减弱表面波纹度对表面粗糙测量结果的影响，国家标准中规定表面粗糙度

的取样长度 $lr=\lambda_c$，标准取样长度的数值根据表面粗糙度标称值查表确定；为了减小被测表面粗糙度不均匀对测量结果的影响，国家标准还规定标准评定长度 $ln=5lr$，可连续取样，或在不同位置取样。

为了定量地评定表面粗糙度值，国家标准中定义中线为评定基准，该线具有几何轮廓形状并划分轮廓。常用的粗糙度轮廓最小二乘中线，是在一个取样长度 $lr$ 范围内，轮廓上各点至该线距离的平方和为最小（见图5-44）。取样长度与中线方向一致。

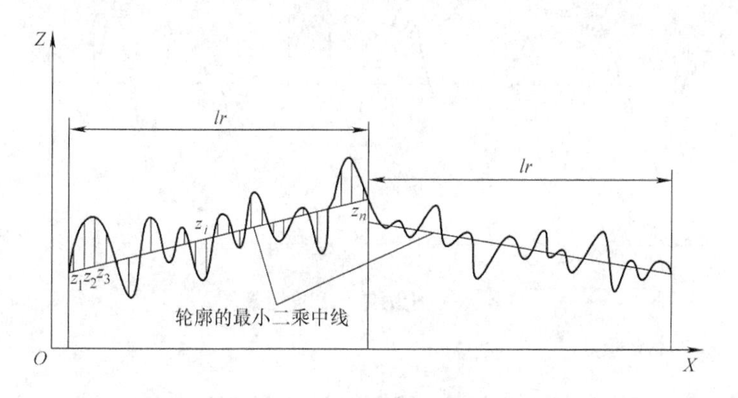


图5-44　表面粗糙度轮廓中线及偏距示意图

国家标准定义了幅度和间距两个方向的表面粗糙度评定参数。常用评定参数有：

（1）轮廓算术平均偏差 $Ra$（幅度评定参数）　在一个取样长度 $lr$ 范围内，被评定轮廓上各点至轮廓中线的纵坐标值的绝对值的算术平均值为

$$Ra = \frac{1}{n}\sum_{i=1}^{n}|z_i| \tag{5-23}$$

（2）轮廓最大高度 $Rz$（幅度评定参数）　在一个取样长度 $lr$ 范围内，被评定轮廓上各个极点至中线的距离中，最大轮廓峰高 $Rp$ 与最大轮廓谷深 $Rv$ 之和（见图5-45）为

$$Rz = Rp + Rv \tag{5-24}$$

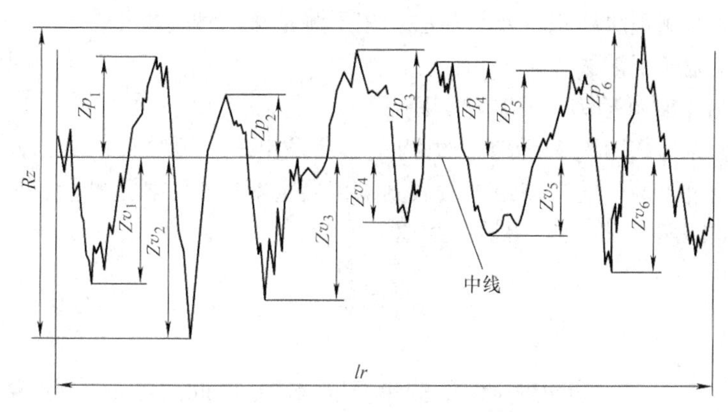


图5-45　轮廓峰谷及轮廓最大高度示意图

（3）轮廓单元的平均宽度 $R_{sm}$（间距评定参数）在一个取样长度 $lr$ 范围内，中线与各个轮廓单元（轮廓峰与相邻轮廓谷的组合）交点间宽度 $X_{si}$ 的平均值（见图5-46）为

$$R_{sm} = \frac{1}{m}\sum_{i=1}^{m} |X_{si}| \tag{5-25}$$

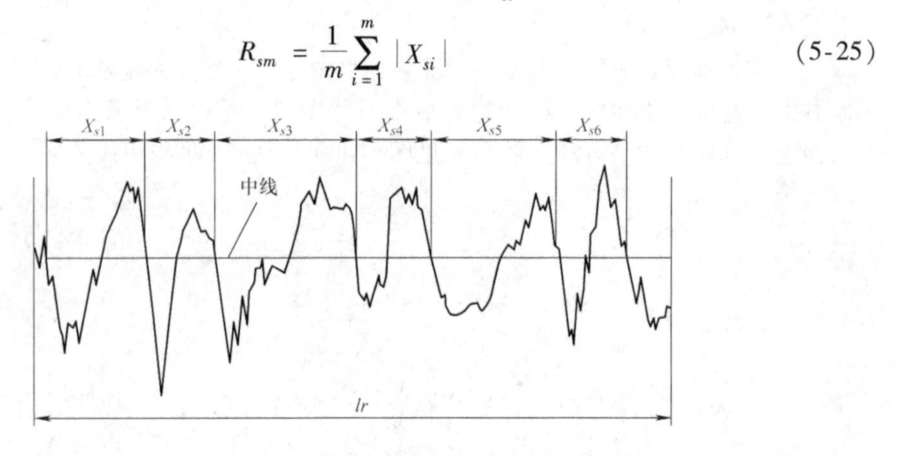


图5-46　轮廓单元宽度示意图

## 第五节　线位移量的测量

根据物理学的定义，线位移量即为质点在直线方向位置的变化量。实际上仅就量值测量而言，位移测量与长度测量没有太大的区别，前面介绍的很多静态测量长度的方法也可静态测量位移，连续测量长度的方法也大多能胜任位移量的动态测量。本节仅介绍大位移量和液位的测量方法，微位移测量将在第六节中介绍。

### 一、大位移量的测量

在此大位移的量值范围指数米至数千米，目前最有效的测量方法仍为激光测量法。基于不同的原理，激光测量可分为非相干测量和相干测量。非相干测量法也称为飞行时间测量法，主要有脉冲测距法和相位差测距法。相干测量法的种类也很多，如偏振干涉法、外差干涉法、双频激光干涉法等。

#### （一）非相干测量举例——脉冲测距法

脉冲测距法原理如图5-47所示。由测量仪器发出一个短脉冲信号，该信号经目标点反射返回，在经过了两倍的被测距离后被测量仪器重新接收。通过测量同一脉冲信号从发射到接收的时间间隔 $t$，即可算得被测距离 $L$ 值为

$$L = \frac{ct}{2} \tag{5-26}$$

式中，$c$ 为光速。

由式（5-26）可知，脉冲测距法的测量精度取决于时间间隔 $t$ 的测量精度。

近距离测量时常用砷化镓半导体激光器作光源，远距离测量时须采用输出功率较大的固体激光器和二氧化碳激光器作光源。目前采用巨脉冲激光器作光源，已经成功地测出地球与月球之间的距离，分辨力达到1m。

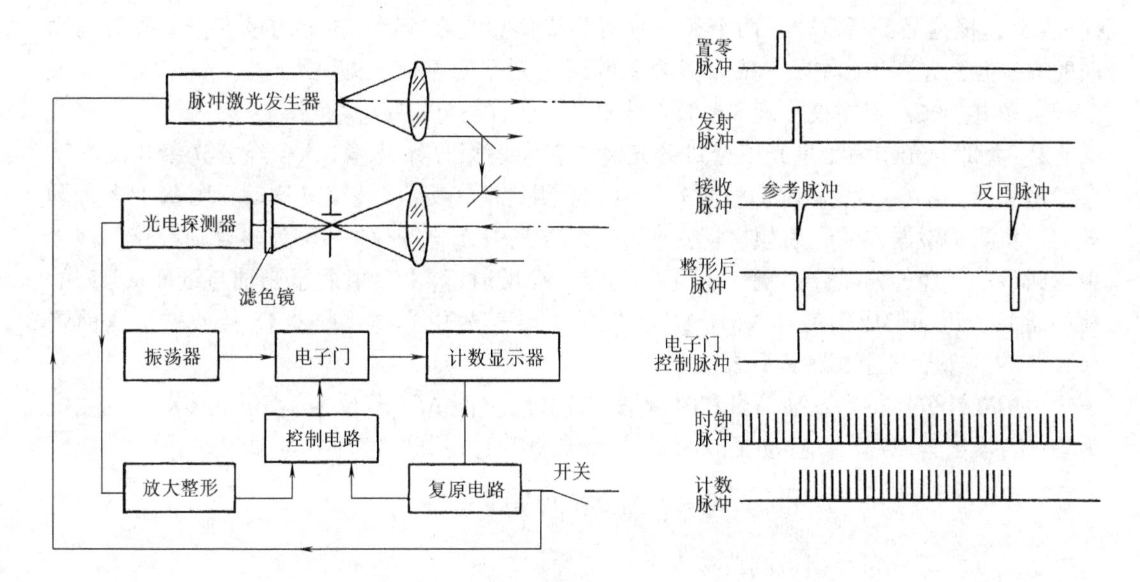


图 5-47　脉冲测距法原理示意图

**（二）相干测量举例——双频激光干涉**

普通光源发出的不同波长的光波相位是随机的，因此必须是波长相同的光束才能产生干涉。而激光由于时间、空间相干性好，所以波长稍有差异的两种激光也能形成干涉，这种特殊的干涉称为拍。

如图 5-48 所示，将一个单频的氦氖激光器置于一轴向磁场中，由塞曼效应和频率牵引效应，使激光的谱线分裂成为两个旋转方向相反的左旋和右旋圆偏振光，两束光振幅相同，频率 $f_1$ 和 $f_2$ 约相差 2MHz，由此构成双频激光器 1。激光光束经过 1/4 波片 2 后成为两束相互垂直的线偏振光（设 $f_1$ 平行于纸面，$f_2$ 垂直于纸面）。经光束扩束器 3 扩束后，光束被分光镜 4 分成两部分：

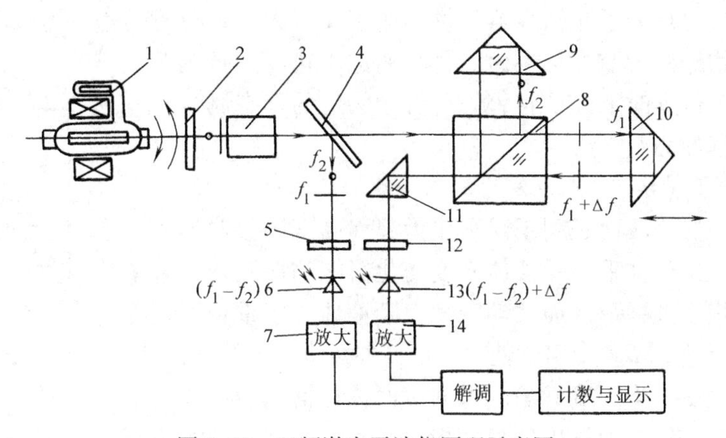


图 5-48　双频激光干涉仪原理示意图

1）小部分光由分光镜反射，作为参考光束至检偏振器 5 上。该检偏振器的光轴与纸面成45°，根据马吕斯定律，两个相互垂直的线偏振光在45°方向上的投影会形成新的同向的线偏振光并产生“拍”，拍频就等于两束光频率的差值，即 $\Delta f_0 = f_1 - f_2 \approx 2\text{MHz}$。该信号由光电接收器6接收并进入前置放大器7，最后送至相减计数器。

2）大部分光作为测量光束透过分光镜4射向偏振分光棱镜8，$f_2$ 经分光镜8反射至参考镜9，$f_1$ 透过分光镜8到达测量镜10。若测量棱镜10以速度 $v$ 移动，则基于多普勒效应，从测量镜返回的光束频率将变成 $f_1 + \Delta f$，其中 $\Delta f = 2v/\lambda_1$ 即称为多普勒频移。该光束返回后重新经过偏振分光镜8并与 $f_2$ 会合，经反射镜11反射后至光轴与纸面成45°的检偏器12，继而形成拍频为 $\Delta f_0 + \Delta f$ 的“拍”。该信号由光电接收器13接收并进入前置放大器14，最后送至相减计数器。

由相减计数器得到基准信号和测量信号拍数的差值 $\Delta f$。若反射镜10不移动，则差值为零；若反射镜以速度 $v$ 移动了时间 $t$，则计数器累计得到的脉冲数为 $N$

$$N = \int_0^t \Delta f \mathrm{d}t = \int_0^t \frac{2v}{\lambda_1}\mathrm{d}t = \frac{2L}{\lambda_1} \tag{5-27}$$

由式（5-27）可导出被测位移为

$$L = \frac{N\lambda_1}{2} \tag{5-28}$$

由于双频激光干涉仪接收的是交流信号，被测物体的运动只是使信号的频率增加或减少，因而前置放大器可采用交流放大器，避免了因光强变化引起的直流漂移对测量的影响，所以它的信噪比高，抗干扰能力强，并可通过高倍率的交流放大电路补偿测量距离增大后光强的衰减。激光干涉仪可高精度测量至200m处物体的位移。

## 二、物位的测量

物位是液位、料位、以及界面位置的总称。具体的液位如罐、塔、槽等容器中液体或河道、水渠、水库中水的表面位置高度；料位如仓库、料斗、仓储箱内堆积物体的高度；界面位置一般指固体与液体或两种不相溶、密度不同的液体之间存在的界面。

测量物位有时是为了测知容器中物体的多少、大小；有时是为了对容器中的物体进行监控，从而对物料的进出速度进行调节，或在物位接近极限位置时能提前报警。前者为物位的静态测量，后者需采用动态连续的测量方法。

### （一）机电测量法

传统的机械法测液面是利用浮子作为液面高度的接收器，为了提高测量精度，采用几乎不受液体密度变化影响的探测板代替了浮子。探测板为扁平圆柱形，通常其密度大于液体，用重物通过绳子或借助动力装置精确调整牵引索使之平衡，并总有一半浸在液体里。为了实现自动测量，将用机械法获得的液面位移信息转换成电量传送和处理，这就是机电测量法。图5-49所示为一利用电感测头感受浮子运动，从而实现液位数字显示的原理示意图。图中，浮子1通过刚性杆与电感测头的铁心2相连，带动铁心与液位升降同步运动。该方法无须密封端盖，运动无摩擦，可实现快速显示。但对于精

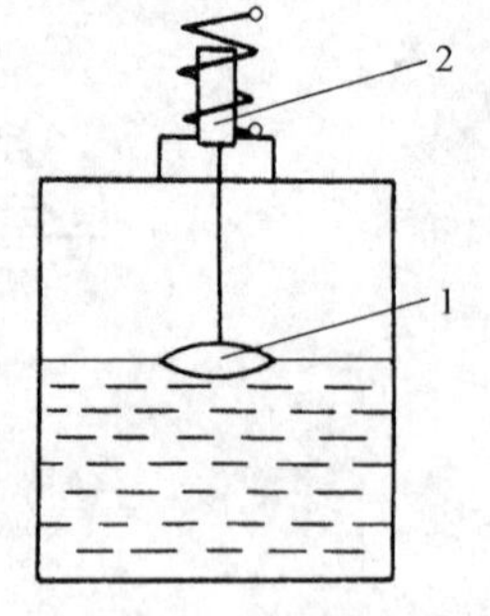

图5-49 电感法测量液位原理示意图

确测量，须用机械导向装置对浮子运动进行导向。

**（二）电容测量法**

用机械式和机电式测量仪几乎无法测量粘液和粒状、粉末状材料的物位，电容法可解决这类材料物位的测量问题，如测量存放在地窖中的粉状食物、谷子、洗衣粉、砂、水泥、石灰和煤粉，或测量储料箱中的燃料、油、酸、碱液及其他的粘液介质。电容法测量要求被测材料的介电常数 $\varepsilon$ 保持恒定，所以电容法无法测量具有不同介电常数的液固体混合物的物位。

电容法测量是用一电容探头感受物面位置的变化。图5-50a所示为几种用于连续测量的电容探头结构。1是部分或整体绝缘的棍电极，3、4是拉紧或放松的绳电极。如果容器壁由导电材料制成，则只需装入电极1或3或4，容器壁作为另一电极与外壳相连（接地）。如果容器壁由非金属材料制成，则必须使用具有内外电极的管式电极2，或对电极1、3、4另附一个反电极5，也可用金属带6与1、3、4组合，5、6均须接地。

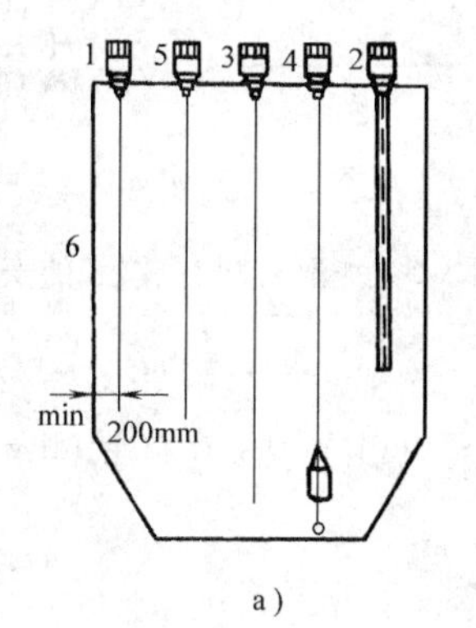


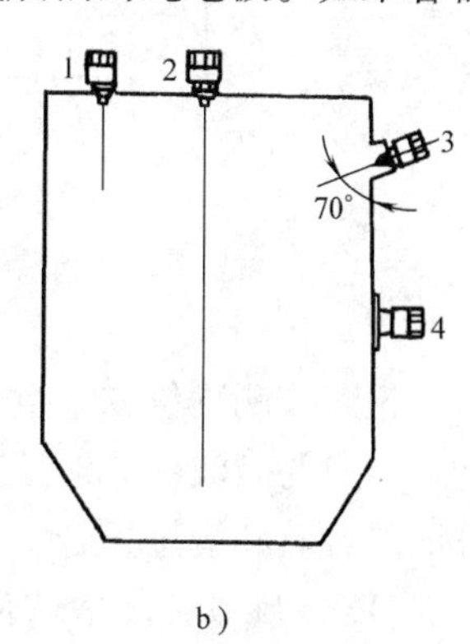


图5-50　电容式液位测量探头结构示意图

a）用于连续测量的探头　b）用于极限位置监控的探头

测量时，电容器的上部隔着空气，下部充满液体或其他材料。空气的相对介电常数 $\varepsilon_0=1$，被测物的相对介电常数为 $\varepsilon_r$。物位变化时，电容器的电容增量 $\Delta C$ 与被测材料的物位高度 $x$ 成线性关系

$$\frac{\Delta C}{C_0}=\frac{x(\varepsilon_r-1)}{h} \tag{5-29}$$

式中，$h$ 为电容器的总高度；$C_0$ 为初始电容值。

图5-50b所示是一些进行物位极限位置监控的电容测头结构。这时不再希望探头的电容值在整个高度范围内线性变化，而是希望物位在达到极限位置时电容能发生突变。1和2是部分或全部绝缘的棍电极或绳电极，3是侧面安装的棍电极，它以70°角倾斜安装可防止被测液的粘附。4是平面电极，可用于一些不能在内部插入电容探头的容器内物位的测量，如搅拌器。如果容器为非导电材料制成，同样须另外附加一个反向电极。

上面提到的整体绝缘探头，用于导电材料物位的测量。绝缘材料内的心棒为电容的一极，被测的导体材料为电容的另一极，构成变面积电容器。

**（三）超声测量法**

超声波测量物位不仅可测液体，而且也适用于粒状松散并含有大量气体的被测材料，如细粒状或粉末状的泡沫塑料、纤维素等。超声测量法还可用于木制或塑料容器。但超声法不适用于测量含有固体材料的液体，因为固体会在振荡器旁产生堆积，影响测量精度。

根据用途不同，超声波物位计有两种形式：一种是通过被测物体使声波短路或断路，

或使振荡器频率改变、停振而定点发信号的物位计（见图5-51a、b），它多用于极限位置监控；另一种物位计是连续发出声波信号，其在界面处发生反射再由接收器接收，测出信号从发出到返回的时间，从而测得物位高度（见图5-51c、d）。这种物位计用于物位的连续测量。

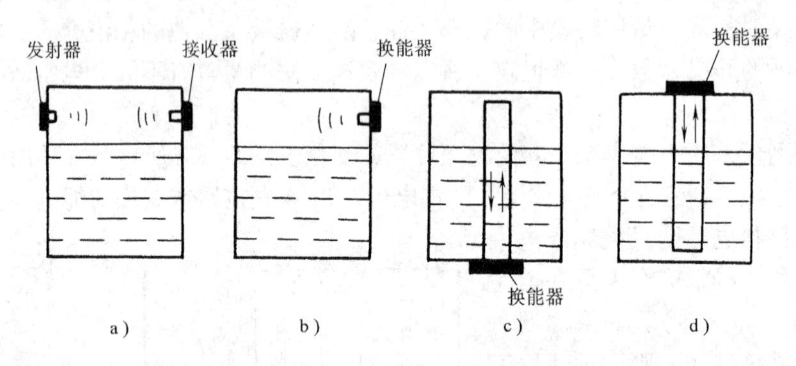


图5-51　超声波物位仪表的安置方式

超声波测物位成本也较高，除了需要振荡器以外，还需要高频发生器。

类似的微波、放射性同位素也可实现物位的检测。进行测量方法选择时，须注意各种方法的特点和应用场合。

**（四）磁致伸缩液位传感器**

随着科学与技术的迅猛发展，物位测量的原理与方法也不断发展和更新。磁致伸缩液位传感器就是近年来快速发展起来的高精度、超大量程的新型液位测量方法，它能同时测量多种参数，且具有寿命长、能承受高温高压的环境、能应用于易燃易爆有腐蚀的场合，易于安装和维护、便于实现智能化和自动化。

1842年焦耳发现了磁致伸缩效应，即铁磁体在磁场中被磁化时，铁磁体在磁力线方向的长度上会产生微弱的伸长或缩短。近年来基于磁致伸缩效应的磁致伸缩位移传感器发展很快，测量范围不断扩大，测量精度不断提高。磁致伸缩位移传感器具有图5-52所示的基本结构，其由具有磁致伸缩效应的波导钢丝、位置磁铁、波检测器和能够

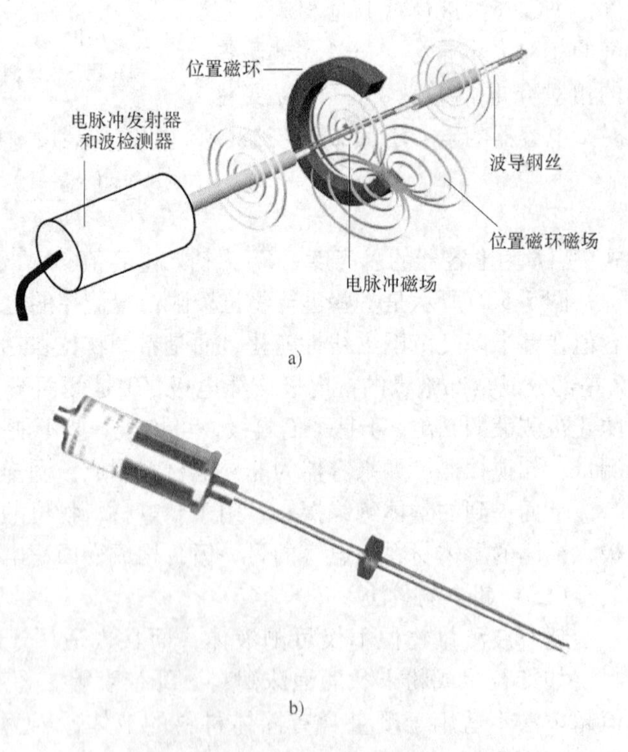


图5-52　磁致伸缩位移传感器结构示意图
a）原理示意图　b）外形图

产生电脉冲的电子系统组成。波导钢丝、波检测器和电子系统均安装在位置固定的部件上，位置磁铁与移动部件相连。当电子系统发出一个电子脉冲时，由此产生的环绕波导钢丝的磁场随着电子波沿着波导钢丝以光速传播；位置磁铁则产生磁力线垂直于波导钢丝轴线的磁场，因此当电子脉冲产生的环形磁场传输到位置磁铁所在的位置时，两个正交磁场复合成瞬态螺旋磁场，该磁场引起波导钢丝的瞬态扭曲变形，由此产生一个以超声速向两端传递的扭转弹性波；波检测器将扭转弹性波转换成电脉冲，电子系统可测出发射电脉冲和接受到变形电脉冲的时间差，由此即可算出位置磁铁所在的位置。电子系统以确定的时间间隔发射电子脉冲，即可感测出位置磁铁及运动部件的位移参量。

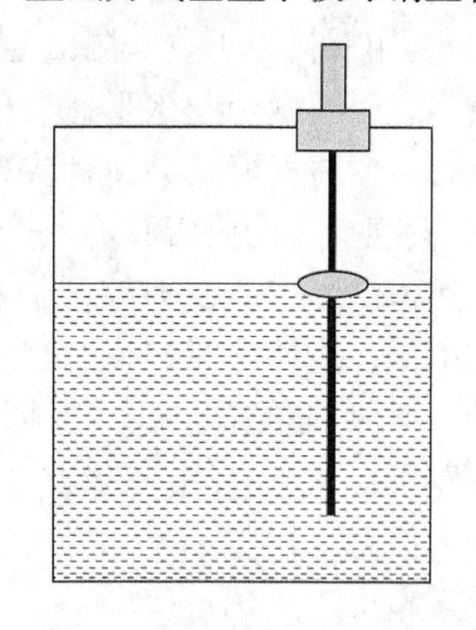

图 5-53 磁致伸缩位移传感器应用于大油罐液位测量

目前磁致伸缩位移传感器被广泛应用于液位测量，特别是用于数十米高的超大油罐内液面的监测（见图 5-53）。磁致伸缩液位传感器直接将位置磁铁与浮球相连，且在波导钢丝外加上保护套。据报道，国产磁致伸缩液位传感器的非线性误差已优于 ±0.05%FS，重复性优于 0.002%FS。

## 第六节 纳米测量技术

随着纳米加工技术的发展、各种超灵敏传感器的诞生以及微电子工程精度要求的不断提高，人们对高于 100pm 精度的测量技术的需求与日俱增，因此近年来纳米级测量技术发展很快，新研制的纳米测量仪器，精度越来越高，体积越来越小，功能越来越强。下面介绍几种纳米测量仪器的原理与结构。

### 一、扫描隧道显微镜

在探索微观世界的过程中，人们最先使用的显微技术是光学显微镜，利用透镜人们可看到如细胞、晶粒那样细小的物体。但光的波动性产生的衍射效应使光学显微镜的分辨极限只能达到光波的半波长左右。20 世纪 30 年代人们想到可以用波长仅为光波波长万分之一甚至十万、百万分之一的电子束代替光束进行显微研究，由此诞生了电子显微镜，现代透射电子显微镜的分辨率已优于 0.3nm。20 世纪 80 年代初人们发现了隧道效应，即如果两个金属电极用非常薄的绝缘层隔开，并在极板上施加电压，则电子会穿过绝缘层由负电极进入正电极，产生隧道电流。且极间距变化 0.1nm，隧道电流会产生十倍于原始电流量的变化。据此原理 1982 年研制成功了第一台扫描隧道显微镜（Scanning Tunneling Microscope，STM）。

图 5-54 所示为 STM 的结构原理图。针尖探头安置在一个可实现三维运动的压电陶瓷支架上，通过控制加在三个压电陶瓷臂上的电压可分别控制针尖在 $x$、$y$、$z$ 方向上的运动。若以针尖为一电极，被测表面为另一电极，则当两者间距离小到纳米量级时即会产生隧道电流。

STM有两种工作模式。一种是恒高度模式，即当被测表面仅有原子尺度(0.1nm)的起伏时，针尖在被测表面上方作平面扫描(即针尖高度不变)，用现代电子技术测出隧道电流的变化即可描绘出表面的微观起伏形态。但当被测表面起伏较大时，恒高度模式会使针尖撞击表面造成针尖损坏(理想针尖的尖端只有一个稳定原子)，因而须采用恒电流模式，即控制加在 $z$ 向压电陶瓷臂上的电压，使针尖在扫描过程中随表面起伏上下移动，而保持隧道电流不变(即针尖与被测表面间的间距不变)，由压电陶瓷上电压的变化获得表面形貌的信息。目前STM多采用后一种模式，其垂直分辨率可达0.01nm。

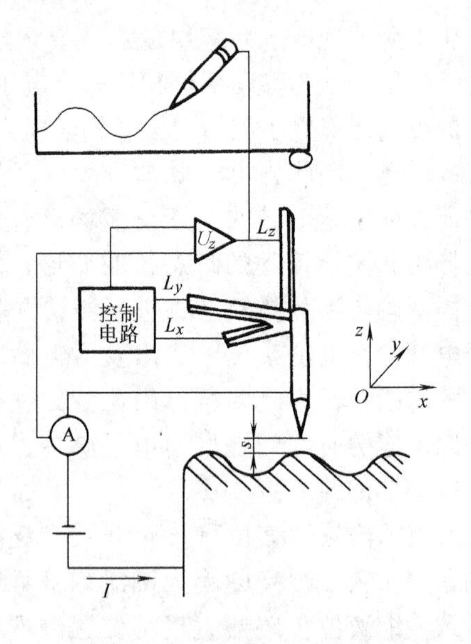


图5-54 扫描隧道显微镜结构原理图

## 二、原子力显微镜

使用STM要求被观测件必须是导体。为了对绝缘表面作同样的观测，1986年又相继问世了原子力显微镜(Atomic Force Microscope, AFM)。AFM的许多零部件都与STM相同，主要不同点是用一个对微弱力极其敏感的易弯曲的微悬臂针尖代替了STM中的隧道针尖，并以探测悬臂的微小偏摆代替了探测微小的隧道电流。

AFM的工作原理如图5-55所示。对微弱力极其敏感的微悬臂一端被固定，另一端处于悬浮状态，且带有一微小的针尖。AFM在探测物体表面时，针尖与物体表面轻轻接触，而针尖尖端原子与被观测物表面原子间存在极微弱的排斥力($10^{-8}$ ~ $10^{-6}$N)，会使得悬臂产生微小的偏转。测得的偏转信号用于工作台驱动器的控制，使工作台作适时跟踪，保持排斥力恒定，综合处理悬臂的偏转信号和工作台的位置信息即可确定被观测表面各点的空间位置。

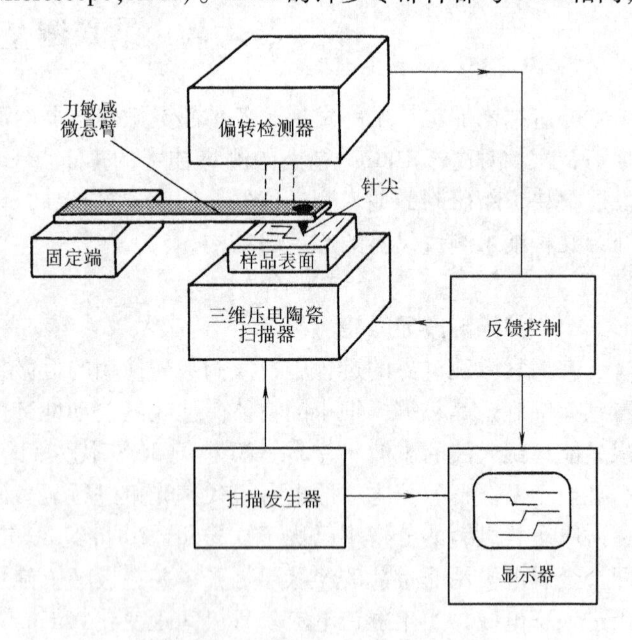


图5-55 AFM的工作原理示意图

AFM的微悬臂偏转检测有很多种方法。图5-56给出了一些检测方法的原理示意图。

隧道电流检测法(见图5-56a)是在微悬臂的上方设有一个隧道电极(STM针尖)，通过测量微悬臂与针尖之间的隧道电流的变化就可获得微悬臂偏转的信息，其垂直分辨力与

STM 相似，为 0.01nm 左右。

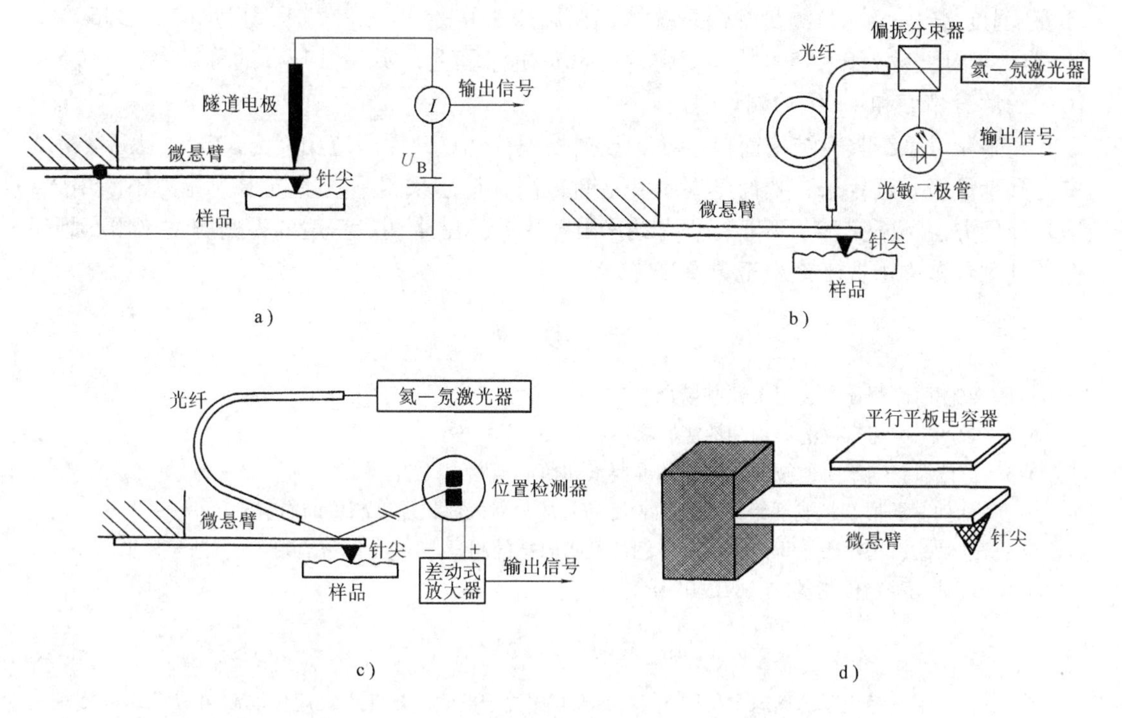


图 5-56　AFM 微悬臂偏转检测方法示意图

a）隧道电流检测法　b）光学干涉测量法　c）光束偏转测量法　d）电容测量法

光学干涉测量法原理如图 5-56b 所示。当微悬臂偏转时会改变探测光的光程，因此通过测量探测光与参考光束形成的干涉条纹的移动或相位变化，即可确定微悬臂的偏转量。干涉法的测量精度最高，其垂直位移检测精度可达 0.001nm。

光束偏转测量法(见图 5-56c)是在针尖上方设置了一枚微小的反射镜，通过检测反射光的偏转就可得到微悬臂偏转的信息。光束偏转法可实现的最高精度为 0.003nm。

在电容测量法(见图 5-56d)中，微悬臂构成平行平板电容器的一极，电容的另一极平行地设置在微悬臂的上方，微悬臂的偏转值通过电容器的电容增量间接测得。电容法的垂直位移检测精度约为 0.03nm。

### 三、大量程的纳米测量技术

目前常用于纳米测量的传感器及仪器有：电容传感器、电感传感器、扫描探针显微镜、原子力显微镜、X 射线干涉仪、法布里－帕罗干涉仪等。这些仪器的分辨率及测量精度很高，有的已达到皮米量级；但其测量范围都很小，一般仅为数十纳米至数十微米。由于超大规模集成电路制造、微机电系统制造、大容量光盘存储以及生物医学等领域的需求，使同时具有纳米级测量精度和数十毫米测量范围的“大量程纳米测量技术”成为全世界测量领域的关注热点。

实现大量程纳米测量的多为光学测量方法，如激光干涉法、光栅测量法等。

目前市场上有售的激光干涉测量系统，其通过高精度的激光稳频技术、集成于一体的环境(温度、压力、湿度)测量补偿系统等，在温度为0 ~ 40℃、空气压力为(650 ~ 1150) × $10^2$Pa、相对湿度为0 ~ 95%的环境中，在80m的量程上，实现了1nm的分辨率、±0.5 × $10^{-6}$的测量精度和4m/s的测量速度。

光栅测量系统具有结构简单、易于数据处理等优点，因而应用极为广泛，但测量精度多为微米量级。近年来，光栅刻划精度不断提高，信号采集系统的抗干扰能力不断增强，信号处理方法不断完善，不断有具有纳米分辨率乃至纳米测量精度的光栅测量仪器商品问世，其测量范围由数十毫米至数百毫米。

## 思　考　题

5-1　单侧厚度测量方法用于哪些场合？

5-2　对加工中测量仪的结构和性能有哪些特殊要求？

5-3　形位误差测量时，被测要素和基准要素如何体现？

5-4　如何减弱形状、波度等其他表面轮廓信号成分对表面粗糙度测量的影响？

5-5　绝对法、相对法、间接法各举一例，说明内孔的测量方法，并导出数据处理数学模型。

5-6　简述几种物位测量方法的适用场合。

## 习　　题

5-1　将4个直径相同的钢球，按图5-57所示方式置于被测环规孔内，用仪器测出$H$值，间接求出环规的孔径$D$。若已知：钢球直径$\phi d = 19.05$mm，$H = 34.395$mm，它们的测量不确定度$U_d = \pm 0.5\mu$m，$U_H = \pm 1\mu$m，求$D$。

5-2　如图5-58所示，在三坐标测量机上用三点法测量一个环规内孔。若测得的三点坐标值为：$P_1$(0.003,9.998,6.000)，$P_2$(−8.659，−5.003,6.000)，$P_3$(8.663，−4.996,6.000)，且已知球测头的直径$\phi d = 5$mm，求孔的中心坐标$O(x_0, y_0, z_0)$和孔的直径$D$。

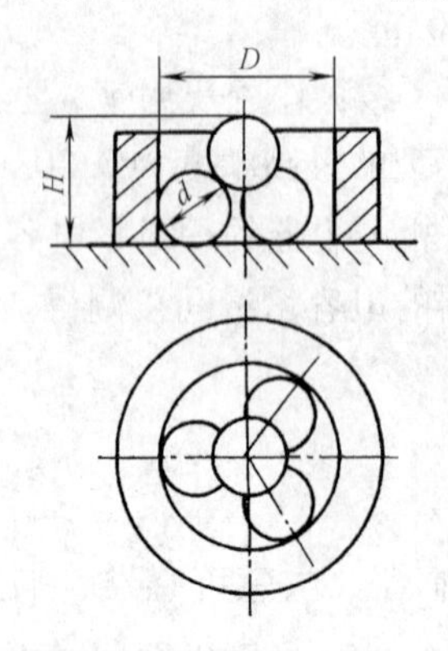


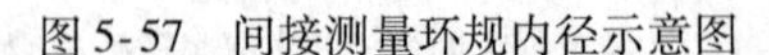
图5-57　间接测量环规内径示意图

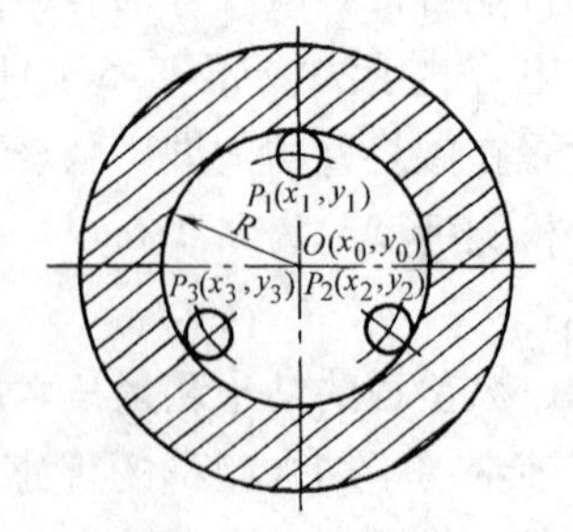

图5-58　三坐标测量环规内孔示意图

5-3　在卧式测长仪上用相对测量法测量一内孔直径。已知，测头直径$d = 3$mm，被测孔径的公称值$D_c = 30$mm，双测钩方位的调整精度为：$\delta_y = \delta_z = 0.5$mm(见图5-26)。现有直径$D_b$为20mm、25mm、28mm三种尺寸的标准环规。若要求定位误差小于0.006mm，试判断哪些标准环规满足该精度要求。

5-4　用分度值为1″的自准直仪测量一个500mm长工件的直线度误差，桥板跨距$l = 50$mm，测量数据如表5-3所示。试用最小包容区域法和端点连线法评定该工件的直线度误差。如果该工件的直线度公差为0.006，说明该工件的直线度是否合格。

**表5-3　被测工件直线度测量值**

| 采样点 | 0 | 1 | 2 | 3 | 4 | 5 | 6 | 7 | 8 | 9 | 10 |
|---|---|---|---|---|---|---|---|---|---|---|---|
| 读数/格 | | 0 | -6 | -2 | 8 | 12 | 6 | 10 | 4 | -6 | 0 |

5-5　图5-59为被测零件的零件图，待测参数为$\phi$50mm的外径。①请说明拟采用哪种定位方法，并简述理由；②若用双测头测长仪（如卧式测长仪）测量该尺寸，请说明哪种形状的测头最合适？③用仪器1的测量不确定度为0.002mm，用仪器2的测量不确定度为0.005mm，有仪器3的测量不确定度为0.01mm，请问哪个仪器适合该工件测量？④若在环境温度为20℃的实验室内，用仪器2测量两个工件（重复10次），得到表5-4及表5-5给出的测量值，请计算测量结果，并判断被测尺寸是否合格（取置信概率$P=95\%$）。若表5-4和表5-5为25℃环境下得到的测量值（工件的线膨胀系数按$\alpha=13\times10^{-6}$m/(m·℃)计算），则该被测尺寸是否合格？为什么？

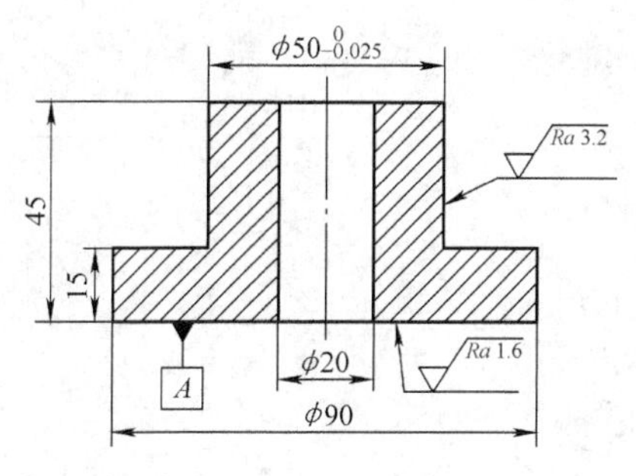


图5-59　被测工件零件图

**表5-4　测量工件1得到的数据**

| 序号 | 1 | 2 | 3 | 4 | 5 |
|---|---|---|---|---|---|
| 测量值/mm | 49.972 | 49.986 | 49.971 | 49.983 | 49.975 |
| 序号 | 6 | 7 | 8 | 9 | 10 |
| 测量值/mm | 49.979 | 49.971 | 49.986 | 49.972 | 49.975 |

**表5-5　测量工件2得到的数据**

| 序号 | 1 | 2 | 3 | 4 | 5 |
|---|---|---|---|---|---|
| 测量值/mm | 49.978 | 49.976 | 49.977 | 49.976 | 49.978 |
| 序号 | 6 | 7 | 8 | 9 | 10 |
| 测量值/mm | 49.976 | 49.978 | 49.977 | 49.976 | 49.978 |

5-6　大球冠如图5-60所示，被测参量为大球直径（1.000±0.005）m。①若选用基于弓高弦长法原理的测径仪（弦长100mm）测量，其扩展不确定度为1nm，并用3块一级量块（分别为1mm、1mm、0.5mm）构建弓高理论值，试分析测量系统构建（精度选择）是否合理；②用上述仪器在球冠不同位置上进行测量，共10个测量点，每点测量5次，各点测量的平均值如表5-6所示。若已知被测直径是合格的，试分析可能导致测量结果分散的主要原因。

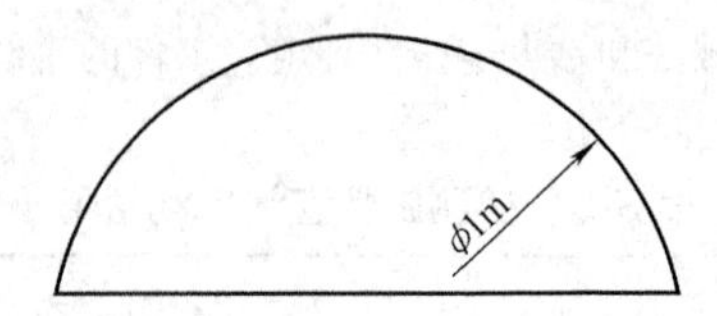


图5-60　被测工件示意图

**表5-6　测径仪测得值**

| 序号 | 1 | 2 | 3 | 4 | 5 |
|---|---|---|---|---|---|
| 测量值/mm | 0.0045 | 0.0250 | 0.0095 | 0.0085 | 0.0185 |
| 序号 | 6 | 7 | 8 | 9 | 10 |
| 测量值/mm | 0.0080 | 0.0055 | 0.0035 | 0.0195 | 0.0050 |

# 第六章　角度及角位移的测量

## 第一节　概　　述

### 一、角度单位及量值传递

我国法定计量单位制中规定的角度计量单位为秒(″)分(′)度(°)和弧度(rad)两种。前者是国家选定的非国际单位制单位，在机械制造和角度测量中被普遍采用；后者是国际单位制的辅助单位，常用于计算。

为保证角度测量的精度，角度量值也有量值传递的过程，即逐级用高精度角度基准检定低精度角度基准。由于圆周分度器件具有圆周封闭特性，所以圆分度误差的检定可达很高的精度。

### 二、角度的自然基准和圆周封闭原则

角度的自然基准是360°圆周角，这是一个没有误差的基准。

圆周封闭原则即要求在圆分度测量中充分利用这一自然基准，亦即利用整圆周上所有角间隔的误差之和等于零这一自然封闭特性，进行测量方案的选定和数据处理，从而提高测量精度。和长度测量中的阿贝原则一样，圆周封闭原则是圆分度测量的重要原则。

### 三、实物基准与分度误差的特性

**（一）实物基准**

传统的角度实物基准是角度块规，后来将能够以高精度等分360°的圆分度器件作为角度实物基准。常用的圆分度标准件如下：

1. *高精度度盘*　很多测角仪器和度盘检测仪器均以度盘作为标准件。度盘刻度线的角间隔为5′、10′等，通过细分可达很高的角分辨力。它多用于角度及圆分度误差的静态测量。

2. *圆光栅*　圆光栅、圆感应同步器、圆磁栅等除了可实现角度的静态测量，还可实现角度的动态测量，目前在仪器中用得最多的是圆光栅。

圆光栅一般为黑白透射光栅。因存在平均效应，光栅的刻线误差对测量结果影响很小，光栅盘的分度精度可达±0.2″或更高。光栅盘的分辨力多为10″、20″。

光栅盘可实现自动瞄准读数，故常用于高精度高智能化仪器及加工机械中。

3. *圆感应同步器*　圆感应同步器的励磁绕组印制在固定圆盘上(见图6-1a)，工作时固定不动；感应绕组印制在旋转圆盘上，布线如图6-1b所示，包含sin和cos绕组。当动盘相对于固定盘旋转时，输出两路信号，便于信号的进一步处理。

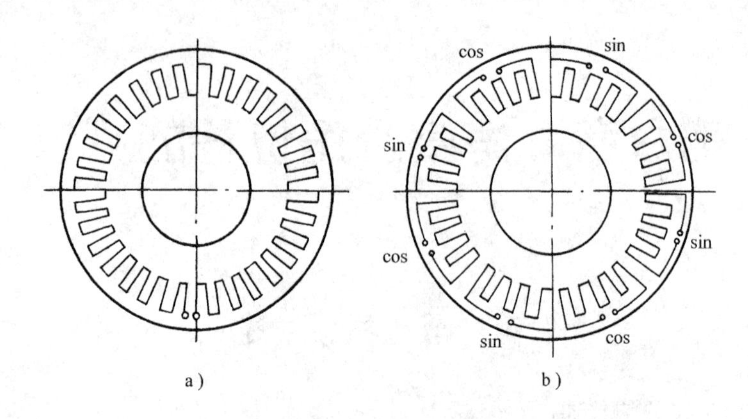


图6-1　圆感应同步器绕组布线示意图
a）固定圆盘　b）旋转圆盘

圆感应同步器的径向导线数(也称极数)有360、720、1080等多种，相应的节距角为2°、1°、40′。工作时许多节距同时起作用，所以有平均效应，可获得较高的分度精度。

感应同步器对使用环境的要求比光栅低，所以常用于加工现场的测量。

4. 角编码器　将角位置定义成数字代码的装置称作角编码器，其结构如图6-2所示。编码盘大多用光学玻璃制成，其上刻有许多同心码道，每个码道均有若干段亮道和若干段暗道，并按预定规律排列。若定义亮道为1、暗道为0，则每个分度角均对应着一个确定的二进制代码。

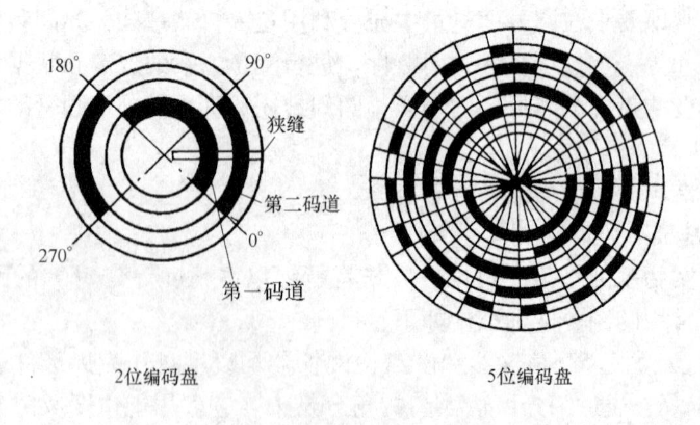


图6-2　角编码器示意图

角编码器使用方便可靠，但难以实现微小的分度。

5. 多面棱体　多面棱体是一种高精度的角度标准器，它主要用于对仪器中的分度器件进行精度标定。

多面棱体大多是以底面定位的正棱柱体，它以棱体各工作面法线组成的夹角为工作角，相当于多值角度块规。经过检定，其分度精度可达±0.5″~±1″。常见多面棱体的面数为4、6、8、12、24、36及72等，也有少量9、40、45、90面的多面棱体。

多面棱体常和自准直仪等读数系统配合使用。

6. *多齿分度盘*　多齿分度盘是纯机械的分度基准，它对制造误差也具有平均效应，可达 ±0.1″的分度精度，且具有自动定心、操作简单、寿命长等优点，因此在国内外均得到广泛应用。

多齿分度盘的结构如图 6-3a 所示，由两个直径、齿数和齿形均相同的上、下齿盘组成。齿形一般为梯形，槽较深的为弹性齿，槽较浅的为刚性齿，如图 6-3b、c 所示。当上下两齿盘的齿被迫啮合时，便自动定心。它利用上、下齿盘强迫啮合时产生的弹性变形实现平均效应，因而可获得较高的分度精度。

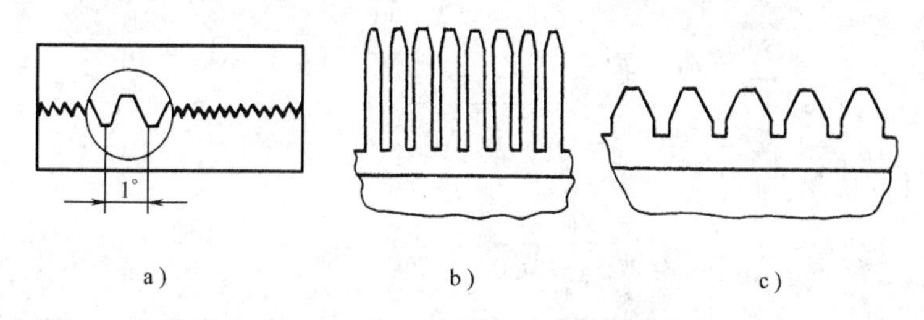


图 6-3　多齿分度盘结构示意图

a）整体结构　b）弹性齿　c）刚性齿

目前常用的多齿分度盘的齿数有 360、720 和 1440 等几种，它们的分度间隔分别为 1°、30′和 15′。有时为了获得更小的分度值，采用差动分度方式，即用上、中、下三个单盘组成两个啮合副，中盘上、下均有齿，但齿数不同，其上齿数与上盘齿数相同，下齿数与下盘齿数相同。如上啮合副的齿数为 864，下啮合副的齿数为 900，则当中盘相对下盘顺时针方向转一齿，再将上盘相对中盘逆时针方向转一齿，工作台则仅在逆时针方向转动了 1′，此即为采用差动多齿分度盘实现的最小分度值。

**（二）分度误差特性**

由于圆分度器件是圆周封闭的，所以由刻线误差引起的分度误差具有周期性，可看成是以 $2\pi$ 为周期的角位置 $\varphi$ 的函数 $f(\varphi)$。下面以度盘为例，分析分度误差的特性。

把度盘的刻线误差 $f(\varphi)$ 展开成傅里叶级数

$$f(\varphi)=A_0+\sum_{i=1}^{\infty}A_i\sin(i\varphi+B_i) \tag{6-1}$$

设度盘刻线数为 $2s$，根据采样定理可知，$2s$ 个采样值能反映的刻线误差的最高频率分量为 $s$，由于全部刻线误差之和为零，所以度盘的刻线误差方程可写成

$$f(\varphi)=\sum_{i=1}^{s}A_i\sin(i\varphi+B_i) \tag{6-2}$$

若在度盘刻线圆周上均布 $m$ 个读数装置同时读数，它们间夹角为 $\beta=2\pi/m$，则第 1 个读数装置瞄准 $\varphi_1$ 刻线，刻线误差为

$$f(\varphi_1)=\sum_{i=1}^{s}A_i\sin(i\varphi_1+B_i) \tag{6-3}$$

第 2 个读数装置瞄准 $\varphi_1+\beta$ 刻线，刻线误差为

$$f(\varphi_1+\beta)=\sum_{i=1}^{s}A_i\sin[i(\varphi_1+\beta)+B_i)] \tag{6-4}$$

$$\vdots$$

第 $m$ 个读数装置瞄准 $\varphi_1+(m-1)\beta$ 刻线，刻线误差为

$$f[\varphi_1+(m-1)\beta]=\sum_{i=1}^{s}A_i\sin\{i[\varphi_1+(m-1)\beta]+B_i\} \tag{6-5}$$

取 $m$ 个读数的平均值作为测得值，则该测得值包含的刻线误差为

$$\Delta=\frac{\sum_{j=0}^{m-1}f(\varphi_1+j\beta)}{m}=\frac{\sum_{j=0}^{m-1}\sum_{i=1}^{s}A_i\sin[i(\varphi_1+j\beta)+B_i]}{m} \tag{6-6}$$

对式（6-6）进行化简可得

$$\Delta=\sum_{k=1}^{s/m}A_{km}\sin(km\varphi_1+B_{km}) \tag{6-7}$$

将式(6-7)和式(6-2)比较可以看出，均布 $m$ 个读数装置读数可在很大程度上消除度盘刻线误差对读数值的影响(仍有影响的仅为 $m$ 及其正整数倍的各次谐波分量)，从而可大大提高读数精度。例如，若采用对径读数方式，即 $m=2$，则可消除度盘刻划偏心和安装偏心以及刻线误差中其他奇次谐波分量的影响。

## 第二节　单一角度尺寸的测量

单一角度尺寸测量包括机械零件(如V形导轨、燕尾槽、螺纹等)、角度样板、角度量块等的角度尺寸测量，以及圆锥形几何要素(如刀具和测头的锥柄、主轴的锥孔等)的锥角测量。下面将常用的单一角度尺寸测量方法分成直接测量和间接测量两大类加以介绍。

### 一、直接测量

#### (一) 绝对测量

与长度绝对测量相似，用于角度绝对测量的仪器一般带有一个360°圆分度标准件，如光学分度盘、圆光栅、码盘等，且带有自己的细分读数装置或小角度测量装置，因此可直接测得0°~360°间的任意角度值。这些仪器大多采用自准直光管瞄准，也有少数仪器采用影像法瞄准或采用接触式瞄准。下面介绍两种常用的仪器为例。

1. 测角仪　测角仪是测量角度的精密仪器。仪器的最小分度值有5″、2″、1″、0.5″、0.2″、0.1″等多种，最小分辨率甚至可达0.01″。仪器的圆分度器件多为光学刻度盘、圆光栅和多齿分度盘，除少数产品还保持目镜读数以外，大多数测角仪都实现了数字显示。

测角仪主要用于测量角度块、多面棱体、棱镜、楔形镜的角度尺寸及平板玻璃两平面的平行度等。用测角仪测量的工件一般用平行于被测角平面的端平面定位，且要求构成被测角的被瞄准平面具有较高的反射率。

图6-4所示为以度盘为标准件的测角仪的外观图，图6-5所示为测角仪结构示意图。工作台1与度盘2固连成一体，其能绕主轴3转动；自准直光管4和读数目镜5均安装在

转臂 6 上，转臂 6 也能绕仪器主轴 3 转动；主轴 3、平行光管 7 均与底座 8 固连在一起。测角仪有两种工作方式：①转臂固定，工作台带动被测工件转动；②工作台及被测工件固定，转臂带动自准直光管和读数显微镜转动，实现瞄准和读数。测量时先瞄准被测件 9 上组成被测角的第一个平面(如图 6-6a 中 $ABC$ 所示位置)，由读数装置 5 读得读数 $\alpha_1$，然后转动工作台 1 或转臂 6，直至瞄准组成被测角的第二个平面(如图 6-6 中 $A'B'C'$ 所示位置)，读得读数 $\alpha_2$。根据被测角的定义，可确定计算被测角度值的数学模型(如图 6-6a 中的 $\angle ABC = 180° - (\alpha_2 - \alpha_1)$)。

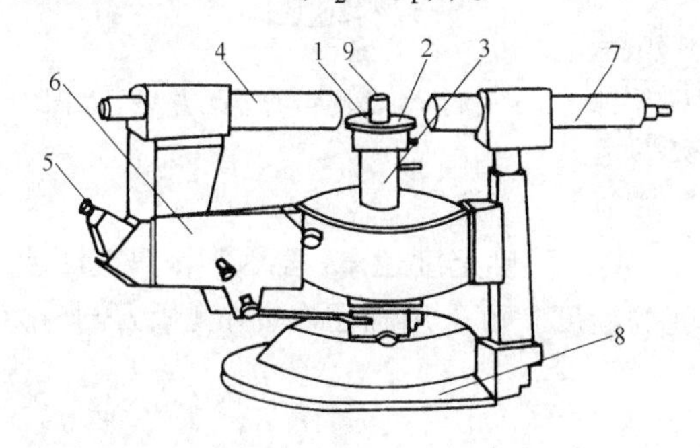

图 6-4　测角仪外观示意图

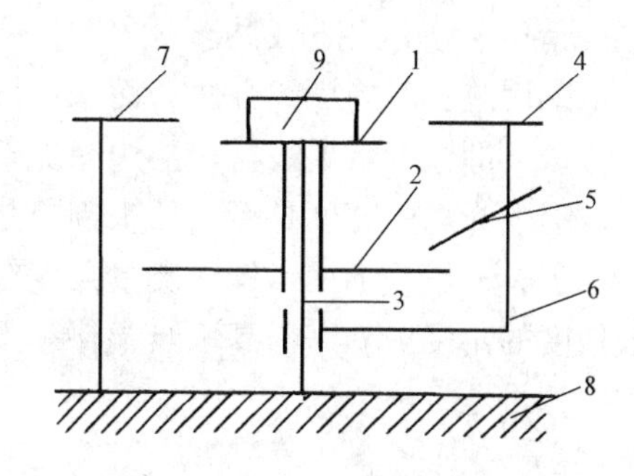

图 6-5　测角仪结构示意图

测角仪的瞄准方式也有两种：图 6-6a 所示为单独用自准直光管瞄准(自准直光管瞄准原理同图 6-8 所示的自准直仪)，当自准直光管的光轴与被瞄准表面的法线重合时即为瞄准；图 6-6b 所示为自准直光管与平行光管配合使用，其构成望远系统，即自准直光管内的分划板经过工件表面反射后成像在平行光管的分划板上，瞄准时自准直光管和平行光管的光轴对称于被瞄准表面的法线，自准直光管分划板的像与平行光管分划板的中心重合。无论哪种瞄准方式，自准直光管、平行光管的光轴均须垂直于仪器的旋转主轴。

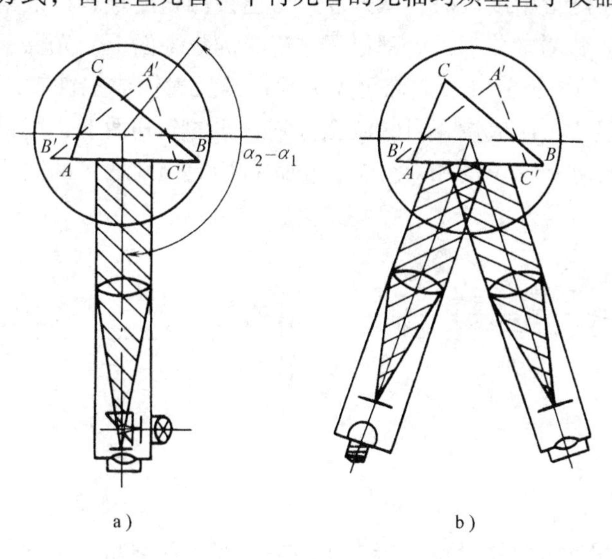

图 6-6　测角仪的瞄准方式示意图

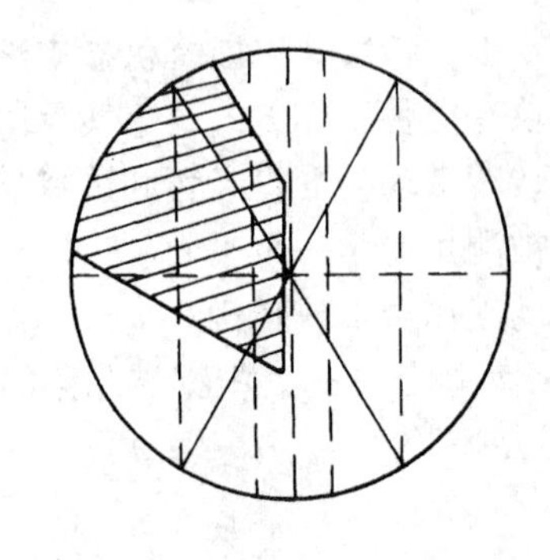

图6-7 影像法测角的瞄准方法示意图

2. 工具显微镜 除了在第五章中叙述的测长功能以外，在工具显微镜上，还可利用测角目镜和分度工作台，对可成像的角度尺寸进行直接测量，如角度样板、螺纹的牙形角、齿条的齿形角以及刀具锥柄的锥角等。在工具显微镜上进行角度直接测量时，采用影像法瞄准，成像的平行光应与被测角度所在平面垂直，必须正确调焦使轮廓影像清晰。由于对线精度高于压线精度，所以用分划板上的米字线瞄准角轮廓时，不采用测长时的压线方法，而采用图6-7所示的对线方法，即让米字虚线与轮廓边缘保持一个狭窄光隙，以上下光隙的宽度是否一致来判断是否对准。

在工具显微镜上用影像法测量角度精度不高，测量不确定度达±1′至±2′，只能测量一般精度的角度。如需提高工具显微镜测量角度的精度，可采用轴切法(用测量刀测量)或间接测量法。

**（二）相对测量**

单一角度的直接相对测量，是将被测角与角度量规或其他角度基准进行比较，用小角度测量仪测得偏差值。小角度测量仪的示值范围较小，一般的为10′，较大的可至30′，也有更小的仅为1′。下面介绍两种小角度测量仪的原理。

1. 自准直仪 自准直仪是最常用的小角度测量仪，有光学自准直仪、光栅自准直仪和光电自准直仪等多种。

光学自准直仪为目视读数仪器，其光路系统属望远系统，图6-8a、b给出了两种典型的结构。光学自准直仪由三部分组成：体外反射镜、带有物镜组的光管部件及自准直测微目镜部件。用相对法测量角度块时，体外反射镜由被测角度块和标准角度量规的工作面替代。自准直分划板2和测微分划板5都位于物镜3的焦平面上。光源1发出的光束照射自准直分划板2，由物镜3将分划板成像至无穷远；经反射镜或工件表面反射后，自准直分划板2的像又由物镜3再次成像在目镜测微分划板5的刻划面上，用目镜6可观察到自准直分划板像与测微分划板零位的相对位置，由此可确定反射面4的法线与光轴的夹角。

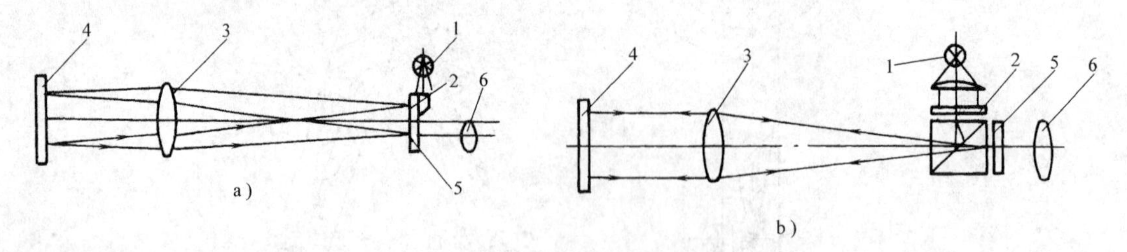


图6-8 光学自准直仪结构举例

图6-9为用自准直仪测量一角度块尺寸的示意图，标准角度块的尺寸应与被测尺寸相近。测量时，使标准角度块和被测角度块的定位面在同一位置定位(如用图6-9中的定位销确定定位位置)，然后依次对构成标准角和被测角的另一平面瞄准。瞄准标准角度块

时，调整自准直仪光轴的方位使读数为零，则瞄准被测角度块时的读数即为被测角相对于标准角的偏差值。

如果被测角度块表面较粗糙，光反射率较低，可在被瞄准面上薄薄涂上一层油并贴上一薄量块，然后再进行测量。

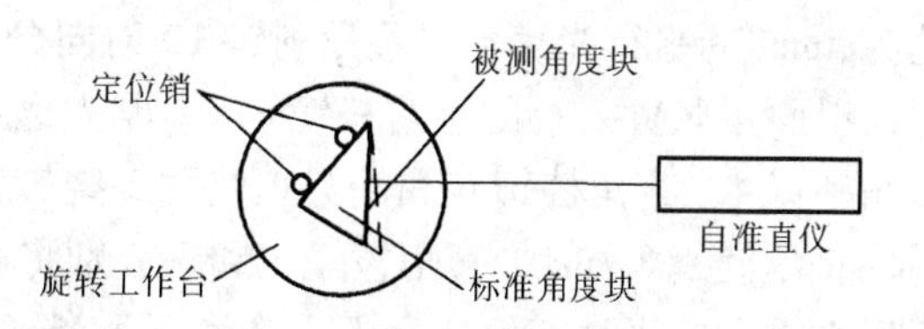


图 6-9　相对法测量角度块角度尺寸的示意图

2. 激光干涉小角度测量仪　激光小角度测量仪是一种测量平面小角度、小角位移的高精度仪器，其测量光路如图 6-10b 所示。激光小角度测量仪采用正弦原理测角：直角三角形斜边 $R$ 为已知，利用干涉原理测出 $H$ 值，然后求出角度 $\alpha$。

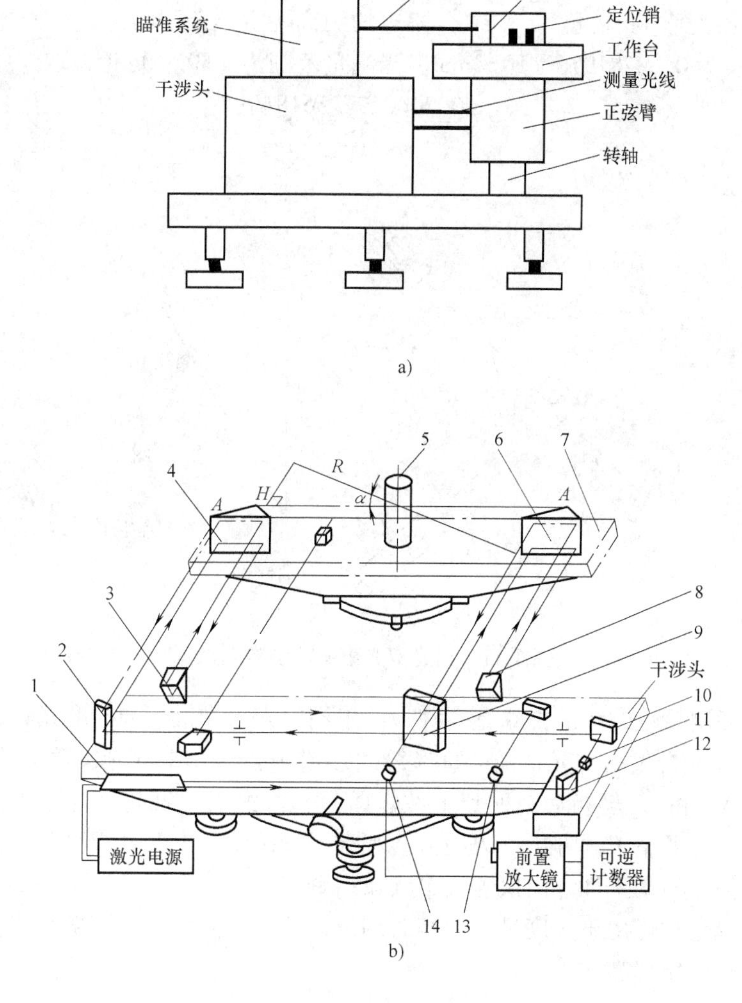


图 6-10　激光小角度测量仪
a）工作示意图　b）光路图

从激光器 1 发出的光束通过反射镜 12 折转 90°，射入平行光管 11，使光束变成直径约为5mm的平行光束；再经反射镜10射向分光移相镜9。由9将光束分成两路：一路反射，射向正弦臂一端的直角棱镜6；一路先透射后经反射镜2反射，射向正弦臂另一端的直角棱镜4；直角棱镜6和4与正弦臂5绕转轴与同步旋转。两路光束经6和4反射后又射向直角棱镜8和3，直角棱镜8和3分别将两路光等距离向上平移约10mm后反射回来，返回光束在分光移相镜9上汇合产生干涉条纹。光电接收元件13、14将正弦臂7旋转引起的干涉条纹位移信号转换成电信号，两路信号因分光移相镜9的移相作用而相位差90°。信号经前置放大器放大整形后，送到可逆计数器计数。

激光小角度测量仪干涉系统采取了两次光倍频，所以干涉条纹变化一个周期对应着$H$长度变化$\lambda/8$。如果可逆计数器再采用4倍频电路，则当计数器计数为$N$时，

$$\Delta H=\frac{N\lambda}{32} \tag{6-8}$$

设旋转轴轴线到直角棱镜4、6中心棱边的距离为$R$，常用的氦氖激光器在空气中标准状态下的波长为$0.63281976\times10^{-3}$mm。当测量范围为$\pm30'$，可近似取

$$\alpha=\frac{0.000019775618N}{R} \tag{6-9}$$

由此引起的误差在0.02″以内。

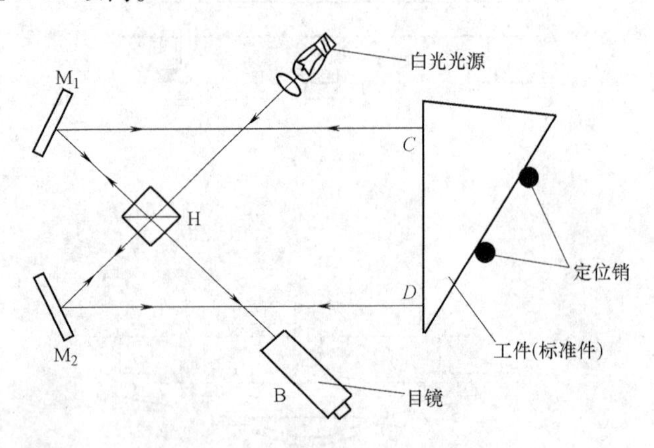


图6-11 白光双光束干涉瞄准光路

激光小角度测量仪的瞄准方式有多种，如采用白光双光束干涉瞄准光路，其原理如图6-11所示。白光光源发出的光，经准直透镜后形成平行光，由分光棱镜H分成两束；分别经全反射镜$M_1$和$M_2$转折后投射到工件表面上，再由工件表面反射返回，在交会处形成干涉条纹；一边调整工件方位一边用目镜观察干涉条纹，直至零级黑条纹位于目镜双刻线中间位置；停止转动工件并向仪器发出读数指令。

各类测角仪也均可用于角度尺寸的相对测量，即利用测角仪的测微系统读数，测角精度较绝对测量会有所提高。

## 二、间接测量

下述的间接测量方法一般用于缺少角(锥)度直接测量仪器，或角(锥)度的直接测量

难以实现，或直接测量达不到精度要求等场合。

**（一） 坐标测量**

凡是带有二维或三维坐标测量装置的测长仪器，均可实现平面角度的坐标测量，而一维测长仪器一般仅用于后述的平台测量。由于长度测量可达到很高的精度，所以通过测长间接测角有时比直接测角精度高，特别是小角度测量时表现得较为明显。

1. 接触式测量 图 6-12 所示是用三坐标测量机测量外锥体锥度的采样点示意图。测量时应尽可能选择靠近锥体两端的横截面 $A$、$B$ 为测量截面，即使轴向间距 $l$ 尽可能的大，每个截面上各测三点坐标$(x_{A1},y_{A1},z_A)$、$(x_{A2},y_{A2},z_A)$、$(x_{A3},y_{A3},z_A)$、$(x_{B1},y_{B1},z_B)$、$(x_{B2},y_{B2},z_B)$、$(x_{B3},y_{B3},z_B)$，由式(5-1)求得圆 $A$、圆 $B$ 的圆心坐标$(x_{A0},y_{A0},z_{A0})$和$(x_{B0},y_{B0},z_{B0})$，继而算得直径分别为

$$d_A=2r_A=2\sqrt{(x_{A1}-x_{A0})^2+(y_{A1}-y_{A0})^2}$$

和

$$d_B=2r_B=2\sqrt{(x_{B1}-x_{B0})^2+(y_{B1}-y_{B0})^2}$$

锥体的锥度 $K$ 可用下式求得：

$$K=\frac{|d_A-d_B|}{l} \tag{6-10}$$

用双坐标测量仪也可实现上述测量，如在工具显微镜上，用光学灵敏杠杆测孔径的方法可测得内锥体的锥度，测量原理如图 6-13 所示。将锥体在工作台上定位，且必须锥孔大端朝上。先在靠近大端处测得直径 $D_1$，再在被测锥的下面垫上尺寸为 $H$ 的量块，并保持测头纵向位置不变，测得靠近锥体小端处的截面直径 $D_2$，则所测内锥的锥度即为

$$K=\frac{D_1-D_2}{H} \tag{6-11}$$

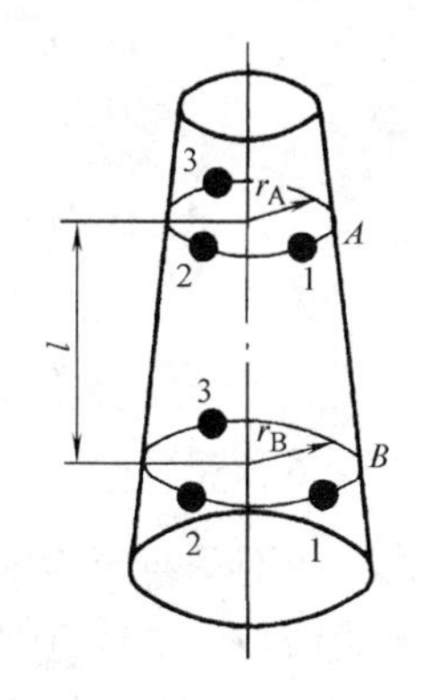


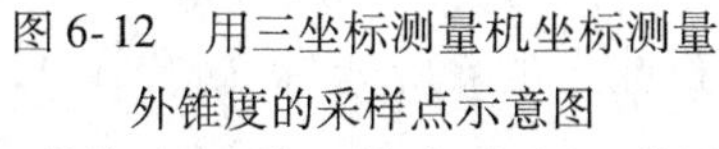
图 6-12 用三坐标测量机坐标测量外锥度的采样点示意图

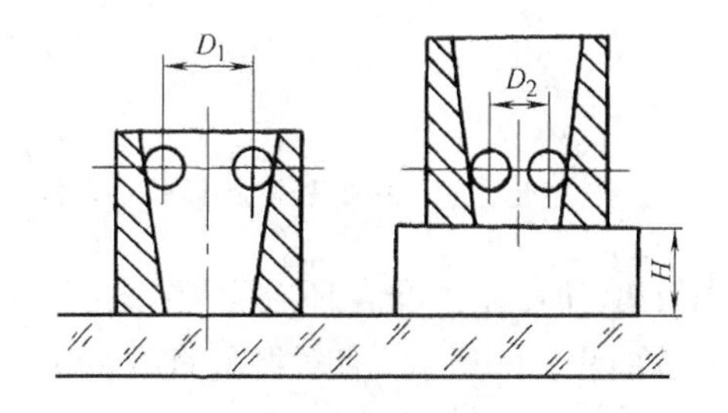


图 6-13 工具显微镜测量内锥锥度示意图

2. 影像法测量 粉末冶金工艺可制作具有复杂形状的小型薄板零件，其尺寸检测多需借助于基于影像法原理的测量仪器。很多二维坐标测量仪没有配备专用的测角转台，实现角度测量具有一定的难度，不同的测量方案直接影响测量精度。现以图 6-14 所示零件为例，说明影像坐标测量法在角度测量中的应用。

图 6-14 所示零件有 3 项角度测量任务：$J_1=52°$，为包容腰形孔的圆心角；$J_2=34°$，

为腰形孔与直线边缘的角间距；$J_3=21.5°$，为两个孔中心连线与直线边缘的角间距。3个角度可由5个点$C_i$的坐标值（$x_{C_i}$，$y_{C_i}$）确定，其中3个轮廓点的坐标可直接测量，两个中心点的坐标需通过测量相应轮廓点的坐标间接获得。

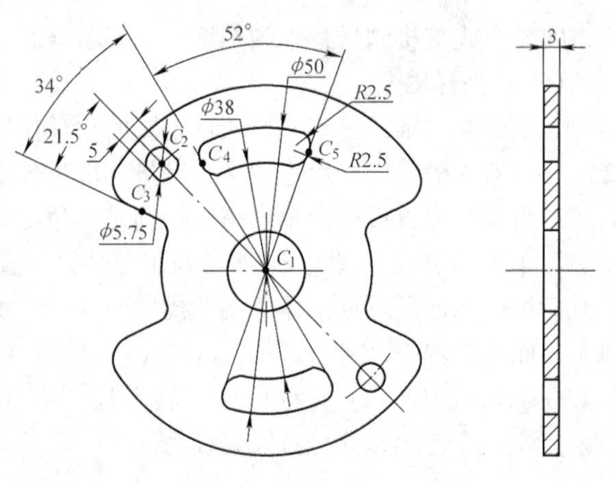


图6-14　被测工件与测量相关角度及尺寸示意图

由于腰形孔上的测量点$C_4$、$C_5$难以准确定位，因此需在角度测量前先通过辅助测量确定判断测量点位置的特征量$L_{i-1}$，$L_{i-1}$为$C_i$与$C_1$间的直线距离。腰形孔上采样点坐标信息获取方法示意图如图6-15所示。垂直移动十字瞄准线，使水平线分别与两侧腰形孔的上下边缘相切，$J_1$角度的测量点为相应腰形孔的切点；水平移动十字瞄准线，依次测出$x_1$、$x_2$、$x_3$，即可算出$L_{4-1}=x_1-(x_2+x_3)/2$。改变工件位置，重复上述步骤，可测得$L_{5-1}$。

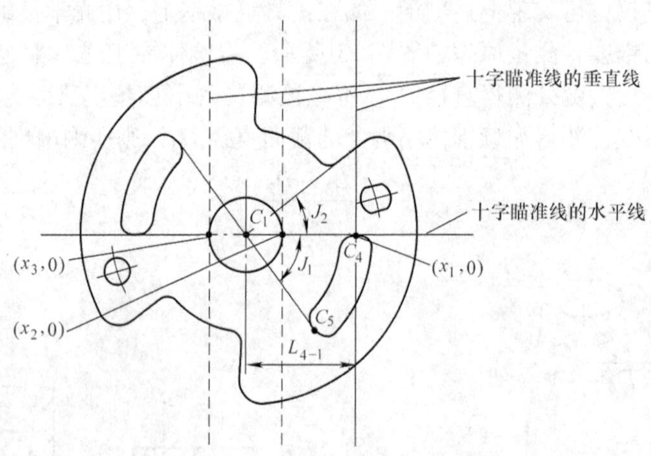


图6-15　腰形孔上采样点坐标信息获取方法示意图

测量角度时，选择能使所有测量点同时成像的最大倍率物镜；其他采样点坐标信息获取方法示意图如图6-16所示。使长孔的直线边缘与十字瞄准线的垂直线或水平线近似平行，则易于瞄准长孔上的对称测量点；且在整个测量过程中，保证工件不移动。测量步骤为：①测量圆孔上的3点坐标（$x_1$，$y_1$）、（$x_2$，$y_1$）、（$x_2$，$y_2$）和长孔上的4点坐标（$x_3$，$y_3$）、（$x_4$，$y_3$）、（$x_5$，$y_4$）、（$x_5$，$y_5$），计算得到（$x_{C1}$，$y_{C1}$）和（$x_{C2}$，$y_{C2}$）：$x_{C1}=(x_1+x_2)/2$，$y_{C1}=(y_1+y_2)/2$，$x_{C2}=(x_3+x_4)/2$，$y_{C2}=(y_4+y_5)/2$；②直接在直线边缘中部选测1点得（$x_{C3}$，$y_{C3}$）；③在$C_4$和$C_5$点附近扫描，依据$(x_{C4}-x_{C1})^2+(y_{C4}-y_{C1})^2=L_{4-1}^2$及$(x_{C5}-x_{C1})^2+(y_{C5}-y_{C1})^2=L_{5-1}^2$的准则，确定测量点位置及（$x_{C4}$，$y_{C4}$）和（$x_{C5}$，$y_{C5}$）。

计算被测角度：

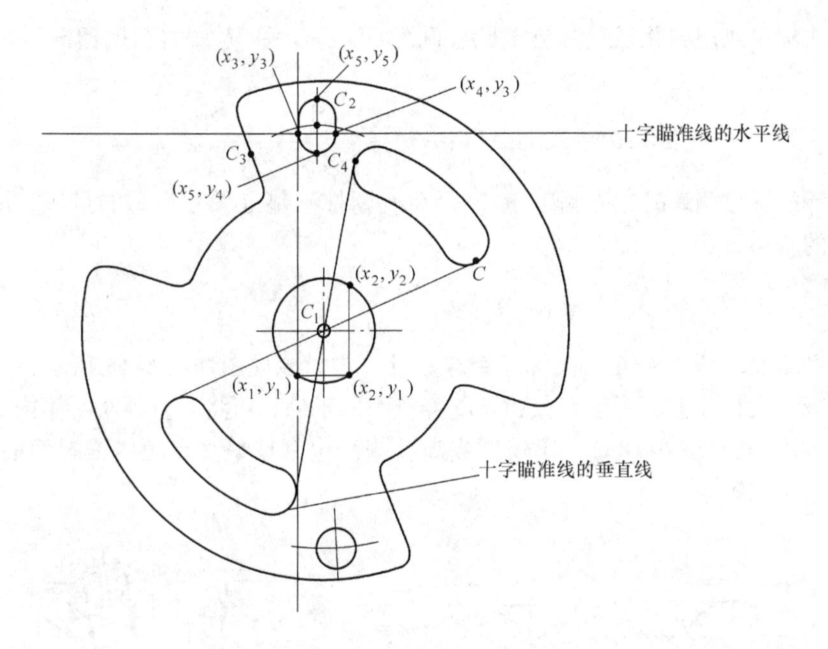


图 6-16　其他采样点坐标信息获取方法示意图

$$J_1 = \arctan\left(\frac{y_{C4} - y_{C1}}{x_{C4} - x_{C1}}\right) - \arctan\left(\frac{y_{C5} - y_{C1}}{x_{C5} - x_{C1}}\right)$$

$$J_2 = \arctan\left(\frac{y_{C3} - y_{C1}}{x_{C3} - x_{C1}}\right) - \arctan\left(\frac{y_{C4} - y_{C1}}{x_{C4} - x_{C1}}\right)$$

$$J_3 = \arctan\left(\frac{y_{C3} - y_{C1}}{x_{C3} - x_{C1}}\right) - \arctan\left(\frac{y_{C2} - y_{C1}}{x_{C2} - x_{C1}}\right)$$

### （二）平台测量

平台测量一般是利用通用的量具量仪（千分尺、卡尺、千分表、比较仪等）、长度基准（量块）、辅助量具（平板、平尺、直角尺、正弦规等）和其他辅具（标准圆柱、钢球等）来测量零件的长度尺寸和角度。由于测量在作为测量基准的平板上进行，因此称为平台测量。平台测量所用的器具较易获得，测量时对环境要求不高，在生产现场易于实现；若所用器具有足够的精度且又使用合理，还可达较高的测量精度；对于有些难以用仪器测量的复杂零件，平台测量往往是唯一可行的方法。但平台测量过程较麻烦，测量时间较长，不易实现自动化；另外平台测量为间接测量，数据处理较复杂，必须建立合适的正确的数学模型。下面举几例说明平台测量的基本方法。

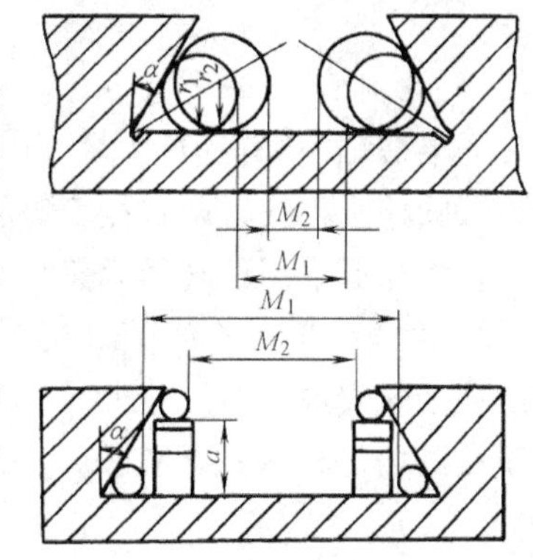


图 6-17　内燕尾槽斜角测量示意图

1. *用标准圆柱测量内燕尾槽的斜角*　测量内燕尾槽的斜角可用两对不等直径的标准圆柱测量，也可用一对相等直径的标准圆柱测量（见图 6-17）。

用两对不等直径圆柱测量时，将半径为 $r_1$ 和 $r_2$ 的圆柱先后塞进燕尾槽内，并紧靠燕尾槽两内斜面，用量块组试塞的方法确定或用测孔径量具测定圆柱间的间距 $M_1$ 和 $M_2$，内燕尾槽的斜角 $\alpha$ 可由下式确定：

$$\alpha = 90° - 2\arctan\left\{\frac{2(r_2 - r_1)}{[M_1 - M_2 - 2(r_2 - r_1)]}\right\} \tag{6-12}$$

用一对等径圆柱测量时，先测出 $M_1$，再在两圆柱下垫上尺寸为 $a$ 的量块，测出 $M_2$，则内燕尾槽的斜角 $\alpha$ 为

$$\alpha = \arctan\left[\frac{M_1 - M_2}{2a}\right] \tag{6-13}$$

2. 用标准钢球测量内锥角　用标准钢球测量内锥角原理图如图 6-18 所示，测量时内锥的小径在下，大径在上。对于直径和长度均较小的工件，可将一直径略小于内锥大端直径的单球放入内锥(见图 6-18a)，用仪器或高度规测出钢球最高点距内锥端面的距离 $N$，然后由下式求出内锥角 $\alpha$

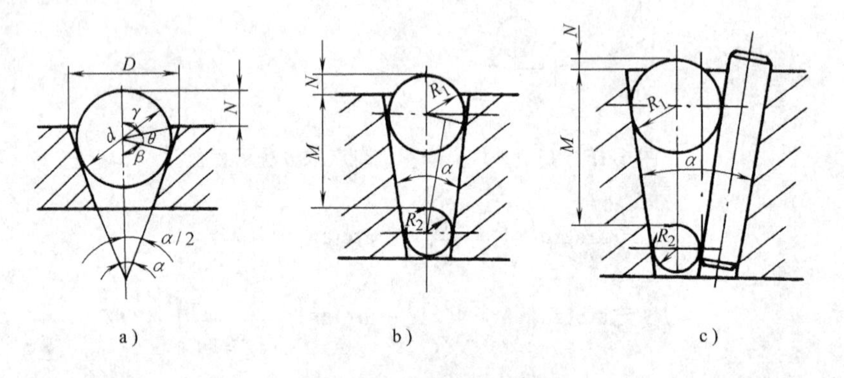


图 6-18　用标准钢球测量内锥孔锥角原理图

a）单球测量　b）双球测量　c）球柱配合测量

$$\alpha = 2(90° - \beta) \tag{6-14}$$

式中，$\beta = 180° - \gamma - \theta$，而 $\tan\gamma = (D/2)/[(d/2) - N]$，$\cos\theta = d\sin\gamma/D$。

对于较深的内锥孔，可用两个直径不等且直径介于内锥大、小直径之间的标准钢球测量(见图 6-18b)，用仪器或高度规先测出尺寸 $M$，再测出尺寸 $N$，由下式即可求 $\alpha$ 为

$$\alpha = 2\arcsin\left\{\frac{R_1 - R_2}{(M + N) - (R_1 - R_2)}\right\} \tag{6-15}$$

如果被测内锥直径较大，可将标准钢球和圆柱配合使用。(见图 6-18c)，先在内锥孔中放入圆柱，再放入两直径不等的标准钢球，先后测出尺寸 $M$ 和 $N$，则 $\alpha$ 仍用式(6-15)计算，而与标准圆柱直径无关。

3. 用正弦规测量角(锥)度　正弦规按正弦原理工作，即在平板工作面与正弦规一侧的圆柱之间安放一组尺寸为 $H$ 的量块，使正弦规工作面相对于平板工作面的倾斜角度 $\alpha_0$ 等于被测角(锥)度的公称值，(见图6-19)。量块尺寸 $H$ 由下式决定：

$$\sin\alpha_0 = \frac{H}{L} \tag{6-16}$$

将被测件安放在正弦规工作面上，用正弦规前挡板或侧挡板正确定位，使被测角位于

与正弦规圆柱轴线垂直的平面内。若被测角的实际值 $\alpha$ 与公称值 $\alpha_0$ 一致，则角度块上表面或圆锥的上素线与平板工作面平行；若被测角有偏差即 $\Delta\alpha \neq 0$，则在平台上移动测微计，可测得被测角上边线两端的高度差。设两个测量位置的间距为 $l$（单位为 mm），测微计在两个位置的读数值分别为 $n_1$、$n_2$（单位为 μm），则被测角偏差 $\Delta\alpha$(rad) 为

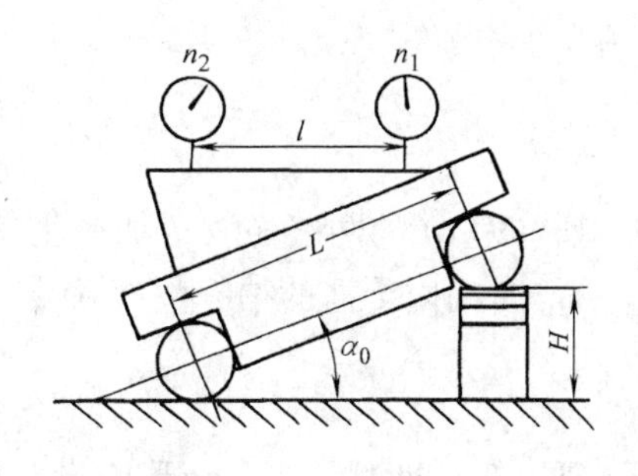

图 6-19　正弦规测量角(锥)度示意图

$$\Delta\alpha = \frac{n_2 - n_1}{l}$$

或用(″)为单位表示为

$$\Delta\alpha = 206\,\frac{n_2 - n_1}{l} \tag{6-17}$$

须注意：仅当按图示顺序测量时，$\Delta\alpha$ 的正、负才与被测角偏差的正、负相一致。被测角度

$$\alpha = \alpha_0 + \Delta\alpha \tag{6-18}$$

被测角度 $\alpha$ 越大，测量误差越大。为保证测角精度，大于 45°的被测角不宜使用正弦规测量。

**（三）其他测量方法**

除了可通过测量长度间接测量角度以外，还可通过测量角位移、角速度、角加速度等参数的方法确定被测角度。下面简单介绍基于萨克纳克(Sagnac)效应的环形激光测量法。

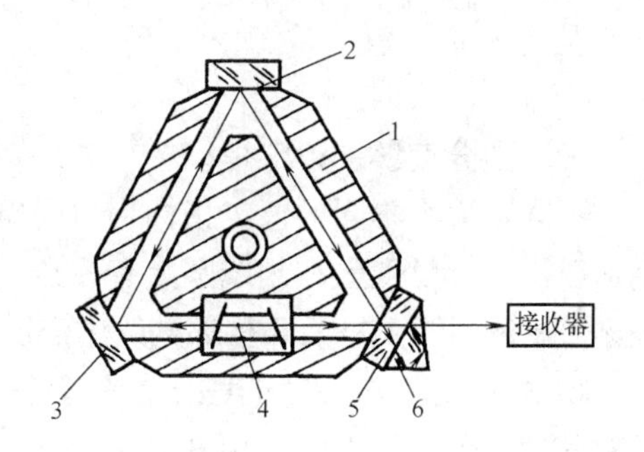

图 6-20　环形激光器结构示意图

环形激光器结构示意图如图 6-20 所示，其由等边三角形(或四边形等)的光学谐振腔 1 和位于腔管内的氦—氖气体放电管 4 组成。谐振腔由腔管和反射镜组成闭合回路，反射镜 2、3 是全反射镜，反射镜 5 允许少量光线透射。气体放电管的两端都发出激光，一束顺时针方向传播，另一束逆时针方向传播，棱镜 6 将两束光中透过反射镜 5 的部分合成一束，射向接收器。接收器由光电转换元件和频率检测装置组成。

如果环形激光器静止不动，则顺时针传播的光与逆时针传播的光光程相等，均为激光器闭合腔长度 $L$，因此它们具有相同的频率 $f$。如果环形激光器以一定的角速度转动，则逆向传播的两束光将产生光程差，且光程差的大小 $\Delta L$ 与激光器旋转的角速度 $\omega$ 成正比。由光程差 $\Delta L$ 引起的两束光的频率差 $\Delta f$ 与角速度 $\omega$ 的关系为

$$\Delta f = \frac{4A\omega}{\lambda L} \tag{6-19}$$

式中，$A$ 为环形激光器光路所包围的面积；对一确定的环形激光器，$A$、$\lambda$、$L$ 均为常数。

将上式中的 $\omega$ 对时间积分，可得在时间 $(t_2 - t_1)$ 内，环形激光器相对于惯性系统的转

角为

$$\theta = \int_{t_1}^{t_2} \omega \mathrm{d}t = \int_{t_1}^{t_2} \left(\frac{L\lambda \Delta f}{4A}\right) \mathrm{d}t \tag{6-20}$$

频差为 $\Delta f$ 的两路光波迭加产生拍频信号，频差 $\Delta f$ 对时间的积分，可由拍频信号在 $(t_2 - t_1)$ 时间内传播的拍频数 $N$ 确定，即

$$\theta = \frac{N\lambda L}{4A} \tag{6-21}$$

所以在角度测量中，环形激光器、被测工件均与工作台同步旋转，用接收器接收激光器旋转时产生的光波拍频信号。通过仪器对工件的两次瞄准信号，对接收器的开关时间 $(t_2 - t_1)$ 加以控制，然后由测频装置确定 $\Delta f$ 的正负（辨别旋转方向）及所接收到的拍频数 $N$。

## 第三节　圆分度误差的测量

圆分度即为将整个圆周进行等分，很多工件的几何要素均具有圆分度的特性。例如，仪器上的度盘、圆光栅、圆磁栅，用作角度基准的多面棱体、多齿分度盘，机床及仪器中的常用重要零件齿轮、蜗轮，以及有分度要求的花键和法兰盘上的均布孔等。

这些零件上具有圆分度特性的几何要素的实际角位置确定和位置误差检测，均涉及圆分度误差测量。

### 一、圆分度误差评定指标

不同零件有不同的评定指标，但同类指标的定义还是很相似的，所以下面仅以度盘为例加以说明。设度盘在刻线圆上有一条“0”刻线，表示圆周角的零位，在整个圆周上均匀刻着 $s$ 条刻线，每两条相邻刻线中心所夹的圆心角表示一个角度间隔。

1. 圆分度误差　圆分度误差是指各分度刻线（或具有分度特性的几何要素）的实际位置对其理论位置的偏差。用 $\theta_i$ 表示。

圆分度误差有正负值。以刻线的理论位置为准，实际刻线在角度增加的一侧，则圆分度误差为正，反之为负。如图6-21所示，$\theta_0$ 为正值，$\theta_1$ 为负值，$\theta_2$ 为零。

圆分度误差的大小取决于刻线的理论位置。用于质量评定的刻线理论位置是以全部圆分度误差之和等于零为条件来确定的。即根据该理论位置确定的刻线误差具有

$$\sum_{i=0}^{s-1} \theta_i = 0 \tag{6-22}$$

的特性，且由该理论位置得到的圆分度误差是唯一确定的。

2. 零起分度误差　以零刻线的实际位置为基准，确定全部刻线的理论位置，并由此求得的分度误差称为零起分度误差，用 $\theta_{0,i}$ 表示。零起分度误差的一般表达式为

$$\theta_{0,i} = \theta_i - \theta_0 \tag{6-23}$$

根据零起刻线误差的定义，有 $\theta_{0,0}$ 等于零。

对于没有确定零位的零件，也可任取一分度几何要素的实际位置作为相对零位基准来

确定零起分度误差。

由于在测量中直接确定符合圆分度误差定义的刻线的理论位置很困难，所以大多数测量中，均先测出刻线的零起分度误差，然后再算出用于质量评定的唯一确定的圆分度误差。计算公式为

$$\theta_i = \theta_{0,i} - \frac{\sum_{i=0}^{s-1} \theta_{0,i}}{s} \tag{6-24}$$

3. *分度间隔误差*　度盘上相邻两刻线之间的角距离称为间隔，实际间隔角度值 $\varphi_{i,i+1}$ 与理论间隔角度值 $\varphi_0$ 之差即为分度间隔误差（如图 6-21 所示），用 $f_i$ 表示。分度间隔误差的一般表达式为

$$f_i = \theta_{i+1} - \theta_i \tag{6-25}$$

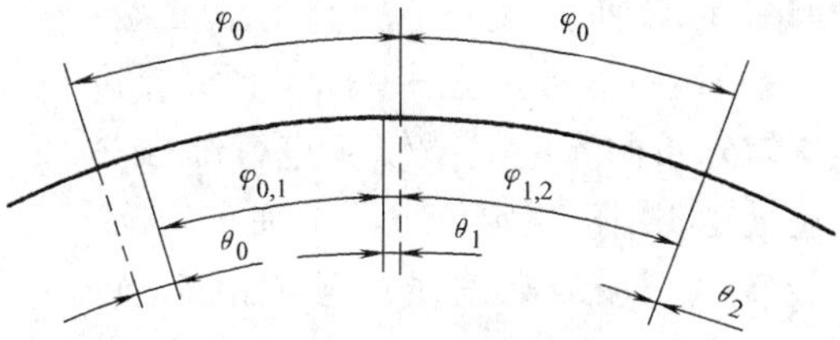

图 6-21　圆分度误差示意图

式中，$i$ 为间隔起始端刻线的序号。

分度间隔的实际值大于它的理论值，则间隔误差为正，反之为负。分度间隔误差与零起分度误差的关系为

$$f_i = \theta_{0,i+1} - \theta_{0,i} \tag{6-26}$$

分度间隔误差也具有圆周封闭性，即

$$\sum_{i=0}^{s-1} f_i = 0$$

任意两刻线组成的间隔称为任意间隔。度盘和测角仪器精度的一个重要评定指标——最大分度间隔误差 $F_{\max}$，实为任意间隔的最大误差，即

$$F_{\max} = \theta_{i\max} - \theta_{i\min} \tag{6-27}$$

非度盘类零件的间隔误差有可能用其他名字，如齿轮的分度间隔误差称为齿距误差，最大分度间隔误差称为齿距累积误差。

4. *直径误差*　为减小度盘圆分度误差对测量的影响，很多测角仪器或瞄准度盘对径位置上两刻线的平均位置读数，或在对径位置上安置两个读数显微镜取其读数的平均值作为测得值。这时度盘的分度精度不再以单个刻线误差作指标，而以度盘对径位置上两刻线分度误差的平均值作指标，该平均值即为直径误差，用 $(\varphi_i)$ 表示。直径误差的一般表达式为

$$(\varphi_i) = \frac{\theta_i + \theta_{i \pm s/2}}{2} \tag{6-28}$$

直径误差也有正负值，且 0°～180°和 180°～360°区域内刻线的直径误差是重复相等的。

## 二、圆分度误差的绝对测量

圆分度误差绝对测量使用的是角度绝对测量仪器，如测角仪、分度头等。由仪器直接读得的为各分度元素的零起位置误差，也即分度间隔累积误差，具体的对于度盘为零起刻

线误差或直径误差，对于多面棱体为工作角的实际偏差，而对于齿轮应为齿距的累积误差。如果需要，可由读数值确定其他精度评定参数的大小。下面举例说明圆分度误差的绝对测量方法及其数据处理。

1. *用光电式度盘检查仪测量被检度盘的直径误差* 光电式度盘检查仪的基本结构如图6-22所示。为了提高基准度盘1的定位精度，基准度盘采用了5个在圆周上均匀分布的光电显微镜4进行瞄准。光电显微镜3用作粗定位，即主轴6先较快地旋转直至被瞄准刻线被显微镜3瞄准，显微镜3发出信号使主轴转动速度变慢且使5个精定位光电显微镜开始工作。5个光电显微镜各自瞄准相应的刻线并输出信号，用5路信号的合成信号控制主轴转动，直至合成信号为零，这时瞄准的是5根刻线的平均位置，由此可消除基准度盘刻线误差中除5和5的倍数以外的各次谐波分量对测量结果的影响，提高了基准度盘的分度精度。主轴停止转动后，控制系统对瞄准被测度盘2的两台对径安置的光电显微镜5发出读数指令，计算两光电显微镜读数的平均值即可求得被瞄准刻线的零起直径误差。

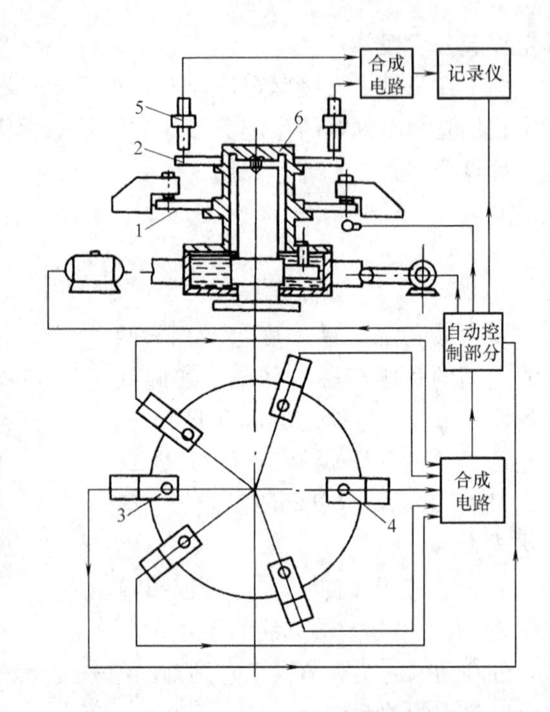


图6-22 光电式度盘检查仪测量示意图

根据零起直径误差的测得值可计算得到直径误差、直径间隔误差等，并确定各类误差的最大值。表6-1为数据处理举例，直接测量的是一度盘24根对径刻线的直径误差。

**表6-1 度盘分度误差检定数据处理**

| 盘度刻度 /(°) | 零起直径误差 $(\varphi_{0,i})$/(″) | 直径误差 $(\varphi_i)$/(″) | 直径间隔误差 $f(\varphi)_i$/(″) | 盘度刻度 /(°) | 零起直径误差 $(\varphi_{0,i})$/(″) | 直径误差 $(\varphi_i)$/(″) | 直径间隔误差 $f(\varphi)_i$/(″) |
|---|---|---|---|---|---|---|---|
| 0 | 0 | -0.2 | | 90 | +0.2 | 0 | +0.05 |
| 15 | -0.2 | -0.4 | -0.2 | 105 | +0.4 | +0.2 | +0.2 |
| 30 | +0.1 | -0.1 | +0.3 | 120 | +0.8 | +0.6 | +0.4 |
| 45 | -0.25 | -0.45 | -0.35 | 135 | +0.85 | +0.65 | +0.05 |
| 60 | +0.05 | -0.15 | +0.3 | 150 | +0.3 | +0.1 | -0.55 |
| 75 | +0.15 | -0.05 | +0.1 | 165 | 0 | -0.2 | -0.3 |

注：$(\varphi_{0,i})=(\varphi_i)-(\varphi_0)$；$f(\varphi)_i=(\varphi_{i+1})-(\varphi_i)$。

2. *用通用测角仪器测量齿轮的齿距误差* 用光学分度头、多齿分度盘等通用测角仪器配以长度测微或定位装置，即可实现齿轮齿距误差的绝对测量，图6-23为其测量示意图。

用通用仪器测量齿轮齿距常用方法有两种：一是用长度测微装置定位，在分度装置上读出齿距角的累积值，继而求出齿距角偏差的累积值，单位一般为(″)；二是用分度装置定位，用长度测微装置读数，直接读得齿距偏差的累积值，单位为 mm 或 μm。两种方法实质相同，可根据情况选用。下面以光学分度头配测微表测量为例，其采用测微表定位、分度头读数的测量方法。

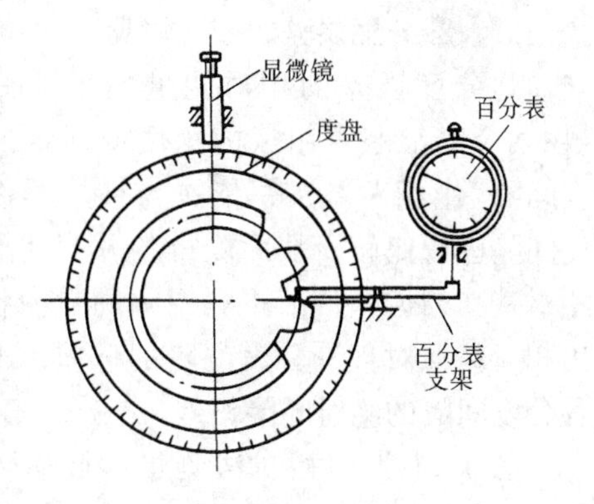


图 6-23 齿距误差绝对法测量示意图

将带有测量心轴的被测齿轮装在分度头的两顶尖之间。分度头读数调至 0°位置，使测微表的测头在起始齿分度圆处与齿面接触，再将测微表调零。然后依次使测微表测头与第 2、第 3、…、第 $z$ 个被测齿面在分度圆处接触，每次都微调齿轮的角位置，使测微表示值为零，并从分度头上读得各齿面的角位置值，此即为各被测齿面与起测齿面间的实际齿距角累积值 $\Sigma\alpha_i$，其与理论齿距角累积值 $i\times360°/z$ 之差即为各齿的齿距角偏差累积值 $\Delta\alpha_{\Sigma i}$，单位为(″)，即

$$\Delta\alpha_{\Sigma i}=\Sigma\alpha_i-i\times360°/z \tag{6-29}$$

由于齿距误差是以分度圆弧长偏差来定义的，所以齿距角偏差累积值还需进一步换算成线量，即换算成齿距偏差累积值

$$\Delta F_{pi}=\frac{r\Delta\alpha_{\Sigma i}}{206.265} \tag{6-30}$$

式中，$r$ 为被测齿轮的分度圆半径（单位为 mm），$r=mz/2$。

由 $\Delta F_{pi}$ 可进一步确定齿轮分度误差评定指标——齿距偏差 $\Delta f_{pt}$ 和齿距累积误差 $\Delta F_p$ 的大小。表 6-2 给出了一个被测齿轮($z=10,m=1.8$)齿距累积误差 $\Delta F_p$ 和齿距偏差 $\Delta f_{pt}$ 的测量读数及数据处理结果。

显然，如果采用分度头定位、测微仪读数的方法，便可直接测得线量 $\Delta F_{pi}$，所以数据处理比第一种方法简单。

**表 6-2 绝对法测量齿距误差数据处理举例**

| 齿序 $i$ | 理论齿距角累积值 $i\times360°/z$ | 实测齿距角累积值 $\Sigma\alpha_i$ | 齿距角偏差累计值 $\Delta\alpha_{\Sigma i}/(″)$ | 零起齿距偏差累计值 $\Delta F_{0pi}/\mu m$ | 齿距偏差 $\Delta f_{pti}/\mu m$ | 测量结果 |
|---|---|---|---|---|---|---|
| 1 | 0° | 0° | 0 | 0 | 2.62 | $\Delta F_p=\max(\Delta F_{0pi})-\min(\Delta F_{0pi})$ $=(10.47+7.85)\mu m$ $=18.32\mu m$ $\Delta f_{pt}=\max\vert\Delta f_{pti}\vert$ $=7.85\mu m$ |
| 2 | 36° | 36°1′ | 60 | 2.62 | 2.62 | |
| 3 | 72° | 72°2′ | 120 | 5.24 | 2.62 | |
| 4 | 108° | 108°3′ | 180 | 7.85 | 2.61 | |
| 5 | 144° | 144°4′ | 240 | 10.47 | 2.62 | |
| 6 | 180° | 180°1′ | 60 | 2.62 | -7.85 | |
| 7 | 216° | 216°0′ | 0 | 0 | -2.62 | |
| 8 | 252° | 251°58′ | -120 | -5.24 | -5.24 | |
| 9 | 288° | 287°57′ | -180 | -7.85 | -2.61 | |
| 10 | 324° | 323°59′ | -60 | -2.62 | 5.23 | |

### 三、圆分度误差的相对测量

圆分度误差的相对测量是用某一个定角(由两个瞄准装置组成的角度或任选的一个分度间隔)作相对基准，依次与被检器件的各分度间隔进行比较，从而测得各分度间隔相对于相对基准的偏差值。再利用圆周封闭特性，求出相对基准对理论分度间隔的偏差，继而求得各分度间隔的绝对间隔偏差。

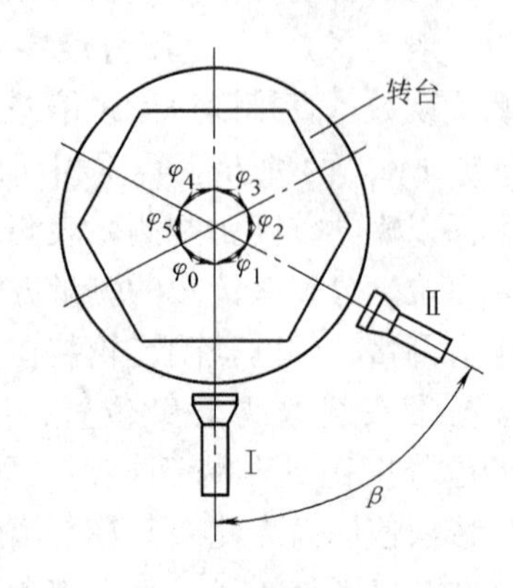


图6-24 用相对法测量多面棱体示意图

图6-24为用相对法测量多面棱体的示意图，定角为两精度相等的自准直仪光轴组成的夹角$\beta$。$\beta$不要求已知，但在测量过程中应保持恒定，测量时将其依次与被测棱体各相邻工作面法线间的夹角$\varphi_i$进行比较。用自准直仪Ⅰ定位，自准直仪Ⅱ读数，共读得6个读数$a_1$、$a_2$、…、$a_6$，则应有

$$\varphi_1-\beta=a_1$$
$$\varphi_2-\beta=a_2$$
$$\vdots$$
$$\varphi_n-\beta=a_6$$

由圆周封闭特性可知

$$\sum_{i=1}^{6}\varphi_i=360°$$

所以得

$$\beta=\frac{360°}{6}-\frac{\sum_{i=1}^{6}a_i}{6} \tag{6-31}$$

各被测角间隔即为

$$\varphi_i=\beta+a_i \tag{6-32}$$

图6-25所示为在万能测齿仪上用相对法测量齿距误差。由于齿轮分度误差的评定参数齿距偏差$\Delta f_{pt}$和齿距累积误差$\Delta F_p$均是在分度圆弧长方向定义的，所以在此用长度偏差测量代替角度偏差测量。将被测齿轮装在合适的心轴上，用仪器的上、下顶尖定位。根据被测齿轮参数选择一对具有合适直径的球测头装在测头架上，通过调整，使两测头在齿宽中部与两相邻被测齿廓

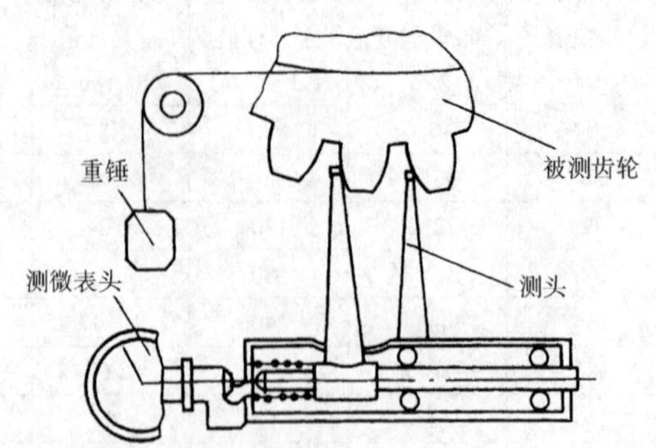


图6-25 万能测齿仪相对法测量齿距误差示意图

分度圆附近的同一圆周处接触。以任意起测齿的齿距作为相对基准，即调整测微表使第一个读数 $a_1=0$，然后依次测量其他齿距，测得各齿距相对于相对基准齿距的偏差值 $a_i$。$a_i$ 应等于各齿距的绝对偏差 $\Delta f_{pti}$ 与相对基准的齿距偏差 $\Delta f_{pt1}$ 的差值

$$a_i=\Delta f_{pti}-\Delta f_{pt1} \tag{6-33}$$

且齿距偏差 $\Delta f_{pti}$ 也具有圆周封闭特性，即当被测齿轮齿数为 $z$ 时，有

$$\sum_{i=1}^{z}\Delta f_{pti}=0$$

所以

$$\Delta f_{pt1}=-\frac{\sum\limits_{i=1}^{z}a_i}{z} \tag{6-34}$$

$$\Delta f_{pti}=a_i-\frac{\sum\limits_{i=1}^{z}a_i}{z} \tag{6-35}$$

若需求被测齿轮的齿距累积误差 $\Delta F_p$，可先求各齿的齿距偏差累积值即

$$\Delta F_{pi}=\sum_{j=1}^{i}\Delta f_{pti} \tag{6-36}$$

则

$$\Delta F_p=\max(\Delta F_{pi})-\min(\Delta F_{pi}) \tag{6-37}$$

### 四、圆分度误差的组合测量

当不具备高精度的圆分度标准件，无法采用绝对测量法且相对法测量的精度也达不到要求时，可考虑采用组合测量来提高测量精度。常用的组合测量法有全组合常角法和排列互比法，这两种方法都具有不需要使用高精度标准分度器件即可实现高精度测量的优点，但它们的测量过程较复杂，数据处理也较其他方法繁琐。下面仅介绍全组合常角法的测量步骤及数据处理方法。

全组合常角法是选取 $m$ 个适当的常角(不要求角值准确，但要求角值稳定)，分别与被测件上各相应的分度间隔作整周封闭比较测量，由测得值建立 $m$ 组测量方程，然后按最小二乘法原理等权求得各分度误差值。以全组合常角法测量正六面棱体为例。如图 6-26 所示，将被测棱体安置在圆转台上，且使棱体中心与转台中心重合。两台用于瞄准的自准直仪的光轴组成所需的常角，与被瞄准的两工作面法线

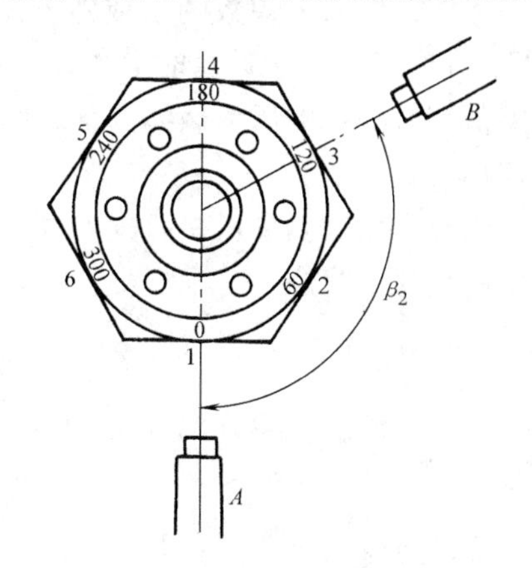


图 6-26　用全组合常角法测量多面棱体示意图

夹角进行比较测量。

测量六面棱体，需组成5个常角，它们的公称值是$\beta_1=60°$、$\beta_2=120°$、$\beta_3=180°$、$\beta_4=240°$、$\beta_5=300°$，即与六面棱体的5个工作角相等。整个测量过程包括5个测回。第一测回，自准直仪$A$依次瞄准第1、2、3、4、5、6工作面定位，自准值仪$B$依次瞄准第2、3、4、5、6、1工作面读数，测得$\theta_{1,1}$、$\theta_{1,2},\cdots,\theta_{1,6}$共6个数值，设棱体各工作面法线的位置误差为$\Delta\alpha_1,\Delta\alpha_2,\cdots,\Delta\alpha_6$，各常角的偏差值为$\Delta\beta_1,\Delta\beta_2,\cdots,\Delta\beta_5$，则根据测回1的读数可建立如下测量方程式

$$\begin{gathered}\Delta\alpha_2-\Delta\alpha_1-\Delta\beta_1=\theta_{1,1}\\ \Delta\alpha_3-\Delta\alpha_2-\Delta\beta_1=\theta_{1,2}\\ \vdots\\ \Delta\alpha_1-\Delta\alpha_6-\Delta\beta_1=\theta_{1,6}\end{gathered}$$

由以上方程组可解得

$$\Delta\beta_1=-\frac{1}{6}\sum_{i=1}^{6}\theta_{1,i}$$

用与第1测回相同的步骤进行第2、3、4、5测回的测量，共可获得30个测量方程，其通式可写成

$$\Delta\alpha_{i+j}-\Delta\alpha_i-\Delta\beta_j=\theta_{j,i} \tag{6-38}$$

式中，$i=1\sim6$，$j=1\sim5$；当$i+j>n$时取$i+j=i+j-n$。

同理常角偏差的计算通式可写成

$$\Delta\beta_j=-\frac{1}{6}\sum_{i=1}^{6}\theta_{j,i} \tag{6-39}$$

式中，$j=1\sim5$。

测量方程组中的其他6个未知数$\Delta\alpha_1$、$\Delta\alpha_2$、$\cdots$、$\Delta\alpha_6$应由最小二乘法理论解出，即首先将测量方程组转化成误差方程组，再导出与未知数数目相等的法方程式组。解得法方程式的唯一一组解，即为未知数的最或然解。这一计算过程可用计算机实现，也可借助于表6-3进行人工处理。由于计算时取$\Delta\alpha_1=0$，所以求得的$\Delta\alpha_2$、$\cdots$、$\Delta\alpha_6$即为被测棱体各工作角的偏差值（设图6-26所示棱体测量时作顺时针旋转，且仪器读数值的增减规律与被测角的增减规律一致）。

用全组合常角法测量正$n$面棱体时，应组成$(n-1)$个常角，测得$n(n-1)$个测量值。表6-3中的公式应写成

$$\Delta\beta_j=\frac{-t_j}{n} \tag{6-40}$$

$$\Delta\alpha_i=\frac{R_i-R_1}{2n} \tag{6-41}$$

式中，$j=1,2,\cdots,n-1$；$i=1,2,\cdots,n$。

表 6-3　全组合常角法数据处理表格

| 横行和 $q_i=\sum\limits_{j=1}^{n-1}\theta_{ji}$ | 常角 | $\beta_1$ | $\beta_2$ | $\beta_3$ | $\beta_4$ | $\beta_5$ |
|---|---|---|---|---|---|---|
| | 测回 | 一 | 二 | 三 | 四 | 五 |
| | 棱体面号 | 测量值 | | | | |
| $q_1$ | 1 | 2 $\theta_{1,1}$ | 3 $\theta_{2,1}$ | 4 $\theta_{3,1}$ | 5 $\theta_{4,1}$ | 6 $\theta_{5,1}$ |
| $q_2$ | 2 | 3 $\theta_{1,2}$ | 4 $\theta_{2,2}$ | 5 $\theta_{3,2}$ | 6 $\theta_{4,2}$ | 1 $\theta_{5,2}$ |
| $q_3$ | 3 | 4 $\theta_{1,3}$ | 5 $\theta_{2,3}$ | 6 $\theta_{3,3}$ | 1 $\theta_{4,3}$ | 2 $\theta_{5,3}$ |
| $q_4$ | 4 | 5 $\theta_{1,4}$ | 6 $\theta_{2,4}$ | 1 $\theta_{3,4}$ | 2 $\theta_{4,4}$ | 3 $\theta_{5,4}$ |
| $q_5$ | 5 | 6 $\theta_{1,5}$ | 1 $\theta_{2,5}$ | 2 $\theta_{3,5}$ | 3 $\theta_{4,5}$ | 4 $\theta_{5,5}$ |
| $q_6$ | 6 | 1 $\theta_{1,6}$ | 2 $\theta_{2,6}$ | 3 $\theta_{3,6}$ | 4 $\theta_{4,6}$ | 5 $\theta_{5,6}$ |
| 竖行和 $t_j=\sum\limits_{i=1}^{n}\theta_{ji}$ | | $t_1$ | $t_2$ | $t_3$ | $t_4$ | $t_5$ |
| 常角偏差　$\Delta\beta_j=-t_j/6$ | | $\Delta\beta_1$ | $\Delta\beta_2$ | $\Delta\beta_3$ | $\Delta\beta_4$ | $\Delta\beta_5$ |
| 斜行和 $p_i$(按左上角序号) | $p_1$ | $p_2$ | $p_3$ | $p_4$ | $p_5$ | $p_6$ |
| $R_i=p_i-q_i$ | $R_1$ | $R_2$ | $R_3$ | $R_4$ | $R_5$ | $R_6$ |
| 棱体分度误差 $\Delta\alpha_i=(R_i-R_1)/12$ | $\Delta\alpha_1=0$ | $\Delta\alpha_2$ | $\Delta\alpha_3$ | $\Delta\alpha_4$ | $\Delta\alpha_5$ | $\Delta\alpha_6$ |

## 第四节　角位移量的测量

角位移量即为相对于一个选定参考系的角度变化量，所以前面所述的测量角度的原理和方法大多也可实现角位移量的动、静态测量。

### 一、单自由度角位移的测量

前面介绍的能用于角度动态测量的圆分度标准件如圆光栅、圆磁栅、圆感应同步器、码盘等，均可作为角位移的感受元件，可动态测量小角度的激光小角度测量仪等也可用于小角位移的测量，另外在机床、汽车等领域还经常使用一些分辨率不是很高但动态特性很好的传感器实现转角的测量。

1. *旋转变压器*　旋转变压器可测量360°角位移，常用来直接测量加工机械中丝杠的转角。旋转变压器结构类似于小型交流电动机，由定子和转子组成。定子绕组为变压器一次侧，转子绕组为变压器二次侧。给定子绕组加上 $u=u_{\mathrm{m}}\sin\omega t$ 的励磁电压，式中 $u_{\mathrm{m}}$ 为励磁电压的幅值，励磁电压频率 $\omega$ 通常为400Hz、500Hz、2000Hz或5000Hz，通过电磁耦合，转子绕组中会产生感应电动势。

设变压器的电压比为 $n$。如图 6-27a 所示，当转子旋转至其绕组磁轴与定子绕组的磁轴成 $\theta$ 角时，转子绕组中的感应电动势为

$$e = nu\cos\theta = nu_{\mathrm{m}}\sin\omega t\cos\theta \tag{6-42}$$

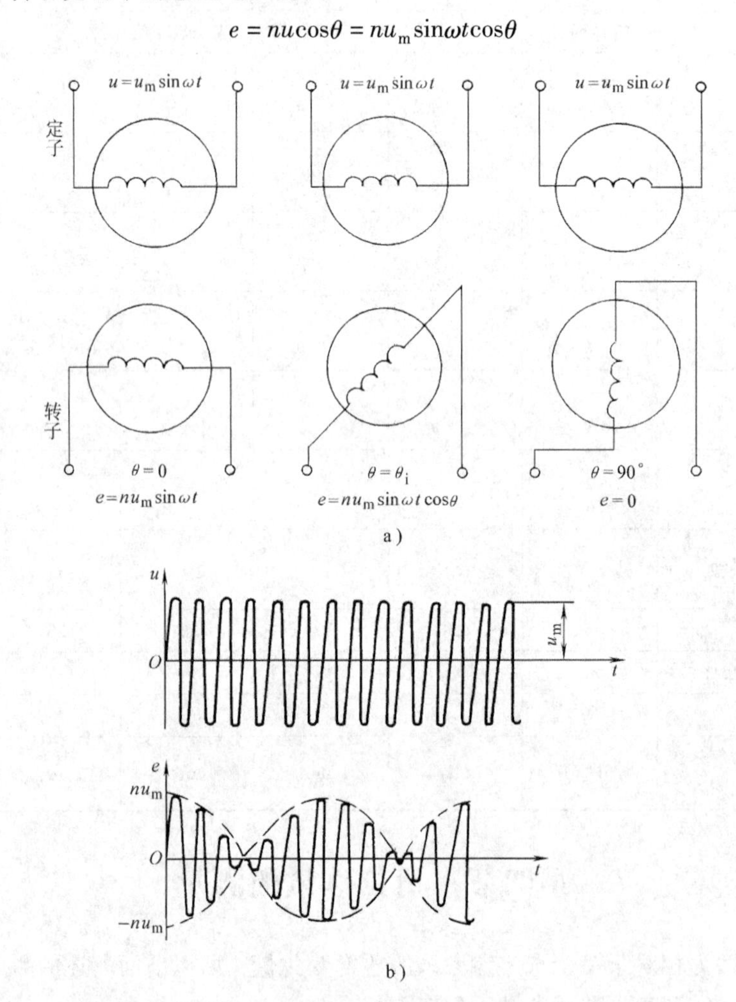


图 6-27　旋转变压器工作原理

a）定子与转子瞬态对应位置示意图　b）励磁电压与感应电动势波形图

$\theta=0$ 即当转子旋转至其绕组磁轴与定子绕组磁轴同轴时，转子绕组中的感应电动势最大，为 $e = nu_{\mathrm{m}}\sin\omega t$；$\theta=90°$ 即当转子旋转至其绕组磁轴与定子绕组磁轴垂直时，转子绕组的感应电动势为零。由图 6-27b 可知，感应电动势的频率和相位与励磁电压相同，而感应电动势的幅值随着转子绕组的位置，即 $\theta$ 角的大小变化而变化。因此通过测量转子输出电压的幅值，即可测得转子的角位移。

实践中应用较多的是正余弦旋转变压器，其定子和转子各为相互垂直的两个绕组。如图 6-28 所示，当两个励磁电压相位差为 90°时，应用迭加原理，转子每个绕组上的合成感应电动势分别为

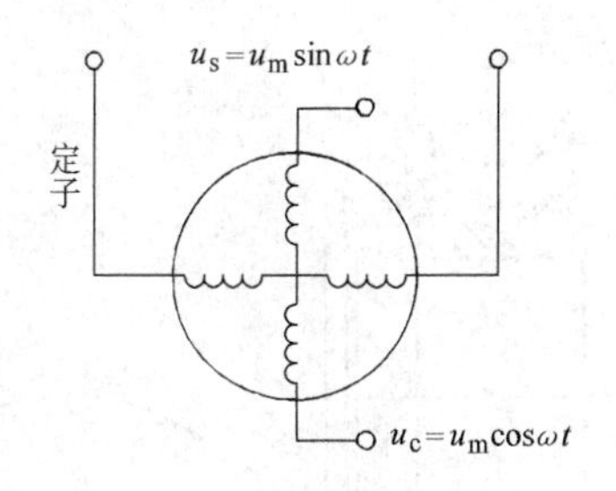

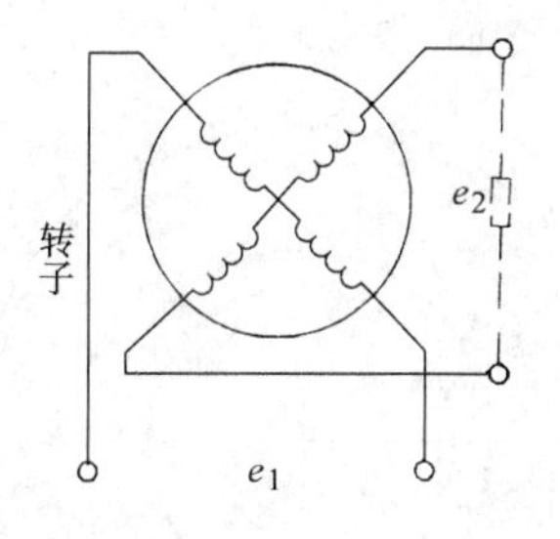


图 6-28　正余弦旋转变压器

$$e_1 = nu_m\sin\omega t\cos\theta + nu_m\cos\omega t\sin\theta = nu_m\sin(\omega t+\theta) \tag{6-43}$$

$$e_2 = nu_m\sin\omega t\cos\theta - nu_m\cos\omega t\sin\theta = nu_m\sin(\omega t-\theta) \tag{6-44}$$

将式(6-43)、式(6-44)与式(6-42)比较可知，当 $n=1$ 时，正余弦旋转变压器转子绕组的输出电压的幅值和频率均与励磁电压相同，而相位差值随着转子的转角 $\theta$ 改变。

由于转子两个绕组输出电压所含信息相似，所以实用中一般将正余弦旋转变压器的任一个转子绕组短接，通过测量另一个转子绕组输出电压相对于励磁电压的相位差，即可确定转子的转角。

2. *传感器轴承*　目前市面上出现一些智能型零部件，实际上是将一些传感器集成到这些零部件上，如在有些汽车上安装的“智能轮”，就是选用了具有测角位移功能的传感器轴承。

带有集成传感器的深沟球轴承除宽度不同外，其他主要尺寸及内部结构均与标准深沟球轴承相同。角位移传感器单元附加在轴承的密封端，结构如图 6-29 所示。传感器座安装在轴承外圈的密封槽内，其外壳坚固，可承受轴向载荷；密封层可使轴承免受污染，并防止轴承内的润滑脂外溢；霍尔芯片和永久磁铁固定在传感器座上，屏蔽电缆沿圆周方向引出，几乎不占空间；用铁磁材料粉末烧结制成的齿状脉冲发生环(截面形状如图6-29c所示)与轴承内圈固连成一体。

霍尔传感器的测量原理基于霍尔效应，即将内部通有控制电流 $I$ 的导体或半导体薄片(霍尔片)垂直置于外磁场中时，受电场作用而运动的电子会在磁场力 $F_L$ 的作用下发生偏转，并积附在导体或半导体与电流垂直的两侧形成霍尔电场，相应的电动势称为霍尔电动势 $U_H$；该电场产生的电场力将阻止运动电子的继续偏转，当电场力 $F_E$ 与磁场力 $F_L$ 相等时，电子积累达到动态平衡，这时的霍尔电动势

$$U_H = k_H IB \tag{6-45}$$

式中，$B$ 为磁场强度；$k_H$ 为灵敏度系数，$k_H=R_H/d$，其取决于由载流材料物理性质决定的霍尔系数 $R_H$ 和霍尔片的厚度 $d$。

相比较而言，半导体因霍尔效应产生的电位差 $U_H$ 更大些，更具有实用性，所以一般用半导体材料做霍尔片，图 6-30 所示即为 N 型半导体的霍尔效应示意图。霍尔电动势往往太低，必须放大后才能使用，所以霍尔芯片中除了霍尔片，还集成了放大器、调节

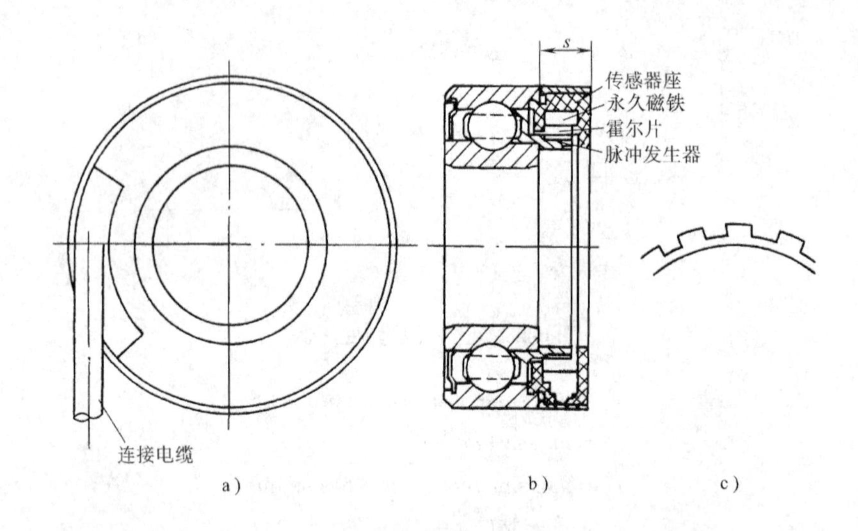


图 6-29 传感器轴承

a）传感器轴承外观图 b）传感器轴承结构示意图 c）脉冲发生环截面形状示意图

器等。

轴承传感器中的脉冲发生环的齿与霍尔片相对时，形成封闭磁路，产生霍尔电动势；若脉冲发生环上的齿间隙与霍尔片相对，则磁路断开，霍尔电动势消失，所以随着脉冲发生环的旋转，霍尔芯片输出一个个脉冲。轴承传感器的角分辨率可达1.4°，其成本可比外置编码器降低50%。

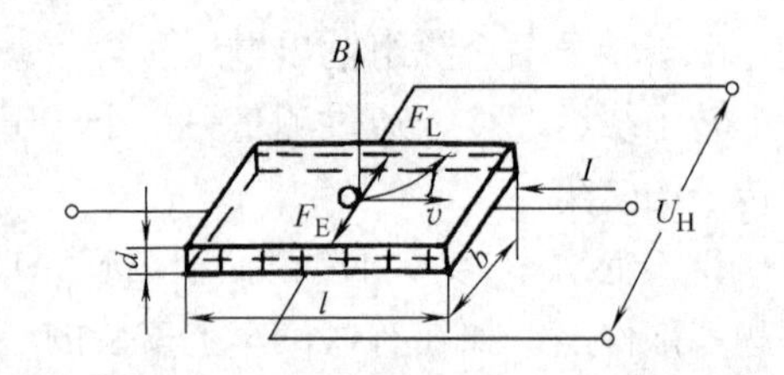


图 6-30 N型半导体的霍尔效应示意图

3. 微动同步器 微动同步器是摆动位移测量传感器，其测量范围为±10°。图6-31所示为微动同步器的结构原理图，其工作原理与差动变压器类似，但结构较其简单。微动同步器由四极定子和两极转子组成，定子每极有两个线组，各级分别串成一次激励回路和二次感应回路。一次绕组通入激励电流后，随着转子转动在二次绕组中产生两两相反的感应电动势，输出电压是四极上感应电动势的两两之差。测量时，转子与被测体作同步转动，从而不断改变定子四极与转子间的气隙，造成各极磁通量的变化，使二次侧输出一个正比于转子角位移的电压量。

平面内的角位移也可使用间接法测量，如通过测量一段时间内被测物体的角速度、角加速度等参数，求得相应的角位移。较典型的是利用各种原理的陀螺式仪器，特别是近二、三十年发展起来的激光陀螺，如前面介绍的环形激光器。由于它具有测量范围大，耐高加速度，对环境的适应能力强，结构简单，成本低等突出优点，所以引起各国的重视并得到越来越广泛的应用。陀螺仪的原理和结构在后面章节中还将进一步介绍。

4. 新型角位移传感器——圆时栅

时栅是我国科技人员原创发明的一种新型位移传感器，其由时钟脉冲构成测量基准，实现空间位移的测量。

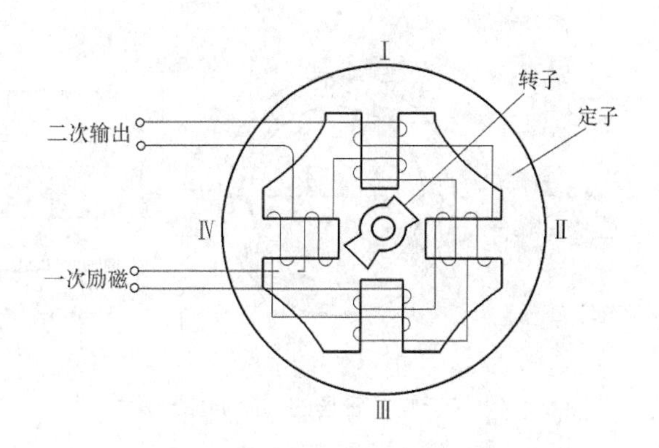


图 6-31　微动同步器结构示意图

圆时栅是测量角位移的传感器，其结构及测量原理示意图如图 6-32 所示。

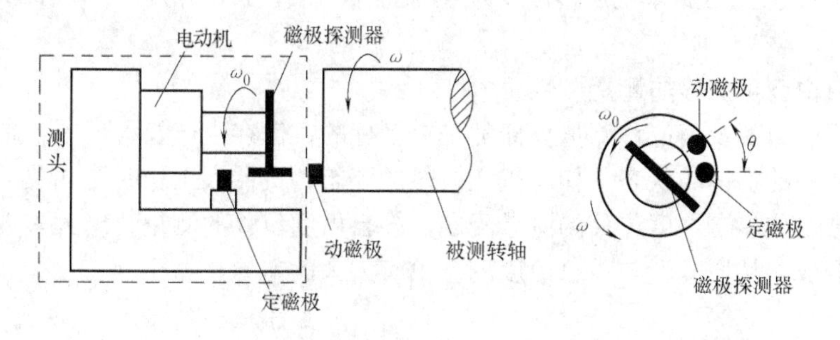


图 6-32　圆时栅传感器结构及测量原理示意图

圆时栅由测头和动磁极构成。测量时，测头中的定磁极位置固定不变，动磁极固定在被测工件上与被测工件同步转动。如果测量不连续转动工件每次转过的角度，则由电动机驱动磁极探测器以已知转速 $\omega_0$ 回转探测，工件转动前后采样得到的脉冲信号如图 6-33 所示，工件转过的角度值与磁极探测器经过定磁极和动磁极的时间差 $\Delta T$ 相对应，$\theta=\omega_0\Delta T$。

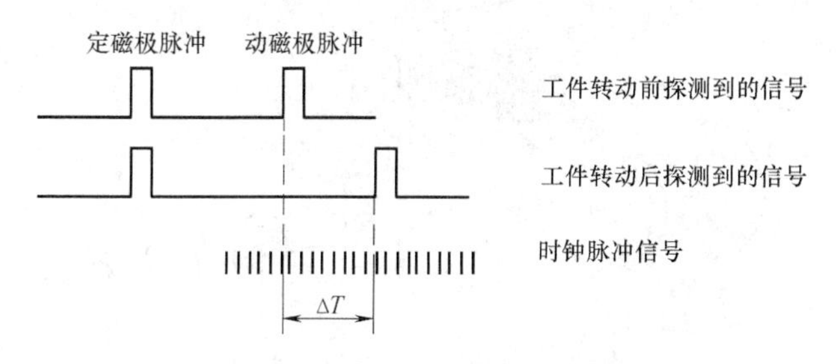


图 6-33　磁极探测器输出的脉冲信号

在上述圆时栅探测原理的基础上，又发展了基于旋转磁场的圆时栅，其原理示意图如图 6-34 所示。

该圆时栅内有一空间对称的三相交流绕组，其中通以相位差互为 120°的三相交流电流，由三相交流绕组形成一个旋转磁场 $M$。在线圈骨架上埋一根导线 $P_b$ 作为定测头，另外将一根导

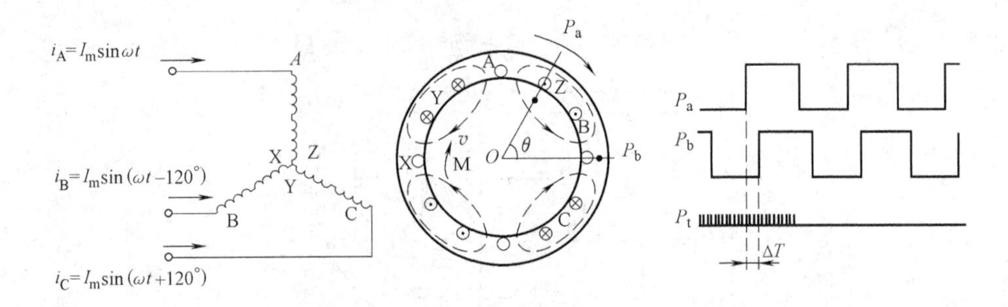


图 6-34　基于旋转磁场的圆时栅原理示意图

线 $P_a$ 固定于转台旋转轴上作为动测头，旋转磁场在动、定测头中产生的感应电动势有一个相位差，该相位差反映了旋转磁场 $M$ 扫描动、定测头 $P_a$ 和 $P_b$ 的时间差，且随着两测头之间角间隔 $\theta$ 的改变而改变。设磁场的旋转速度为 $v$，则测量转台转过的角度时，$\theta = v\Delta T$。

## 二、多自由度角位移的测量

前面介绍的角度及角位移测量仪器都是单坐标的，但在生产及科研中，常需了解一个作多自由度运动的物体的状态，如飞机飞行时的姿态，机器人工作时终端关节的空间位置等，这些均涉及到多自由度位移的测量问题。多自由度位移的测量，绝大多数为单自由度位移测量的合成，从原理上与单自由度测量没有太大的差异。

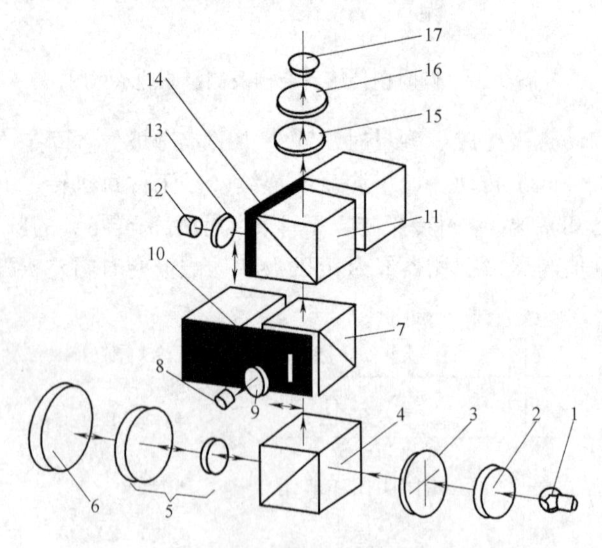


图 6-35　双坐标光电自准直仪的光路图

1. 双坐标光电自准直仪　近年来研制出了一些双坐标角度测量仪。在这些仪器上，既能完成角度的动态测量，也能用于两个自由度角位移的测量。图 6-35 给出的是双坐标光电自准直仪的光路图，这台仪器能同时测量绕垂直于仪器视轴的两个相互垂直轴线转动的微小角位移。其工作原理如下：测量时将测量反射镜 6 置于被测工件上，光源 1 经聚光镜 2 均匀照亮位于望远镜 5 焦平面上的目标分划板 3，光束经过分光棱镜 4、物镜 5 成平行光出射，从测量反射镜6反射回来的光束再经过物镜5、棱镜4到分光棱镜7。由分光镜将光束分成两路，一路反射至水平振动狭缝10，经聚光镜9由光电元件8接收，另一路透过分光镜7由分光镜11反射至垂直振动狭缝14，经聚光镜13后由光电元件12接收。狭缝10和14以$f_0$为频率作周期振动，当测量反射镜6垂直于光轴时，由反射镜反射回来的十字线成像在振动狭缝中间，光电元件输出一个无相位移、频率为$2f_0$的等幅信号，这时相敏检波输出为零。当测量反射镜6有角位移时，由反射镜反射回来的十字线象相对狭缝发生偏移，光电元件的输出在原有$2f_0$等幅信号上有一包含位移信息的叠加信号。通过对光电元件输出信号的处理，即可确定十字线的偏移方向及偏移量，这个偏移量与被测的角位移相对应。光路中的15、16、17等元件用于目视读数。

2. *五自由度激光跟踪测量仪* 在第五章第二节大尺寸测量中介绍的激光跟踪干涉测量仪（见图5-15）实际上是一种三自由度位移测量仪，它可以实现两个角位移和一个线位移的测量。虽然猫眼和角锥棱镜均能使与其中心轴线成一定夹角的光线原方向返回，但只有在较小的入射角范围内才能实现较高的测量精度，且入射角超过规定范围时仪器将接收不到反射光信号，所以当一个物体在空间的运动超过三自由度时（如机器人手腕），该激光跟踪干涉仪无法实现跟踪测量。

图6-36给出的是一种可实现机器人手腕位置测量的五自由度激光跟踪系统，它在前述三自由度激光跟踪干涉测量系统的基础上，又增加了一个安装在机器人手腕上的目标镜测量伺服跟踪系统，所以该系统能同步实现4个角位移、一个线位移共5个自由度的位移测量。系统中的跟踪镜和目标反射镜均由五自由度位移的实时测量信息反馈控制，其不断调整方位，使激光束始终射向目标反射镜的中心区域并保持较小的入射角。

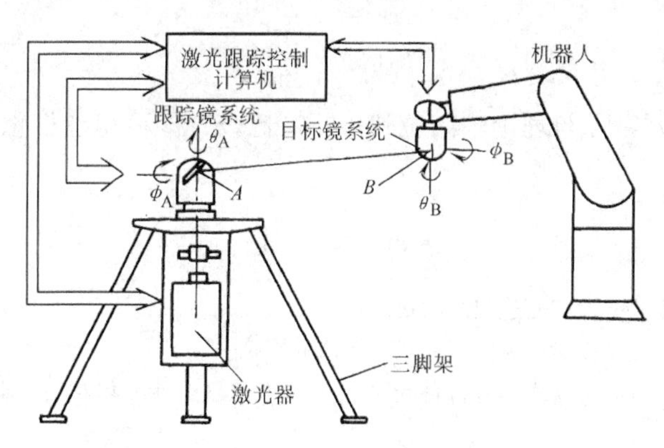


图6-36 五自由度激光跟踪测量系统示意图

测量系统坐标系的原点是$A$点，$B$点是目标镜坐标系的原点。$AB$两点间的绝对距离由激光干涉测长系统测得，测长系统有一个绝对零位参考点。每个旋转轴都配有一个高精度的角度基准，可随时给出$\phi_A$、$\theta_A$和$\phi_B$、$\theta_B$。将$\phi_A$、$\theta_A$和$AB$两点间的绝对距离代入球坐标计算公式，可求得机器人手腕的空间位置；而手腕相对于目标镜坐标系的转动可直接由$\phi_B$和$\theta_B$得到。

3. *螺旋线误差测量仪* 很多机械零件的综合误差以及复杂几何形状误差的动态测量，

也是通过多自由度位移测量实现的，如齿轮的切向综合误差测量、丝杠的螺旋线误差测量、凸轮的形状误差测量、滚刀的几何参数误差测量等。

图6-37即为一种丝杠螺旋线动态测量仪的结构原理图，它为激光干涉测长系统和圆光栅测角系统的组合。测量时，被测丝杠1在测量仪器上用顶针定位，并和圆光栅2同步旋转，由光栅读数确定丝杠的转角 $\theta$；位于丝杠中径位置的测量触头3带动工作台4移动，由位于工作台上的激光干涉测长系统5的测量反射镜感受工作台的实际位移 $L_\theta$；根据设计导程 $T$ 和螺旋线方程，可确定测头3对应于转角 $\theta$ 的理论轴向位移

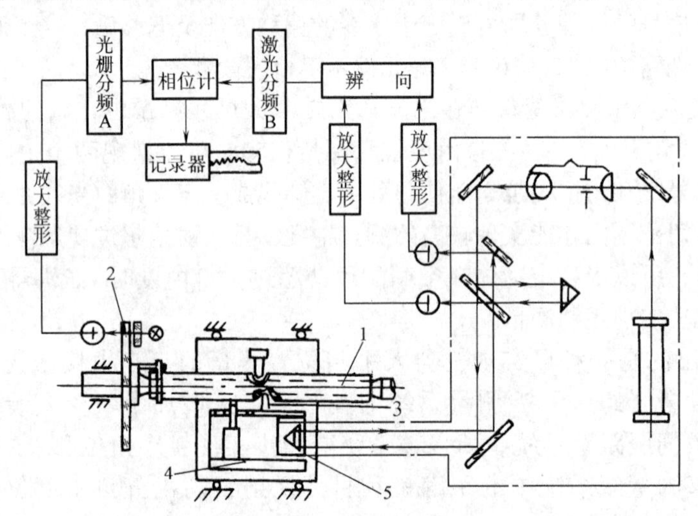


图6-37 丝杠螺旋线动态测量仪结构示意图

$$L_0(\theta)=\frac{\theta T}{360} \tag{6-46}$$

将实际测得的位移 $L_\theta$ 与理论轴向位移 $L_0(\theta)$ 比较，即可得丝杠螺旋线误差的采样值 $\Delta L_\theta=L_\theta-L_0(\theta)$。

## 思 考 题

6-1 为什么圆分度误差检定可达很高的精度?

6-2 用什么方法可减小度盘圆分度误差对测量值的影响?

6-3 相对法测量长度时，要求标准件的尺寸精度高于被测尺寸。相对法检定圆分度误差时，对相对基准有什么要求?

6-4 绝对法、相对法、间接法各举一例，说明锥形轴锥度的测量方法。

6-5 采用图6-12所示的轴锥度坐标测量法，写出计算机数据处理流程图。

## 习 题

6-1 若用 $L=100$mm 的正弦规测一个 $\alpha_0=30°$ 的角度块(见图6-19)，应垫量块的尺寸 $H$ 为多少?若在距离 $l=50$mm 的 $A$、$B$ 两点的测微表的读数值分别为 $+15\mu$m 和 $+20\mu$m，试计算被测角度值 $\alpha$。

6-2 说明用正弦规测量角度时应考虑的误差因素，写出测量误差计算公式，并分析“大于45°的被测角不宜使用正弦规测量”的原因。

6-3　如图 6-38 所示，用自准直仪测量方形角尺。读数如下：$\alpha_1 = 1.1''$，$\alpha_2 = -2.6''$，$\alpha_3 = 2.3''$，$\alpha_4 = -2.8''$，求各直角的误差。

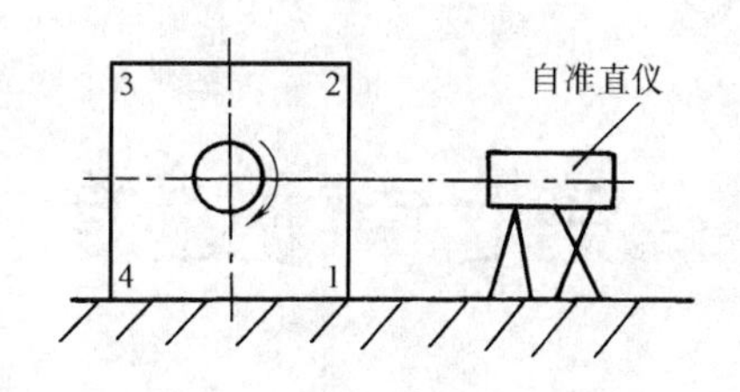


图 6-38　方形角尺测量示意图

6-4　已知一度盘上 8 个等分刻线的零起分度误差 $\theta_{0,i}$ 为：0″，0.4″，1.6″，2.1″，0.9″，−0.3″，−1.5″，−0.8″，试列表计算该度盘的圆分度误差、分度间隔误差、直径误差，并求出最大分度间隔误差值。

6-5　如图 6-25 所示，在万能测齿仪上用相对法测量一个齿轮的齿距误差。被测齿轮的齿数 $z = 12$，测量数据如下表所示。试计算被测齿轮各齿的齿距偏差、齿距偏差最大值以及齿距累计误差。

| 被测齿序号 | 1 | 2 | 3 | 4 | 5 | 6 | 7 | 8 | 9 | 10 | 11 | 12 |
|---|---|---|---|---|---|---|---|---|---|---|---|---|
| 读数值/μm | 0 | +3 | +1 | +2 | +2 | +1 | +1 | 0 | −1 | −2 | −0.5 | −0.5 |

# 第七章　速度、加速度和振动的测量

## 第一节　概　　述

速度和加速度是物体机械运动的重要参数。速度分为线速度和角速度。物体直线运动时单位时间内的位移量称为线速度，单位是米/秒（m/s）；运动物体在单位时间内转过的角度称为角速度，单位是弧度/秒（rad/s）。物体运动时单位时间内转动的圈数称为转速，单位是转数/分（r/min）。速度是描述物体运动快慢的物理量。物体运动时单位时间内的速度增量称为加速度，单位是米/秒$^2$（m/s$^2$）。加速度是描述物体运动速度变化快慢的物理量。

速度和加速度的测量在工农业生产和国防建设中广泛应用。如汽车、火车、轮船及飞机等行驶速度和加速度的测量，发动机、柴油机、风力发电机等输出轴的转速测量，钢铁工业轧制板带材、棒管材等产品速度的测量，大型设备和工程建设中振动加速度的测量，惯性导航系统中对飞机、飞船、导弹等飞行物体的速度、位姿等信息的测量等。

机械振动是指机械系统中的某些物理量或运动参数，如位移、速度、加速度等，与其平均值或平衡位置相比随时间时大时小交替变化的现象，一般指周期性运动。最简单和最基本的例子是简谐运动。但是对于非周期性的运动，由于它们在一定程度上是简谐运动的复合，因此亦属振动范畴。近代科学揭示，这种现象在自然界、工程技术领域和日常生活中普遍存在，诸如声、光、热、电等物理现象以及天体运动、地震、波浪、道路起伏以至生物的一些生理活动都具有这种性质。因此，研究机械振动已成为一个普遍性和基本性问题。

在工程技术领域，经常遇到大量的机械振动问题。这是因为在各种机器、仪器和设备中存在着作旋转和往复等各种运动的机构和零件，它们都是具有质量的弹性体，在运动时，由于不可避免的如旋转体的不平衡、负载的不均匀、结构的各向不等刚性、表面质量和润滑不良、间隙、缺陷等引起的受力的变动、碰撞和冲击，以及使用、运输和外界环境条件下能量的传递、存储和释放都会诱发或激励机械振动，因此几乎所有的机器、仪器和设备都不可避免地有振动现象。

一般说，机器、仪器和设备中的机械振动达到一定量级时便是有害的：

1）使构件的内应力增加，承受动力载荷或重复载荷，导致磨损、疲劳的加剧和缩短寿命。当振动频率与构件的固有频率重合时会发生共振，产生十分剧烈的振动和严重过载，使机器和设备不能工作，甚至受到破坏。在工程史上曾发生过大量由于振动而造成的严重破坏事故。现代运动机械的故障中由于振动引起的仍高达60%～70%。航空工程中的断裂有60%～80%是由疲劳引起的。

2）机械振动消耗能量，降低效率。

3）影响机器和设备，特别是精密仪器、设备的工作性能，造成误差以致不能工作。最普通的例子如环境振动激发仪表指针颤动会造成读数误差。构件在动力作用下的性能与其在静力作用下是完全不同的，构件的静刚度超过一定范围反而会导致相反的效果。

4）机械振动会通过连接的构件和机座使地面振动，从而扰动周围和相邻的其他设备。

5）机械振动直接或通过介质伴生噪声，恶化环境和劳动条件，成为现代严重的污染公害之一。

因此，随着现代化设备向高速、精密、高效、可靠、轻型、低噪声和自动化等方向发展，特别是军工、动力、能源、交通、运输等重要部门都对机械振动问题给予十分重要的关注，在设计、制造、试验、监控和研究过程中对整机和重要零部件都要进行振动计算、分析和试验。

然而机械振动也有有利的一面，人们可以有目的地造成可控制的机械振动来为科学技术服务。例如，利用振动减摩的精密轴承，振动磨削、抛光、清洗和焊接，振动传输、筛选、上料以至治疗等，通过振动可对机器设备进行故障诊断和监测。对于测量技术及仪器领域，振动还具有下列特殊的重要作用。

1）振动技术已被用作许多测量仪器的工作原理，如调制信号的振子，钟表的擒纵机构，振动陀螺，振弦、振膜、振筒、振梁式各种传感器，动平衡仪。此外，利用振动还可测定材料的弹性模量、阻尼和转动惯量，进行探伤和地质矿产勘查等。

2）机械振动理论是动态测试仪器设计和性能研究的重要基础之一。仪器的品质指标，如频率响应、动态误差、稳定性等都是根据振动理论分析得出的。

## 第二节　速度的测量

根据物体运动的形式，速度的测量分为线速度测量和角速度测量；根据运动速度的参考基准，可分为绝对速度测量和相对速度测量；根据速度的数值特征，可分为平均速度测量和瞬时速度测量。

### 一、线速度的测量

工程中常用的线速度测量方法主要有以下几种：

（1）时间位移计算测速法　根据速度的定义，通过测量距离 $L$ 和走过该距离的时间 $t$，然后求得平均速度 $v$。$L$ 取得越小，则求得速度越接近运动体的瞬时速度，如运动员百米速度的测量，运动物体冲击速度的测量等。利用相应器件和数学分析变换，平均速度法又可延伸出很多测速方法，如相关测速法、空间滤波器测速法等。

（2）加速度积分和位移微分测速法　通过测量运动物体的加速度信号并对时间 $t$ 积分，就可得到运动体的速度。通过测量运动体的位移信号，并将其对时间微分，也可以得到速度。振动量测量是这种方法的典型实例。应用加速度计测得振动体的加速度振动信号，经电路积分获得振动的速度；应用振幅计测得振动体位移信号，再进行微分得到振动的速度。

（3）间接测速法　基于各种物理效应和能量守恒定律，利用速度大小与某些物理量间的已知关系间接地测量物体运动的速度。例如，在固定磁感应强度 $B$ 的磁场中，有效长度为 $L$ 的导线以速度 $v$ 移动时，因切割磁力线而产生感生电动势 $E$，即 $E=BLv$，通过测量感应电动势来获得运动体的速度；基于流体力学伯努利方程，利用流体压差和流速之间的关系来测量流速；利用多普勒频移和运动体速度之间的关系来测量速度等。

1. 平均速度法

（1）短距离平均速度法　在工程中常常需要对冲击速度（如锻锤接触锻件前的瞬时速度、武器中火炮炮弹出膛的初速度、材料冲击试验时落锤速度等）进行测量。一般采用短距离平均速度法来测量瞬时冲击速度。图7-1是一种测量冲击速度的原理图。从激光器发出的光束经分光镜分光，其透射光过 $A$ 点到达光电接收器件1。光电信号经过放大整形使双稳态触发器1的输出端为低电位，这个电位将控制与门关闭，使得1MHz的振荡脉冲不能通过与门。经过分光镜反射的另一路光经反射镜过 $B$ 点到光电接收器件2，并产生光电信号，经放大整形送到双稳态触发器2的输入端，这个电位使双稳态触发器2的输出端送出高电位到控制与门，这个电位不会阻止振荡器送出的脉冲通过控制与门。因此，在运动体下落前，计数器不计数。

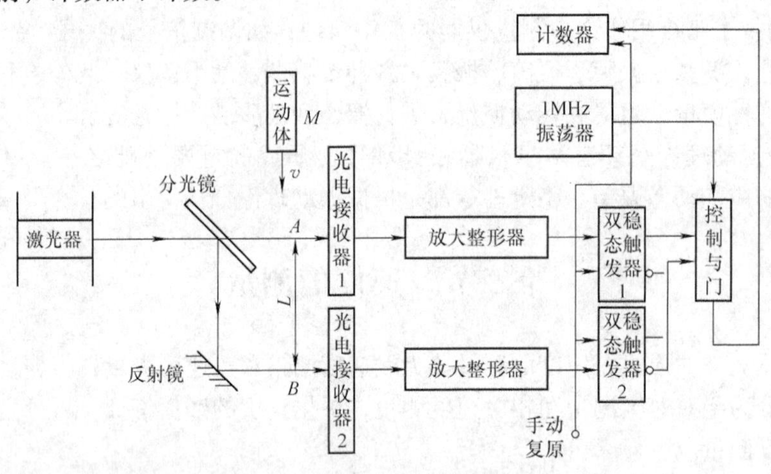


图7-1　测量冲击速度的原理图

当运动体 $M$ 向下运动，经 $A$ 点时挡住了通往光电接收器件1的光线，使得后面放大器输出电位变化，双稳态触发器1输出高电平，此时与门从两个双稳态触发器1、2来的电位全是高电位，则1MHz振荡器信号经过与门送到计数器。物体 $M$ 再下落而两个双稳态触发器输出全是高电位不变，计数器仍然计数。当 $M$ 到 $B$ 点时又挡住了光电接收器件2的光线，此时双稳态触发器2翻转，触发器输出电平变成了低电平，控制与门关闭，振荡器脉冲不能送到计数器，计数器停止计数。此时计数器计数的脉冲就是物体 $M$ 从 $A$ 走到 $B$ 时的时间 $t$（单位为μs），有了时间 $t$ 和 $A$、$B$ 间的距离 $L$，可得出平均速度 $v$。手动复原以后，计数器清零，双稳态触发器1输出低电平控制与门关闭，双稳态触发器2输出仍为高电平。这样可以进行下一次测量。

（2）相关测速法　相关测速法是利用求随机过程互相关函数极值的方法来测量速度。设平稳随机过程观察的时间为 $T$，则它的互相关函数为

$$R_{xy}(\tau) = \frac{1}{T}\int_0^T y(t)x(t-\tau)\mathrm{d}t \tag{7-1}$$

当被测运动体以速度 $v$ 移动时，运动体表面总会有可测得的痕迹变化或标记。在固定的距离 $L$ 上装两个检测器 $A$ 和 $B$，如图7-2所示。检测器输出信号反映物体表面变化的随机过程 $x(t)$、$y(t)$。在测量条件基本相同的情况下，$x(t)$、$y(t)$ 这两个随机信号只是在时间上滞后 $t_0$，即

$$y(t) = x(t-t_0) \tag{7-2}$$

$t_0$就是物体上某点从 $A$ 运动到 $B$ 的时间，测得 $t_0$后就可以求得物体的运动速度。利用数学上求互相关函数极值的方法来求取 $t_0$。在测量足够长的时间 $T$ 内，$x(t)$ 和 $y(t)$ 的互相关函数为

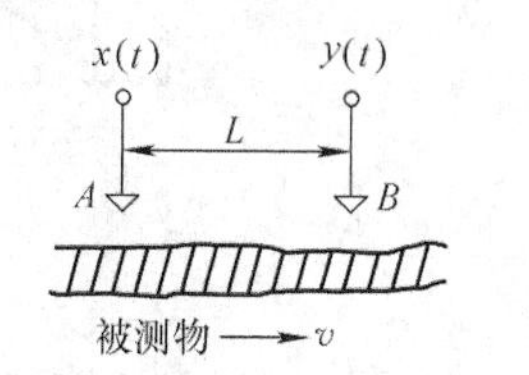


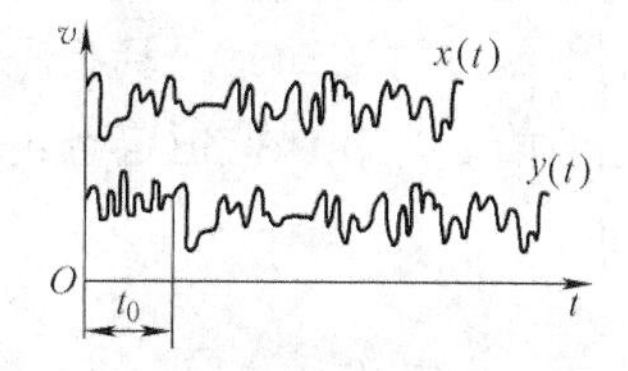


图7-2　相关测速原理

$$R_{yx}(\tau) = \lim_{T\to\infty}\frac{1}{T}\int_0^T y(t)x(t-\tau)\mathrm{d}t = \lim_{T\to\infty}\frac{1}{T}\int_0^T x(t-t_0)x(t-\tau)\mathrm{d}t = R_x(\tau-t_0) \tag{7-3}$$

将 $x(t)$、$y(t)$ 送到模拟相关分析仪中，改变滞后时间，可以得到互相关函数随滞后时间变化时的图形，求得最大值时所对应的时间就是 $t_0$。有了 $t_0$就可计算出速度。

相关测速法抗干扰能力强，能在复杂的干扰条件下准确测量。从原理上讲，任何在物体运动方向上一定距离处布置的两个传感器，只要它们能够检测到标记运动物体的某种信号（一般为随机信号），那么物体的运动速度都可以用互相关的原理加以测定。用这种方法可以测量飞机、船舶、汽车等交通工具的速度以及流体流速和轧钢时板材的轧制速度等。

（3）空间滤波器测速法　空间滤波器测速法是利用空间滤波器件与被测物体同步运动，通过测量空间滤波器件所选定测量段在单位空间内的时间频率，来求得运动体的运动速度。

例如，一个栅板作为空间滤波器，如图7-3所示。在所选定的测量段空间长 $L$ 内有 $N$ 个等距栅缝，光源透过栅格明暗变化的空间频率 $\mu = N/L$。当栅板的移动速度为 $v$，移动长度 $L$ 的时间为 $t_0$时，相应的时间频率 $f = N/t_0$，由此可以求得

$$v = L/t_0 = (N/\mu)(f/N) = f/\mu \tag{7-4}$$

这样就可以用空间频率描述运动速度 $v$。测量出空间滤波器移动的时间频率就可求得速度。

2. 间接测速法

（1）皮托管测速法　皮托管是一种典型的流体速度压差测量装置，应用广泛。皮托管是通过测量流体总压和静压以确定其运动速度的装置。利用皮托管制成水压式计程仪可以测量船舶的航速，通过积分得出航程。飞机是利用皮托管（亦称空速管）制成空速表

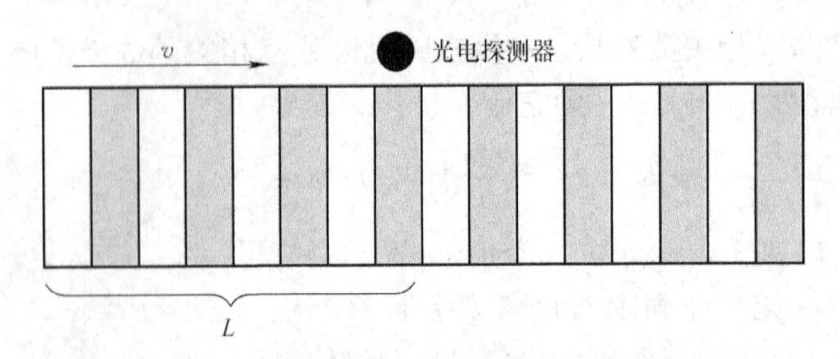


图7-3 空间滤波器速度测量方法示意图

来指示飞行速度的。皮托管的测速原理是基于流体伯努利方程，即理想不可压缩流体在重力场中做定常流动时，具有压力势能、重力势能和动能三种形式的能量，在流线上任何一处三者能量之和保持恒定且可相互转换，即能量守恒定律在流体中的表示。经转换，可表达为

$$p + \rho gz + \frac{1}{2}\rho v^2 = C \tag{7-5}$$

式中，$p$、$\rho$、$v$ 分别为流体的压强、密度和速度；$z$ 为流体所处的高度；$g$ 为重力加速度；$C$ 为常量。

皮托管测速原理如图7-4所示，皮托管顶端 $A$ 点处为滞止点测量流体的全压力 $p_t$，外侧管壁上的静压孔 $B$ 测量流体的静压力 $p_s$。流体在到达 $A$ 点之前和到达 $A$ 点时处在同一高度，根据伯努利方程有

$$p_s + \frac{1}{2}\rho v^2 = p_t \tag{7-6}$$

全压力和静压力之差则为流体动压力 $p_v$，$p_v = \frac{1}{2}\rho v^2$，表现为皮托管装置中液面的高度差 $h$，一般采用电气式压力仪表进行测量。

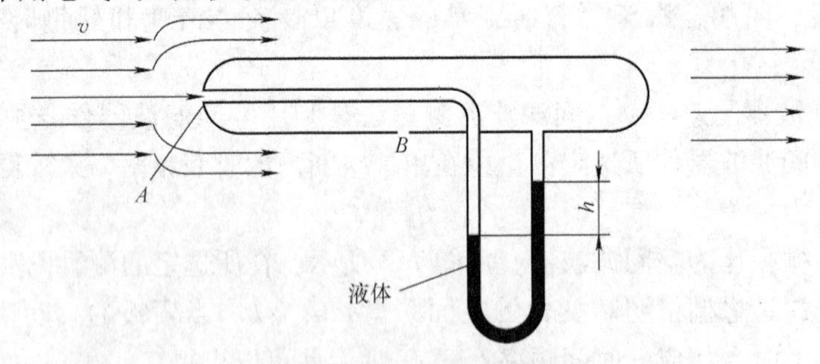


图7-4 皮托管测速原理

因此，如果流体流动方向一定，流体密度 $\rho$ 已知，只要把皮托管对准流体流动方向，就可以测量出全压力 $p_t$ 和静压力 $p_s$，从而计算出流体的运动速度

$$v = \sqrt{2(p_t - p_s)/\rho} \tag{7-7}$$

皮托管测量速度的误差主要来源是静压力和动压力的测量误差，尤其是静压力的测量误差影响因素较多。其误差源主要有以下三个方面：

1）由于皮托管的方向与流体方向对得不准。

2）由于皮托管直径不为零，因此沿管外壁的流体线比不受干扰的流体线长，从而使流体速度增大，静压力减小，静压孔实际感受的静压力降低。静压孔距皮托管顶端越近，影响就越大。

3）由于流体受皮托管的滞止，将使滞止点上游的静压力增大。静压孔距离支撑管越近，则静压力测量数值越高。这种影响与第2）条的影响相反。所以，适当选择静压孔的位置，可以使两种影响互相抵消。

图7-5所示为一种飞机上使用的全静压管。超音速飞机全静压管的静压孔距离前端不小于8倍管径，这样可以减小全静压头部激波对静压的影响。静压孔上部有4个，下部有6个，两侧没有。这是因为飞机在大仰角飞行时，管子上部气流速度大，压力低，而下部气流速度小，压力大。静压孔不均匀分布可在大仰角飞行时减小静压误差。高空飞行时，由于气温低，全静压管将会结冰，因此需要加温装置。

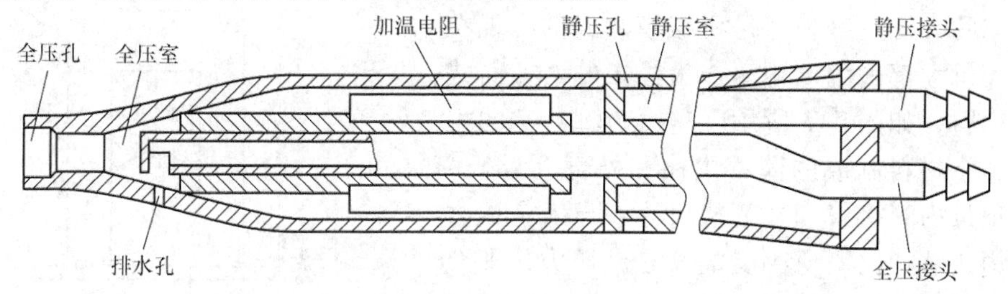


图7-5　全静压管

飞机相对于空气的速度叫空速。在飞机空速表中有两个膜盒：开口膜盒和真空膜盒。开口膜盒用来感受动压，测量飞机的指示空速；真空膜盒用来感受气体密度和静压力，与开口膜盒相配合，测量飞机的真空速。

指示空速的测量使用开口膜盒，如图7-6a所示。皮托管在飞机上与飞机飞行方向一致，感受空气相对流动的全压和静压。全压接头内的全压力通到开口膜盒，静压接头内的静压力通到密封的空速表壳体中，此时开口膜盒感受到的压力就是动压，并由此给出指示空速。指示空速不是飞机的真空速，只是由动压大小决定的指示值。由于动压大小不仅与空速 $v$ 有关，而且还与气体密度及空气压缩修正量有关。指示空速是按海平面标准大气压条件下的空气密度计算出来的空速。不同高度、不同温度的大气中空气密度和空气压缩程度都将发生变化。同样大小的动压在不同高度、温度下会得到不同的空速。因此还必须补偿以获得真空速。真空速的测量使用真空膜盒，如图7-6b所示。飞机在不同高度时，静压随高度而变化。而真空膜盒的变形随静压的变化而变化，从而使支点移动而改变杠杆的放大比以抵消静压的改变，从而可以通过真空膜盒与开口膜盒相结合测量飞机的真空速。

在不同高度下，指示空速与真空速的值差别相当大。还应指出，真空速的指示值 $v_{真}$ 也不是飞机的飞行速度。因为 $v_{真}$ 是假设外界气温 $T_{实}$ 与大气层标准温度 $T_{标}$ 相等时的数值。当 $T_{实}$ 与 $T_{标}$ 不相等时，应测出飞机外界气温 $T_{实}$，通过温度修正得到

$$v_{实}=v_{真}\sqrt{T_{实}/T_{标}} \tag{7-8}$$

这样得到的 $v_{实}$ 是飞机相对空气的速度，如果知道风速风向，对 $v_{实}$ 再进行修正，就可得到此时飞机的真正飞行速度。

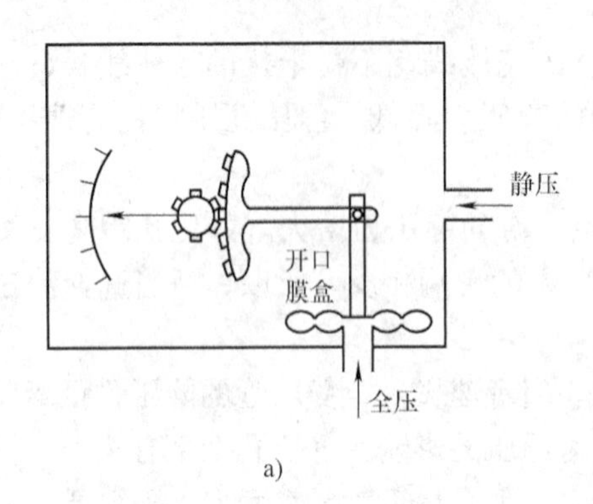


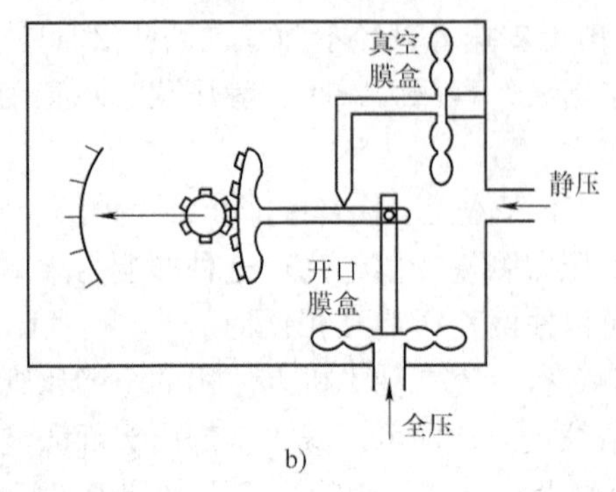


图 7-6 飞机空速表
a）开口膜盒 b）真空膜盒

早期的飞机空速表都是机械膜盒式的，现在的新型飞机大都采用以频率作为输出的谐振筒式压力传感器，如图 7-7 所示。它由一种特殊的恒弹性合金钢材料制成的薄壁内筒和外壳（外筒）组成，通过内管接口和外管接口分别导入全压力和静压力，这样内筒所感受的就是动压力，即全压力和静压力之差，然后可通过电磁激励头来激励和测量与之相应的谐振频率。同理，如果谐振筒内管抽真空并封闭内筒接口，并在外接口通入静压力，便可得到飞机的真空速。

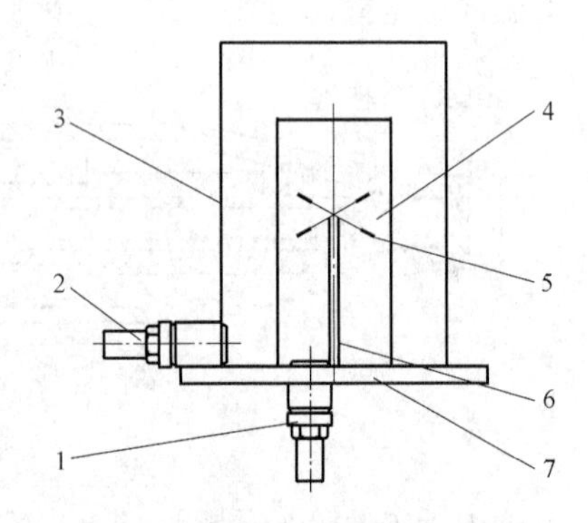


图 7-7 谐振筒式压力传感器
1—内管接口 2—外管接口 3—外筒
4—内筒 5—电磁激励头 6—立柱 7—底板

（2）多普勒测速 当单色光束入射到运动体上某点时，光波在该点被运动体散射。散射光频率与入射光频率相比较产生了偏移，该频率偏移正比于物体的运动速度，称为多普勒频移。即当物体向着观察点接近时，波长变短，频率变高；而远离观察点时，波长变长，频率变低。这种现象称为光学多普勒效应。

激光器发出单色光束投射到以速度 $v$ 运动的物体上的 $P$ 点（散射中心），光电检测器接收运动的散射中心（即 $P$ 点）发射的散射光波，如图 7-8 所示。图中，$\boldsymbol{k}_{\mathrm{i}}$ 表示平行于入射光波矢量的单位矢量；$\boldsymbol{k}_{\mathrm{s}}$ 表示平行于散射光波矢量的单位矢量。若物体静止，单位时间内照射到 $P$ 点上的波面数目为

$$f_0 = c/\lambda_{\mathrm{i}} \tag{7-9}$$

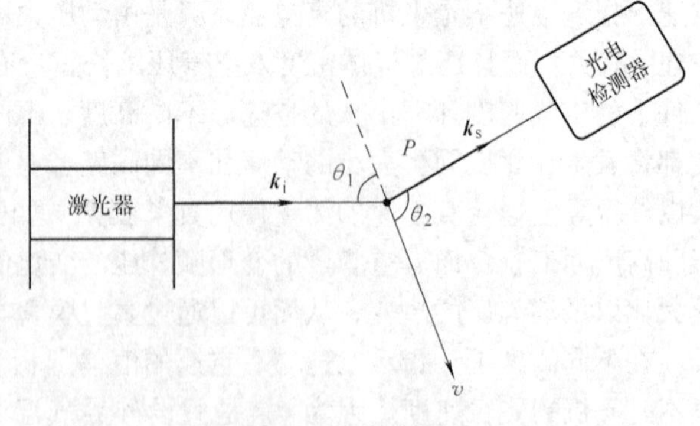


图 7-8 多普勒测速原理

式中，$c$ 为光速；$\lambda_{\mathrm{i}}$ 为入射光波波长。

图 7-8 中，$\theta_1$ 是 $k_{\mathrm{i}}$ 与物体速度 $v$ 之间的夹角；$\theta_2$ 是 $k_{\mathrm{s}}$ 与物体速度 $v$ 之间的夹角。可以看出，光源发出的光与物体 $P$ 之间的相对速度为 $c' = c - v\cos\theta_1$。对 $P$ 点来说，入射光的

视在频率为

$$f_P = \frac{c - v\cos\theta_1}{\lambda_i} \tag{7-10}$$

散射中心 $P$ 点以频率 $f_P$ 向四周散射光波，$P$ 点对光电检测器的相对速度为 $c + v\cos\theta_2$，光电检测器所接收到的散射光频率为

$$f_s = \frac{c + v\cos\theta_2}{\lambda_P} \tag{7-11}$$

将 $\lambda_P$ 代入式（7-11）得

$$f_s = \frac{(c + v\cos\theta_2)(c - v\cos\theta_1)}{c\lambda_i} \approx \frac{c + v(\cos\theta_2 - \cos\theta_1)}{\lambda_i} \tag{7-12}$$

光电检测器所接收到的散射光和原始光源之间产生了频移 $f_d$

$$f_d = f_s - f_0 = \frac{v(\cos\theta_2 - \cos\theta_1)}{\lambda_i} \tag{7-13}$$

这就是多普勒测速的一般公式。由该公式可知，多普勒频移不仅与入射光频率有关，而且还带有运动体的速度信息。因此，如果能测出多普勒频移，就可以知道物体的运动信息。多普勒测速的方法使用光的波长作为基准，测量精度高。光电探测器的输出结果是检测到的光频率信号，抗干扰能力强。

激光多普勒测速技术按接收散射光的方向分为前向散射型和后向散射型；按光路的结构形式分为参考光束型、双散射光束型（差分和干涉）及单光束型。

在仪器设计时为使结构紧凑，常采用后向散射型结构形式，即将光源与光电探测器放置于运动物体的一侧，如图 7-9 所示。光源发出光束垂直入射到运动物体上，并在 $P$ 点散射，散射光由光电检测器接收。如果入射光与散射光的夹角为 $\theta$，物体运动方向与光源投射方向的夹角为 90°，光电探测器方向与物体运动方向的夹角为（90° − $\theta$），则多普勒频移为

$$f_d = v\sin\theta/\lambda_0 = f_0 v\sin\theta/c \tag{7-14}$$

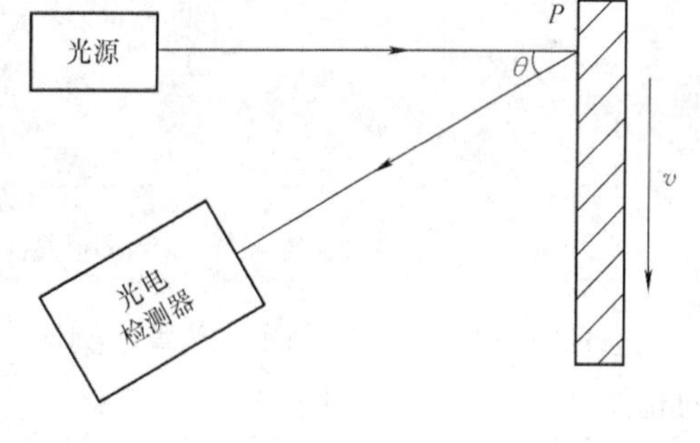

图 7-9 后向散射型多普勒测速原理

物体的运动速度为

$$v = cf_d/(f_0\sin\theta) \tag{7-15}$$

后向散射型多普勒测速技术中光电探测器的接收方向固定，这会受到现场测量条件的限制。差分多普勒测速技术中光电探测器可在任意方向接收散射光，测速原理图如图 7-10a所示。采用两束相同频率的光照射运动物体，在观测方向上所接收的散射光频移分别为

$$\Delta f_1 = \frac{f_0 v}{c}(\cos\theta_3 - \cos\theta_1) \tag{7-16}$$

$$\Delta f_2 = \frac{f_0 v}{c}(\cos\theta_3 - \cos\theta_2) \tag{7-17}$$

这两个散射光的频差为

$$f_d = \Delta f_2 - \Delta f_1 = \frac{f_0 v}{c}(\cos\theta_1 - \cos\theta_2) = 2\frac{v\sin\dfrac{\varphi}{2}}{\lambda_0} \tag{7-18}$$

式中，$\varphi$ 为光束1和光束2所形成的夹角；

$v$ 为运动物体的速度，

$$v = \lambda_0 f_d / [2\sin(\varphi/2)] \tag{7-19}$$

物体的运动速度与所检测到的两束散射光频率差$f_d$成正比。频差与光电探测器的方向$\theta_3$无关。因此，使用时不受现场条件的限制，可在任意方向测量，且可使用大口径的接收透镜，使粒子散射的光能量极大地被利用，提高信噪比。图7-10b所示为常用的差分多普勒测速光路图。激光器发出的激光束，经分光镜1和反射镜2分成两路平行光束，再经透镜3会聚到运动体的$P$点上，两光束均被$P$点所散射，该两束散射光经过透镜4以后，被光电管接收。

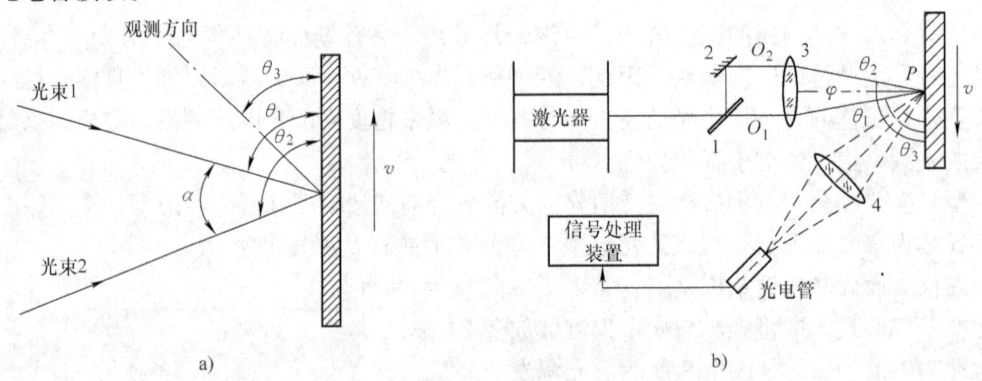


图7-10　差分多普勒测速

a）测速原理图　b）测速光路图

若光电管接收元件采用平方律检测器，则光电信号正比于光强的二次方。设$O_1$和$O_2$的光强分别为$I_1$和$I_2$，则

$$I_1 = I_{O_1}\cos 2\pi f_{O_1} t$$

$$I_2 = I_{O_2}\cos 2\pi f_{O_2} t$$

光电管输出的光电流正比于（$I_1+I_2$）$^2$，则有

$$(I_1+I_2)^2 = (I_{O_1}\cos 2\pi f_{O_1}t)^2 + (I_{O_2}\cos 2\pi f_{O_2}t)^2 + I_{O_1}I_{O_2}\cos 2\pi(f_{O_1}+f_{O_2})t + I_{O_1}I_{O_2}\cos 2\pi(f_{O_1}-f_{O_2})t \tag{7-20}$$

分析式（7-20）中各项频率，最后一项频率（$f_{O_1}-f_{O_2}$）是低频信号，而其余三项频率均高于该项，因此，可利用低通滤波器将低频分量送到信号处理设备中，获得与$f_d$相关的信号。

利用多普勒效应制成的仪器有激光多普勒测量仪、超声多普勒测量仪等，具有精度高、非接触、不扰乱流场、响应快、空间分辨率高、使用方便的特点，广泛用于流速测量、振动测量、血液循环监测、医学诊断等。图7-11是光纤多普勒血液测速仪的原理图。

采用后向散射参考光束型光路，参考光路由光纤端面反射产生，为消除透镜反光的影响，利用安置与入射激光偏振方向正交的检偏器接收参考光和血液质点的散射光。光纤测量仪探头体积小，便于调整测量位置，可以深入到难以测量的角落，并且抗干扰能力强，密封型的光纤探头可直接放入血液中。

上述是光波的多普勒效应，电磁波、声波等也都具有多普勒效应。如用电磁波监测卫星，通过频率的变化就能计算出卫星的高度、速度和方位。若用此法连续测量，就可得到精确的卫星实际轨道数据。

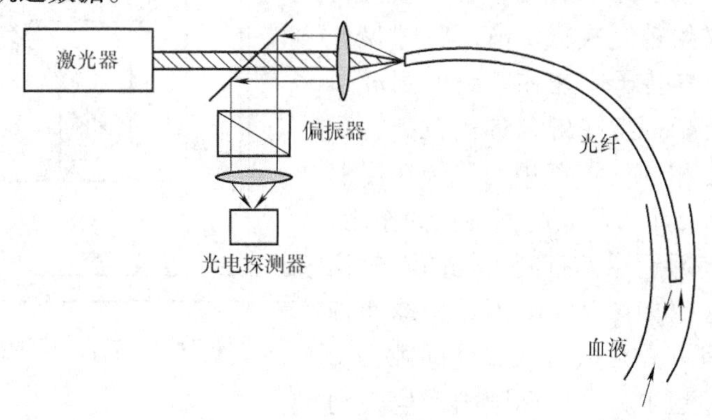


图 7-11　光纤多普勒测速仪

## 二、角速度的测量

角速度的测量可以根据角速度的定义实现，通过测量转过 $\theta$ 角所用的时间 $t$，可求得平均角速度 $\omega$。当被测物体高速旋转且角速度变化缓慢，且测量的时间 $t$ 很短时，所得到的角速度就是被测物体当前状态下的旋转角速度。

角速度的测量还可以使用陀螺仪，它也是角度和角速度测量常用的仪器。陀螺是一个绕对称轴高速旋转的回转体。把陀螺安装在一个悬挂装置上，使回转体的对称轴，即陀螺主轴，在空间具有一个或者两个转动自由度，就构成了陀螺仪。陀螺仪具有两个最主要的特性：稳定指向性和进动性。利用这两个特性，陀螺仪可以实现方位、姿态、角速度和角位移的测量。陀螺仪在航空、航海、航天、兵器、地质勘探等领域中具有广泛和重要的应用。

1. *陀螺仪的结构*　二自由度陀螺仪的结构如图 7-12 所示，它由陀螺转子和悬挂装置构成，悬挂装置中包括底座、外框架和内框架。转子装在内框架的轴承中，内框架轴装在外框的轴承中，外框架轴装在固定底座的轴承中。以这样的结构所构成的万向支架，也称为卡尔丹环。在陀螺仪上的陀螺坐标系为右手坐标系 $OXYZ$，其中 $OX$ 轴与转子的自转轴重合称为陀螺仪的主轴，从 $X$ 轴逆向看去转子沿逆时针方向旋转，$OY$ 轴与内框架的旋转轴重合，$OZ$ 轴垂直于 $OXY$ 平面，$OZ$ 轴是外框架的转轴。

陀螺仪在工作的过程中，转子绕主轴高速旋转，转速一般为 12000 ~ 24000r/min，甚至更高。转子和内框架一起能够绕 $OY$ 轴旋转，转子、内框架和外框架一起能够绕外框架转轴旋转。这样的陀螺仪结构可以使陀螺仪的主轴指向空间的任意方向，通常使用方位角和俯仰角两个参数标示主轴的位置，称为二自由度陀螺仪。如果把二自由度陀螺仪的外框架固定，陀螺仪的主轴只有一个转动自由度，称为单自由度陀螺仪。

使用万向支架来悬挂陀螺转子的陀螺仪称为框架陀螺仪。这种陀螺仪的内外框架使用滚珠轴承支撑，由于轴承运动过程中存在较大的摩擦，框架陀螺仪的精度较低。液浮陀螺仪如图7-13a所示，陀螺转子安装在密封的圆球形浮子内，浮子相当于框架陀螺仪的内框架，浮子在壳体置于密度相同的浮液中。浮子在浮液中悬浮，轴承不承受压力而只起到定位的作用，摩擦干扰的力矩接近于零，有利于提高陀螺仪的精度。气动陀螺仪如图7-13b所示，球面轴承与陀螺转子之间只有几微米的气体间隙，转子在高速旋转的过程中，气体间隙内产生气动压力形成具有一定刚度的气膜。当转子与轴承发生偏移时两侧的气动压力发生变化，使转子回到中心位置，实现对转子的支撑作用。静电陀螺仪如图7-13c所示，转子是用铝或者铍制成的空心或者实心球体，放置在真空的陶瓷球腔内。在球腔面上对称放置三个支撑电极，电极与转子之间的间隙为几十微米，当电极通电时与转子之间形成静电场，由于静电感应的作用，电极对转子产生吸引力使转子得以支撑。在转子的表面刻有图谱，当陀螺仪工作时使用光电传感器辨别转子主轴的方向。静电陀螺仪的精度很高，但是要保证陶瓷球腔内是超高真空，以防止高压静电击穿。挠性陀螺仪如图7-13d所示，采用弹性轴“挠性支撑”的方式将高速旋转的陀螺转子支撑起来。弹性轴在垂直于转子自转的方向上容易弯曲，因此转子可以获得垂直于自转轴方向上两个正交轴方向的自由度，实现小角度的转动。中间环运动的惯性力矩由弹性轴的弹性力矩抵消，减小干扰力矩的影响。挠性陀螺仪的转子在弹性轴外面，因此它的体积小、重量轻、结构简单。

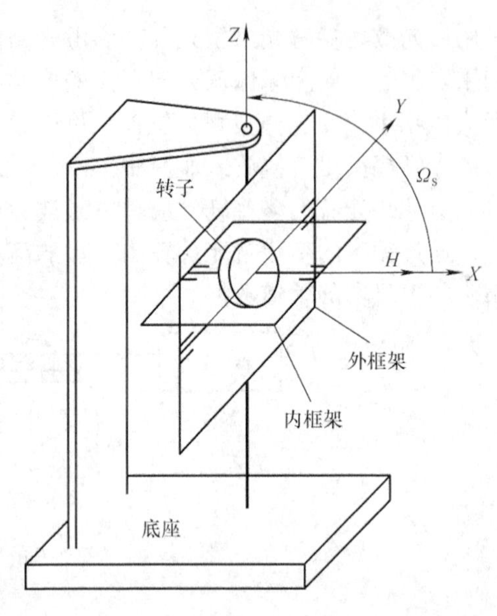


图7-12 二自由度陀螺仪的结构

2. 陀螺仪的基本特性 当陀螺仪转子绕主轴高速旋转的时候，陀螺仪就会表现出与刚体不同的特性，包括定轴性、进动性。

（1）定轴性 如果不受任何外加力矩的作用，陀螺仪主轴将稳定地保持在惯性空间初始方向上，这种特性称为陀螺仪定轴性或者稳定性。由于陀螺仪的定轴性，当底座缓慢转动时，转子、内框架和外框架不会随之转动，陀螺仪的主轴方向也不会变化。$\Omega$为陀螺转速，$J$为陀螺转子的转动惯量，陀螺转子绕主轴转动时产生的角动量为

$$H = J\Omega \tag{7-21}$$

角动量$H$越大，且摩擦力矩越小，则主轴方向越稳定。但由于陀螺仪不能完全避免摩擦力矩，陀螺重心也很难与旋转中心重合，因此陀螺仪的主轴会逐渐偏离惯性空间原给定的方向，这种偏离通常称为陀螺漂移。当陀螺仪受到外力的冲击干扰时，瞬时的脉冲力矩会使陀螺仪的主轴在原来位置的附近做高频微幅振荡，相对于初始位置只有微小的偏离。这

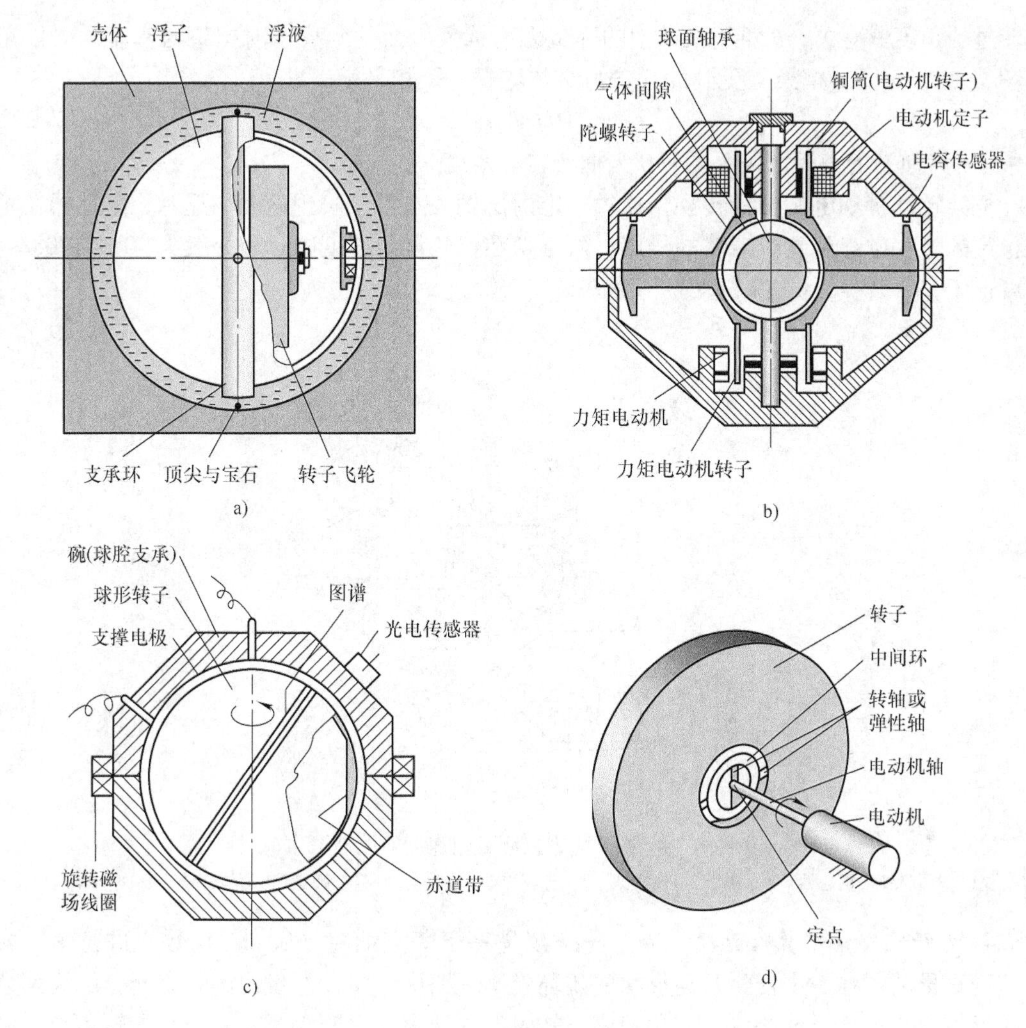


图 7-13　陀螺仪的支撑方法

a）液浮陀螺仪　b）气动陀螺仪　c）静电陀螺仪　d）挠性陀螺仪

种高频微幅振荡称为陀螺章动，说明陀螺仪转子在高速旋转的过程中能够抵抗干扰力矩，保持转子主轴相对于惯性空间的方位稳定性。

（2）进动性　如果外加力矩 $M$ 作用在陀螺仪的某一框架旋转轴上，主轴以最短的途径向外力矩的方向靠拢，这种特性称为陀螺仪的进动性。

陀螺转子的角动量很大，陀螺的进动是没有惯性滞后的，即加外力矩，陀螺马上产生进动现象。且只要外加力矩撤销，进动也就马上停止。

3. 微分陀螺仪测量角速度　微分陀螺仪的测量角速度原理图如图 7-14 所示。微分陀螺仪是单自由度陀螺仪，陀螺仪的主轴垂直于被测角速度的转轴。当载体绕陀螺仪的 $Y$ 轴有角速度 $\omega_Y$时，通过支撑系统在陀螺仪的 $Y$ 轴上产生作用力矩 $M_Y$，力矩 $M_Y$的方向与角速度 $\omega_Y$的方向一致。根据陀螺仪的进动特性，在力矩 $M_Y$的作用下，陀螺仪的角动量 $H$ 将向力矩 $M_Y$的方向进动，从而使陀螺仪的框架绕 $X$ 轴转过 $\theta$ 角。在框架绕 $X$ 轴旋转的过程中，定位弹簧会产生一个反作用力形成弹簧力矩阻止框架的转动。弹簧力矩的大小与框架转过的角度$\theta$有关，$\theta$角越大产生的弹簧力矩越大。当达到稳态时框架与基座同时以角速度$\omega_Y$旋转，此时框架上受到的弹簧力矩与陀螺力矩相平衡，即

$$k\beta = H\omega_Y \tag{7-22}$$

式中，$k$为弹簧的力矩刚度系数；$\beta$为框架转动角度。

框架转动带动电刷指针转动，通过一定的比例关系可以实现速度的显示，阻尼器在陀螺稳定的过程中起到衰减振荡的作用。微分陀螺仪测量角速度的量程一般为30°～170°/s，精度优于±0.5°/s，线性误差小于1%。

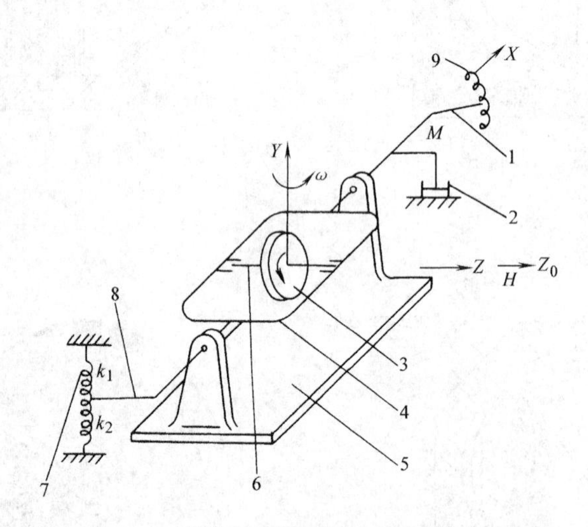


图7-14　微分陀螺仪测量角速度的原理图

1—电刷　2—阻尼器　3—转子　4—框架　5—壳体　6—转轴　7—定位弹簧　8—杠杆臂　9—电位计

4. 光纤陀螺仪测量角速度　光纤陀螺仪是基于萨克纳克（Sagnac）效应进行角度或角速度测量的。在一个任意几何形状的闭环光学环路中，将光源发出的一束光分解为两束沿相反方向传输，当环路以一定角速度旋转时，这两束光之间将产生一个与旋转角速度成正比的相位差。

利用萨克纳克效应制成的光纤陀螺仪如图7-15所示。激光器发出的激光经过耦合器后分成两束，从两个入射端面进入光纤环，在光纤环中分别沿顺时针方向和逆时针方向传播。两束光从光纤环出射后经耦合器合成一束照射在光电探测器上。如果光纤陀螺静止不动，则顺时针传播和逆时针传播的两束光不受影响。当环形激光器以一定角速度$\Omega$旋转时，顺时针传播和逆时针传播的光束相对于光纤环的角速度不同而产生相位差$\Delta\varphi$，其与$\Omega$之间的关系为

$$\Delta\varphi = \frac{4\pi RL\Omega}{\lambda c} \tag{7-23}$$

式中，$\lambda$为激光的波长；$c$为光速；$R$为光纤环半径；$L$为光纤的长度。

对于一定的光纤陀螺仪，$R$、$L$和$\lambda$为常数，故$\Delta\varphi$与$\Omega$成正比。半径越大，光纤越长，光纤陀螺仪的精度越高。因此，光纤陀螺仪可根据应用领域的不同，设计不同结构参数以满足测量精度的要求。

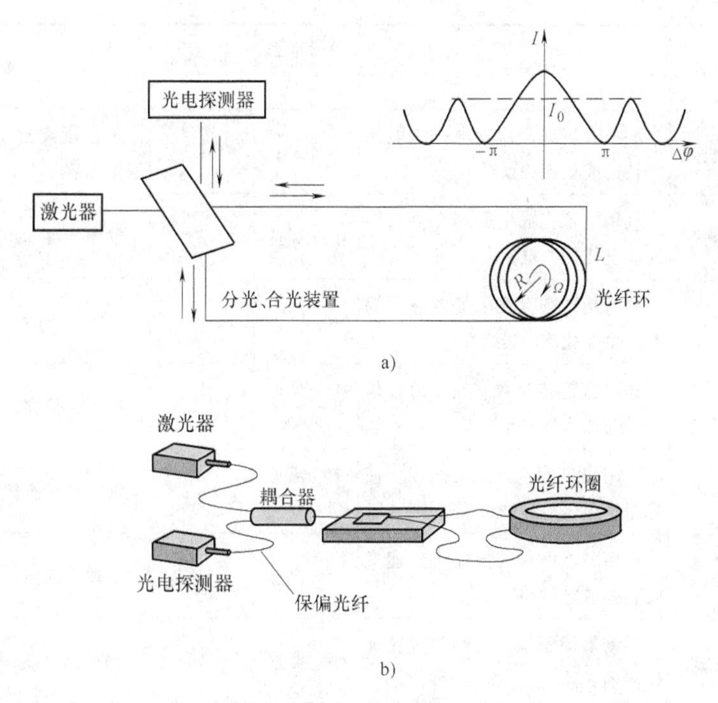


图 7-15　光纤陀螺仪

a）原理图　b）结构示意图

使用两束激光干涉的方法制成的光纤陀螺仪称为干涉式光纤陀螺仪（IFOG），为了保证干涉式光纤陀螺仪的精度，通常光纤的长度 $L$ 为 500～2500m。光纤的长度不能无限制地增加，因为激光在传播中有损耗，而且光纤越长其互易性越难保持。

## 三、转速测量

工程上经常遇到的角速度测量是旋转轴的转速测量，常以每分钟的转数来表达，即 r/min。测量转速的仪表统称为转速表。转速表的种类繁多，按测量原理可分为模拟法、计数法和同步法；按变换方式可分为机械式、电气式、光电式和频闪式等，其中电气式应用广泛。常用的测速传感器有磁电式、电容式、霍尔元件式和电涡流式等，且多采用位置相差 90°配置两只传感器，测速时按相位关系可判别旋转方向。转速的测量方法及特点列于表 7-1 中。转速表的等级有 0.01、0.02、0.05、0.1、0.2、0.25、1、1.5、2、2.5。

**表 7-1　转速的测量方法及特点**

| 类型 | | 转速表 | 测量方法 | 测量范围 /r·min$^{-1}$ | 准确范围 | 特点 |
|---|---|---|---|---|---|---|
| 模拟型 | 机械式 | 离心式 | 利用重块的离心力与转速的二次方成正比 | 30～2400 中、低速 | 1～2 | 简单、廉价、应用较广，但准确度较低 |
| | | 粘液式 | 利用旋转体在粘液中旋转时传递的扭矩变化测速 | 中、低速 | 2 | 简单、但易受温度的影响 |

（续）

| 类型 | | 转速表 | 测量方法 | 测量范围 /r·min$^{-1}$ | 准确范围 | 特点 |
|---|---|---|---|---|---|---|
| 模拟型 | 电气式 | 发电机式 | 利用直流或交流发电机的电压与转速成正比关系 | ~1000 | 1~2 | 可远距离指示，应用广，易受温度影响 |
| | | 电容式 | 利用电容充放电回路产生与转速成正比例的电流 | 中、高速 | 2 | 简单、可远距离指示 |
| | | 电涡流式 | 利用旋转圆盘在磁场内使电涡流产生变化测转速 | 中、高速 | 1 | 简单、价廉，可远距离指示 |
| 计数型 | 机械式 | 齿轮式<br>钟表式 | 通过齿轮转动数字轮。通过齿轮转动加入计时器 | 中、低速<br>~1000 | 1<br>0.5 | 简单、价廉，与秒表并用 |
| | 光电式 | 光电式 | 利用来自旋转体上的光线，使光电管产生电脉冲 | 中、高速<br>30~4800 | 1~2 | 简单、没有扭矩损失 |
| | 电气式 | 电磁式 | 利用磁、电等转换器将转速变化转换成电脉冲 | 中、高速 | 0.5~2 | 简单、数字传输 |
| 同步型 | 机械式 | 目测式 | 转动带槽圆盘，目测与旋转体同步的转速 | 中、高速 | 1 | 简单、价廉 |
| | 频闪式 | 闪光式 | 利用频闪光测旋转体频率 | 中、高速 | 0.5~2 | 简单、可远距、数字测量 |

1. *离心式转速表* 离心式转速表是传统的机械式转速测量仪表，现已很少使用。离心式转速表是通过测量重块在旋转过程中的离心力实现转速的测量。离心式转速表主要由机心、变速器和指示器三部分组成，如图7-16所示。重锤利用连杆与活动套环及固定套环连接，固定套环装在离心器轴上。当离心器旋转时，重锤随着旋转产生离心力，离心力通过连杆和活动套环产生作用于弹簧上的力

$$F_r = k_r m r \omega^2 = k_c \omega^2 \tag{7-24}$$

式中，$m$为重锤质量；$r$为重锤旋转半径；$\omega$为重锤旋转的角速度；$k_r$为离心力转换系数；$k_c$为比例系数。

重锤的离心力通过连杆使活动套环向上移动并压缩弹簧，产生弹簧的反作用力

$$F_k = k_s x \tag{7-25}$$

式中，$k_s$为弹簧系数；$x$为活动套环的上移距离。

当转速一定时，活动套环向上的作用力与弹簧的反作用力相平衡，即$F_r = F_k$，套环将停在相应位置，$x = k_c/k_s\omega^2$。通过传动扇形齿轮、游丝、指针等装置，将活动套环的移动量传递给指针，在表盘上指示出被测转速。

由于离心式转速表具有测量结果显示直观、成本低、运行可靠、坚固耐用等优点，故在生产、维修现场还有使用。离心式转速表的测量原理简单，但测量精度较低。

2. *光电式转速表* 光电式转速表是通过被测旋转体上的反射光或透射光，将被测物体的旋转变为光信号，使用光电转换元件形成电脉冲信号，使用计数器计数的方式来实现

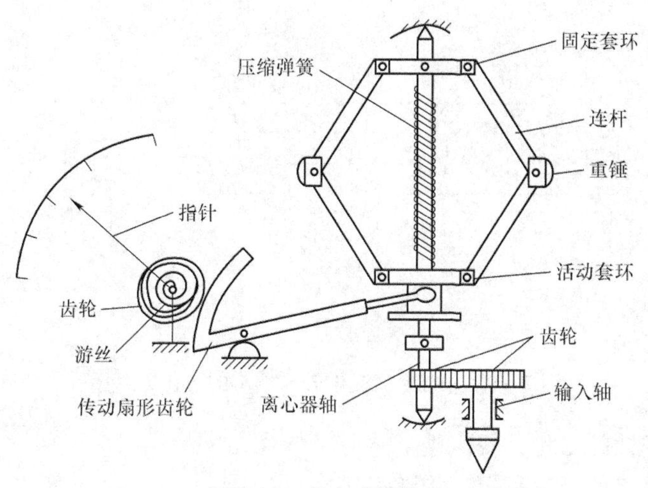


图 7-16　离心式转速表

转速测量的。

图 7-17 为接触式手持数字转速表的工作原理图。测速轴与被测旋转轴连接，光电测速盘与测速轴紧固在一起并随同测速轴转动，在光电测速盘的同心圆上均匀刻有多条窄缝。测速盘每转一圈，光源透过测速盘上的窄缝可使光电管产生电脉冲信号。通过对电脉冲信号计数可得到转速 $n$，即

$$n = \frac{60N}{zt} \tag{7-26}$$

式中，$N$ 为测速仪读出的电脉冲信号数；$z$ 为光电测速盘上窄缝的数量；$t$ 为采样时间。

若 $t = 1$，$z = 60$，则有 $n = N$，即测速仪中电脉冲信号的数量就是被测转速。

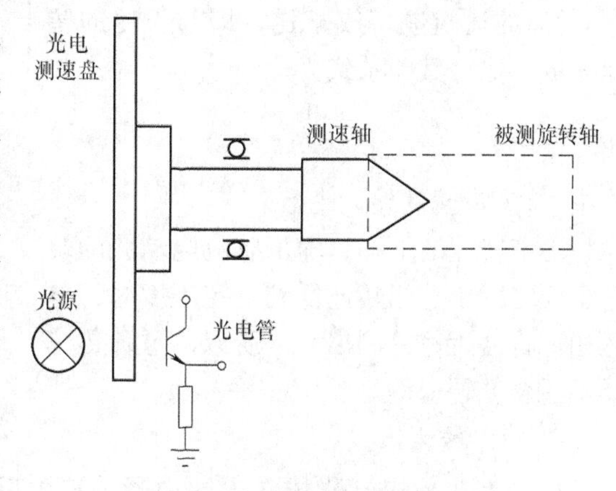


图 7-17　接触式手持数字转速表的工作原理图

图 7-18 为非接触式光电转速测头的工作原理图。测量转速前需在被测轴上涂上反光面和非反光面，并将光电测速头垂直对准被测轴并调整好焦距。在光电测头中由光源发射出来的光经凸透镜会聚成平行光，沿光路经半透半反膜反射到被测轴上，再由被测轴上涂有的反光和非反光面反射出来，穿透半透半反射膜照射到光敏晶体管上并产生出明电流和暗电流，输出时钟脉冲信号。该信号经过放大整形电路形成矩形脉冲信号，并输送给二次仪表——转速数字显示仪进行计数显示。

3. *磁电式转速表*　磁电式转速传感器是使用最广泛的转速传感器，由磁头和线圈组成，另外必须配备齿轮或类似齿轮的装置才能工作。磁电式转速传感器的结构如图 7-19 所示，由永久磁铁、线圈、导磁齿轮等组成。齿轮装在被测转轴上，与转轴一起旋转。当转轴旋转时，齿轮的凸凹齿形将引起齿轮与永久磁铁间气隙大小的变化，从而使永久磁铁磁路中的磁通量随之发生变化。轮齿靠近磁头，磁阻减小，轮齿偏离磁头，磁阻增大。这

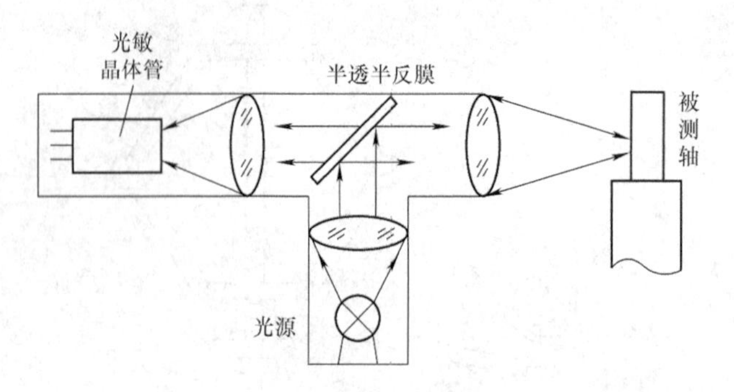


图7-18　非接触式光电转速测头的工作原理图

样，磁通量呈周期性的变化，便产生了感应电动势。感应电动势的频率和幅值均随齿轮轮齿的通过频率而变化。感应电动势的频率 $f$ 与轮齿的通过频率成正比，即与齿轮的转速 $n$ 成正比。其关系式为

$$n=\frac{60f}{z} \tag{7-27}$$

式中，$z$ 为齿轮的轮齿个数。

随着转速的下降，输出感应电动势的幅值也随之减小。当转速低到一定程度时，电压幅值将会无法检测出来。所以，这种传感器不适合低转速测量。

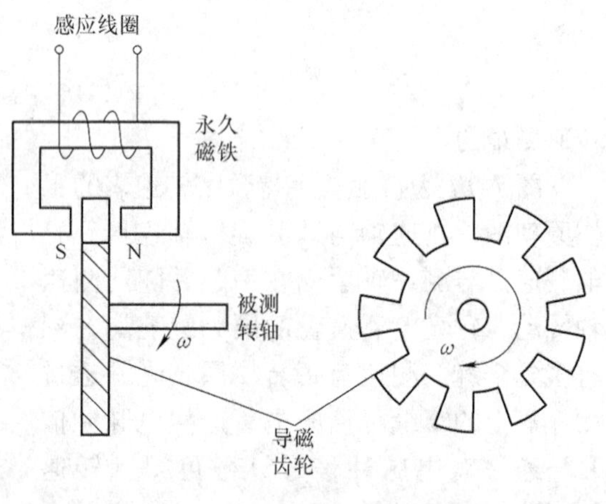


图7-19　磁电式转速传感器的结构

4. 频闪转速仪

（1）频闪效应　物体在人的视野中消失后，人眼视网膜上能在一段时间内（0.2～0.05s）保持视觉印象，即视后暂留现象。当光闪动频率大于10Hz时，人眼看上去就是连续发亮的。

（2）频闪转速仪测量原理　利用频闪效应可实现转速的测量。测量转速时所用的圆盘称为频闪盘。测量转速时按频闪原理复现的图像称为频闪像。当用一个可调频率的闪光灯照射频闪盘时，在闪光频率与频闪盘转动频率相同或成为其整数倍时，能清晰地看到单个频闪像（单定像）。因此，在测转速时要调整闪光灯的频率，记录使频闪像不动时的闪光频率。

具体测量方法为：

若已知被测转速的范围是 $n \sim n'$，则首先将闪光频率调到大于 $n'$，然后从高频逐渐下降，第一次出现单定像的闪光频率等于被测转速；

若被测转速的频率范围无法估计，则调整闪光频率，记录下连续出现两次单定像的闪光频率 $n_1$ 和 $n_2$，设 $n_1 > n_2$，则

$$n=\frac{n_1 n_2}{n_1-n_2} \tag{7-28}$$

若转速非常高，$n_1$和$n_2$可能很接近，按式（7-28）测量精度会很低。要提高测量精度，必须不断下降闪光频率，连续记录出现单定像的闪光频率$n_1$，$n_2$，…，$n_m$。然后计算被测转速$n$，即

$$n = \frac{n_1 n_m (m-1)}{(n_1 - n_m)} \tag{7-29}$$

测量时除了使用频闪盘外，还可利用转动体上的一些特征来锁定频闪频率，如圆盘的辐条、齿轮的齿等。如果转动体上没有这些特征，也可以在旋转轴上涂以黑白点或粘贴黑白纸条作为标记。

频闪转速仪的优点是非接触测量，简单方便。测量范围一般为100～250000r/min，测量精度可达0.01%。

## 第三节　加速度的测量

通过测量物体的加速度可了解物体的运动状态（如火箭、导弹、飞机、船舶惯性导航系统、可悬空使用的加速度鼠标等），也可判断运动机械系统，如汽车防撞气囊、硬盘和存储设备等所承受的动负荷大小，防止损坏或提供设计指标；尤其对瞬态、冲击和随机振动等复杂情况中运动参数的测量，加速度测量几乎是唯一的手段。

### 一、加速度测量的基本原理

加速度测量的基本原理如图7-20所示。质量块$m$通过弹簧$k$和阻尼器$c$与传感器基座相连接，基座与被测运动体A相固连。若被测运动物体产生加速度运动之后，基座随之运动，质量块受惯性力的作用也会运动。可通过检测质量块位移或惯性力来测量运动体的加速度。设被测物体运动位移为$x(t)$，质量块运动位移量为$y(t)$，则质量块相对于传感器基座的位移为$z(t) = y(t) - x(t)$。

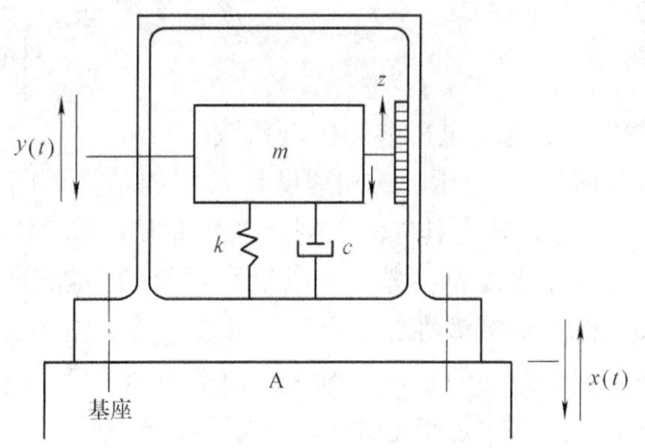


图7-20　加速测量的基本原理

1）由于质量块的惯性，其速度的改变比基座慢，质量块与基座之间会产生位移，位移与加速度成比例，故通过检测质量块与基座之间的位移可以实现加速度的测量。

2）质量块通过连接的阻尼器和弹簧感受到加速度的变化，质量块会受到与加速度成比例的惯性力的作用，通过检测惯性力也可以实现加速度的测量。

### 二、基于位移的加速度测量

通过检测质量块位移实现加速度测量的传感器种类很多，如压电式、磁电感应式、电容式、电感式、涡流式、霍尔式等。

1. 压电式加速度计　利用压电材料（压电陶瓷）的压电效应制成的压电式加速度计应用十分广泛。图7-21为一压电式加速度计的工作原理图，当加速度计壳体连同基座和被测对象一起运动时，其内部由高密度合金制成的惯性质量块相对于壳体将产生一定的位移，此位移通过弹簧产生的弹性力施加于压电元件上，在其两个断面上就会产生极性相反的电荷。压电式加速度计通常不使用阻尼元件，且其内部的阻尼也很小（$\xi<0.02$），系统可视为无阻尼，此时惯性质量块相对于壳体的位移 $z$ 可表示为

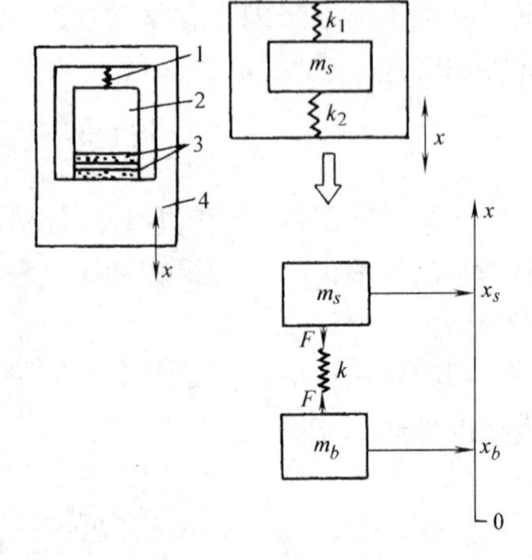


图7-21　压电式加速度计的工作原理图

$$z=\frac{\frac{\mathrm{d}^2x}{\mathrm{d}t^2}}{\omega_\mathrm{n}^2\left[1-\left(\frac{\omega}{\omega_\mathrm{n}}\right)^2\right]} \tag{7-30}$$

式中，$x$ 为被测振动的位移；$\omega_\mathrm{n}^2=K/M$，$K=k_1+k_2$ 为等效刚度，其中 $k_1$ 为弹簧刚度，$k_2$ 为压电元件的刚度，$M=(m_\mathrm{s}m_\mathrm{b})/(m_\mathrm{s}+m_\mathrm{b})$ 为折算质量，其中 $m_\mathrm{s}$ 为惯性质量，$m_\mathrm{b}$ 为壳体的质量。

该位移通过弹性产生力 $F=k_2z$ 作用于压电元件上，根据压电效应可得出在压电元件表面产生的电荷为

$$Q=d_{33}F=\frac{d_{33}k_2\frac{\mathrm{d}^2x}{\mathrm{d}t^2}}{\omega_\mathrm{n}^2\left[1-\left(\frac{\omega}{\omega_n}\right)^2\right]} \tag{7-31}$$

式中，$d_{33}$ 为压电材料的压电系数。

图7-22为压电式加速度计常用的结构。图中，B为基座，P为压电元件片，M为惯性质量块，S为具有较大刚度的压紧块。图7-22a是外缘固定型，其压紧块与壳体相连，这就使壳体成为“弹簧-质量”系统的一部分，外界的温度、噪声和试件变形等因素引起壳体的变形都将对输出信号形成干扰。图7-22b是中间固定型，压电片、质量块和压紧块一起固定在一个中心轴上，外壳起保护和屏蔽作用，这种结构可克服温度、噪声的影响。图7-22c是倒置式中间固定型，与图7-22b所示结构的不同之处在于其中心轴不与基座相接，可避免基座变形的影响。上盖与基座通过薄壁连接，形成“弹簧”的一部分，共振频率会有所降低。图7-22d是剪切型，压电元件为圆筒状，粘接在中心轴上，外圆则粘接于质量块，加速度传感器沿轴线振动时，压电元件将受到剪切力而变形，从而输出电荷。这种结构既可克服外界温度和噪声的干扰，又可避免基座变形的影响。

2. 电容式加速度计　使用悬臂梁结构的MEMS电容加速度计如图7-23所示。使用Si作为悬臂梁和质量块，在质量块上制作金属膜作为电容的活动极板，在 $SiO_2$ 基体上制作金属膜作为电容的固定极板，通过检测电容的变化来测量加速度。由于MEMS电容加速度计极板之间的距离很小，因此需要反馈控制，以防止极板间发生粘附。

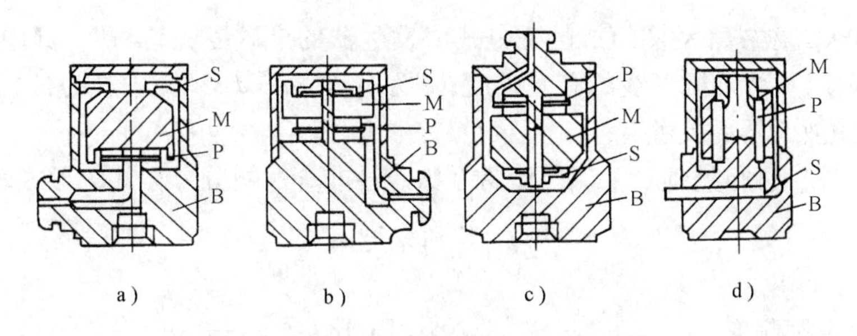


图 7-22 压电式加速度计常用的结构

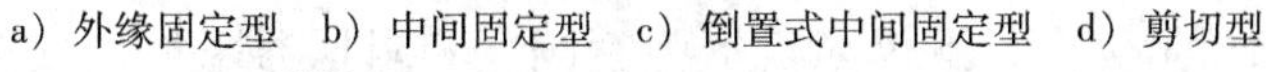
a) 外缘固定型 b) 中间固定型 c) 倒置式中间固定型 d) 剪切型

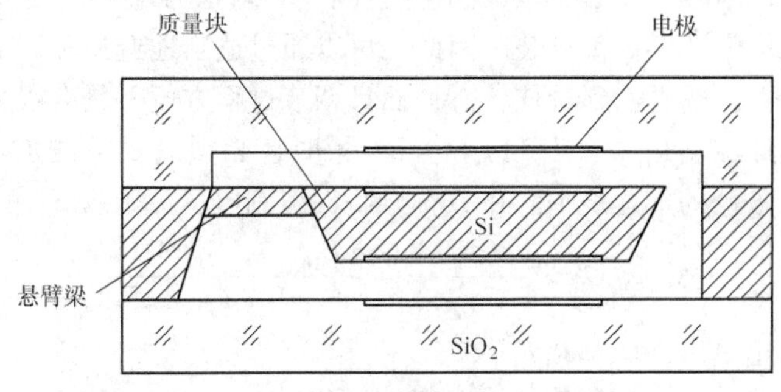


图 7-23 使用悬臂梁结构的 MEMS 电容加速度计

## 三、基于惯性力的加速度测量

基于位移的加速度测量仪器一般工作频率范围有限，灵敏度较低，所以广泛采用基于惯性力的加速度测量方法，如伺服式、电阻式、谐振式和光纤式等。质量块感受到加速度后，由于惯性力的作用产生与加速度成正比的惯性力 $F$（$F=ma$）。通过力平衡反馈的方法或者通过检测应变、应力等方法，实现加速度测量。

1. *伺服式加速度计* 伺服式加速度计是一种高性能仪器，最初是为满足军事中惯性导航系统等测量需求而开发的，现在已用于各种领域，如高精度低频振动测量仪、计量用基准仪器及由此构成的伺服式速度计、位移计等。

（1）伺服式加速度计工作原理 伺服式加速度计是根据力平衡反馈的原理构成的闭环测量系统，如图 7-24 所示。它主要由质量块 $m$、弹簧 $k$、阻尼器 $c$ 系统、位置传感器 $d$、伺服放大器 $s$、力发生器 $F$ 和标准电阻 $R_L$ 等部分组成。当壳体固定于被测运动物体上感受到加速度后，质量块相对壳体的位移为 $x$，位移量由位置传感器检测出并转换成电压，经伺服放大器放大形成电流 $i$ 输出。经标准电阻后输入到力发生器产生电恢复力，使质量块返回到初始平衡位置。根据惯性振动体力学模型分析，系统的运动方程式为

$$m\frac{\mathrm{d}^2z}{\mathrm{d}t^2}+c\frac{\mathrm{d}z}{\mathrm{d}t}+Kz=-Fi-m\frac{\mathrm{d}^2x}{\mathrm{d}t^2} \quad (7\text{-}32)$$

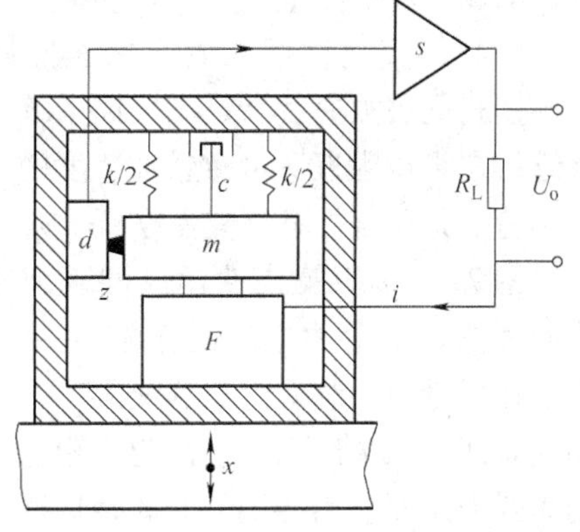


图 7-24 伺服式加速度计原理图

式中，$F$ 为由永久磁铁和动圈组成的磁电式力发生器的灵敏度，$F=Bl$，其中 $B$ 为磁路气隙的磁感应强度，$l$ 为动圈导线的有效长度；$i$ 为电流，$i=dsz$，其中 $d$ 为位置传感器的灵敏度，$s$ 为伺服放大器的灵敏度。

对式（7-32）进行处理，采用二阶常系数线性非齐次微分方程式的形式表达为

$$\frac{\mathrm{d}^2 z}{\mathrm{d}t^2}+2\xi\omega_{\mathrm{n}}\frac{\mathrm{d}z}{\mathrm{d}t}+\omega_{\mathrm{n}}^2 z=-\frac{\mathrm{d}^2 x}{\mathrm{d}t^2} \tag{7-33}$$

式中，$\omega_{\mathrm{n}}$为固有圆频率，$\omega_{\mathrm{n}}^2=\frac{(k+Fds)}{m}$；$\xi$ 为阻尼比，$\xi=\frac{c}{2\sqrt{(k+Fds)\ m}}$。

伺服式加速度计的 $\omega_{\mathrm{n}}$和 $\xi$ 不仅与机械弹簧刚度和阻尼器阻尼系数有关，而且还与产生恢复力电路的灵敏度 $d$、$s$、$F$ 有关。因此，可以通过适当地选择和调节电路结构参数来改变仪器的工作特性，使之达到最佳状态，而且调节过程方便并具有很大的灵活性。

伺服式加速度计在利用式（7-33）进行测量时，必须满足被测加速度的频率 $\omega \ll \omega_{\mathrm{n}}$，才能正确反映被测的加速度值。由其幅频特性得到电压灵敏度 $S_{\mathrm{a}}$，即

$$S_{\mathrm{a}}=\frac{U_{\mathrm{o}}}{a}=\frac{U_{\mathrm{o}}}{-\omega_{\mathrm{n}}^2 z}=-\frac{mR_{\mathrm{L}}}{F}\frac{1}{1+k/(dsF)} \tag{7-34}$$

式中，$U_{\mathrm{o}}$为仪器输出电压，$U_{\mathrm{o}}=R_{\mathrm{L}}i$。

由式（7-34）可知，如选用刚度小的弹簧，使得 $k \ll dsF$，则

$$S_{\mathrm{a}}=-\frac{mR_{\mathrm{L}}}{S_{\mathrm{F}}}=-\frac{mR_{\mathrm{L}}}{Bl} \tag{7-35}$$

因此，伺服式加速度计的电压灵敏度仅决定于仪器的 $m$、$R_{\mathrm{L}}$、$B$ 和 $l$ 等结构参数，而与仪器的 $k$、$s$、$d$ 等特性无关。若能采取措施使这些结构参数稳定，不受温度等外界环境的影响，则仪器可以达到很高的测量精度。此外，还可以在仪器伺服放大器中接入移相电路，利用与速度成正比的电磁力反馈来形成粘性阻尼，与原有阻尼器一起使系统的阻尼比 $\xi$ 达到最佳值。这种仪器的结构可以使 $\omega_{\mathrm{n}}$ 做得极高，由于其具有零下限的频率特性，因此可实现极宽频带的测量，可用于冲击、随机及低频振动加速度的测量。

（2）石英挠性摆式伺服加速度计　石英挠性摆式伺服加速度计是靠反馈系统使摆锤质量维持在零位附近测量敏感加速度的，其主要结构特点是用挠性杆来支承摆锤质量。

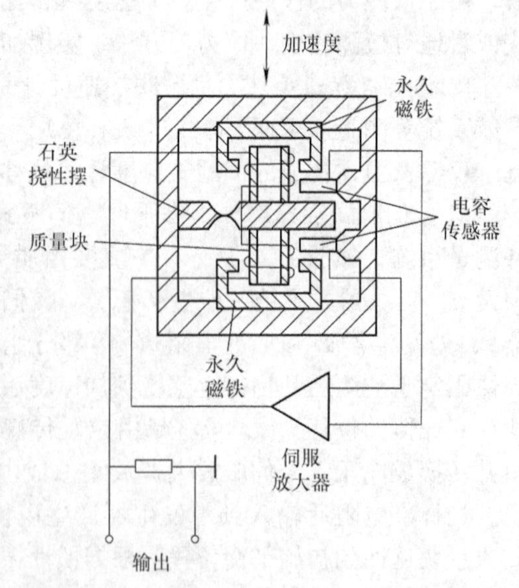

图7-25　石英挠性摆式加速度计工作原理图

图7-25为石英挠性摆式伺服加速度计工作原理图。质量块通过一个挠性杆与壳体相连，在质量块上绕有力矩器线圈。在壳体两端固定有两个永久磁铁，它们与力矩器线圈构成动圈式力矩器。用磁钢表面和挠性摆两端构成两个测量电容器，当挠性摆偏转时，两边间隙发生变化，两个电容量也相应变化，一个电

容变大，另一个电容变小。用电桥电路可检测出它们的变化量，从而反映所测加速度的大小。

石英挠性摆式加速度计检测电路如图7-26所示。当载体沿输入轴向有加速度时，惯性力作用在质量块上，输入轴向上的引力分量也作用在质量块上，它们的合力对挠性杆细颈处形成摆力矩。石英挠性摆两端面与磁钢面构成的两个电容器其间隙一边增大，一边减小，从而使左、右两电容量发生变化。电容的变化量由电桥电路检测。当电桥不平衡时，其输出电压反映了摆组件偏角的大小。不平衡信号经放大、解调、校正和直流功率放大，最后送至力矩器线圈，产生电磁力矩来平衡摆力矩。由于回路的放大系数可设计得很大，因而摆质量的偏角实际上很小。为了输出与力大小成比例的电信号，只要在力矩器线圈电路中串入一个采样电阻，取其两端电压就可获得加速度计的输出信号。

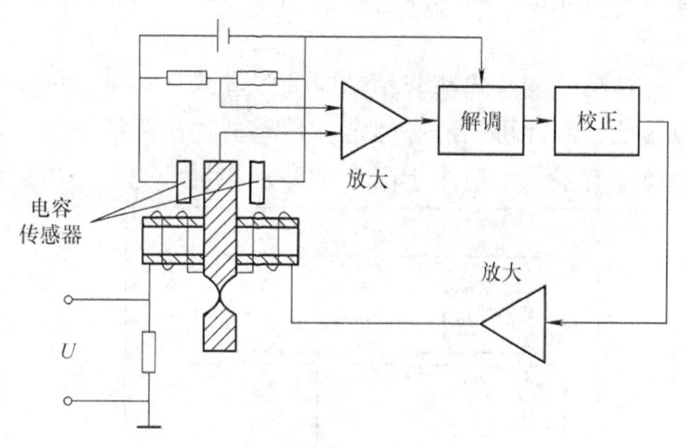


图7-26　石英挠性摆式加速度计检测电路

石英挠性摆式加速度计是一种机械式加速度计，具有结构简单、体积小、精度和灵敏度高、稳定性好、功耗小、成本低等优点，广泛应用于航空、航天、航海、交通、石油、建筑等各个领域。

2. *电阻应变式加速度计*　利用某些材料的电阻应变效应作为传感元件测量质量块的惯性力，可实现加速度的测量。根据工作类型的不同，电阻应变式加速度计可以分为粘贴应变计式、非粘贴应变张丝式。

粘贴应变片式加速度计是将金属丝、箔片或半导体粘贴在弹性元件上形成力敏元件。如图7-27a所示，在悬臂梁一端固定质量块，另一端固定于壳体上。悬臂梁作为弹性元件，在其上下表面粘贴应变片组成全桥以提高灵敏度并补偿温度误差。由于梁式弹性体结构固有频率有限，常在壳体中充满阻尼油，使阻尼比达到0.6～0.7。用柱体式弹性元件可测量较大加速度，在垂直测量轴的方向粘贴应变片，不仅可以补偿温度误差，而且还可利用泊松比效应提高灵敏度。柱体常设计成圆环空心结构以增加灵敏度和抗压稳定性。这种结构固有频率可达数千赫兹，但性能易受粘贴工艺和胶剂引起蠕变和滞后的影响。粘贴应变片计式加速度计通常使用半导体作为力敏元件，半导体应变片的灵敏系数一般为50～200，比金属类要大50倍以上，仅用一般的运算放大器甚至不用放大就能工作，可以提高加速度计的性能。

非粘贴应变张丝式加速度计如图7-27b所示。用强度较高的电阻合金丝，一般为直径0.001～0.1mm的恒弹性合金丝、镍铬合金丝、卡玛合金丝等，一端缠绕在活动质量块的绝缘销钉上，另一端缠绕在固定壳体的绝缘材料制成的销钉上。电阻合金丝作为力敏元件感受产生加速度之后的惯性力，同时也是弹性元件的一部分。由于电阻丝不能感受压力，因此缠绕时预先加上初始张力。这种结构不用胶粘剂，可基本消除蠕变和滞后。此外，它的阻值可以通过增加应变丝圈数而增大，其满量程时电阻丝的应变值可达到±1000με或更高，增加了加速度的测量范围。但非粘贴应变张丝式加速度计的加工和装配难度大，成本高。

粘贴应变片式和非粘贴应变张丝式加速度计的特点是静、动态都能工作。测量频率可以很低，因此可以静态标定。传感器输出阻抗不高，对后续电路无特殊要求。其缺点是频率范围有限，不适用于高频及冲击测量和宽带随机振动测量。

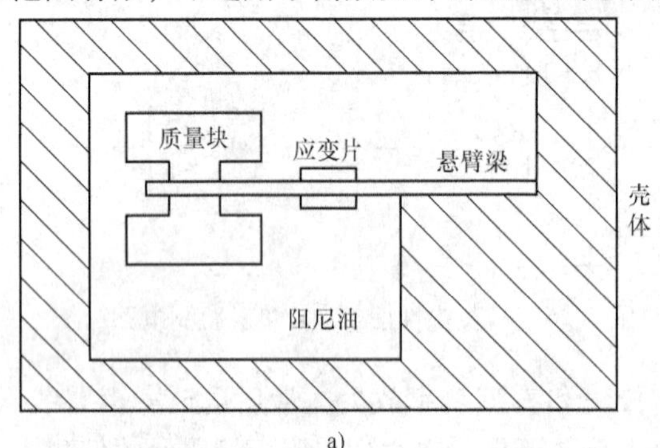


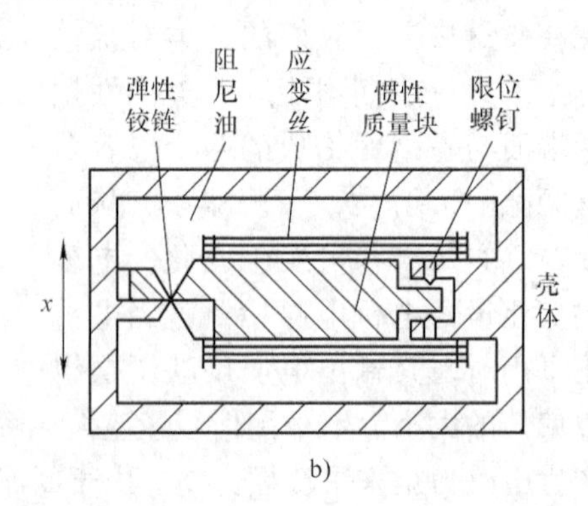


图7-27　电阻应变式加速度计

a）粘贴应变计式加速度计　b）非粘贴应变张丝式加速度计

3. *光纤式加速度计*　光纤式加速度计通过测量光纤受力后光纤中传播光束相位的变化来实现加速度的测量。光纤式加速度计的结构如图7-28所示。薄膜片将质量块 $m$ 支撑在底座内，使用两根绷紧的光纤将质量块固定在底座和端盖上。当质量块通过薄膜片感受到底座的加速度作用时，两根光纤中一根轴向应变增强，另一根则减弱，从而使被传播的光束相位发生变化。光相位的变化 $\Delta\varphi$ 与被测加速度 $a$ 成正比，即

$$\Delta\varphi=\frac{4n_1lm}{E\lambda d^2}a$$

式中，$n_1$ 为光纤芯折射率；$l$ 为光纤臂长度；$m$ 为质量块的质量；$E$ 为光纤材料的杨氏模量；$\lambda$ 为光波的波长；$d$ 为光纤的直径。

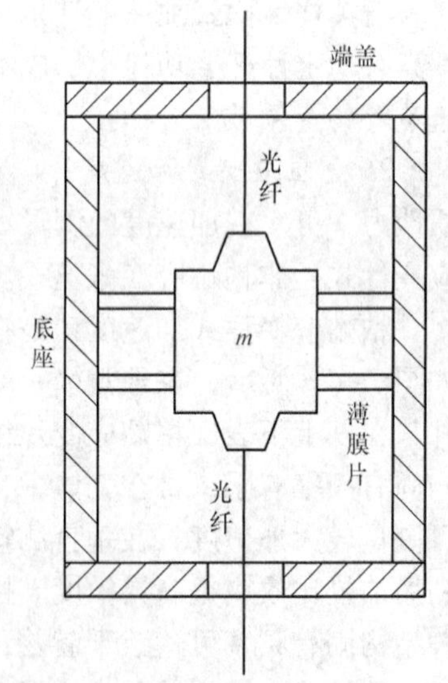


图7-28　光纤式加速度计的结构

光相位的变化使干涉条纹发生变化，利用光波干涉测量技术就可测量加速度。

光纤式加速度计的最大特点是使用光纤传感技术测量惯性力，与传统的加速度计相比，光纤式加速度计不但能抗电磁干扰，而且具有体积小、重量轻、电绝缘、耐腐蚀、动态范围宽、测量精度高、能在恶劣环境下工作等优点。

4. *硅微谐振式加速度计*　硅微谐振式加速度计是采用MEMS工艺制作的微惯性器件，主要由质量块和谐振器组成，如图7-29所示。当质量块感受加速度作用时，其惯性力会

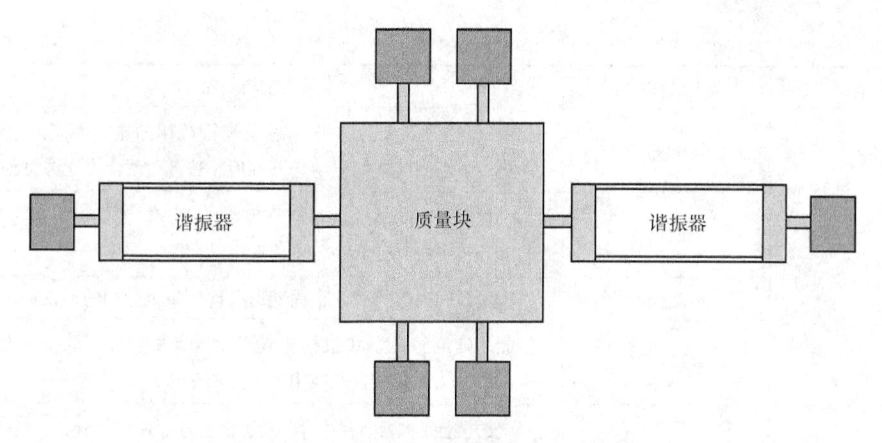


图 7-29 硅微谐振式加速度计结构示意图

施加在两个谐振器上，其中一个谐振器处于拉应力状态，谐振频率提高；另一个谐振器处于压应力状态，谐振频率降低。通过检测两个谐振器输出频率的差值来测量加速度。

硅微谐振式加速度计能在同一块硅片上同时集成机械敏感结构和外围接口电路，具有体积小、功耗小、集成度高、成本低、可批量生产等特点，在高精度导航领域广泛应用。

## 第四节 振动测试

机械振动测试的内容可归纳为以下两类：

1）被测对象观测点上的振动参量测试和特征量分析，如振幅、速度、加速度、频率和位相等。目的是了解被测对象的振动状态，评定振动量级和寻找振源，以及进一步进行监测、识别、诊断和预估。

2）被测对象的振动动力学参量测量或动态性能分析，如固有频率、阻尼、阻抗、传递率、响应等。这时往往采用某种特定形式的激励使被测对象产生受迫振动，同时测定输入激励和输出响应来完成。

### 一、振动的基本类型

振动是自然界广泛存在的一种运动形式，其分类方法很多，主要类型及其特征列于表 7-2 中。

表 7-2 机械振动的类型

| 分类依据 | 名称 | 主要特征 |
|---|---|---|
| 产生振动的原因 | 自由振动 | 振动系统偏离其平衡位置时，仅依靠其弹性力维持的振动。其振动的频率即为系统的固有频率。当存在阻尼时，其振动将逐渐减弱 |
| | 受迫振动 | 在外部激振力的持续作用下，系统被迫产生的振动。振动的特性与外部激振力的大小、方向、频率有关 |
| | 自激振动 | 在无外部激振力的作用情况下，由于系统本身原因而产生的振动，如轴承油膜自激振动 |

（续）

| 分类依据 | 名称 | 主要特征 |
|---|---|---|
| 振动的规律 | 简谐振动 | 能用一正弦或余弦函数来描述其运行规律的振动。简谐运动是一种最简单、最基本的周期振动，其幅值相位随时间而变化并可预测 |
| | 周期振动 | 每隔相同时间间隔，运动自身确定地重复着的振动。通过傅里叶级数的展开式可将其分解为若干简谐振动 |
| | 瞬态振动 | 在极短时间内仅持续几个周期的振动，单个脉冲的振动称为冲击 |
| | 随机振动 | 不能用确定的数学式来描述其运动规律的振动。它的幅值、相位、频率无法精确地判断，只能用统计方法来估计 |
| 振动系统结构参数的特性 | 线性振动 | 系统的惯性力、阻尼力、恢复力分别与加速度、速度、位移呈线性关系，常用线性微分方程式来描述其运动规律的振动 |
| | 非线性振动 | 系统的惯性力、阻尼力、恢复力分别具有非线性性质，只能用非线性微分方程式来描述其运动规律的振动 |
| 振动系统的自由度 | 单自由度振动 | 只需一个独立坐标就能确定其运动位置的振动 |
| | 多自由度振动 | 需多个独立坐标才能确定其运动位置的振动 |

在振动测试技术领域常按振动量随时间的变化规律来分类，即将振动分为简谐振动、周期振动、瞬态振动和随机振动4大类。各类振动具有不同的特点和表征参数，分别描述如下：

1. *简谐振动* 简谐振动的振动量随时间按正弦或余弦规律变化，如图7-30所示。其位移表达式为

$$x(t) = x_m \sin(\omega t + \varphi) \quad (7\text{-}36)$$

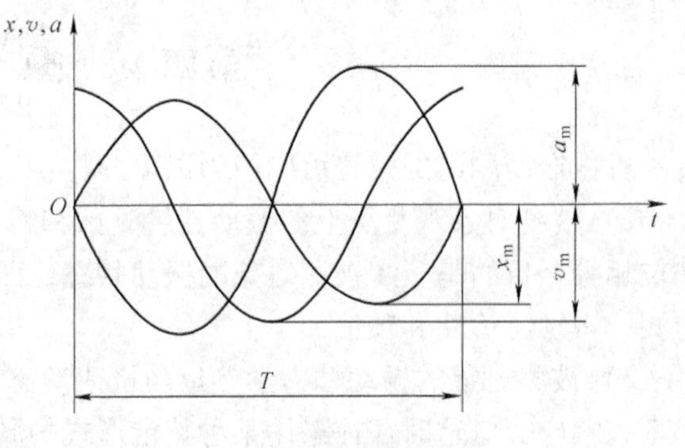

图7-30 简谐振动波形

式中，$x_m$为振动幅值；$\omega$为角频率或圆频率；频率$f=\omega/(2\pi)$；$\varphi$为初始相角。

将式（7-36）求导可得振动速度和振动加速度的表达式为

$$v(t) = \frac{dx}{dt} = \omega x_m \cos(\omega t + \varphi) = v_m \sin\left(\omega t + \varphi + \frac{\pi}{2}\right) \quad (7\text{-}37)$$

$$a(t) = \frac{dv}{dt} = -\omega^2 x_m \sin(\omega t + \varphi) = -a_m \sin(\omega t + \varphi + \pi) \quad (7\text{-}38)$$

式中，$v_m$为振动速度的幅值（m/s），$v_m=\omega x_m$；$a_m$为振动加速度的幅值（$m/s^2$），$a_m=\omega^2 x_m$。

由此可知，简谐振动的位移、速度和加速度的波形与频率都为一定，其速度和加速度的幅值与频率有关，在相位上，速度超前位移$\pi/2$，加速度又超前速度$\pi/2$。对于简谐振动，只要测定出位移、速度、加速度和频率这4个参数中的任意两个，便可推算出其余两个参数。

在振动测量时，上述参数应根据实际情况予以选择。如位移是研究强度和变形的重要依据；加速度与作用力或载荷成正比，是研究疲劳和动力强度的重要依据；速度决定了噪声的高低，人对机械振动的敏感程度在很大频率范围内是由速度决定的。速度又与能量和功率有关，并决定了力的动量。频率则是寻找振源和分析振动的主要依据。

2. *复合周期振动*　复合周期振动由两个或两个以上的简谐振动复合而成，各成分中，每一对频率比都是有理数。图 7-31a 是内燃机活塞运动时加速度的波形图，它由基波和二次谐波两个不同频率的简谐振动复合而成。图 7-31b 为该加速度的频谱图。

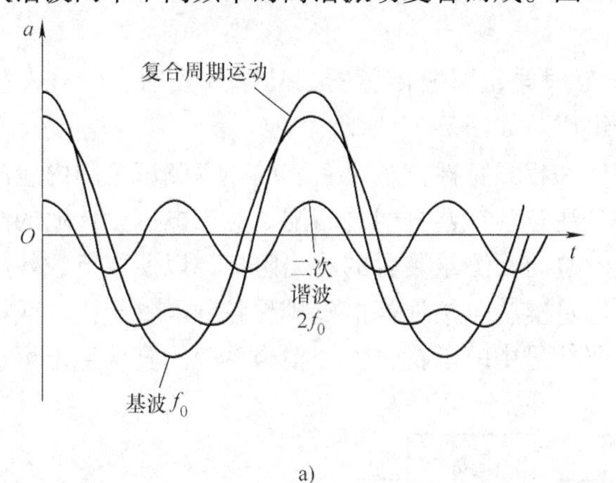


a)

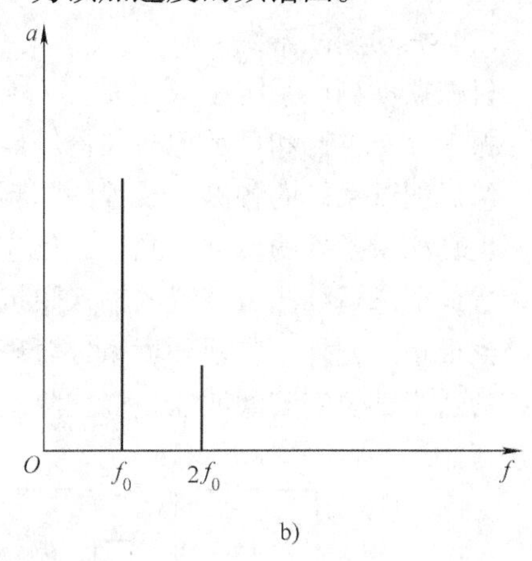


b)

图 7-31　复合周期振动

a）加速度的波形图　b）加速度的频谱图

振幅相同、频率相近的两简谐振动复合形成“拍”现象，双机双桨的船舶在两机转速相差很小时就易出现这种“拍”现象。“拍”究竟是一种什么现象？现予以简单说明。

3. *准周期振动*　准周期振动至少为两个谐波的合成波。在多振源的场合下各振源间并无关联（不相关），各谐波间的频率比至少有一组是无理数，但仍能用一函数表达式来表示其在各时刻的参数，例如

$$x(t) = x_{m1}\sin(\omega_1 t + \varphi_1) + x_{m2}\sin(\pi\omega_1 t + \varphi_2) + \cdots$$

这种振动的频谱仍为线谱，如图 7-32 所示，而随机振动为连续谱。实际工作中遇到的两个或几个不相关联的周期振动混合作用时，便会产生这种振动状态。

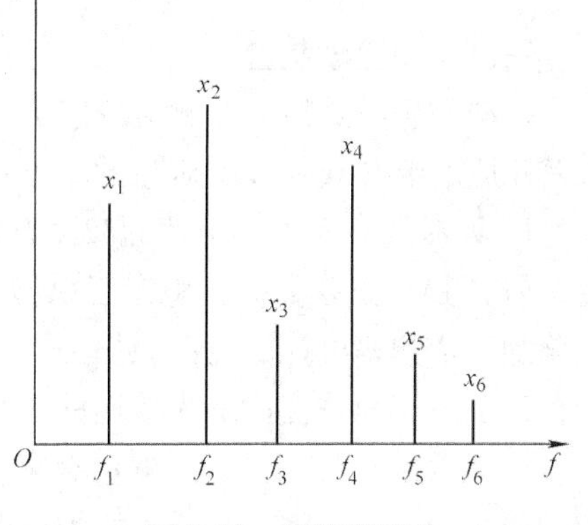


图 7-32　准周期振动

4. *瞬态振动*　瞬态振动是指在极短时间内仅持续几个周期的振动，单个脉冲的振动称为冲击。脉冲的特点是：过程突然发生，持续时间极短，能量却很大。通常，它由零到无限大的所有频率的谐波分量构成。

5. *随机振动*　随机振动亦称非确定性振动，不能事先确定系统中观测点在某一时刻的位置及振动参数的瞬时值。不仅没有确定的周期，而且其振动量与时间也无一定的联系。诸如路

面的不平对车辆的激励；加工工件表面层几何物理状况的不均匀对机床刀具的激励；波浪对船舶的激励；大气湍流对飞行器的激励等，都将会产生随机振动。

随机振动不能用确定函数来描述，但却服从统计规律。统计参数通常有均值、方均值、方差、相关函数和功率谱密度函数等，与一般随机信号的处理类似。

随机振动分为平稳随机振动和非平稳随机振动。平稳随机过程的统计特性不随时间变化，至少其均值和自相关函数如此。非平稳随机过程的统计特性随时间变化。

## 二、振动测试系统

机械振动测试系统主要由被测对象、激振器、测振传感器、功率放大器、信号发生器、振动分析仪器和显示记录仪器等部分组成，如图7-33所示。

组成测试系统的各测量装置的幅频特性和相频特性在整个系统的频率测试范围内应满足不失真测量条件的要求。同时，还应充分注意各仪器之间的匹配。对于电压量传输的测量装置，要求后续测量装置的输入阻抗远超过前面测量装置的输出阻抗，以便使负载效应缩减到最小。此外，应视环境条件合理地通过屏蔽、接地等措施排除各种电磁干扰，或在系统的适当部位安装滤波器，以排除或削弱信号中的干扰，保证整个系统的测试稳定可靠地进行。

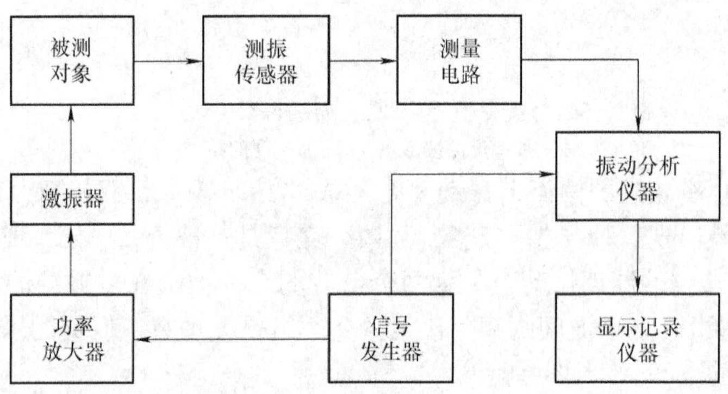


图7-33 振动测试系统组成框图

## 三、振动激励装置

振动的激励是指对被测对象施加一定的外力，使其做受迫振动或自由振动，根据激励及其相应的响应获得被测对象的动态特性。

1. *振动激励方式* 振动的激励方式通常有稳态正弦激振、瞬态激振和随机激振三种。

（1）稳态正弦激振 稳态正弦激振又称为简谐激振，它是借助于激振设备对被测对象施加一个频率可控的简谐激振力。它的优点是激振功率大，信噪比高，能保证响应测试的精确度。因而是应用最为普遍的一种激振方法。

简谐激振是要在稳态下测定响应和激振力的幅值比和相位差。为了测得整个频率范围内的频率响应，必须无级或有级地改变正弦激振力的频率，这一过程称为频率扫描。在扫描过程中，必须采用足够缓慢的扫描速度，以保证测试、分析设备有足够的响应时间和使被激对象能够处于稳定的振动状态。这种频率随时间而变化的正弦激振，又称为扫频激振。

稳态正弦激振力幅值应进行恒力控制，其方法是采用高阻抗输出的功率放大器，通过恒定的输出电流来实现恒力，或通过力的反馈对激振信号进行控制，实现恒力。

（2）瞬态激振　瞬态激振即对被激对象施加以一个瞬态变化的力，它属于宽带激励方法。常用的瞬态激励方式有以下几种。

1）快速正弦扫描激振：激振信号由信号发生器供给，其频率可调，激振力为正弦力。激振信号频率在扫描周期 $T$ 内呈线性增加，而幅值保持恒定。快速扫描激振力信号的函数表达式为

$$f(t) = F\sin 2\pi(at + f_{min})t \qquad 0 < t < T \tag{7-39}$$

式中，$a = (f_{max} - f_{min})/T$。

式中的扫描上、下限频率（$f_{max}$、$f_{min}$）和扫描周期 $T$ 都可以根据试验要求而选定。一般扫描时间仅为 1～2s，因而可以快速测试出研究对象的频率特性。这种快速正弦扫描信号及其频谱如图 7-34 所示。

2）脉冲激振：脉冲激振是以一个带有力传感器的脉冲锤敲击被测对象，在被测对象上作用一个力脉冲，激振力的频谱在一定范围内可被看作连续恒定的，也被称为“锤击法”。

3）阶跃（张弛）激振：在拟定的激振点处，用一根刚度大质量轻的金属丝经过力传感器对待测结构施加张力，使之产生初始变形。然后，突然切断张力弦，这就相当于对该结构施加一个负的阶跃激振力。阶跃激振也属于宽频带激振，在建筑结构的振动测试中此方法应用较为普遍。

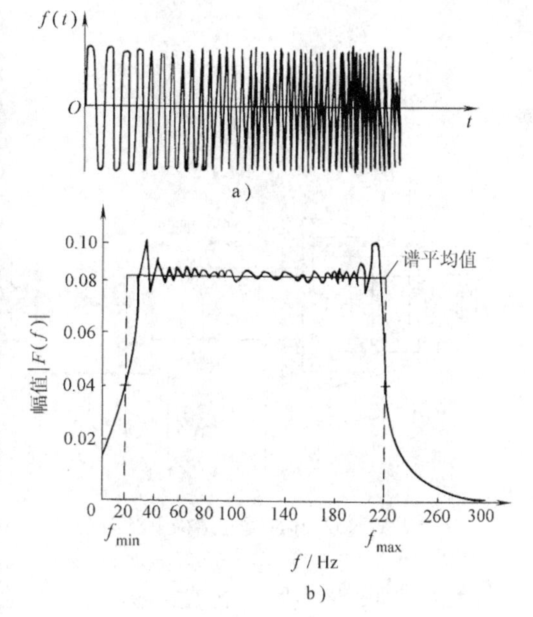


图 7-34　快速正弦扫描信号及其频谱
a）正弦扫描信号　b）频谱

（3）随机激振　随机激振是一种宽带激振方法，一般用白噪声或伪随机信号发生器作为信号源，以实现快速甚至“实时”测试。

许多机械结构在运行状态下所受到的干扰力或者动载荷往往都具有随机的性质，使用白噪声或者伪随机信号作为激励信号可以模拟被测物的工作状态，进行“实时”分析。

2. 激振器　激振器是对被测对象施加某种预定要求的激振力，以激起试件振动的装置。激振器能在要求的频率范围内提供波形良好、强度足够和稳定的交变力。某些情况下还需提供一恒力，以便使被激对象受到一个一定的预加载荷，以消除间隙或模拟某种恒定力。另外，为减小激振器质量对被测对象的影响，激振器的体积和重量应小而轻。激振器按工作原理可分为机械式、电动式、电磁式和液压式等，下面介绍几种常用的激振器。

（1）脉冲锤　图 7-35 所示为脉冲锤的结构示意图，它是由锤头、锤头垫、力传感器、锤体、配重块和锤柄等部件组成，并用一中心螺栓预紧。锤头和锤头垫直接冲击试

件，它相当于力传感器的附加质量。在试验中，可采取不同材料（如钢、塑料和橡胶等）制成的锤头垫，以获得具有不同作用时间 $\tau$ 的冲击波形，如图7-36a所示。如将冲击力波形近似看作半正弦波，则其线性谱如图7-36b所示，频谱主瓣频率值约为 $3/(2\tau)$。在模态试验中，总是希望在所关心的频带内具有足够的能量，而在频带外的能量尽可能小一些。更换不同硬软材料制成的锤头垫就能得到合适的时间 $\tau$ 及主瓣频率 $f$。锤体质量主要是为了获得所需大小的冲击力峰值，但它对持续时间也略有影响。在锤头盖材料不变的前提下，增加锤体质量，不仅可得到较大的冲击力，而且持续时间也稍有延长。

常用力锤的质量小至几克，大到几十千克，锤头垫可用钢、铜、铝、塑料、橡胶等材料制造，可用在激励小至印制电路板，大到桥梁等物体，在现场试验中使用尤为方便。

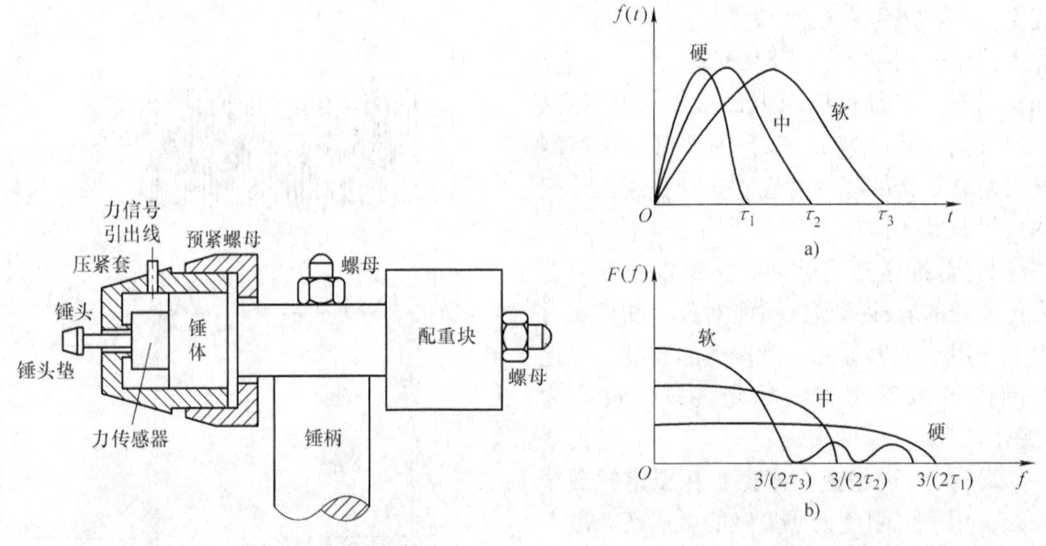


图7-35 脉冲锤的结构示意图

图7-36 脉冲锤击激振力及其频谱

（2）电动式激振器 电动式激励器又称磁电式激振器，主要是利用带电导体在磁场中受电磁力作用这一物理原理而工作。电动式激励器按其磁场形成方式分为永磁式和励磁式两种，前者一般用于小型的激振器，后者多用于较大型的激振台。

电动式激振器的结构如图7-37所示。当驱动线圈通过经功率放大后的交变电流时，根据磁场中载流体受力的原理，线圈将受到与电流成正比的电动力的作用，此力通过顶杆传到被激振对象上，产生激振力。采用拱形的弹簧片组来支撑激振器中的运动部分，并能在试件和顶杆之间保持一定的预压力，以防止它们在振动时脱离。

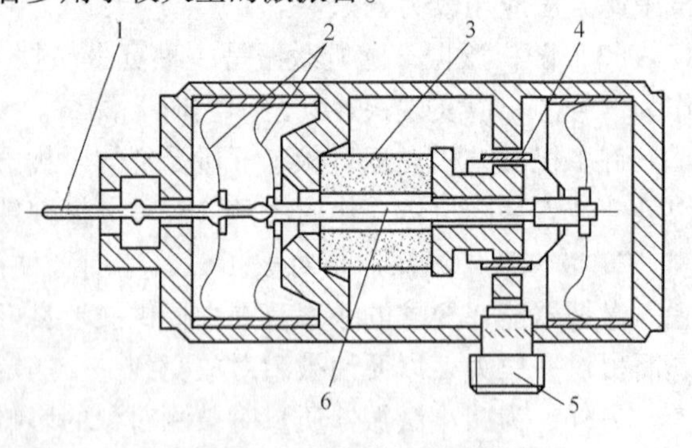


图7-37 电动式激振器的结构

1—顶杆 2—弹簧片组 3—永磁铁 4—驱动线圈 5—接线头 6—芯杆

由顶杆施加到试件上的激振力不等于线圈受到的电动力，最好使顶杆通过一只力传感器去激励试件，以便精确测出激振力的大小和相位。传力比（电动力与激振力之比）与激振器运动部分和被测对象本身的质量、刚度、阻尼等因素有关，又是频率的函数，只有当激振器可动部分质量与被激对象的质量相比可略去不计，且激振器与被激对象的连接刚度好，顶杆系统刚性也很好的情况下才可认为电动力等于激振力。

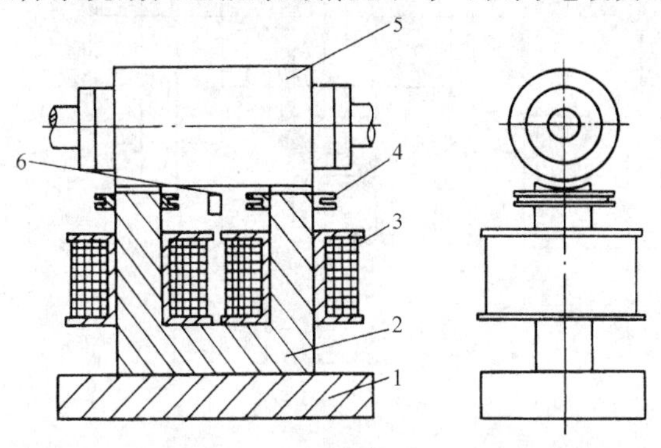


图 7-38 电磁式激振器的结构

1—底座 2—铁心 3—励磁线圈 4—力检测线圈 5—被测工件（衔铁） 6—位移传感器

（3）电磁式激振器 电磁式激振器直接利用电磁力作为激振力，常用于非接触激振场合，特别适用对回转件的激振。电磁式激振器的结构如图 7-38 所示。当电流通过励磁线圈便产生相应的磁通，从而在铁心和衔铁之间产生电磁力，实现两者之间无接触的相对激振。用力检测线圈检测激振力，位移传感器测量激振器与衔铁之间的相对位移。

电磁激振器不与被激对象接触，因此没有附加质量和刚度的影响，其频率上限为 500 ~ 800Hz。

（4）液压式激振台 液压式激振台也称电液式激振台，一般都做成大型的，激振力在 1kN 以上，承载质量以吨计，主要用于建筑物的抗震试验、飞行器的动力学试验以及汽车的行驶模拟试验等。整套设备结构复杂，价格昂贵，工作介质主要是油。它的工作原理是利用电液阀控制高压油流入工作液压缸的流量和方向，从而使活塞带动台面和其上的试件做相应的振动。

图 7-39 为液压式激振台的工作原理图。电液控制阀的结构和原理类似于一个小型电动式振动台，其可动系统与控制阀内的一个滑阀相连，控制阀有多个出入油孔，分别与振动台的液压缸、来自液压泵的高压油管和去油箱的回油管相连。

图 7-39a、图 7-39b 和图 7-39c 分别表示活塞和激振台面受电液控制阀信号控制处于静止、向上运动和向下运动的工作状态。激振台上还带有一个位移传感器，提供一个反馈信号给控制电路，以提高激振台的运动精度。控制阀不仅使得活塞完全跟随着动圈上下运动的规律而运动，而且也起着从电磁力到液压力的放大作用，故有人称它为电液放大器。

液压式激振台就输出功率和承受试件的重量而言，在各类振动台中是最大的，最大位移可达数百毫米，工作频率可低至零。由于液压体的惯性、阀门截面积有限和管道阻力等影响，频率上限仅为数百赫兹至一千赫兹，不如电动式激振台那样高。它的波形失真也会大些，这是由于液压系统的摩擦和非线性因素所致。此外，它的结构复杂，制造精度要求高，并需一套液压系统，成本较高。

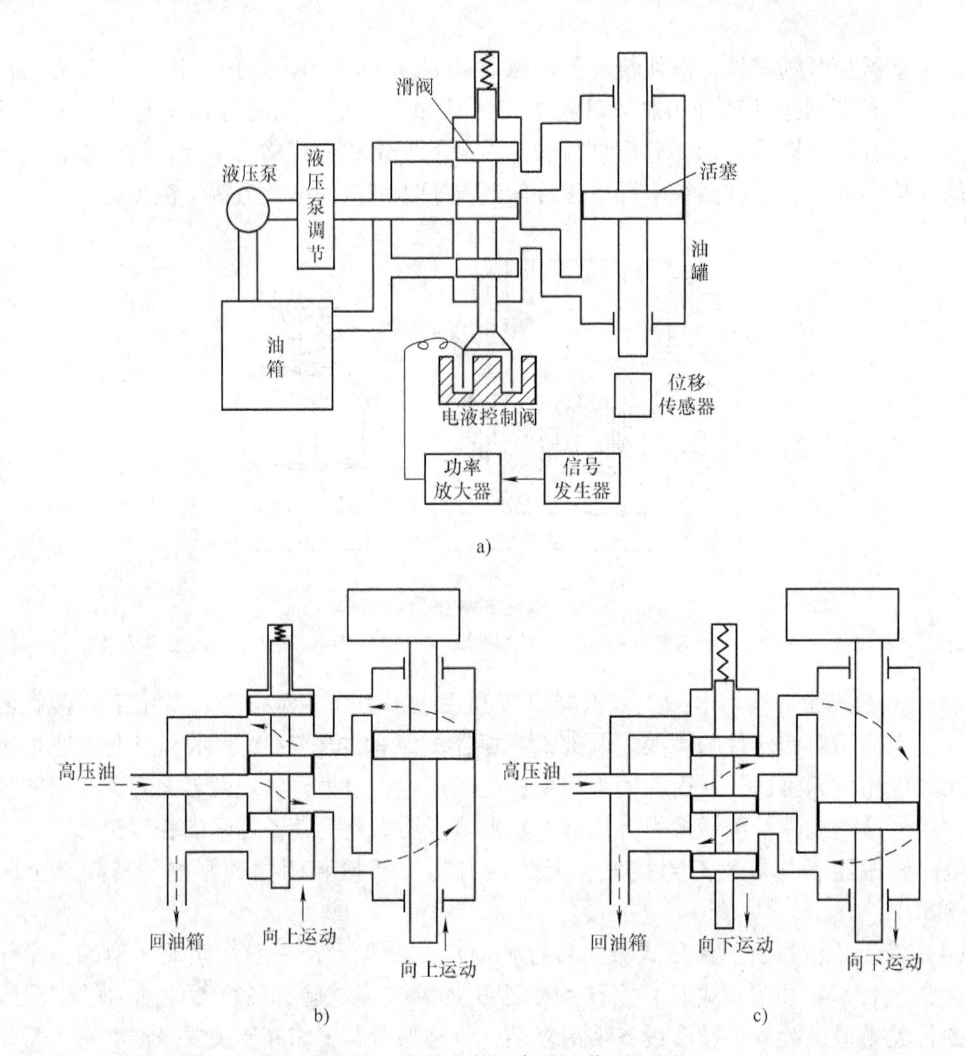


图 7-39 液压式激振台的工作原理图

a）滑阀静止 b）滑阀向上运动 c）滑阀向下运动

除了上述的几种常用激振器外，还有用于小型薄壁结构的压电晶体激振器以及适用于高频激振的磁致伸缩激振器和高声强激振器等。

## 四、振动系统参量的测量

振动系统的振动参量通常指振幅、速度、加速度、频率和相位。振幅、频率和相位是振动三要素。速度和加速度和振幅有关，是反映振动强弱的量，它们之间有确定的微分或积分关系。

振动系统动力学参量通常指质量、刚度、阻尼、固有频率等。实际机械系统大都是一个多自由度振动系统，具有多个固有频率，在其频率响应曲线上会出现多个峰值。对于多自由度线性振动系统，其振动响应可以认为是多个单自由度系统响应的叠加。

1. 振动参量测量　理论上，测出振动位移、速度和加速度三者之一便可通过计算或使用具有微分或积分电路环节的仪器加以处理，求得另外两个振动量。在实际测量中，具体选用哪个量进行测量，要视具体情况而定，如现有仪器类型、测量要求、频率范围及习惯等。由于三者幅值相互间的关系与频率大小有关，所以在低频及考虑强度和变形时常采用位移测量，如房屋、建筑、桥梁的振动、地震等；速度和振动物体的动能直接相关，在测量物体的振动强度，研究物体的减振效果时常采用速度测量；加速度和干扰力直接有关，在研究疲劳和高频条件下结构承受的振动能力时常采用加速度测量。频率是描述物体振动特性的一个极其重要的参数，是选择隔振装置、进行振动实验、确定系统特性、观察振动对周围结构的影响、确定回转机械的工作范围等的重要依据。简谐振动频率可以用频率计进行直接测量，也可以用比较法进行间接测量（如闪光测频法）；对于复杂波形的振动，要通过频谱分析的方法来分析频率成分。

相位是在振型分析、相关分析、动平衡试验及在振动控制等的研究中都要涉及的重要振动参数。在简谐振动中可以直接用相位计进行测量，而对于复杂波形则要通过信号处理来获取信号间的相位关系。

现代的振动参量测量分析系统通常采用电气式的位移、速度和加速度传感器来获取振动量模拟信号，经测量电路处理后，通过 A－D 转换进行采样，转换成数字信号，位移、速度和加速度等量值可由模拟信号或数字信号计算得到。数字信号通过快速傅里叶变换（FFT）等运算，可获得被测振动的频谱，对频谱进行分析可得出不同振源的振动情况。例如，选用磁电式速度传感器组成测振仪对某外圆磨床的工作台进行振动测量。图 7-40a 所示为磨床空转时记录下来的工作台的横向振动时域曲线，该曲线只能反映出综合振动的强弱。图 7-40b 所示为该振动信号的频谱，通过频谱分析可估计出其振动源和干扰。结合实际磨床结构，可以判明 27.5Hz 频率成分是砂轮不平衡所引起的振动；329Hz 的频率成分是由液压泵脉动引起的振动；50Hz、100Hz 和 150Hz 的频率成分是工频干扰及电动机振动引起的振动；500Hz 以上的高频振动源比较复杂，有轴承噪声和其他振源。

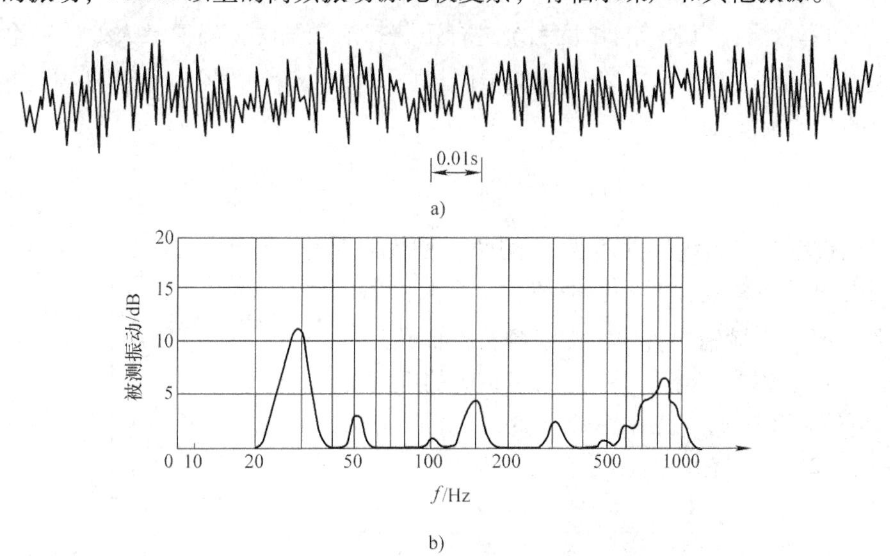


图 7-40　外圆磨床工作台的振动分析

a）时域振动曲线　b）频谱

2. 动力学参量测量　下面介绍单自由度振动系统的固有频率和阻尼比的常用测试方

法。对于多自由度振动系统的这两个参数可参考单自由度振动系统的测试方法近似估计。

单自由度振动系统的固有频率 $\omega_n$ 和阻尼比 $\xi$ 常用自由振动法或共振法进行测试。

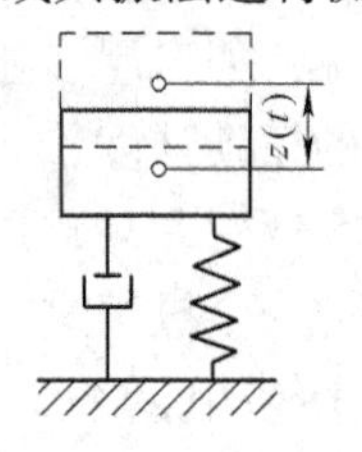


(1) 自由振动法　一个单自由度振动系统，若给予初始冲击或初始位移 $z_0$，则系统将在阻尼作用下做衰减自由振动，如图7-41所示。其振动表达式为

$$z(t) = z_0 e^{-\xi\omega_n t}\cos\omega_m t + \frac{dz(0)}{dt}\frac{e^{-\xi\omega_n t}}{\omega_m}\sin\omega_m t \tag{7-40}$$

式中，$\omega_m$ 为阻尼自由振动的谐振频率，$\omega_m = \omega_n\sqrt{1-\xi^2}$，当阻尼较小时可以认为系统的固有频率 $\omega_n$ 和谐振频率 $\omega_m$ 近似相等。

根据阻尼自由振动的记录曲线，通过时标可确定周期 $T$，计算得到 $\omega_m = 2\pi/T$。

阻尼比 $\xi$ 可根据阻尼自由振动的记录曲线的相邻峰值的衰减比值来确定。计算公式为

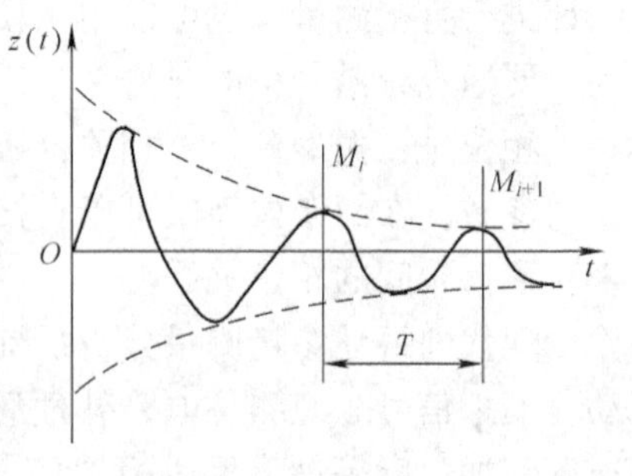


图7-41　阻尼自由振动

$$\xi = \sqrt{\frac{\delta^2}{\delta^2 + 4\pi^2}}$$

式中，$\delta = \ln\frac{M_i}{M_{i+1}}$，$M_i$ 和 $M_{i+1}$ 分别为阻尼自由振动记录曲线的相邻峰值。

(2) 共振法　由单自由度振动系统的幅频特性可知，当激振频率接近于系统的固有频率时，振动响应就急剧增大。根据所用的测试手段和所得记录，一般采用下述方法求出系统的固有频率和阻尼比。

1) 半功率点法：当对单自由度系统进行正弦扫描激励时，幅值最大处的频率为位移共振频率 $\omega_m$，$\omega_m = \omega_n\sqrt{1-\xi^2}$，在小阻尼时可以直接用共振频率 $\omega_m$ 来估计固有频率 $\omega_n$。此时对应的共振幅值为

$$A(\omega)_{\max} = A(\omega_m) = \frac{1}{2\xi\sqrt{1-\xi^2}} \approx \frac{1}{2\xi} \tag{7-41}$$

当阻尼较小时，幅频特性曲线 $\omega_n$ 的两侧是近似对称的。在测得的振动系统幅频特性曲线上，在其共振峰值 $\sqrt{2}/2$ 处作一平行于横轴的直线，交幅频特性曲线于 $a$、$b$ 两点，$a$、$b$ 两点称为“半功率点”，其对应的频率为 $\omega_1$ 和 $\omega_2$，如图7-42所示。设 $\omega_2 - \omega_1 = \Delta\omega$，由于 $\omega_1/\omega_n \to 1$，$\omega_1 + \omega_2 \approx 2\omega_n$，则有

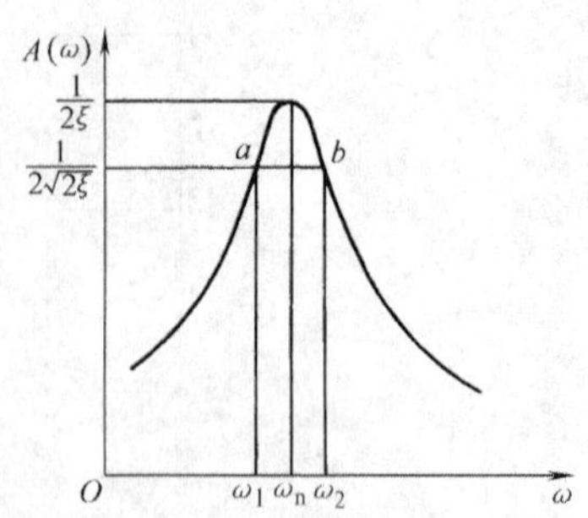


图7-42　半功率点法

$$A(\omega_1) = \frac{1}{\sqrt{\left[1-\left(\frac{\omega_1}{\omega_n}\right)^2\right]^2 + \left(2\xi\frac{\omega_1}{\omega_n}\right)^2}} \approx \frac{1}{\sqrt{\left(\frac{\Delta\omega}{\omega_n}\right)^2 + 4\xi^2}} \tag{7-42}$$

所以

$$\frac{A(\omega_1)}{A(\omega_m)} = \frac{2\xi}{\sqrt{\left(\frac{\Delta\omega}{\omega_n}\right)^2 + 4\xi^2}} = \frac{\sqrt{2}}{2} \tag{7-43}$$

求解得

$$\xi = \frac{\Delta\omega}{2\omega_n} = \frac{\omega_2 - \omega_1}{2\omega_n} \tag{7-44}$$

在测得的振动系统的幅频特性曲线上，找出半功率点对应的频率 $\omega_1$、$\omega_2$，将它们代入式（7-44）即可推算出系统的阻尼比。此方法只适用于小阻尼系统。

2）分量法：将单自由度受迫振动系统的频率响应函数改写为

$$H(j\omega) = \frac{1}{(1-\eta^2) + 2j\xi\eta} \tag{7-45}$$

式中，$\eta = \omega/\omega_n$。

将它分解为实、虚两个分量，即

$$\begin{aligned} \mathrm{Re}\,H(j\omega) &= \frac{1-\eta^2}{(1-\eta^2) + 4\xi^2\eta^2} \\ \mathrm{Im}\,H(j\omega) &= \frac{2\xi\eta}{(1-\eta^2)^2 + 4\xi^2\eta^2} \end{aligned} \tag{7-46}$$

由实、虚部的表达式和曲线图（图7-43）可知：

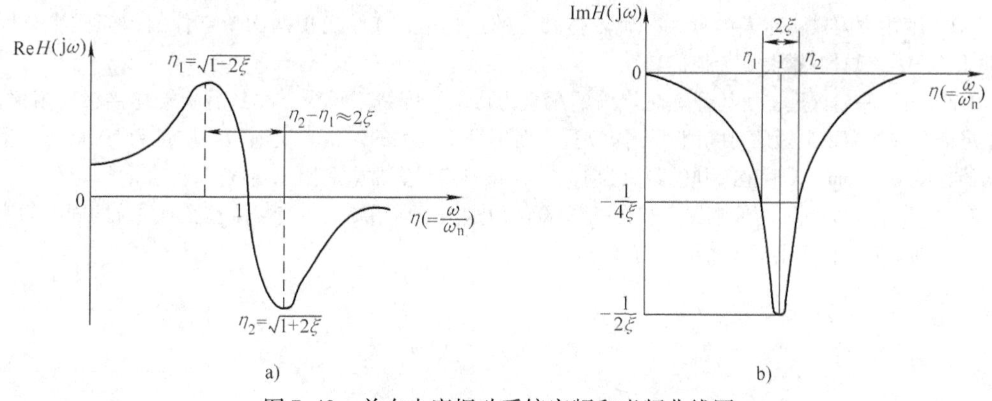


图7-43　单自由度振动系统实频和虚频曲线图

a）实频曲线　b）虚频曲线

1）在 $\eta=1$ 处，即 $\omega=\omega_n$ 处，实部为零，虚部为 $-\frac{1}{2\xi}$，接近极小值。据此可以确定系统的固有频率 $\omega_n$。

2）实频曲线在 $\eta_1=\sqrt{1-2\xi^2}\approx1-\xi$ 处有最大值，而在 $\eta_2=\sqrt{1+2\xi^2}\approx1+\xi$ 处有最小值

$$\begin{aligned} \mathrm{Re}\,H(j\omega)\big|_{max} &= \frac{1}{4\xi(1-\xi)} \\ \mathrm{Re}\,H(j\omega)\big|_{min} &= \frac{-1}{4\xi(1+\xi)} \end{aligned} \tag{7-47}$$

因而可通过实频曲线的两个峰值间隔距离来确定系统的阻尼比，即

$$\xi = \frac{1}{2}(\eta_2 - \eta_1) \tag{7-48}$$

3）虚频曲线在对应点的值十分接近 $-1/(4\xi)$，因此可在虚频曲线上峰值为 $-1/(2\xi)$ 的一半处作平行于横轴的直线，和虚频曲线相交两点，这两点的横坐标 $\eta_1$ 和 $\eta_2$ 间距约为 $2\xi$，由此可近似估计系统的阻尼比。

## 思 考 题

7-1 采用超声波相关测速法测量轮船航速，简述测量原理。

7-2 陀螺仪的主要特性是什么？试述微分陀螺仪测量角速度的工作原理。

7-3 简述加速度传感器的工作原理。伺服式加速度计有何优点？

7-4 设计一种高速列车通过桥梁时桥梁振动测量系统，给出测量系统组成框图，简述测量原理。

7-5 振动的激励方式及相应的激振器通常有哪几种？在实际振动测试试验中如何选择脉冲锤的锤头垫？

7-6 振动量振幅、速度和加速度反映振动的强弱，它们之间互为微分或积分关系。在工程应用中如何选择相应的传感器进行测量？

7-7 机械振动的固有频率和阻尼比常用自由振动法和共振法进行估测，试比较这两种方法的适用范围和优缺点。

## 习 题

7-1 使用频闪式转速表测量某一旋转体转速的过程中，连续出现两次单定像的闪光频率分别为 40Hz 和 30Hz。试计算被测旋转体的转速。

7-2 设计一门火炮，使其开炮时炮筒的后坐力由一个弹簧来承受。在其后坐端连接粘性阻尼器，该阻尼器允许炮筒以最短的时间回到平衡位置，而不发生过大的冲击。设炮筒的质量为 500kg，后坐时的初始速度为 30mm/s，后坐反弹的距离为 1.6cm。试确定弹簧常数和阻尼参数。

7-3 质量为 0.05kg 的传感器安装在一个 50kg 质量的振动系统上，安装传感器前系统的固有频率为 10Hz。试确定安装传感器后系统的固有频率。

# 第八章　力、力矩和压力的测量

## 第一节　概　　述

力是物质之间的相互作用，是国际单位制（SI）的导出物理量。力是由公式 $F = ma$ 来确定的，其单位为牛顿（N），1N 等于使质量为 1kg 的物体获得 $1\text{m/s}^2$ 加速度的力。因此，力的标准取决于质量和加速度的标准。

质量是国际单位制（SI）的基本物理量之一，是惯性质量和引力质量的统称。在物体运动速度远小于光速时，物体的质量是一个不随时间、地点和条件变化的恒量。质量的国际标准是一根保存在法国赛佛尔的铂－铱合金圆棒，称国际千克原器。各国的国家质量标准器是砝码，采用天平与国际千克原器作比对实现量值传递，其复现精度可达 1kg 的十亿分之几。加速度是长度和时间的导出量，重力加速度 $g$ 是一个使用方便的标准。$g$ 的标准值是指在纬度 45°的海平面处的值，它等于 $9.80665\text{m/s}^2$。不同纬度和海拔高度重力加速度值不同，它们之间有相应的函数关系式。当一个特定地点的重力加速度的数值被确定后，便可精确计算出作用在标准质量的重力（重量），从而建立起一个力的标准。

在力值的计量中，力值基准由力基准机复现。有静重式标准测力机、杠杆式标准测力机、液压式标准测力机等。静重式标准测力机直接利用已知质量砝码的重力来复现基准力值；杠杆式标准测力机则类似于一台大型不等臂天平，通过杠杆系统把静重放大来复现基准力值；液压式标准测力机基于流体静力平衡原理，将已知质量砝码的重力经液压放大来复现基准力值。我国 1MN 以下的国家基准由 6 台不同力值范围的静重式力基准机组成，这 6 台力基准机的力值范围分别为：20kN～1MN；2～100kN；100N～6kN；100N～5kN；10～1000N 和 10～100N。大于 1MN 的国家基准由两台不同力值范围的液压式力基准机组成，一台为 0.1～5MN，另一台为 0.5～20MN。

力矩是作用力和力臂的乘积，单位为“牛顿·米”（N·m）。力矩会使机械零部件转动，也称为转矩。在转矩作用下，机械零部件将会发生一定程度的扭曲变形，故又称作扭转矩，简称扭矩。工程中转矩 $M$（N·m）的测量常与功率 $P$（W）及转速 $n$（rad/s）的测量联系在一起，它们之间的关系为：$M = P/n$。

压力是静止的流体垂直作用于单位面积上的力，是力和面积的导出量，单位为“帕斯卡”（Pa），简称“帕”，$1\text{Pa} = 1\text{N/m}^2$。1 个标准大气压定义为在温度为 0℃，纬度为 45°的海平面上，重力加速度为 $9.80665\text{m/s}^2$ 时的压力，$1\text{atm} = 760\text{mmHg} = 101.325\text{kPa}$。压力标准由准确度很高的标准仪器设备提供，如液压活塞式压力计。

## 第二节　力的测量

各种机械运动的实质都是力和力矩的传递过程，力和力矩测量是设计和改进机械运动的重要手段和依据。力和力矩测量也广泛应用于科学研究、国防和工农业生产中，例如测量火箭的推力、汽车驱动扭矩、纺织纤维的张力、运动员的弹跳力、石油地质钻探中钻杆的扭矩、货物称重、公路桥梁受力分析等。

### 一、力的测量方法

力的测量方法可分为直接测量法和间接测量法。

直接测量法是基于静态重力力矩平衡原理，采用梁式天平，将被测力和标准质量（砝码）的重力进行平衡。直接测量法简单易行，可获得很高的精度，如分析天平。但这种方法需逐级加载，测量的精度取决于砝码分级的密度和砝码等级，还会受到测量装置中杠杆、刀口支撑等零件间的摩擦和磨损的影响。这种测量方法只适用于静态测量。

间接测量法采用测力传感器，将被测力转换成其他物理量进行测量，分为动力效应测力和静力效应测力两种。

（1）动力效应测力　力的动力效应使物体产生加速度，测定了物体的质量及所获得的加速度大小就测定了力值。在重力场中地球的引力使物体产生重力加速度，因而可以用已知质量的物体在重力场某处的重力来体现力值。

（2）静力效应测力　力的静力效应使物体产生变形，在材料中产生应力，通过测定物体的变形量、应变量，或利用与力相关的物理效应（如压电效应、压磁效应）来确定力值。

### 二、测力仪

测力仪一般由机械传递系统、测力传感器、调理电路和显示仪表或显示器等部分组成，其中测量传感器是核心部件。测力仪的种类很多，根据测力仪所采用传感器的工作原理，测力仪分为电阻应变式、电感式、压电式、压磁式、电容式、振弦式、光电式等测力仪。

1. 电阻应变式测力仪　电阻应变式测力仪主要由弹性体、应变电桥、测量电路、补偿电路及显示器等构成，如图8-1所示。粘贴于弹性体上的电阻应变片组成应变电桥，在外力作用下产生应变，将其应变量经电桥电路转换成电量，再经电路处理显示出被测力值。

电阻应变式测力仪的主要敏感器件是应变电桥和弹性体。典型的柱式弹性体直接承受拉伸力或压缩力，因此又称为直接应力式弹性体。它可做成不同的截面形状，如圆形、方形、工字形、多边形及圆桶形等。弹性体的表面应尽可能有较大的曲率半径以保证良好地粘贴应变片，否则不仅影响粘贴质量，还会因温度引起曲率半径变化产生附加应变，造成误差。

图8-2是一个圆柱形弹性体。应变片$R_1$、$R_3$沿其轴向粘贴，$R_2$、$R_4$沿其横向粘贴，

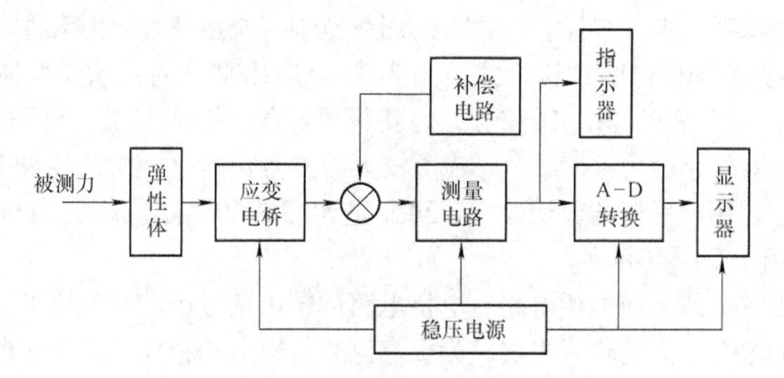


图 8-1　电阻应变式测力仪组成框图

并组成电桥电路。在负荷作用下应变片处弹性体的轴向相对变化量 $\varepsilon$（即应变）为

$$\varepsilon=\frac{\Delta l}{l}=\frac{F}{AE}=\frac{\sigma}{E} \tag{8-1}$$

式中，$\Delta l$ 为应变片总变形量；$l$ 为应变片的基长；$F$ 为负荷力；$A$ 为弹性体的工作面积；$E$ 为弹性体材料的弹性模量：$\sigma$ 为弹性体工作应力。

定义电阻应变片灵敏系数 $k$ 为

$$k=\frac{\Delta R/R}{\Delta l/l}=\frac{\Delta R/R}{\varepsilon} \tag{8-2}$$

若应变片阻值的相对变化率为 $\Delta R/R$，则应变片 $R_1$、$R_3$ 和 $R_2$、$R_4$ 的电阻相对变化量分别为

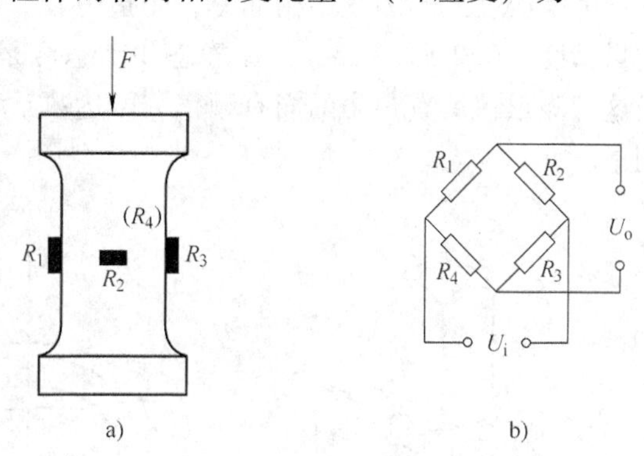


图 8-2　圆柱形弹性体
a）弹性体　b）电桥电路

$$\Delta R_1/R_1=\Delta R_3/R_3=k\varepsilon=kF/(AE)$$
$$\Delta R_2/R_2=\Delta R_4/R_4=-\mu k\varepsilon=-\mu kF/(AE)$$

式中，$\mu$ 为弹性材料的泊松比。

设弹性体总的应变量为 $\varepsilon_0$，则有

$$\varepsilon_0=\varepsilon_1-\varepsilon_2+\varepsilon_3-\varepsilon_4=\frac{1}{k}\left(\frac{\Delta R_1}{R_1}-\frac{\Delta R_2}{R_2}+\frac{\Delta R_3}{R_3}-\frac{\Delta R_4}{R_4}\right)=2(1+\mu)\frac{F}{AE} \tag{8-3}$$

在实际应用中一般采用等臂电桥，即 $R_1=R_3=R_2=R_4$，且 $R\gg\Delta R$，电桥输出电压 $U_o$可近似为

$$\frac{U_o}{U_i}=\frac{1}{4}\left(\frac{\Delta R_1}{R_1}-\frac{\Delta R_2}{R_2}+\frac{\Delta R_3}{R_3}-\frac{\Delta R_4}{R_4}\right) \tag{8-4}$$

式中，$U_i$为电桥供桥电压。

定义 $U_o/U_i$为传感器的电压灵敏度，通常取 0.5～2.5mV/V。

由式（8-3）和式（8-4）可得

$$\frac{U_o}{U_i}=\frac{(1+\mu)k}{2AE}F=\frac{k}{4}\varepsilon_0 \tag{8-5}$$

式（8-5）表明电桥输出电压与所施加弹性体上的作用力 $F$ 成正比。

弹性体的结构形式多种多样，根据力的测量范围、应用环境等因素进行设计选择。图8-3给出了几种典型弹性体的结构形式。图8-3a是应用最早的柱状弹性体，其测力范围为10kN～5MN；对大负载（1～20MN），为获得更好的力分布状况，可采用图8-3b所示的管状弹性体；对较小的力（5N），为获得较大的测量灵敏度，常采用图8-3c和图8-3d所示的弹性体；利用扁平杆的剪切效应，可制造出很扁的电阻应变式力传感器，如图8-3e所示，可应用于受限空间测力。

应变式测力仪一般采用电桥电路。电桥电路的输出信号小，精度要求高，因而测量电路要求具有高的增益、高的输入阻抗。为提高测力传感器的精度，必须在电桥电路中采取相应的补偿措施，消除误差的影响。补偿电路由初始不平衡补偿、零点漂移补偿、灵敏度补偿、温度补偿、非线性补偿、传感器灵敏度调整等部分组成。

电阻应变式测力仪结构简单，制造方便，测量范围很大（5N～20MN），且具有较高测量精度（0.03%～2%），在静态和动态测量中得到广泛应用。由于弹性体刚度大，因而这种测量仪具有很高的固有频率，可达数千赫兹，特别适合较高频率和持续交变载荷的测量。

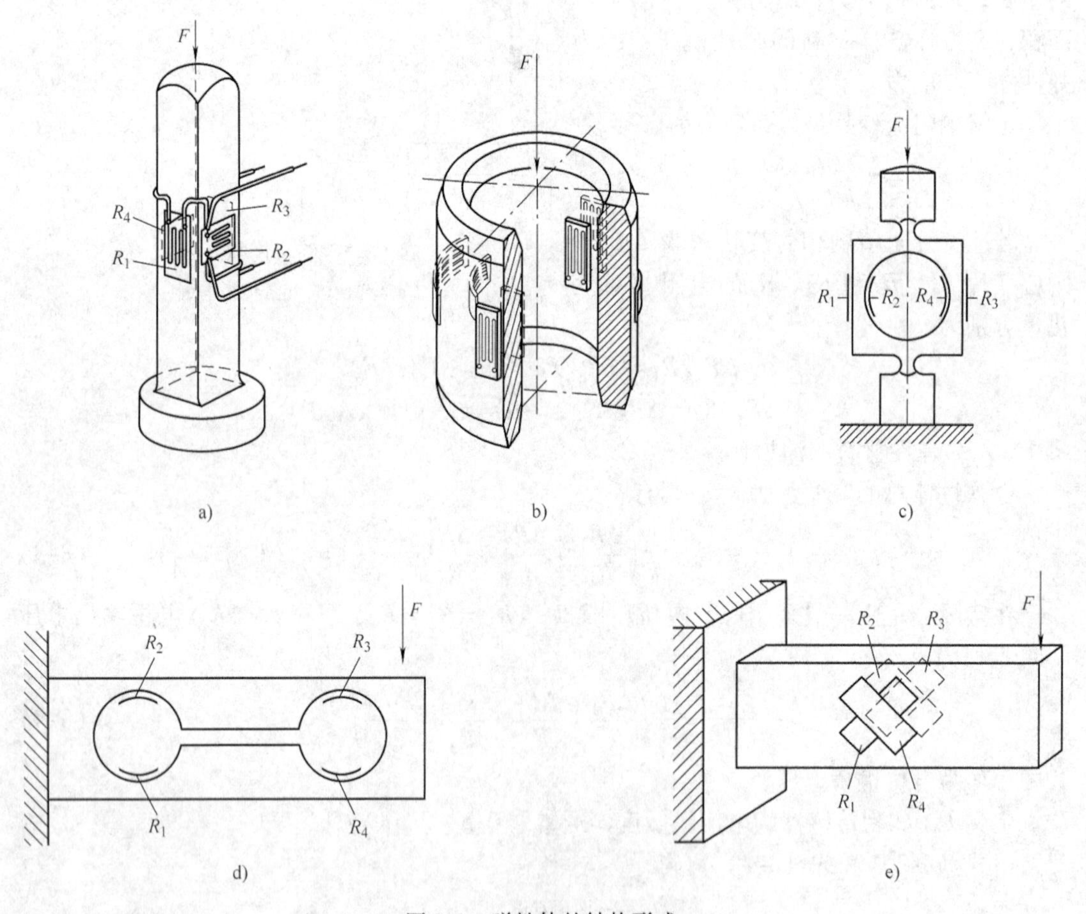


图8-3 弹性体的结构形式

a）柱状弹性体 b）管状弹性体 c）径向受载弹性体 d）双铰链弯曲杆弹性体 e）剪切杆式弹性体

2. *压磁式测力仪* 某些铁磁材料受机械力 $F$ 作用后，其内部会产生机械应力 $\sigma$，从而引起磁导率 $\mu$ 的变化。这种由于机械力作用而引起铁磁材料磁性变化的物理现象叫做“压磁效应”，具有压磁效应的磁弹性体叫做压磁元件。受力作用后磁弹性体的磁阻（或磁导率）变化量与作用力成正比，测定了磁阻变化量即测定了力值。利用这种原理做成的测力仪叫做压磁式测力仪或磁弹性式测力仪。

所采用的铁磁材料，一般为硅钢片、铁镍合金等。把同样形状的硅钢片叠起来就形成一个压磁元件，如图8-4所示。在压磁元件的中间部分开4个对称的小圆孔1、2和3、4，并分别绕有两个正交的绕组。孔1、2间的绕组 $w_{12}$ 加有励磁电源，叫做励磁绕组；孔3、4间的绕组 $w_{34}$ 用于产生感应电动势，叫做测量绕组。若无外力作用，励磁绕组所建立的磁场对测量绕组没有输出；若受外力 $F$ 作用时，铁心磁导率改变，测量绕组被励磁绕组的磁场交链而输出与作用力成正比的电信号，其输出电压 $U_o$ 为

$$U_o = kU_iFN_1/N_2 \tag{8-6}$$

式中，$N_1$、$N_2$ 分别为励磁线圈和测量线圈的匝数；$k$ 为与励磁电流和频率有关的系数；$U_i$ 为励磁电压。

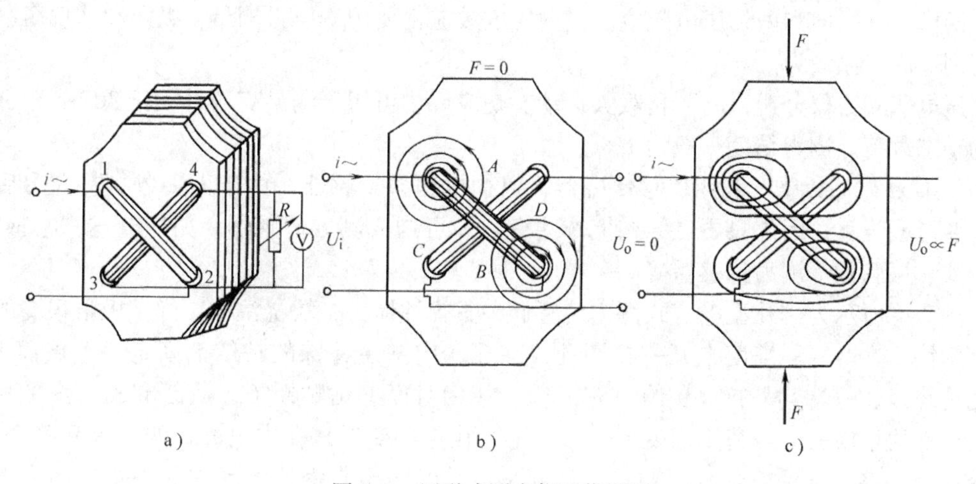


图8-4 压磁式测力仪工作原理

图8-5为压磁式测力传感器结构图，它由压磁元件、基座、弹性梁及钢球等组成。其中弹性梁用来对传感器产生预压力，它的纵向刚度很小，但横向刚度很大，所以它可以起到抗横向力和弯矩等干扰力的作用。放置钢球是为了使被测外力垂直均匀地作用在传感器上，且具有良好的复现性。

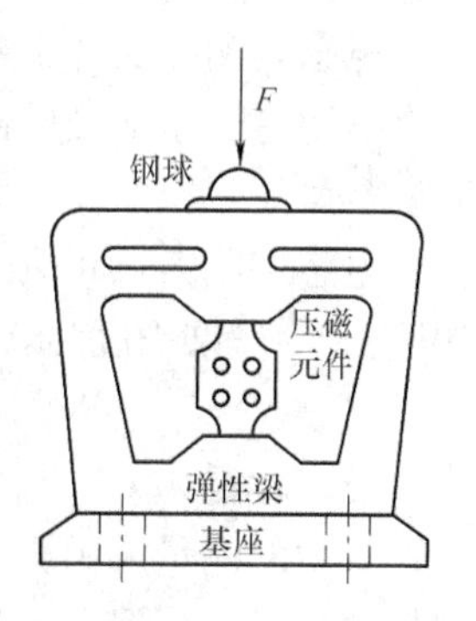


图8-5 压磁式测力传感器结构图

压磁式传感器二次绕组输出的感应电压比较大，可达几十毫伏，一般不需要放大，因此测量电路只要将传感器输出的交流电压经滤波、相敏检波后，即可输出给显示仪器。

压磁式测力仪可以测量很大的负荷，高达50MN。过载能力强，一般在300%左右，在极限负荷下静态测量误差不超过示值的1%。

3. 压电式测力仪　某些电介质在沿一定方向上受到外力的作用而变形时，其内部会产生极化现象，同时在它的两个相对表面上会出现正负相反的电荷。当外力去掉后，它又会恢复到不带电的状态，这种现象称为正压电效应。压电式测力仪利用压电材料（石英晶体、压电陶瓷）的压电效应，将被测力转换为与其成正比的电荷量输出。图8-6是压电式测力传感器的结构图。

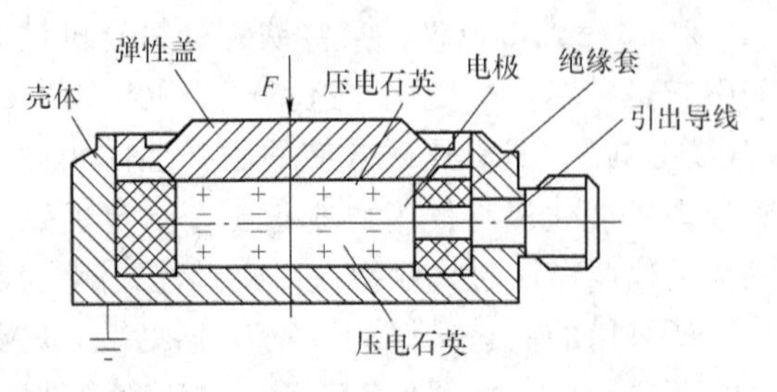

图8-6　压电式测力传感器的结构图

由石英晶体、压电陶瓷等压电材料制成的测力传感器主要用于动态和准静态力的测量。石英晶体机械强度大，电荷特性曲线线性好，电阻率高，温度特性好，在力作用的瞬间即产生电荷。因此，石英晶体测力传感器多用于高精度大量程的测量，其量程从mN到MN，尤其适合于测量快变和突变的载荷，以及高温条件下测量。压电陶瓷材料的压电常数远高于石英晶体，而且价格便宜，所以用途较为广泛。压电陶瓷具有三种不同的压电效应，即横向、纵向和剪切压电效应。横向压电效应主要用于压力测量，纵向和剪切压电效应特别适用于测量力。

压电式测力仪分辨力高，负载大，动态响应好，可用于测量高频（大于30kHz）和微小的动态载荷。测力精度一般为1%。

4. 位移式测力仪　利用位移传感器可以构成测力传感器。由于大多数材料受力后能产生变形或位移，因此只要在结构上作些变化即可构成测力传感器。如光电式、电感式、电容式、振弦式等测力传感器等。

图8-7所示为排孔型电容式测力传感器，其弹性体为一块浇注的、弹性极限很高的镍铬钼钢块。在其同一高度上开一排圆孔，在孔的内壁用特殊的粘结剂固定两个截面为T形的绝缘体，保持其平行并留有一定间隙，在相对面上粘贴铜箔，从而形成一排平板电容。当钢块上端受力或荷重而变形时，一排圆孔也将变形，孔中电容器两极板间隙变小，电容增大，将一排平板电容的输出并联起来，总的输出与钢块上承受的平均作用力成正比。这种电容式测力传感器受接触面和分布电容影响小，测力精度高。

电感式测力仪基于差动变压器式位移传感器的工作原理，将力的大小转换成位移的变化进行测量。差动变压器式力传感器采用螺管形结构，以减小不对称力作用的影响，如图8-8所示。

电感式测力仪可用于静、动态测量。传感器灵敏度高，测量范围一般为10mN～10MN，测量准确度为0.2%～1%，工作温度可达200℃。

## 三、称重

重力的测量采用测力仪。质量的测定通常称为称重，一般采用衡器，也称作秤。两者的概念虽不同，但在工程测试技术中两者又是同属一个技术范畴。测力传感器和称重传感器在结构上无多少差异，只是在使用中技术要求和结果处理方式不同。称重仪器及装置已广泛应用于工农业生产、商业、交通等各个部门。称重的范围很大，从纳克到几十万吨，例如，用微型谐振器称量分子质量，用轨道衡称量储液罐的总重量。习惯上把准确度为万分之一以上的单杠杆秤称为天平，而将低于这一准确度的其他各种设备简称为秤。

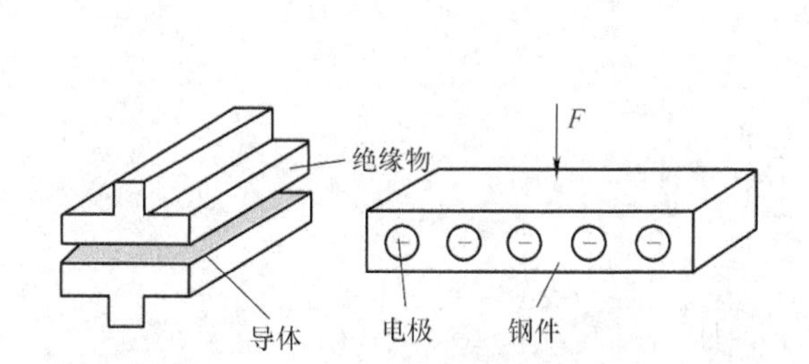


图 8-7　排孔型电容式测力传感器

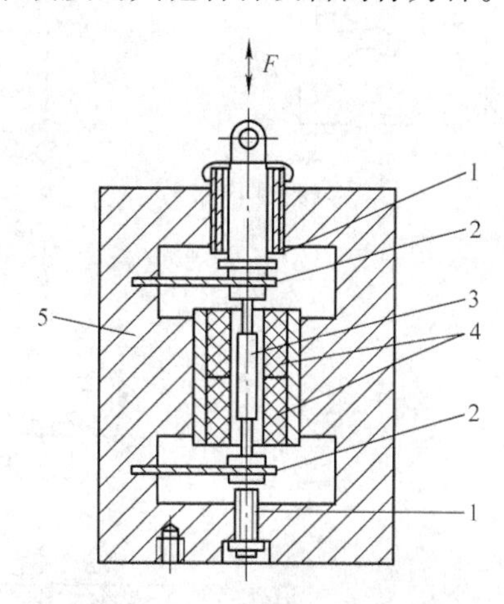


图 8-8　差动变压器式力传感器

1—过载挡块　2—测量弹簧　3—电感位移传感器铁心　4—电感位移传感器线圈　5—壳体

1. 秤的组成及分类　秤一般包括机械传递系统、称重传感器、测量电路和显示仪表或显示器等部分。机械传递系统将物体重力传递给称重传感器，它包括称重台面、秤桥、吊挂连接单元、安全限位装置等。称重传感器的作用是将物体的重力按一定线性函数关系转换为电学量输出，如电压、电流、频率等。测量电路对传感器输出信号进行处理，显示装置以指针或数字的形式显示出被测物体的重量。

秤的型式多样，种类繁多。按用途可分为：商用计价秤；称量汽车、飞机、油罐的平台秤；称量列车的轨道衡以及称量散装物料的皮带秤等。按称重的工作条件分为：静态称重和动态称重，习惯上把后者称为动态衡，如动态汽车衡、动态轨道衡等。

2. 称重传感器　称重传感器是称重装置的核心部件，按工作原理可分为电阻应变式、压磁式和电容式等，工作原理及结构和测力传感器相似。

（1）电阻应变式称重传感器　电阻应变式称重传感器其弹性体选用的形式主要由负荷大小而定。如商用计价秤、小型台秤常使用双连孔梁式弹性体，如图 8-9a 所示；轨道衡可用切变梁式弹性体或直接将应变片粘贴在测量轨道上感受负荷所产生的切应力，如图 8-9b 所示；平台秤常采用切变梁式、剪辐式、柱式弹性体，如图 8-9c 所示。其次是根据负荷大小和被测物体积选用传感器的数量，多传感器配合使用以保证称重准确可靠。

（2）压磁式称重传感器　压磁式称重传感器常用于轨道衡中或自然环境下的大量程称重装置中。图 8-10 是一种用于轨道称重的盘状压磁式称重传感器。铁心由硅钢片组成，有 4 个互成 90°的凸台，铁心内有励磁线圈和测量线圈，外有钢套。可在钢轨腹板中钻一孔，将铁心装入孔中。空载时，铁心只承受过盈配合的均布压力。当货车车轮从左向右行驶时，钢轨受压产生切应力，使铁心的 $A$、$C$ 凸台受压，$B$、$D$ 凸台受拉，因而磁通改变力向，测量线圈有信号输出。当货车从右向左行驶时其作用原理相同，只是受力方向相反。压磁式称重传感器输出信号的大小反映货车的重量，而相位反映货车行驶方向。

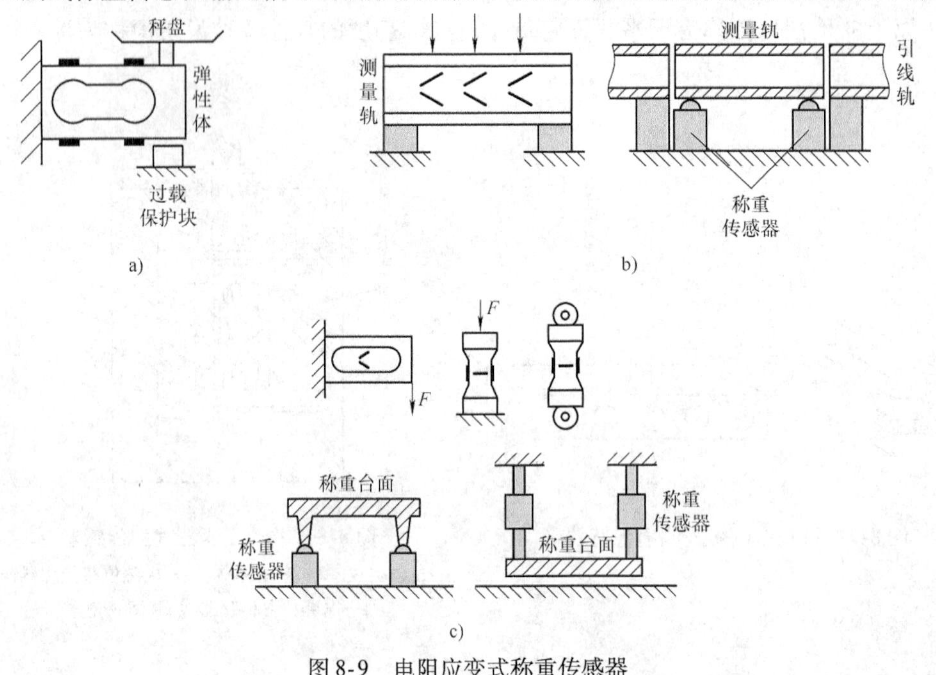


图 8-9　电阻应变式称重传感器
a）商用计价秤　b）轨道衡　c）平台秤

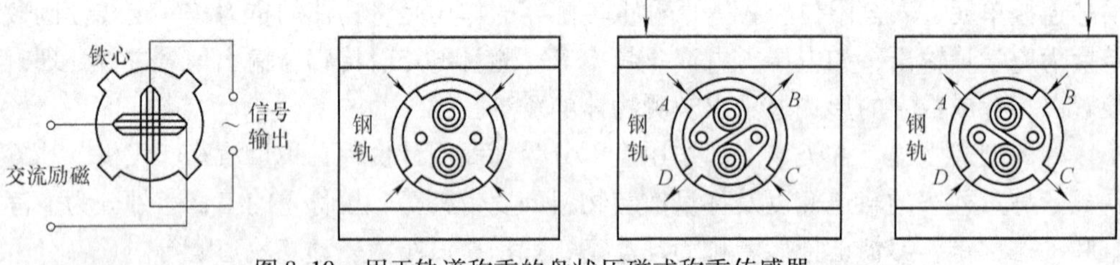


图 8-10　用于轨道称重的盘状压磁式称重传感器

(3) 电容式称重传感器　图 8-11 是变间隙式电容称重传感器的结构图。负荷作用在轨道上时，弹性体变形，电容极板间隙改变，引起输出电量变化。电容式称重传感器受环境温度和分布电容的影响较大，可在电容极板旁安装一双金属片，当温度变化时，双金属片变形产生作用力使电容一极板向横向位移，从而改变电容的有效面积，实现温度补偿。也可采用温度传感器测量温度，对测量数据进行修正。为了防止空间干扰和环境的影响，金属罩内安装了隔热罩和承剪片，承剪片用来消除横向剪力对传感器的影响。由该传感器组成的电容式吊秤负载能力强，最大安全超载为测量上限的 300%；

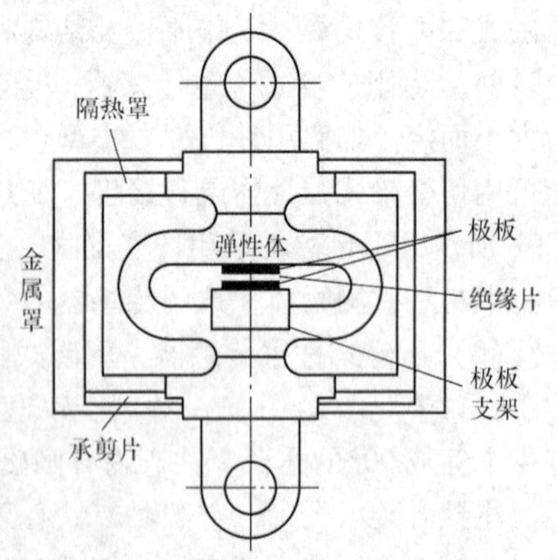


图 8-11　变间隙式电容称重传感器的结构图

称重范围为1～10t；测量准确度可达满量程的1/3000～1/5000。

图8-12是一种利用差动电容器设计的力天平称重系统。差动电容器的上下两个极板组成电桥电路的两个臂。当称重时，电容器的中间极板向上移动，使电桥失衡。该失衡信号经整流、放大、积分，通过电磁感应器中的线圈，线圈产生电磁感应反作用力，反作用力将电容器中间极板拉回至零位，使力天平恢复平衡。该力天平称重系统中的差动电容器仅用来检测零位变化，电磁感应器将变化恢复到零位，所以机械系统的非线性不影响测量精度。力天平技术还可用于测量力、压力和力矩。

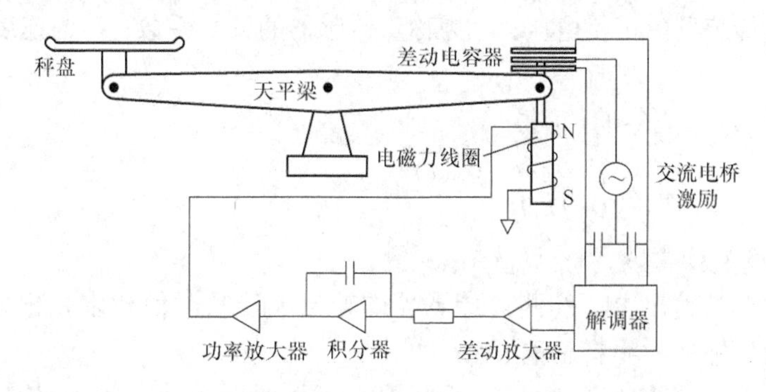


图8-12　利用差动电容器设计的力天平称重系统

3. *皮带秤*　在工农业生产、运输及存储过程中，煤炭、矿石、粮食等大宗散装物料多采用皮带输送机连续输送。皮带秤是一种能将放置在皮带上并随皮带连续通过的散装物料进行连续自动称量和自动配料的衡器。它既能称量出瞬时输送量，又能称量出累积输送量，而且能自动控制配料量。皮带秤主要由称重传感器、称框、平衡体、测速传感器、测量电路和显示仪表等部件组成，如图8-13所示。

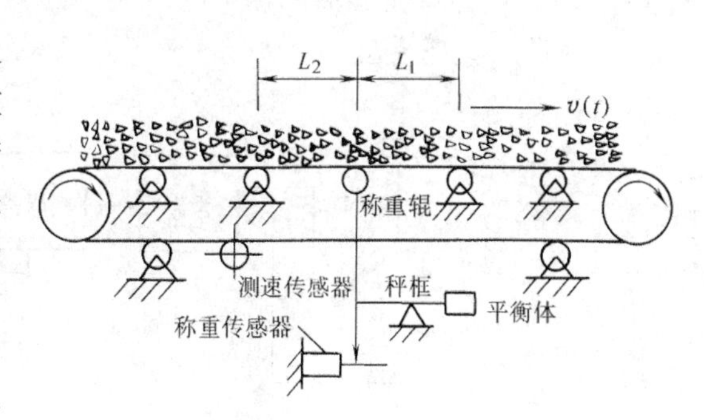


图8-13　皮带秤秤重原理

称框安装于输送机架上，当物料经过时，称重辊将皮带上的物料重量通过杠杆作用于称重传感器，产生一个正比于皮带载荷的电压信号。速度传感器直接连接测量皮带速度，提供一系列脉冲信号，每个脉冲表示一个皮带运动单元，脉冲的频率正比于皮带速度。称重传感器和速度传感器的输出信号通过乘法和积分运算可得出一个瞬时输送量和累积输送量，并分别显示出来。

称重传感器在瞬间称出皮带某一微小段上的重量，同时用测速传感器测量出同一瞬间皮带的线速度。如此连续测量，经过时间$T$后，皮带机输送物料的总重量$W$为

$$W = \int_0^T w(t)\,\mathrm{d}t = \int_0^T q(t)v(t)\,\mathrm{d}t \tag{8-7}$$

式中，$w(t)$为瞬时输送量（kg/s）；$q(t)$为皮带单位长度的瞬时物料重量（kg/m）；$v(t)$为皮带瞬时线速度（m/s）。

设皮带上物料对称重传感器有效称量段的长度为 $L$，$L=(L_1+L_2)/2$。设有效称量段上的瞬时物料重量为 $G(t)$，则有

$$W=\int_0^T\left[\frac{G(t)}{L}v(t)\right]\mathrm{d}t \tag{8-8}$$

从称重传感器和速度传感器的输出特性可知，它们输出电压的瞬时值分别为

$$U_G(t)=k_1G(t)U_i$$
$$U_v(t)=k_2v(t) \tag{8-9}$$

式中，$U_i$为称重传感器的供桥电压；$k_1$为称重传感器的灵敏系数；$k_2$为速度传感器的灵敏系数。

由式（8-8）和式（8-9）可得

$$W=\int_0^T\frac{U_G(t)}{Lk_1U_i}\frac{U_v(t)}{k_2}\mathrm{d}t=\frac{1}{k}\int_0^TU_G(t)U_v(t)\mathrm{d}t \tag{8-10}$$

式中，$k$ 为皮带秤变换常数，$k=Lk_1k_2U_i$。

将称重传感器的输出电压和测速传感器的输出电压瞬时值相乘并积分（图8-14a），即可得到皮带机所输送的物料总重量。

根据式（8-9），若使用速度传感器的输出电压瞬时值代替称重传感器的供桥电压（图8-14b），则称重传感器的输出电压为

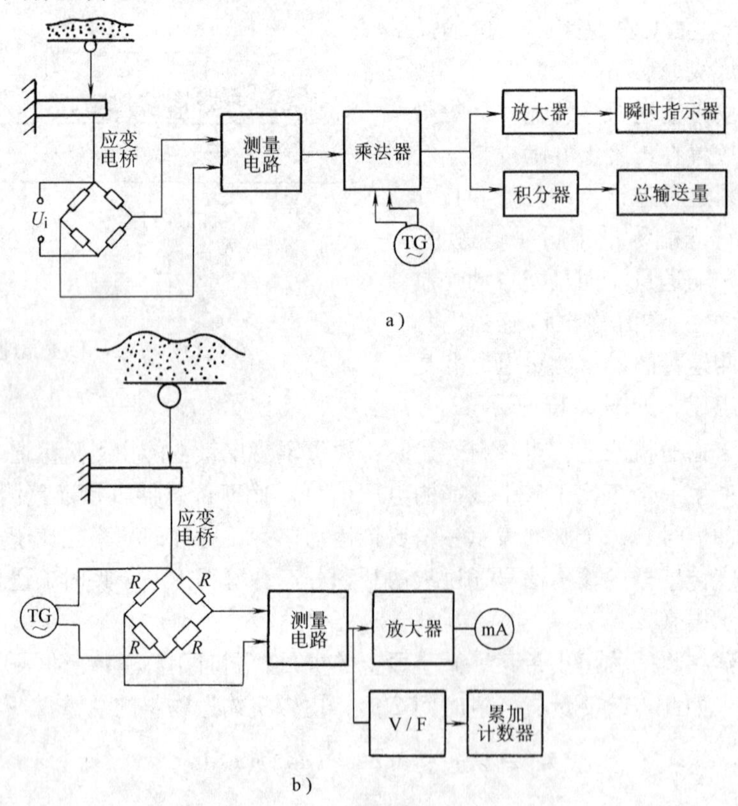


图8-14 皮带秤信号处理

a）称重传感器电桥独立供电 b）速度传感器的输出电压代替称重传感器的供桥电压

$$U_G(t)=k_1k_2G(t)v(t) \tag{8-11}$$

乘法运算在称重传感器电桥电路中直接完成。由式（10-8）得

$$W=\int_0^T\left[\frac{G(t)}{L}v(t)\right]\mathrm{d}t=\int_0^T\left[\frac{U_G(t)}{k_1k_2L}\right]\mathrm{d}t=\frac{1}{k'}\int_0^T U_G(t)\,\mathrm{d}t \tag{8-12}$$

式中，$k'=Lk_1k_2$。

皮带秤操作方便，反应速度快，是生产、贸易中的重要称重工具。一般皮带秤最高可称量 8000t/h 的货物，称重准确度高于 ±2%，皮带速度可达 4m/s。

## 第三节　力矩的测量

任何机械部件的运动都离不开力和力矩的传递，在动力机械（如电动机、内燃机、发电机、泵）、工程机械（如搅拌机、变速器、钻探机）、加工机械（如加工中心、自动机床）等诸多机械运动中转矩起着重要作用。例如，汽车发动机的扭矩就是指发动机从曲轴端输出的力矩。在功率固定的条件下扭矩与发动机转速成反比关系，转速越快扭矩越小，反之越大，它反映了汽车在一定范围内的负载能力，“飙车看车速，越野比扭矩”。在不改变车轮距以及安装方式的情况下，实时测量汽车行驶过程中车轮上的扭矩和转速，能够为汽车整车传动系统、制动系统的性能和匹配分析提供实验手段和数据依据。所以，旋转轴的转矩、转速和功率的测量，是进行旋转件功率控制的重要基础。

通常采用力矩传递法（扭轴法）、力平衡法（反力法）和能量转换法来测量转矩。

### 一、力矩传递法

转矩使弹性轴产生扭转变形，通过测量弹性元件在传递扭矩时所产生物理参数的变化（变形、应力或应变、磁场强度等）来测量转矩。这种测量方法称为力矩传递法，其测量原理如图 8-15 所示。

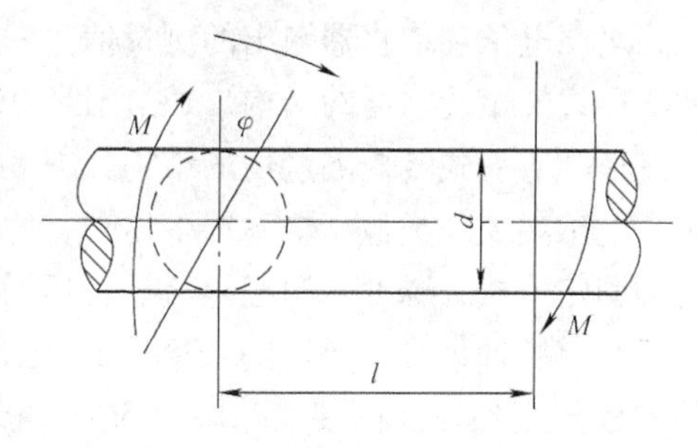

图 8-15　传递法测量原理

当转矩 $M$ 作用在直径为 $d$、长度为 $l$ 弹性轴上时，轴将在材料的弹性极限内产生与转矩成线性关系的扭转角 $\varphi$，即

$$\varphi=Ml/(GI_P) \tag{8-13}$$

式中，$G$ 为切变模量；$I_P$为极惯性矩，对直径为 $d$ 的圆轴，$I_P=\pi d^4/32$。

扭矩 $M$ 和弹性轴扭转角 $\varphi$、应力 $\sigma$ 和应变 $\varepsilon$ 之间的关系分别为

$$M=\pi Gd^4\varphi/32l$$
$$M=\pi d^3\sigma/16$$
$$M=\pi Gd^3\varepsilon_{45^\circ}/8=\pi Gd^3\varepsilon_{135^\circ}/8 \tag{8-14}$$

根据关系式（8-14），通过测量轴的扭转角 $\varphi$、应力 $\sigma$ 或应变 $\varepsilon$，即可获得转矩 $M$ 的量值。按转矩信号的获取方式，转矩传感器可分为电阻应变式、磁电式、电容式、光电式、振弦式、磁场嵌入式等。

1. 电阻应变式转矩仪　在转矩传感器的转轴上或直接在被测轴上，沿轴线的45°或135°方向将应变片粘贴上，当转轴受转矩 $M$ 作用时，应变片产生应变，其应变量 $\varepsilon$ 与转矩 $M$ 为线性关系。

对空心圆柱形轴

$$\varepsilon_{45^\circ}=-\varepsilon_{135^\circ}=\frac{8M}{\pi D^3 G}\left[\frac{1}{1-(d^4/D^4)}\right] \tag{8-15}$$

式中，$G$ 为转轴的弹性模量；$d$ 和 $D$ 分别为空心转轴的内径和外径。

对方形截面轴

$$\varepsilon_{45^\circ}=-\varepsilon_{135^\circ}=2.4\frac{M}{a^3 G} \tag{8-16}$$

式中，$a$ 为转轴的边长。

转矩传感器常用圆柱形转轴，但对于测量小转矩的轴，考虑到抗弯曲强度、临界转速、电阻应变片尺寸及粘贴工艺等因素，多采用空心结构转轴；大量程转矩测量一般多采用实心方形转轴，如图8-16所示。在轴表面粘贴应变片时，应使其中心线和轴线成45°及135°角度，否则转轴在正、反向转矩作用下的输出灵敏度将有差别，造成方向误差。一般粘贴应变片角度的允许误差为±0.5°。

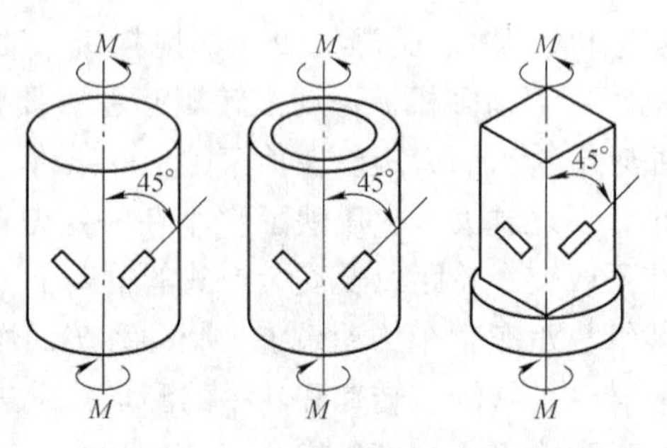


图8-16　转矩传感器转轴形状

电源电压和传感器输出的测量信号一般采用滑环和集流环的方式传递。图8-17是一种滑环式转矩传感器的结构，通过滑环和电刷实现应变电路与静止壳体连接。电感及电容集流环的应变式转矩测量仪的结构如图8-18所示。通过电感集流环向旋转轴提供脉冲电源。电感集流环类似于电脉冲变压器，它的一次线圈安装在不动的壳体上，而二次线圈同转轴固定连接，脉冲电源经整流、稳压后供测量电桥。电桥输出直流信号经A－D转换器形成数字脉冲信号，脉冲的频率变化正比于转矩，再经电容集流环的内环（固装在轴上的极板）至外环（固装在基座上的另一极板）。该电容器可对某一频率范围的脉冲信号起耦合作用，使信号输入到装在壳体上的前置放大器上，最后由转矩测量仪输出显示被测转矩。

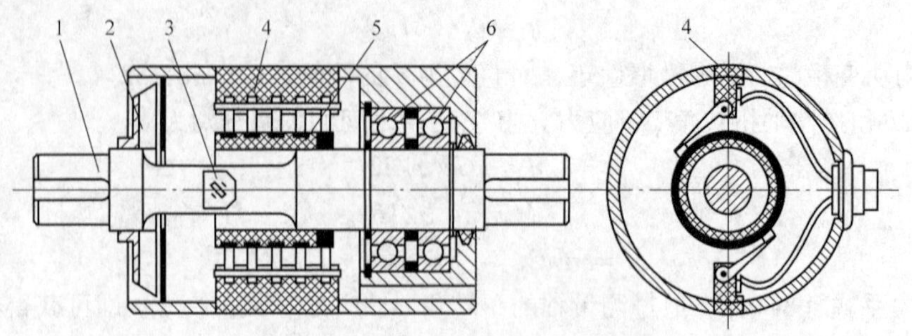


图8-17　滑环式转矩传感器的结构

1—测量轴　2—风扇　3—应变片　4—电刷组　5—滑环组　6—轴承

应变式转矩测量仪测量范围为 5 ~ 50000N · m，测量准确度为 ± （0.2 ~ 0.5）%，线性度可达 0.05%，最大工作转速一般在 3000 ~ 30000r/min 之间。但它的安装要求高，调试技术复杂，易受温度影响，高速测量误差大。

2. *磁电式转矩测量仪*　一般磁电式转矩仪由信号发生器和测量电路两部分组成，如图 8-19 所示。在相距 $L$ 的转轴两端各固定安装一个由铁磁材料制成的渐开线齿形转轮，靠近转轮沿其径向各放置一个由铁心和线圈组成的信号拾取器 $A$ 和 $B$。齿轮的齿顶与磁心之间有一微小空气间隙，当齿轮在转矩作用下旋转时，其间隙发生改变，则线圈中感应电动势随之改变。当转轴空载旋转时，两信号拾取器输出信号电压为 $U_A$、$U_B$，其初始相位差为 $\varphi_0$。当转轴在转矩作用下产生扭转变形时，两圆盘的相对转角为 $\theta$，两信号拾取器的输出信号电压在相位上相对地改变了 $\Delta\varphi$ 角。此时信号的相位差 $\Delta\varphi$ 与弹性轴的扭转角之间的关系为

$$\Delta\varphi = z\theta \tag{8-17}$$

式中，$z$ 为圆盘转一圈信号拾取器中所产生的信号个数。

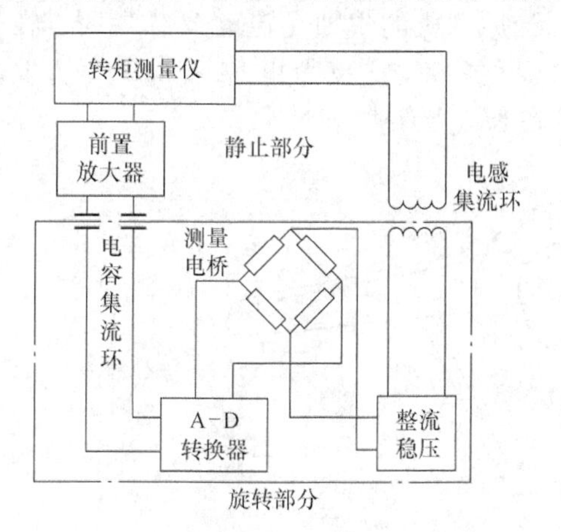


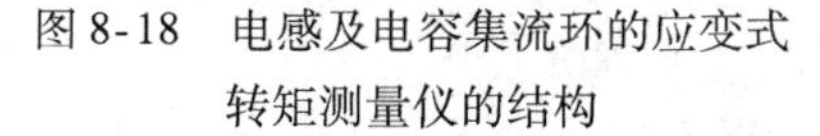
图 8-18　电感及电容集流环的应变式转矩测量仪的结构

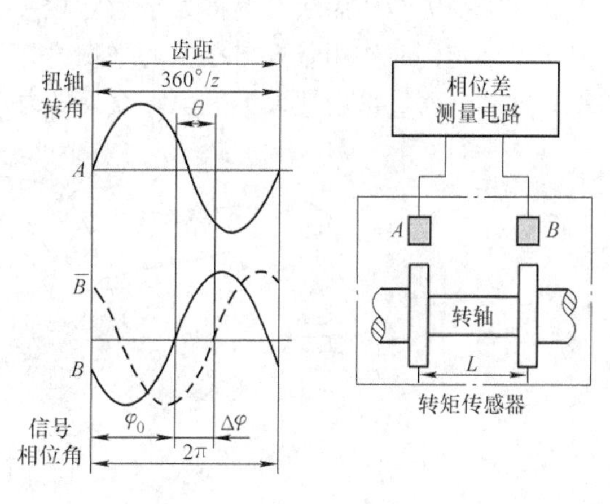


图 8-19　磁电式转矩测量仪原理图

如果 $z = 100$，$\Delta\varphi = 100\theta$。但 $z$ 值不能太大，应使 $\Delta\varphi = z\theta < 2\pi$。若考虑到正、反方向转矩及超载转矩，一般 $\Delta\varphi$ 的取值常在 $\pi/2$ 和 $\pi$ 之间。对应的 $z$ 值为 10 ~ 100。对于高速测量，$z$ 取值应小一些。对于低速测量，$z$ 的取值应较大一些。

也可采用光电型传感器来组成信号发生器。在转轴上固定安装两片圆盘光栅，当转轴受扭矩作用时，两片光栅错动引起光电接收器 $A$ 和 $B$ 中信号变化。信号处理方法和磁电式转矩测量仪相同。

磁电式转矩仪的测量范围一般为 0.2 ~ 100000N · m，测量精度为 ± （0.1 ~ 0.2）%，工作转速分档 0 – 1500 – 6000r/min。

3. *磁场嵌入式转矩测量仪*

磁场嵌入式转矩测量仪采用了磁场嵌入技术（EMD – Embedded Magnetic Domain）对被测对象（一般情况下是工作轴）进行磁化，轴上产生的磁场将随轴所受转矩的变化而变化。将磁感应传感器置于距轴约 10mm 处，这时便可精确感应出轴上磁场的变化。感应

信号经调理电路、分析处理单元后送入显示屏输出相应的转矩值，其测量原理图如图 8-20 所示。磁场嵌入式转矩测量仪可用于监测机床主轴转矩，防止在加工中机床主轴的疲劳断裂，以及气动或电动扳手、电动螺钉旋具等动力工具转矩的实时监测。

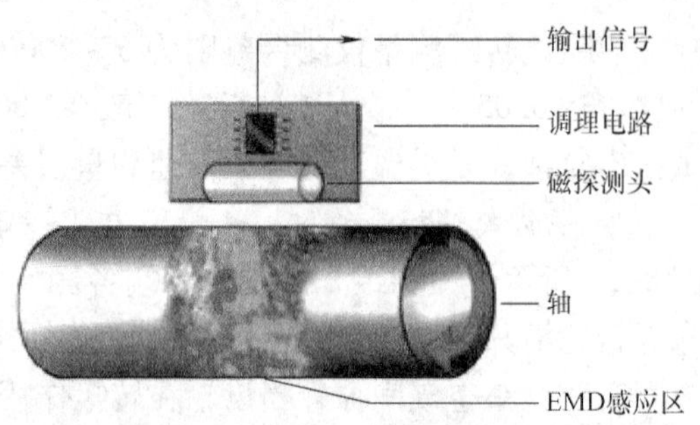

图 8-20　磁场嵌入式转矩测量原理图

磁场嵌入式转矩测量仪对圆形、方形轴均可实现非接触测量，通过高频采样保证其测量精度。具有体积小、重量轻、抗干扰能力强、可靠性高、不易受脏物、流体等物质污染等优点。

## 二、力平衡法

力平衡法是根据驱动机械或制动机械机体上作用的平衡力矩大小来测量转矩的方法。其测量原理图如图 8-21 所示，利用平衡转矩 $M_0$ 去平衡被测转矩 $M$。将原动机装在天平座上，在未受力矩作用状态下将天平力臂校平。当原动机的主轴受转矩 $M$ 作用时，在它的机座上必定同时作用着方向相反的平衡力矩 $M_0$（或称支座反力矩），此时天平力臂就倾斜。加载砝码，重新使天平平衡。设天平力臂长为 $L$，力平衡时

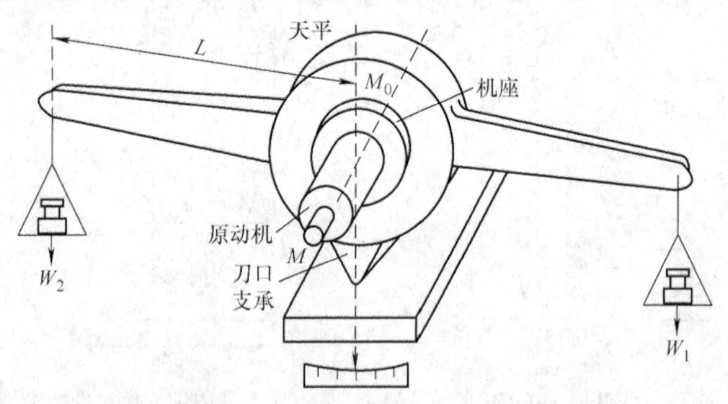

图 8-21　力平衡法转矩测量原理图

$$M = M_0 = W_2L - W_1L \tag{8-18}$$

式中，$W_1$ 和 $W_2$ 是天平平衡时两边砝码的重力。

平衡式力矩仪只能用于测量匀速工作情况的转矩，而不能用于测量动态转矩。

力平衡法常用于测量精密仪器中力矩发生器产生力矩的大小。采用摩擦系数极小的支承和反馈控制系统，使外界的干扰减至最小，而且使测量轴的基座趋于零力平衡状态，从而可以测得很小的转矩并获得较高的测量精度。图 8-22 为力平衡法测量小转矩的测试系统。当加负荷装置与测量轴相连接并开始旋转

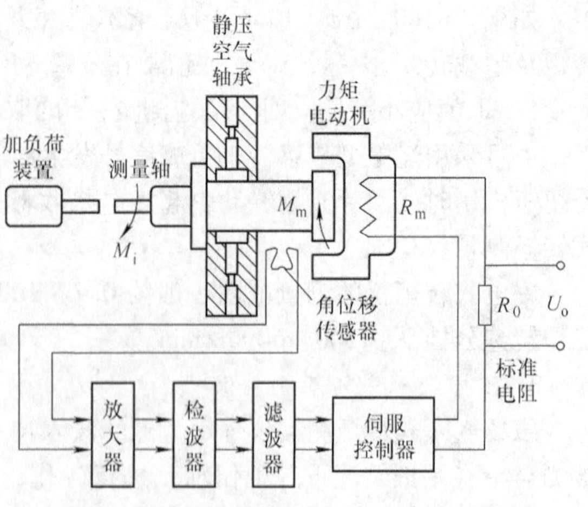

图 8-22　力平衡法测量小转矩的测试系统

的瞬间，角位移传感器立即输出一调制的电压信号，经放大、检波、滤波处理后，再经伺服控制器以直流信号输出给力矩电动机的控制线圈。力矩电动机产生一个与被测转轴相平衡的电磁转矩。此时，测量轴在相对起始位置的转角近似为零，达到零位平衡。从标准电阻 $R_0$ 两端取出的电压即反映了转矩的大小。

### 三、能量转换法

能量转换法是基于能量守恒定律，通过测量其他与转矩有关的能量系数（如电能系数）来确定被测转矩的大小。

$$E_1 = E_2 + \Delta E$$

式中，$E_1$ 为输入转矩产生的能量；$E_2$ 为机构输出能量；$\Delta E$ 为转换过程中的能量损耗。

$E_1$ 转换为 $E_2$，可以是机械能量转换为电能、热能、势能等。相应的设备如发电机、水利制动器、液压泵等。测量这些能量并计入功率因数即可间接测得转矩大小。如对电动机，其转矩 $M$ 与输入能量或功率 $P_1$、转速 $n$、电动机效率 $\eta$ 的关系为

$$M = \frac{P_1 \eta}{kn}$$

式中，$k$ 为单位系数。

对发电机有

$$M = \frac{P_2}{kn\eta}$$

式中，$P_2$ 为输出功率。

根据能量转换法制作的转矩测量仪因其影响因素较多，测量误差较大，主要用于测量各种电参数的电机转矩。

## 第四节　压力的测量

压力的测量一般指流体对各种承载面的压强测量，在现代工农业生产、科学研究及日常生活中有着广泛的应用。供水、供热、供气系统必须进行压力监测。压力作为一种重要的状态参数，在各种工业生产中都需要进行实时监控。例如，合成氨生产中，需要合适的压力来保证各物质以一定的数量比例进行反应；非金属材料镀膜和多种金属提纯必须在超低压状态下进行；人造金刚石则必须在 GPa 的超高压量级上进行生产；探测器深海探测的深度、飞机航行高度和速度都要通过测量压力来获取。

压力测量值的范围非常大，从超高压（10GPa）到超高真空（$10^{-12}$Pa）相差有十几个数量级。压力测量的对象有气体压力和液体压力，有静态压力和动态压力等，有的测压对象要求禁油，有的测压对象具有一定的毒性，或是高黏度的流体。所以，压力的测量要根据测量范围、测量对象和环境条件合理选择测量方法和相应的测量仪器。

在工程技术上，为了使用上的方便，采用多种压力表示方法，主要有：大气压力、绝对压力、表压力、疏空和真空度，它们之间的关系如图 8-23 所示。

1. 大气压力　大气压力就是指地球表面上的空气因自重所产生的压力，它随测定点

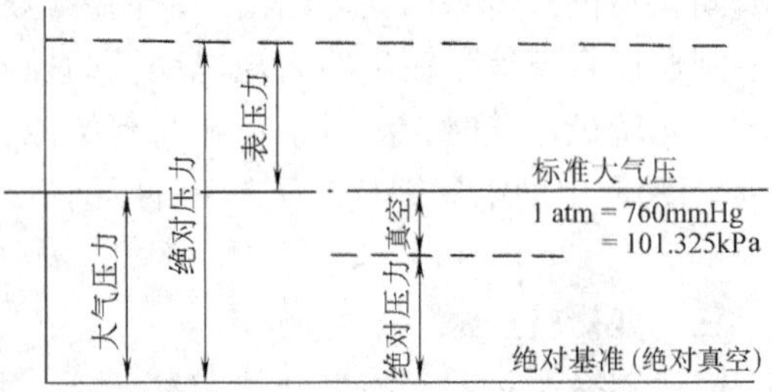

的海拔、纬度和气象情况的不同而不同，也随时间、地点的变化而变化。在温度为0℃，纬度为45°的海平面上，重力加速度为9.80665m/s²时的压力定义为1个标准大气压，1atm = 760mmHg = 101.325kPa。

2. *绝对压力* 相对绝对真空所测得的压力。



图 8-23 各压力之间的相互关系

3. *表压力* 表压力是指测压仪器仪表所显示的压力，也即超过环境大气压力以上的压力数值，也称为差压。

4. *正压力* 绝对压力高于大气压时的表压力。

5. *负压力* 绝对压力低于大气压时的表压力，也称为疏空压力或疏空。

6. *真空度* 小于大气压力的绝对压力称为真空度。真空度常用托作单位，1Torr = 1mmHg = 133.322Pa。

在工业生产和科学研究中，通常所谓的压力测量就是正压力或疏空的测量。对于绝大多数压力测量仪器，如果没有用特殊的方法将它与大气压力隔绝，它只能指示被测对象的正压力或疏空。

## 一、压力量值的溯源和传递

压力仪器仪表的准确度等级是根据仪器仪表的作用原理、结构和特性、测量极限和使用条件等来确定的。根据准确度等级压力仪器仪表分为计量基准器具、计量标准器具和工作计量器具。

压力量值的准确性是从我国准确度最高的国家压力计量基准器具向计量标准器具传递，然后由计量标准器具向工作计量器具逐级传递。反之，使用中的工作计量器具、计量标准器具的检定与校准则需要由更高一级准确度的计量标准器具、计量基准器具来进行逐级校准。从国家计量基准器具传递到工作计量器具的过程，称为压力量值传递体系，而从工作计量器具到国家计量基准器具的检定过程，称为压力量值的溯源体系。

## 二、压力测量仪

压力测量仪按工作原理可分为：液柱式压力计、弹性式压力表、负荷式压力计以及电气式压力计等，各种压力仪表的性能指标及特点列于表8-1。

**表 8-1 各种压力仪表的性能指标及特点**

| 类别 | 压力表型式 | 测压范围/kPa | 准确度（%） | 输出信号 | 性能特点 |
|---|---|---|---|---|---|
| 液柱式压力计 | U形管 | -10 ~ 10 | 0.2，0.5 | 水柱高度 | 实验室中低、微压测量 |
| | 补偿式 | -2.5 ~ 2.5 | 0.02，0.1 | 旋转刻度 | 微压基准仪器 |
| | 自动液柱式 | $-10^2 \sim 10^2$ | 0.005，0.01 | 自动计数 | 用光、电信号自动跟踪液面，用作压力基准仪器 |

（续）

| 类别 | 压力表型式 | 测压范围/kPa | 准确度（%） | 输出信号 | 性能特点 |
|---|---|---|---|---|---|
| 弹性式压力表 | 弹簧管 | $-10^2 \sim 10^6$ | 0.1~4.0 | 位移，转角或力 | 直接安装测量 |
| | 膜片 | $-10^2 \sim 10^3$ | 1.5，2.5 | | 腐蚀性、高粘度介质测量 |
| | 膜盒 | $-10^2 \sim 10^2$ | 1.0~2.5 | | 微压的测量与控制 |
| | 波纹管 | $0 \sim 10^2$ | 1.5，2.5 | | 生产过程中的低压测控 |
| 负荷式压力计 | 活塞式 | $0 \sim 10^6$ | 0.01~0.1 | 砝码负荷 | 结构简单，坚实，准确度高，常用作压力基准器 |
| | 浮球式 | $0 \sim 10^4$ | 0.02，0.05 | | |
| 电气式压力计 | 电阻式 | $-10^2 \sim 10^4$ | 1.0，1.5 | 电压，电流 | 结构简单，耐振动性差 |
| | 电感式 | $0 \sim 10^5$ | 0.2~1.5 | 电压，电流 | 环境要求低，信号处理灵活 |
| | 电容式 | $0 \sim 10^4$ | 0.05~0.5 | 电压，电流 | 动态响应快，灵敏度高，易受干扰 |
| | 压阻式 | $0 \sim 10^5$ | 0.02~0.2 | 电压，电流 | 性能稳定可靠，结构简单 |
| | 压电式 | $0 \sim 10^4$ | 0.1~1.0 | 电压 | 响应速度极快，限于动态测量 |
| | 应变式 | $-10^2 \sim 10^4$ | 0.1~0.5 | 电压 | 冲击、温湿度影响小，电路复杂 |
| | 谐振式 | $0 \sim 10^4$ | 0.05~0.5 | 频率 | 性能稳定，精度高 |
| | 霍尔式 | $0 \sim 10^4$ | 0.5~1.5 | 电压 | 灵敏度高，易受外界干扰 |

1. *液柱式压力计*　液柱式压力计是最早使用的测压仪器。它的工作原理是利用液体静力平衡原理，由液柱高度所产生的压力和被测压力相平衡，用液柱高度差来进行压力测量的仪器，通常以液柱的高度来表示压力的大小。其型式主要有U形管式压力计、槽式压力计、斜管微压计、补偿微压计、自动液柱式等。所使用的液体一般为水银、乙醇和蒸馏水等，要求所使用的液体不能和被测介质起化学反应，且分界面具有清晰的分界线，便于判别读数。

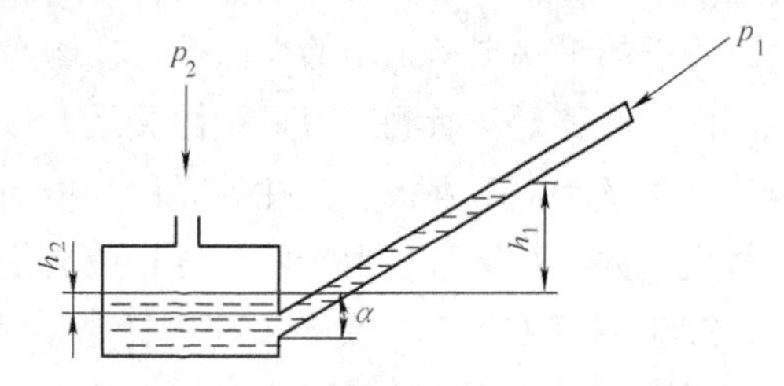

图8-24　斜管微压计工作原理

斜管微压计基于U形管测压原理，主要由测量容器和固定斜管组成，如图8-24所示。测量时将被测压力$p_2$和容器接通，标准压力$p_1$和斜管接通。这时容器中液体相对初始零位高度下降$h_2$，斜管中液体高度上升$h_1$，则压差

$$p_2 - p_1 = (h_1 + h_2)\rho g = \left(1 + \frac{A_1}{A_2}\right)\rho g x \sin\alpha \tag{8-19}$$

式中，$A_1$和$A_2$分别为斜管和容器的横截面积；$\rho$是液体密度；$x$为沿斜管方向液面变化量，可由斜管上的刻度读出；$\alpha$为斜管的倾斜角度。

因为$A_1 \ll A_2$，所以有

$$p_2 - p_1 = \rho g x \sin\alpha \tag{8-20}$$

斜管微压计的灵敏度高，容器液面的微小变化就会引起斜管液柱高度的显著变化。所以，可以用来测量微小压力。

液柱式压力计的特点是构造简单、制造容易、使用方便、售价低廉、测量直观、准确度较高。液柱式压力计的缺点比较容易破损，用汞作工作介质时存在污染和有毒等问题。液柱式压力计不能用于测量很高的压力，其测量范围一般不超过0.3MPa。

2. 弹性式压力表　用弹性敏感元件来测量压力的仪表称为弹性式压力表，它是工农业生产、科研和国防建设中广泛使用的一种压力测量仪表。弹性元件受到被测压力的作用而产生弹性变形，通过传动放大机构把该变形量转变成刻度盘上的指针位移，或通过数字电路处理直接显示被测压力。常用的弹性感压元件有弹簧管（又称波登管或C形弹簧管）、膜片、膜盒和波纹管等，如图8-25所示。

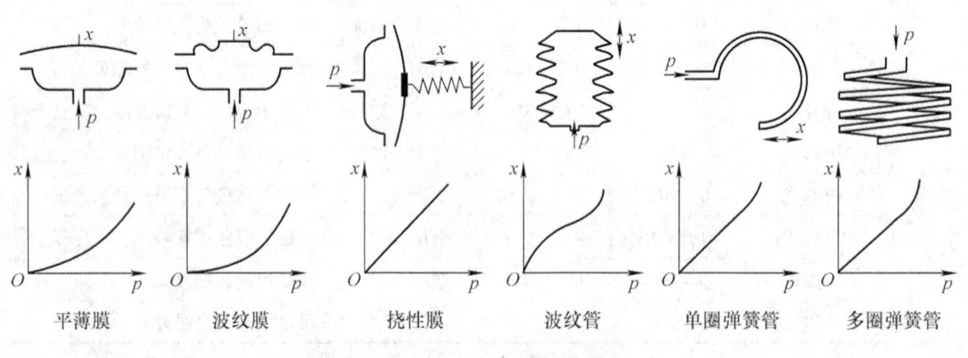


图8-25　各种弹性感压元件

弹簧管压力表（又称波登管压力表）主要由弹簧管、传动机构、指示机构和表壳等4大部件组成，如图8-26所示。弹簧管是一根弯曲成圆弧形状、横截面常常为椭圆形或平椭圆形的空心管子。它的一端焊接在压力表的管座上固定不动，并与被测压力的介质相连通，管子的另一端是封闭的自由端，在压力的作用下，管子的自由端产生位移，在一定的范围内，位移量与所测压力呈线性关系。传动机构一般称为机芯，它包括扇形齿轮、中心齿轮、游丝和上下夹板、支柱等零件。传动机构的主要作用是将弹簧管的微小弹性变形加以放大，并把弹簧管自由端的位移转换成仪表指针的圆弧形旋转位移。

3. 负荷式压力计　负荷式压力计是一种基于流体静力平衡原理进行压力测量的仪器，包括活塞式、浮球式和钟罩式三种。其中，活塞式压力计是最常使用的一种，广泛应用于科研单位及计量部门，作为基准器或标准器。

活塞式压力计测压原理如图8-27所示。作用在活塞底面上的压力$p$使承载砝码的活塞浮于工作介质中，此时砝码、承重盘和活塞的总重力$Mg$与被测压力作用在活塞面积$S$上的力相平衡，故有

$$p = \frac{Mg}{S} \tag{8-21}$$

由式（8-21）可知，在高压测量时需要采用小面积的活塞。这样，所需的砝码质量可相应的减少，减轻操作时的工作强度。但活塞太细，活塞受压后可能出现压杆失稳现象，活塞杆弯曲，由此会产生很大的机械摩擦阻力，从而降低仪器的测量精度。所以，为了获得尽可能大的测量范围，又考虑到机械加工工艺的限制，所采用的活塞面积一般为

$0.05 \sim 1\mathrm{cm}^2$。

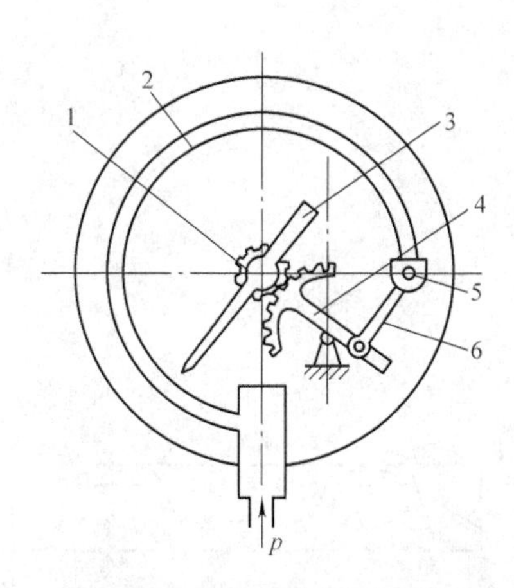


图 8-26　弹簧管压力表结构图

1—中心齿轮　2—弹簧管　3—指针

4—扇形齿轮　5—自由端　6—连杆

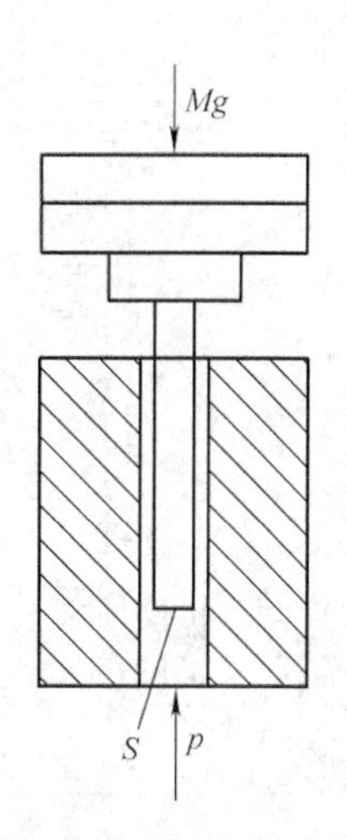


图 8-27　活塞式压力计测压原理

活塞式压力计测量范围大（$10^{-3} \sim 2.5\times10^3$MPa），准确度高（最高可达 ±0.002%），重复性好，稳定可靠。所以，活塞式压力计常用于检定或校准压力表，检定系统是根据流体静力平衡原理和帕斯卡定律进行工作的，主要是由活塞、标准砝码、管道系统和加压泵等零部件组成，如图 8-28 所示。由测量活塞和标准砝码产生标准压力值，并和被检压力表比对。

4. 电气式压力计　随着科学技术的发展和工农业生产、国防建设的需求，压力测量必须能迅速反映测试过程的变化情况，并将变化的信息送给计算机，以便控制测试过程或生产工艺流程，实现自动化控制，或者能直接输入到显示、记录、数据处理系统。这样就产生了电气式压力计，以代替过去只能测试静态压力的指针式弹簧压力仪表。

把压力转换成电量，然后通过测量电量来反映被测压力大小的压力计，统称为电气式压力计。电气式压力计测量范围宽，准确度高，便于在自动控制中进行控制和报警，可以远距离测量，携带方便。有些电气式压力计还适用于高频变化的动态压力的测量。因此，电气式压力计应用日益广泛。

电气式压力计一般都是由压力传感器、测量电路（或压力变送器）和显示仪表（或显示器、记录仪等）三个部分组成。其中，压力传感器是核心部件，其作用是感受压力，并把压力参数转换成与它有确定对应关系的电量。压力传感器种类繁多，根据其作用原理可分为压阻式、应变式、电感式、电容式、压电式、霍尔式、谐振式等多种压力传感器。

（1）压阻式压力传感器　压阻式压力传感器按结构和制造工艺的不同可分为粘贴型和扩散型两种，具有体积小、重量轻、频带宽、测压范围大（微压～高压）、重复性好等优点。但温漂较大，可采用恒流源供电来减小。

图 8-29 是 MEMS 压阻式压力传感器结构图，通过硅膜形成的空腔内外的压力差产生变形改变扩散电阻阻值来测量压力。其外径已做到小于 $\phi1.6$mm，可用于人体生理上的压

力测量。

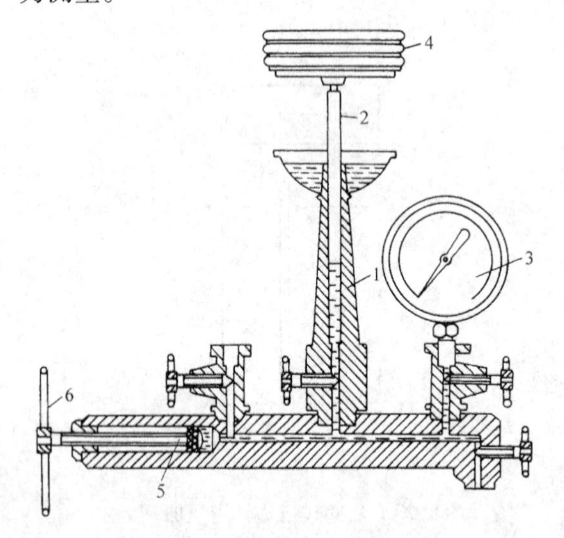

图8-28 液压活塞式压力计检定压力表
1—工作液 2—测量活塞 3—被检压力表
4—砝码 5—工作活塞 6—手轮

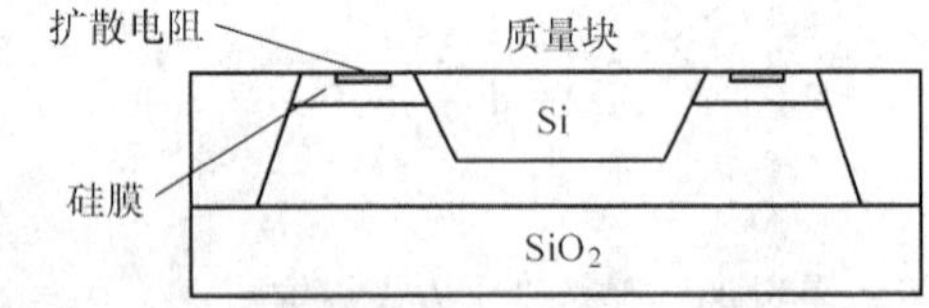

图8-29 MEMS压阻式压力传感器

（2）应变式压力传感器 应变式压力传感器发展早，应用较普遍。常用的有圆桶式和平膜片式两种结构。前者应变片沿圆桶环向粘贴；后者应变片沿平膜片的径向和切向粘贴，如图8-30所示。在应变式压力计的测量桥路中，一般采用热敏电阻元件来补偿材料弹性模量受温度影响产生的变化。应变式压力传感器工艺成熟，成本低，线性度和重复性较好。

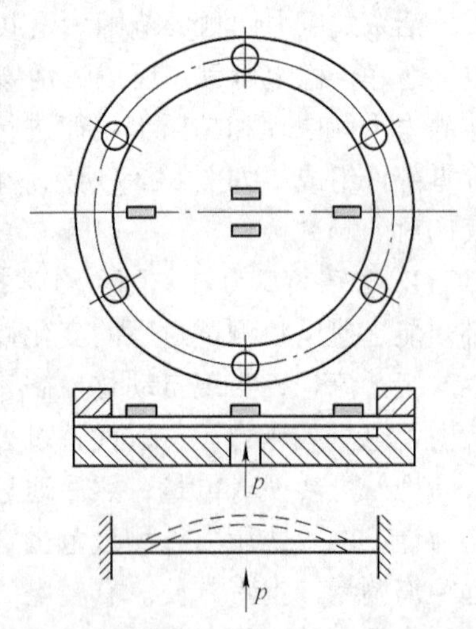

图8-30 平膜片式应变压力传感器

（3）电容式压力传感器 电容式压力传感器的工作原理如图8-31a所示。由圆形固定极板和弹性膜片组成平行平板电容器，当弹性膜片在均匀的压力 $p$ 作用下，膜片产生位移，电容器的电容量改变。电容相对变化量为

$$\frac{\Delta C}{C_0}=\frac{(1-\mu)R^4}{16Edt^3}p^6 \tag{8-22}$$

式中，$R$、$t$ 分别为弹性膜片的半径和厚度；$C_0$、$d$ 分别为电容器初始电容量和极板间距；$E$、$\mu$ 分别为弹性膜片的弹性模量和材料的泊松比。

电容式压力传感器的典型结构如图8-31b所示。膜片4和芯杆2端面构成平板电容器的两极，在压力作用下，膜片沿轴向产生位移，从而改变了电容器的间隙，电容量发生变化。两极板间的电信号通过同轴电缆1传给测量电路。图中3是绝缘材料云母片，5是定极片支座。电容式压力传感器的差动式结构如图8-31c所示。这种传感器不仅可以测量差压，还可测量微压和真空，此时只需将 $p_1$ 抽高真空。

电容式压力传感器具有灵敏度高、测量范围大、准确度高、抗振性能好、可靠耐用等

特点，在压力测量中广泛应用。

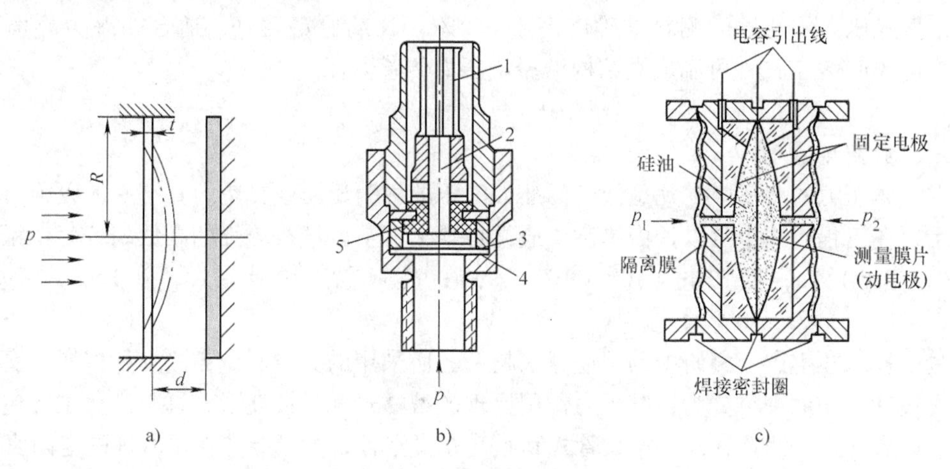


图 8-31　电容式压力传感器

a）工作原理　b）典型结构　c）差动式结构

（4）谐振式压力传感器　谐振式压力传感器是利用谐振子（或谐振梁）的机械谐振振动频率和所受压力之间的关系来测量压力的，其组成如图 8-32a 所示。谐振子一般采用石英弹性膜片、金属弹性元件等制作。激励和拾振主要有电磁和压电两种方法。电磁式方法一般采用高导磁合金材料，激励强、拾振信号大，但其体积大；压电式方法压电换能元件体积小、成本低，但其迟滞性高。

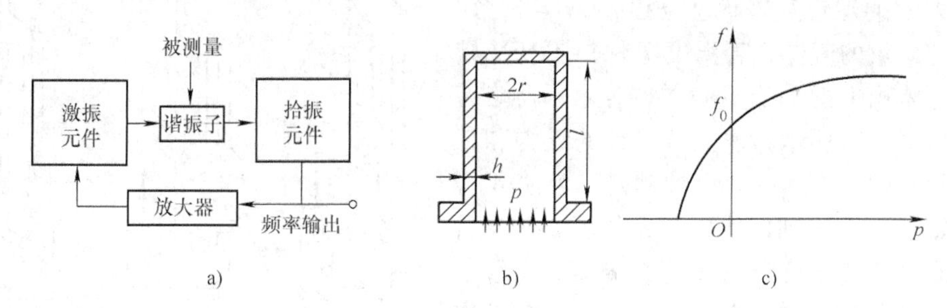


图 8-32　谐振式压力传感器

a）传感器组成　b）工作原理图　c）压力和频率关系曲线

图 8-32b 是谐振筒式压力传感器的工作原理图。根据材料力学知识，传感器谐振子的振动频率 $f$ 和压力差 $p$ 之间的关系为

$$f = f_0\sqrt{1 + Bp} \tag{8-23}$$

式中，$f_0$为谐振子的中心谐振频率；$B$ 为压差灵敏度系数，与振筒的材料性质及尺寸有关，近似表达为

$$B \approx \frac{3(1-\mu^2)}{4E}\left(\frac{r}{h}\right)^3 \tag{8-24}$$

式中，$r$、$h$、$E$、$\mu$ 分别为振筒的内半径、厚度、弹性模量和泊松比。

由式（8-23）可知，谐振筒式压力传感器的输入压力差和输出频率之间近似成抛物线关系，如图8-32c所示。

谐振式压力传感器的测量准确度高于0.2%，长期稳定性好，适合在恶劣环境下工作。采用MEMS工艺，可制成微结构谐振式压力传感器。

### 三、真空测量

在气体压力的测量中，凡是低于标准大气压的称为低压或真空。真空一般以绝对压力来表示，在工程应用中常以托为单位。通常将整个真空区域按压强的高低划分为：粗真空（$>10^5 \sim 10^3$）Pa；低真空（$10^3 \sim 10^{-1}$）Pa；高真空（$10^{-1} \sim 10^{-6}$）Pa；超高真空（$10^{-6} \sim 10^{-12}$）Pa；极高真空（$<10^{-12}$）Pa。

真空技术在生产、科研中的用途越来越广，所采用的真空测量方法多种多样。真空测量装置按其工作原理可分为：基于力作用原理的液柱式和弹性变形式真空计。主要包括压缩式、U形管式、波登管式、波纹管式和膜片式真空计；基于导热作用原理的电阻真空计和热电偶真空计；基于电离作用原理的热阴极式、冷阴极式、放射性真空计。此外还有利用气体粘滞性与压强物理关系和气体分子动量迁移原理的真空测量仪器。

1. *液柱式真空计*　液柱式真空计是测量粗、低真空和高真空的绝对真空计。其结构简单、精度较高，一般用来检定或测量低压或真空度。常用的液柱式真空计有U形管式和压缩式两种。

压缩式真空计又称麦克劳（maclaod）真空计，简称麦氏真空计。麦氏真空计的工作原理基于热力学的理想气体状态方程 $pV/T=$ 常数，对于一定质量的气体，若温度 $T$ 保持不变，则压力 $p$ 与体积 $V$ 的乘积不变（玻意尔—马略特定理）。图8-33所示为麦氏真空计的结构和工作原理示意图。当活塞向上抽动时，可使 $A$ 管下的水银液面下降到虚线以下，如图8-33a所示。这时被测气体可充满 $A$ 管和 $B$ 管，$A$ 管中虚线以上的体积为 $V$。当活塞逐渐下压时，液面将上升至虚线处使 $A$ 管封闭。这时 $A$ 管和 $B$ 管中的压力都为 $p_i$，如图8-33b所示。活塞再往下压，则液面继续上升，这时 $A$ 管中的压力将逐渐增大，而 $B$ 管中的压力则仍为 $p_i$。活塞继续往下压，当 $B$ 管中的液面上升到与 $A$ 管顶端相齐时，这时由于 $A$ 管中的压力 $p$ 大于 $p_i$，故其液面低于 $B$ 管液面，如图8-33c所示。

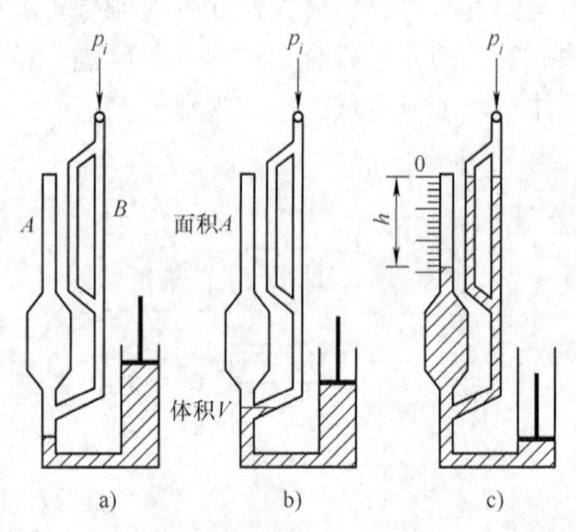

图8-33　麦氏真空计的结构和工作原理示意图

依据玻意尔—马略特定理有

$$p_i V = pAh \tag{8-25}$$

而 $p=p_i+\rho gh$，式中的 $\rho$ 为汞（水银）的密度，$g$ 为重力加速度，故

$$p_i = \frac{\rho g A h^2}{V - Ah} \tag{8-26}$$

在一般情况下，因 $V>>Ah$，式（8-26）可近似表达为

$$p_i=\frac{\gamma A}{V}h^2=Ch^2 \tag{8-27}$$

式中，$C$ 为麦氏真空计常数，$C=\frac{\rho gA}{V}$；$p_i$ 与 $h^2$ 成正比，可采用平方刻度直接读出被测压力。

麦氏真空计测量结果与气体种类无关，是国际上公认的基准真空量具。其采用玻璃结构，制造容易，成本低。

2. 弹性变形式真空计　弹性变形式真空计是利用弹性元件在压差作用下产生弹性变形的原理制成的。它主要有弹性式真空表和电容式薄膜真空计两类。弹性式真空表只适用于粗真空的测量。

电容式薄膜真空计属于静态变形式真空计，它是利用弹性薄膜在压力差作用下产生变形，从而引起电容变化，通过测量电路检测电容的变化来测量压差。电容式薄膜真空计由电容式薄膜规管（又称电容式压力传感器）和测量仪器两部分组成。根据测量电容方法的不同，仪器结构有偏位法和零位法两种。零位法利用补偿原理，具有较高的测量准确度。

图 8-34 为电容式薄膜真空计的工作原理图。它由规管、膜片以及低频振荡器、低频放大器、相敏检波器等部分组成。规管中间，装置一张金属弹性膜片，膜片的一边装有一个固定电极。当膜片两边压强差为零时，固定电极与膜片形成一个静态电容 $C_0$，它与电容 $C_1$ 串联后（见图 8-34），作为测量电桥的一个桥臂。电容 $C_2$、$C_3$ 以及电容 $C_4$ 和 $C_5$ 的串联组成其他三个桥臂。薄膜规管的膜片两边空间在密封之后，又各有一条管道引出。图中膜片左边为测量室，接被测真空系统，右边为参考压强室，接高真空，这两条管道之间用一个高真空阀门连接。

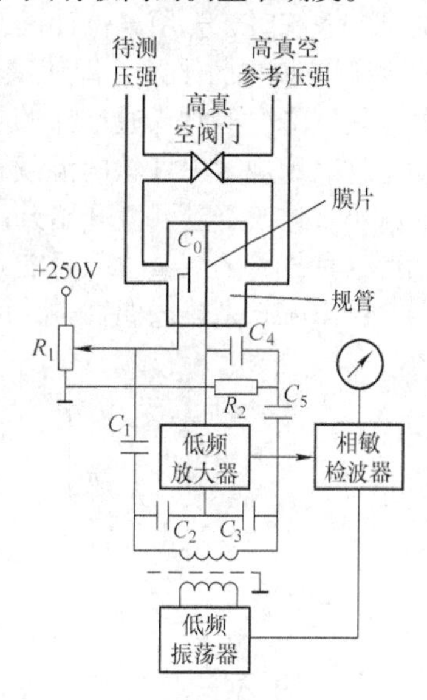

图 8-34　电容式薄膜真空计的工作原理图

测量时，先将高真空阀门打开，将规管膜片抽至高真空，作为参考压强 $p_0$。同时，将测量电桥调平衡，使指示仪表指零。然后关闭阀门，并将被测真空系统与规管的测量室接通。当被测压强 $p_1>p_0$ 时，膜片在压强差的作用下产生变形，引起电容的改变，使测量电桥的平衡遭到破坏。调节直流补偿电源对规管的电容进行充电，使它的静电力与压强差引起的应变力相等，使测量电桥电路重新达到平衡。根据补偿电压大小，就能得出被测压强值。

薄膜真空计测量结果为全压强，具有反映时间快，线性好，便于远距离测量，耐大气冲击，耐腐蚀，耐烘烤等特点。但也有受环境温度影响严重，零点漂移大等缺点。

电容薄膜真空计测量范围为 $10^5\sim10^{-1}$Pa。

3. 热导式真空计　热导式真空计是根据气体热导率与其压力（低压）之间关系制成的一种测量低真空的相对真空计。假设灯丝由导热损失的热量与加热电流 $I$ 所产生的热量平衡时，灯丝温度不变。其平衡方程为

$$I^2R = E_1 + E_2 + E_3 \tag{8-28}$$

式中，$R$ 为灯丝电阻；$E_1$为气体分子迁移热量；$E_2$为辐射迁移热量；$E_3$为引出导线的迁移热量。

由于压力减小而使 $E_1$减小，则当 $I$ 不变时，平衡方程将失去平衡，使灯丝温度变化。由此可根据灯丝温度来衡量压力的变化。所以热导真空计是通过测量灯丝温度来反应压力大小。上述工作原理要求 $E_2$、$E_3$必须很小。在一般情况下 $E_3$是可忽略的，而 $E_2$则按灯丝温度 $T$ 的 4 次方急剧上升，这是引起误差的主要因素。要使 $E_2$小必须使 $T$ 不太高，故一般热导真空计的灯丝温度都不超过 150℃。

目前常用的热导式真空计有电阻真空计和热电偶真空计两种类型。这两种真空计的测量范围一般由 10Torr 起低至 $10^{-3}$Torr 以下，其准确度不高。但由于仪表构造简单，价格便宜，测量方便，且可远距离传输信号，故现在仍被广泛应用。

图 8-35 是电阻真空计的工作原理图。图中 $R_1$为电阻真空计规管中的灯丝电阻，灯丝材料采用温度系数较大的金属，如钨、镍、铂等。电阻 $R_2$、$R_3$、$R_4$均采用温度系数小的金属，如锰铜或锰白铜（康铜）等。其中，$R_2$为可变电阻，$R_3 = R_4$。当规管尚未接到被测真空系统时，先用电位计调节加热电流使与仪表制造厂规定的电流相符，然后用可变电阻 $R_2$调节使电桥平衡，即使毫安表 2 中的电流为零。当规管接到被测系统后，规管中压力开始下降。但对普通尺寸的规管来说，当压力大于 10Torr 时，毫安表 2 的指针一般不动，这表示规管中灯丝的温度尚未改变。当压力小于 0.1 ~ 0.2Torr 时，热导率随着压力而减小，这时灯丝温度开始升高，电阻增大，使电桥不平衡，毫安表 2 的指针开始转动。因此这种规管的测量上限只能到 0.1 ~ 0.2Torr，下限则可达 $10^{-3}$Torr 以下。

图 10-36 是热电偶真空计的工作原理图。图中 a 点为热电偶焊接到灯丝上的热接点；

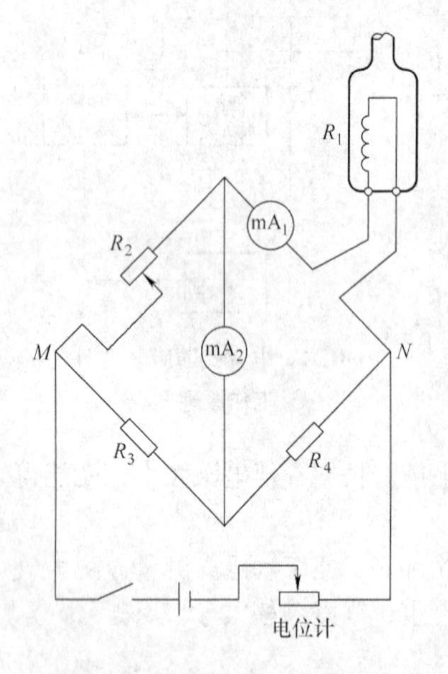


图 8-35 电阻真空计的工作原理图

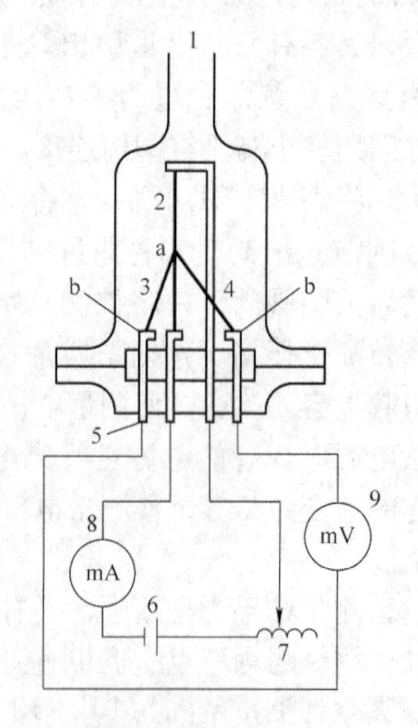


图 8-36 热电偶真空计

1—开口规管 2—加热灯丝 3、4—组成热电偶的两根不同金属导线 5—绝缘的引出导线 6—电源 7—调节电阻 8—指示加热电流的毫安表 9—测量热电势的毫伏表

b 点为与引出导线连接的冷接点。加热灯丝一般采用铂丝、钨丝或镍丝，热电偶常用铂铑—铂，锰白铜—镍铬合金。只要接点 a 点和 b 点之间有温度差，就会产生热电动势。这个热电动势的大小与温度差的大小有一定函数关系，因此只要测出热电动势就可得到温度差。热电偶真空计的工作原理与电阻真空计基本相同，但它不是靠灯丝的电阻值来测定灯丝温度，而是用热电偶来测定灯丝温度。

4. 电离真空计　在气体中如果有动能足够大的电子与气体分子相碰撞，它可以从气体分子中击出一个或几个电子使气体分子成为正离子。把这种正离子收集到一个电极上使其产生离子电流。在稀薄气体中，离子电流与气体压力有关。电离真空计正是利用在低压气体中离子电流来测量压力的。电离真空计有热阴极电离真空计、冷阴极电离真空计和放射性电离真空计三种形式。

（1）热阴极电离真空计　热阴极电离真空计主要由圆筒式热阴极电离规管和测量电路两部分组成。电离规管由阴极（灯丝）、螺旋形栅极（加速极）和圆筒形收集极构成，如图 8-37 所示。测量时规管与被测真空系统相连。通电后阴极加热所发射的电子在带正电的加速极作用下，以加速度运动，当电子的动能足够大，在飞向加速极的路途中与管内低压气体分子碰撞，使气体分子电离。电离产生的电子和正离子分别在加速极和收集极（带负电位）上形成电流 $I_e$ 和离子流 $I_i$。当压力足够低（低于 $10^{-1}$Pa）时，离子电流 $I_i$ 与电子电流 $I_e$ 之比正比于气体的压力 $p$，即

$$kp = I_i / I_e \tag{8-29}$$

式中，$k$ 为规管的灵敏度。

由于用电离真空计测量压力时，电子电流保持不变，故

$$I_i = kI_e p = Cp \tag{8-30}$$

式中，$C$ 称为仪表常数。

仪表常数不仅与规管构造和测量部分各元件的参数有关，而且与加速极和收集极的电压有关。此外，由于不同气体的电离能量不同，故 $C$ 与气体的种类亦有关。

这种热阴极电离真空计测量上限一般为 $1 \times 10^{-3}$ Torr，下限可达（0.5 ~ 1）$\times 10^{-7}$ Torr。由于电离真空计的上限可与热导真空计的下限衔接，故常被用作补充热导真空计。但是真空计规管中有些附属的物理现象会引起与压力无关的电流，因此这种热阴极电离真空计的测量下限在实际应用中将受到限制。主要的困难不是由于电子电流太弱，而是由于真空计规管中有些附属的物理现象会引起与压力无关的电流。例如，由于有些阴极发射的电子撞击加速极时能使加速极放出 X 射线。X 射线是一种光子，当它照射到收集极上并和收集极的原子碰撞时，可能将所有的能量交给一个电子，使这个电子脱离原子而成为光电子，因而产生光电子电流。这种光电子电流与压力无关，它与离子电流混和在一起成为干扰信号。被测压力越小，则干扰越大。当压力非常小时，电离真空计实际上只指示光电子电流。这样就限制了电离真空计的实际测量下限。

图 8-38 所示为用来测量超高真空的 AB 式电离真空计。与热阴极电离真空计相比，AB 式电离真空计的阴极与收集极对调了一个位置。两根阴极线分别在加速极的两侧，一根为细导线的收集极安置在加速极的轴心线上。由于收集极的表面小，使从加速极放出的 X 射线只有很小一部分落在收集极上，使在收集极回路中光电子电流减小几个数量级。此

外，这种电极位置的安排可使规管中电场的分布更为合理，提高了电子电流的功效。并且，由于收集极放在加速极的内部而不在外面，使被管壁吸引失去的离子数减小，从而使大多数离子趋向收集极。由于这些优点使 AB 式电离真空计测量下限可到$10^{-10}$ ~ $10^{-11}$Torr，延伸到超高真空测量范围内。

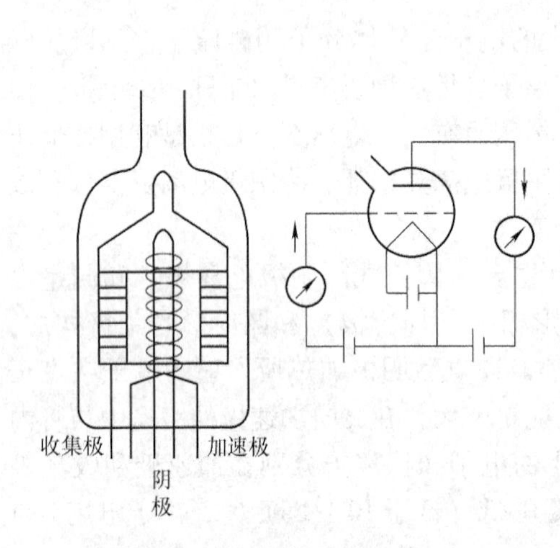


图 8-37 热阴极电离真空计

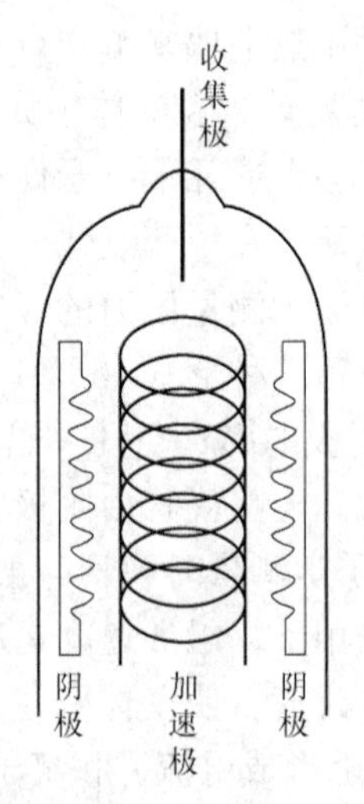


图 8-38 AB 式电离真空计

（2）冷阴极电离真空计 冷阴极在电场和磁场作用下放电，使被测低压气体电离，通过测量低压气体电离产生的电流大小来测量低压气体压力。冷阴极电离真空计是基于这种工作原理设计制造的，其测量范围为 1 ~ $10^{-7}$Pa。

（3）放射性电离真空计 放射性同位素核衰变时放射的高能粒子 α 射线，使被测低压气体电离，电离所产生的离子电流与气体压强成线性关系。放射性电离真空计通过测量离子电流大小来获得被测气体压力，其测量下限为 $10^{-1}$Pa，上限可测到大气压力以上。

## 四、超高压测量

利用金属电阻丝的阻值随所受压力的变化而变化的特性可测量高达上万个标准大气压的静态液压，测量准确度可达 0.1% ~0.5%。超高压传感器测量原理图如图 8-39 所示。金属丝的材料一般采用锰镍铜合金或金铬，金铬的压力灵敏度较低，但它的温度误差小。

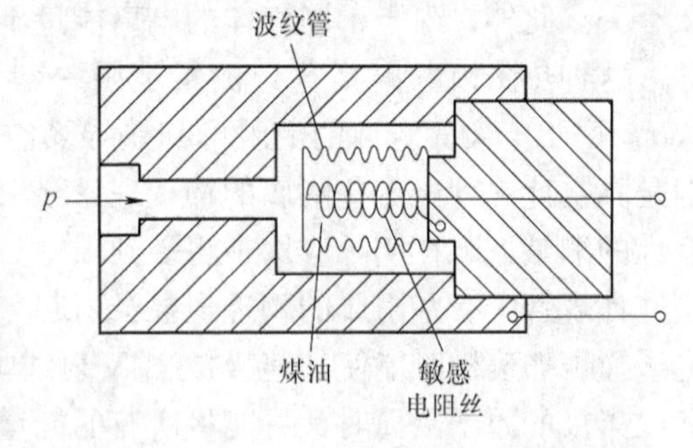


图 8-39 超高压传感器测量原理图

## 思 考 题

8-1 测力和称重有何异同？并举例说明。

8-2 电阻应变式转矩仪电信号如何传递？

8-3 画图说明皮带秤称重原理，并分析称重误差。

8-4　简述电容式压力传感器的工作原理和结构特点。

8-5　测功机（也称测功器）主要用于测试发动机的功率，也可作为齿轮箱、减速机、变速箱的加载设备，用于测试传递功率。查阅资料，设计一种汽车发动机功率测量系统，并简述工作原理。

8-6　压力测量中常使用压力变送器，查阅资料，说明压力变送器的组成、分类及特点。

8-7　哪些压力仪表可测量真空？若测量压力为10Pa的真空室，并要求其测量误差小于1%，请选择一种真空测量仪表，并比较说明为什么选择这种真空计。

8-8　试设计一种航天员在失重状态下体重测量系统，并简述测量原理，分析测量不确定度。

## 习　题

8-1　某一真空压力表量程范围为 -100 ~ 500kPa，校准时最大误差发生在200kPa处，上行程和下行程时校准表分别指示为194kPa和205kPa，该表是否满足其1.0级的精度要求？

8-2　某一电阻应变测力仪，其负荷传感器的截面采用圆形柱式体结构。测力仪的电压灵明度为1mV/V，所加负荷为50kN。应变片的灵敏系数为2，全桥的桥臂系数为2.5，所用弹性体的材料屈服极限为785MPa，弹性模量为$2\times10^5$MPa。在最大负荷为1.44倍的施加负荷时它的超载系数为22.5%。查阅资料，试计算该测力仪负荷传感器的弹性截面直径。

# 第九章　温度的测量

## 第一节　概　　述

### 一、温度的基本概念和测量方法

温度是一个非常重要的物理参数，它和自然界中的任何物理和化学过程相联系。温度的变化会影响物质的尺寸、密度、硬度、粘度、强度、弹性系数、电导率、热导率、热辐射等。在生产过程中，各个生产环节，各种经济技术指标都和温度紧密相联。因此人们在各个领域中都特别重视温度的测量和控制。

从热力学观点出发，温度是决定一个系统是否与其他系统处于热平衡状态的宏观性质。从微观本质上看，温度是物体内部分子无规则运动激烈程度的标志。温度越高，则分子运动越激烈。这就将温度和物质内部分子运动的内能联系起来了。

与其他各种被测量不同，我们只能比较两个温度是否相等，或确定哪个高，哪个低。但不能将温度相加或相减。

温度测量不像长度、质量等物理量那样可用基本标准直接进行比较，而有自己的特殊性，其基本的物理基础是：

1）受热程度不同的物体之间的热交换，即两个冷热程度不同的物体相接触时，热量将由受热程度高的物体向受热程度低的物体传递，直至两个物体冷热程度一样而达到热平衡。

2）物体的某些性质随受热程度的不同而变化。如物理状态的变化、体积的变化、电性能的变化、辐射能力的变化等等。

正是由于温度的上述特殊性，也就形成了温度测量的多样性。温度测量的方法总的可以分为两类：

1. *接触式测温方法*　这类测温方法是将测温仪表的敏感元件与被测对象接触，以达到充分的热交换而至热平衡来完成温度测量的。因此这种测量比较直观、可靠。测量仪表也相对比较简单。但由于敏感元件必须和被测对象接触，在接触过程中就可能破坏被测对象的温场分布，从而造成测量误差。有的测温元件不能和被测对象充分接触，不能达到充分的热平衡，使测温元件和被测对象温度不一致，也会带来误差。在接触过程中，有的介质有强烈的腐蚀性，特别是在高温时对测温元件的影响更大，从而不能保证测温元件的可靠性和工作寿命。这些均是接触式测温方法的缺点。

目前应用较广的接触式测温仪表有：①膨胀式温度计；②电阻温度计；③热电偶温度计；④一些其他原理的温度计。

2. *非接触式测温方法*　这类仪表的特点是感温元件和被测物体不直接接触，因此这样的测温方法不破坏原有的温场，在被测物为运动物体时尤为适用。

非接触测温仪表大多是利用物体的热辐射原理来完成测量的。根据其辐射测量的特点可分为：①辐射式温度计；②亮度温度计；③比色温度计；④光导纤维测温技术。

**二、温标**

温标是温度的数值表示。国际上用得较多的温标有经验温标（摄氏温标、华氏温标等）、热力学温标和国际温标等。

1. 热力学温标（K，开尔文）　它规定从“绝对零”（absolute zero）至水的三相（固、液、气）点温度（相当于摄氏0℃）之间均分273.16等分，每一等分为一开尔文。

2. 摄氏温标（℃，摄氏度）　在标准大气压下，将冰的融点定为零度（比水三相点低0.01K的热力学温度），并将水的沸点定为100度。在这两个固定点间划分100等分，每一等分称为一摄氏度（℃）。

摄氏温度 $t$ 与热力学温度 $T$ 之间的数值关系为

$$t/℃ = T/\mathrm{K} - 273.15$$

3. 华氏温标（℉，华氏度）　华氏温标的分度方法是在标准大气压下，将冰的融点定为32℉，把水的沸点定为212℉，在这两固定点间划分180等分，每一等分为一华氏度（℉）。它与摄氏温标的关系为

$$m = (1.8n + 32)℉$$

$$n = \left[(m - 32) \times \frac{5}{9}\right]℃$$

式中，$m$、$n$ 分别表示华氏、摄氏温度读数值。

4. 国际温标　国际温标是从实用的角度建立起来的一种温标，这种温标与热力学温标基本一致，而且温度复现性好，以保证国际上温度量值传递的一致性和准确性。目前最新的国际温标“ITS _ 90”是根据第十八届国际计量大会及第七十七届国际计量委员会上作出的。其内容为

1）按温度的高低分成4个温区来定义（即0.65～5.2K、4.2～24.6K、13.8K～961.78℃、>961.78℃），并对每个区指定了标准测温仪器和内插公式。

2）规定了17种高纯度物质（He、Ne、$H_2$、$O_2$、Ar、Hg、$H_2O$、Ga、In、Sn、Zn、Al、Ag、Au、Cu、…）的相平衡点（指这些物质的蒸汽压点、三相平衡点、熔点或凝固点）温度作为温度基准点，如 $H_2O$ 三相点为273.16K或0.01℃；银（Ag）的凝点为1234.93K或961.78℃。

3）规定热力学的温度为基本温度，用符号 $T$ 表示，单位为K（开尔文）。同时规定还可以使用摄氏温度，并以 $t$ 表示，单位是℃。此时，$T/\mathrm{K} = t/℃ + 273.15$。

## 第二节　膨胀式温度计和压力式温度计

膨胀式温度计和压力式温度计都是利用物体热胀冷缩这一原理而工作的。而膨胀式温度计是测温敏感物质在受热后尺寸或体积发生变化，可以采取一些简便方法直接测出这种变化；而压力式温度计是利用介质（一般是液体或气体）受热后，由于其体积膨胀性而

引起封闭系统中的压力变化，通过测量这一压力来表征温度值。

## 一、膨胀式温度计

膨胀式温度计分为液体膨胀式和固体膨胀式温度计两类。

### （一）液体膨胀式温度计

液体膨胀式温度计是应用最早的温度计。由于它结构简单，使用方便，成本低廉，因此现在仍得到广泛的使用。最常见的是玻璃管式温度计。它的结构如图9-1所示。贮液泡1中贮有介质（水银、酒精、甲苯等），毛细管2与贮液泡相连，液体介质充满了贮液泡和毛细管中的一部分。由于各类液体温度计的功用不同，因而在结构上各有差异。在毛细管的顶端一般都有一个安全泡，用以在被测温度超过测量上限时，不至于玻璃管破裂。

玻璃液体温度计的测量上、下限受到了液体汽化和凝固温度的限制，为了提高测量上限，也可以在玻璃温度计内充以较高气压的气体，这样可以使液体的沸点提高。

玻璃液体温度计的分度值一般为0.5℃、1℃，精密的玻璃液体温度计的最小分度值可达0.1℃。为了不使温度计太长，往往把温度分成若干段，将几支不同温度段的温度计组成一组。

此类温度计使用时必须注意插入深度。一般玻璃温度计为全浸式，而一般只有在精密的温度计量时才需将温度计的液柱部分全部浸入被测介质中，否则就会引起误差，应予修正，其修正值$\Delta t$的计算方法如下：

$$\Delta t = (\alpha - \beta)(t_1 - t_2)n \tag{9-1}$$

式中，$t_1$为温度计示值；$t_2$为露出部分环境温度；$\alpha$、$\beta$分别为测温液柱的膨胀系数和玻璃膨胀系数，对于玻璃水银温度计，$(\alpha - \beta)$为0.00016；$n$为露出液柱部分的度数。

图9-2a为这种全浸式温度计的修正示例；而图9-2b为部分浸入式温度计的修正，此时修正式（9-1）中的$t_1$、$t_2$分别为温度计标定时的温度及露出部分环境温度。

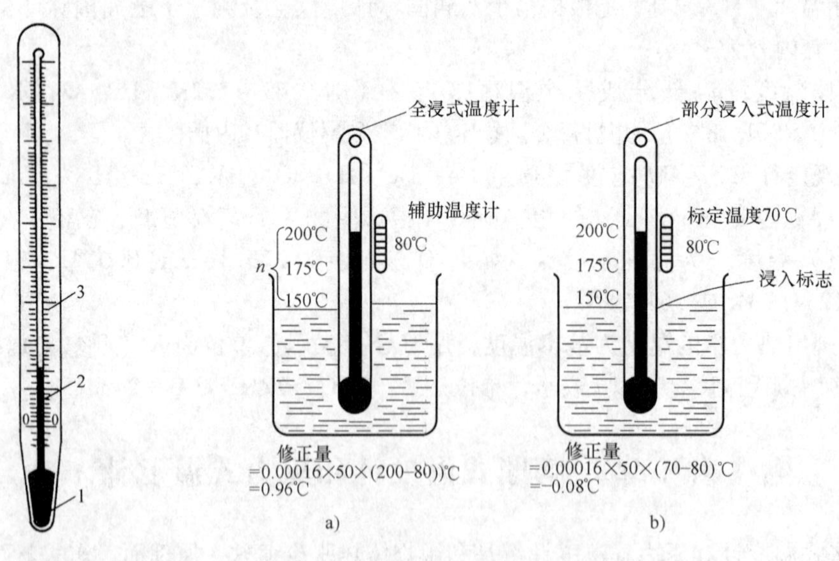


图9-1 玻璃水银温度计

1—水银泡 2—毛细管 3—标尺

图9-2 全浸和部分浸入式温度计

### （二）固体膨胀式温度计

固体膨胀式温度计是利用两种材料的膨胀系数不同的原理制成的。可分为杆式和双金属片式两大类。

杆式温度计如图9-3所示。芯杆和外套具有不同的膨胀系数，在温度变化时，芯杆和外套间产生相对运动，经杠杆系统放大后直接指示温度。这种温度计结构简单，可靠，但精度较低，一般只能用于普通恒温箱的温度控制中。

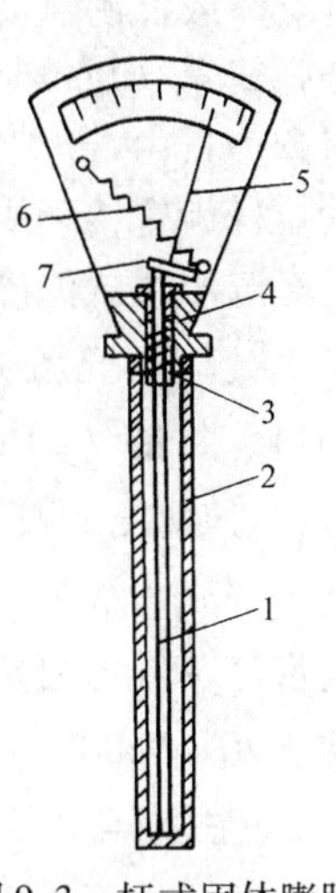


图9-3　杆式固体膨胀式温度计

1—芯杆　2—外套　3—弹簧　4—基底　5—指针　6—拉环　7—杠杆

图9-4为双金属片示意图。温度的改变导致双金属片形状的改变。如随着温度的升高，具有较大膨胀系数的金属片膨胀较大，引起双金属片向下弯曲。弯曲量的大小取决于温度变化量、双金属片材料和长度。这种弯曲变形可用来控制电器触点的开启或闭合，正如家用电饭煲、热水炉等所用。对于这种一端固定的平直双金属片，其自由端的弯曲挠度$\delta$为

$$\delta = \frac{3}{4}\frac{\alpha_1 - \alpha_2}{h_1 + h_2}l^2\Delta t \tag{9-2}$$

式中，$h_1$、$h_2$分别为两金属片的厚度；$\alpha_1$、$\alpha_2$分别为两金属片的线膨胀系数；$l$为双金属片的长度。

由于双金属片越长，它的端点的位移越显著，因此将其卷成螺旋型，可直接带动指针来指示温度，如图9-5所示。

这种温度计价廉、牢固，一般在－30～600℃温度范围内使用，精度可达0.5～1.0级。

## 二、压力式温度计

压力式温度计其结构如图9-6所示。在温度计的密闭系统中，填充的介质可以是液

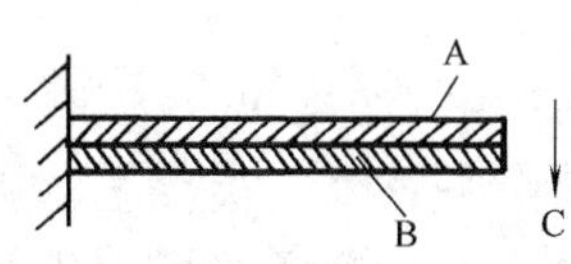


图9-4　双金属片

A—热膨胀系数较大的材料　B—热膨胀系数较小的材料　C—温度升高时，双金属片端变形方向

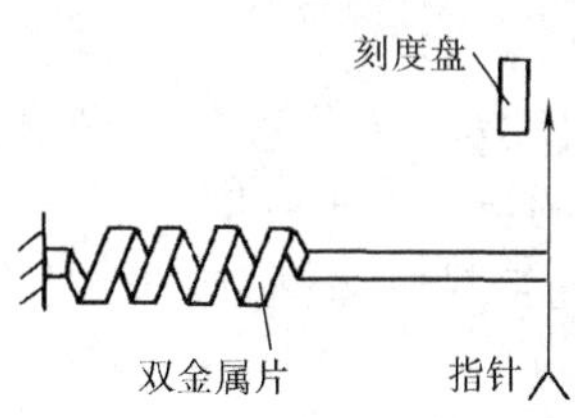


图9-5　双金属片螺旋卷

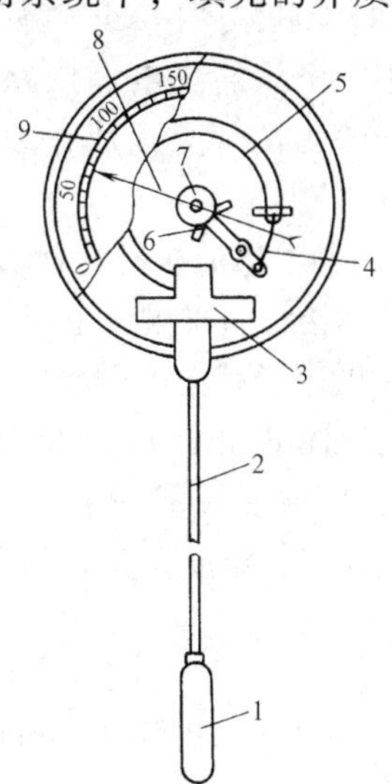


图9-6　压力式温度计

1—温包　2—细管　3—基座　4—拉杆　5—弹簧管　6—扇齿轮　7—齿轮轴　8—指针　9—度盘

体、气体或低沸点的液体。这三类压力式温度计结构基本相同，包括温包、金属细管、基座和弹簧管（Bourdon tube，巴登管），弹簧管一端焊在基座上，内腔与毛细管相通，另一端封死为自由端。在温度变化时，温度计内的压力变化，使弹簧管的自由端产生角位移，推动拉杆齿轮传动机构使指针偏移，指示出相应的温度。

充气压力式温度计内多充以氮气，工作温度范围一般为 -100 ~ 500℃，精度为1.5级或2.5级。而充液式压力温度计一般常充以二甲苯（-40 ~ 400℃）、甲醇（-40 ~ 175℃）、甘油（20 ~ 175℃）、水银（-39 ~ 650℃）、酒精（-46 ~ 150℃）、乙醚（20 ~ 90℃），其精度一般为1.0级或1.5级。对于充低沸点液体的压力式温度计，一般在系统中不全部充满液体，上部空间是该液体的蒸气，因此这里系统的压力是由不同温度下该液体的饱和蒸气压决定。低沸点的液体有丙酮（50 ~ 200℃）、氯甲烷（-20 ~ 125℃）、氯乙烷（20 ~ 1200℃）。

压力式温度计结构简单、可靠，不需什么特殊维护，抗振性好，可用于汽车、飞机、拖拉机上，也可用于恒温装置中作温度控制用。

## 第三节 热电偶温度计

### 一、热电效应和热电偶

两种不同材料的导体，组成一个封闭回路。如果两端结点温度不同，则回路中就会产生一定大小的电流，这个电流的大小与两种导体材料性质以及结点的温度有关。这种现象称为热电效应。显然这种热电效应可以利用来测量温度以及和温度相关的参数。

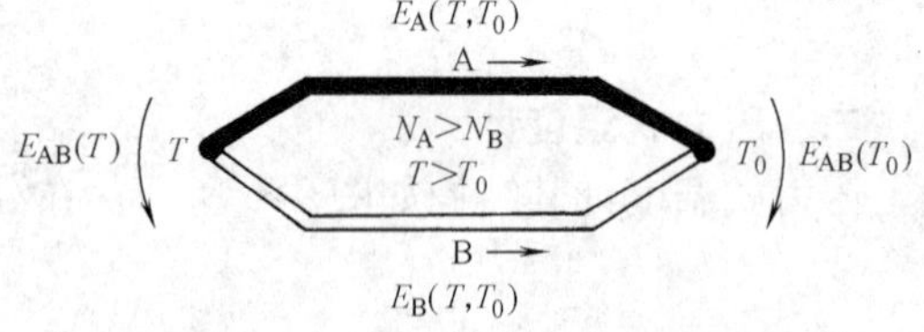


图9-7 两种导体构成的热电偶回路

在图9-7所示的热电偶回路中，所产生的热电动势由两部分组成，即接触电动势和温差电动势。

#### （一）两种导体的接触电动势

两种导体接触的时候，由于导体内的自由电子密度不同，如果 $N_A > N_B$，电子密度大的导体A中的电子就向电子密度小的导体B扩散，从而由于导体A失去了电子而具有正电位。相反导体B由于接收到了扩散来的电子而具有负电位。这样在扩散达到动态平衡时，A、B之间就形成了一个电位差。这个电位差称为接触电动势。它除了和材料有关外，还和接触点的温度有关。其大小可表示为

$$E_{AB}(T) = \frac{kT}{e}\ln\frac{N_A(T)}{N_B(T)} \tag{9-3}$$

式中，$E_{AB}(T)$ 为A、B两种材料在温度为 $T$ 时的接触电动势；$k$ 为玻尔兹曼常数；$e$ 为电子电荷；$N_A(T)$、$N_B(T)$ 为A、B两种材料在温度 $T$ 时的自由电子密度。

在如图9-7所示的闭合回路中，另一端温度为 $T_0$ 的接触电动势为

$$E_{AB}(T_0) = \frac{kT_0}{e}\ln\frac{N_A(T_0)}{N_B(T_0)} \tag{9-4}$$

又因 $E_{AB}(T_0)=-E_{BA}(T_0)$，所以回路中的总的接触电动势为

$$E_{AB}(T)-E_{AB}(T_0)=\frac{k}{e}\left[T\ln\frac{N_A(T)}{N_B(T)}-T_0\ln\frac{N_A(T_0)}{N_B(T_0)}\right] \tag{9-5}$$

**（二）单一导体中的温差电动势**

对单一金属导体，如果两端的温度不同，则两端的自由电子就具有不同的动能。温度高则动能大，动能大的自由电子就会向温度低的一端扩散。失去了电子的这一端就处于正电位，而低温端由于得到电子处于负电位。这样两端就形成了电位差，称为温差电动势。可以用下式表示：

$$E_A(T,T_0)=\frac{k}{e}\int_{T_0}^{T}\frac{1}{N_A(T)}\mathrm{d}[N_A(T)T] \tag{9-6}$$

对于由 A、B 两种导体构成的闭合回路，在 A、B 两导体上产生的温差电动势之和为

$$E_A(T,T_0)-E_B(T,T_0)=\frac{k}{e}\left\{\int_{T_0}^{T}\frac{1}{N_A(T)}\mathrm{d}[N_A(T)T]-\int_{T_0}^{T}\frac{1}{N_B(T)}\mathrm{d}[N_B(T)T]\right\} \tag{9-7}$$

综上所述，在整个闭合回路中产生的总电动势 $E_{AB}(T,T_0)$ 可表示为

$$\begin{aligned}E_{AB}(T,T_0)&=E_{AB}(T)-E_{AB}(T_0)-E_A(T,T_0)+E_B(T,T_0)\\&=\frac{k}{e}\left[T\ln\frac{N_A(T)}{N_B(T)}-T_0\ln\frac{N_A(T_0)}{N_B(T_0)}\right]\\&\quad-\frac{k}{e}\left\{\int_{T_0}^{T}\frac{1}{N_A(T)}\mathrm{d}[N_A(T)T]-\int_{T_0}^{T}\frac{1}{N_B(T)}\mathrm{d}[N_B(T)T]\right\}\end{aligned} \tag{9-8}$$

由式（9-8）可知，热电偶总电动势与电子密度 $N_A$、$N_B$ 及两节点温度 $T$、$T_0$ 有关，电子密度取决于热电偶材料的特性。当热电偶材料一定时，热电偶的总电动势 $E_{AB}(T,T_0)$ 成为温度 $T$ 和 $T_0$ 的函数差，即

$$E_{AB}(T,T_0)=f(T)-f(T_0) \tag{9-9}$$

如果是冷端 $T_0$ 固定，则对一定材料的热电偶，其总电动势就只与温度 $T$ 成一定的函数关系：

$$E_{AB}(T,T_0)=f(T)-C=\varphi(T) \tag{9-10}$$

式中，$C$ 为由固定温度 $T_0$ 决定的常数，这一关系式在实际测量中是很有用的。

实际上，温差电动势较接触电动势小得多。因此，在工程技术中可认为热电动势近似等于接触电动势。

## 二、热电偶基本定律

**（一）均质导体定律**

由均质材料构成的热电偶，热电动势的大小只与材料及结点温度有关，与热电偶的尺寸大小、形状及沿电极温度分布无关。如材料不均匀、由于温度梯度的存在，将会有附加电动势产生。

**（二）中间导体定律**

如图 9-8 所示，将 A、B 构成的热电偶的回路断开，例如此处为 $T_0$ 端断开，接入

第三种导体 C，只要保持第三导体两端温度相同，接入导体 C 后对回路总电动势无影响。据此，可在热电偶回路中接入电位计等，如图 9-8 所示，只要保证电位计与热电偶断开处的温度相等，就不会影响回路中原来的热电动势。

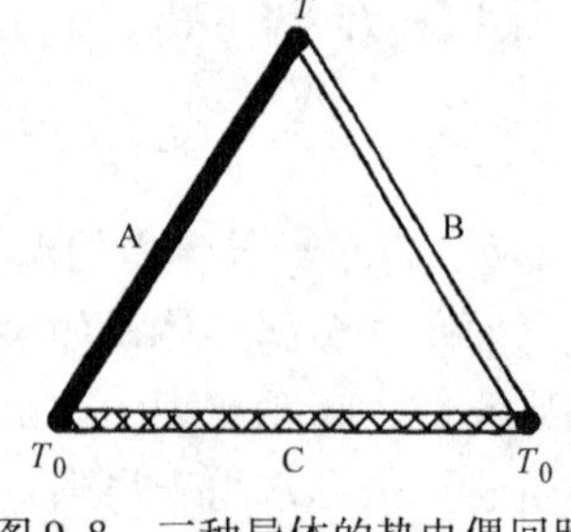

图 9-8　三种导体的热电偶回路

**（三）中间温度定律**

在热电偶回路中，两结点温度为 $T$、$T_0$ 时的热电动势，等于该热电偶在结点温度为 $T$、$T_a$ 和 $T_a$、$T_0$ 时热电动势的代数和，如图 9-9 所示，即

$$E_{AB}(T,T_0)=E_{AB}(T,T_a)+E_{AB}(T_a,T_0) \tag{9-11}$$

根据此定律，给出参比端为 0℃时的热电动势和温度的关系，就可以利用以下公式求出两端点在任意温度时的热电动势为

$$E_{AB}(T,T_a)=E_{AB}(T,0)-E_{AB}(T_a,0) \tag{9-12}$$

热电偶的分度表都是以℃为单位，以 0℃为参比端制定的。

**（四）标准电极定律**

如图 9-10 所示，两种导体 A、B 分别与第三种导体 C 组成热电偶，如果 A、C 和 B、C 热电偶的热电动势已知，那么这两种导体 A、B 组成的热电偶产生的电动势可由下式求得：

$$E_{AB}(T,T_0)=E_{AC}(T,T_0)-E_{BC}(T,T_0) \tag{9-13}$$

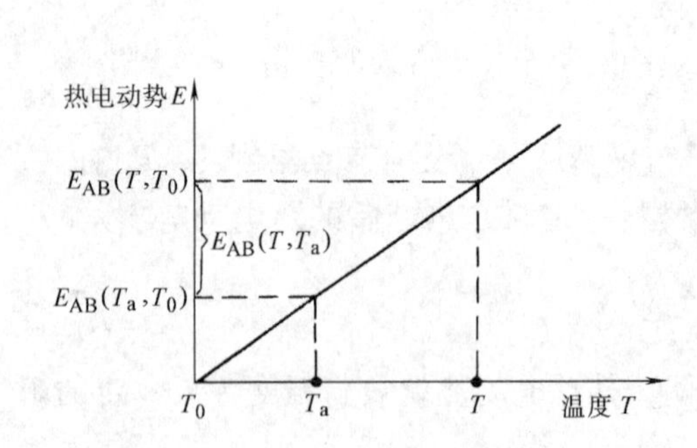

图 9-9　热电偶中间温度定律

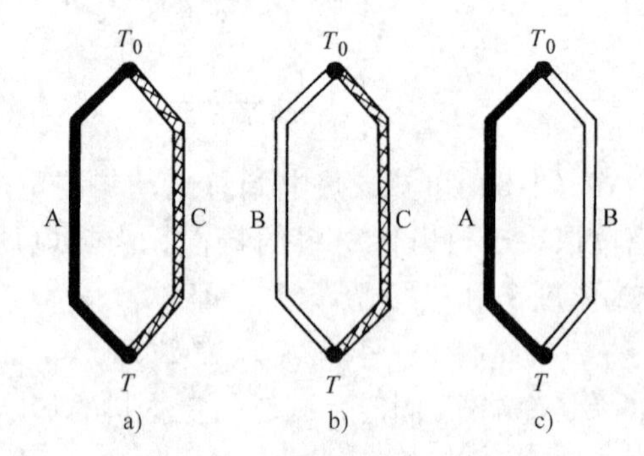

图 9-10　三种导体分别组成热电偶

设 C 为热电偶标准的配对铂电极，则 A、B 两种材料配对时的热电势可按式（9-13）求得，从而简化了热电偶的选配工作。

## 三、标准化热电偶

根据前面所述，似乎任何两种不同导体，都可以组成一对热电偶。但是在实际应用时，为了应用可靠，并且有足够的测量精度，并不是所有的材料均可用来做热电偶的，对组成热电偶的材料应具备以下一些条件：

1）在测温的范围内，热电特性要稳定，不随时间而变化。

2）在测温的范围内，物理、化学性能要稳定，不易氧化和腐蚀。

3）在测温中产生的热电动势要大，并且热电动势随温度变化为单值的、线性的，或者接近线性的。

4）电阻温度系数要小，电导率要高。

5）材料的复制性好，易焊接、拉丝和加工。

由于以上一些要求，国际上目前得到应用的热电偶材料达300多种，广泛应用的仅为40~50种。热电偶的测量范围广，常用的热电偶从-50~+1600℃均可连续测量，某些特殊热电偶最低可测到-269℃（如金铁镍铬），最高可达+2800℃（如钨-铼）。20世纪70年代，国际电工委员会（IEC）对已被公认为性能比较好的8种热电偶制定了统一的标准。我国已采用IEC标准，按标准生产，并按标准分度表生产与之相配的显示仪表。IEC推荐的热电偶标准分度号如表9-1所示。

**表9-1　热电偶标准分度号**

| 热电偶名称 | IEC分度号 | 国家标准号 | 热电偶名称 | IEC分度号 | 国家标准号 |
|---|---|---|---|---|---|
| 铂铑$_{10}$-铂 | S | GB/T 16839—1997 | 镍铬-铜镍（锰白铜） | E | GB/T 16839—1997 |
| 铂铑$_{30}$-铂铑$_{6}$ | B | GB/T 16839—1997 | 铁-铜镍（锰白铜） | J | GB/T 16839—1997 |
| 镍铬-镍硅 | K | GB/T 16839—1997 | 铂铑$_{13}$-铂 | R | GB/T 16839—1997 |
| 铜-铜镍（锰白铜） | T | GB/T 16839—1997 | 镍铬硅-镍硅 | N | GB/T 16839—1997 |

## 四、热电偶的参比端处理

如前所述，为使热电偶的热电动势与被测量间呈单值函数关系，热电偶的参比端可采用以下方法处理。

### （一）0℃恒温法

这种方法是将热电偶的参比端保持在稳定的0℃环境中。在实验室中采用冰浴法，通常是把各参比端放在盛有绝缘油的试管中，然后再将其放入装满冰水混合物的保温容器中，使参比端保持0℃。这种方法是一种理想方法，但只适合于实验室中使用，工业中使用极为不便。目前有一种采用电制冷的小型恒温器，可以在工业上使用，该方法精度高，但成本也高，目前使用并不广泛。

### （二）参比端温度修正法

当热电偶参比端为不等于0℃的$t_0$时，需对仪表的示值加以修正，因为热电偶的温度—热电动势关系以及分度表是在参比端为0℃时得到的。根据式（9-12）可得如下修正公式：

$$E(T,0℃)=E(T,t_0)+E(t_0,0℃) \quad (9\text{-}14)$$

冷端温度$t_0$可人工读取温度计而得到或采用集成温度传感器自动获取。这种高性能集成温度传感器有电流输出型（如AD590）、电压输出型（如LM135，LM235，LM335系列）等，它们输出的电流或电压与热力学温度有较好的线性关系，据此可以设计出集成温度传感器热电偶冷端温度补偿电路（图9-11）及微机化温度自动测控系统（图9-12）。

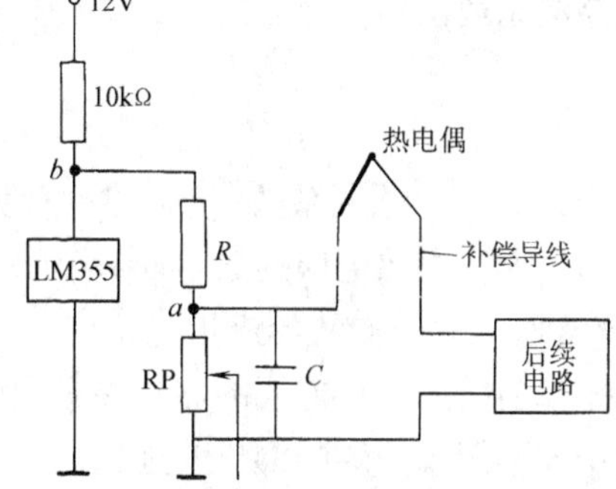


图9-11　集成温度传感器热电偶冷端温度补偿电路

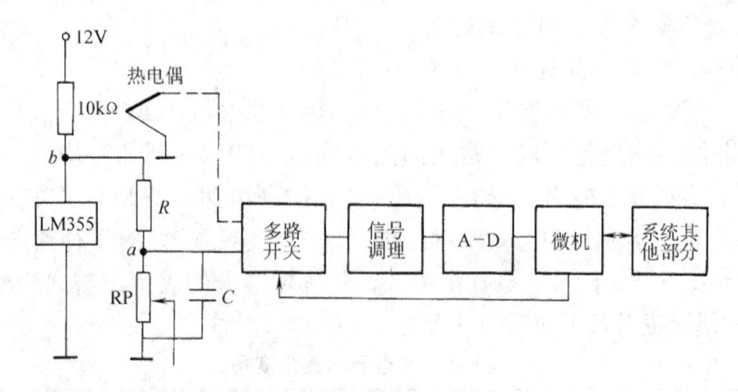


图9-12　微机化温度测控系统

**（三）电桥补偿法**

电桥补偿法是利用不平衡电桥产生的电动势来补偿热电偶因参比端温度变化而引起的热电动势变化值，如图9-13所示。电桥由电阻$r_1$、$r_2$、$r_3$和$r_t$组成。$r_1$、$r_2$、$r_3$一般为锰铜丝绕制的固定电阻，其电阻温度系数较小，一般看作不随温度变化，$r_t$是铜丝绕制的热电阻。系统由稳压电源提供电桥电源。通常在20℃时电桥平衡，这时$r_1=r_2=r_3=r_t$，根据电桥原理，在$a$、$b$两点电位相等（即$U_{ab}=0$），这时电桥对测量无影响，当环境温度变化为不等于20℃时，$r_t$阻值随即变化，这时桥路失去平衡，$a$、$b$两端会产生一个不平衡电压$U_{ab}$与热电偶的热电动势$E_x$叠加，一起送入测量仪表。最后输出$U_{AB}=E_x+U_{ab}$，如果适当地选择限流电阻，使$U_{ab}$正好补偿由于参比端温度变化而引起的热电动势变化值，仪表即可指示出正确的温度。由于电桥是在20℃时平衡，所以采用这种补偿电桥需把仪表的机械零位调整到20℃。

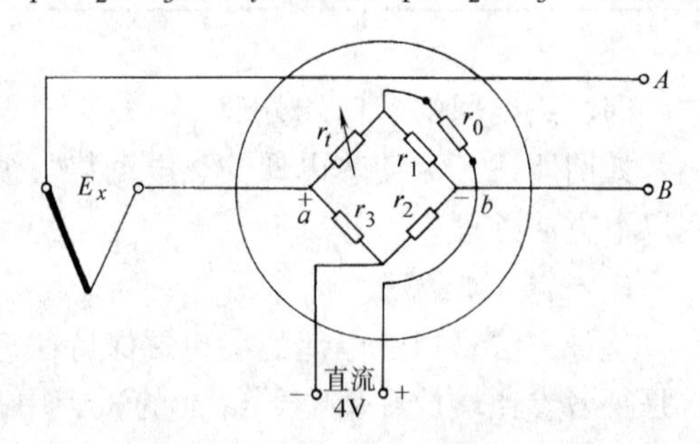


图9-13　电桥补偿法测量电路

对于热电偶的非线性，可通过分段线性化进行校正，但运算比较复杂。也可应用最小二乘法原理得到拟合公式

$$T=\sum_{i=1}^{n}\alpha_i e^i$$

式中，$\alpha_i$为多项式系数；$e$为热电动势；$n$为正整数。

这样，由热电偶的热电动势$e$就可算出相应的温度$T$。

**（四）补偿导线的应用**

如前所述，热电偶的参比端必须引入到一个恒定温度环境中或引到补偿电路两端，在此中间不能用一般的铜导线连接。这是因为从连接端到参比端之间铜导线中的热电动势不等同于同样两端间热电偶电极间的热电动势，需要采用补偿导线。补偿导线分两种类型：一种是延长型，它的导线材料与同种热电偶一样；另一种是补偿型，它的导线材料与被补偿热电偶不一样。从经济角度出发，贵金属热电偶都采用补偿型。

所谓补偿导线就是用热电性质与热电偶相近的材料制成的导线，用它将热电偶的参比端延长到需要的地方，而且不会对热电偶回路引入超出允许的附加测温误差。

随着热电偶的标准化，补偿导线也形成了标准系列。国际电工委员会IEC也制定了国际标准，适合于标准化热电偶使用，详见表9-2。

**表9-2　补偿导线的分类型号与分度号**

| 补偿导线型号 | 配用热电偶的分度号 | 补偿导线合金丝 | | 补偿导线颜色 | |
|---|---|---|---|---|---|
| | | 正　极 | 负　极 | 正　极 | 负　极 |
| SC | S（铂铑$_{10}$-铂） | SPC（铜） | SNC（铜镍） | 红 | 绿 |
| KC | K（镍铬-镍硅） | KPC（铜） | KNC（铜镍） | 红 | 蓝 |
| KX | K（镍铬-镍硅） | KPX（镍铬） | KNX（镍硅） | 红 | 黑 |
| EX | E（镍铬-铜镍） | EPX（镍铬） | ENX（铜镍） | 红 | 棕 |
| JX | J（铁-铜镍） | JPX（铁） | JNX（铜镍） | 红 | 紫 |
| TX | T（铜-铜镍） | TPX（铜） | TNX（铜镍） | 红 | 白 |
| NC | N（镍铬硅-镍硅） | NPC（铁） | NNC（铜镍） | 红 | 浅灰 |
| NX | N（镍铬硅-镍硅） | NPX（镍铬硅） | NNX（镍硅） | 红 | 深灰 |

注：表中补偿导线型号的第二个字母：C—补偿型；X—延长型。

## 五、测温电缆

测温电缆FTLD（Flexible Thermocouple Line Detector）、CTTC（Continuous Thermocouple Transducer Cable）又称线型连续热电偶或热式热电偶，是热电偶技术的一种新发展。它与普通热电偶不同之处在于它的热端结点不固定，而是始终与线缆上的最高温度点相对应。这是因为其正、负极偶丝间充填了具有负温度系数的特殊功能的硅粉。当线缆上任何一点（$T_1$）的温度高于其他部分的温度时，该处的热电偶导线之间的绝缘电阻（$R$）降低，导致临时热电偶热端结点的出现，其作用与常规热电偶热端结点相同；当线缆上另外一点（$T_2$）的温度高于（$T_1$）点时，该处的热电偶导线之间的绝缘电阻变得低于（$T_1$）点的阻值，从而原先临时热电偶热端结点将让位给这个新的热点，如图9-14所示。

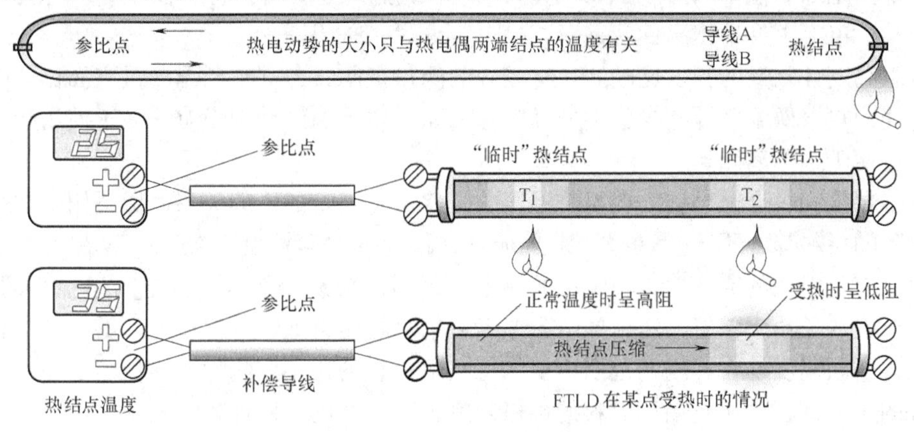


图9-14　测温电缆原理示意图

将测温电缆FTLD、CTTC用导热胶或束线带以正弦波方式横向固定铺设在电缆夹层、隧道、竖井、桥架中，以每15～500m作为一个防区段或报警单元，连接到温度控制器和消防联动系统中。

用这种测温电缆所组成的测温系统能实时探测并显示预告探测器所及探测范围内的最高温度，为预防火灾的形成、减少因过热引起的事故和损失不失为一种较为理想的方法，特别适用于受现场环境限制（如兵工厂、弹药库、危险品仓库、煤仓、油罐等）或现场环境恶劣（如辐射、腐蚀、粉尘、潮湿、气流、静电、电磁场、微波等）的地方。例如上海虹桥交通枢纽消防系统中就采用了这种方案。

### 六、薄膜热电偶

采用真空蒸镀、溅射等薄膜制作技术将两种不同热电偶材料镀复于很薄的绝缘底板上就构成了一个薄膜热电偶，如图9-15所示。这种热电偶体积小，热容量小，热惯性小，响应速度快，操作简便、精度高、便于粘贴，适用于测量微小面积上的瞬变温度，已广泛应用于表面测温和热传导测量中。其测温上限可达1000℃，时间常数可小于1ms。

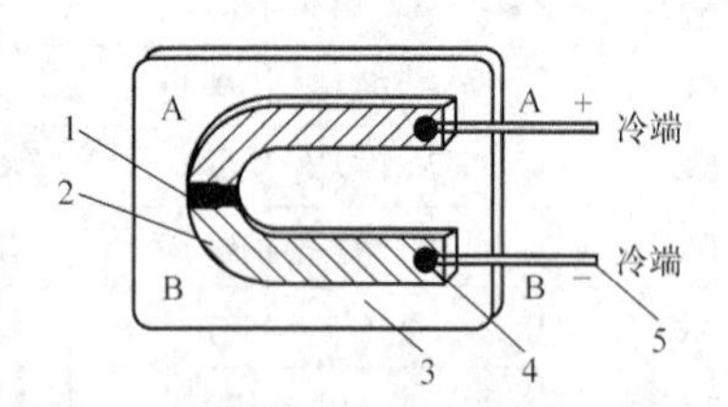


图9-15　薄膜热电偶

1—工作端　2—薄膜热电极　3—耐高温绝缘基板　4—引脚接头　5—引出线（材质与热电极相同）

## 第四节　电阻温度计

利用导体和半导体的电阻随温度变化这一性质做成的温度计称为电阻温度计。实践证明，大多数金属在温度升高1℃时电阻将增加0.4%～0.6%。但半导体热敏电阻有三种类型：正温度系数（Positive Temperature Coefficient，PTC）型、负温度系数（Negative Temperature Coefficient，NTC）型和临界温度型（Critical Temperature Resistor，CTR）。正温度系数型经常用于各种温度补偿；临界温度型可以作为温度开关直接用于控制；用于温度测量用的主要是珠状负温度系数热敏电阻，其灵敏度比金属高，每升高1℃，电阻约减小2%～6%。市上常见的体温计就是NTC温度计的一个应用实例。

电阻温度计测量的精度比较高，有较大的测量范围，尤其在低温测量方面比热电偶温度计为佳，热电偶温度计有参比端处理问题，而热电阻温度计则没有，易于使用于自动测量中，也便于远距离测量。

尽管导体和半导体材料的电阻对温度的变化都有一定的依赖关系，但适用于制作温度测量电阻的材料却并不多。这些材料必须具有稳定的电阻温度系数；一般希望电阻率要大，以便有足够大的灵敏度，但常用的铜电阻却因简便易得而容忍其电阻率很小的缺点；电阻和温度的关系要保持一定，即电阻温度系数最好是常数，以保证电阻随温度变化的线性关系；电阻温度计在使用的范围内要保持电阻材料的化学、物理性能稳定，在加工中要有较好的工艺性，易于复制；材料的价格便宜，有较好的经济性。

金属导体的电阻值对温度的依赖关系可用一个三次或更高次方程式来精确描述。在普

通精度要求条件下，可把方程局限于二次或完全线性的函数之中，即

$$R_t = R_0(1 + \alpha t + \beta t^2)$$

或

$$R_t = R_0(1 + \alpha t) \tag{9-15}$$

式中，$R_t$ 为温度为 $t$ 时的电阻值；$R_0$ 为温度为 0℃时的电阻值；$\alpha$、$\beta$ 为分别与材料性质及温度范围有关的系数，$\alpha$（1/℃）为电阻的线性温度系数。

由于线性方程并不适用于大多数材料，亦即式（9-15）中的 $\alpha$ 不是常数，将 0 ~ 100℃间相对折中的一个 $\alpha$ 值作为 $\alpha$ 的名义值 $\alpha_{0,100}$（单位为℃$^{-1}$），即

$$\alpha_{0,100} = \frac{1}{R_0}\frac{\Delta R}{\Delta t} = \frac{1}{R_0}\frac{R_{100} - R_0}{100} \tag{9-16}$$

式中，$R_{100}$、$R_0$ 分别为水在沸点和冰点时测得的材料电阻值。

目前由纯金属制造的热电阻的主要材料是铂、铜和镍，它们已得到广泛的应用。

## 一、铂电阻温度计

铂是一种贵金属。它的特点是精度高，稳定性好，性能可靠，尤其是耐氧化性能很强。铂在很宽的温度范围内，约 1200℃以下都能保证上述特性。铂很容易提纯，复现性好，有良好的工艺性，可制成很细的铂丝（直径 0.02mm 或更细）或极薄的铂箔。与其他材料相比，铂有较高的电阻率，因此普遍认为它是一种较好的热电阻材料。但铂电阻的电阻温度系数比较小，在还原介质中工作时易被沾污变脆。此外价格较贵也是铂电阻的缺点之一。

铂的纯度通常用百度电阻比 $W(100℃)$ 来表示，即

$$W(100℃) = \frac{R_{100}}{R_0}$$

式中，$R_{100}$ 为 100℃时的电阻值；$R_0$ 为 0℃时的电阻值。

$W(100)$ 越高，则其纯度越高。目前技术水平可提纯到 $W(100) = 1.3930$，其对应的纯度为 99.9995%。

在 0℃以上，铂电阻与温度的关系接近于直线。我国和 IEC 标准采用的电阻温度系数 $\alpha_{Pt,0,100}$ 的名义值为 $3.85 \times 10^{-3}\frac{1}{℃}$，实际值稍有偏离。

我国已采用 IEC 标准制作工业铂电阻。按 IEC 标准，使用温度已扩大到 −200 ~ +850℃，材料纯度采用 $W(100) = 1.3850$，初始电阻值有 100Ω 和 10Ω 两种。

## 二、铜电阻温度计

在一般测量精度要求不高、温度较低的场合，普遍地使用铜电阻。它可用来测量 −50 ~ +150℃的温度，在这温度范围内，铜电阻和温度呈线性关系为

$$R_t = R_0(1 + \alpha t)$$

$\alpha_{Cu,0,100} = (4.25 \sim 4.28) \times 10^{-3}\frac{1}{℃}$，我国标准采用 4.28，这个电阻温度系数比铂电阻要高。

铜电阻的缺点是电阻率小，$\rho_{Cu}=1.7\times10^{-8}\Omega\cdot m$（铂的电阻率是$\rho_{Pt}=9.81\times10^{-8}\Omega\cdot m$），所以制成相同阻值的电阻时，铜电阻丝要细，这样机械强度就不高，或者就要长，使体积增大。此外铜很容易氧化，所以它的工作上限为150℃。但铜电阻价格便宜，因此仍被广泛采用。

我国工业用铜电阻初始电阻值为50Ω和100Ω两种：

$$E_0=(50\pm0.05)\Omega，分度号为Cu50$$

$$E_0=(100\pm0.05)\Omega，分度号为Cu100$$

铜电阻通过的测量电流为5mA时，由于电流通过引起的温升不应大于0.4℃。

近年来，一些新颖的、测量低温的热电阻材料相继出现，如铟电阻、锰电阻、碳电阻等。

## 三、半导体热敏电阻

如前所述，除用金属制成热电阻外，还有用半导体材料制成的半导体电阻温度计。它的显著优点是温度系数比较大，其绝对值比金属热电阻约大4～8倍。而且其电阻温度系数有正有负，可根据需要选择。

半导体电阻的电阻率大，因此可制成极小的电阻元件，热惯性也小，目前有做成棒状、珠状、片状等各种结构形式的，适合于测量点温、表面温度及快速变化的温度。半导体热敏电阻是各种氧化物按一定比例混合，经高温烧制而成，常用的材料有$CuO+MnO_2$、$MgO+TiO_2$、$TiO_2+CuO$、$NiO+Mn_2O_3+Co_2O_3$等混合物。由于烧结而成，因此结构简单，力学性能较好，寿命也很长。

半导体热敏电阻是在克服了它的复现性和互换性差的缺点而逐渐得到广泛应用的。目前使用的上限温度还不够高，大约在300℃，据报道已制造出2000℃的半导体热敏电阻。

负电阻温度系数半导体热敏电阻与温度的关系近似表示如下：

$$R=R_0e^{b\left(\frac{1}{T}-\frac{1}{T_0}\right)} \tag{9-17}$$

式中，$R$为温度为$T$时的电阻；$R_0$为$T_0$时的电阻；$b$为与材料有关的常数，$b$在3000～5000K之间的产品比较稳定，通常取$b=3400K$；$T$和$T_0$为热力学温度（K）。

热敏电阻的电阻温度系数定义为

$$\alpha=\frac{1}{R}\frac{dR}{dT} \tag{9-18}$$

由式（9-17）微分可得

$$\alpha=-\frac{b}{T^2} \tag{9-19}$$

由式（9-19）可见，该热敏电阻的电阻温度系数是负值，而且在低温下有很高的灵敏度。若$T=(273.16+20)K=293.16K$，则$\alpha=-3.96\times10^{-2}\frac{1}{℃}$，其绝对值相当于铂电阻的10倍，可见灵敏度很高。目前可测到0.001～0.0005℃的微小温度变化。而且热敏电阻的阻值可以很大（达3～700kΩ，一般阻值在500Ω～500kΩ之间的产品比较稳定），即使在远距离测量时，导线电阻的影响相对也较小。

但是热敏电阻的灵敏度随温度升高而下降，而且由式（9-17）知，温度升高时，电阻值很快下降，从而限制了它在高温下的使用。

### 四、热电阻温度计的测量误差

#### （一）热电阻的基本误差

目前国内使用的热电阻已定型生产，并且有统一的分度表，但实际的热电阻参数会偏离标准值，所以热电阻有一定的误差。

在测量电阻时，需要通以电流，电流增大可以提高灵敏度，但电流过大会引起电阻发热，这就造成测量误差。所以一般在使用时电流受到限制。工业用热电阻一般工作电流不允许超过6mA，现代新型热电阻体积非常小，激励电流引起的自热比较大，因此现在很少采用1mA以上的电流。智能变送器中有时采用脉冲激励，这时电流会稍大一点。这样可以把自热误差限制在0.3℃以内。

#### （二）热电阻引线的误差

热电阻温度计在使用时，测量电阻到显示仪表之间的引线电阻将直接影响测量的精度，特别在测量电阻到显示仪表距离较远时影响更大。所以目前在工业测量中采用三线制接法，即热电阻 $R_t$ 一端接一根导线，另一端接两根导线，其中一根串联接于电桥电源上，其余两根分别接于电桥相邻桥臂上。上述三根导线的长度、粗细、材料等均相同，即阻值相同，这使引线电阻的变化对指示的影响基本消除。图9-16所示为三线制热电阻测量电路。

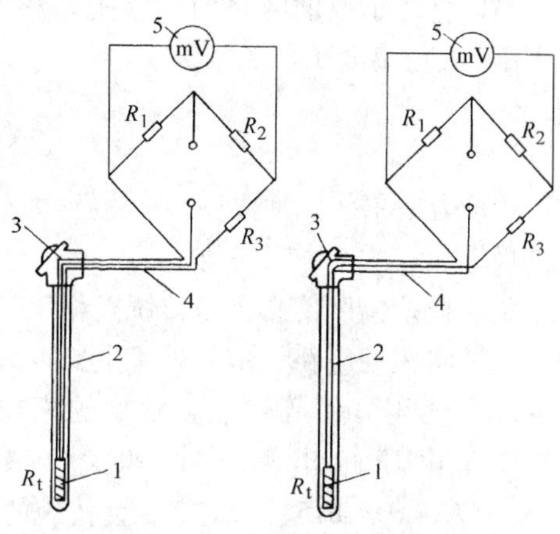


图9-16　三线制热电阻测量电路

1—电阻体　2、4—连线　3—接线盒　5—显示仪表

如果要求不高也可采用二线制接法，其接法如图9-17a所示。这种接法要求引线的电阻不可超过铜电阻 $R_0$ 的0.2%，不可超过铂电阻 $R_0$ 的0.1%。在精密的测量中，特别在试

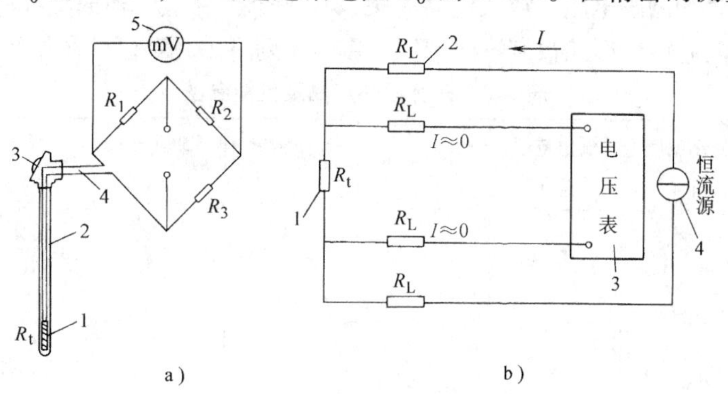


图9-17　二线制和四线制接法

a）二线制热电阻测量桥路

1—电阻体　2、4—连线　3—接线盒　5—显示仪表

b）四线制热电阻测量桥路

1—电阻体 $R_t$　2—标准电阻 $R_L$　3—显示仪表　4—恒流源

验测量时也有四线制接法，直接测量热电阻体上的电压降 $IR_t$，其接法如图 9-17b 所示。两根电流导线上的电阻 $R_L$ 所形成的压降 $IR_L$ 不在测量范围内，另两根电压导线上的电阻 $R_L$ 因无电流通过而不影响测量。

除了以上三项基本误差外，具体使用时还有一些因偏离标准条件或环境变化等引起的附加误差。

## 五、P－N 结与集成电路温度传感器

锗和硅二极管的正向电压降都以大约 －2mV/℃ 的斜率随温度变化；晶体管的基极—发射极电压 $U_{be}$ 与温度也基本上呈线性关系。因此，可利用这些特性来进行温度的测量和补偿。

晶体管用于温度测量时，常把基极与集电极短接为一个极，与发射极构成 P-N 结，其电压 $U_{be}$ 与温度 $T$ 的关系为

$$U_{be} = E_0 - \frac{KT}{q}\ln\left(\frac{AT^r}{I_c}\right)$$

式中，$K$ 为波尔兹曼常数；$E_0$ 为温度为 0K 时材料的禁带能级宽度；$q$ 为电子电量；$I_c$ 为集电极电流；$A$、$r$ 均为常数。

集成模拟温度传感器与传统式相比，具有灵敏度高、线性度好、响应速度快等优点，而且它还将驱动电路、信号处理电路以及必要的逻辑控制电路集成在单片 IC 上，有实际尺寸小、使用方便等优点。常见的模拟温度传感器有 LM3911、LM335、LM45、LM35、AD22103 电压输出型、AD590 电流输出型。以 MAX6575/76/77 系列、MAX1619、MAX1617A、DS1615、DS17775 为代表的数字式温度传感器更为用户提供了极大的方便，它们带有 9～12 位 A－D 转换器，分辨力一般可达 0.5～0.0625℃。由美国 DALLAS 半导体公司新研制的 DS1624 型高分辨力智能温度传感器，能输出 13 位二进制数据，其分辨力高达 0.03125℃，测温精度为 ±0.2℃。

把测温晶体管和激励电路、放大电路等集成在一个芯片上，构成集成电路温度传感器。有电压输出型、电流输出型和数字输出型等。表 9-3 列举了几种国外产品及其性能参数。

**表 9-3　几种国外产品及性能参数**

| 型　　号 | 使用温度/℃ | 输出范围/mV | 温度系数 | 互换精度/℃ | 非线性/℃ | 生　产　厂 | 备　　注 |
|---|---|---|---|---|---|---|---|
| 102<br>HTS103<br>104 | －40～150 | 300～750 |  | ±2<br>±3<br>±4 | ±1 | 英洛托拉公司 | 晶体管 |
| AD590 | －55～150 |  | 1μA/℃ | 0.5 | ±0.1 | 模拟器件公司 | 集成电路，电流输出 |
| ICL8073 | －55～125 |  | 1mV/℃ | 0.5 |  | 英特尔公司 |  |
| uPC616C | －40～125 |  | 1mV/℃ |  |  | 日本电气公司 |  |
| LM35 | －55～150 |  | 100mV/℃ |  | ±0.5 | 美国国家半导体公司 | 集成电路，电压输出 |

（续）

| 型　　号 | 使用温度/℃ | 输出范围/mV | 温度系数 | 互换精度/℃ | 非线性/℃ | 生　产　厂 | 备　　注 |
|---|---|---|---|---|---|---|---|
| DS18B20 | -55~125 | | | | | 美国 DALLAS | 集成电路，数字输出 |
| MAX6635 | | | | | | | |

## 第五节　光辐射测温方法及仪表

自20世纪70年代以来，非接触测温已成为一门飞速发展的工程技术，由于它实现了仪表和被测物体的不直接接触，具有不破坏原有的温场、可测量运动物体、没有危险腐蚀高温等作业环境对测量的干扰等特点，故它已被广泛应用于生产、科研、军事、医学等各领域。

非接触测温主要是利用光辐射物理效应来测量物体温度。任何物体当其温度高于绝对零度（-273.16℃）时，都将有热辐射，温度越高，则它向周围空间的辐射就越多。辐射能以波动形式表现出来，其波长的范围极广，从短波、X光、紫外光、可见光、红外光一直到电磁波，而在温度测量中主要是用可见光和红外光。

最常用的非接触式测温仪表基于黑体辐射的基本定律，称为辐射测温仪表。辐射测温法包括亮度法（见光学高温计）、辐射法（见辐射高温计）和比色法（见比色温度计）。

### 一、热辐射基本定律

#### （一）基尔霍夫定律

一个物体向周围发射辐射能时，同时也吸收其他物体辐射的辐射能，吸收辐射能量能力强的物体，其受热后向外辐射的能力也强。能够全部吸收辐射到其上的能量的物体，物理上称之为黑体，用光谱吸收比 $\alpha_\lambda(T)$ 表示物体能对辐射到其上的辐射通量可吸收的比例，即

$$\alpha_\lambda(T)=\frac{\mathrm{d}\phi(\lambda,T)}{\mathrm{d}\phi(\lambda)} \tag{9-20}$$

式中，$\mathrm{d}\phi(\lambda)$ 为照射到物体单位面积上的辐通量（包括有不同波长 $\lambda$ 的辐射）；$\mathrm{d}\phi(\lambda,T)$ 为被物体吸收的辐射通量。则黑体的 $\alpha_\lambda(T)=1$，而非黑体的 $\alpha_\lambda(T)<1$。

基尔霍夫证明了物体的光谱辐射出射度（光出射度）$M_\lambda(T)$ 与光谱吸收比 $\alpha_\lambda(T)$ 的比值是一个普适函数 $f_\lambda(T)$，它与温度及波长有关，即

$$\frac{M_\lambda(T)}{\alpha_\lambda(T)}=f_\lambda(T) \tag{9-21}$$

在热平衡时被分析物体向四周的辐射功率等于它能够吸收的功率，即

$$M_\lambda(T)=\alpha_\lambda(T)M_\lambda^0(T) \tag{9-22}$$

式中，$M_\lambda^0(T)$ 为黑体在温度 $T$ 的光谱辐射出射度；$M_\lambda(T)$ 为非黑体光谱辐射出射度。

前面所讲的普适函数$f_\lambda(T)$就是温度$T$时绝对黑体的光谱辐射出射度。这就是基尔霍夫定律。

此外还定义了光谱的发射率：物体在温度$T$时的光谱辐射出射度与温度相同的全辐射体（黑体）光谱辐射出射度之比，可表示为

$$\frac{M_\lambda(T)}{M_\lambda^0(T)}=\varepsilon_\lambda(T) \tag{9-23}$$

由式（9-22）和式（9-23）可得

$$\varepsilon_\lambda(T)=\alpha_\lambda(T) \tag{9-24}$$

即物体的光谱发射率等于它的光谱吸收率。

### （二）斯忒潘-玻尔兹曼定律

斯忒潘根据试验得出结论，物体的总的辐射出射度$M^0(T)$与温度的4次方成正比，即

$$M^0(T)=\sigma T^4 \tag{9-25}$$

对于非黑体的一般物体应表示为

$$M(T)=\varepsilon_T\sigma T^4 \tag{9-26}$$

式中，$\varepsilon_T$为温度为$T$时全波长范围的材料发射率，也称为黑度系数；$\sigma$为斯忒潘-玻尔兹曼常数，$\sigma=5.67032\times10^{-8}\mathrm{W\cdot m^{-2}K^{-4}}$；$T$为物体的热力学温度。

### （三）普朗克定律

一个黑体可在全波长范围内辐射能量，但对于各种波长成分来说，其对总能量的贡献度并非一致的，例如，一个物体的温度为900K时呈暗红色，在1200K时呈亮红色，在1400K时呈桔红色，在1700K时则呈白炽色。颜色的区别是由于不同波长上所辐射的相对量（贡献度）不同所致。这种分布可用普朗克定律来表示

$$M_\lambda^0(T)=\frac{C_1}{\lambda^5\left(e^{\frac{C_2}{\lambda T}}-1\right)} \tag{9-27}$$

式中，$\lambda$为波长；$C_1$为普朗克第一辐射常数，$C_1=3.75\times10^{-16}\mathrm{W\cdot m^2}$；$C_2$为普朗克第二辐射常数，$C_2=1.44\times10^{-2}\mathrm{m\cdot K}$。

也可以用亮度来表示

$$L_\Lambda^0(T)=\frac{C_1}{\pi\lambda^5\left(e^{\frac{C_2}{\lambda T}}-1\right)} \tag{9-28}$$

可以看出

$$L_\lambda^0(T)=\frac{M_\lambda^0(T)}{\pi} \tag{9-29}$$

### （四）维恩位移定律

热辐射电磁波中包含着各种波长，从实验可知，物体峰值辐射波长$\lambda_m$与物体自身的绝对温度$T$成以下关系：

$$\lambda_m T=2897\mu\mathrm{m\cdot K} \tag{9-30}$$

此式即为维恩定律。图9-18是绝对黑体光谱亮度辐射的曲线，从曲线中可以看出，

每一条黑体光谱都有一个极大值，而且这个极大值随温度升高向短波方向移动。当辐射体温度升高时，辐射亮度迅速增加，例如辐射体温度由1200K上升到1500K时（图中未画出），总辐射能量将增加近2.5倍，而单色光波长为0.66μm的红光的亮度增加10倍以上。这个现象可以给辐射测温带来足够的灵敏度。

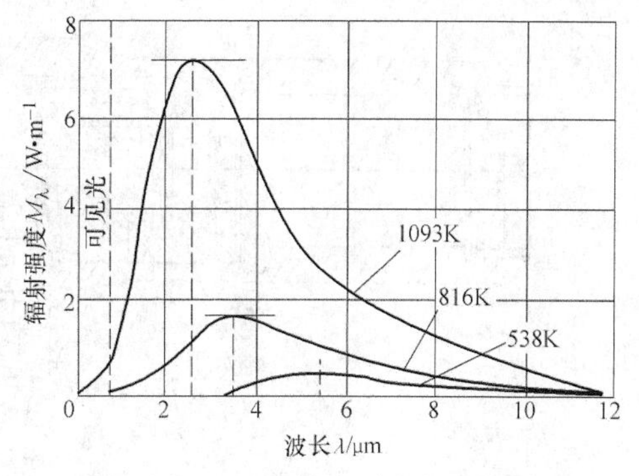

图9-18 绝对黑体光谱亮度辐射曲线

图9-18中每一条曲线下面的面积表示该温度下该物体辐射能量的总和，它与物体温度的4次方成正比，即$M^0(T)=\sigma T^4$，这是斯忒潘-玻尔兹曼定律的另一种表示形式。

## 二、辐射温度计

### （一）全辐射温度计

全辐射温度计是利用物体的温度与总辐射出射度全光谱范围的积分辐射能量的关系来测量温度的。根据斯忒潘－玻尔兹曼定律总辐射出射度为

$$M^0(T)=\sigma T^4$$

或

$$T=\sqrt[4]{\frac{M^0(T)}{\sigma}} \tag{9-31}$$

只要采用敏感元件测量出这辐射功率的大小，就可以测量出被测对象的温度。

应该注意的是仪表是以黑体辐射功率与温度的关系分度的，而实际使用时，被测物体并不是黑体，这样测出的温度自然要低于被测物体的实际温度。它和真实温度的差异自然和这个物体的发射率有关。为此我们将这个温度定义为“辐射温度”，即黑体的总辐射出射度等于非黑体的总辐射出射度时，此黑体的温度为非黑体的辐射温度，可写成如下关系式：

$$\varepsilon_T\sigma T^4=\sigma T_F^4$$

$$T=T_F\sqrt[4]{\frac{1}{\varepsilon_T}} \tag{9-32}$$

式中，$T$和$T_F$分别为物体的真实温度和辐射温度；$\varepsilon_T$为温度$T$时物体全辐射的黑度系数。

这种全辐射温度计结构如图9-19所示，主要包括光学系统、辐射接收器、测量仪表和辅助装置。其核心部分是辐射接收器。过去一般用热电堆作为敏感元件，这里热电堆由8对热电偶组成。目前用的主要是薄膜热电堆和半导体热电堆，常用10～50组。

全辐射温度计一般测温范围为－50～1000℃，也可高达2000℃，但在高温段误差较大。在测量时要特别注意被测物和仪表之间的距离。一般仪表给出一个距离系数，它是传感器前端面到被测对象的表面距离$L$与被测对象的有效直径$D$之比，即$L/D$。在满足距离系数以后，要进行正确瞄准，使目标的像充满热接收器，不得偏离，否则会

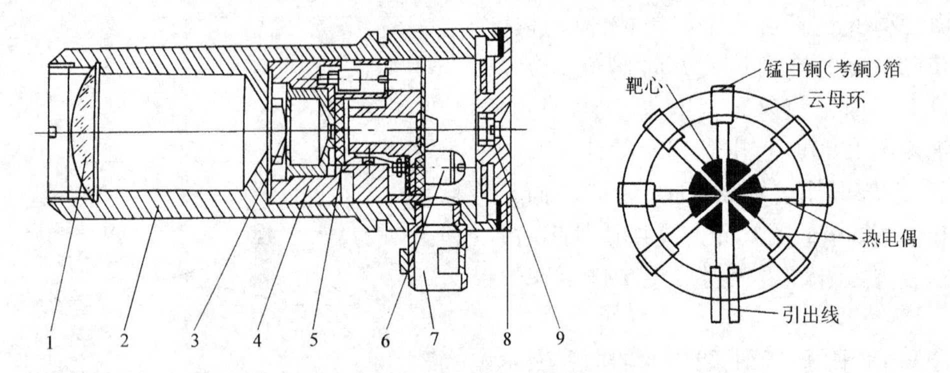


图 9-19 全辐射温度计结构

1—物镜 2—外壳 3—补偿光阑 4—座架 5—热电堆 6—接线柱 7—穿线套 8—盖 9—目镜

产生误差。

在使用时，对物体的黑度系数的估计偏差会给仪表带来很大测量误差。例如，当仪表指示温度为1200℃时，如果 $\varepsilon_T = 0.90$，则真实温度为1239℃，如果 $\varepsilon_T = 0.70$，则真实温度为1337℃。黑度系数估计误差为0.2时，温度变化接近100℃，可见误差是比较大的。此外环境对仪表的测量影响也较大。环境温度变化，都将会使仪表产生误差。

基于该测温原理的电子耳温计、额温计以其快速、方便、安全测量体温已在医疗卫生机构扩大应用。

**（二）部分辐射温度计**

为了提高仪表的灵敏度，有时热敏元件不是采用热电堆，而是采用光电池、光敏电阻以及其他的一些红外探测元件。这些元件和热电堆相比具有光谱选择性，它们仅能对某一波长范围的光谱产生效应。实际使用时也有通过加滤色片，使仪表对工作波长有选择性。不同工作波长有不同的用途。因此它们对测量的要求是，只能使工作光谱仪限于一定的光谱范围内。我们称此类辐射温度计为部分辐射温度计。

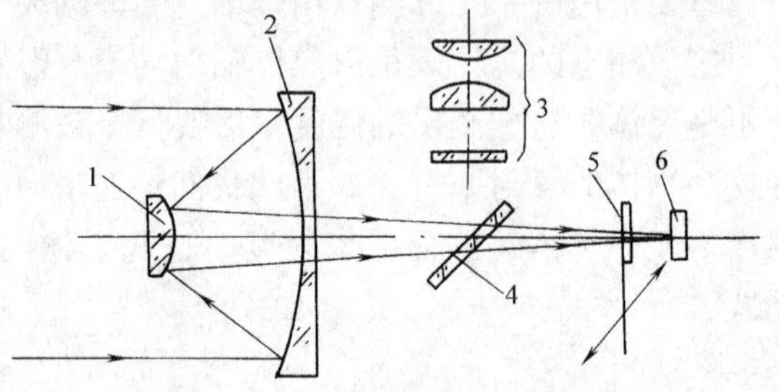


图 9-20 红外测温仪的光路系统

1—次镜 2—主镜 3—目镜系统

4—锗单晶滤光片 5—机械调制片 6—热敏电阻

红外辐射测温仪是一种部分辐射温度计，其光路系统如图9-20所示，一般由主镜和次镜一组发射系统来完成焦距的调整，使成像集中在热敏元件表面。而目镜系统主要用于对目标的瞄准。热敏元件的输出信号通过测量电路来完成信号的放大和整流。测量电路包括测量桥路、前置放大、选频、移相放大以及相敏整流等部分，目前已能用一个集成运算放大器解决问题。

## 三、亮度温度计

亮度温度计是利用各种物体在不同温度下辐射的单色亮度不同这一原理（普朗克定律）而测温的。所谓单色亮度实际上也是对应一定波长范围的，只是波长区域比较窄。但是亮度比较可以达到很高的精度，可以作为基准，标准仪表都采用单色亮度温度计。

在使用亮度温度计测温时，由于物体的发射率一般小于1，所以和前面所讲的辐射温度计一样，测得的温度不是物体的真实温度，而是“亮度温度”，其定义应该是：黑体的单色亮度等于某被测物体的亮度时，黑体的温度就是这被测物体的亮度温度。根据普朗克公式，可以得到两者之间的关系为

$$\frac{1}{T}-\frac{1}{T_L}=\frac{\lambda}{C_2}\ln\varepsilon_{\lambda T} \tag{9-33}$$

式中，$T_L$ 为物体的亮度温度；$\varepsilon_{\lambda T}$ 为物体温度为 $T$ 时，波长 $\lambda$ 的单色发射率。它不仅决定于物体的表面状态，还和波长及温度有关。

亮度温度计的种类很多，有灯丝隐灭式光学高温计和光电亮度温度计等。目前，灯丝隐灭式光学高温计已不再常用了。

1. 灯丝隐灭式光学高温计　这是一种历史悠久的辐射式仪表，尽管逐渐淡出，但其原理仍值得一提。它是将物体辐射的单色亮度和仪表内部的高温灯泡灯丝亮度进行比较，当两者的亮度相同时，灯丝则隐没在背景之中，这时灯丝的温度将与被测温度一致，而灯丝的温度可根据其流过的电流大小来确定，如图9-21所示，其结构如图9-22所示。

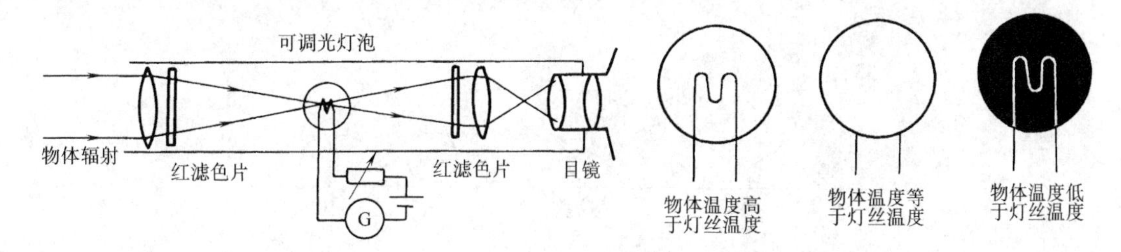


图9-21　灯丝隐灭式光学高温计原理示意图

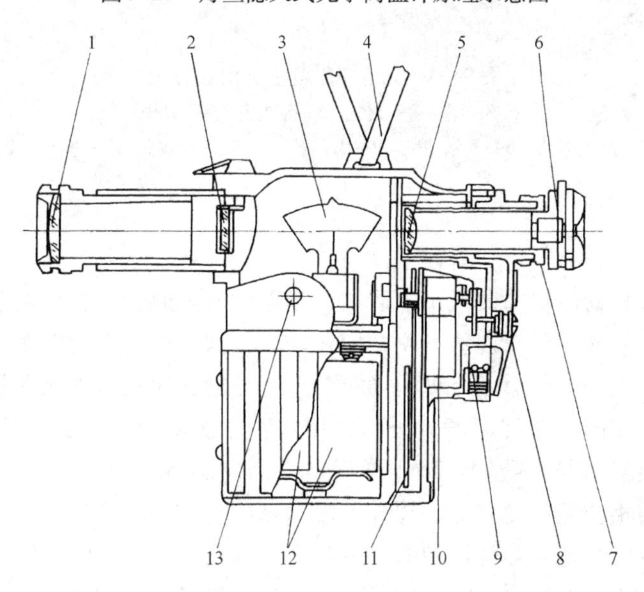


图9-22　光学高温计

1—物镜　2—吸收玻璃　3—高温计灯泡　4—皮带　5—目镜　6—红色滤光片　7—目镜定位螺母　8—零位调节器　9—滑线电阻　10—测量电表　11—刻度盘　12—干电池　13—按钮

这种仪表使用方便，测量范围广，但是由于它是依靠人眼观测来确定灯丝隐灭的，因此主观性误差较大。

2. *光电亮度温度计*　光电亮度温度计用光电元件代替了人眼，使测量的精度得到较大的提高。

光电亮度温度计的结构一般包括：光学系统（测量光路和瞄准光路）、光调制系统、单色器、光敏元件以及放大显示部分等，如图9-23a、b所示。这里所用的光敏元件有的利用可见光谱，有的利用红外光谱，都工作在比较窄的范围内。为了从辐射光中得到单色光，光电亮度温度计都用单色器，再经光学系统聚焦到光敏元件上。输出信号经放大后由显示仪表直接指示温度值。现代亮度温度计与前述部分辐射温度计的结构相同，只是滤色片的带宽更窄。

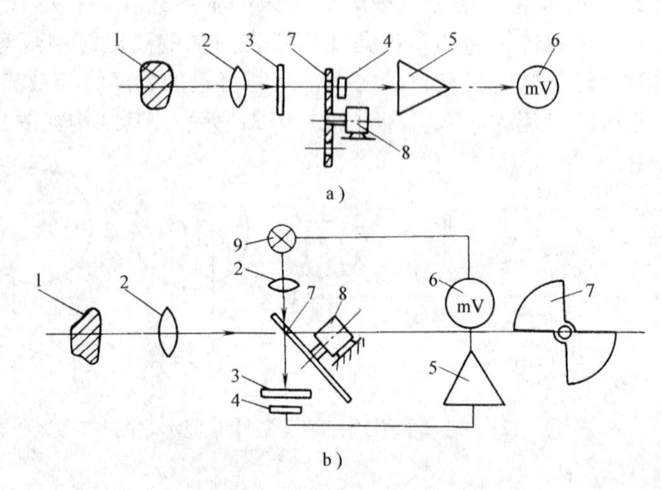


图9-23　光电亮度温度计测量方案

1—被测对象　2—透镜　3—滤光片　4—光敏电阻
5—放大电路　6—显示仪表　7—调制盘　8—同步电动机　9—参比光源

## 四、颜色温度计

根据位移定律和物体辐射曲线可以看出，当温度升高时，一方面辐射峰值向波长短的方向移动，另一方面光谱分布曲线斜率也明显增大，斜率的增大使两个波长对应的光谱能量也将发生明显变化。颜色温度计就是通过两个光谱能量比的方法来测量温度的，所以也称为比色温度计。和前面几种温度计类似，用这种方法测量非黑体温度时得到的“颜色温度”和真实温度有差异。我们将颜色温度定义为：黑体辐射的两个波长 $\lambda_1$ 和 $\lambda_2$ 的亮度比等于非黑体的相应亮度变化时，黑体的温度就称为这个非黑体的“颜色温度”。

颜色温度计和光电亮度温度计相似，也包含有光路系统、调制系统、单色器、光敏元件、放大器、显示仪表等。它一般用一个开孔的旋转调制盘进行调制。在开孔上附有两种颜色的滤光片，多选用红色和蓝色，以提供所需的 $\lambda_1$ 和 $\lambda_2$ 测量条件。经调制后的单色红光、蓝光交替照在光敏元件上，使光敏元件输出相应的红光和蓝光的信号，再放大并经过运算后送到显示仪表。光电比色温度计测量方案如图9-24a、b所示。

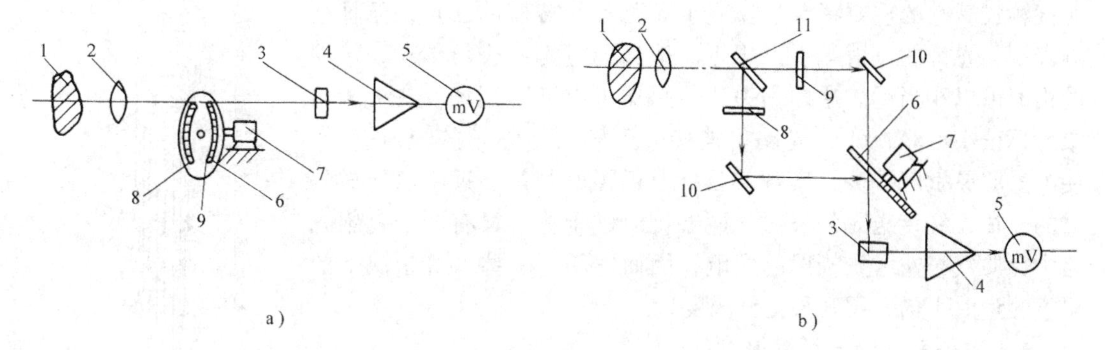


图 9-24　光电比色温度计测量方案

1—被测对象　2—透镜　3—光敏电阻　4—运算、放大电路　5—显示装置
6—调制盘　7—同步电动机　8、9—滤光片　10—反射镜
11—分光镜（干涉滤光镜）

各类辐射测温方法只能测出对应的光度温度、辐射温度或比色温度。只有对黑体（吸收全部辐射并不反射光的物体）所测温度才是真实温度。如欲测定物体的真实温度，则必须进行材料表面发射率的修正。而材料表面发射率不仅取决于温度和波长，而且还与表面状态、涂膜和微观组织等有关，因此很难精确测量。通过一定的修正措施可提高测量精度。

辐射测温仪表常用工作波长、典型探测元件、温度范围及特性如表 9-4 所示。

**表 9-4　辐射测温仪表常用工作波长、典型探测元件、温度范围及特性**

| 工作波长/μm | 典型探测元件 | 温度范围/℃ | 特　点 |
| --- | --- | --- | --- |
| 0.65 附近窄波段或较宽波段 | Si 光电池、人眼 | >700 | 可用钨带灯分度，方便，发射率数据丰富，易查 |
| 0.9 附近窄波段或较宽波段 | Si 光电池 | >500 | 适用于大多数中、高温区的应用 |
| 1.6 附近较宽波段 | Ge 光电池 | >250 | 可以透过玻璃用于中、高温度 |
| 2.2 附近较宽波段 | PbS 光敏电阻 | 150 ~ 2500 | 中、高温区应用 |
| 3.43 窄波段 | 热电堆、热释电 | 60 ~ 2000 | 可以透过石英可用于塑料薄膜测温 |
| 3.9 窄波段 | 热电堆、热释电 | 300 ~ 2000 | 可透过火焰、烟气测温度 |
| 4.5 窄波段 | 热电堆、热释电 | 350 ~ 2200 | 可测量火焰和烟灰、$CO_2$ 气的温度及熔融玻璃池的温度 |
| 4.8 ~ 5.2 | 热电堆、热释电 | 50 ~ 2000 | 可用于玻璃表面温度测量 |
| 7.9 附近较窄波段 | 热电堆、热释电 | 0 ~ 2000 | 可用于塑料薄膜和薄玻璃温度测量 |
| 8 ~ 14 以及其他宽波段 | 热电堆、热释电 | -50 ~ 1000 | 适用于大多数中、低温区的应用 |

## 五、光导纤维测温技术

光导纤维，简称光纤，光纤测温是 20 世纪 70 年代发展起来的测温技术，有接触式和非接触式。它的重要特点是克服了光路不能转弯的缺点，而且被测表面与光纤的入射端可以很近。信号通过光纤进行传输，传输的距离可以相当远。这样相关的传感器可以远离现场。在被测对象目标很小的情况下，光路仍能接受到较大立体角的辐射能量，使测量的灵敏度提高，实现小目标、近距离测量、远距离传送的目的。在光纤传送光信号时，能够抗电磁干扰，又有利于克服光路中介质气氛及背景辐射的影响，因而适用于一些特殊情况下的温度测量。下面介绍几种光纤温度计。

**（一）液晶－光导纤维温度计**

液晶－光导纤维温度计是利用胆甾型液晶独有的“热色”效应，即温度不同时液晶的液色不同的原理来测量温度。在这里液晶的液色通过光纤传导出来加以测量。

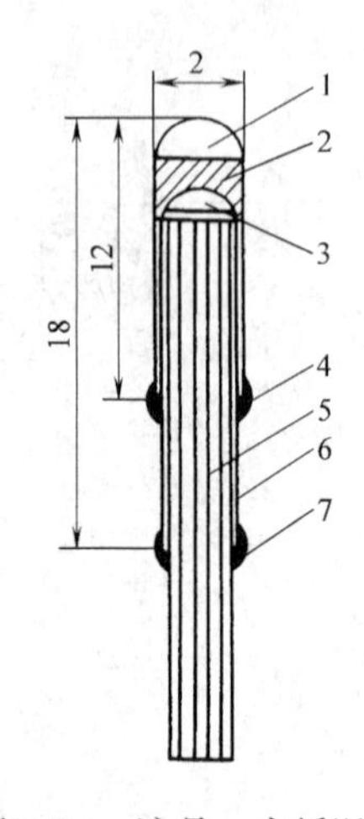


图9-25　液晶－光纤温度计的结构图
1—外玻璃套管　2—液晶层　3—内玻璃套管　4、7—环氧树脂粘接点　5—光导纤维束　6—聚乙烯套管

图9-25是液晶－光纤温度计的结构图。液晶置于外玻璃套管1的顶端，用内玻璃套管3封死液晶，然后用环氧树脂粘接点4粘牢内外套管，再把两束用聚乙烯套管6包裹起来的光导纤维束5插入内套管3中，一束用来导入由发光二极管（LED）产生的窄频带脉冲红光，另一束用以接受液晶的反射光，测量温度时，把液晶探头插入被测介质中，液晶感受被测介质的温度而改变颜色，从而导致液晶对入射单色光（红光）反射强弱的变化，反射光再经接收光纤束导出送给光电探测器加以测量。因为液晶的反射光强弱在一定的温度范围内是温度的函数，这样，光电探测器的输出就可作为液晶温度，也就是被测介质温度的测量。

**（二）荧光－光导纤维温度计**

稀土磷元素在外加光波的激励下，原子处于受激励状态而产生能级跃迁，当受激原子恢复到初始状态时，发出荧光，其强度与入射光能量成正比，这一现象称为光致发光效应。在这个温度计中光纤仍用来传输光线。

荧光-光导纤维温度计的传感器部分的结构如图9-26所示。它的一端固结着稀土磷化合物，并处于被测温度环境下，从仪表中发出恒定的紫外线，经传送光纤束投射到磷化合物上，并激励其发出荧光，此荧光强度随温度而变化，通过接受光纤束把荧光传送给光导探测器，后者的输出用以度量温度。

图9-27是荧光-光导纤维温度计的系统图。从灯L发出的紫外辐射，经滤光器和多个分色镜去除激励光束中的可见光后，用透镜$L_2$聚集射入光纤，再经过光纤投射到荧光物P上，从光纤返回的荧光，经透镜$L_2$变成近似的平行光，再经过分光镜S（半透半反镜）分成两路，分别通过滤光器$F_2$分出两根特定波长的谱线，然后通过透镜$L_3$聚集到两个固体光电探测器φ上。由φ输出的信号经放大器处理后实现相关运算。这种形式的温度计能精确地测量－50～200℃的温度，精度达0.1℃，响应时间在1s之内，且探头体积小。因此可用于检测高压变压器的绕组温度以及人体体内某处温度等。

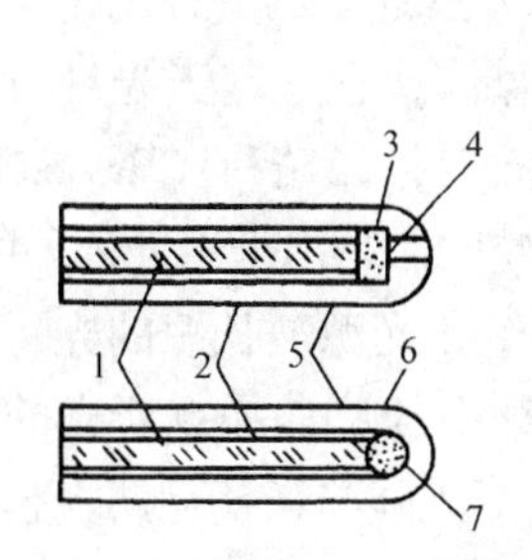


图9-26 荧光－光导纤维温度计

1—光纤 2—光纤包层 3—荧光物质

4—反射镜 5—保护套管 6—光学胶层

7—掺入荧光粉的玻璃球

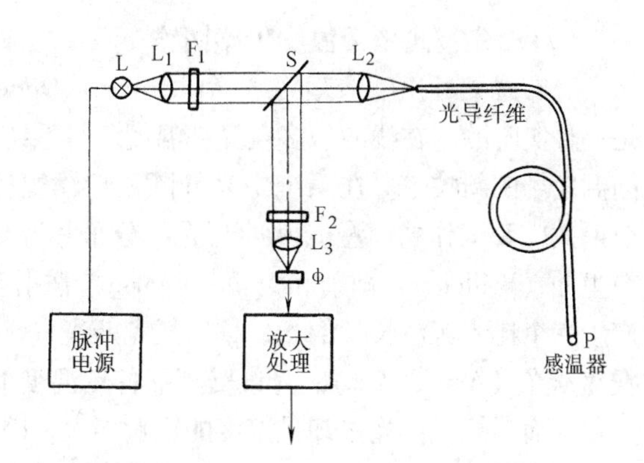


图9-27 荧光－光导纤维温度计系统图

### (三) 马赫－珍德相位干涉型光纤温度计

以上两种光纤温度计，光纤主要起到了光信号的传输作用。这类温度计所用的光纤一般为多模光纤，多模光纤的芯径大，芯径和包层的折射率差大。而马赫-珍德相位干涉型光纤温度计所用的光纤，它的芯径小，芯径和包层的折射率差小，多为单模光纤。光波在单模光纤中传输时有一种场的横向分布模式，而在多模光纤中传输，可同时有几个模式。当光沿单模光纤传播时，表征光特性的某些参数，如振幅、相位、偏振等，会因外界因素（温度、压力、加速度、振动和电磁场等）改变而改变。基于此建立起来的一类光纤传感器，称为功能型传感器。在这种传感器中，以相位干涉型最有实用价值。马赫-珍德相位干涉型光纤温度传感器就是根据此原理做成的。

两根同样材质，且长度基本相同的单模光纤，令其出射端平行，它们的出射光就会产生干涉而在屏幕上形成明暗相间的干涉条纹。若令一根为测量用的光纤，直接感受被测量温度的变化，另一根为参考用光纤，使它置于恒定的温度场内。那么当被测温度变化时，测量光纤出射光的相位将发生变化，从而导致上述干涉条纹的移动（相位每变化 $2\pi$，干涉条纹移动一条）。自然，温度变化越大，干涉条纹移动的数目就越多。通过计量屏幕上干涉条纹移动的数目，就可以求出相位的变化量，也就可以推知相应的温度变化量。

图9-28 所示的是这种温度传感器的原理图。由 He－Ne 激光器发生的波长 $\lambda = 0.6328\mu m$ 的单色光，经分光镜 S 分成两路，分别经透镜 $L_1$、$L_2$ 把光束直径扩展到光纤的入射端面直径的大小，两出射光在屏幕 D 上产生相干条纹，在 D 后某一固定点上设置半导体 PIN 管，用以检出干涉条纹的移动。

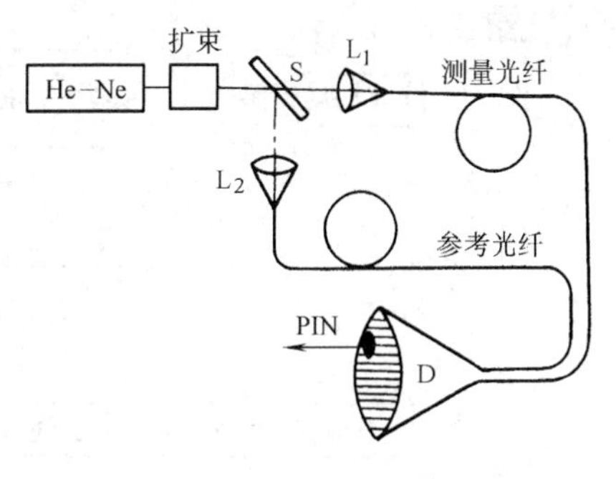


图9-28 马赫－珍德干涉型光导纤维温度传感器的原理图

目前单模光纤温度计虽然在探索和实验研究阶段，但就其特点和应用范围而言，必有广阔的发展前途。

### （四）分布式光纤温度传感网络

分布式光纤温度传感网络（Distributed Optical Fiber Temperature Sensor Net，DOFTSN），是一种实时的、在线的、多点光纤温度测量系统，是近年来发展起来的一种用于实时测量空间温度场的新技术。在系统中光纤既是传输媒体又是传感媒体，它是基于光纤背向Raman散射效应而工作的。激光脉冲与光纤分子相互作用，发生散射，如瑞利（Rayleigh）散射、布里渊（Brillouin）散射和拉曼（Raman）散射等。其中拉曼散射是由于光纤分子的热振动，产生一个比光源波长长的光，称斯托克斯光（Stokes）与一个比光源波长短的光，称为反斯托克斯光（Anti-Stokes）。光纤受外部各点温度的调制使光纤中的反斯托克斯光的光强发生变化，而斯托克斯光强却受温度的影响不大，因此反斯托克斯光强与斯托克斯光强的比值就可以作为温度高低的量度。该两路光强之比和温度之间的定量关系可用下式表示：

$$T=\frac{h\Delta f}{k}\left[\ln\left(\frac{I_{S}}{I_{AS}}\right)+4\ln\left(\frac{f_0+\Delta f}{f_0-\Delta f}\right)^{-1}\right] \tag{9-34}$$

式中，$h$为普朗克系数（J·S）；$k$为玻尔兹曼常数（J/K）；$I_S$为斯托克斯光强度；$I_{AS}$为反斯托克斯光强度；$f_0$为入射光的频率（Hz）；$\Delta f$为拉曼光频率增量（Hz）。$f_0-\Delta f$为斯托克斯光频率；$f_0+\Delta f$为反斯托克斯光频率。

通过波分复用器和带通滤光片可以分离出后向散射光中斯托克斯光和反斯托克斯光，分别采集两路光信号的强度，再经信号处理，解调后将温度信息实时地从噪声中提取出来，它是一种典型的激光光纤温度通信网络。在时域里，利用光纤中光波的传播速度和背向光回波的时间间隔，应用光纤的光时域反射（Optical Time Domain Reflection，OTDR）技术对所测温度点定位，因此它又是一种典型的激光光纤雷达定位系统。即光在光纤中以一定的速度传播，通过测量入射光和后向散射光之间的时间差$\Delta t$，及光纤内的光传播速度$C_k$，可以计算不同散射点的位置距入射端的距离$X_i$，从而可以得到光纤沿程几乎连续的温度分布，$X_i$可按下式计算：

$$X_i=C_k\frac{\Delta t_i}{2}$$

式中，$C_k$为光纤中的光传播速度（m/s）；$\Delta t_i$为后向散射延迟时间（s）。

只要通过探测器测得$I_S$、$I_{AS}$及光在光纤内传播时间$\Delta t_i$，便可求得某一点的温度值。这种线形感温光纤探测器系统原理示意图如图9-29所示，它由激光光源、传感光缆和检测单元组成。

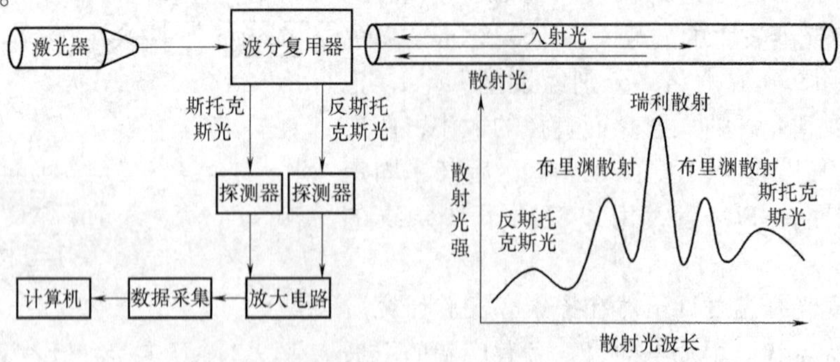


图9-29 线形感温光纤探测器系统原理示意图

除此之外，应用光纤布喇格（Bragg）光栅和长周期光纤光栅对温度的敏感效应的温度传感器的研究、开发近年来受到很大关注。

除了上述各种测温方法外，随着低温技术在国防工程、空间技术、冶金、电子、食品、医药和石油化工等部门的广泛应用和超导技术的研究，测量120K以下温度的低温温度计得到了发展，如低温气体温度计、蒸气压温度计、声学温度计、顺磁盐温度计、量子温度计、低温热电阻和低温温差电偶等。低温温度计要求感温元件体积小、准确度高、复现性和稳定性好。利用多孔高硅氧玻璃渗碳烧结而成的渗碳玻璃热电阻就是低温温度计的一种感温元件，可用于测量1.6～300K范围内的温度。

## 思　考　题

9-1　国际上沿用哪些温标？它们之间的关系如何？在国际温标ITS－90中作了怎样的规定？

9-2　试述热电偶的基本原理。

9-3　试证明热电偶的中间导体定律。试述该定律在热电偶实际测温中有什么作用。

9-4　试证明热电偶的标准热电极定律。试述该定律在热电偶实际测温中有什么作用。

9-5　试证明热电偶的中间温度定律。试述该定律在热电偶实际测温中有什么作用。

9-6　为什么要对热电偶参比端进行处理？试述各种处理方法及有关的电路图。

9-7　什么是补偿导线，为什么要采用补偿导线？目前的补偿导线有哪几种类型？

9-8　在热电阻温度计使用时是如何克服引线电阻误差的？

9-9　辐射测温中常用到哪些基本定律？试述辐射测温中这些定律的作用。总结归纳各类辐射测温仪表与其相应的热辐射定律。

9-10　分别说明“辐射温度”、“亮度温度”、“颜色温度”的定义及其产生的原因。这些温度和真实温度有什么区别？它们和真实温度的差异大小由什么决定的？

9-11　为什么辐射式温度传感器中大多设有机械调制盘？

## 习　　题

9-1　一全浸式水银玻璃管温度计的指示温度为70℃，实际浸没到5℃刻线处，环境温度为20℃。应对测量值作怎样的修正？

9-2　在一个空调设备中，使用铜－铜镍（T形）热电偶测量不同点的温度。参考点的温度为22.8℃。如果测得各点的热电势分别为－1.623mV、－1.088mV、－0.169mV和3.250mV。求相应各点的温度。(查阅相关标准手册)

9-3　将一灵敏度为0.08mV/℃的热电偶与电压表相连接，电压表接线端为50℃。若电压表读数为60mV，则热电偶测温端温度为多少？

9-4　一个电阻温度计元件是由一条长50cm、粗0.03cm的镍丝做成的。其电阻率为7.8μΩ·cm。求温度每变化1℃该元件的电阻变化多少？(其电阻温度系数约为$6000\times10^{-6}$/℃)。如果用铂丝来代替镍丝呢？(此处铂的电阻率为10μΩ·cm，电阻温度系数约为$3000\times10^{-6}$/℃)。

9-5　现提供某铂材在不同温度下的电阻率如下：

| 温度/ ℃ | 电阻率/μΩ · cm |
|---|---|
| 0 | 10. 96 |
| 20 | 10. 72 |
| 100 | 14. 1 |
| 100 | 14. 85 |
| 200 | 17. 9 |
| 400 | 25. 4 |
| 400 | 26. 0 |
| 800 | 40. 3 |
| 1000 | 47. 0 |
| 1200 | 52. 7 |
| 1400 | 58. 0 |
| 1600 | 63. 0 |

请用最小二乘法拟合温度 - 电阻率曲线；

请在 0 ~ 1000℃ 范围内进行拟合（作图并给出拟合曲线的各项常数）。

9-6　一个在 200℃时电阻为 1200Ω 的铂电阻温度计使用图 9-17a 所示的电桥电路，其中 $R_1 = R_2 = 800\Omega$，$R_3 = 680\Omega$。应用习题 9-15 所列的铂材数据，在 0 ~ 500℃温度范围内画出电桥输出电压与温度的关系曲线。

# 第十章　流量的测量

## 第一节　概　　述

### 一、流量的概念

在工业生产过程和人们的日常生活中要接触到很多的流体，包括液体、气体、粉末或固体颗粒等。在许多场合都要测量流过流体的总量或瞬时流量。

流量是指流体在单位时间内流过管道或明渠中某截面的体积或质量，以体积计量称体积流量，而以质量计量则称为质量流量。

流过某截面的流体的速度在截面上各处不可能是均匀的，假定在这个截面上某一微小单元面积 $\mathrm{d}A_F$ 速度是均匀的，流过该单元面积上的体积流量为

$$\mathrm{d}q_V = v\mathrm{d}A_F \tag{10-1}$$

整个截面上的流量 $q_V$ 为

$$q_V = \int_{A_F} v\mathrm{d}A_F \tag{10-2}$$

如果在截面上速度分布是均匀的，以上积分式可写成

$$q_V = vA_F \tag{10-3}$$

如果介质的密度为 $\rho$，那么质量流量

$$q_m = \rho q_V = \rho vA_F \tag{10-4}$$

在流体的消耗、储存核算、管理等许多场合，常常对流体的总量感兴趣，要求测出在某一时间内流过管道或渠槽流体的总和，也就是流量在某一段时间里的积分，即总量 $V$ 或 $M$。

$$V = \int_t q_V\mathrm{d}t \tag{10-5}$$

或

$$M = \int_t q_m\mathrm{d}t \tag{10-6}$$

随着流量检测技术的发展，大部分流量计可以选择加装累积流量功能的装置而同时具有测量瞬时流量和累积总量的功能。

### 二、流量计的分类

如上所述，按所要求的计量结果形式不同，流量计有总量流量计和瞬时流量计之分。

总量流量计有：

1. *容积式流量计* 这类仪表用仪表内的一个固定容量的容积连续地测量被测介质，最后根据定量容积称量的次数来决定流过的总量。根据它的结构不同，这类仪表主要有椭圆齿轮流量计、腰轮流量计、活塞式流量计和括板式流量计等。

2. *速度式流量计* 在仪表中装一旋转叶轮，流体流过时，推动叶轮旋转，叶轮的转动正比于流过介质的总量，叶轮转动带动计数器的齿轮机构，计数器即显示读数。这类计量表机构简单，但精度低，一般为±2%，大多数的水表即采用此结构。

测量瞬时流量的流量计种类繁多，一般根据其原理来分类，常见有以下几种类型：

1. *差压式流量计* 流体在流过管道内某一收缩装置时，由于截面变窄而使静压发生变化，因此在这一装置前后就要产生压差。这个压差的大小与流量有关，测出压差大小即可得到瞬时流量，这是节流式的差压流量计。另一种皮托管式流量计也可归为差压式流量计一类。流体力学告诉我们，流体的总压头是速度压头、静压头和位能压头三者之和，并可用伯努利方程来描述。在一定的条件下，三种压头可以互相转换。如果管道水平放置，位能压头的变化可以忽略，只要能在流动过程中测出速度压头，就可以间接地求出流体的速度，从而求出流体的流量。与此同时，在自来水业、排灌工程、环保事业中，流过明渠的流量的测量也是一个重要的测量任务，其中被广泛应用的堰式流量计也是根据流体能量守恒的伯努利方程而工作的。上述提及的流体力学基本原理将在本章第三节简要叙述。

2. *流体阻力式流量计*

（1）转子流量计 在垂直的锥形管道里放一个可以自由运动的浮子，浮子受到流体的作用力（自下而上）而悬浮在锥形的测量管中。当流量增大时，浮子受到的作用力加大，结果使它浮到流通面积较大的位置重新达到平衡，所以可根据浮子的位置确定流量的大小。

（2）靶式流量计 这类流量计是在管道内放一阻流体（靶），当介质流过阻流体时随流量的大小不同作用于阻流体的力也不同，因而可根据受力大小确定流量的大小。

3. *测速式流量计*

（1）涡轮流量计 利用流体的流动推动叶轮旋转，由测量叶轮的转速而求出被测介质的流量。

（2）电磁流量计 它是利用电磁感应原理来测量介质流量的。因此它只能用于导电介质。

（3）超声波流量计 声波在流动介质中传播时，其传播速度随介质的流速发生变化。假如其方向和介质运动方向相同，当介质的流速增大时，声波的传播速度也加快；反之则传播速度减低。超声波流量计就是根据这一原理工作的。

（4）热量流量计 被加热的元件，在被测介质中热量的消耗主要有导热、对流和辐射三种形式。如果其他的条件不变，元件在流体流动时的热损失就只决定于被测介质的流速。热量流量计就是根据此原理工作的。微流量计常以此原理开发而成。

（5）标志法测速流量计 选择适当的方法，在运动的液体中制造一个标志，通过测量此标志的移动速度来测量介质的速度，再求出相应的流量大小。它们又可分为

1）示踪法 在流体中加入不同性质的物质，再设法求出所加物质的移动速度。例如，采用盐水速度法、加热冷却法、放射性同位素以及染料等方法。

2）核磁共振法 在流体中利用核磁共振现象作一标志，再测量此标志移动的速度。

3）相关法 不外加示踪物质，而利用流体自身的成分变化、浓度差来判别流速。

4）混合稀释法　采用在流过封闭管道的流体中混入适当的物质，通过测量此混合流体的浓度来确定被测介质的流量。

5）多普勒测速法。

4. 流体振动式流量计　利用流体在管道中流动时产生的流体振动和流量之间的关系来测量流量，这类流量仪表均以频率输出，便于数字测量。

（1）卡门涡街流量计　在管道中放一圆柱或三角柱的阻流体，当流体流过时，在它的下游会出现两列规则的漩涡，所形成的漩涡的频率正比于介质的流速。

（2）旋进漩涡式流量计　将被测流体引入导向器使流体旋转前进，当旋进流体进入扩张段时，引起旋进中心进动，进动频率与流量有关。

（3）射流振荡式流量计　在这种流量计中，壳体中间有两个对称的侧壁，根据射流的附壁效应，使流体在两侧壁间连续振荡，这个振荡的频率与被测流体的流速成正比。

（4）科里奥利质量流量计　这是近年来发展最快的质量流量计，它是利用流体在振动管中流动时，产生与质量流量成正比的科里奥利力而制成的一种直接式质量流量仪表。

## 第二节　总量测量仪表

### 一、椭圆齿轮流量计

椭圆齿轮流量计是计量流体体积总量的仪表，特别适合于测量粘度较大的纯净（无颗粒）液体的总量。这种仪表精度高，可达±（0.3～0.5）%，但加工复杂，成本高，而且齿轮容易磨损。

椭圆齿轮流量计的工作原理如图10-1所示。在仪表的测量室中安装两个互相啮合的椭圆形齿轮，可绕自己轴转动。当被测介质流入仪表时，推动齿轮旋转。两个齿轮处于不同的位置时，分别起着主、从动轮的作用。在图10-1a位置时由于$p_1$大于$p_2$，轮Ⅰ受到一个顺时针的转矩，而轮Ⅱ虽然受到$p_1$和$p_2$作用，但合力矩为零，此时轮Ⅰ将带动轮Ⅱ旋转。于是将外壳与轮Ⅰ之间月牙形标准测量室内液体排入下游。当齿轮转至图10-1b所示位置时，轮Ⅰ受顺时针力矩，两齿轮在$p_1$和$p_2$作用下继续转动。当齿轮转至图10-1c位置时，类似图10-1a，只不过此时轮Ⅱ为主动轮，轮Ⅰ为从动轮，上游流体又

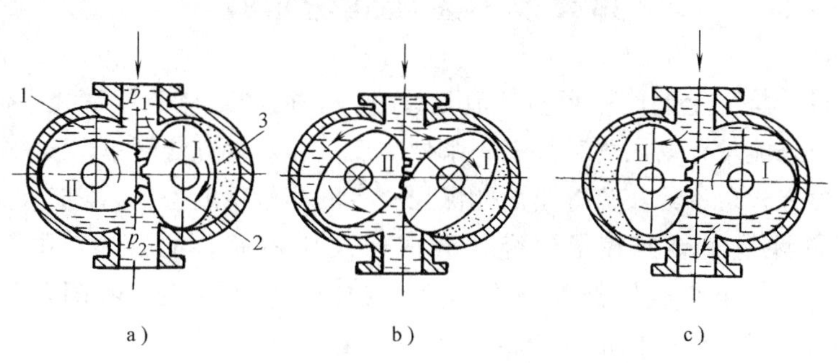


图10-1　椭圆齿轮流量计的工作原理
1—外壳　2—椭圆形轮子（齿轮）　3—测量室

被封入轮Ⅱ形成的月牙形测量室内。这样，每转一周，有4个相同月牙形腔被形成、被封闭、被传送、被卸出，因此，一转内两个齿轮共送出4个标准体积的流体。

椭圆齿轮的转数通过设在测量室外部的机械式齿轮减速机构及滚轮计数机构累计。为了减少摩擦，保证良好的密封，大多采用永久磁铁做成的磁联轴器传递主轴转动。

由于齿轮在一周内受力不均，其瞬时角速度也不均匀。其次，被测介质是由固定容积分成一份份送出，因此不宜用于瞬时流量的测量，而只能根据平均转速来确定平均流量。

**二、腰轮流量计**（罗茨流量计）

腰轮流量计的工作原理和椭圆流量计相同，只是转子不是椭圆齿轮，而是一对由圆弧和摆线围成的中间凹进的腰形光轮，形成菱角形的测量室，如图10-2所示。

腰轮流量计除可测液体外，还可测量气体，精度可达±0.1%，并可做标准表使用。最大流量可达1000m$^3$/h。

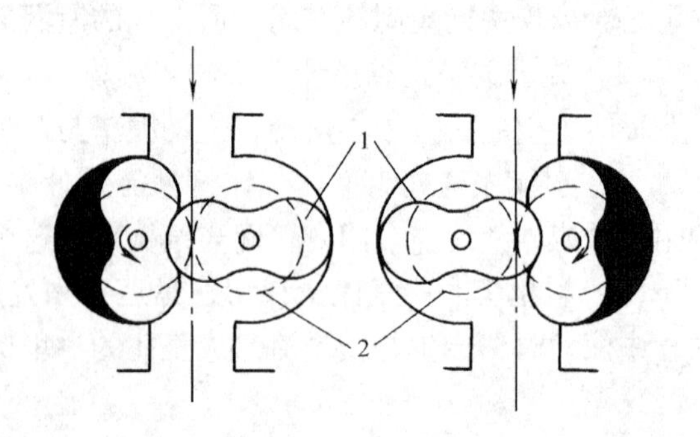


图10-2 腰轮流量计原理图

1—腰轮 2—定位齿轮

**三、容积式流量计的误差**

容积式流量计的误差主要是由间隙流量而产生的。齿轮或腰轮等转动部件与腔室之间存在间隙从而造成泄漏现象。这种误差与被测流体的流量大小、粘度、进出口间的压力差等有关。相比较，粘度的影响还是比较小的，一般在0.5%~1%之间。对于研制精确度优于0.5%的流量计，则必须考虑粘度的影响。为了减少误差，仪表应有一个流量测量下限，即不宜在极小流量下工作，然而流量太大又将使运动机件运动速度提高，增加磨损，所以常根据磨损允许的转速决定允许的流量上限。因此容积式流量计量程比经常选在5~10。

## 第三节 差压式流量计

差压式流量计是工业上使用很多的流量计之一。据调查在工业系统中使用的流量计30%以上是差压式流量计。因为它具有一系列优点，如测量方法简单，没有可动零件，工作可靠，适应性强，可不经实流标定而能保证一定的测量精度等，因此广受欢迎。

差压式流量计是发展比较早研究比较成熟及比较完善的仪表。国际标准化组织（ISO）汇总了各国的研究成果于2003年发表了相应的国际标准。我国参照了国际标准，曾于1998年发布了补充过的GB/T 2624—1993。

**一、差压式管道用流量计**

1. *流量公式* 差压式流量计原理是利用节流件前后的压差与平均流速或流量的关系，

由压差测量值计算出流量值，因此，必须掌握压差与流量的关系，这一关系可以从流体力学的连续性方程和伯努利方程导出。

当一流体流过如图 10-3 所示的带有节流的管道时，根据流体的连续性方程，有

$$A_1v_1 = A_2v_2 = q_V \tag{10-7}$$

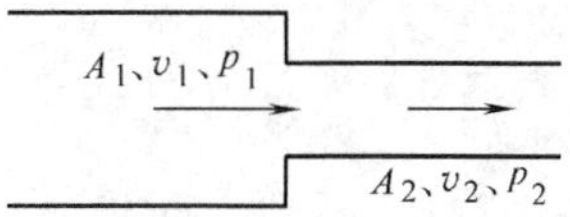

图 10-3　变截面管道

由于管道截面积 $A_1 > A_2$，故 $v_1 < v_2$，即窄管内流体的动能增大。又根据流体的能量守恒定律：流体流线上各点的动能、位能和压力能总和保持不变。用伯努利方程表示为

$$gZ_1 + \frac{1}{2}v_1^2 + \frac{p_1}{\rho} = gZ_2 + \frac{1}{2}v_2^2 + \frac{p_2}{\rho} \tag{10-8}$$

式中，$Z_1$、$Z_2$ 分别表示管道截面中心处的高度坐标。
假定管道为水平放置，$Z_1 = Z_2$，则

$$\frac{1}{2}v_1^2 + \frac{p_1}{\rho} = \frac{1}{2}v_2^2 + \frac{p_2}{\rho} \tag{10-9}$$

由于 $v_1 < v_2$，可知 $p_1 > p_2$

也可写成

$$q_V = \frac{A_2}{\sqrt{1-\left(\frac{A_2}{A_1}\right)^2}}\sqrt{\frac{2\ (p_1 - p_2)}{\rho}} \tag{10-10}$$

一般地，$A_2 \ll A_1$，$q_V \approx A_2\sqrt{\frac{2(p_1 - p_2)}{\rho}}$。

质量流量 $q_m$ 的计算公式为

$$q_m = \alpha\varepsilon a\sqrt{2\rho\Delta p} \tag{10-11}$$

式中，$\alpha$ 为流量系数；$\varepsilon$ 为膨胀系数，对不可压缩流体，$\varepsilon = 1$，对可压缩流体，$\varepsilon < 1$，是一个考虑可压缩流体全部影响的一个系数；$a$ 表示节流件的最小截面积；$\rho$、$\Delta p$ 则分别代表流体的密度和节流件前后压差。

流量系数 $\alpha$ 值、气体膨胀系数 $\varepsilon$ 均用实验方法求得。有了质量流量的公式，就可得到体积流量 $q_V$ 的公式

$$q_V = \frac{q_m}{\rho}\alpha\varepsilon a\sqrt{\frac{2\Delta p}{\rho}} \tag{10-12}$$

流量公式表明，当 $a$、$\varepsilon$、$\rho$、$\alpha$ 均为常数时，流量与压差的平方根成比例。

流量系数是一个比较复杂的因素，由于取压的方式和位置不同就会有不同的值。

2. 节流装置　节流装置有很多型式。有固定节流装置，如文丘利管（Ventur tube）、喷嘴、多尔管（Dall tube）、节流孔板等，如图 10-4 所示。也有可变节流装置，如转子式流量计中所出现的节流作用。

图 10-4a 所示的文丘利管带有从工作管道直径逐渐向节流喉部直径减小的锥度，其喉部节流直径选择在 0.224 ~ 0.742$D$ 范围内，入口锥度为 10.5° ± 1°，出口锥度 5° ~ 15°。节流喉部前后的压差可以由一个简单的 U 形管压力计或膜片式压力计等实验室办法得出，

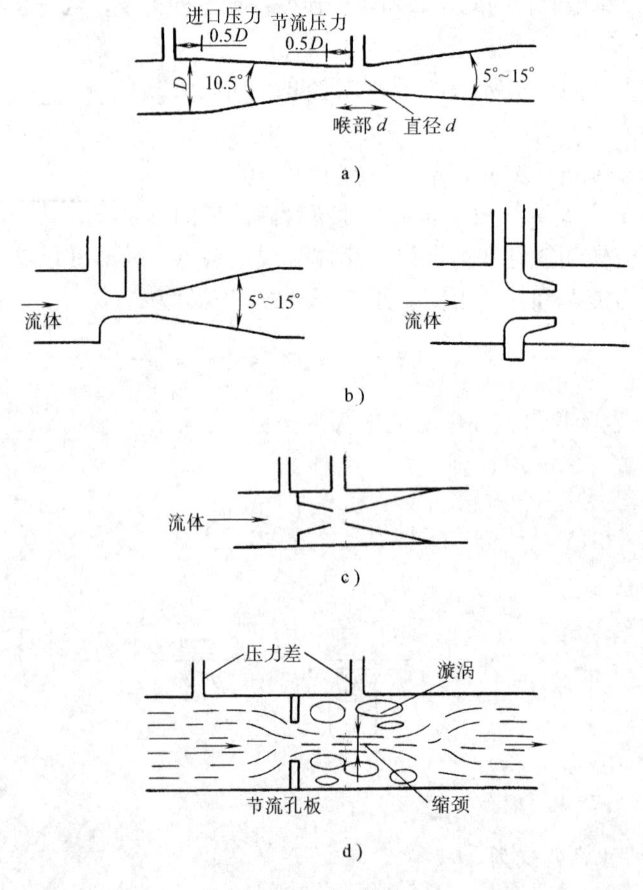


图 10-4　节流装置

工业应用时则采用差压变送器等测得。

图 10-4b 所示的文丘利式喷嘴和流体喷嘴为文丘利管的简化和价廉的型式。文丘利式喷嘴的入口管段较文丘利管为短，而流体喷嘴的则更短。这两种喷嘴与文丘利管所产生的压力差相近，精度上也相仿（大约为 ±0.5%），但较便宜。

图 10-4c 为文丘利管的另一种改型——多尔管，它变得更短（对多尔管，约为 2 倍管径长，对多尔节流孔，约为 0.3 倍管径长），用于位置受限的场合。

图 10-4d 所示的节流孔板简单的为一个带孔的圆板。由于节流小孔所引起的流体“缩颈”现象，使流体的最小流动截面积并不在节流孔处而是在节流孔板后面的某处更小的横截面。一般在节流孔板前一个管径长和节流孔板后半个管径长的两处测量其压力差，称为 $D—D/2$ 取压。国际标准和国家标准推荐的取压方式有三种：角接取压、法兰取压和 $D—D/2$ 取压。

节流式流量计应用范围极广泛，至今尚无任何一类流量计可与之相比。全部单相流体，包括液、气、蒸气皆可测量，部分混相流，如气固、气液、液固等亦可应用。一般生产过程的管径、工作状态（压力，温度）皆有对应产品。其测量的重复性、精确度在流量计中属于中等水平，由于众多因素的影响错综复杂，精确度难以提高。同时，其测量范围较窄，由于仪表信号（差压）与流量为平方关系，一般范围度仅3:1～4:1。

## 二、差压式明渠流量计

随着人们对水资源合理利用意识的提高和对污水治理日益迫切的需要，明渠流量计也成为流量计的一个大类，在城市供水引水渠、火电厂冷却水引水和排水渠、污水治理流入和排放渠、工矿企业废水排放以及水利工程和农业灌溉用渠道有广泛的应用。

国际标准化组织（ISO）称满水管为封闭管道，流体的流动是在泵压力或高位槽势能作用下的强迫流动；非满管状态流动的水路称作明渠（open channel），明渠流则是靠水路本身坡度形成的自由表面流动。测量明渠中液流流量的仪表称作明渠流量计。明渠流通剖面除圆形外，还有U形、梯形、矩形、三角形等多种形状。

明渠流量计品种很多，常见的有堰式明渠流量计和槽式明渠流量计两大类。目前还有圆形侧流明渠流量计。

1. *堰式流量计*　堰式流量计工作原理示意图如图10-5所示。

在明渠内设置一装置，阻隔上游的流体流动并使液流通过该装置的顶部、缺口或孔口向下游侧流去，这个装置称为堰。

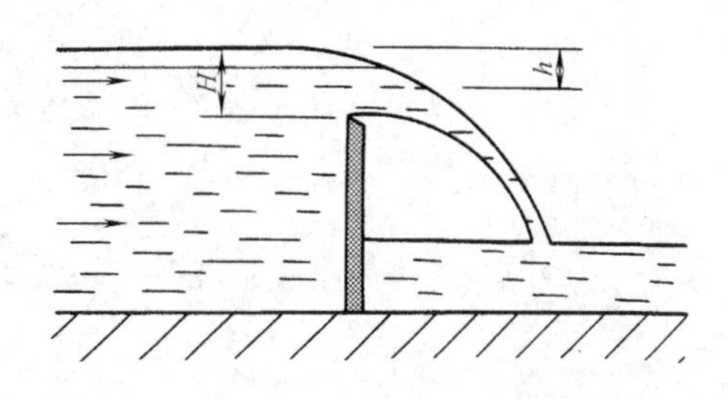


图10-5　堰式流量计工作原理示意图

流体越过横跨渠道的堰流过时，流量是堰的几何尺寸和堰头$H$的单值函数。$H$是在堰上游的流体表面与堰顶的垂直距离。测量这个液位就可以计算得流量。因此堰槽流量计是由堰槽和与之配套的液位传感器及流量显示仪表组成。一般在槽的上方架设超声波、电容、激光、浮子等液位检测装置来测量液位（$H$）。

流体在越过堰顶后，由重力作用从$H$高度下落，因此使流体位能高度改变。

考虑堰后较原始液面低$h$处的流体，该处的位能高度降为（$H-h$）。设该处的流速为$v_2$，堰前流速为$v_1$，则得

$$gH+\frac{1}{2}v_1^2=g(H-h)+\frac{1}{2}v_2^2 \tag{10-13}$$

因此

$$v_2=\sqrt{2g\left(h+\frac{v_1^2}{2g}\right)} \tag{10-14}$$

当堰前流速很小时，近似可得

$$v_2=\sqrt{2gh} \tag{10-15}$$

通过该处横截面微单元$\delta A$的流量$\delta Q=v_2\delta A$

$$则\ Q=\int_0^A v_2\mathrm{d}A \tag{10-16}$$

此处 $A$ 为液流在堰槽处的总横截面积。

对于如图10-6所示的矩形截面堰，考虑在液面下位置 $h$ 处的深度为 $\mathrm{d}h$ 的微小面积 $\mathrm{d}A=L\mathrm{d}h$，并有 $A=LH$，因此

$$Q=\int_0^H\sqrt{2gh}L\mathrm{d}h=\frac{2}{3}\sqrt{2g}LH^{\frac{3}{2}} \tag{10-17}$$

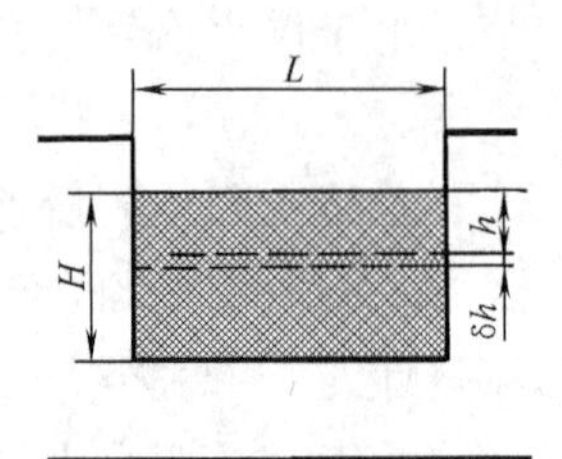

图10-6　矩形截面堰

由于流体在越过堰顶处有收缩现象，其实际横截面积小于 $LH$，同时由于摩擦、流体表面张力等影响因素，使实际流量较上式计算得的流量来得小，必须加以修正。

$$Q=\frac{2}{3}C\sqrt{2g}LH^{\frac{3}{2}} \tag{10-18}$$

这里引入一个修正系数 $C$，称为堰释放系数。$C$ 主要取决于相对堰头高度，即堰头 $H$ 与堰高 $D$ 的比值，以及门槛形状。

$$\frac{H}{D}=1\text{时，}C=0.68\text{，}\frac{H}{D}=2\text{时，}C=0.75\text{。}$$

有时也采用三角槽（图10-7），此时槽宽 $L$ 不再是常数。

$$L=2(H-h)\tan\frac{\theta}{2} \tag{10-19}$$

因此

$$Q=\int_0^H\sqrt{2gh}2(H-h)\tan\frac{\theta}{2}\mathrm{d}h=\frac{8}{15}\sqrt{2g}\tan\frac{\theta}{2}H^{\frac{5}{2}} \tag{10-20}$$

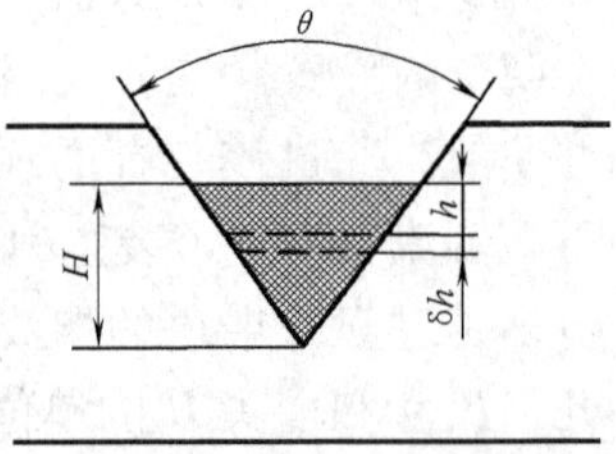

图10-7　三角槽坝

与前一样，考虑堰释放系数后，其式为

$$Q=\frac{8}{15}C\sqrt{2g}\tan\frac{\theta}{2}H^{\frac{5}{2}} \tag{10-21}$$

如果 $H$ 大于2cm，释放系数 $C$ 的值大约为0.58。

2. 圆形侧流槽式明渠流量计　圆形侧流槽是圆形管道非满管状态水路中的测量水流量的一种明渠流量计，又称 $P-B$ 量水槽。在城市中地下排水管网，多为水泥或金属圆管，适宜选用圆形侧流槽。维护方便，结构简单，造价低，特别适合水中夹带泥砂悬浮体的流量测量。

## 第四节　流体阻力式流量计

这类流量计是在流体介质的管道中置入一个相应的阻力体，随着流量的变化，阻力体的受力大小、阻力体的位置相应改变。因此可以根据阻力体受力大小或位移来测量流量。

### 一、转子流量计

转子流量计是一种利用改变流通面积的方法来测量流量的流量计。这种流量计结构比较简

单，在一上粗下细的锥形管中，垂直地放置一阻力体——浮子（也称转子），如图10-8所示。

当流体自下而上流经锥形管时，由于受到流体的冲击，浮子便要向上运动。随着浮子的上升，浮子与锥形管的环形流通面积增大，流速减低，直到浮子在流体中的重量与流体作用在浮子上的力相平衡时，浮子停留在某一高度，维持平衡。流量发生变化时，浮子将移到新的位置，继续保持平衡。将锥形管的高度以流量值刻度时，则从浮子最高边缘处的位置便可知道流量的大小。

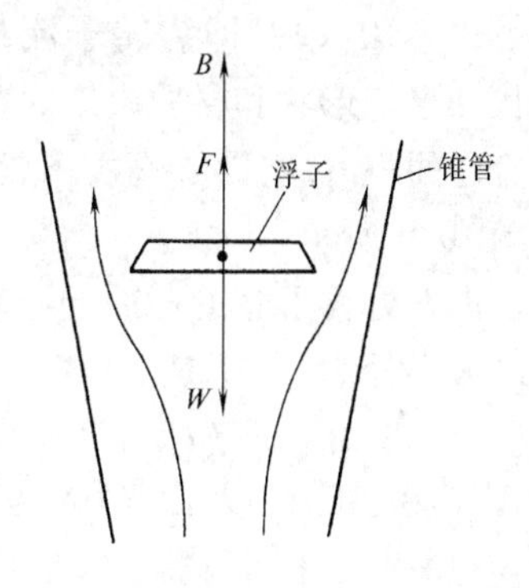


图10-8　转子流量计原理图

转子流量计的测量原理　转子流量计的基本流量方程式可由分析浮子受力情况推导出来。作用在浮子上的力有：流体自下而上运动时，作用在浮子上的阻力 $F$；浮子本身的垂直向下的重力 $W$；流体对浮子所产生的垂直向上的浮力 $B$。当浮子处于平衡状态时，可列出平衡方程式

$$W = B + F \tag{10-22}$$

由流体力学可知，流体运动时，作用在浮子的阻力 $F$ 可写成

$$F = \frac{1}{2}\rho_0 v^2 c_d A_f \tag{10-23}$$

式中，$c_d$ 为浮子的阻力系数；$\rho_0$ 为流体密度；$v$ 为环形流通面积的平均流速；$A_f$ 为浮子的最大迎流面积。

浮子本身的重力 $W$ 可写成

$$W = \gamma_f V_f \tag{10-24}$$

式中，$\gamma_f$ 为浮子材料的重度；$V_f$ 为浮子的体积。

浮子在流体中受到的浮力为

$$B = \gamma_0 V_f \tag{10-25}$$

式中，$\gamma_0 = \rho_0 g$ 为流体的重度。

将式（10-23）、式（10-24）、式（10-25）代入式（10-22）可得

$$\gamma_f V_f = \gamma_0 V_f + \frac{1}{2}\rho_0 v^2 c_d A_F \tag{10-26}$$

从式（10-26）可解得流体通过环形流通面积的平均流速为

$$v = \sqrt{\frac{2V_f(\gamma_f - \gamma_0)}{c_d A_f \rho_0}} \tag{10-27}$$

该环形流通面积为 $A_0$，则可求得体积流量为

$$q_V = A_0 v = \sqrt{\frac{1}{c_d}} A_0 \sqrt{\frac{2V_f(\gamma_f - \gamma_0)}{A_f \rho_0}} \tag{10-28}$$

设 $\alpha = \sqrt{\frac{1}{c_d}}$，称为流量系数，则式（10-28）可写成

$$q_V = A_0 v = \alpha A_0 \sqrt{\frac{2V_f\ (\gamma_f - \gamma_0)}{A_f \rho_0}} = \alpha A_0 \sqrt{\frac{2V_f\ (\rho_f - \rho_0)\ g}{A_f \rho_0}} \tag{10-29}$$

式中，$\rho_f$ 为浮子材料的密度。

式（10-29）即为转子流量计的基本流量方程式。当锥形管形状、浮子形状和材质决定时，环形面积 $A_0$ 随流量而变化的，环形流通面积 $A_0$ 与浮子高度 $h$ 之间是函数关系，但并非线性关系，如图 10-9 所示。

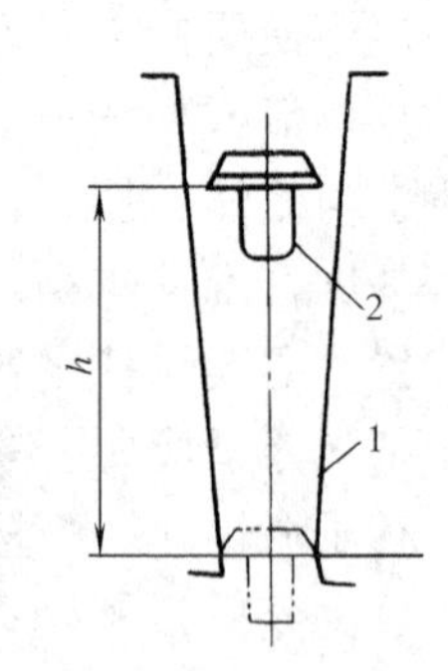


图 10-9　流通面积与浮子高度的关系
1—锥形管　2—浮子

设 $h$ 处锥形管的截面的半径为 $R$，锥形管的夹角为 $2\varphi$，浮子的最大半径为 $r$，于是

$$A_0 = \pi\ (R^2 - r^2)\ = \pi\ (2hr\tan\varphi + h^2\ \tan^2\varphi) \tag{10-30}$$

将式（10-30）代入式（10-29）可得

$$q_V = a\pi\ (2hr\tan\varphi + h^2\ \tan^2\varphi)\ \sqrt{\frac{2gV_f\ (\rho_f - \rho_0)}{A_f \rho_0}} \tag{10-31}$$

可见，$q_V$ 与 $h$ 之间并非线性关系，一般情况下 $\varphi$ 很小，所以 $h^2\ \tan^2\varphi$ 项很小，可以略去不计，则式（10-31）近似为

$$q_V = \alpha(2\pi r\tan\varphi)h \sqrt{\frac{2gV_f\ (\rho_f - \rho_0)}{A_f \rho_0}} \tag{10-32}$$

$q_V$ 与 $h$ 近似地为线性关系。$q_V$ 与流体密度 $\rho_0$ 直接有关，测量时应注意，特别是对于气体流量的测量。

## 二、靶式流量计

靶式流量计在目前生产中应用很广，它具有结构简单、安装维护方便、不易堵塞等特点。它除了可以测一般的气体和液体以外，尤其可以测量低雷诺数的流体（如大黏度，小流量等），以及含有固体颗粒的浆液（泥浆、纸浆、沙浆、矿浆等）。当放在管道中的靶用耐蚀材料制造时，仪表还可以测各种腐蚀性介质。上述一些特点是别的流量计很少具备的，其测量精度可达 ±0.5%。

靶式流量计的结构原理如图 10-10 所示。

在被测管道中心迎着流速方向安装一个靶，当介质流过时，靶受到流体的作用力。这个力由两部分组成，一部分是流体和靶表面的摩擦力，另一部分是由于流束在靶后分离，产生压差阻力，后者是主要的。当流体的雷诺数达到一定数值时，阻力系数不随雷诺数变化，而保持常数，这时阻力为

$$F = \lambda \frac{\rho v^2}{2} A_1 \tag{10-33}$$

式中，$F$ 为靶受到的流体的阻力；$\lambda$ 为阻力系数；$A_1$ 为靶迎流面积，$A_1 = \frac{\pi}{4}d^2$，$d$ 为靶直径；$v$ 为靶和管壁间环面积中的平均流速；$\rho$ 为介质密度。

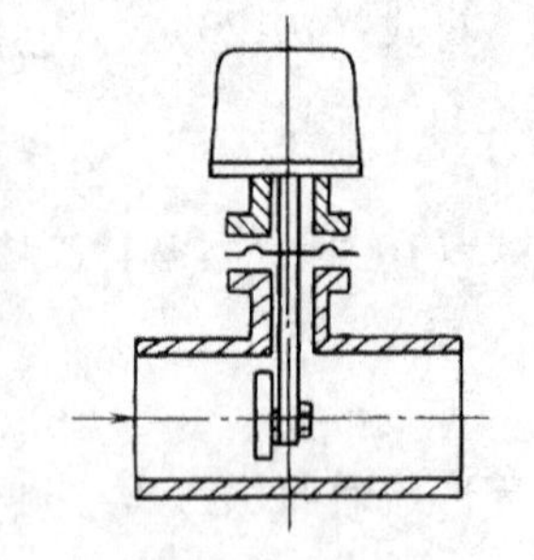

图 10-10　靶式流量计的结构原理

由式（10-33）可以求得环隙中平均流速为

$$v=\sqrt{\frac{2}{\lambda\rho A_1}}\sqrt{F} \qquad (10\text{-}34)$$

$$q_V=\alpha\left(\frac{D^2-d^2}{d}\right)\sqrt{\frac{\pi}{2}}\sqrt{\frac{F}{\rho}} \qquad (10\text{-}35)$$

式中，$\alpha$ 为流量系数，$\alpha=\sqrt{\frac{1}{\lambda}}$；$D$ 为管道内径。

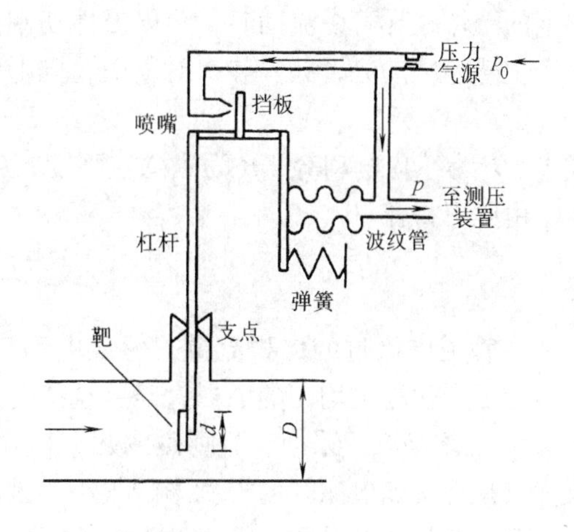


图 10-11　力平衡式靶式流量计

因此靶式流量计可以用测量靶上受力 $F$，再开方以测量流量，而受力 $F$ 的测量目前大多用力平衡式测量方案，如图 10-11 所示。处于平衡时，所测得的压力值 $p$ 就可作为力 $F$ 并进而是流量的度量。当流量增大，平衡被瞬间破坏，靶上所受到的增大的力通过杠杆机构使喷嘴/挡板间隙减小，导致由喷嘴流出的气体流量减少，引起供气管道节流处压力损失 $\Delta p$ 的减小。由于 $p=p_0-\Delta p$，则 $p$ 相应地增大，达到新的平衡；当流量减小时，过程相反。

## 第五节　测速式流量计

### 一、电磁流量计

电磁流量计是根据法拉第电磁感应定律制成的一种测量导电液体体积流量的仪表。这种流量计结构简单，测量管道内没有可动部分，也没有阻滞介质流动的部件，不易发生堵塞，可以测量各种腐蚀性介质，如酸、碱、盐溶液以及带有悬浮颗粒的液固二相流体，如纸浆、煤水浆、矿浆、泥浆和污水等。被测介质在测量管内，由于没有阻滞部件，所以没有压力损失。电磁流量计测量范围很宽，可达1∶100，而且可以容易地改变量程。此流量计无机械惯性，反应灵敏，可以测量脉冲流量，而且线性较好，可以直接进行等分刻度。但由于电磁流量计只能测量导电液体，因此对于气体、蒸汽以及含大量气泡的液体，或者电导率很低的液体不能测量。由于测量管内衬材料一般不宜在高温下工作，所以目前一般的电磁流量计还不能用于测量高温介质。

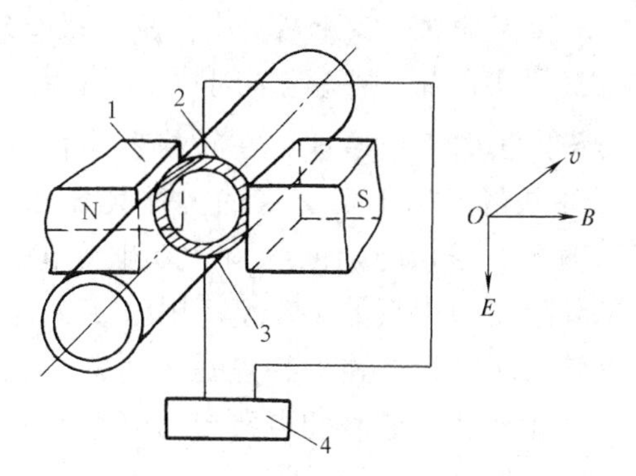


图 10-12　电磁流量计原理图

1—磁极　2—导管　3—电极　4—仪表

如图 10-12 所示，设在均匀磁场中，垂直于磁场方向有一个直径为 $D$ 的管道。管道由不导磁材料制成，内表面衬绝缘衬里。当导电的液体在导管中流动时，导电液体切割磁力线，因而在和磁场及流动方向垂直的方向上产生感应电动势，如安装一对电极，则电极间产生和流速成比例的电位差

$$E = BDv \tag{10-36}$$

式中，$E$ 为感应电动势；$B$ 为磁感应强度；$D$ 为管道内径；$v$ 为液体在管道内平均流速。

由此可得流量

$$q_V = \frac{\pi D^2}{4}v = \frac{\pi DE}{4B} \tag{10-37}$$

流体在管道中流过的体积流量与感应电动势成正比。

为了产生稳定均匀的磁场，需要选择合适的励磁方式，一般有三种励磁方式：

1. *直流励磁* 采用直流励磁或永久磁铁，使其产生恒定的磁场。这种直流励磁的最大优点是受交流电磁场的干扰影响很小，因而液体中自感现象的影响可忽略不计。但是，直流磁场容易使通过测量管内的电解质液体被极化，导致正电极被负离子包围，负电极被正离子包围，使得电极间的内阻增大，因而严重影响仪表的正常工作。这种直流励磁方式只适用于测量电导率很高而又不能电解的液态金属的流量。

2. *交流励磁* 过去大多数的电磁流量计都采用工频（50Hz）电源交流励磁，目前大多数采用恒定电流方波励磁，工频交流方式已经很少用了。采用交流励磁的主要优点是能消除电极表面的极化作用，降低变送器的内阻。采用交流励磁，输出信号也是交流的，放大和转换低电平高阻抗交流信号要比直流信号容易。

如采用交流磁场，则磁感应强度为

$$B = B_m \sin\omega t \tag{10-38}$$

电极上产生的感应电动势为

$$E = B_m \sin\omega t Dv = \frac{4q_V}{D\pi}B_m \sin\omega t = Kq_V \tag{10-39}$$

式中

$$K = \frac{4B_m}{D\pi}\sin\omega t \tag{10-40}$$

可见，感应电动势与体积流量成正比。只要设法测出 $E$，$q_V$ 就可知道。

3. *恒定电流方波励磁* 交流励磁虽有较大优越性，但交流磁场又会带来一系列的电磁干扰问题。为了避免这个问题，可采用恒定电流方波励磁方式。

该方法的工作原理是在转换器中由晶体管开关电路产生正负交变的方波恒定电流，然后输入变送器的励磁线圈，此开关电路转换的频率仅为工频的1/2至1/10，并与电源同期转换。这种电路的特点是不再需要设置专门的干扰补偿电路和电源电压及频率波动的补偿电路。

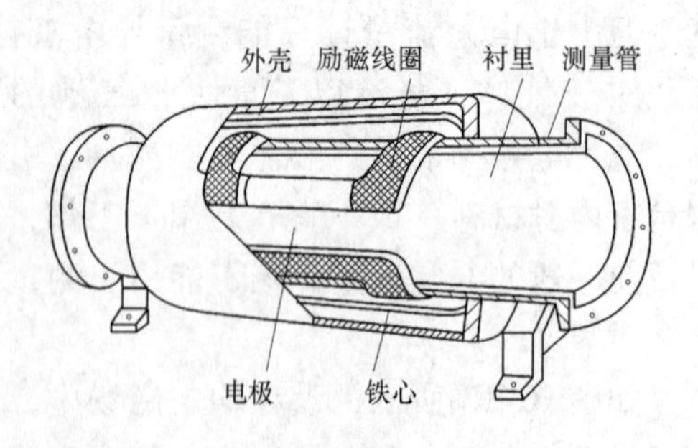

图10-13 电磁流量计结构示意图

电磁流量计由外壳、励磁线圈及磁轭、电极和测量管等部分组成，其结构如图10-13

所示。

除此之外，同样根据法拉第电磁感应定律衍生而来的插入式电磁流量计以其简单紧凑的结构和由此得到的制造、维修成本的大为降低的优势使其在流量计市场上也占有一席之地，并在电极对数（单对或多对）的设计和数据处理等方面引起了研究者的兴趣。

## 二、涡轮流量计

涡轮流量计是一种速度式流量计，它是以动量矩守恒原理为基础的。流体冲击涡轮叶片，使涡轮旋转，高导磁性的涡轮叶片也周期性地改变磁电系统的磁阻，使通过感应线圈的磁通量发生周期性的变化而感应电动势，涡轮的旋转速度随流量的变化而变化，最后从涡轮的转数或转速求出流量值。其应用还有风速计、水表等。广泛应用于以下一些测量对象：石油、有机液体、无机液、液化气、天然气、煤气和低温流体等。

涡轮流量计有较高的精度，对于液体其基本误差一般为 ±0.25%$R$～±0.5%$R$，高精度型可达 ±0.15%$R$；而介质为气体，一般为 ±1%$R$～±1.5%$R$，特殊专用型为 ±0.5%$R$～±1%$R$。在所有流量计中，它属于最精确的。量程范围 10～30，动态特性好，时间常数达 1～50ms，可测量脉冲流。耐高压达 $5\times10^7$Pa，压力损失小，约为 $5\sim75\times10^3$Pa，使用温度范围宽（-240～700℃），口径 4～750mm，测量范围度宽，对于中大口径流量计可达 40∶1～10∶1，小口径者为 6∶1 或 5∶1。可测量 0.01$m^3$/h 的小流量至 7000$m^3$/h 的大流量。另外该流量计可以直接输出数字信号，抗干扰能力强，便于与计算机相连进行数据处理。

涡轮流量计（图 10-14）放在流体中旋转，为了减小磨损，增加轴承寿命，要求介质纯净，无机械杂质。对于不洁介质应在进入仪表前进行预处理（过滤等），涡轮轴承是限制它广泛使用的薄弱环节，由于磨损将使误差增大。对流体的要求为洁净（或基本洁净）、单相流或低黏度的。

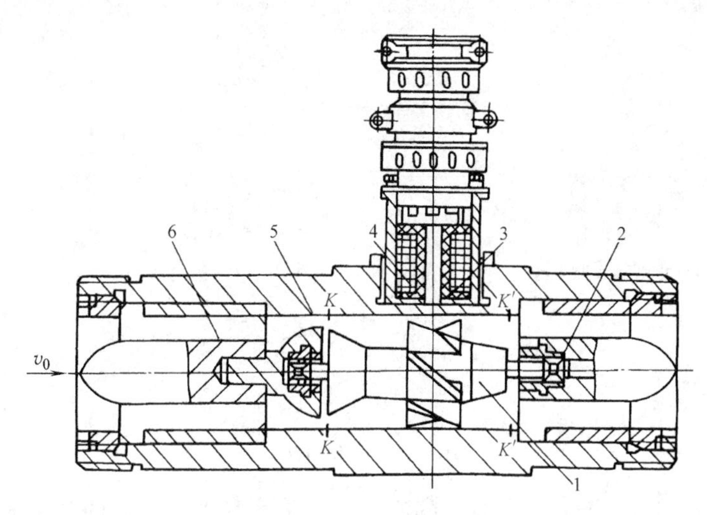


图 10-14 涡轮流量计

1—叶轮 2—止推片 3—感应线圈 4—永久磁钢 5—外壳 6—前后导流架

### 三、超声波流量计

超声波流量计的原理是：将流体流动时与静止时超声波在流体中传播的情形进行比较，流速不同会使超声波的传播速度发生变化，如图10-15所示。

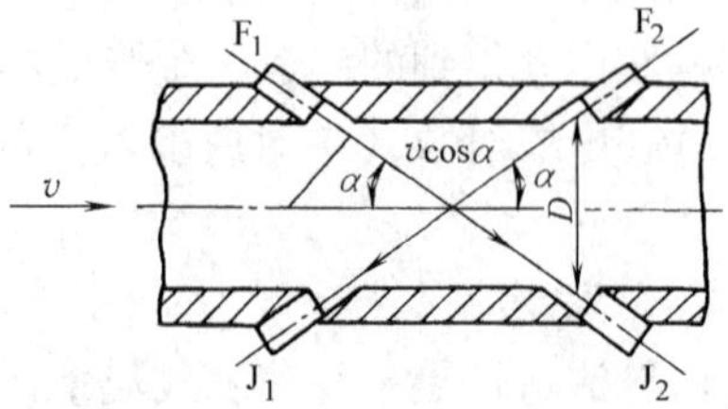

图10-15 超声波流量计原理示意图
$F_1$、$F_2$—超声波发射换能器
$J_1$、$J_2$—超声波接收换能器

在测量管道中，装两个超声波发射换能器$F_1$和$F_2$以及两个接收换能器$J_1$和$J_2$，$F_1J_1$和$F_2J_2$与管道轴线夹角为$\alpha$，管径为$D$，流体由左向右流动，速度为$v$，此时由$F_1$到$J_1$超声波传播速度为

$$c_1 = c + v\cos\alpha$$

由$F_2$到$J_2$超声波传播速度为

$$c_2 = c - v\cos\alpha$$

式中，$c$为被测介质静止时，超声波的传播速度。消去$c$得

$$v = \frac{c_1 - c_2}{2\cos\alpha} \tag{10-41}$$

在$\alpha$一定时，流速仅取决于两个超声波传播的速度差，而与静止时的声速无关。如测出这个速度差就可求出管道内介质的相应的流量。测量速度差的方法有以下几种：

1. *时差法* 如果超声波发生器发射一短小脉冲，其顺流传播时间为

$$t_1 = \frac{\dfrac{D}{\sin\alpha}}{c + v\cos\alpha}$$

而逆流传播的时间为

$$t_2 = \frac{\dfrac{D}{\sin\alpha}}{c - v\cos\alpha}$$

时差$\Delta t$为

$$\Delta t = |t_1 - t_2| = \frac{2Dv\cot\alpha}{c^2 - v^2\cos^2\alpha} \tag{10-42}$$

实际流速一般都小于声速（$v \ll c$），此时式（10-42）可写成

$$\Delta t = \frac{2Dv}{c^2}\cot\alpha \tag{10-43}$$

此时流量方程将为

$$q_V = \frac{\pi D}{8}c^2\tan\alpha\Delta t \tag{10-44}$$

可见流量$q_V$正比于时差$\Delta t$。一般时差的测量是比较容易的，可以同时由$F_1$和$F_2$发出超声波信号，$J_1$首先接收信号后开启门电路，并由频率计对脉冲计数，到$J_2$收到信号时停止计数，就可根据所计的脉冲数求出$\Delta t$。由于在一般工业管道中所能产生的时差很小，

仅 1μs 左右，为了要保证 ±1% 的流量测量精度，时差测量至少应保证在 ±0.01μs 之内，在工业中测量这个时差还是比较困难的。

2. *相差法*　此法测量连续振荡超声波在顺流和逆流传播时接收信号之间的相位差。如图 10-15 所示，$F_1$ 和 $F_2$ 不是发射超声波脉冲，而是发射角频率为 $\omega$ 的连续超声波，则在两接收元件 $J_2$ 和 $J_1$ 接收到的超声波信号将具有相位差。显然 $J_2$ 接收到的信号相位要落后某一相角，其大小为 $\Delta\varphi=\omega\Delta t$，$\Delta t$ 即前面讲的时差，因此可得

$$\Delta\varphi=\omega\frac{2D\cot\alpha}{c^2}v$$

$$q_V=\frac{Dc^2\tan\alpha}{16f}\Delta\varphi \tag{10-45}$$

由式（10-45）可见，相位差的大小与流量成正比。这里把时差测量变成了相位差测量，可以相应地提高测量精度，比前者有所改进。但应指出，上述两种方法的流量方程中都包含有声速的平方项，它将随介质温度变化而变化，给测量带来误差。

3. *频差法*　此法是通过测量顺流和逆流时超声脉冲的重复频率差去测量流速。在单通道法中脉冲重复频率是在一个发射脉冲被接收器接收之后，立即发射出另一个脉冲，这样以一定频率重复发射，对于顺流和逆流重复发射频率为

$$f_1=\frac{c+v\cos\alpha}{\dfrac{D}{\sin\alpha}}=\frac{(c+v\cos\alpha)\sin\alpha}{D}$$

$$f_2=\frac{c-v\cos\alpha}{\dfrac{D}{\sin\alpha}}=\frac{(c-v\cos\alpha)\sin\alpha}{D}$$

频差将为

$$\Delta f=f_1-f_2=\frac{\sin2\alpha}{D}v \tag{10-46}$$

流量方程

$$q_V=\frac{\pi}{4}D^3\frac{\Delta f}{\sin2\alpha} \tag{10-47}$$

由式（10-47）可见，流量与频差 $\Delta f$ 成正比而与超声波传播速度无关，所以可以得到较高的精度。为了实现频差的测量，一般可以采用双通道方案，也可以采用单通道方案，输出多采用数字显示。

三种方案的换算关系比较简单。时差法与声速有关，带来的好处是可以据此判断流体介质种类。例如：油罐的底部一般都有一些水，能分辨出水和油，可以使交易更公平。

超声波流量计可以实现非接触测量，测量管道内无插入零件，没有流体附加阻力，这类流量计不受介质黏度、导电性及腐蚀性影响。另外，不论哪种方案，均为线性特性，并易于实现数字化及流量的计算。超声波流量计主要缺点是精度不太高，约为 ±1%，另外，温度对声速影响较大，故一般不适用于温度波动大、介质物理性质变化大的流体测量，其次也不适用于小流速、小管径的流量的精确测量，因为这时相对误差将增加。这些问题现今已经有了根本改变，西气东输工程中已将气体超声波流量计与精度较高的涡轮流量计定为两种贸易

结算用流量计。由于超声波流量计测量具有非接触的优点，尽管精度还不高，但目前小直径管道用超声波流量计还非常广泛，直径小到10mm以下。

除了上述三种方法外常用的还有多普勒法，主要用于比较浑浊的液体。即由流体中微型颗粒散射的波（光或声）与入射其上的原始波间有一个频差，该频差与颗粒的速度成正比，从而可算出流量。

## 第六节　振动式流量计

20世纪60年代末，相继出现了应用流体振动原理测量流量的新型仪表，即所谓流体振动流量计。目前已经应用的有两种：一种是应用自然振动的卡门涡街流量计；另一种是应用强迫振动的漩涡流量计。这种流量计在管道内无可动部件，使用寿命长，线性范围宽，几乎不受温度、密度、压力、粘度等变化影响，压力损失小精确度较高（与差压式、浮子式流量计比较），一般为测量值的（±1%～±2%）$R$。仪表的输出是与体积流量成正比的脉冲信号，适用于总量计量，无零点漂移；适用流体种类多，如液体、气体、蒸气和部分混相流体，测量范围宽，最大与最小测量值之比可达10:1或20:1。压损小（约为孔板流量计1/4～1/2）。

1. 卡门涡　由流体力学可知，当流体以一定的速度 $v$ 前进时，如果在前进的路上垂直地放置着非流线形物体，如圆柱、三角形棱柱等，则在该物体的后侧发生漩涡，形成卡门涡街。

卡门涡是交替排列的非对称涡街，如图10-16所示，涡的旋转方向是由列决定的，如果上侧一列涡的旋转方向是顺时针的话，下侧就是逆时针方向。设卡门涡街列的间隔为 $h$，同列中的间隔为 $l$，稳定的卡门涡街满足下列关系：

$$\frac{h}{l}=0.281$$

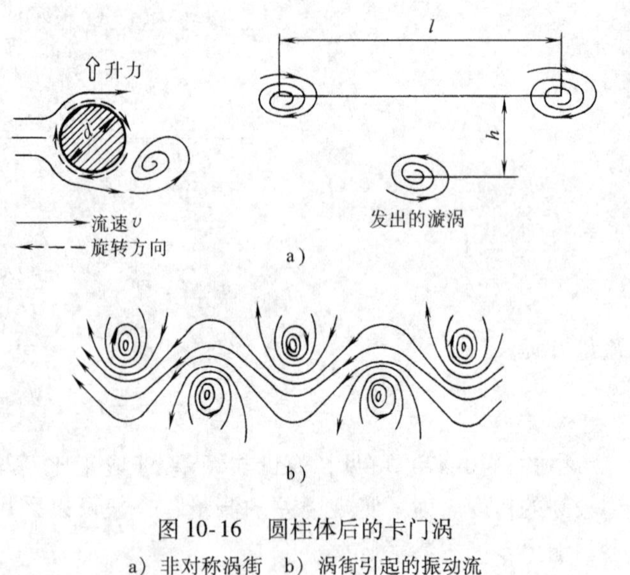


图10-16　圆柱体后的卡门涡
a）非对称涡街　b）涡街引起的振动流

这一结论由冯·卡门首先从理论上得到了证明，而后卡门与鲁巴赫（H·Rubach）又从实验中验证了这一结论。

如果该物体是一宽度为 $d$ 的方形杆，经研究表明，该杆件后漩涡发生的频率为

$$f=S_t\frac{v_b}{d} \tag{10-48}$$

式中，$v_b$ 为该杆件处的流速；$S_t$ 为与雷诺数 $Re$ 有关的无量纲数，称为斯特罗哈（Strouhal）数。

在阻力体所在的横截面上，流体流通的截面积为$\left(\frac{1}{4}\pi D^2-Dd\right)$；在离阻力体一定距离的横截面为$\frac{1}{4}\pi D^2$，该处流速为$v$。则体积流量$Q$可表示为

$$Q=\frac{1}{4}\pi D^2 v=\left(\frac{1}{4}\pi D^2-Dd\right)v_b$$

因此由式(10-48)得，$f=S_t\frac{v_b}{d}=\frac{4S_tQ}{\pi D^2 d\left(1-\frac{4d}{\pi D}\right)}$，其流量方程为

$$Q=\frac{\pi D^2}{4}\left(1-\frac{4d}{\pi D}\right)\frac{fd}{S_t} \tag{10-49}$$

也可将频率表达式写成$f=\frac{4S_tQ}{\pi D^3}\frac{1}{\frac{d}{D}\left(1-\frac{4d}{\pi D}\right)}$，该式说明，比率$\frac{d}{D}$对漩涡发生的频率$f$有非常密切的关系，是一个重要的设计参数。

实验可以测定$S_t$数与雷诺数$Re$的关系，这里的所谓雷诺数是流体力学中用来判别流体流动状态为层流还是紊流的一个无量纲数。它不仅与管道中流体的平均流速$v$有关，而且还与管径$d$、流体的运动粘度$\eta$有关，即，

$$Re=\frac{vd}{\eta} \tag{10-50}$$

图10-17所示为阻流体为圆柱的实验结果，由图中可以看出，在$Re=3\times10^2\sim2\times10^5$范围内时，$S_t$数几乎不变，为一恒定数，约等于0.21。因此在此流动范围内漩涡发出的频率可写成

$$f=S_t\frac{v}{d}=0.21\times\frac{v}{d} \tag{10-51}$$

对于三角柱阻流体，可产生更稳定，更强烈的漩涡。

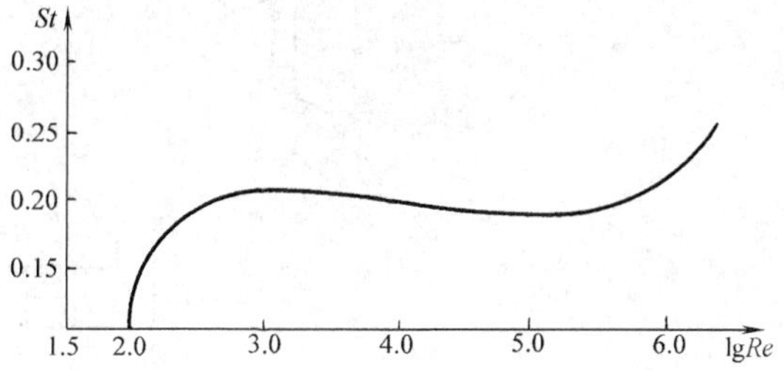

图10-17　圆柱的斯特罗哈数与雷诺数(对数)关系

$$S_t=0.16,\ f=0.16\times\frac{v}{d}$$

式中，$d$为三角柱扁平面的宽度。

由式(10-51)可知漩涡发出频率仅与流速$v$、圆柱直径$d$有关，而与流体的种类、温度、压力、密度都没有关系。只要适当选择圆柱体的直径$d$，总可以使式(10-51)成立。

但当雷诺数超过$2\times10^5$以后，$S_t$数就不是常数，则式(10-51)不再成立，因此可用这一雷诺数值来规定所能测量的流速上限。而所能测量的流速下限是受漩涡检测器限制的。

2. *漩涡频率的检测*　频率的检测是涡街流量计的关键技术之一。目前有好多种检测方法。

图10-18所示为一种圆柱形漩涡发生体及检测原理图。它是一根中空的长管，管中空腔由隔板分成两部分。管的两侧开两排小孔。隔板中间开孔，孔上张有铂电阻丝。铂丝通电加热到高于流体10℃左右的温度。当流体绕圆柱流过时，如在下侧产生漩涡，有一个力从下侧作用在圆柱体上，这个力使得作用在圆柱体的下方压力比上方压力高。结果，圆柱体下方的流体在上下压差的作用下从圆柱体下方的导压孔进入空腔通过隔墙中央部分的小孔，从圆柱体上方导压孔流出。流体通过铂电阻丝时，带走它的热量，从而改变它的电阻值。当在圆柱体的上侧产生一个漩涡时，上侧流体进入导压孔从下侧流出，铂电阻丝的电阻又产生了一次变化。此电阻值的变化与放出漩涡的频率相对应。由此便可检测出与流量成正比的频率。也可在空腔间采用贴有应变片或带有压电晶片的膜片或检测位移的元件。也有采用超声波方法，漩涡通过时会导致流体疏密程度的变化，从而使接收的超声信号幅值变化，得到一个反映漩涡频率的交变调幅信号。图10-19是漩涡频率检测结构示意图。

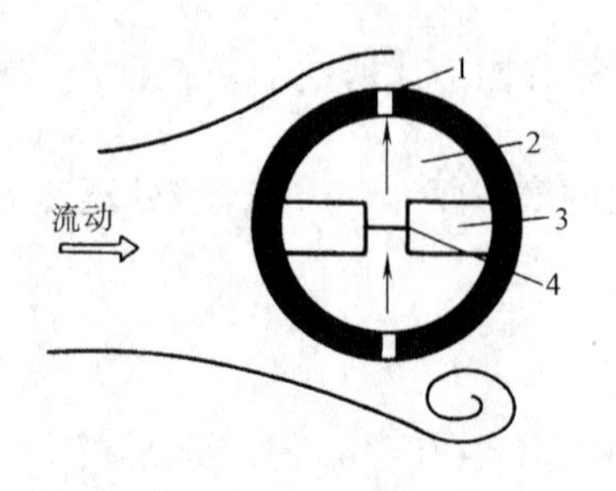


图10-18　圆柱形漩涡发生体及检测原理图

1—导压孔　2—空腔　3—隔板　4—铂电阻丝

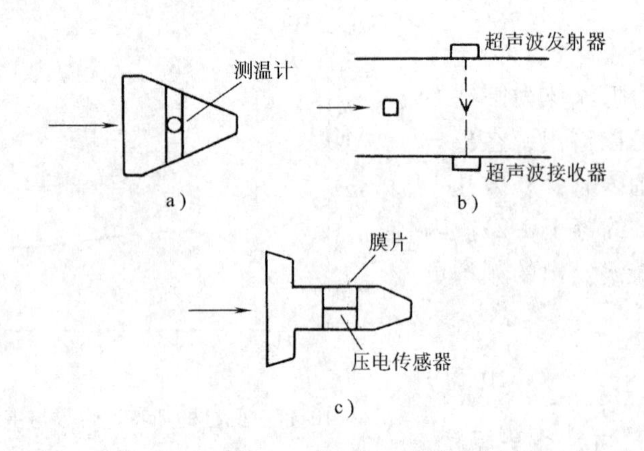


图10-19　漩涡频率检测结构示意图

a）温度计式　b）超声波式　c）压电晶体式

## 第七节　质量流量计

在工业生产中，由于物料平衡、热平衡以及贮存、经济核算等所需要的都是质量，并非体积，所以在测量工作中，常需将测出的体积流量，乘以密度换算成质量流量。但由于密度随温度、压力而变化，所以在测量流体体积流量时，要同时测量流体的压力和密度，进而求出质量流量。在温度、压力变化比较频繁的情况下，难以达到测量的目的。这样便希望用质量流量计来测量质量流量，而无需再人工进行上述换算。

质量流量计大致分为两大类：

（1）直接式　即直接检测与质量流量成比例的量，检测元件直接反映出质量流量。

（2）推导式　即用体积流量计和密度计组合的仪表来测量质量流量，同时检测出体积流量和流体密度，通过运算得出与质量流量有关的输出信号。

## 一、直接式质量流量计

1. 科里奥利质量流量计　科里奥利质量流量计（简称 CMF）是利用流体在振动管中流动时，产生与质量流量成正比的科里奥利力而制成的一种直接式质量流量仪表。

如图 10-20 所示，当质量 $m$ 的质点以速度 $v$ 在对 $P$ 轴作角速度为 $\omega$ 旋转的管道内移动时，质点具有两个分量的加速度及相应的惯性力：

1）法向加速度，即向心加速度 $a_r$ 其量值为 $\omega^2 r$，方向朝向 $P$ 轴。

2）切向加速度 $\alpha_t$，即科里奥利加速度，其量值为 $\omega v$，方向与 $\alpha_r$ 垂直。由于复合运动，在质点的 $\alpha_t$ 方向上作用科里奥利力 $F_c = 2\omega vm$，管道对质点作用着一个反向力 $-F_c = -2\omega vm$。

当密度为 $\rho$ 的流体在旋转管道中以恒定速度 $v$ 流动时，任何一段长度 $\Delta x$ 的管道都受到一个 $\Delta F_c$ 的切向科里奥利力

$$\Delta F_c = 2\omega v\rho A\Delta x \tag{10-52}$$

式中，$A$ 为管道的流通内截面积。

由于质量流量 $q_m = \rho vA$，所以

$$\Delta F_c = 2\omega q_m \Delta x \tag{10-53}$$

因此直接或间接测量在旋转管道中流动流体所产生的科里奥利力就可以测得质量流量。

然而，通过旋转运动产生科里奥利力是困难的。目前的仪表均用振动方法来产生。早期的科里奥利质量流量计是由一 C 形管道、激振装置和信号检测器组成，如图 10-21 所示。

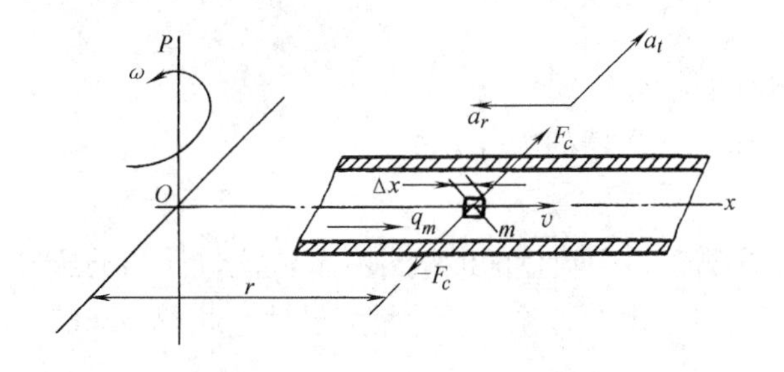


图 10-20　科里奥利力分析图

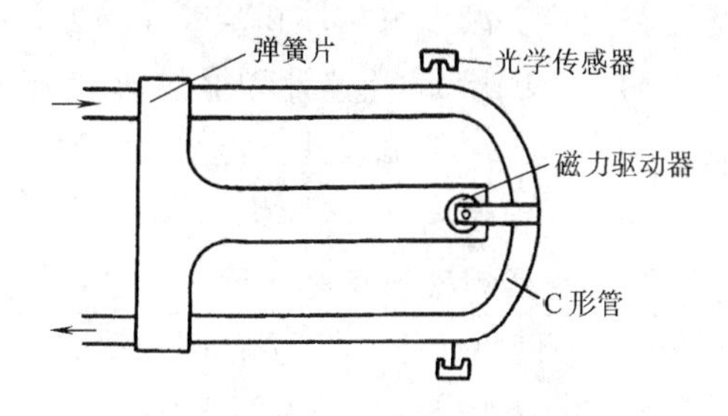


图 10-21　早期的科里奥利质量流量计

由安装于叉状弹簧片上的磁铁和线圈所构成的激振装置使 C 形管道产生振动，相当于管道内的流体带有交变角速度运动，且由于上下两侧管道内流体的流动方向相反，它们所受到的科里奥利力的方向也相反，从而使 C 形管产生位移，该位移用一些传感器（如光学式传感器）检测出，以此度量所通过的流量。

目前有的科里奥利质量流量计已演变为单管式的，即由二端固定的薄壁测量管，在中点以测量管谐振或接近谐振的频率（或其高次谐振频率）所激励，在管内流动的流体产生科里奥利力，使测量管中点前后产生方向相反的挠曲，用光学或电磁学方法检测挠曲量以

求得质量流量，如图 10-22 所示。这种流量计基本误差通常在 ±（0.15 ~ 0.5）%R 之间，重复性误差一般为基本误差的 1/4 ~ 2/3；流量范围度（即最大测量值与最小测量值之比）大部分在（10∶1）~（50∶1）之间，有些则高（100∶1）~（150∶1）。

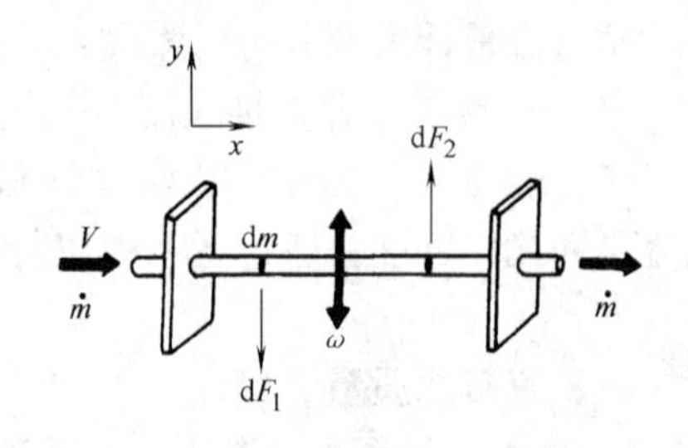


图 10-22 科里奥利流量计的振动测量管

又因流体密度会影响测量管的振动频率，而密度与频率有固定的关系，因此科里奥利质量流量计也可测量流体密度。

2. 热式质量流量计 图 10-23 是另一种型式的质量流量计——热式质量流量计，它由一个加热线圈及其位于其上下游的两个测温传感器组成。上下游的温差取决于质量流量的大小。测温传感器实际上是连接于惠斯顿电桥两臂上的热敏电阻，因此电桥的输出反映上下游的温差，也即反映质量流量。这种流量计适用于流量为 $2.5\times10^{-10}$ ~ $5\times10^{-3}$kg/s的气体质量流量测量，精度达 ±1%。

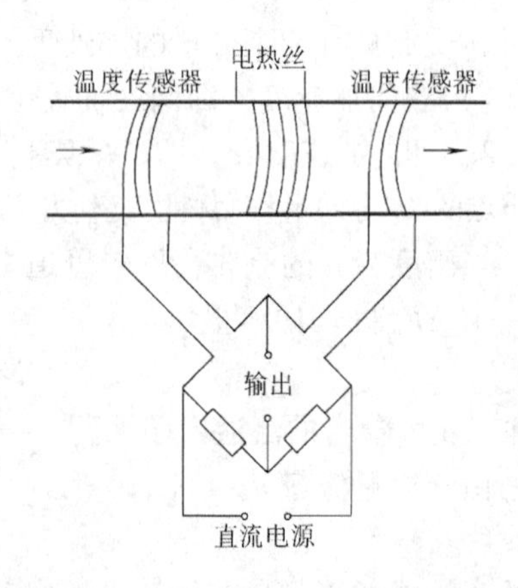


图 10-23 热式质量流量计

## 二、推导式质量流量计

推导式质量流量计是一种间接式的质量流量计，有体积流量计和密度计组合以及体积流量计与温度、压力变送器的组合等型式：

1）检测 $\rho q_V^2$ 的流量计和密度计的组合方式。

2）检测 $q_V$ 的流量计和密度计的组合方式。

3）检测 $\rho q_V^2$ 的流量计和检测 $q_V$ 的流量计的组合方式。

4）检测 $q_V$ 的流量计和检测流体温度和压力变送器的组合方式。

其中 $\rho$ 为流体密度，$q_V$ 为体积流量。

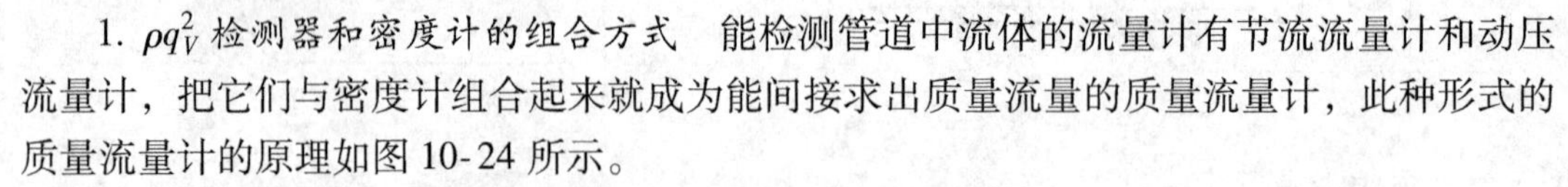

1. $\rho q_V^2$ 检测器和密度计的组合方式 能检测管道中流体的流量计有节流流量计和动压流量计，把它们与密度计组合起来就成为能间接求出质量流量的质量流量计，此种形式的质量流量计的原理如图 10-24 所示。

由孔板两端测得的压差 $\Delta p$ 与 $\rho q_V^2$ 成比例，并设差压变送器的输出信号为 $x$，则 $x\propto\rho q_V^2$，设由密度计来的信号为 $y$，则 $y\propto\rho$，将 $x$，$y$ 信号输入到运算器，并进行开方，则可得

$$\sqrt{xy}=K\rho q_V=Kq_m \tag{10-54}$$

式中，$K$ 为比例常数；$q_m$ 为质量流量。

除了用节流流量计来检测 $\rho q_V^2$ 信号外，还可由检测流体动量的流量计来检测 $\rho q_V^2$ 信号，与密度计组合以后同样可以求出质量流量。

2. $q_V$ 检测器和密度计的组合方式 能用来检测管道中流体的体积流量 $q_V$ 的检测器有容积流量计、电磁流量计、超声波流量计、涡轮流量计等。把这些流量计与检测流体密度

$\rho$ 的密度计组合就可测质量流量。此种形式的质量流量计的原理示于图 10-25 中。

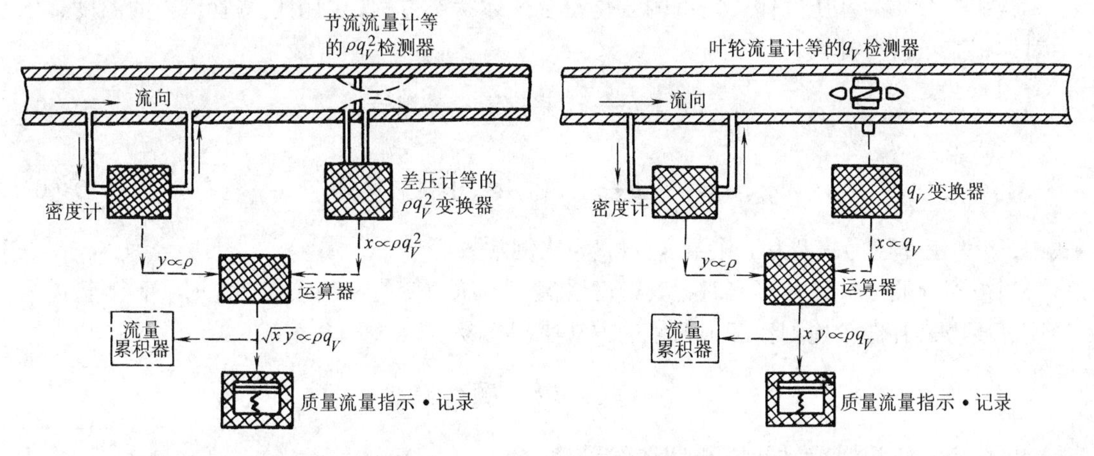


图 10-24　$\rho q_V^2$ 检测器与密度计组合的质量流量计原理图

图 10-25　$q_V$ 检测器和密度计组合的质量流量计原理图

由涡轮流量计测出的信号 $x$ 与体积流量 $q_V$ 成比例即 $x \propto q_V$，并设由密度计来的信号为 $y$，则 $y \propto \rho$，将 $x$，$y$ 信号输入到运算放大器进行乘法运算，则可得

$$xy = K\rho q_V = Kq_m \tag{10-55}$$

式中，$K$ 为比例常数；$q_m$ 为质量流量。

3. $\rho q_V^2$ 检测器和 $q_V$ 检测器的组合方式　这种方式的原理图如图 10-26 所示，即由节流流量计那样的 $\rho q_V^2$ 检测器和容积流量计或涡轮流量计那样的 $q_V$ 检测器组合而成。

由图可知，从节流流量计检测到的是与 $\rho q_V^2$ 成正比的 $x$ 信号，从涡轮流量计检测到的则是与 $q_V$ 成正比的 $y$ 信号，即 $x \propto \rho q_V^2$，$y \propto q_V$，所以两者之比为

$$\frac{x}{y} = K\rho q_V = Kq_m \tag{10-56}$$

式中，$K$ 为比例常数；$q_m$ 为质量流量。

图 10-26　$\rho q_V^2$ 检测器和 $q_V$ 检测器的组合质量流量计原理图

4. 体积流量计与温度、压力变送器的组合　若被测介质为不可压缩的液体，温度范围变化不大的情况下，有质量流量的计算公式

$$q_m = \rho_0 q_V + \rho_0 q_V \beta (T_0 - T)$$

（采用涡轮流量计时）　(10-57)

$$q_m = k\sqrt{\Delta p \rho_0 [1 + \beta (T_0 - T)]}$$

（采用差压式流量计时）　(10-58)

式中，$T_0=293.15$℃（设20℃为标准状态）；$k$ 为比例常数；$\beta$ 为液体体积膨胀系数。

若被测介质为低压气体，密度的变化符合气体状态方程，则用检测管道内的温度、压力对体积流量进行补偿。

$$q_m = K_0 q_V \frac{p}{T} \quad \text{（采用涡轮流量计）} \tag{10-59}$$

$$q_m = K_0 \sqrt{\Delta p \frac{p}{T}} \quad \text{（采用差压式流量计）} \tag{10-60}$$

式中，$p$ 为工作压力；$T$ 为工作温度；$K_0$ 为比例常数。

当被测介质为气体或蒸汽时，其密度受温度、压力变化影响较大，此时，检测管道内温度、压力来补偿较检测密度来补偿的方法来得容易。

## 思考题

10-1 叙述转子流量计的基本原理及各种影响因素。

10-2 转子流量计在什么情况下对测量值要做修正？如何修正？

10-3 书中介绍了哪几种速度式流量计？分别说明其基本原理。

10-4 使用电磁流量计有什么限制？为什么要用交变磁场？

10-5 设想一个插入式电磁流量计的结构方案。

10-6 超声波流量计测量速度差的方法有哪几种？分别说明基本原理。

10-7 涡街流量计是根据什么原理做成的？涡街频率与什么有关？是如何测量的？

## 习题

10-1 请推导流动流体的伯努利方程。

10-2 一段水平方向的管道在3m长度上从内径16cm逐渐变细到8cm，比重0.85的油以0.05$m^3/s$的流速流过，假定没有能量损失，该锥形管两端的压差为多大？如果该管大端向上垂直放置呢？

10-3 15℃且650kPa的水流过管道直径为15cm颈部直径为10cm的文丘里管，可测到的压差为25kPa，请分别用kg/min和$m^3/h$来计算流量。

10-4 书中推导式质量流量计有哪几种组合方式？试分别说明其原理并画出原理图。请自行设计一种组合。

# 第十一章　环境量的测量

## 第一节　概　　述

### 一、环境量和环境检测

环境是指围绕着人类所构成的空间中，可以影响人类生存与发展的各种自然因素和社会因素的总体。例如声音、大气、水、土壤和生物等。环境问题的产生，除不可抗拒的自然原因以外，主要是由于人类自身盲目地掠夺式开发、过度利用自然资源、过度进行生产建设以致超过环境承载力的阈值，使资源丧失再生能力，并引起环境污染、生态平衡失调，乃至破坏生态系统的结构和能力，使环境质量恶化所致。因此，为了人类的生存和可持续发展，必须进行环境监测，以便进行必要的环境治理和控制。

按监测对象，环境监测可分为物理污染监测（噪声、电磁辐射、放射性、热污染、光污染）、水质监测、空气监测、土壤监测、生物与生物污染监测（病原体、病毒、寄生虫等）等。我们把环境对象检测中的各种定量指标称为环境量。环境量的检测，是环境监测的基本内容。环境量涉及许多方面，本章重点介绍噪声污染、空气污染和水污染等有关环境量的检测。

环境量的检测中，噪声检测的是空气的机械运动量，属于声学测量，是一种物理测量。而水和大气的监测的是污染物的含量，属于化学定量分析的范围。

### 二、环境检测的特点

和本教材以上各章所述的几何量（长度、角度）、机械量（速度、加速度、力、力矩、振动）、电学和磁学量、热工量（温度、压力、流量等等）等不同，环境量的检测有其明显的特点。

**（一）被测对象的变异性**

环境量存在于人类周围的空间中。它具有很强的变异性，即不同点的环境量数值往往有很大差异；同一点的环境量数值也随时间在不停地变化，例如噪声、空气中或水中某种污染物的浓度都是如此。因此环境量的分布符合随机场的特性，即具体的环境量量值是以空间位置和时间为参数的随机变量。

**（二）被测指标的代表性**

为了表征具有随机场特性的随机量，被测指标必须能代表一定范围、一定时间内的所有随机量数值。我们不可能去检测每一点、每一时刻的随机量数值，只能根据预先安排，检测某些孤立点、特定时刻或时段的环境量，再通过统计运算，求出能表征这一环境的统计指标。例如噪声、大气中某种污染物的数量等都是这样处理的。因此在具体测量中要事先布置若干个点，在特定的时刻进行检测。这就是环境检测的布点采样问题。

**（三）繁杂、含量低、不稳定、易变异**

环境量是非常繁杂的。即使是噪声，我们测得的结果中往往夹杂有风声、建筑物回声和人耳感觉不灵敏的声音，必须设法去除；而对于大气和水体的样品而言，样品中往往含有数十种至数百种不同化合物。例如一个水样往往同时含有无机物、有机物和生物体。一般被认为清洁的“自来水”，仅因为用氯消毒而产生氯化合物，目前已鉴定出的就有300多种。此外，不仅仅污染物的种类多种多样，同一种污染物的形态、结构也多种多样。例如水中的汞可以是单质、离子或者被微生物转化而成为甲基汞。就污染物种类数量而言，环境量远远超过其他长度量、机械量、电磁量、过程量等的类别数。一种污染物还不止一种分析方法。因此针对具体污染物的分析方法数量是非常多的。

此外，环境量中的污染物含量又是极低的。大气和水中的污染物本底总含量本来就很低（否则就成了毒气和毒水了），一般属于痕量（$10^{-9}\sim10^{-6}$g）和超痕量（$10^{-12}\sim10^{-9}$g）。而某些污染元素和化合物产生毒效应的浓度范围比总量还低。而化学分析法只适用于微量、常量和高含量组分。因此一方面主要采用适用于痕量和超痕量的仪器分析法，另一方面常常对样品首先进行富集处理，增加其浓度。

环境样品的很多组分往往是不稳定的。除了污染物本身的物理、化学和生物化学性质的不稳定外，各污染物间会发生相互作用，加上样品采集、转移、贮存和分离过程中试剂、容器的玷污，都可能使组分含量发生变化。

**（四）测量步骤**

测量步骤常包括布点、采样、保存、传送、预处理、检测等。

综上所述，由于环境量检测的目的是求得一个随机场的统计量，因此第一步常常是对这随机场布置测量点并确定合适的测量时间，以保证测量结果具有代表性。接着应取得含有待测组分的样品，对于噪声就是直接测得其声音强弱，这就是采样。有的情况下可以进行现场监测。更多的情况下所采集的样品不在当地当时检测，而是把它们适当保存在一个装置中，再传送到检测场所。由于样品往往不能立即直接分析，例如含量太低，所以常常还要进行富集。有些样品中需消除可能干扰测试的共存组分，即必须进行消解。这些都称为预处理。因此环境量的检测过程比以上所述的其他量要复杂得多。

## 三、环境检测的方法

噪声检测的主要方法是声级计法。

空气和水的检测方法可分成化学分析和仪器分析两大类。物理－化学分析指质量、容量分析法（滴定法）；仪器分析有光学分析法、色谱分析法、电化学分析法和其他分析法（质谱分析、分子活化分析）4类。

质量、容量分析法是以特定的化学反应为基础，直接称量沉淀物或消耗溶液量，计算污染物的方法。它简便、准确、低廉、迅速，在该法有效的污染物范围内，至今仍被广泛采用。该法的重点在于化学反应，本书不再专门陈述。仪器分析法利用特殊的分析仪器，将污染物的量通过不同的传感器转换成易于测试的光学量（主要为光谱量）、色谱量、电量或质谱量等，再进行分析测试。该法灵敏度较高，选择性强，有的可进行多组分的同时分析，是实现连续自动分析的基本手段，本节给予重点介绍。在以下各类方法中，使用最广泛的是光学分析法，其次是色谱法。仪器分析方法的分类及所测物理性质如表 11-1 所示。

**表 11-1　仪器分析方法的分类及所测物理性质**

| 方法的分类 | 被测物理性质 | 分析方法 |
| --- | --- | --- |
| 光学分析法 | 辐射的发射 | 原子发射光谱法（AES）<br>原子荧光光谱法（AFS）<br>X 射线荧光光谱法（XRY）<br>核磁共振波谱法（NMR）<br>火焰光度法<br>放射性同位素分析法（闪烁瓶法）<br>化学发光法 |
|  | 辐射的吸收 | 紫外－可见分光光度法（UV－VIS）<br>红外吸收光谱法（IR）<br>原子吸收光谱法（AAS）<br>非色散红外吸收法 |
| 化学分析法 | 电量<br>电流—电压特性<br>电流与电位变化<br>极电位 | 库仑法（恒电位、恒电流）<br>极谱法<br>伏安分析（定电位电解法）<br>离子选择电极法 |
| 色谱分析法 | 两相间的分配 | 气相色谱法（GC）<br>高效液相色谱法（HPLC）<br>离子色谱法（IEC）<br>薄层色谱法 |
| 质谱分析法 | 质荷比 | 质谱法（MS） |

## 第二节　噪声的测量

声波是机械波。本章所涉及的声波或声（音），是局限于可听声频率范围内（一般为 20Hz～20kHz）的可听声波。声音中的噪声是由许多频率不同和强弱程度各异的声波无规则地杂乱组合而成，它给人以烦躁、不安和厌恶的感觉。也可以说噪声是指任何令人不愉快的或不希望有的声音。随着现代社会的发展，噪声已成为一种严重的公害。噪声对听力、睡眠、思维、儿童智力发育等都有不良影响，对人的中枢神经、心血管，甚至消化、内分泌、视觉器官都能造成暂时甚至永久的伤害。所以，防治噪声已经成为环境治理的重要任务之一。

由于噪声的危害与人的主观感觉和主观承受能力有关，所以噪声的测量中必须考虑人的主观因素的影响，因此必须进行计权处理。此外，噪声测量的是统计特性，而不是瞬时量。这两点也与一般工程测量（几何量、机械量、电参量、热工量等）不同。

## 一、测量项目和评价参数

在不同的场合，噪声有多种评价参数，基本的测量项目是A声级（计权声级）。其他各种评价参数都可以通过A声级运算得到。

### （一）声压、声功率和声强

声学中的基本量共有6个：声压、声功率、声强、声速、质点速度和声吸收系数。其中声压是噪声测量中最常用、最基本的量。声强和声功率也和噪声测量有关。

人们日常听到的声音就是空气的振动。它来源于作为声源的物体的振动。这一振动使其周围的空气质点也在它们各自的平衡位置附近振动，从而使空气的密度出现疏密相间的变化，造成空气压力的波动。质点密集的地方其压力大于静态大气压；质点稀疏的地方其压力小于静态大气压。所以，当有声波传播时，空气的压力与静态时的空气压力之间产生了压差（声压）。声波各点的瞬时压力如图11-1所示。

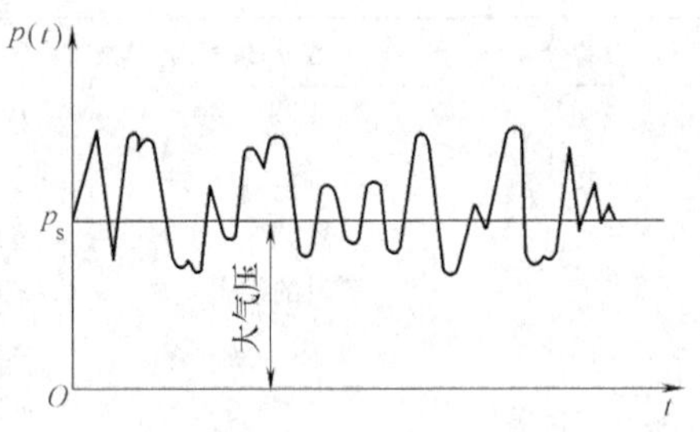


图11-1 声压的时间历程

一般把没有声波时媒质中的压力称之为静压力，用$p_s$点表示。有声波时的压力与静压力之差为声压（瞬时声压）。由于声音是波动的，故声压也是波动的，有正有负。通常以瞬时声压的方均根$p$（有效值）来衡量其大小，即

$$p = \sqrt{\frac{1}{T}\int_0^T p^2(t)\,\mathrm{d}t}$$

式中，$p$为声压（Pa）；$p(t)$为瞬时声压（Pa）；$t$为时间；$T$为计算$p$而截取的一段时间。

声压的常用单位是$\mathrm{N/m^2}$，记作Pa（读作帕斯卡）。1大气压≈$10^5$Pa。一般正常人双耳刚能听到的1000Hz纯音的声压为$2\times10^{-5}$Pa，称之为听阈声压，此值常用作为基准声压，记作$p_0$；使人耳刚刚产生疼痛感觉的声压为20Pa，并称之为痛阈声压。由此可知，人耳能感觉出来的声压的变化幅度为$10^6$倍。声压随声源距离而变化。

声功率$W$是指单位时间内，声源发出的总声能量。单位为W。

声强$I$是指单位时间内，声波通过垂直于传播方向单位面积的声能量。单位为$\mathrm{W/m^2}$。

声强$I$和声功率$W$有如下关系：

$$I = \frac{W}{S} \tag{11-1}$$

式中，$I$是声强（$\mathrm{W/m^2}$）；$W$是声功率（W）；$S$是声波通过垂直于传播方向的面积（$\mathrm{m^2}$）。

对于球面波和自由场平面行波，声强和声压间有如下关系：

$$I = \frac{p^2}{\rho c} \tag{11-2}$$

式中，$I$是声强（$\mathrm{W/m^2}$）；$p$是声压（Pa）；$\rho$是媒体密度（$\mathrm{kg/m^3}$）；$c$是声速（m/s）。

### （二）声压级

在工程中，声压的大小是用声压级来表示的。声音的声压级 $L_p$ 是该声音声压 $p$ 与基准声压 $p_0$ 比值的常用对数的 20 倍，用分贝（dB）作单位，即

$$L_p = 20\lg\frac{p}{p_0} \tag{11-3}$$

对于两个声源 1 和 2 在同一点引起的噪声不能将声压直接相加，但可以按声强相加（即能量相加）的原理叠加。根据式（11-2）和式（11-3），有

$$L_p = 10\lg\left(10^{\frac{L_{p1}}{10}} + 10^{\frac{L_{p2}}{10}}\right) \tag{11-4}$$

式中，$L_p$ 是总的噪声声压级；$L_{p1}$ 和 $L_{p2}$ 分别是声源 1 和 2 单独引起的噪声声压级，单位都是 dB。

如果存在背景噪声，测量时就必须扣除背景噪声的影响，即把被测噪声从总噪声中分离出来。求噪声级差应按能量相减的原则。这种噪声运算称为噪声的分离运算。如要测量某一噪声源的声压级 $L_{pd}$，应先测出该噪声源未发出噪声时的背景噪声的声压级 $L_{pg}$ 和该噪声源发出噪声时包括背景噪声在内的总噪声声压级 $L_{pt}$，则该噪声源的实际声压级为

$$L_{pd} = L_{pt} - \Delta L' = L_{pt} - 10\lg\left(1 + \frac{1}{10^{\frac{L_{pt}-L_{pg}}{10}} - 1}\right)$$

式中，$\Delta L'$ 为背景噪声的扣除值可从表 11-2 中查出。

**表 11-2　背景噪声 $\Delta L'$ 的扣除值**　（单位：dB）

| $\Delta L = L_{pt} - L_{pg}$ | 1 | 2 | 3 | 4 | 5 | 6 | 7 | 8 | 9 | 10 |
|---|---|---|---|---|---|---|---|---|---|---|
| 扣除值 $\Delta L'$ | 6.90 | 4.40 | 3.00 | 2.30 | 1.70 | 1.25 | 0.95 | 0.75 | 0.60 | 0.45 |

声音的音调高低主要与频率有关，而噪声往往包含有复杂的频率结构。因此，对工程噪声的测量，不仅要测得总声压级，而且还要弄清噪声的频率成分，即要对噪声作频谱分析。一般没有必要对每个频率逐个测量声压级，而是把声频的变化范围划分成若干较小段落，即频程（也称为频段或频带），测量这些频程上的声压级（频带声压级）。频程中最高频率称为上限截止频率 $f_U$；最低频率称为下限截止频率 $f_L$，两者之差 $B = f_U - f_L$ 称为频带宽度，简称带宽。若 $f_U/f_L = 2^n$ 时称此频程为 $n$ 倍频程。$n = 1$ 时称为 1 倍频程（通常也简称倍频程），$n = 1/3$ 时称为 1/3 倍频程。倍频程的中心频率是上、下限截止频率的几何平均值。1 倍频程和 1/3 倍频程的中心频率和频率范围见表 11-3 和表 11-4。在噪声测量中，常用的频带宽度是倍频程带宽和 1/3 倍频程带宽。这些带宽的宽窄随中心频率变化。在寻找噪声源时，常采用更窄的恒定带宽声压级，其带宽可以有 2、4、10 及 100Hz 等，带宽与中心频率无关。

注意区分名词“倍频程”和“倍频”，例如“$f_2$ 为 $f_1$ 的 10 倍频”指的是 $f_2/f_1 = 10$，而不是 $f_2/f_1 = 2^{10}$。后者应称为“从 $f_1$ 到 $f_2$ 为 10 倍频程”。

**表 11-3　1 倍频程的中心频率与频率范围**　（单位：Hz）

| 中心频率 | 31.5 | 63 | 125 | 250 | 500 | 1000 | 2000 | 4000 | 8000 |
|---|---|---|---|---|---|---|---|---|---|
| 频率范围 | 22 ~ 45 | 45 ~ 90 | 90 ~ 180 | 180 ~ 355 | 355 ~ 710 | 710 ~ 1400 | 1400 ~ 2800 | 2800 ~ 5600 | 5600 ~ 11200 |

表 11-4 1/3 倍频程的中心频率与频率范围 （单位：Hz）

| 中心频率 | 频率范围 | 中心频率 | 频率范围 | 中心频率 | 频率范围 | 中心频率 | 频率范围 |
|---|---|---|---|---|---|---|---|
| 50 | 45 ~ 56 | 250 | 224 ~ 280 | 1250 | 1120 ~ 1400 | 6300 | 5600 ~ 7100 |
| 63 | 56 ~ 71 | 310 | 280 ~ 355 | 1600 | 1400 ~ 1800 | 8000 | 7100 ~ 9000 |
| 80 | 71 ~ 90 | 400 | 355 ~ 450 | 2000 | 1800 ~ 2240 | 10000 | 9000 ~ 11200 |
| 100 | 90 ~ 112 | 500 | 450 ~ 560 | 2500 | 2240 ~ 2800 | 12500 | 11200 ~ 14000 |
| 125 | 112 ~ 140 | 630 | 560 ~ 710 | 3150 | 2800 ~ 3550 | | |
| 160 | 140 ~ 180 | 800 | 710 ~ 900 | 4000 | 3550 ~ 4500 | | |
| 200 | 180 ~ 224 | 1000 | 900 ~ 1120 | 5000 | 4500 ~ 5600 | | |

若噪声在所考虑的频率范围内有连续频谱，为了比较不同的频带声压级，则可采用声压谱级。噪声的声压谱级是指频带噪声在对应带宽 $B$ 上的平均声压级。$L_{pB}$ 的声压谱级 $L_{ps}$ 可以通过下式计算求得

$$L_{ps} = L_{pB} - 10\lg B$$

式中，$L_{pB}$ 为带宽为 $B$ 的频带声压级。

由于噪声是由许多频率和强弱程度各异的声波无规则地杂乱组合而成的，而人耳对声音的感觉不仅与声压级大小有关，而且还与频率的高低有关，因此，一般对真实的声压进行计权处理，就是将每个声压数值按所在频率权衡对人耳听觉的影响，按一定规则（计权特性），进行衰减或放大。研究表明，人耳对低于 500Hz 的低频声不敏感，而对 1 ~ 5kHz 的声音较敏感。因此，根据听觉的特性，在声学测量仪器中设置有“A 计权网络”，使接收到的噪声在低频有较大的衰减，而在高频不衰减甚至稍有放大。这样，A 网络就接近人的听觉，其测得的声级称为 A 声级（又称为计权声级），以 $L_A$ 表示，单位是 dB（A）。此外，还有 B 声级和 C 声级。B 声级对信号的低频段有一定衰减；C 声级在整个频率范围内有近乎平直的响应。三者的主要差别是对噪声低频成分的衰减程度。A、B、C 计权网络的计权特性曲线如图 11-2 所示。

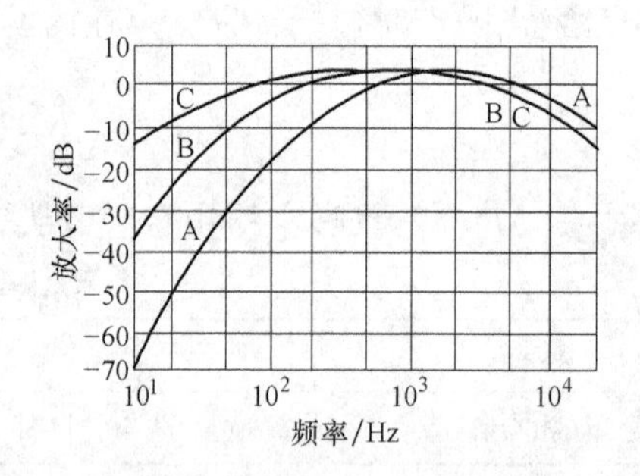


图 11-2 A、B、C 计权网络的计权特性曲线

研究表明，不论噪声强度是多少，利用 A 声级都能较好地反映噪声对人吵闹的主观感觉和人耳听力的损伤程度。因此，常用 A 声级作为噪声测量和评价的基本量，常见声源的 A 声级如表 12-4 所示，其他的评定参数都可以从 A 声级运算得到。当然声压级本身也能作为评定参数。

表 11-5 几种常见声源的 A 声级

| 声源 | 感觉 | A 声级/dB | 声源 | 感觉 | A 声级/dB |
|---|---|---|---|---|---|
| 没声音至刚刚能听到的声音 | 寂静 | 0 ~ 10 | 吵闹的街道、公共汽车、空压机站 | 较吵 | 80 ~ 90 |
| 寂静夜晚、微风轻轻吹动树叶 | 寂静 | 10 ~ 20 | 很吵的马路、载重车、推土机、压路机 | 很吵 | 90 ~ 100 |
| 轻声耳语，手摸纸张的声音 | 安静 | 20 ~ 30 | 织布机、大型鼓风机、电锯、轧钢机 | 很吵 | 100 ~ 110 |
| 静夜、图书馆、疗养院房 | 安静 | 30 ~ 40 | 柴油发动机、球磨机、凿岩机、巨雷声 | 痛阈 | 110 ~ 120 |
| 普通房间、吹风机 | 较静 | 40 ~ 60 | 锻锤机、风铆、螺旋桨飞机、高射机枪 | 痛阈 | 120 ~ 130 |
| 普通谈话声、小空调机 | 较静 | 60 ~ 70 | 风洞、喷气式飞机、大炮 | 无法忍受 | 130 ~ 140 |
| 大声说话、较吵街道、缝纫机 | 较吵 | 70 ~ 80 | 火箭、导弹 | 无法忍受 | 150 ~ 160 |

### （三）等效连续 A 声级（$L_{eq}$）

A 声级仅适用于对稳态连续噪声的评价，对于噪声级随时间变化的非稳态连续噪声，应采用“等效连续 A 声级”。

在声场中的某一定点位置上，对某段时间内逐个衔接暴露的几个不同 A 声级，采用能量平均的方法，以一个在相同的时间内能量与之相等的稳定连续的 A 声级来表示该段时间内噪声的大小。

按等效连续 A 声级的含义，有

$$W_{eq}\sum_i \Delta t_i = \sum_i (W_i \Delta t_i) \tag{11-5}$$

式中，$W_{eq}$为时间 $\sum_i \Delta t_i$ 上的等效声功率（W）；$W_i$为时间 $\Delta t_i$内第 $i$ 个噪声的 A 声级声功率功率（W）。

从式（11-1）、式（11-2）、式（11-3）和式（11-5）可推出等效连续 A 声级的数学表达式为

$$L_{eq} = 10\lg \frac{1}{\sum_i \Delta t_i}\sum_i 10^{0.1L_{Ai}}\Delta t_i \tag{11-6}$$

式中，$L_{eq}$为等效连续 A 声级；$L_{Ai}$为第 $i$ 个 A 声级；$\Delta t_i$为第 $i$ 个 A 声级所占用的时间。

类似地，在噪声连续变化的情况下，等效连续 A 声级的数学表达式为

$$L_{eq} = 10\lg\left(\frac{1}{T}\int_0^T 10^{0.1L_A}\mathrm{d}t\right) \tag{11-7}$$

式中，$T$ 为噪声暴露时间；$L_A$为在 $T$ 时间内 A 声级变化的瞬时值，注意是时间的函数。

对于等时间间隔抽样（抽样个数为 $N$）的情况，式（11-6）变为

$$L_{eq} = 10\lg \frac{1}{N}\sum_i 10^{0.1L_{Ai}} = 10\lg\sum_i 10^{0.1L_{Ai}} - 10\lg N \tag{11-8}$$

一般时间间隔为 5s；抽样个数 $N$ 为 100 或 200。

### （四）累计百分声级 $L_{10}$、$L_{50}$、$L_{90}$

对于随机起伏的噪声，瞬时噪声级是随机变量，等效连续 A 声级是无法描述这些起伏的大小及变化的，只能用统计的方法进行描述。统计声级又被称为累计分布声级或百分声级，用 $L_N$表示，如 $L_{10}$、$L_{50}$、$L_{90}$，通常用于描述随机起伏噪声。累计百分声级即在一段时间内进行多次的随机取样，然后对测得的各个数值不同的噪声级作统计分析，取它累积概率分布的分位值来评价这个噪声。

$L_{10}$是在测定时间内，10%时间的噪声超过了的噪声级，相当于噪声的平均峰值；$L_{50}$是在测定时间内，50%时间的噪声超过了的噪声级，相当于噪声的平均中值；$L_{90}$是在测定时间内，90%时间的噪声超过了噪声级，相当于噪声的平均本底值。

累计百分声级 $L_{10}$、$L_{50}$、$L_{90}$的计算方法有两种：一种是在正态概率纸上画出累积分布曲线，然后从图中求得；另一种方法是将测定的一组数据（例如 100 个）从大到小排列，第 10 个数据即为 $L_{10}$，第 50 个数据即为 $L_{50}$，第 90 个数据即为 $L_{90}$。

如果无规则的噪声在统计上符合正态分布，则可用近似公式。例如，交通噪声满足这

样的条件，其统计声级与等效声级之间满足以下关系：

$$L_{eq} \approx L_{50} + \frac{d^2}{60} \tag{11-9}$$

式中，$d = L_{10} - L_{90}$，反映了噪声的起伏程度。

**（五）噪声污染级**

实践表明，涨落的噪声所引起人的烦恼程度比等能量的稳态噪声要大，并且与噪声暴露的变化率和平均强度有关。因此，噪声污染级是以等效连续声级为基础，加上一项表示噪声变化幅度的量。它更能反映实际污染的程度，一般用来评价不稳定噪声。噪声污染级是根据综合能量平均值与涨落特性的影响而提出的评价量，用这种噪声污染级评价航空或道路的交通噪声比较恰当。噪声污染级 $L_{NP}$ 计算式为

$$L_{NP} = L_{eq} + K\sigma \tag{11-10}$$

式中，$K$ 为常数，对交通和飞机噪声的取值为 2.56；$\sigma$ 为测定过程中瞬时声级的标准偏差。

$$\sigma = \sqrt{\frac{1}{n(n-1)}\sum_{i=1}^{n}(L_i - \bar{L})^2} \tag{11-11}$$

式中，$L_i$ 为测得的第 $i$ 个声级；$\bar{L}$ 为所测得声级的算术平均值；$n$ 为测得声级的总个数。

对于许多重要的公共噪声，噪声污染级也可以写成

$$L_{NP} = L_{eq} + d \text{ 或 } L_{NP} = L_{50} + \frac{d^2}{60} + d \tag{11-12}$$

式中，$d = L_{10} - L_{90}$。

**（六）昼夜等效声级**

考虑到夜间噪声具有更大的烦扰程度，为此提出一个新的评价指标——昼夜等效声级（也称为日夜平均声级），符号为“$L_{dn}$”。一般的环境噪声标准，夜间总比白天严格 10dB，因而在夜间测得的等效声级上加上 10dB 后再与白天等效声级作能量平均即可得到昼夜等效声级。一般规定监测的时间是白天为 16h，夜间为 8h。表达式为

$$L_{dn} = 10\lg\left(\frac{16 \times 10^{0.1L_d} + 8 \times 10^{0.1L_n}}{24}\right) \tag{11-13}$$

式中，$L_d$ 为白天的等效声级，时间是从 06:00～22:00，共 16h；$L_n$ 为夜间的等效声级，时间是从 22:00～（第二天）06:00，共 8h。

计算夜间等效声级这一项时应该加上 10dB 的计权。白天和夜间的时间，可依照地区和季节的不同而稍有变更。

为表征噪声的物理量和主观听觉的关系，除了上述的评价指标外，还有语言干扰级（SIL），感觉噪声级（PNL），交通噪声指数（TNI）和噪声次声指数（NNI）等。

## 二、测量仪器

常用的噪声测量仪器有声级计、频谱分析仪、自动记录仪等。

声级计是一种用来测量噪声级大小的仪器，它是噪声测量中最常用、最简便的测试仪器，它体积小、重量轻、便于携带。可应用于环境噪声、机械噪声、车辆噪声等测量，也

可用于建筑声学、电声等测量。如果把电容传声器换成加速度计，还可以用来测量振动的加速度、速度和振幅。声级计还可以配合1倍频程和1/3倍频程滤波器，进行噪声的频谱分析。

根据声级计在标准条件下测量1kHz纯音所表现出的精度，声级计分为4类，即0型、1型、2型和3型。它们的测量精度分别是±0.4dB、±0.7dB、±1.0dB和±1.5dB，分别用于标准、实验室、一般噪声和普及场合。一般的环境噪声的测量应使用2型以上的积分式声级计。声级计上有阻尼开关，能反映人耳听觉动态特性。快档“F”用于测量起伏不大的稳定噪声。如果噪声起伏超过4dB，可以利用慢档“S”。有的仪器还有读取脉冲噪声的“脉冲”档。

声级计通常都由传声器、放大器、衰减器、计权网络、检波电路、电表等组成。图11-3为声级计组成框图。其工作原理是：声音信号通过传声器转换成电压信号，随后输入放大器成为具有一定功率的电信号，再通过具有一定频率响应的计权网络，经过检波则可推动以分贝定标的指示电表。传声器是一种将声信号转换为电信号的换能器件，俗称话筒、麦克风。传声器的好坏将直接影响声音的质量。按换能器原理和结构的不同，传声器主要有三种：压电式、电动式和电容式，其中电容式传声器性能最佳。为了模拟人耳听觉在不同频率有不同的灵敏性，在声级计内设有一种能够模拟人耳的听觉特性，把电信号修正为与听感近似值的网络，这种网络叫作计权网络。通过计权网络测得的声压级，已不再是客观物理量的声压级（叫线性声压级），而是经过听感修正的声压级，叫作计权声级或噪声级。声级计中通常内置A、B、C计权网络，可供测量时选择。有的声级计还设有“线性”开关，用来测量非计权声压级。有的声级计还内置倍频程滤波器，可测得噪声的倍频程噪声频谱。

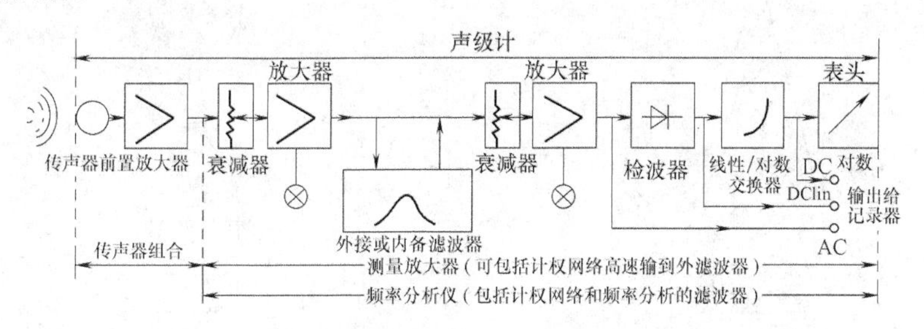


图11-3 声级计组成框图

电容传声器是靠电容量的变化而工作的。它的结构示意图如图11-4所示，主要由膜片、极板、电源和负载电阻等组成。它的工作原理是当膜片受到声波的压力，并随着压力的大小和频率的不同而振动时，膜片与极板之间的电容量发生变化。与此同时，极板上的电荷随之变化，从而使电路中的电流也相应变化，负载电阻上也就有相应的电压输出，从而完成了声电转换。

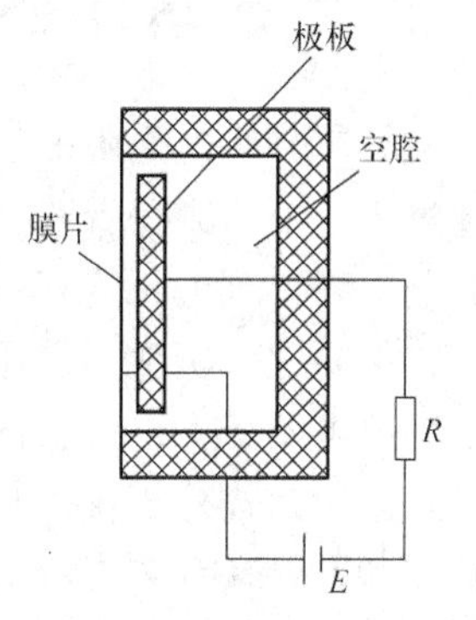


图11-4 电容传声器的结构示意图

声级计使用前必须校准。校准方法有两种：一种是用内部电信号进行灵敏度校准；另一种是使用标准声源（活塞发声器或声级标准器）进行绝对声K级校准。第二种方法校准的准确性高，是经常采用的方法。

测量时，在声级计周围应尽量避免有高大建筑物，同时测试者也应尽可能远离声级计。只有当反射波到达声级计处所经过的路程是直达波到达声级计处所经过路程的3倍以上时，反射波产生的误差才可以忽略不计。

声级计的品种很多。常用的声级计中比较先进的有HS6288多功能噪声分析仪（袖珍式智能化，2型），HS5670脉冲积分式声级计（精密便携式），HS5633数字式声级计（普通声级计，2型），B&K2238，2239，2240精密型声级计及LA5100、HS5660A等。

图11-5为丹麦B&K公司的2238型精密型声级计。该声级计自带内存，除了能进行常规的噪声测量外，还可以通过专用的软件包生成周期报表，进行统计，记录$L_{eq}$和两个外部参数（如风速和温度），长时间监测噪声，并用软件自动进行1倍频程和1/3倍频程扫描分析。

图11-6为HS5660A型精密脉冲声级计。它是一种便携式声学测量仪器，由电表及液晶显示器同时读出测量结果。可用来测量和分析环境噪声。特别是它的脉冲特性可以精确地测量冲击声和短持续时间的噪声，如枪炮声、冲压机声、爆炸声、打字机与电传打字机等噪声。它内藏1000Hz正弦校正信号，可进行参考校准。它还可以与HS5721型1倍频程滤波器或HS5731型1/3倍频程滤波器构成一个操作简便的便携式频谱分析仪。该仪器符合IEC61672标准及GB3785《声级计的电、声性能及测试方法》中对1型声级计的要求。

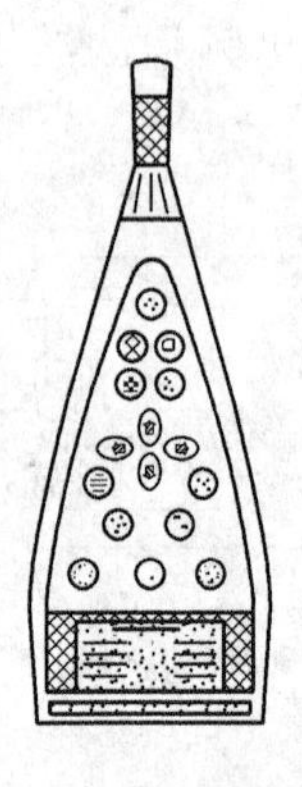

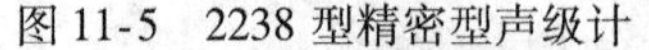

图11-5　2238型精密型声级计

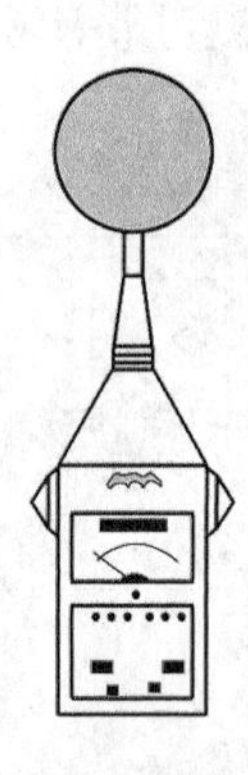

图11-6　HS5660A型精密脉冲声级计

频谱分析仪是用来分析噪声频谱的仪器，它主要由测量放大器和滤波器构成。若噪声通过一组1倍频程带通滤波器，则得到1倍频程噪声频谱；若通过一组1/3倍频程带通滤波器，则得到1/3倍频程噪声频谱；若通过一组窄带滤波器，则得到窄带噪声频谱。

倍频程分析常用来评价机械设备的噪声容许标准和噪声控制标准。根据倍频程分析的不同要求及场合，可供选择的频谱分析仪还有恒定百分比带宽的窄带连续扫描分析仪、外差式连续扫描分析仪以及实时分析仪。例如日本小野公司的LA－O5631/1实时倍频程分析仪和LA－O5641/3实时倍频程分析仪。构成频谱分析仪的滤波器还有日本小野公司的LA－O5621/3倍频程滤波器，LA－O5611/1倍频程滤波器等。

值得注意的是现代较先进的声级计结合了计算机技术，常常自带频谱分析和记录功能。

## 三、噪声的测量方法

环境噪声的测量一般按布点、测量和数据处理三个步骤进行。

### （一）测点的选择

传声器与被测机械噪声源的相对位置对测量结果有显著影响。为此，必须标明传声器离开噪声源的距离。测点选择的一般原则如下：

1）一般宜选在距机器表面1.5m，并离地面1.5m处。若机器本身尺寸很小（如小于0.25m）则测点应在距机器表面较近的如0.5m处，但应注意测点与试验室（或一般车间建筑）内反射面相距在2～3m以上。

2）测点应在所测机器规定表面的四周均布，一般不应少于4点。如相邻测点测得声级相差5dB以上时，应在其间增加测点。机器的噪声级应取各测点的算术平均值。

3）当机器的各个噪声源相距较近时，如小型液压系统的液压泵及其驱动电动机是两个相距很近的噪声源，测点应很接近所需测量的噪声源，如相距0.2m或0.1m。

4）机器噪声大时，测点宜取在相距5～10m处。对于行驶的机动车辆，测点应距车体7.5m，并高出地面1.2m处。

5）为研究机械噪声对操作人员的影响，可把测点选在工人经常所在的位置。传声器放在操作人员的耳位，以人耳的高度（平均取1.5m）为准，选择数个测点，如工作台、机器旁等位置。

### （二）背景噪声的修正

测量机械噪声时，背景噪声应低于所测机器噪声10dB以上。否则应在所测总的噪声中减去背景噪声的扣除值$\Delta L'$，见表11-2。

### （三）电源、风、气流、磁场等的影响

电源、风、气流、磁场等因素都会给噪声测量结果带来影响，特别是风和气流。在有风的环境下测量噪声时，风压作用到传声器的膜片上产生风噪声，直接影响测量结果。此时在传声器上装上一只风罩，就能提高在风环境下测量的准确性，声量却衰减很小。若风速太大，一般不应进行测量。

### （四）试验室的修正

当选取一般生产车间或其他建筑物作为机械噪声现场测量的场所时，需使声音的混响小于3dB（A）。为此，要求现场测量的试验室容积$V$（$m^3$）与机器规定表面积$A$（$m^2$）之比足够大。所谓规定表面就是布置测点的假想表面，其表面积$A$按下式计算：

$$A = 2ac + 2bc + ab \tag{11-14}$$

式中，$a$为有效长度，即机器长度加两倍的测点距离（m）；$b$为有效宽度，即机器宽度加两倍的测点距离（m）；$c$为有效高度，即机器高度加测点距离（m）。

为修正试验室对机械噪声测量的影响，需在实测值中减去试验室的修正值$L_2$。$L_2$值与试验室内壁吸声效果以及$V/A$值有关，如表11-6所示。

**表 11-6　机械噪声试验室修正值 $L_2$ 与 $V/A$ 值的关系**　　（单位：dB）

<table>
<tr><td>试验室声学特性</td><td colspan="11">试验室容积与规定表面积之比（V/A）<br>32　50　80　125　200　320　500　800　1250<br>25　40　62　100　160　250　400　630　1000</td></tr>
<tr><td>容积大，并带有强反射壁面，如砖砌墙、平滑的混凝土、瓷砖、打蜡地面等</td><td colspan="3"></td><td colspan="2">$L_2=3$</td><td colspan="2">$L_2=2$</td><td colspan="3">$L_2=1$</td><td colspan="1">$L_2=0$</td></tr>
<tr><td>一般性房间，既无强反射性壁面，也未经吸声处理</td><td colspan="2"></td><td colspan="1">$L_2=3$</td><td colspan="3">$L_2=2$</td><td colspan="3">$L_2=1$</td><td colspan="2">$L_2=0$</td></tr>
<tr><td>四周全部或部分经简易的吸声处理</td><td colspan="1"></td><td colspan="1">$L_2=3$</td><td colspan="2">$L_2=2$</td><td colspan="4">$L_2=1$</td><td colspan="3">$L_2=0$</td></tr>
</table>

环境噪声的测量一般为A声级的测量。A声级的测量现场一般声源多，空间有限，很难达到自由声场条件，而多为混响声场。为了尽量减小周围反射声的干扰，对工业产品噪声的测量一般多采用近声场测量法，即传声器应尽量接近被测声源，以获取足够大的直射声音，但传声器也不能距被测声源太近，以免声场不稳定。机器周围的测点不应太少，应能表征机器噪声在各方向上的分布情况，即声源的指向性。

若为了解噪声对人体健康的影响，则应在操作者操作位置或经常操作活动的范围内，以人耳高度为准选择数个测点；若需要了解机器噪声对周围环境的污染，则测点应选在需要了解的地点处。

在我国的一些产品噪声标准中，常以噪声最大方向上所取测点的A声级值作为对该产品的噪声评价，对于有噪声检测规范规定的某些产品，其噪声测量应按相应检测规范进行。

## 第三节　大气污染的监测

大气是指包围在地球周围的气体，其厚度达1000～1400km。其中，对人类及生物生存起着重要作用的是近地面约10km内的气体层（对流层），常称这层气体为空气层。空气层的质量占大气总质量的95%左右。在大气污染监测中，“大气”一般指“空气”。

大气是由多种物质组成的混合物。清洁干燥的大气主要组分（体积比例）是氮78.06%、氧20.95%、氩0.93%。这三种气体的总和约占总体积的99.94%。此外大气中还往往含有水蒸气，从0.02%到0.46%不等。

随着工业及交通运输等事业的迅速发展，特别是煤和石油的大量使用，已产生了大量有害物质，如烟尘、二氧化硫、氮氧化物、一氧化碳、碳氢化合物等。这些有害物质持续不断地排放到大气中。当其含量超过环境所能允许的极限并持续一定时间后，就会改变大气，特别是空气的正常组成，破坏自然的物理、化学和生态平衡体系，从而危害人们的生活、工作和健康，损害自然资源及财产、器物等。这种情况即被称为大气污染或空气污染。

## 一、大气污染形式和监测项目

大气污染物的种类不下数千种，已发现有危害作用而被人们注意到的就有一百多种，其中大部分是有机物。依据大气污染物的形成过程，可将其分为一次污染物和二次污染物。一次污染物是直接从各种污染源排放到大气中的有害物质，常见的主要有二氧化硫、氮氧化物、一氧化碳、碳氢化合物、颗粒性物质等。二次污染物是一次污染物在大气中相互作用，或它们与大气中的正常组分发生反应所产生的新污染物。这些新污染物与一次污染物的化学、物理性质完全不同，多为气溶胶，具有颗粒小、毒性一般比一次污染物大等特点。常见的二次污染物有硫酸盐、硝酸盐、臭氧、醛类、过氧乙酰硝酸酯（PAN）等。

大气中污染物质的存在状态是由其自身的理化性质及形成过程决定的，气象条件也起一定的作用。一般将它们分为分子状态污染物和粒子状态污染物两类。某些物质如二氧化硫、氮氧化物等沸点都很低，在常温、常压下以气体分子形式分散于大气中。还有些物质如苯、苯酚等，因其挥发性强，能以蒸气态进入大气中。无论是气体分子还是蒸气分子，都具有运动速度较大、扩散快、在大气中分布比较均匀的特点。粒子状态污染物（或颗粒物）是分散在大气中的微小液体和固体颗粒，粒径多在0.01～100μm之间，是一个复杂的非均匀体系。通常，根据颗粒物在重力作用下的沉降特性将其分为降尘和飘尘。粒径大于10μm的颗粒物能较快地沉降到地面上，称为降尘。粒径小于10μm的颗粒物称为$PM_{10}$，它可长期飘浮在大气中，称为飘尘，又称为可吸入颗粒物。飘尘具有胶体性质，故又称气溶胶。通常所说的灰尘、烟、雾、霾等就是用来描述飘尘存在形式的。其中$PM_{2.5}$是指大气中直径小于或等于2.5μm的颗粒物，因能够进入人体肺泡，故被定义为可入肺颗粒物。$PM_{2.5}$的主要来源为日常发电、工业生产、汽车尾气排放等过程中经过燃烧而排放的残留物，大多含有重金属等有毒物质。虽然$PM_{2.5}$只是地球大气成分中含很少的组分，但由于大部分有害元素和化合物都富集在细颗粒物上，而随着粒径的减小，细颗粒物在大气中的存留时间和呼吸系统对其的吸收率也随之增加。因此，相对于TSP（总悬浮颗粒物）和$PM_{10}$，粒径较小且毒性较大的$PM_{2.5}$对空气污染、大气能见度、人体健康以及大气能量平衡影响更大。目前，$PM_{2.5}$已成为国内外城市大气的首要污染物，是大气气溶胶研究的热点和前沿。

与其他环境要素中的污染物质相比较，大气中的污染物质具有随时间、空间变化大的特点。了解该特点，对于获得正确反映大气污染实况的监测结果具有重要意义。

空气污染物的时空分布及其浓度与污染物排放源的分布、排放量及地形、地貌、气象等条件密切相关。污染源的类型、排放规律及污染物的性质不同，其时空分布特点也不同。就污染物的性质而言，质量轻的分子态或气溶胶态污染物高度分散在空气中，易扩散和稀释，随时空变化快；质量较重的尘、汞蒸气等，扩散能力差，影响范围较小。

为反映污染物浓度随时间变化，在空气污染监测中提出时间分辨率的概念，要求在规定的时间内反映出污染物浓度变化。例如，了解污染物对人体的急性危害，要求分辨率为3min；了解化学烟雾剂对呼吸道的刺激反应，要求分辨率为10min。在“环境空气质量标准”中，要求测定污染物的瞬时最大浓度及日平均、月平均、季平均、年平均浓度，也是为了反映污染物随时间变化的情况。

大气污染源可分为自然源和人为源两种。自然污染源是由于自然现象造成的，如火山爆发、森林火灾等。人为污染源是由于人类的生产和生活活动造成的，是大气污染的主要来源，主要有工业企业排放的废气，如粉尘、$SO_2$、$NO_x$、CO、$CO_2$等，其次是工业生产过程中排放的多种有机和无机的污染物质。家庭炉灶与取暖设备是人类生活排放的废气的主污染源。这类污染源数量大、分布广、排放高度低，排放的气体不易扩散，在气象条件不利时往往会造成严重的大气污染，是低空大气污染不可忽视的污染源。排气中的主要污染物是烟尘、$SO_2$、CO、$CO_2$等。另外，室内装修使用的化学建材和装饰材料中的油漆、胶合板、内墙涂料、刨花板中也含有挥发性有机物，如甲醛、苯、氯仿等有害物质，长期污染室内空气。交通车辆、轮船、飞机都会排出废气。其中，汽车数量最大，排放的污染物最多，并且集中在城市，故对大气环境特别是城市大气环境影响大。在一些发达国家，汽车尾气已成为一个严重的大气污染源。

存在于大气中的污染物质多种多样，应根据优先监测的原则，选择那些危害大、涉及范围广、已建立成熟的测定方法，并有标准可比的项目进行监测。表11-7和表11-8列出我国《环境监测技术规范》中规定的例行监测项目。

**表11-7　连续采样实验室分析项目**

| 必 测 项 目 | 选 测 项 目 |
|---|---|
| 二氧化硫、氮氧化物、总悬浮颗粒物、硫酸盐化速率、灰尘自然降尘量 | 一氧化碳、飘尘、光化学氧化剂、氟化物、铅、汞、苯并［a］芘、总烃及非甲烷烃 |

**表11-8　大气环境自动监测系统监测项目**

| 必测项目 | 选测项目 |
|---|---|
| 二氧化硫、氮氧化物、总悬浮颗粒物或飘尘、一氧化碳 | 臭氧、总碳氢化合物 |

## 二、大气监测原理和方法

大气污染物的载体是具有流动性和弥漫性的空气，污染物含量又随时空变化，污染源也不同。大气监测一般采用连续自动监测技术为主导，以自动采样和被动式吸收采样－实验室分析为基础。为了保证监测结果的有效性，大气监测应包括调研、布点、采样和测试4步。

通过调研，首先弄清监测区内污染源的类型、数量、位置、排放的主要污染物及排放量，合理布设采样点。

采样点数目由经济投资和精度要求来决定。一般根据监测范围大小、污染物的空间分布特征、人口分布及密度、气象、地形及经济条件等因素综合考虑确定具体数目。对大多数空气质量监测来说，健康影响是个普遍考虑的问题，因此设立监测点必须保证监测能如实地反映公众在污染物中的暴露情况。

采样法分为直接采样法和富集浓缩采样法两类。

当空气中的被测组分浓度较高或检测方法灵敏度较高时，可直接采集少量气样。这时测得的结果是瞬时浓度或短时的平均浓度，能较快得到监测结果。当空气中污染物的浓度不能满足监测分析的检出限要求时，必须用富集浓缩采样法对空气中的污染物进行浓缩。富集采样时间长，测得的结果代表采样时间的平均浓度。

空气的污染物是多种多样的。不同的污染物有不同的监测分析方法。表 11-9 列出了空气污染物的主要监测分析方法。

从测试原理看，大气污染与水污染是类似的。本节介绍两种吸收光谱法和两种电化学分析法。在下一节中再介绍发射光谱法、色谱法和质谱法等等。

**表 11-9 空气污染物的主要监测分析方法**

| 污染物 | | 连续采样 - 实验室分析 | 自动监测 |
|---|---|---|---|
| 颗粒状 | 自然降尘 | 重量法（GB/T 15265—1994） | |
| | 可吸入颗粒（$PM_{10}$和$PM_{2.5}$） | 大流量（或小流量）采样 - 质量法（GB/T 15432—1995），压电晶体振荡法，β 射线吸收法 | 颗粒物自动监测仪 |
| | 总悬浮颗粒（TSP） | 大流量（或中流量）采样 - 质量法（GB/T 15432—1995） | 颗粒物自动监测仪 |
| 气态或蒸气态 | 二氧化硫（$SO_2$） | 四氯汞盐吸收副玫瑰苯胺分光光度法（GB 8970—1988），甲酸吸收副玫瑰苯胺分光光度法（GB/T 15262—1994），被动式吸收采样 - 离子色谱法 | 紫外荧光法（ISO/CD 10498） |
| | 氮氧化物（$NO_x$） | 盐酸萘乙二胺分光光度法，原电池库仑滴定法 | 化学发光法（ISO 7996） |
| | 一氧化碳（CO） | 非分散红外吸收法（GB 9801—1988），气相色谱法，汞置换法 | 非分散红外吸收法（GB 9801—1988） |
| | 光化学氧化剂和臭氧（$O_3$） | 硼酸 - 碘化钾分光光度法，靛蓝二磺酸钠分光光度法（GB/T 15437—1995），紫外分光光度法，化学发光法 | 紫外光度法（GB/T 15438—1995）化学发光法 |
| | 氟化物 | 石灰滤纸 - 氟离子选择电极法（GB/T 15433—1995），滤膜 - 氟离子选择电极法（GB/T 15434—1995） | |
| | 总烃（THC）及非甲烷烃（NMHC） | 热解吸收样 - 气相色谱法，直接进样 - 气相色谱法 | 气相色谱法 |
| | 二氧化碳（$CO_2$） | 气相色谱法 | 气相色谱法 |
| | 汞 | 巯基棉富集 - 冷原子荧光分光光度法，金膜富集 - 冷原子吸收分光光度法，石墨炉原子吸收分光光度法 | |
| | 砷 | 原子荧光光谱法 | |
| | 铅 | 火焰光度原子吸收光度法（GB/T 15264—1994） | |
| | 硫酸盐化速率 | 二氧化铅 - 质量法，碱片 - 质量法，碱片 - 铬酸钡分光光度法 | |
| | 挥发性有机物 | 气相色谱 - 质谱法 | |
| | 恶臭（有毒有机物） | 三点比较式臭袋法，嗅觉传感器法，气相色谱 - 质谱（GC - MS），液相色谱法（HPLC），离子色谱法，分光光度法 | |

## 三、光谱测试技术及仪器

### （一）吸收光谱测试原理

物质的发射、吸收、散射的光辐射，其频率和强度与物质的成分、含量或结构有确定的关系。光辐射按波长的有序排列称为光谱。光谱常呈现为若干间隔不同的平行线（谱线）的排列图。自然界中不同元素或化合物（不论是天然的还是人工合成的）的光谱都有各不相同的特征，称为光谱的指纹性。因此，根据光谱产生的条件、光谱中各谱线的频率和强度变化等方面的观测数据，可直接获得有关物质的成分、含量、结构、表面状态、运动情况、化学或生化反应过程等方面的有用信息。

测量用的光谱可分为发射光谱、吸收光谱、散射光谱、荧光光谱等。

实验证明，物质吸收的光能量与光线在其中通过的路程 $l$ 成正比。设波长为 $\lambda$、强度为 $I$ 的单色光透过浓度为 $c$ 的吸收物质，经过 $l$ 长的路程后，出射光强为 $I_0$，则

$$I_0 = I10^{-acl} \tag{11-15}$$

式中，$a$ 为该物质在波长 $\lambda$ 处的吸收系数，同一种物质对不同波长光的吸收系数不同。这一关系常称为朗伯－比尔定律。

为表达光吸收的相对程度，实用上常用透射率 $T$ 和吸光度 $A$ 表示：

$$T = \frac{I_0}{I} \times 100\% = 10^{-acl} \tag{11-16}$$

$$A = \lg\frac{1}{T} = \lg\frac{I}{I_0} = -\lg T = acl \tag{11-17}$$

式中，$T$ 值无单位；$A$ 值常标以 Abs（Absorbance 的缩写），若试样的 $T = 10\%$，则 $A$，1Abs。

由于一般 $I_0 \leqslant I$，所以 $A \geqslant 0$。且吸光度 $A$ 越大，表示该物质对光的吸收程度也越大。

某一波长的单色光，当通过含有几种吸光物质的吸收介质时，只要这些吸光物质的各组分之间无相互作用，则吸光介质对光的总吸光度等于介质中各组分吸光度之和，称此为吸光度的加合性。如总吸光度为 $A$，则

$$A = \sum_{i=1}^{n} A_i = \sum_{i=1}^{l} a_i c_i l \tag{11-18}$$

### （二）吸收光谱测试方法

吸收光谱测试的目的是测量特定波长光波通过样品后的强度。吸收光谱测试流程如图11-7所示。

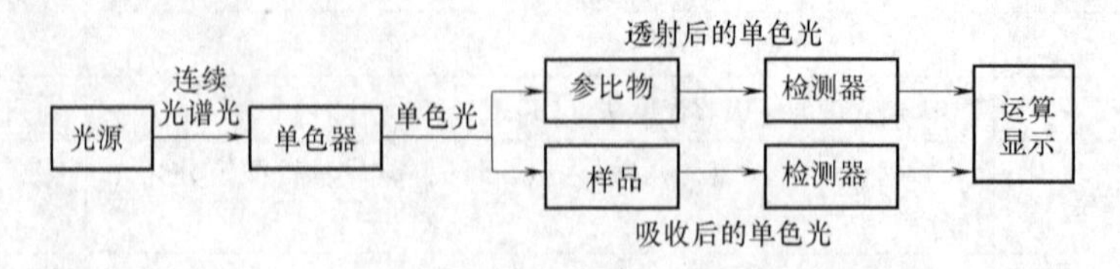


图 11-7 吸收光谱测试流程

作为光源的钨丝灯或氘灯发出的光谱连续的光束，通过单色器成为具有特定波长的单色光。单色光若透过样品时，一部分光被吸收，透射出光束的光强减弱，由检测器测出此减弱后的光强。采用单光束时，单色光透过参比物，没有光被吸收，检测器测出的是全部光强（即样品入射光强）。两者相比，就确定了样品的吸光度。采用双光束时，另一束频率不同的单色光透过样品后被检测器测出光强。由透过样品的两束光光强可确定样品的吸光度。

考虑到光源和检测器的实际波动、试样特性、试样和参比物的匹配，根据不同的测量要求，可采用不同的测量方法。

1. *单波长测量法* 单波长法测量时仅某一波长的光束通过样品池和参考池。其光路可分为单波长单光束和单波长双光束两种形式。

单波长单光路测量方法如图 11-8 所示。由单色器射出的单色光交替通过样品池和参考池（通常称为吸收池或比色皿）后射到光电探测器上，在每一个要求的波长处依次测量样品和参考物的透过率。这种方式简便，但是光源和检测系统的波动对测量结果影响较大，精度不高。

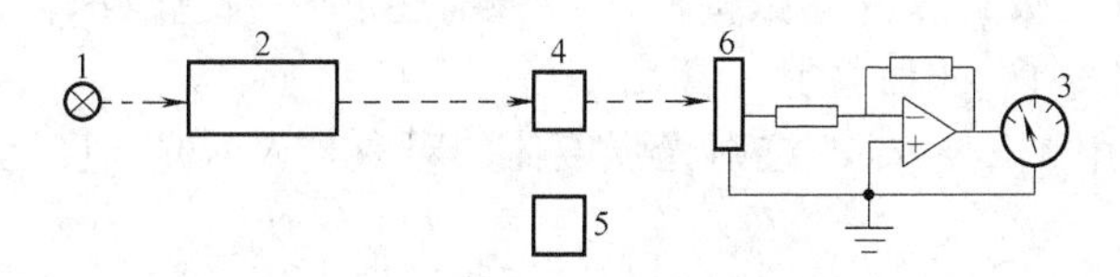


图 11-8 单波长单光束测量方法

1—光源 2—单色器 3—指示表 4—样品池 5—参考池 6—光电探测器

为克服单光束的缺点，可采用双光束测量方法，如图 11-9 所示。由单色器射出的单色光被切光器分成两路，分别迅速地反复依次通过样品池和参考池。这两束光被另一个机械切光器 6（与切光器 3 同步），在不同时间内由同一个光电探测器接受，并放大后送入指示表。这种方式比单光束法对电源和检测系统的波动要求低，有较高的测量精度，是目前应用最广的一种测量方式。

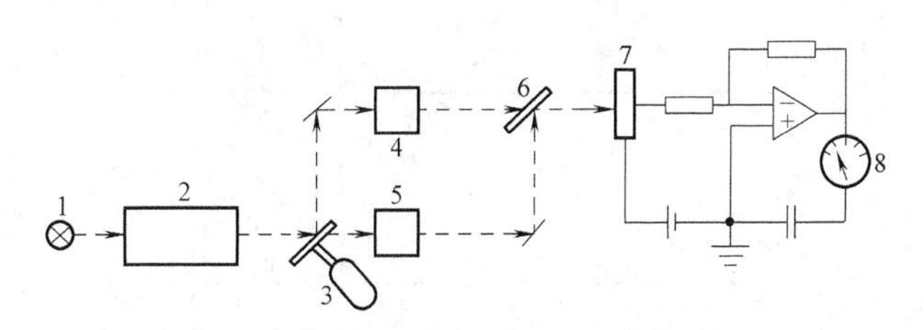


图 11-9 单波长双光束测量方法

1—光源 2—单色器 3—切光器 4—样品池 5—参考池 6—切光器 7—光电探测器 8—指示表

2. *双波长测量法* 单波长分光光度法要求试样本身透明。如果试样溶液在测量过程中逐渐产生浑浊，便无法正确进行测量。对于吸收峰相互重叠的组分或背景很深的试样分析，也难以得到准确的结果。此外，在单波长分光光度法中，由于样品池和参考池之间不匹配，样品溶液和参比溶液在组成上的不一致，导致对微小吸光度（$A<0.01$）的测量产

生较大的误差。双波长分光光度法（简称双波长法）不使用参考池，而是使用两束不同频率的单色光。这样就在一定程度上克服了单波长分光光度法的局限性，扩大了分光光度法的应用范围，在选择性、灵敏度和测量精密度等方面都比单波长法有进一步的改善和提高。

如图11-10所示，从光源发出的光分成两束，通过各自的单色器，成为波长分别为$\lambda_1$和$\lambda_2$的两束单色光。经过切光器的调制，两束单色光以一定的时间间隔交替通过盛有试样溶液的同一吸收池。透射光受到检测器的光电转换系统和电子控制系统的作用，得到$\lambda_1$和$\lambda_2$的吸光度差为

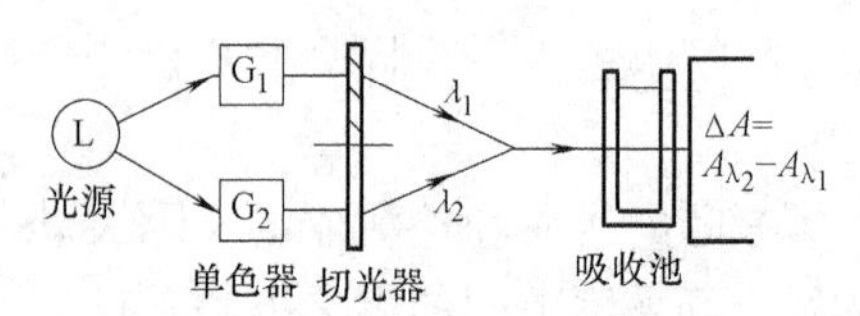


图11-10 双波长分光光度法原理

$$\Delta A = A_{\lambda_2} - A_{\lambda_1} = (\varepsilon_{\lambda_2} - \varepsilon_{\lambda_1}) lc \tag{11-19}$$

式中，$\varepsilon_{\lambda_2}$，$\varepsilon_{\lambda_1}$分别表示在$\lambda_2$、$\lambda_1$处待测物的摩尔吸光系数；$l$、$c$分别表示吸收池内液层厚度和待测物的浓度。

摩尔吸光系数是有色物质在一定波长下的特征常数。它表示物质浓度为1mol/L，液层厚度为1cm时溶液的吸光度。其数值越大，该有色物质颜色越深，该光度分析法的灵敏度越高。因此，测得了$\Delta A$后就能计算出$c$。

吸光度差$\Delta A$可用$\lambda_1$、$\lambda_2$处的透射光强度比的对数与入射光强度比的对数之差表示：

$$\Delta A = \lg \frac{I_{\lambda_1}}{I_{0\lambda_1}} - \lg \frac{I_{\lambda_2}}{I_{0\lambda_2}} = \lg \frac{I_{\lambda_1}}{I_{\lambda_2}} - \lg \frac{I_{0\lambda_1}}{I_{0\lambda_2}} \tag{11-20}$$

式中，$I_{\lambda_1}$和$I_{\lambda_2}$分别为$\lambda_1$、$\lambda_2$处的入射光强度；$I_{0\lambda_1}$和$I_{0\lambda_2}$分别为$\lambda_1$、$\lambda_2$处的透射光强度。

**（三）分光光度计结构和工作原理**

分光光度法使用的仪器称为分光光度计，简称分光计。如上所述，分光光度计分成单光束和双光束两种。其工作原理可参见图11-8、图11-9和图11-10。分光光度计一般由光源、单色器、吸收池、检测器和信号指示系统5部分组成。图11-11、图11-12、图11-13分别为各种类型分光光度计的光学系统。

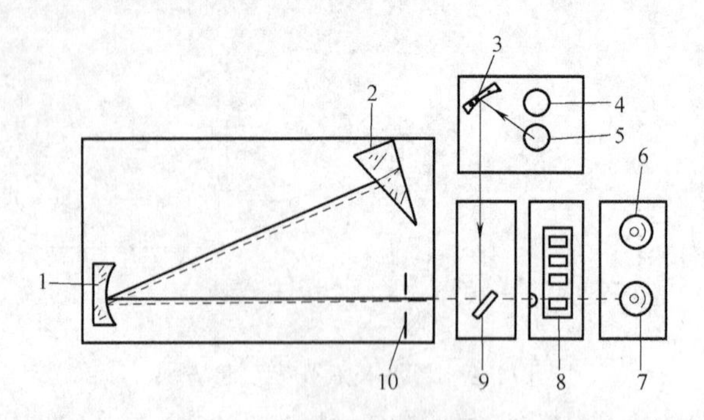


图11-11 单光束紫外－可见分光光度计光学系统（751型等）

1—准光镜 2—石英棱镜 3—凹面反射镜 4—钨灯 5—氢灯 6—红敏光电管 7—紫敏光电管 8—吸收池架 9—平面反射镜 10—狭缝

通常在可见光区用6～12V钨丝灯或卤钨灯发出波长为320～2500nm的连续光谱作为光源。在近紫外区常采用氢灯或氘灯发出180～375nm的连续光谱作为光源。

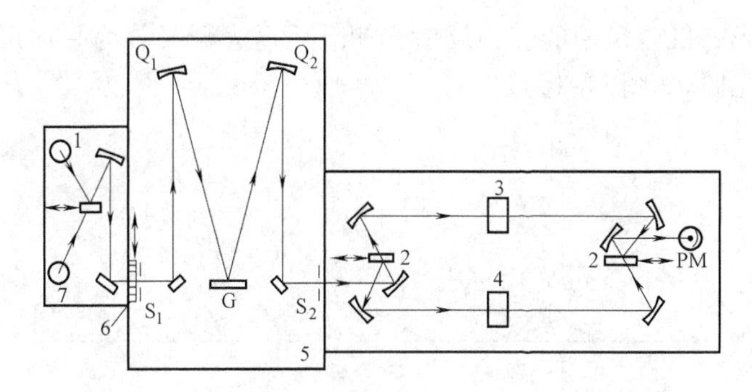


图 11-12　双光束分光光度计光学系统（WFD10 型）

$S_1$、$S_2$—单色器进出口狭缝　PM—光电倍增管　$Q_1$、$Q_2$—凹面反射镜　G—光栅

1—钨灯　2—切光器　3—空白　4—样品　5—光栅单色仪　6—滤色片　7—氢灯或氘灯

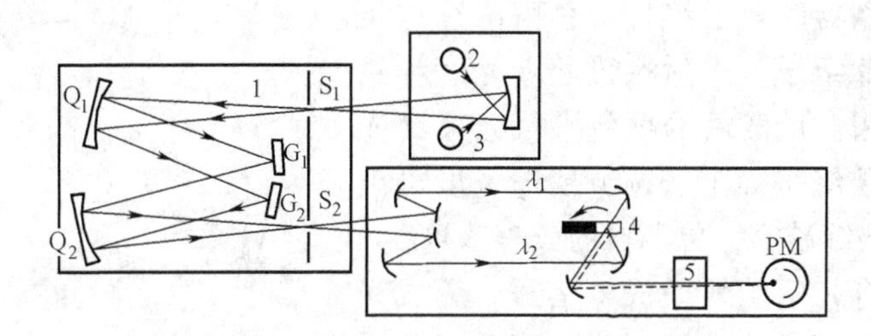


图 11-13　双波长分光光度计典型光学系统

$S_1$、$S_2$—单色器进出口狭缝　$Q_1$、$Q_2$—凹面反光镜　$G_1$、$G_2$—光栅　PM—光电倍增管

1—双光栅单色器　2—钨灯　3—氢灯或氘灯　4—切光器　5—吸收池

吸收池即比色皿，是由透明、无色、耐腐蚀的玻璃制成，厚度分为 0.5cm、1cm、2cm、3cm、5cm 几种。使用时应注意保持清洁、透明，避免磨损透光面。在紫外区应使用石英比色皿。

分光光度计的关键问题是如何把光源发出的连续光谱的光分解为单色光。这样才能产生表征溶液中污染物浓度的吸收光谱。这一功能由单色器完成。单色器由入口狭缝，准直元件、色散元件，聚焦元件、出口狭缝组成。入口狭缝限制杂散光进入单色器。准直元件（镜）将入射光变成平行光。色散元件将连续光谱的光色散分光为单色光。通过转动色散元件，可把色散后形成光谱中各种波长的光束，顺序地从出口狭缝中射出。色散元件的转动角度由波长刻度盘读出，从而显示出射光的波长。聚焦元件将分解后的单色光聚焦到出口狭缝上。单色器的核心部分是色散元件，它决定了分度计的分辨率。色散元件可以采用棱镜或光栅，如图 11-14 所示，也可采用滤光片。

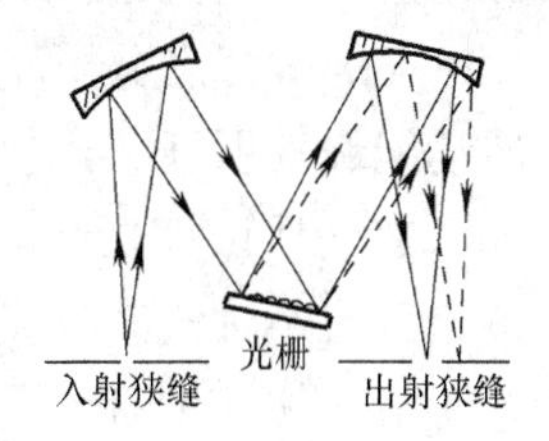


图 11-14　光栅组成的单色器（策尼 - 特奈装置）

棱镜所获得的是非匀排光谱，因此棱镜的分辨率（将两条相邻谱线分开的能力）随波长而变化，用得不多。光栅是广泛使用的色散元件，即通过光栅的衍射将连续光谱的光

分为一连串单色光。目前采用的多为反射光栅。反射光栅又分为平面反射光栅（图11-15）和凹面反射光栅。(图11-16)。

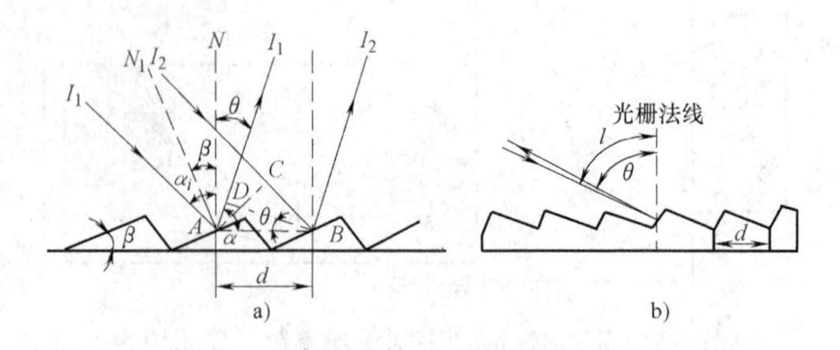


图11-15　平面光栅
a）闪耀光栅　b）中阶梯光栅

狭缝也是单色器的重要组件。它由两片加工成边缘尖锐的钢片组成。入射狭缝起着光度计系统虚拟光源的作用。色散后的单色平行光束（光谱）聚焦到出射狭缝平面上。调节狭缝宽度可以调节出射光强。狭缝越窄，单色器的分辨率越高。

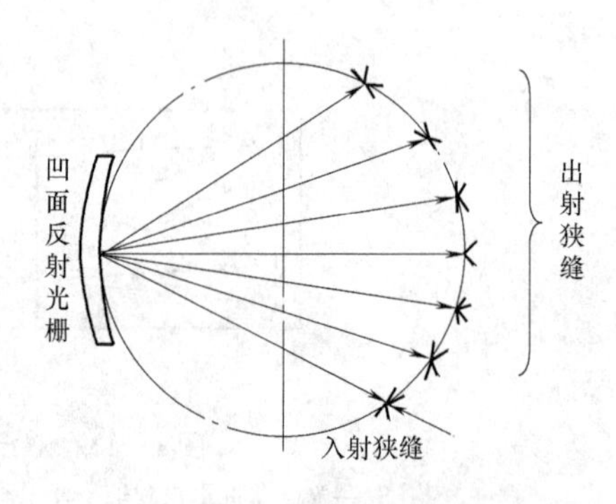


图11-16　凹面反射光栅

检测器用来将光信号转换成电信号，分成光检测器和热检测器两类。光检测器又可分成单道型和多道型（阵列型）。单道型有光电池、光电管、光电倍增管等。阵列型有光敏二极管阵列和电荷转移元件阵列（CCD、CMOS）等。热检测器有真空热电偶检测器和热电检测器。真空热电偶检测器常用于红外分光光度计。热电检测器利用热电材料的热敏极化，例如电容的改变，将光辐射的热能转变为电信号。

**（四）非色散红外吸收法**

1. 非色散红外吸收法原理　非色散红外吸收法并不使用色散元件，也不使用光电探测器测量吸收光谱的强度，而是利用“一定带宽红外光源光强－热膨胀－变形－电容变化”原理直接指示光强变化的影响，显示气态污染物的浓度。

CO、$CO_2$等气态分子受到红外辐射时，吸收各自特征波长的红外光，引起分子振动能级和转动能级的跃迁，产生红外吸收光谱。在一定浓度范围内，吸收光谱的峰值（吸光度）与气态物质浓度之间的关系符合朗伯－比尔定律。

测定含有某种气态物质空气的吸光度即可确定该气态物质的浓度。由于红外波谱一般为1～25μm，测定时无须用分辨率高的分光系统，只需用一定带宽的非色散红外光源、窄带滤光片及选择性检测器即可，故称为非色散红外法（也称非分散红外法）。

CO的红外吸收峰在4.5μm附近，$CO_2$在4.3μm附近，水蒸气在3μm和6μm附近。空气中水蒸气和$CO_2$的浓度远大于CO的浓度，干扰CO的测定。此外悬浮颗粒物也干扰测定。故在测定CO前应使用变色硅胶或无水氯化钙过滤管除去水蒸气，用玻璃纤维滤膜去除颗粒物，并用窄带光学滤光片或气体滤波室将红外辐射限制在CO吸收的窄带光范围内，以便消除$CO_2$的干扰。

2. *非色散红外吸收仪器*　非色散红外吸收法CO监测仪的工作原理如图11-17所示。从红外光源发射出能量相等的两束平行光，被同步电动机M带动的切光片交替切断，即被斩波成频率一定的断续光束。其中一束光作为参比光束首先通过滤波室、参比室，最后射入检测室；另一束光作为测量光束，通过滤波室、测量室射入检测室。滤波室用以消除干扰光。参比室内充满不吸收红外光的气体，如氮气，使特征吸收波长光强度不变。测量室内气样中的CO吸收了部分特征波长的红外光，使光强减弱。气样中CO含量越高，光强减弱越多。检测室用一厚5~10μm的金属薄膜分隔为上、下两室，均充满等浓度CO气体。在金属薄膜一侧固定一圆形金属片，距薄膜0.05~0.08mm，二者组成一个电容器。这种检测器称为电容检测器或薄膜微音器。由于射入检测室的参比光束强度大于测量光束强度，使两室中气体的温度产生差异，导致下室中的气体膨胀压力大于上室，使金属薄膜偏向固定金属片一方，从而改变了电容器两极间的距离，也就改变了电容量，由其变化值即可得出式样中CO的浓度值。

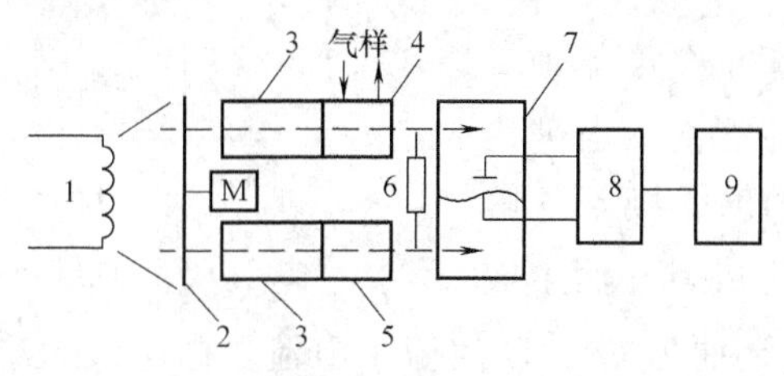


图11-17　非色散红外吸收法CO监测仪的工作原理

1—红外光源　2—切光片　3—滤波室　4—测量室　5—参比室
6—调零挡板　7—检测室　8—放大及信号处理系统　9—指示表及记录仪

3. *测试方法*　测定时，先通入纯氮气进行零点校正，再用标准CO气体标定CO含量和指示表读数的关系，然后通入气样，便可直接显示并记录气样中CO的体积分数（$\varphi$），以μL/L计。最后按式（11-21）将其换算成标准状态下的质量浓度（单位为$mg/m^3$）：

$$\rho_{CO}=1.25\varphi \tag{11-21}$$

式中，1.25为标准状态下由μL/L换算成$mg/m^3$的换算系数。

## 四、电化学测试技术

### （一）定电位电解法

$SO_2$的定电位电解测试原理如图11-18所示。传感器有三个电极：参比电极R、敏感电极S和对电极C。被测气体由进气孔通过渗透膜进入电解槽，电解液扩散吸收的$SO_2$与水分子发生氧化反应，生成离子：

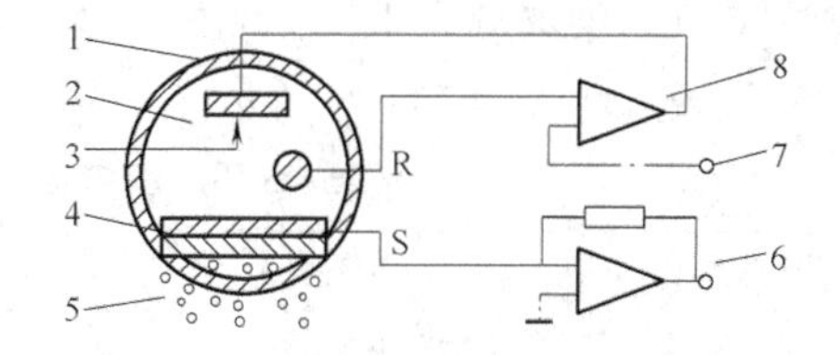


图11-18　$SO_2$的定电位电解测试原理

1—电解槽　2—电解液　3—电极C　4—过滤层
5—被测气体　6—信号输出　7—基准电位　8—放大器

$$SO_2+2H_2O \xlongequal{} SO_4^{2-}+4H^++2e^-$$

反应产生的极限扩散电流$i$在一定范围内与$SO_2$的浓度成正比。测试电流就能测定被测气体中$SO_2$的含量。本法检出限为$0.003mg/m^3$，测定范围$0.003\sim6mg/m^3$。

**（二）原电池库伦滴定法**

滴定分析是化学分析中重要的分析方法。它是将一种已知准确浓度的试剂溶液（标准溶液，又叫滴定剂），用滴定管滴加到被测物质的溶液中，直到所加试剂与被测物质按化学计量关系定量反应完全为止，然后通过测量所消耗已知浓度的试剂溶液的体积，根据滴定反应式的计量关系，求得被测组分含量的一种分析方法。因为是以测量标准溶液体积为基础的，所以也叫容量分析。

库伦分析法是根据电解过程中消耗的电量，由法拉第电解定律确定物质的量的分析方法。库仑滴定法属于恒电流库伦分析。在特定的电解液中，以电极反应物作为滴定剂（电生滴定剂，相当于化学滴定中的标准溶液）与待测物质定量作用，通过电化学方法或指示剂来指示滴定终点，而不需要其他滴定法中的标准溶液和体积计算。

原电池库仑滴定法的工作原理如图11-19所示。库伦池中有两个电极：一个是活性炭阳极；另一个是铂网阴极。池内充0.1mol/L磷酸盐缓冲溶液（pH=7）和0.3mol/L的碘化钾溶液。当进入库仑池的气样中含有 $NO_2$ 时，则与电解液中的 $I^-$ 反应，将其氧化成 $I_2$，而生成的 $I_2$ 又立即在铂网阴极上还原为 $I^-$，产生微小电流。微电流大小与气样中 $NO_2$ 含量成正比。根据法拉第电解定律将产生的电流换算成 $NO_2$ 的浓度，直接进行显示和记录。测定总氮氧化物时，将气样通过三氧化铬氧化管，将NO氧化成 $NO_2$。

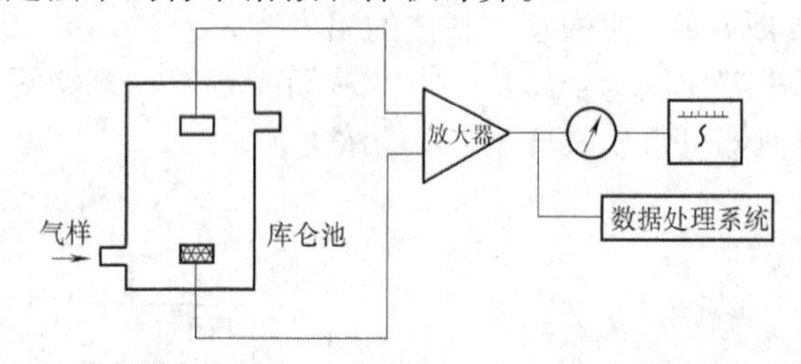


图11-19 原电池库伦滴定的工作原理

**五、室内空气的监测**

室内环境包括居住和生活的房间，工作的工厂及办公场所，公共活动的娱乐、商业、会议场所等等。这些场所是人们接触时间最长、最密切的生存环境。因此，室内空气的污染比室外对人体健康的危害更大。对室内空气的检测应引起更大的重视。

**（一）室内空气污染种类、特点和卫生标准**

室内空气污染物分为4类：无机气体、有机气体、颗粒物和放射性物质。室内空气污染物的种类及来源如表11-10所示。

**表11-10 室内空气污染物的种类及来源**

| 种类 | 污染物名称 | | 来源 |
|---|---|---|---|
| 无机气体 | 二氧化硫 | $SO_2$ | 燃煤，燃气，抽烟，汽车尾气 |
| | 二氧化氮 | $NO_2$ | 燃煤，燃气，复印机，臭氧氧化空气 |
| | 一氧化碳 | CO | 燃煤，燃气，汽车尾气，抽烟，烹调 |
| | 二氧化碳 | $CO_2$ | 燃煤，燃气，抽烟，人呼吸 |
| | 硫化氢 | HS | 燃煤，燃气，人代谢 |
| | 臭氧 | $O_3$ | 家用电器，复印机，紫外灯 |
| | 氨 | $NH_3$ | 建筑材料防冻剂，人代谢 |

（续）

| 种类 | 污染物名称 | | 来源 |
|---|---|---|---|
| 有机气体 | 甲醛 | HCHO | 木质板材，涂料，人造板，内墙涂料，胶黏剂，木器家具，地毯，地毯衬垫，地毯胶黏剂，混凝土外加剂 |
| | 苯 | $C_6H_6$ | 涂料，溶剂型木器涂料，胶黏剂 |
| | 甲苯 | $C_7H_8$ | 涂料，溶剂型木器涂料，胶黏剂 |
| | 二甲苯 | $C_8H_{10}$ | 涂料，溶剂型木器涂料，胶黏剂 |
| | 苯并［a］芘 | B（a）P | 煤气燃烧，食品烧烤，烟熏释放，香烟烟雾，厨房烹调，有机物热解 |
| 颗粒及可挥发性有机物 | 可吸入颗粒 | $PM_{10}$ | 燃料，涂料，抽烟，汽车尾气 |
| | 总挥发性有机物 | TVOC | 溶剂型木器涂料，胶黏剂，聚氯乙烯卷材地板，地毯，地毯衬垫，地毯胶黏剂 |
| 放射性物质 | 氡$^{222}$ | Rn | 混凝土外加剂 |

上述污染物中，特别应重视苯并［a］芘（分子式 $C_{20}H_{12}$）。它的纯品是一种黄绿色的结晶，易吸附在空气中。它是一种强致癌物质。极微量也易引起肺功能下降，肺癌发病率提高。氡已被国际卫生组织确认是除吸烟外导致肺癌的第二大“杀手”，还能导致白血病。此外甲醛已于2004年被国际癌症机构认为是致癌物。

我国对室内空气的污染规定了一系列标准和规范。它们分成三大类：一类直接规定了一般室内空气质量或民用建筑工程室内环境污染控制规范，如表11-10所列的GB/T 18883—2002和卫生部的卫法监发文件［2001］255号；第二类规定了各类公共场所的室内卫生标准（主要为空气）。这些场所有：旅店客房、文化娱乐场所、公共浴室、理发店和美容院（店）、游泳馆、体育馆、图书馆、博物馆、美术馆、展览馆、商场（店）、书店、医院候诊室、公共交通等候室、公交工具室内、饭馆（餐厅）等，如GB 9663—9673，GB 16153—1996等；第三类规定了各种室内建筑材料中有限物质的限值，如GB 18580—18588，GB 6566，GB 50325，以及卫法监发文件［2001］255号等。这些标准和规范很全面、很具体，所以防止室内空气污染的要害在正确检测和坚决执行。

**（二）室内空气污染的检测方法和仪器**

1. 室内空气质量检测要求　室内空气质量监测的对象是具有某一特点的房间或场所内的环境空气。由于污染物随空间和时间变化很大，所以规定值都是累积值，同时对采样也有具体要求。

采样点的数量应根据监测对象的面积大小和现场情况来决定。公共场所可按 $100m^2$ 设2～3个点；居室面积小于 $50m^2$ 的房间设1～3个点，50～$100m^2$ 设3～5个点，$100m^2$ 以上至少设5个点。采样点按对角线或梅花式均匀分布。两点之间相距约5m。为避免室壁的吸附作用或逸出干扰，采样点离墙应不少于0.5m。采样点的高度原则上与人的呼吸带高度一致。

采样方式：①筛选法采样，采样前关闭门窗12h，采样时关闭门窗，至少采样45min；②累积法采样，当采用筛选法采样达不到室内空气质量标准中室内空气监测技术导则规定的要求时，必须采用累积法（按年平均、日平均、8h平均法）的要求采样。要对现场情况、各种污染物以及采样日期、时间、地点、数量、布点方式、大气压力、气温、相对湿度、风速以及采样者签字等做出详细记录。

2. *室内空气质量检测方法* GB/T 18883—2002《室内空气质量标准》详细列出了室内空气质量的表征参数，数值和检测方法。表11-11列出了室内空气质量参数标准检测方法（表中的温度、相对湿度、空气流速和新风量从略）。从检测方法看，主要是分光光度法（含Saltzman法），不分光红外气体分析法（即非色散红外吸收法），液相色谱法，紫外吸收光度法和闪烁瓶法等。除了闪烁瓶法，本书对其他各法都有相应介绍。对于有多个检测方法的项目，尽量选用“第一法”。

对于CO、$CO_2$、$O_3$、和$Rn^{222}$，以及温度、湿度、空气流速等项目，允许使用便携式直读式仪器进行现场实时检测。其他项目不得使用直读式仪器。

**表11-11 室内空气质量参数标准和检测方法**（GB/T 1883—2002附录A）

| 序号 | 参数 | 标准值 | 检验方法标准 |
|---|---|---|---|
| 5 | 二氧化硫$SO_2$ | 0.50mg/m$^3$（1h均值） | GB/T 16128 GB/T 15262<br>（甲醛吸收-副玫瑰苯胺光度法） |
| 6 | 二氧化氮$NO_2$ | 0.24mg/m$^3$（1h均值） | GB/T 12372（改进的Saltzman法） |
| 7 | 一氧化碳CO | 10mg/m$^3$（1h均值） | GB/T 18204.23<br>（不分光气体分析法、气相色谱法） |
| 8 | 二氧化碳$CO_2$ | 0.10%（日平均值） | GB/T 18204.24<br>（不分光气体分析法、容量滴定法） |
| 9 | 氨$NH_3$ | 0.20mg/m$^3$（1h均值） | GB/T 18204.25（靛酚蓝分光光度法） |
| 10 | 臭氧$O_3$ | 0.16mg/m$^3$（1h均值） | GB/T 18204.27<br>（靛蓝二磺酸钠光度法） |
| 11 | 甲醛HCHO | 0.10mg/m$^3$（1h均值） | GB/T 18204.26<br>（酚试剂分光光度法、气相色谱法） |
| 12 | 苯$C_6H_6$ | 0.11mg/m$^3$（1h均值） | GB 11737、GB/T 18883附录B<br>（气相色谱法） |
| 13 | 甲苯$C_7H_8$ | 0.20mg/m$^3$（1h均值） | GB 11737（气相色谱法） |
| 14 | 二甲苯$C_8H_{10}$ | 0.20mg/m$^3$（1h均值） | GB 11737（气相色谱法） |
| 15 | 苯并[a]芘B（a）P | 1.0ng/m$^3$（日平均值） | GB/T 15439（高效液相色谱法） |
| 16 | 可吸入颗粒$PM_{10}$ | 0.15mg/m$^3$（日平均值） | GB/T 17095（撞击式-称重法） |
| 17 | 总挥发性有机物TVOC | 0.60mg/m$^3$（8h均值） | GB/T 18883附录C（气相色谱法） |
| 18 | 细菌总数 | 2500cfu/m$^3$（撞击法） | GB/T 18883附录D（撞击法） |
| 19 | $Rn^{222}$ | 400Bq/m$^3$（年平均值） | GB/T 16147 GB/T 14582<br>（闪烁瓶法、活性炭盒法） |

注：1. cfu（colony forming units）的含义为：用撞击式空气微生物采样器采样，撞击到营养琼脂平板上，经37℃恒温，两昼夜培养后的菌落数。菌落是指细菌经培养基培养后形成的肉眼可见的微生物集团。

2. “Bq”读作“贝克（勒耳）”。1Bq=1/s，即每秒发生一次核衰变。

闪烁瓶法的原理是：用泵将空气引入圆柱形有机玻璃制成的闪烁瓶中，也可以预先将闪烁瓶抽成真空，在现场打开开关，以实现无动力采样。含氡空气样品进入闪烁瓶中后，氡和衰变体发射的 α 粒子使闪烁室壁上的 ZnS（Ag）晶体闪光，光电倍增管把这种光信号转变为电脉冲，经电子测量单元进行脉冲放大、整形、甄别、定标、计数，储存于连续探测器的记忆装置中，并可直接显示读数或输出。单位时间内的电脉冲数与氡浓度成正比，因此可以确定氡浓度 $C_{Rn}$。

$$C_{Rn}=\frac{K_s(n_c-n_b)}{V(1-e^{-\lambda t})} \tag{11-22}$$

式中，$C_{Rn}$为氡浓度（$Bq/m^3$）；$K_s$为刻度因子（Bq/cpm）；$n_c$、$n_b$分别表示样品和本底的计数率（cpm）；$V$ 为采样体积（$m^3$）；$\lambda$ 为 $Rn^{222}$ 衰变常数（$h^{-1}$）；$t$ 为样品封存时间（h）。其中 cpm 即 counts per minute，为每分钟计数。

典型的测量装置由探头（闪烁瓶、光电倍增管和前置单元电路组成）、高压电源、电子测量单元和数据处理记录系统组成。其中，闪烁瓶的结构示意图如图 11-20 所示。

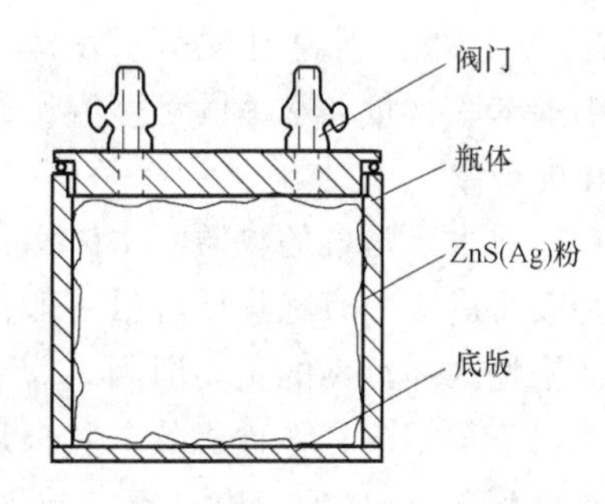


图 11-20 闪烁瓶的结构示意图

## 六、$PM_{2.5}$检测介绍

目前，国际上广泛采用的 $PM_{2.5}$重量测定方法主要有三种：重量法、β 射线吸收法和微量振荡天平法。

重量法是指将 $PM_{2.5}$直接截留在滤膜上，然后用天平称重的方法。滤膜并不能把所有的 $PM_{2.5}$都收集到，一些极细小的颗粒还是能穿过滤膜。但只要滤膜对于 0.3μm 以上的颗粒截留效率大于 99%，就算合格。因为所损欠的极细小颗粒物对 $PM_{2.5}$的重量贡献很小，对分析结果影响小大。目前按照重量法设计的采样设备较多。重量法是最直接、最可靠的方法，是验证其他方法是否准确的标杆。然而重量法需要人工称重，程序比较烦琐而费时。因此，这种方法及仪器多应用于进行单点、某时间段内的采样与监测，为大气污染调查、研究提供数据。

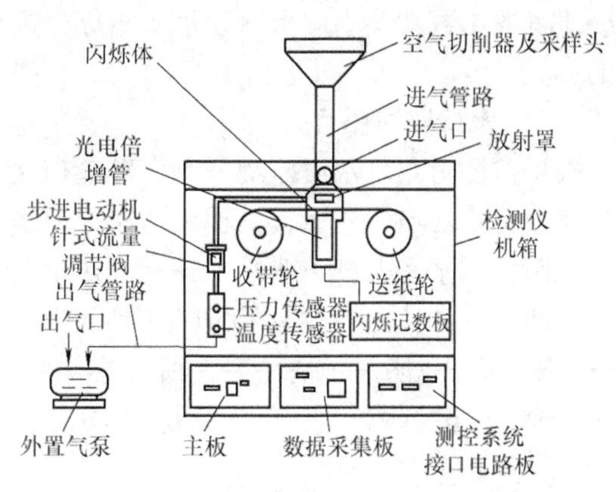


图 11-21 $PM_{2.5}$监测仪结构示意图

β 射线吸收法是先将 $PM_{2.5}$收集到滤纸上，然后照射一束 β 射线。射线穿过滤纸和颗粒物时由于被散射而衰减。衰减的程度与 $PM_{2.5}$的重量成正比。根据射线的衰减就可以计算出 $PM_{2.5}$的重量。由于这种方法可实现自动、连续监测，因此多应用于大气环境监测中。例如，位于北京的美国大使馆架设的 $PM_{2.5}$监测仪使用的就是这种方法。

微量振荡天平法采用的采样器由空心玻璃管、滤芯等组成。该空心玻璃管一头粗一头细，粗头固定，细头装有滤芯。空气从粗头进，细头出，$PM_{2.5}$就被截留在滤芯上。在电场作用下，细头以一定频率振荡。该频率与细头重量的平方根成反比。根据振荡频率的变化就可求得收集到的$PM_{2.5}$的重量。该方法可实现自动、连续监测。近年来我国多个地区采用微量振荡天平法测定$PM_{2.5}$的浓度。

## 第四节　水污染的监测

### 一、概述

#### （一）水体污染和水质

在水污染监测中，必须区分“水”和“水体”这两个概念。水体是指河流、湖泊、沼泽、地下水、冰川、海洋等地表与地下贮水体的总称。其中，不仅有水，还包括水中的悬浮物、底泥、水生生物等。水体污染是指排入水体的污染物在数量上超过了该物质在水体中的本底含量和水体的环境容量，破坏了水中固有的生态系统和水体的功能，造成水质恶化的现象。

引起水体污染的物质叫水体污染物。水体污染分为自然污染和人为污染两大类。由自然污染所造成的有害物质含量一般称为自然“本底值”或“背景值”。人为因素造成的水体污染是水体污染的主要原因。

由于水中含有各种成分。其含量不同时，水的感观性状（色、嗅、浑浊度等）、理化性质（温度、pH值、电导率、放射性、硬度等）、生物组成（种类、数量、形态等）和底质情况也就不同。这种由水和水中所含的杂质共同表现出来的综合特性即为水质。描述水质质量的参数就是水质指标。水质指标根据杂质的性质不同可分为物理的、化学的和生物的三大类。

#### （二）水质监测项目

根据监测对象，水质监测分为水环境现状监测和水污染源监测两大类。水环境现状监测的对象包括江河、湖库、渠道、海洋等地表水和地下水；水污染源监测对象包括生活污水源、医院污水和各种工业废水，有时还包括农业退水、初期雨水和酸性矿山排水等。

生活污水的监测项目有COD（化学需氧量）、$BOD_5$（生化需氧量）、悬浮物、NH－N、总N、总P、阴离子洗涤剂、细菌总数和大肠菌群等。医院污水的监测项目有pH值、色度、浊度、悬浮物、余氧、COD、$BOD_5$、致病菌、细菌总数和大肠菌群等。工业废水监测项目如表11-12所示。

从测试技术的角度看，技术含量较高的项目是监测水中各种无机和有机物质含量。

表11-12　工业废水监测项目

| 类别 | 必测项目 | 选测项目 |
|---|---|---|
| 黑色金属矿山（包括磷铁矿、赤铁矿、锰铁矿等） | 悬浮物、pH值、铜、铅、锌、镉、汞、六价铬等 | 硫化物 |
| 黑色冶金（包括选矿、烧结、炼焦、炼钢、炼铁、轧钢等） | 悬浮物COD、挥发酚、氰化物、铜、铅、锌、镉、汞、砷等 | 石油类、硫化物、氟化物 |

（续）

| 类别 | | 必测项目 | 选测项目 |
|---|---|---|---|
| 有色金属矿山及冶炼（包括选矿、烧结、电解、精炼等） | | pH值、COD、悬浮物、氰化物、铜、铅、锌、镉、汞、砷、六价铬等 | 硫化物、铍 |
| 火力发电（热电） | | pH值、悬浮物、挥发性酚、砷、铅、镉、水温等 | 石油类、硫化物 |
| 煤矿（包括洗煤） | | pH值、悬浮物、硫化物、COD、$BOD_5$、DO、水温等 | 砷、石油类 |
| 焦化 | | pH值、COD、$BOD_5$、DO、挥发酚、硫化物、氰化物、石油类、悬浮物、水温、苯类等 | B（a）P、氨氮 |
| 石油开采及炼制 | | COD、$BOD_5$、硫化物、氰化物、石油类、悬浮物、水温、苯类、多环芳烃等 | 挥发酚、总铬 |
| 化学矿开采 | 硫铁矿 | pH值、硫化物、悬浮物、铜、铅、锌、镉、汞、六价铬、砷等 | 硫化物、砷 |
| | 磷矿 | 磷酸盐（P）、pH值、氟化物、悬浮物 | 硫化物、砷 |
| | 汞矿 | 汞、pH值、悬浮物 | 硫化物、砷 |
| 无机原料 | 硫酸 | pH值、硫化物、重金属、悬浮物、铜、铅、锌等 | 砷、氟化物 |
| | 氯碱 | pH值、COD、悬浮物 | 汞 |
| | 铬盐 | pH值、六价铬、总铬 | — |
| 有机原料 | | pH值、COD、$BOD_5$、DO、挥发酚、氰化物、悬浮物、石油类、油脂类、硫化物及催化剂等 | 苯系物、硝基苯类、有机氯类等 |
| 塑料 | | COD、$BOD_5$、石油类、硫化物、铅、砷、汞等 | 苯系物、B（a）P、氟化物、氰化物 |
| 化纤 | | COD、pH值、$BOD_5$、悬浮物、石油类、氰化物等 | — |
| 橡胶 | | COD、石油类、硫化物、六价铬 | 苯系物、B（a）P、重金属 |
| 制药 | | COD、pH值、$BOD_5$、石油类、悬浮物、挥发酚 | 苯胺类、硝基苯类 |
| 染料 | | COD、pH值、$BOD_5$、苯胺类、挥发酚、色度、悬浮物、氰化物、石油类等 | 硝基苯类、硫化物、TOC |
| 颜料 | | COD、pH值、硫化物、悬浮物、汞、六价铬、铅、镉、锌等 | 色度、重金属 |
| 油漆 | | COD、挥发酚、石油类、六价铬、铅 | 苯系物、硝基苯类 |
| 合成洗涤剂 | | COD、阴离子合成洗涤剂、石油类 | 苯系物、动植物油、磷酸盐 |
| 合成脂肪酸 | | COD、悬浮物、动植物油、pH值 | — |
| 感光材料 | | COD、悬浮物、挥发酚、硫化物、氰化物 | pH值、硝基苯类 |
| 其他有机化工 | | COD、石油类、挥发酚、氰化物、悬浮物 | pH值、硝基苯类 |
| 化肥 | 磷肥 | COD、磷酸盐、pH值、悬浮物、氟化物 | 磷、砷 |
| | 氮肥 | COD、氨氮、挥发酚、悬浮物 | 砷、铜、氰化物 |
| 农药 | 有机磷 | COD、挥发酚、硫化物、悬浮物 | 有机磷、磷 |
| | 有机氯 | COD、悬浮物、硫化物、挥发酚 | 有机氯 |

（续）

| 类别 | 必测项目 | 选测项目 |
| --- | --- | --- |
| 电镀 | pH值、重金属、氰化物 | — |
| 机械制造 | COD、石油类、悬浮物、挥发酚、铅等 | 氰化物 |
| 电子仪器、仪表 | pH值、COD、氰化物、六价铬、汞、镉、铅、氯烃等 | 氟化物 |
| 造纸 | COD、pH值、挥发酚、悬浮物 | 色度、硫化物 |
| 纺织、印染 | COD、悬浮物、pH值、色度 | 硫化物、六价铬 |
| 皮革 | COD、pH值、硫化物、悬浮物、总铬 | 动植物油、六价铬 |
| 水泥 | pH值、悬浮物 | — |
| 油毡 | COD、石油类、挥发酚、悬浮物 | 硫化物、B（a）P |
| 玻璃、玻璃纤维 | 悬浮物、COD、氰化物、挥发酚 | 铅、氟化物 |
| 陶瓷制造 | COD、pH值、悬浮物、铅、镉等 | — |
| 石棉（开采与加工） | pH值、悬浮物 | 石棉、挥发酚 |
| 木材加工 | COD、挥发酚、pH值、甲醛、悬浮物 | 硫化物 |
| 食品 | COD、pH值、悬浮物 | 氨氮、硝酸盐氮、动植物油、$BOD_5$ |
| 火工 | COD、硝基苯类、硫化物、重金属 | — |
| 电池 | pH值、重金属、悬浮物 | — |
| 绝缘材料 | pH值、COD、挥发酚、悬浮物 | 甲醛 |

**（三）水质监测方法**

水质监测分为污染调查、确定监测对象和项目、设计监测网点、采样（时间、频率、方法）、预处理、测试等几个步骤。与测试技术有关的是采样、预处理和测试三部分工作。

采集的水样必须具有代表性和完整性，即在规定的采样时间、地点，用规定的采样方法，采集符合被测水体真实情况的样品。采样一般要使用采样器。对于在线监测，可以直接分析；但对于实验室分析，采样后应尽快运到实验室进行分析测定，避免环境因素的改变和微生物的新陈代谢引起水样理化性质的变化。在采集到分析这段时间里，应采取各种有利于测试的措施。

由于环境水样所含的组分复杂，且多数污染组分含量较低，形式各异，不宜直接检测，故测试前应对水样进行预处理，以得到适合测定方法要求的待测组分成分和含量，并消除可能干扰测试的共存组分。预处理的方法有消解和富集分离两大类。当测定含有有机物水样中的无机元素时，需进行消解处理，以破坏有机物，溶解悬浮性固体，将各种阶态的待测元素氧化成单一高阶态化合物，或转变成易于分离的无机化合物。当水样中待测组分含量低于分析方法的检测限时，就必须进行富集；当存在干扰组分时，就必须进行分离或掩蔽。富集和分离往往是同时进行的。

水体监测的内容包括水的理化性能、污染物、底质、活性污染泥4类。其中污染物又可分为金属、无机非金属、有机污染物 3 种。金属污染物为五毒元素：汞、镉、铅、铬、砷。无机非金属污染物为氮、磷、硫、氰、氟的化合物。有机污染监测需氧量、有机碳、烃、酚、细菌。水质污染物的主要监测方法如表 11-13 所示。

**表 11-13　水质污染物的主要监测方法**

| 污染物 | | | 监测方法 |
|---|---|---|---|
| 金属 | 汞 | | 双硫腙分光光度法，冷原子吸收法（GB 7468—1987），冷原子荧光法 |
| | 镉 | | 双硫腙分光光度法，原子吸收分光光度法（GB 7475—1987） |
| | 铅 | | 原子吸收分光光度法（GB 7475—1987） |
| | 铬 | | 火焰原子吸收法，二苯羰酰二肼分光光度法（GB 7467—1987），硫酸亚铁铵滴定法 |
| | 砷 | | 新银盐分光光度法，二乙氨基二硫代甲酸银光度法（GB 7485—1987），氢化物发生原子吸收法 |
| 无机非金属 | 氮 | 氨氮 | 纳氏试剂分光光度法，苯酚－次氯酸盐比色法，滴定法 |
| | | 亚硝酸盐氮 | N－（1－萘基）－乙二胺分光光度法，离子色谱法 |
| | | 硝酸盐氮 | 酚二磺酸分光光度法，离子选择电极－流动注射法，紫外分光光度法 |
| | 磷酸盐和总磷 | | 钼锑抗分光光度法，孔雀绿－磷钼杂多酸分光光度法 |
| | 硫化物 | | 碘量法，间接火焰原子吸收法，对氨基二甲基苯胺光度法 |
| | 氰化物 | | 硝酸银滴定法，异烟酸－吡唑啉酮分光光度法（GB 7487—1987），异烟酸－巴比妥酸分光光度法 |
| | 氟化物 | | 氟试剂分光光度法（GB 7483—1987），离子选择性电极法（GB/T 7484—1987） |
| 有机物 | 生化需氧量（$BOD_5$） | | 标准稀释法（GB/T 7488—1987），压力法，微生物电极法 |
| | 化学需氧量（COD）高锰酸钾指数 | | 高锰酸钾法，重铬酸法（GB 11914—1989） |
| | 总有机碳（TOC） | | 燃烧氧化－非色散红外吸收法，TOC 测定仪 |
| | 总需氧量 | | 总需氧量测定仪 |
| | 石油类 | | 质量法，红外分光光度法（GB/T 14688—1996），非色散红外法，浊度法，紫外吸收光度法，电阻法，热解法 |
| | 挥发酚 | | 4－氨基安替比林分光光度法（GB 7490—1987），溴化滴定法，气相色谱法 |
| | 粪大肠杆菌 | | 多管发酵法，滤膜法 |

## 二、原子吸收光谱法及其应用

原子吸收分光光度法也称原子吸收光谱法（AAS），简称原子吸收法。该方法具有测定快、干扰少、应用范围广等特点。测定废水和受污染的水中镉、铜、铅、锌等元素时，可直接采用火焰原子吸收法（FAAS）；对含量低的地表水或地下水，用萃取或离子交换富集－FAAS 法或石墨炉原子吸收法（GFAAS）。但 AAS 测定不同元素时需更换光源灯（空心阴极灯），不利于多种元素的同时分析，对多数非金属元素的测定尚有一定的困难。

图 11-22 为火焰原子吸收光谱法测定过程示意图。将含待测元素的溶液通过原子化系统喷成细雾，随载气进入火焰，并在火焰中解离成基态原子。当空心阴极灯辐射出待测元

素的特征波长光通过火焰时，被火焰中待测元素的基态原子蒸气吸收而减弱。在一定实验条件下，特征波长光强的变化与火焰中待测元素基态原子的浓度有定量关系，从而与试样中待测元素的浓度（$c$）有定量关系，即 $A=kc$。式中，$k$ 是与实验条件有关的常数，$A$ 为待测元素的吸光度。因此，测定吸光度就可以求出待测元素的浓度，这是原子吸收分析的定量依据。

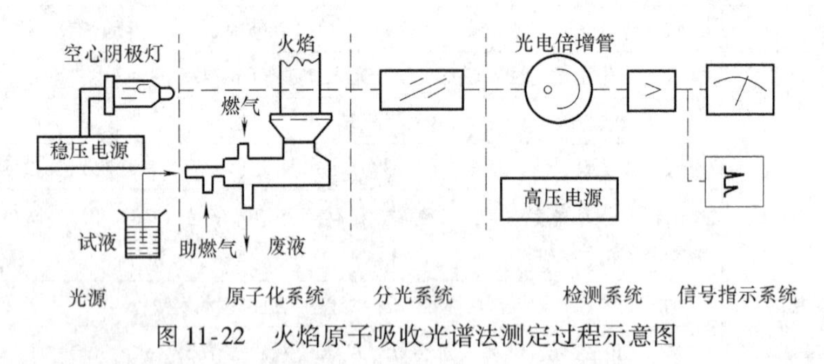


图 11-22　火焰原子吸收光谱法测定过程示意图

原子吸收光谱仪也有单光束型和双光束型两类，一般由光源、原子化系统、分光系统及检测系统4个主要部分组成。

光源可采用空心阴极灯。它是一种低压辉光放电管。它激发待测金属原子，发射出特征波长（谱线很窄）的单色光。原子化系统是将待测元素转变成原子蒸气的装置。分光系统由色散元件（光栅）、凹面镜、狭缝等组成。它将待测元素的特征谱线与邻近谱线分开。

一般从标准曲线查得试样溶液的浓度来进行定量分析。

### 三、色谱法原理及其应用

色谱法（Chromatography，又称层析）是一种分离和分析方法，在分析化学、有机化学、生物化学等领域有着非常广泛的应用。色谱法起源于20世纪初，20世纪50年代之后飞速发展，并发展出一个独立的三级学科——色谱学。历史上曾经先后有两位化学家因为在色谱领域的突出贡献而获得诺贝尔化学奖。此外，色谱分析方法还在12项获得诺贝尔化学奖的研究工作中起到关键作用。

色谱法是一种利用混合物中诸组分在两相间分配差异实现组分分离的方法。其分配行为可用类似于精馏塔的塔板理论加以描述。色谱柱内有一相是不动的，称为固定相；另一相是携带样品流过固定相的流体，称为流动相。按流动相的物态，色谱法分成气相色谱法、液相色谱法等。再按固定相的物态，气相色谱法又可分为气－固色谱法和气－液色谱法等。固定相可直接装在色谱柱中，形成填充柱色谱和开管柱色谱（毛细管柱色谱），也可由液体涂渍在某种固体上形成。混合组分能否分离，主要看固定相与组分间的作用大小。因此固定相的选择是色谱分析的关键问题。

#### （一）气相色谱法（GC）原理

气相色谱法主要用于低分子量（相对分子质量小于1000）、易挥发、热稳定有机化合物的分析，对性质极为相似的同分异构体等有很强的分离能力。它可以分离沸点十分接近、且组成复杂的混合物。高灵敏度的检测器可检测出 $10^{-11}\sim10^{-14}$ g 的痕量物质。通常完成一个分析仅需几分钟或几十分钟，且样品用量少。

气相色谱法中，用液体涂渍于某种固体材料上（例如硅藻土），形成均匀薄膜，成为色谱柱的填充物。这种固体材料称为担体，具有这种固定相的色谱称为气－液色谱；当用固体吸附剂（例如活性炭）作为固定相叫气固色谱。气液色谱主要是根据固定液（高沸点有机物）对试样中各组分的溶解度不同而进行分离的；气固色谱是根据固体吸附剂对试样中各组分的吸附能力不同而进行分离的。

气相色谱分析中，色谱流出曲线（色谱图）是以检测器响应信号强度为纵坐标，流出时间为横坐标所得的代表组分浓度随时间变化的曲线，如图 11-23 和图 11-24 所示。其中，每个色谱峰代表一种物质。当色谱柱只有载气通过时，检测器响应信号的记录称为基线；每个色谱峰最高点与基线之间的距离称为峰高 $h$；每个组分的流出曲线和基线间所包含的面积称为峰面积；从进样开始到色谱峰极大值所经历的时间，称为该组分的保留时间 $t_R$。保留时间与物质的性质有关，它是气相色谱定性分析的依据；峰高和峰面积的大小与组分的含量高低有关，是气相色谱定量分析的依据。

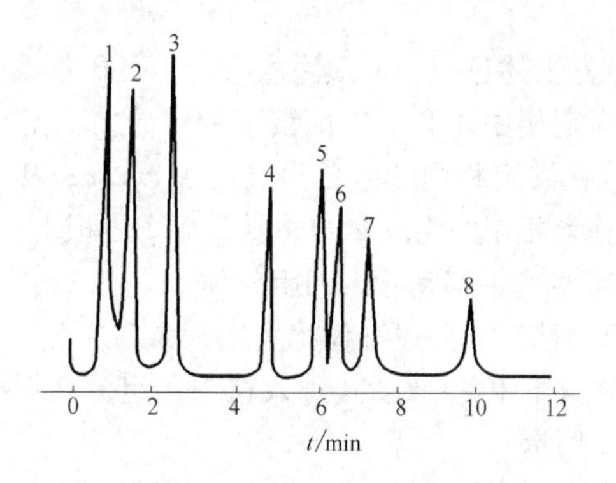


图 11-23　色谱图

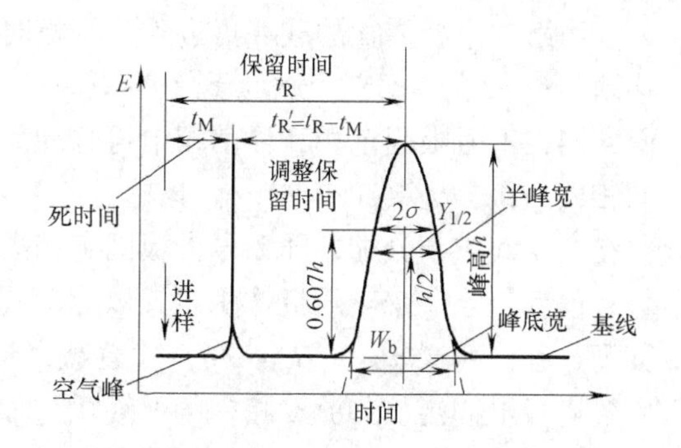


图 11-24　流出曲线（色谱图）的参数

气相色谱法一般分离过程可以用塔板理论来说明。

塔板理论将连续的色谱分离过程看作是许多小段平衡过程的重复。它把色谱柱比作一个分离塔，由许多假想的塔板组成（即色谱柱可分成许多个小段），在每一小段（塔板）内，一部分空间为涂在担体上的液相占据，作为固定相；另一部分空间充满着载气（气相），作为移动相。载气占据的空间称为板体积 $\Delta V$。当欲分离的组分随载气进入色谱柱后，由于流动相在不停地移动，组分就在这些塔板间隔的气液两相间不断地达到分配平衡。塔板理论假定：

1）在这样一小段间隔内，气相内组分与液相内的组分可以很快地达到分配平衡。这样达到分配平衡的一小段柱长称为理论塔板高度。

2）载气不是连续地而是脉动式地进入色谱柱。每次进气为一个板体积 $\Delta V$。

3）试样开始时都加在第 0 号塔板上，且试样沿色谱柱方向的扩散（纵向扩散）可忽略。

4）分配比 $k$ 在各塔板上数值相同。

分配比 $k$ 是指在一定温度、压力下，同一组分两相间达到平衡时，组分在两相中的质量比：

$$k=\frac{p}{q} \tag{11-23}$$

式中，$p$ 为组分在固定相中的质量；$q$ 为组分在移动相中的质量。

为简单起见，设色谱柱由6块塔板组成，即 $n=6$。$A$ 组分的分配比公式 $k$ 中的 $p+q=1$，则根据上述假定，在色谱分离过程中该组分的分布可计算如下：

开始时，若有单位质量1的 $A$ 组分加到0号塔板上。平衡后，固定相内组分质量为 $p$，移动相内为 $q$，这种情况记作 $p+q$（即"+"之前为固定相内质量，之后为流动相内质量）。

当一个板体积（$1\Delta V$）不含 $A$ 组分质量载气以脉动形式进入0号板时，就将0号板移动相中含有 $q$ 的组分的载气顶到1号板上，使得0号板的移动相内不再含 $A$ 组分。随着时间延续，固定相中的组分 $p$ 将有一部分分配到移动相，故最终固定相内的组分为 $p^2$；移动相内的组分为 $pq$。被顶到1号塔板移动相中的 $q$ 组分也将在两相间重新分配，即1号塔板固定相内的组分为 $qp$；移动相内的组分为 $q^2$。

当第二个板体积的载气再进入0号板时，就重复上述过程。但须注意的是，当0号板移动相中 $pq$ 的组分被载气顶到1号板时，1号板固定相中还有上一次留下的组分 $qp$。它们共同在1号板固定相和移动相中再分配。故1号板固定相内的组分为（$pq+qp$）$p$；移动相内的组分为（$pq+qp$）$q$。当然，原1号塔板移动相中的组分 $q^2$ 也将被顶到2号板上，并在两相间重新分配，即2号塔板固定相内的组分为 $q^2p$；移动相内的组分为 $q^3$。

以后每当一个新的板体积载气以脉动式进入色谱柱时，上述过程就重复一次。按上述分配过程，对于 $n=6$，$k=p/q$，随着载气以一个一个板体积脉动式进入柱中，组分在柱内各塔板上固定相和流动相内的最终质量如表11-14所示。

**表11-14　$n=6$，$k=p/q$ 时，柱中不同载气体积下，各层塔板上固定相和流动相内 $A$ 组分的最终质量**

| 进气序号 \ 塔板序号 | 0 | 1 | 2 | 3 | 4 | 5（柱出口） |
|---|---|---|---|---|---|---|
| 1 | $p+q$ | 0 | 0 | 0 | 0 | 0 |
| 2 | $p^2+pq$ | $pq+q^2$ | 0 | 0 | 0 | 0 |
| 3 | $p^3+p^2q$ | $2p^2q+2pq^2$ | $pq^2+q^3$ | 0 | 0 | 0 |
| 4 | $p^4+p^3q$ | $3p^3q+3p^2q^2$ | $3p^2q^2+3pq^3$ | $pq^3+q^4$ | 0 | 0 |
| 5 | $p^5+p^4q$ | $4p^4q+4p^3q^2$ | $6p^3q^2+6p^2q^3$ | $4p^2q^3+4pq^4$ | $pq^4+q^5$ | 0 |
| 6 | $p^6+p^5q$ | $5p^5q+5p^4q^2$ | $10p^4q^2+10p^3q^3$ | $10p^3q^3+10p^2q^4$ | $5p^2q^4+5pq^5$ | $pq^5+q^6$ |
| … | … | … | … | … | … | … |
| 17 | $p^{17}+p^{16}q$ | $16p^{16}q+16p^{15}q^2$ | $120p^{15}q^2+120p^{14}q^3$ | $560p^{14}q^3+560p^{13}q^4$ | $1820p^{13}q^4+1820p^{12}q^5$ | $4368p^{12}q^5+4368p^{11}q^6$ |

由表11-14中数据可见，5个板体积载气进入柱子后（进气序号6），组分就开始在柱出口出现，并进入检测器产生信号。流出曲线呈峰形但不对称。这是由于柱子的塔板数太少的缘故。当 $n>50$ 时，就可以得到对称的峰形曲线。在气相色谱中，$n$ 值是很大的，约为103～105。因而这时的流出曲线可趋近于正态分布曲线。

假设有与 $A$ 组分互不相溶的组分 $B$ 和 $C$ 借助载气同时进入这个色谱柱，其分配比分别为 $k=0.3/0.7$，$0.5/0.5$，$0.7/0.3$，按上述方法能计算出组分 $A$、$B$、$C$ 在柱内各塔板上流动相内的质量。

样品在色谱柱内的运动有两个基本特点：一是同种组分迁移中分布离散，峰值移动滞后于进样速度；二是混合物中不同组分在柱内差速迁移。不同的组分在色谱图中具有不同的保留时间的峰值。

我们用流出曲线方程描述物质在平衡状态下于互不相溶的两相间分配的情况。根据塔板理论可导出色谱中单一组分的流出曲线方程如下：

$$c=\frac{\sqrt{n}W}{\sqrt{2\pi}V_{R}}e^{-\frac{n}{2}\left(1-\frac{V}{V_{R}}\right)^{2}}$$

式中，$c$ 为流出物的浓度；$n$ 为理论塔板数；$W$ 为进样量；$V$ 为载气体积。$V_R$ 为保留体积，即从进样开始到样品出现最大值止所流过的载气体积，即 $V=V_R$ 时，组分浓度为极大值——峰高。

当 $n$ 很大时，流出曲线趋向于正态分布曲线：

$$c=\frac{c_{0}}{\sqrt{2\pi}\sigma}e^{\frac{-(t-t_{R})^{2}}{2\sigma^{2}}}$$

与流出曲线方程比较，得 $\sigma=V_R/\sqrt{n}=t_R/\sqrt{n}$，$\sigma$ 为标准偏差。

**（二）气相色谱仪**

气相色谱仪通常由载气系统、进样系统、分离系统（色谱柱）、检测系统、记录系统和辅助系统所组成，其基本结构如图 11-25 所示。流动相（载气）经减压、干燥、净化、流量测量后进入汽化室、色谱柱和检测器后放空。分析样品由进样口注入，汽化后在载气的载带下进入色谱柱得到分离，随时间依次进入检测器，产生与组分含量成比例的信号，记录器自动记录信号随时间的变化便获得一组峰形曲线，即类似于图 11-23 所示的色谱图。

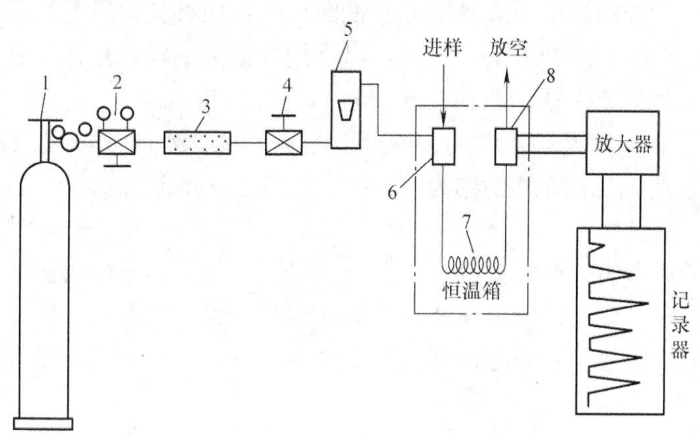


图 11-25　气相色谱仪的基本结构

1—载气钢瓶　2—减压阀　3—净化器　4—气流调节阀　5—转子流速计　6—汽化室　7—色谱柱　8—检测器

气相色谱仪中，热导检测器是广泛使用的一种最成熟的通用型检测器。它的工作原理为：不同的物质具有不同的热导。当被测组分与载气混合后，混合物的热导率与纯载气的热导率大不相同，当混合物气体通过测量池时，会引起其中热敏元件的温度变化致电阻变化；这与仅仅是纯载气通过的参比池内热敏元件的电阻变化量大不相同。用惠斯登电桥测量，就可由所得信号的大小求出该组分的含量。热导检测器如图11-26所示。

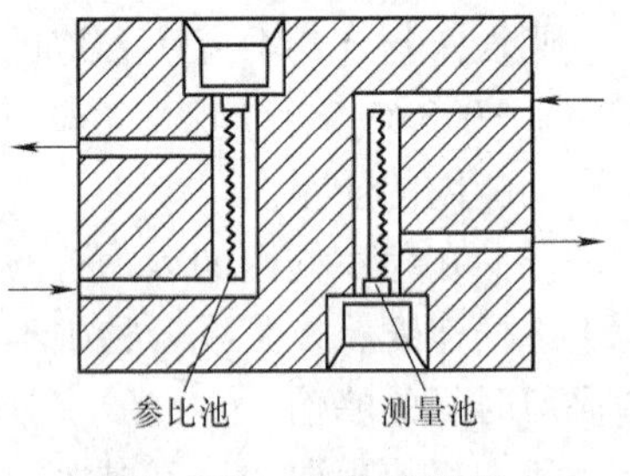

图11-26 热导检测器

此外，还有氢火焰离子化检测器、电子捕获检测器、火焰光度检测器等检测器。

色谱柱是色谱仪的核心。柱的选择是完成分析的关键。根据色谱柱的结构，主要分为填充柱和毛细管柱两大类。填充柱是将固定相均匀、紧密地装填在柱内，填充柱长0.5～10m，内径2～4mm。柱管的形状有U形、螺旋形，一般采用不锈钢、玻璃两种材质。当分析某些易分解或易发生结构转化的化合物时，如甾族化合物、氨基酸等，多使用更加惰性的玻璃柱。毛细管柱又称开管柱，一般采用石英玻璃柱。它是将液体固定相涂在色谱柱内壁。柱内径通常为0.1～0.5mm，柱管长度为30～300m。由于这种柱是空心柱，所以渗透性好，分离效能高。

载气一般采用没有腐蚀性且不与被分析气体发生化学反应的气体。最常用的是氦气、氢气、氮气、氩气、二氧化碳等气体。

为了消除温度影响，色谱柱置于恒温箱内。

**（三）气相色谱的定性定量分析方法**

1. 定性分析 色谱峰的保留值（保留时间或保留体积）是定性分析的依据。理论上物质与保留值应一一对应。当某一纯物质的保留值与未知色谱峰的保留时间相同时，可初步确定该未知峰所代表的组分。这种定性方法称为已知标准物与未知峰的直接对照法。但由于不同的化合物在相同的色谱条件下保留值可能相近，因此单独使用本法具有一定的局限性。目前仅限于对于根据来源或其他方法推断出的物质种类，判断其正确性。为准确判断组分种类，还需采用更多的方法。例如可以利用保留值的经验规律、利用化学方法或其他仪器分析手段（如色谱－质谱联用）配合进行定性分析。

2. 定量分析 在一定操作条件下，待分析组分 $i$ 的质量 $m_i$ 或浓度与色谱图上的峰面积 $A_i$ 或峰高 $h_i$ 成正比。比例系数 $f_i$ 称为第 $i$ 个组分的定量校正因子

$$m_i = f_i A_i$$

如果样品中的所有组分能完全分离，并在色谱图上得到相应的可测量色谱峰，同时已知各组分的校正因子，就可用归一化法定量计算组分的百分含量。

当试样中有 $n$ 个组分，各组分的质量分别为 $m_1$，$m_2$，…，$m_n$，则第 $i$ 个组分占所有组分的百分含量为

$$c_i\% = \frac{m_i}{m_1 + m_2 + \cdots + m_n} \times 100 = \frac{f'_i A_i}{\sum_{i=1}^{n} (f'_i A_i)} \times 100 \tag{11-24}$$

式中，$f'_i$ 为第 $i$ 个组分的相对校正因子；$A_i$ 为色谱图中第 $i$ 个组分的峰面积。

相对校正因子 $f_i'$ 应事先按下式求出：

$$f_i' = \frac{f_i}{f_o} = \frac{m_i/A_i}{m_o/A_o} = \frac{m_i}{m_o}\frac{A_o}{A_i} \tag{11-25}$$

式中，$m_o$ 和 $A_o$ 分别是标准物质的质量和峰面积。

因此，应首先选择一定质量的标准物质和待测物质，配制一系列标准溶液进行色谱分析，记录该物质的保留时间，并由所测定的峰面积和已知的对应质量，按式（11-25）求得相对校正因子。然后在与上述操作严格一致的条件下，对待测水样进行色谱分析。在色谱图中根据已知的保留时间和相对校正因子，量出待测物质的峰面积，按式（11-24）求该物质的质量，进一步算出浓度。

此外，也可将标准物质配成一系列不同的浓度并进样测定，以峰高或峰面积对浓度绘制标准曲线，根据标准曲线计算出待测组分的峰高或峰面积所对应的含量，这种方法称为标准曲线法或外标法。

当样品中所有组分不能全部出峰，或者只需测定样品中某几个组分时，可采用内标法，即选择一种样品中不存在的纯物质作内标物，要求内标物在同样的色谱操作条件下能出峰，并且在色谱图上的位置最好处于几个待测组分中间。内标物的峰面积与待测组分峰面积比值固定。首先取已知浓度的待测组分和已知浓度的内标物一起通过色谱仪测定它们的各自的峰面积，进而按式（11-25）求得相对校正因子；然后将内标物加入到样品中，在完全一致的操作条件下测得色谱图，即从图中内标物的峰面积可求出欲测组分的含量。这种方法还能避免外标法中因进样量偏差引起的测量误差。

## 四、质谱法原理及其应用

### （一）质谱分析法原理

质谱分析法通过对被测样品离子质荷比的测定来分析样品的成分。

质荷比是指带电粒子的质量 $m$ 与所带电荷 $z$ 之比值，以 $m/z$ 表示。其中质量数 $m$ 以原子质量（u）为单位，它等于原子核中质子数和中子数之和（如氢为 1，碳为 12）；电荷数 $z$ 以质子电荷（e）为单位，因此质荷比是一个无量纲数。

被分析的样品首先要离子化，然后利用不同离子在电场或磁场中运动的行为不同，把离子按质荷比分开而得到质谱，通过样品的质谱和相关信息，可以得到样品的定性定量结果。因此，质谱仪都必须有电离装置把样品电离为离子，用质量分析装置把不同质荷比的离子分开，经检测器检测之后可以得到样品的质谱图。

参阅图 11-27，样品经由离子源发出的离子束在加速电极电场 $U$（800～8000V）的作用下，使质量为 $m$、电荷为 $z$ 的正离子作速度为 $v$ 的直线运动。其动能 $mv^2/2$ 等于离子在电场中的势能 $zU$。当具有一定速度的正离子进入垂直于离子速度方向的均匀磁场 $H$（质量分析器）时，正离子在磁场力（洛仑兹力）的作用下，将改变运动方向（磁场不能改变离子的运动速度）作圆周运动。设圆周运动的轨道半径为 $R$，则运动离心力 $mv^2/R$ 必然和磁场力 $zvH$ 相等，故：

$$\frac{m}{z} = \frac{H^2R^2}{2U} \tag{11-26}$$

式（11-26）称为质谱方程式，是设计质谱仪器的主要依据。由此式可见，离子在磁场内运动半径 $R$ 与 $m/z$、$H$、$U$ 有关。因此在一定的 $U$ 及 $H$ 的条件下，只有具有一定质荷比 $m/z$ 的正离子才能以运动半径为 $R$ 的轨道到达检测器。若 $H$、$R$ 固定，$m/z \propto 1/U$，只要连续改变加速电压 $U$（电压扫描），就可使具有不同 $m/z$ 的离子具有相同的 $R$，最后到达检测器。检测器上离子产生信号的强度与离子的数目成正比，这样就得到描述电压 $U$ 与离子数目的关系；类似地，若 $U$、$R$ 固定，$m/z \propto H^2$，连续改变 $H$（磁场扫描），也能得到描述磁场 $H$ 与离子数目的关系。由于到达检测器离子的质荷比与电场或磁场一一对应，所以上述电压（或磁场）与信号强度的关系就是质荷比 $m/z$ 与离子数的关系。

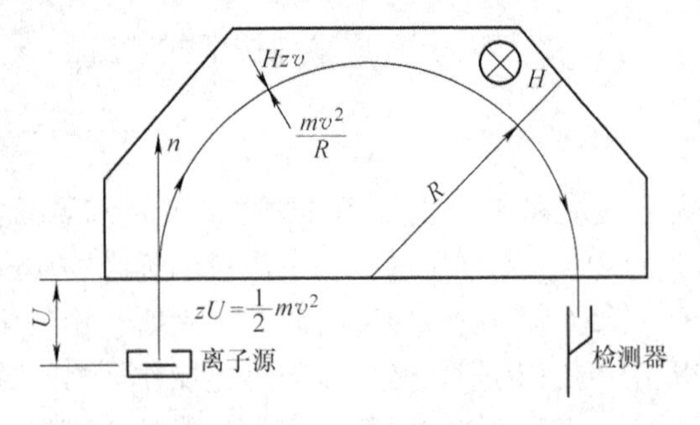

图 11-27 正离子在正交磁场中的运动

**（二）质谱图**

质谱图是试样中各种成分的离子数（离子强度）按质荷比大小顺序排列的谱图。一般将离子强度最大的峰，规定其相对强度（$RI$）或相对丰度（$RA$）为 100。丙酮的质谱图如图 11-28 所示。

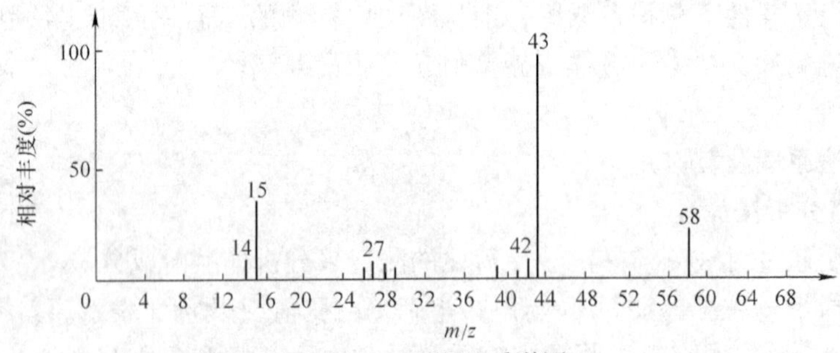

图 11-28 丙酮的质谱图

**（三）质谱仪**

质谱仪的结构框图如图 11-29 所示。

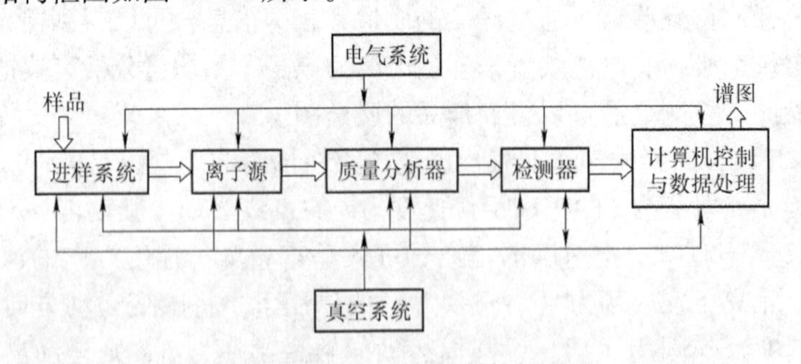

图 11-29 质谱仪的结构框图

质谱仪包括进样系统、离子源、质量分析器、检测器和真空系统 5 部分。进样系统用来输入试样，可采用间歇式进样或探针直接进样。离子源或电离室将欲试样电离，得到带有样品信息的离子。主要的离子源有电子电离源、化学电离源、快原子轰击源等。质量分析器是质谱仪器的核心，它将离子源产生的离子按 $m/z$ 顺序分开并排列成谱。它分为单聚焦质量分析器、双聚焦质量分析器等。单聚焦质量分析器使用扇形磁场（见图 11-30），双聚焦质量分析器使用扇形电场及扇形磁场（见图 11-31）。离子进入分析器后，由于磁场的作用，其运动轨道发生偏转，改作圆周运动。一定的 $B$、$U$ 条件下，不同 $m/z$ 的离子其运动半径不同。这样，由离子源产生的离子，经过分析器后可实现质量分离，如果检测器位置不变（即 $R$ 不变），连续改变 $U$ 或 $B$ 可以使不同 $m/z$ 的离子顺序进入检测器，实现质量扫描。常以电子倍增器来检测离子流。当离子束撞击电子倍增器的阴极（铜铍合金或其他材料）的表面时，产生二次电子，然后依次用第一、第二、第三电极……（通常为 15 ~ 18 极）使电子不断倍增（一个二次电子的数量倍增为 $10^4$ ~ $10^6$ 个二次电子），最后被阳极检测。它可测出很小的微弱电流，时间常数远小于 1s。质谱仪的离子源和分析器都必须处在优于 $10^{-8}$Pa 的真空中才能工作。真空系统保证离子源中的灯丝正常工作，保证离子在离子源和分析器中正常运行，消减不必要的离子碰撞、散射效应、复合反应和离子—分子反应，减小本底与记忆效应。一般真空系统由机械真空泵和扩散泵或涡轮分子泵组成。

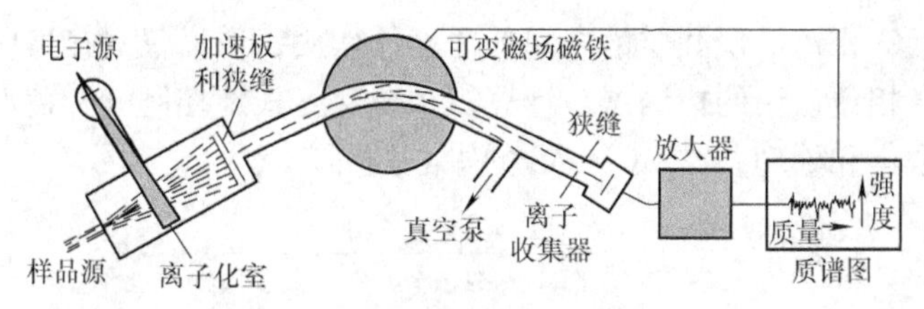


图 11-30　单聚焦质量分析器原理与结构示意图

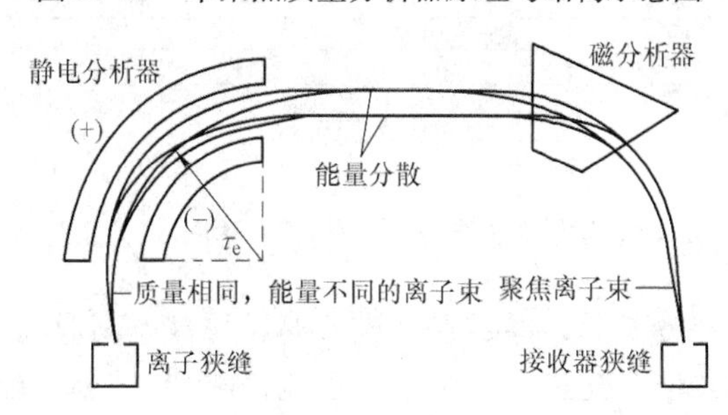


图 11-31　双聚焦质量分析器原理与结构示意图

## 五、联用技术

联用技术是指两种以上仪器和方法联合起来使用。它至少使用两种分析技术：一种是分离物质，一种是检测定量。目前常用的联用技术是将分离能力最强的色谱技术与质谱或其他光谱检测技术相结合。联用技术的关键是前一种仪器的输出物质如何正确地变成后一种仪器的输入物质。这种转换是由接口来完成的。

色谱分析是一种很好的分离手段，可以将复杂混合物中的各个组分分离开，但是它的定性和结构分析能力较差，通常只利用各组分的保留特性，通过与标准样品或者标准谱图对比来定性，这在欲定性的组分完全未知的情况下进行定性分析就更加困难了。而质谱、红外光谱、原子光谱、等离子体发射光谱、核磁共振波谱等技术具有较强的定性和结构分析能力，所以常用的联用技术采用色谱仪器和一些具有定性、定结构功能的分析仪器——质谱仪（MS）、傅里叶变换红外光谱仪（FTIR）、原子吸收光谱仪（AAS）、等离子体发射光谱仪（ICP－AES）、核磁共振波谱仪（NMR）等仪器的直接、在线联用，以及色谱仪器之间的直接、在线联用——多维色谱技术。

例如在气相色谱—质谱联用（GC－MS）仪器中，由于经气相色谱柱分离后的样品呈气态，流动相也是气体，与质谱的进样要求相匹配，这两种仪器最容易联用，因此，这种联用技术最早开发成功并实现了商品化。它发挥了色谱法的高分辨率，又发挥了质谱法的高鉴别能力，使得这种技术适合于多组分混合物中未知组分的定性鉴定，普遍适用于环境中挥发性有机物，包括金属有机物的分析。而液相谱—质谱（LC－MS）联用要困难得多，这主要是因为接口技术发展比较慢，直到电喷雾电离（ESI）接口与大气压电离（API）接口的出现，才有了成熟的液相色谱—质谱联用仪商品。

气相色谱—质谱联用（GC－MS）仪器系统示意图如图11-32所示。其中气相色谱仪分离样品中的各组分，起到样品制备的作用。接口把气相色谱仪分离出的各组分送入质谱仪进行检测，起到气相色谱仪和质谱之间的适配器作用，质谱仪对接口引入的各组分依次进行分析，成为气相色谱仪的检测器。计算机系统交互式地控制气相色谱仪、接口和质谱仪，进行数据的采集和处理，是GC－MS的中心控制单元。

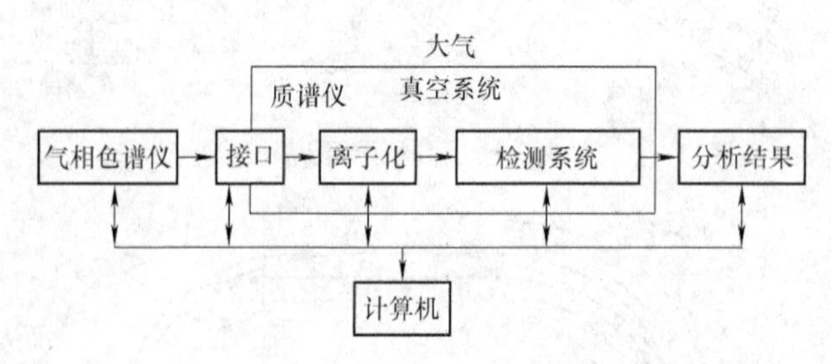


图11-32 气相色谱－质谱联用（GC－MS）仪器系统示意图

有机混合物由色谱柱分离后，经过接口进入离子源被电离成离子，离子在进入质谱仪检测系统中的质量分析器前，先进入一个总离子流检测器，以截取部分离子流信号，总离子流强度与时间（或扫描数）的变化曲线就是混合物的总离子流色谱图（TIC）。另一种获得总离子流图的方法是利用质谱仪自动重复扫描，由计算机收集、计算后再现出来，此时总离子流检测系统可省略。对TIC图的每个峰，可以同时给出对应的质谱图，由此可以推测每个色谱峰的结构组成。定性分析就是通过比较得到的质谱图与标谱库或标准样品的质谱图实现的（对于高分辨率的质谱仪，可以通过直接得到精确的相对分子质量和分子式来定性）；定量分析是通过TIC或者质量色谱图采用类似色谱分析法的面积法、外标法、内标法实现的。在色谱仪出口，载气要尽可能筛去，只让样品的中性分子进入质谱仪的离子源。但是总会有一部分载气进入离子源，它们和质谱仪内残存的气体分子一起被电离成离子并构成本底。为了尽量减少本底的干扰，在联用仪中一般采用氦气作载气。

气相色谱仪的入口端压力高于大气压。在高于大气压力的状态下，样品混合物的气态分子在载气的带动下，因为不同组分在流动相和固定相上的分配系数不同，而使各组分得到分离，最后和载气一起流出色谱柱。通常色谱柱的出口端压力为大气压力。质谱仪中样品气态分子在具有一定真空度的离子源中转化为样品气态离子。这些离子（包括分子离子和其他各种碎片离子）在高真空的条件下进入质量分析器，在质量扫描部件的作用下，检测器记录各种按质荷比不同分离的离子流强度及其随时间的变化，因此，接口技术中要解决的问题是气相色谱仪的大气压的工作条件和质谱仪的真空工作条件的连接和匹配。接口要把气相色谱柱流出物中的载气尽可能多地除去，保留或浓缩待测物，使近似大气压的气流转变成适合离子化装置的真空，并协调色谱仪和质谱仪的工作流量。

喷射式分子分离器是一种常用接口，如图 11-33 所示。由色谱柱出口的具有一定压强的气流，通过狭窄的喷嘴，以超声膨胀喷射方式喷向真空室，在喷嘴出口端产生扩散作用，扩散速率与相对分子质量的平方根成反比，质量小的载气（氦气）大量扩散，被真空泵抽除；待测组分通常具有大得多的质量，因而扩散得慢，大分子按原来的运动方向前进，进入质谱仪部分，这样就达到分离载气、浓缩组分的作用。

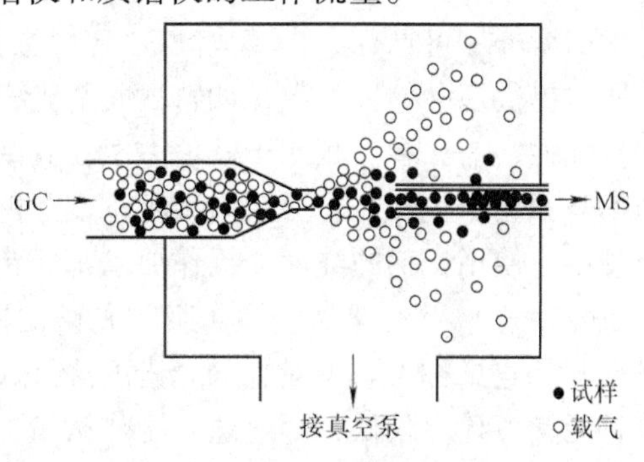


图 11-33　喷射式分子分离器

由于 GC－MS 所具有的独特优点，目前已得到十分广泛的应用。一般说来，凡能用气相色谱法进行分析的试样，大部分都能用 GC－MS 进行定性鉴定及定量测定。环境分析是 GC－MS 应用最重要的领域。水（地表水、废水、饮用水等）、危害性废物、土壤中有机污染物，空气中挥发性有机物、农药残留量等的 GC－MS 分析方法已被美国环保局（EPA）及许多国家采用，有的已以法规形式确认。GC－MS 联用在我国环境领域也得到了较快的发展和广泛采用。

大气环境和水污染的各种监测方法可简要归纳总结如下：

**（一）光学分析法**

光学分析法分为辐射的发射、辐射的吸收等两大类。也可分为光谱法和非光谱法等两大类。凡是以测量电磁辐射与物质相互作用引起原子、分子内部量子化能级之间的跃迁产生的发射、吸收、散射波长或强度变化为基础的光学分析法均称为光谱法，否则就称为非光谱法。光谱法包括分子光谱法（红外分光光度法、紫外－可见分光光度法、分子荧光法）、原子光谱法（原子发射光谱法、原子吸收分光光度法、原子荧光光度法）。

1. *紫外－可见分光光度法*　紫外－可见分光光度法（UV－VIS）是根据分子产生的紫外－可见光吸收光谱的特征，定性定量分析待测物质的方法。紫外－可见分光光度法是多种有机和无机污染物质的标准监测方法。该法是各级环境监测站常见的应用最广泛的基本方法之一，但也存在一定的局限性。如谱线重叠引起严重光谱干扰，导致选择性不好；待测物通常必须用化学方法将其转变成吸收光的物质，操作麻烦，且带来干扰。

2. *红外吸收光谱法*　红外吸收光谱法（IR）利用分子产生的红外吸收光谱来测定试

样中的污染物含量。它的理论基础也是朗伯－比尔定律。该法主要用于有机物鉴定。其重要特点是非破坏分析，且不受样品相态、熔点、沸点及蒸汽压的限制。无论是固态、液态、还是气态都能直接测定。在环境监测中，由于红外吸收光谱法具有较强的选择性，因此不需要太复杂的分离处理即可测定，如大气中的 CO、$SO_2$、$NO_x$ 的测定及其他有机物的测定。相对于紫外和荧光分光光度法，红外吸收光谱法存在着灵敏度低、对水溶液尚不能直接测定等缺点。因此，虽然它常用于大气中污染物的分析，但它在常规水质分析中受到了限制。

3. *原子荧光光谱法*　某些物质受激后产生特征的原子荧光。荧光光谱分析法通过测定试液产生的荧光强度来测定荧光物质含量，从而分析待测物质。荧光法灵敏度很高，比通常的紫外－可见分光光度法高2～3个数量级，所以样品的用量很少。因为荧光分析法能同时提供多种物理参数，如特征发射光谱，特征吸收光谱或激发光谱来鉴定物质，所以选择性强、信息多。相比于其他方法，其缺点是应用范围还不够广泛。一是因为有许多物质本身不会产生荧光，要加入某种试剂才能进行荧光分析；二是由于灵敏度太高，在分析过程中对使用试剂的纯度、操作要求都非常高。

4. *原子吸收光谱法*　原子吸收光谱法原理是被测元素基态原子能产生原子吸收光谱供检测。它又称为原子吸收分光光度法（AAS），简称原子吸收。原子吸收光谱法可测定多种元素，检出限低，因此适合于作微量、痕量、超痕量的分析。该法具有很强的选择性和抗干扰性，分析速度快，重复性好，分析结果精密，相对误差可小到0.1%～1%。但原子吸收光谱法必须对样品进行消化处理，即将待测元素变成一种可溶性的离子状态，且每测一种元素必须换一种特征元素灯。

5. *原子发射光谱法*　原子发射光谱法（AES）又称发射光谱法，是基于气态原子受热或电激发时能发射紫外和可见光光域内的特征辐射原理，根据谱线强度和谱线特征对元素作定量定性分析的方法。发射光谱分析使用的激发源有火焰、电弧、电火花及近年来应用的电感耦合等离子体炬焰（Inductively Coupled Plasma Torch，ICP 或 ICPT)。以 ICP 为光源的原子发射光谱法（即 ICP－AES）应用较为广泛。ICP－AES 突出的特点一是分析速度快、干扰小、时间分布稳定、线性范围宽、一次进样同时读出多种元素的光谱特征，同时定性定量测定10～30个元素，因此常利用它作为未知样品的探测性的扫描分析；二是分析灵敏度高；三是分析的准确度高，测定范围广，前处理比较简单。该法的缺点是仪器设备和操作费用较高，有些元素检测限不及原子吸收低。

**（二）色谱分析法**

色谱分析是是一种物理化学分离分析方法，是环境监测的主要仪器分析方法之一。由于混合物中各组分化学性质的差别，导致流动相中各组分在通过固定相时，吸附－脱附和溶解－挥发的分配能力产生差异，使各组分流速不同。不同物质在两相间具有的不同分配系数，通过在两相中反复多次分配，使原来分配系数只有微小差异的各组分产生明显的流速差别，从而得到完全分离，最后依次送入检测器测定，得到可供分析的色谱图，然后将它与标准物色谱图对比，来分析、判断混合物中的成分和各组分含量。色谱法的优点是分离效率高，分析速度快，可同时分析多个组分，灵敏度高，样品用量少，应用范围广，可与多种仪器联用。色谱法的不足是单纯的色谱离不开标样。

此外，还有离子色谱法，薄层色谱法等等。离子色谱是一种分析离子的专用色谱。该法采用离子交换原理进行测定。其突出优点是能同时分析多种阳离子或阴离子，灵敏度非常高，样品用量少。薄层色谱法是将吸附剂涂或压成薄膜作为固定相，将试样点在上面进行分析。

**（三）电化学分析法**

电化学分析法是建立在电化学基础上的分析方法。它利用物质的电学性质与化学性质之间的关系，来测定物质的含量及组成。它直接测试溶液中的电流、电位、电导、电量等各种物理量来确定参与电化学反应的物质量。

这种方法灵敏度和准确度高、仪器简单、操作方便，在污染物的监测中获得广泛应用。其中的离子选择电极、极谱分析中的阳极溶出伏安法在环境监测中运用较多。

**（四）质谱分析法**

质谱法（MS）根据分析对象的不同，分为分子质谱和原子质谱。分子质谱法的原理是：应用离子化技术如高能电子流轰击、强电场作用等，使处于气体状态的化合物失去价电子形成分子离子，分子离子的化学键又会在高能离子化源的轰击下产生有规律的断裂，生成不同质量的碎片离子，在电场或磁场的作用下，这些带正电荷的离子产生的信号被记录下来，将相对强度按荷质比大小排列成谱。每种化合物都能形成其特征的一定质荷比的离子相对强度谱线，因此可利用质谱图确定化合物的相对分子质量及分子结构。

分子质谱法的显著特点是灵敏度高、检出限低、分析速度快、分析一次只需用数秒甚至1s。质谱与色谱的联用（如GC-MS），是高效分离技术与多组分同时定性定量技术的完美结合，是当今分析有机混合物的最有效的方法。其不足是分析高分子量的化合物还有一定的困难，另外仪器相对较昂贵，在我国广泛使用还需要一个过程。

在环境监测中，色质联用仪GC-MS是有机污染物监测的最重要的分离、定性定量检测工具，特别是用于环境优先污染物（潜在危害大、环境中出现频率高、残留高）的筛选分析以及水、气、固废、土壤、生物体中的各种有机物，尤其是持久性有机污染物的分析检测法。

## 思　考　题

11-1　环境量的检测有哪些特点？

11-2　大气环境和水污染的检测方法可大致分哪几类？总的检测思路是什么？

11-3　大气污染的存在形式是什么，有什么特点，检测时应采取什么措施？

11-4　测量噪声为什么必须计权，如何计权？环境噪声的评价参数有哪些？

11-5　噪声测量结果为什么必须修正？如何修正？

11-6　什么是$PM_{2.5}$，如何检测？

11-7　试叙述朗伯-比尔定律的内容。如何依据该定律来检测大气中的污染物质？

11-8　分光光度计的单色器中为什么普遍使用光栅而较少使用棱镜，单色器中的入射和出射狭缝各起什么作用，用什么方法可以使单色器射出所需波长的光束？

11-9　非色散红外色散仪器为什么不需要单色器？

11-10　试推导用闪烁瓶测定室内空气中氡浓度的公式（11-22）。

11-11　水污染的测试与大气污染有什么异同，为什么在水污染测试中采样后必须进行预处理，主要有哪些预处理？

11-12 试利用塔板理论说明色谱法的基本原理。

11-13 在气相色谱仪的热导检测器中，如何使用惠斯登电桥测量该组分的含量？

11-14 试推导质谱方程式（11-26）。

11-15 质谱仪包括哪5部分？各部分起什么作用？

11-16 气相色谱-质谱联用（GC-MS）相对于单一的气相色谱技术有什么优点？联用的关键技术是什么，如何实现？

## 习 题

11-1 在车间的某一特定位置，三台机器所产生的声压级分别为90dB、93dB和95dB，如果三台机器同时工作，问总的声压级是多少分贝？

11-2 某一车间内测量某一机床开动时的声压级为101dB，停车后测量的背景噪声为93dB，问机床本身的声压级是多少分贝？

11-3 某车间的一指定操作岗位上每2小时测量声压级一次，一个班所测得的4个声压级分别为79dB、91dB、89dB和84dB，问该操作岗位的连续等效$A$声级是多少？（提示：可认为每次测得的声压级持续了2h）

11-4 相同型号的机器，单独测其中一台的声压级为65dB，几台同时开动后为72dB，试求开动的机器共有几台？

11-5 对某交通路口进行噪声测量，每小时测量一次，全天共测量24次。白天规定为从早晨6时至晚9时，每隔1小时测1次，共测16次，A声级的测量值分别为67dB、68dB、67dB、69dB、71dB、73dB、75dB、76dB、70dB、72dB、74dB、75dB、69dB、68dB、67dB、66dB；夜间规定为从晚10时至次日晨5时，每隔1小时测1次，共测量8次，A声级的测量值分别为63dB、61dB、60dB、58dB、58dB、60dB、62dB、65dB。分别计算白天和夜里的等效连续A声级，累计百分声级$L_{10}$、$L_{50}$、$L_{90}$，噪声污染级$L_{NP}$，昼夜等效声级$L_{dn}$。

11-6 在单光束分光光度计中，若光电探测器测得的参考池射出的光强为3，样品池射出的光强为1.2（均采用同一光强单位），试计算样品池中待测组分的吸光度和透射率。若已知该组分的浓度为20mg/L，透射厚度为2cm，则该物质在波长$\lambda$处的吸收系数是多少？

11-7 设式（11-23）中，两相中的质量比$k=p/q=0.6/0.4$，塔板数$n=6$，根据塔板理论，参考表11-14，计算5号板流动相中该组分随送气顺序的质量变化数值。

11-8 试指出图11-34的色谱图中基线、进样点、空气峰，并以“格”为单位写出保留时间、调整保留时间、色谱峰的峰高、半峰宽、峰底宽、标准差$\sigma$，计算峰面积。

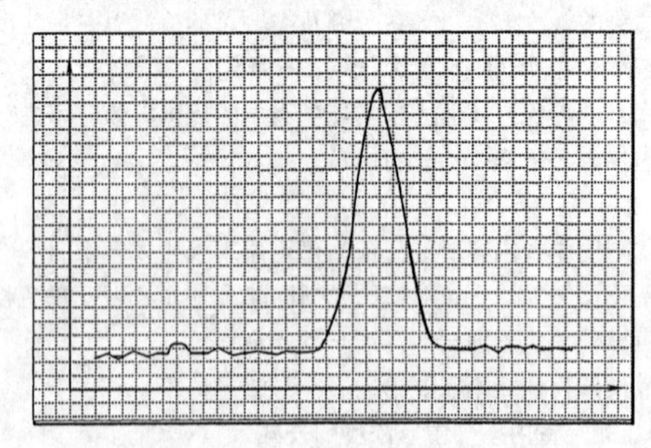

图11-34 题11-8的色谱图

# 第十二章　现代测试系统

## 第一节　概　　述

现代测试系统和传统测试系统间并无明确的界限。通常人们习惯将具有自动化、智能化、可编程化等功能的测试系统视作为现代测试系统。这里把智能仪器、自动测试系统和虚拟仪器划为此列。随着科学技术的不断发展，对现代测试系统，当今不仅有极大的需求而且它们也具备了实现的可能。

例如，要在一次昂贵的核试验或火箭发射中，或在超大规模集成电路生产中对单片上成百万个元器件的性能测试方面，没有快速、高效、精确的测试系统是不可思议的；同样在对关键设备的定期或不间断的监控中，以及在一些测试人员不易或根本无法到达的场合，都得借助于一些自动测试系统。

测试技术是信息工业的源头。利用微型计算机的记忆、存储、数学运算、逻辑判断和命令识别等能力，发展了微型计算机化仪器和智能测试系统；利用计算机软件技术的巨大进步而应运而生的虚拟仪器等，均为科学技术、工农业生产的持续发展作出了重要贡献。

下面将分别对智能仪器、自动测试系统和虚拟仪器作扼要介绍。

## 第二节　智能仪器

与传统仪器相比，智能仪器的性能有了明显的提高，功能大大丰富，而且多半具有自诊断、量程自动切换、非线性校正、误差补偿等能力。

一般认为“智能”指的是“一种能随外界条件的变化来确定正确行为的能力”，人工智能是为了产生机器智能以增强并扩充人的智能行为。智能化应包括理解、推理、判断与分析等一系列功能，是数据、逻辑与知识的综合分析的结果，当然也应包括经验在内。今天人们通常称谓的“智能仪器”，用上述“智能”及“智能化”的标准来衡量“还有相当的距离”。可以说，今天的“智能仪器”仍处于仪器智能化的初级阶段，可以更恰当地称之为“微机化仪器”。

图12-1为智能仪器的组成示意图。它主要包括主机电路、模拟量输入/输出通道、人－机接口电路、通信接口电路。其中主机电路用来存储程序、数据并进行一系列运算和处理。通常由微处理器、存储器、输入/输出接口电路组成。当今，以ARM(Advanced RISC Machine)为内核的微处理器以其体积小、功耗低、高性能、低成本的优势成为智能仪器由8位机升级至32位机的理想选择；人－机接口电路用以沟通操作者和仪器之间的联系，主要由仪器面板中的键盘和显示器组成；通信接口电路用于实现仪器与计算机之间

或多台仪器之间的信息交换和传输。通信接口主要有5类：异步串行通信接口（如RS－232、RS－422/485）、并行通信接口（如GPIB）、USB接口、现场总线接口和以太网接口。

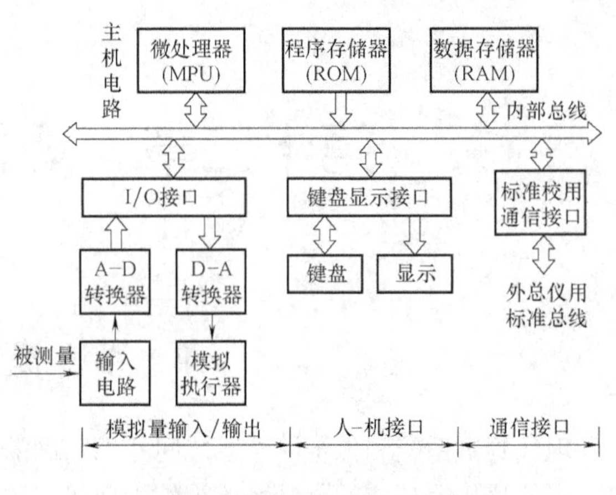

图12-1 智能仪器的组成示意图

在智能仪器中，基本上用键盘操作代替传统仪器面板上的开关和按钮，有些仪器还可以通过键盘编程，使测量设备更能从各方面灵活地满足使用者的需要。智能仪器的输出装置可以为屏幕（CRT）、打印机、发光二极管（LED）、液晶显示（LCD）、绘图仪等。

软件是智能仪器的灵魂。一台仪器的技术要求和功能强弱在很大程度上体现在软件中。智能仪表软件包括监控程序、中断处理程序以及能实现各种算法的功能模块，如图12-2所示。智能仪器的管理程序亦常被称为监控程序，它接受、分析和执行来自键盘或程控接口的命令，完成测试和数据处理等各项任务。软件被存储于ROM或EPROM存储器中。

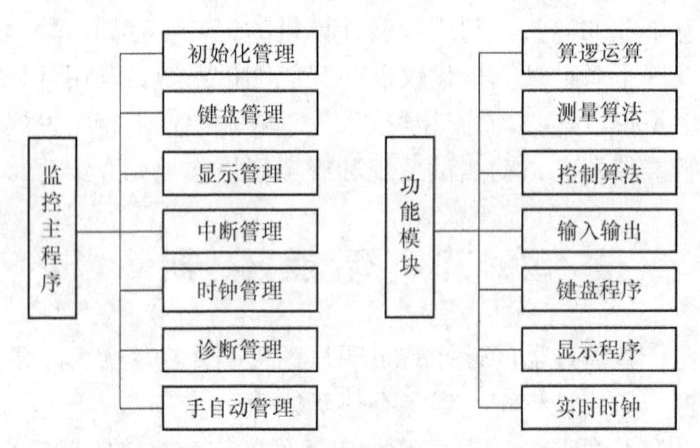

图12-2 智能仪器的监控程序和功能模块

## 第三节 虚拟仪器

### 一、基本概念

众所周知，传统的电子仪器是一种容易辨认的产品。尽管各类仪器在功能上和尺寸上有所不同，但它们一般不外是一种箱形的、带有控制面板和显示装置的实物。

计算机的不断发展推动了仪器的变革。低成本、高性能、先进的软件和图形用户界面使用户模拟甚至取代传统仪器的设想成为可能。替代机箱的，是原先各种传统仪器的独特的功能模块，各种基本的测量功能也能由插入的印制电路板或干脆由计算机替代；这种仪器常常没有按键、旋钮或滑尺等来控制仪器的测量操作，也没有刻度盘、读数器、单独屏幕或其他显示器。取而代之的，是计算机通过先进的图像显示来模拟仪器的前面板，此时仪器的控制亦通过计算机标准的界面如键盘、鼠标器或触摸式屏来实现的；软件可能只作少量的如屏幕显示那样的工作，也可能模拟若干复杂仪器的各种功能，设定插入测量卡的参数来获取必要的数据。这种应用图形软件的功能以及由计算机来处理和显示测量结果的测试系统在工业界常被称为“虚拟仪器”。

虚拟仪器也可定义为这样一种仪器，它的全部功能都可由软件来完成(配以一定的硬件)。用户只要提出所需要的系统框图、仪器面板控制和希望在计算机屏幕上实现的输出显示等。

这个概念首先由美国 NI 公司于 1990 年推出 LABVIEW 软件包开始。这个软件包能使用户开发一套框图或流程图，用来表示测试系统的功能和测试过程后，就可组建他们自己的虚拟仪器。适当的仪器面板可调用计算机内的控制器、指示器和显示器部件库组合而成。当然，虚拟仪器要连接到现实世界以完成测量任务，仍需要通过信号采集卡或通过其他特殊功能模块。

可以说，虚拟仪器是仪器技术与计算机技术高度结合的产物。

将传统仪器与虚拟仪器作一简要的比较，它们的主要区别如表 12-1 所示。

**表 12-1　传统仪器与虚拟仪器的主要区别**

| 传统仪器 | 虚拟仪器 |
|---|---|
| 仪器商定义 | 用户自己定义 |
| 封闭系统，功能固定不可更改，难以拓展特定功能，与其他设备连接受限 | 基于计算机技术的开放灵活的功能模块，易于实现功能拓展<br>系统面向应用，可方便地与网络、外设及其他应用设备等相连 |
| 硬件是关键部分 | 软件是关键部分 |
| 价格昂贵 | 价格低，可重复使用 |
| 技术更新慢(5 ~ 10 年) | 技术更新快(1 ~ 2 年) |
| 开发维护费用高 | 软件结构，大大节省开发费用 |

## 二、虚拟仪器的组成

由上可知，所有虚拟仪器的基本部件包括有计算机及其显示、软件、仪器硬件以及将计算机与仪器硬件相连的总线结构，如图 12-3 所示。

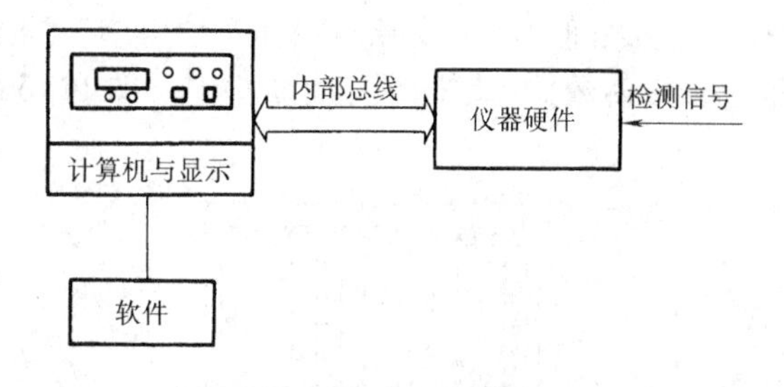


图 12-3　虚拟仪器的基本部件

1. 计算机与显示　计算机与显示部分是虚拟仪器的心脏部分。

2. 软件　如果说计算机是心脏，则软件是虚拟仪器的头脑。由软件来确定虚拟仪器的功能和特性。虚拟仪器软件主要由两部分组成：应用程序和 I/O 接口仪器驱动程序。其中应用程序包括实现虚拟软面板功能和定义测试功能的流程图二类；I/O 接口仪器驱动程序主要完成特定外部硬件设备的扩展、驱动与通信。

3. 内部总线　在工业上占主导地位的基本上是三种总线：IEEE - 488(GPIB 总线)、

PC总线和VXI总线。

（1）IEEE-488总线 该总线是计算机和仪器相连的第一个工业标准总线，它的主要优点之一是这个接口可埋设于标准仪器的后面，从而可使仪器二用：既可作为一台标准的手动操作仪器单独使用，也可作为计算机控制的仪器。可允许一个在计算机内的IEEE-488接口卡与多至15台仪器连接。借助于接口卡和软件可将指令由计算机传至每台仪器并读取结果。其最大数据传输率为1MB/s，通常使用100~250KB/s。

（2）PC总线 由于人们对IBM-PC机在测试系统中的迅速的广泛接受，因此那些装入PC空槽中的插入式仪器卡仍有相应的较大的应用领域，特别是一些简单的ADC、DAC、I/O卡，适用于一种小型的，较为廉价的，精度要求并不十分苛刻的数据采集系统。诚然由于IEEE-488总线的较强的抗电磁干扰性，一个高精度的仪器仍应采用IEEE-488总线更为适宜，但价格相对较贵。

（3）VXI总线 VXI技术是继GPIB技术之后在自动测试、数据采集及相应领域中的一种阶跃式的进展。它开创了自动测试、数据采集和自动控制的新纪元，使这些领域实实在在地进入了计算机时代或网络时代或统称为信息时代。由IEEE-1155所规定的VXI总线，是一种开放式的仪器结构系统。各种VXI总线要求的标准功能模块，可插入专门设计的卡箱(称为主机框)。主机框包括电源、空气冷却以及为这些模块通信用的后面板。VXI总线为一些类似IEEE-488所支持的高性能的仪器提供了一个高质量的电磁兼容环境，也是一个与高速通信的VME总线为基础的计算机后面板相连接的惟一通道。有三种方法可实现计算机至VXI总线仪器的通信。

1）通过IEEE-488的VXI总线通信 这种情况下，IEEE-488总线到VXI总线的转接器模块插入VXI总线的主机框，而用一根标准的接口电缆将其与计算机内的IEEE-488接口卡连接起来。这种系统编程方便，但数据传输速率受限于IEEE-488。图12-4是由IEEE-488控制的VXI总线系统。

2）通过MXI总线的VXI总线通信 这第二种方式是在VXI总线主机框与计算机间应用较高速度的连接总线。最普遍的是人们熟悉的具有高速的柔性电缆接口总线MXI。像IEEE-488一样，MXI总线接口卡和软件是装在计算机内的，而用一根电缆将其与VXI总线主机框内的MXI总线至VXI总线的转接器相连。MXI总线的优点是计算机与VXI总线主机框之间的通信较IEEE-488快得多。缺点是MXI总线有可能较厚较重。并有可能通过转接使数据传输的带宽有所损失。图12-5为通过MXI总线控制的VXI总线系统。

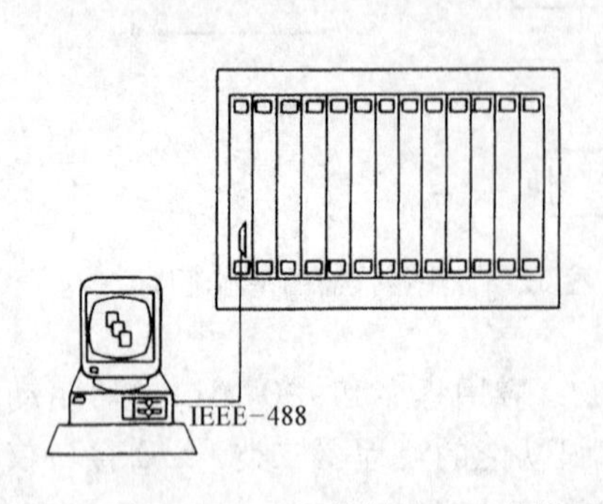


图12-4 由IEEE-488控制的VXI总线系统

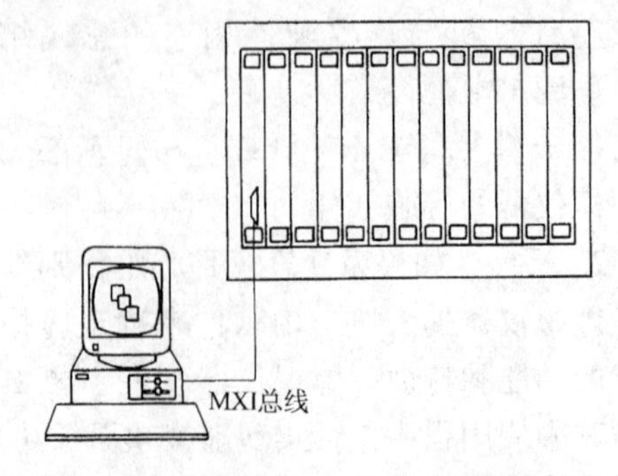


图12-5 通过MXI总线控制的VXI总线系统

3）通过装入控制器内的 VXI 总线通信　第三种方式是直接将一台功能强大的 VXI 总线计算机装入 VXI 总线主机框。这台计算机倾向于是一台可直接执行工业标准操作系统和软件的 PC 和工作站的改型，亦称“0 槽控制器”。这种技术的优点是完全保持了 VXI 总线的通信功能。图 12-6 为由插入主机框内的 VXI 总线计算机控制的 VXI 总线系统。

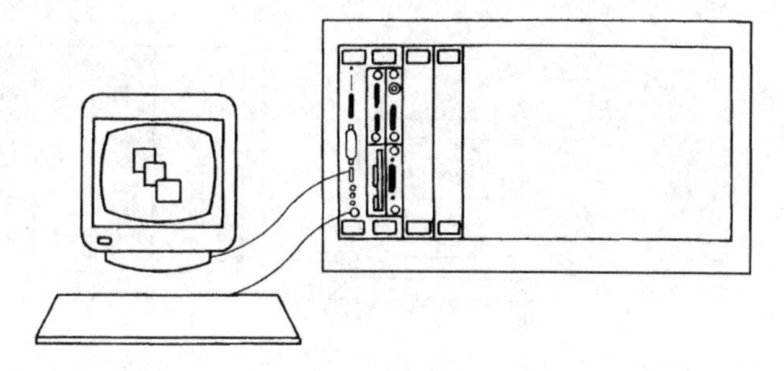

图 12-6　由插入主机框内的 VXI 总线计算机控制的 VXI 总线系统

4. 仪器硬件　虚拟仪器可不同程度上减少仪器的硬件，但决不是意味着完全取消仪器的硬件。要测试现实世界的事物，总是要有具体的测量硬件和传感器，如数据采集模块、控制模块等。

### 三、虚拟仪器应用举例

工业界对虚拟仪器尚没有一个确切的定义。通常将虚拟仪器描述为下列 4 个应用方式：

1. 组合仪器　将一些单独的仪器组合起来完成复杂测试任务，而把这样的整套测试系统视为虚拟仪器。这些单独的仪器本身并不能实现这些功能。这个组合系统可设置每台仪器的参数、可作初始化操作、处理数据、显示测量的结果等。这个系统的总线可以是 IEEE－488、PC 总线、VXI 总线或三者的组合等。

2. 图形虚面板　由计算机屏幕上的图形前面板替代传统仪器面板上的手动按钮、手柄和显示装置，以此提供了对一台仪器的控制。由于它具有丰富的图形软件和窗口功能，可提供较传统仪器面板功能更多的方便条件。例如，电压表或电子开关等简单的仪器，现在可以像示波器一样定时显示其测量值的变化，或可以直观地显示各种开关的状态。

3. 图形编程技术　大多数仪器系统均应用 C、BASIC、FORTRAN 或 PASCAL 等文字化的语言来编程。当计算机和仪器的功能不断扩大后，仪器系统可达到的能力看来是无限的。然而，仪器系统的开发者们不得不需要把越来越大量的工作放在软件开发上以控制该系统。为解决这一问题引入了一些新方法和编程技术。最引人注目的成就之一是图形编程语言的进入。

不仅是仪器的控制而且整个程序流程和执行均用图形软件由图形来确定。所有用文字化语言能做的事都可由图形软件来完成。取代键入一行行的指令和说明等文字的是用线条和箭头将一幅幅图形连接起来开发出图形化的程序，从而使编程时间大大缩短。

进一步可将图形子程序组合为一个复杂功能的图形，用于开发越来越先进的虚拟仪器。当然，用户也可根据自己的意愿采用文字或语言编程，或者将文字语言与图形语言混合使用。

4. 重组各功能模块构成虚拟仪器　用户根据自己的需要挑选一些功能模块以及相应的软件来组成一台虚拟仪器。VXI 总线（或 PXI 总线）为这些功能模块的组合提供了一个理想的环境。图 12-7 是采用组合功能模块技术而组成的 VXI 总线信号分析仪。各模块间的数据流如图12-7b所示。这个技术的优点是为用户特殊需要的专用仪器提供了一种灵活的解决办法。

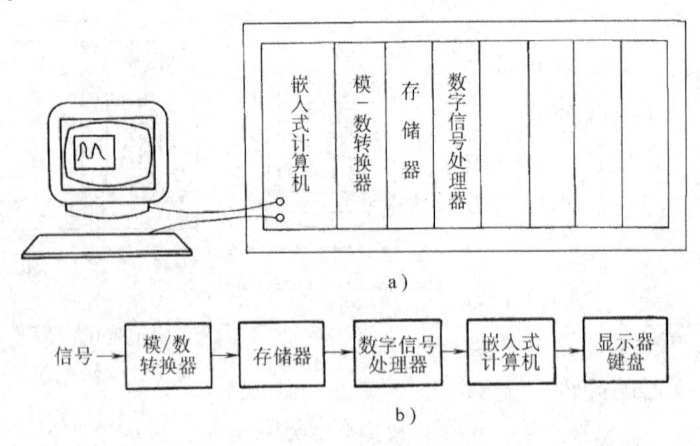


图12-7　采用组合功能模块技术组成的VXI总线信号分析仪

a）信号分析仪的模块　b）信号分析仪各模块间的数据流

## 第四节　网络化仪器和网络化传感器

### 一、网络化测试技术

网络技术的高速发展将时间和空间领域大大地缩小了。所构建的网络化测试系统能将分散于各个地域的不同测试设备挂接在网络上，实现资源、信息共享，协调工作，共同完成大型复杂的测试任务；或者完成智能节点(智能仪器、智能传感器)的数据传输、远程控制与故障诊断等。特别是近年来随着嵌入式系统、无线通信、网络及微机电系统等技术的进步而出现的一种全新的信息获取技术——无线传感网络，它将大量具有感知、计算和无线通信能力的传感节点形成自组织网络，实时协同地感知、采集和处理被监测对象的信息。

### 二、网络化测试系统的组成

网络化测试系统主要由两大部分组成：一部分是系统的基本功能单元，如PC仪器、网络化测量仪器、网络化传感器、网络化测量模块等；另一部分是连接各基本功能单元的通信网络，如现场总线、Internet、无线传感网络WSN等。图12-8、图12-9分别为面向Internet的测控系统结构和无线传感器网络通信结构示意图。

无线传感网络技术的发展和广泛应用，将会对现代军事、现代信息技术、现代制造业及许多重要的社会领域产生巨大的影响。近年来蓬勃发展的物联网是无线传感网络技术成功应用的巨大领域。物联网可实现智能化的实时管理和控制，从而提高资源利用率和生产率，已成为国际新一轮信息技术竞争的关键点和制高点。

物联网由感知层、网路层和应用层等三层架构，如图12-10所示。

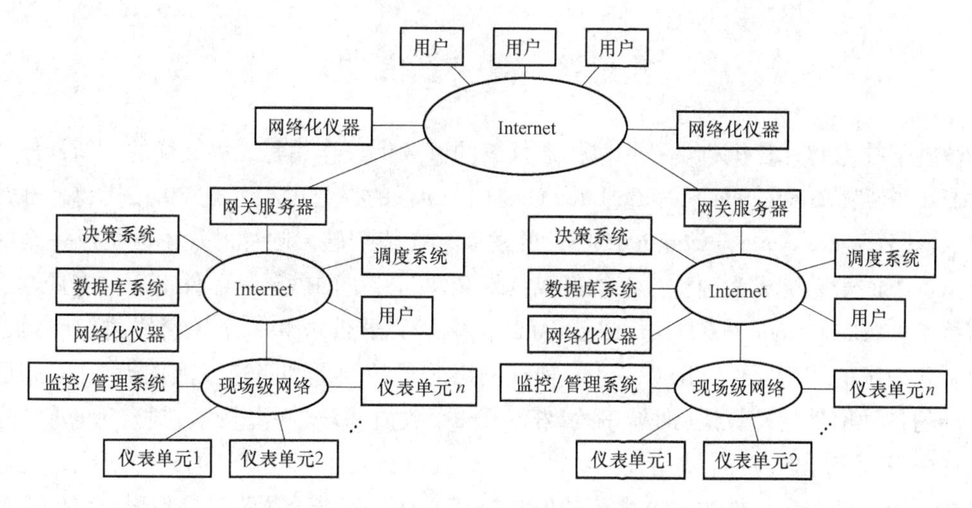


图 12-8　面向 Internet 的测控系统结构

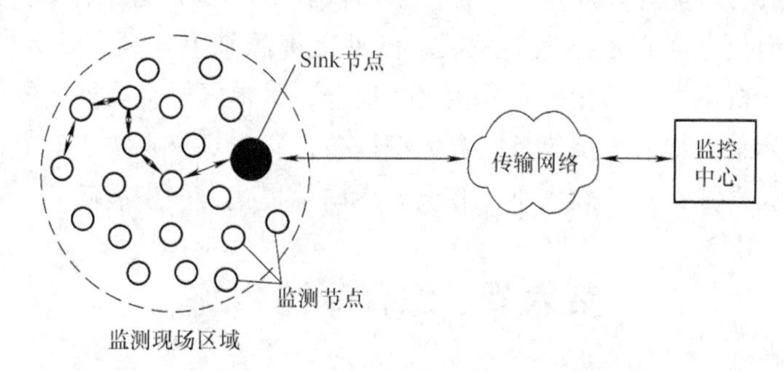


图 12-9　无线传感器网络通信结构

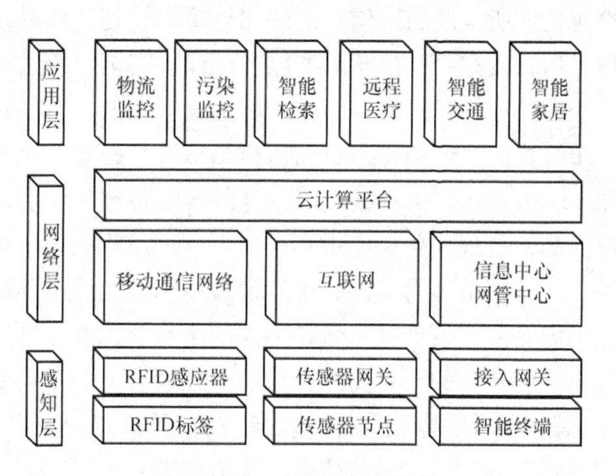


图 12-10　物联网三层架构

## 第五节 微 型 仪 器

微电子技术和计算机科学技术对仪器仪表的巨大促进作用是无可置疑的。新器件的问世、ASIC电路(Application Specific Integrated Circuits)的兴起；20世纪80年代起，圆片规模集成电路(Water Scale Integration,WSI)的发展，在整个硅大圆片的规模上集成一个完整的电子系统或子系统成为现实；三维集成技术又使芯片上的电路元器件呈立体布局；表面封装技术(Surface Mounting Technology,SMT)使电子元器件成为一个无引线或短引线，大小仅有几毫米的微型元件；DSP芯片、神经网络芯片的问世和飞速发展使近30年来已充分发展的各种信号处理算法(时域平均、相关分析、数值滤波、平滑技术、频谱计算等)在仪器设计中得到充分的应用；加上近10多年来对微机械技术(MEMS)的致力研究，使集合微机构、微驱动器、微能源以及微传感器和控制电路、信号处理装置等附于一体的微型机电系统、微仪器成为可能。凡此种种，都使仪器仪表不仅在精度方面有了极大的提高，而且在小型化、微型化方面有了很大的发展。已见市售的掌上式频率计数器和频谱分析仪等，手提式血液分析系统可取代一套大型生化仪器，手提式微金属探测仪可方便地监测水质。通常，用于元素分析的质谱仪是一台大型设备，它应具有真空、电离、探测等许多部分，目前已做得如台式计算机般大小，并已着手向手提式方向发展等。

## 第六节 综合测控系统

仪器仪表是发展各行各业的基础装置，是工业的五官和中枢神经，是控制技术的一个关键部分。由于由检测技术所实现的对信息的感知、采集、处理以及分析、判断，才能作出对对象适时的控制。例如汽车中，由于对节能、环保、安全、舒适性等方面的要求而采用的对发动机点火系统的控制、智能悬挂系统、防抱刹车系统、空气安全袋、自动驾驶系统、自动空调系统、车灯控制、座椅控制、胎压检测等都是建立在对车况、环境的实时检测的基础上的，如图12-11所示。生产线上对工件的实时检测与评估，然后调整、控制工艺参数，以实现质量控制，是现代化生产中不可缺少的。过程控制中对温度、压力、流量的测量等等，在化学工业中是最为常见的，可以说检测和控制是密不可分的。图12-12是一台自动机床的测控系统。由于可能产生各种不同的干扰，因此必须用许多传感器来随时监控。图12-13为一个空调系统的结构简图，这是测控系统又一个典型例子。

由温度、湿度传感器不断地检测空气温度、湿度，并根据判断实时发出控制加热器、制冷机、蒸汽炉、鼓风机等装置。空调系统的工作流程图如图12-14所示。图中$t_s$、$h_s$是设定的温度和湿度；$t$、$h$是实测的温度和湿度。

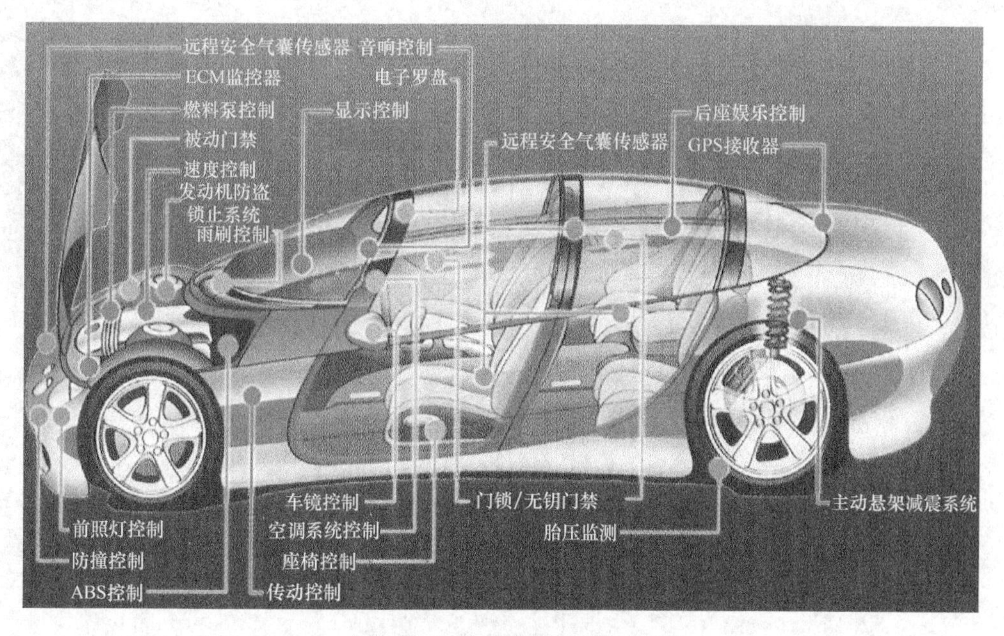


图 12-11　汽车测控系统举例

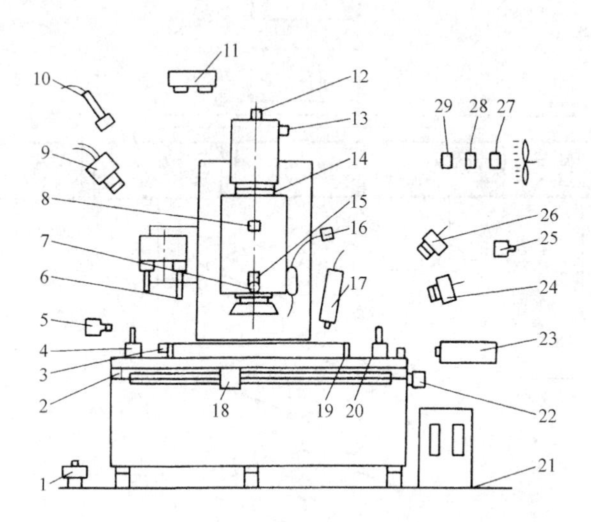


图 12-12　自动机床的测控系统

1—基础振动传感器　2—限位传感器　3—振动加速度计　4—边界传感器　5—工件磨损传感器
6—触觉传感器　7—温度传感器　8—润滑油检测计　9—图像传感器　10—声强度传感器
11—火花检测器、烟雾传感器　12—速度传感器　13—电流传感器　14—力矩传感器　15—声发生传感器
16—酸碱度传感器　17—粗糙度传感器　18—位置传感器　19—夹紧力传感器　20—工件损坏传感器
21—水平仪　22—力、力矩传感器　23—热变形传感器　24—切削监视传感器　25—灰尘传感器
26—温度分布传感器　27—气敏传感器　28—压力传感器　29—湿度传感器

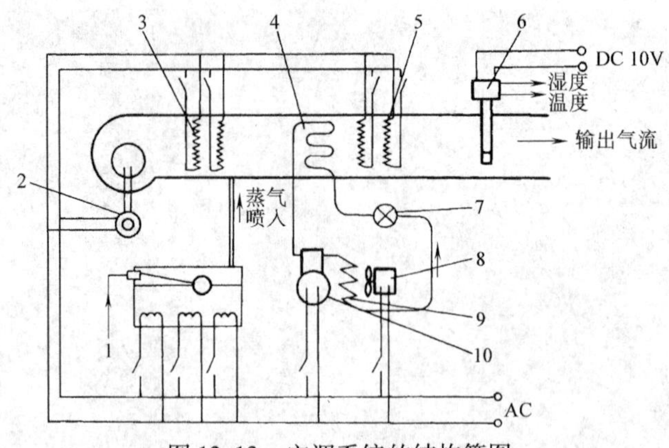


图 12-13　空调系统的结构简图

1—注水口　2—鼓风机速度控制　3—空气预热器(2×1kW)　4—空气冷却器
5—空气加热器(2×0.5kW)　6—传感器　7—膨胀阀　8—风扇　9—冷凝器　10—压缩机

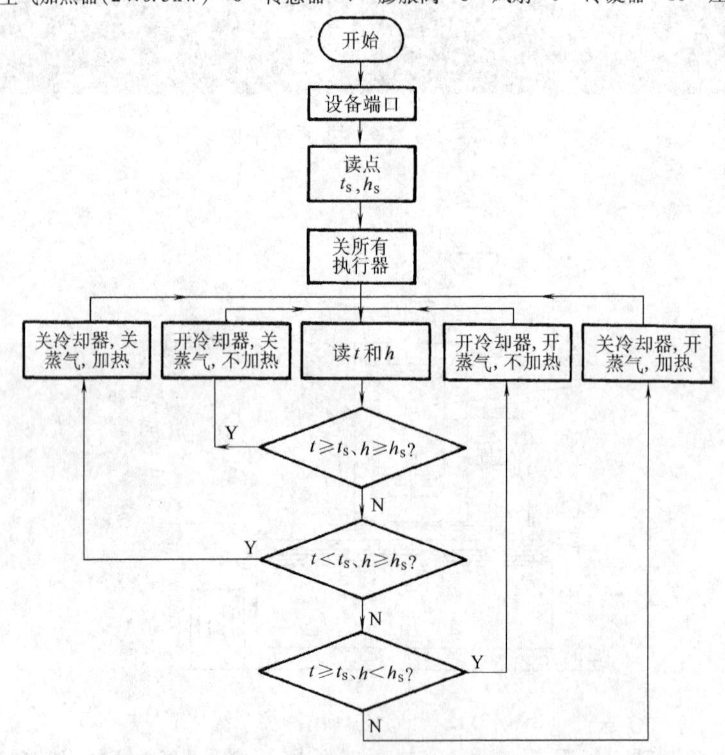


图 12-14　空调系统的工作流程图

# 第七节　工程应用实例

测试系统有着无限的多样性和广泛性。本节列举有限的几个研制开发实例，以期帮助读者建立一个从信号的获取、传输到信号的处理、输出显示的完整的系统概念；给读者示范一个从任务的提出、技术指标确定到总体方案设计、技术实施的完整过程。本节资料由上海交通大学、合肥工业大学、天津大学、上海理工大学等单位提供。

## 一、电梯导轨多参数测量系统

电梯导轨多参数测量系统用于测量电梯导轨安装后的误差：单根导轨的弯曲，导轨结合部的失调，导轨连接处的台阶，以及两列导轨的间距变化等，如图12-15所示。

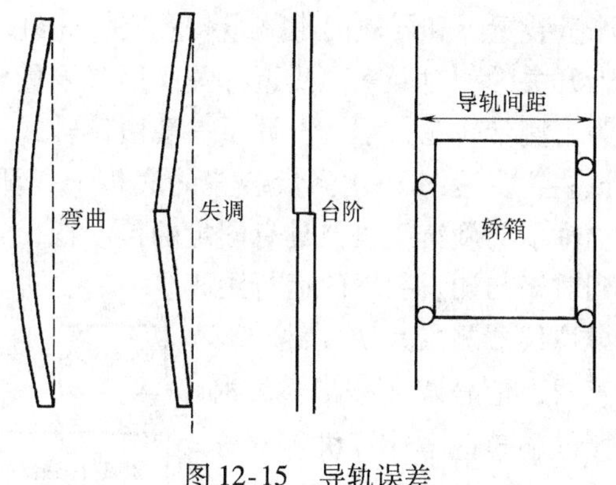


图12-15 导轨误差

这些误差因素在单列导轨全长上表现为导轨相对安装基准的直线度和铅垂度误差。而两列导轨间距的变化则是上述安装误差的综合影响结果。测量导轨各项误差需要知道测量的各点误差数据所对应的导轨位置，因此在测量这些误差的同时还必须测量测头在导轨长度方向(铅垂方向)的位置。

电梯导轨多参数测量系统的原理图如图12-16所示。它由基于PSD(Position Sensitive Detector)的激光准直测量装置，导轨间距测量装置，用于测量安装支架和导轨接头位置的接近开关，装有各种测头的轿箱行程测量装置以及由电气箱和笔记本计算机构成的数据采集系统等5部分组成。

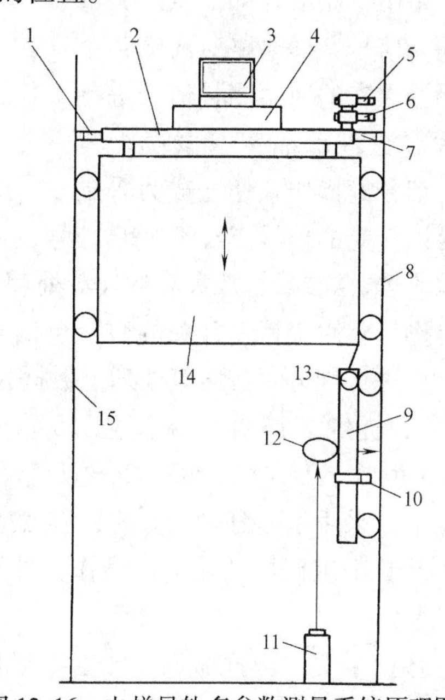


图12-16 电梯导轨多参数测量系统原理图

1—电感传感器1 2—导轨间距测量装置 3—笔记本计算机 4—电气箱 5—接近开关1 6—接近开关2 7—电感传感器2 8、15—导轨 9—PSD测量装置 10—接近开关3 11—激光铅直仪 12—PSD 13—行程测量装置 14—桥箱

导轨的直线度、铅垂度误差由专门设计的基于位置敏感探测器PSD的激光准直测量装置进行测量。本系统还选用了具有自动找平功能的激光铅直仪作为导轨铅直度和直线度测量的基准。整个PSD测量装置连接在轿箱底部，并紧贴于导轨的表面上。PSD传感器通过一个一维导向机构与测头连接。当PSD测量装置随轿箱上下运行时，PSD元件就可以在导轨的顶面和侧面两个方向反映出导轨表面形状的误差。

对于两列导轨间距偏差的测量，采用了双电感传感器差动测量方案。该方案分别将两个位移式电感传感器固定在轿箱顶部横梁的两端，并通过导向装置与导轨顶面可靠接触。电感传感器具有辨向功能，且因其固定在同一刚体上，所以轿箱在水平方向的晃动变化可通过两传感器读数的叠加而互相抵消。因此，两电感传感器读数变化的叠加结果就反映了两列导轨顶面间距的偏差。对于导轨间距绝对值，可利用杆式内径千分尺进行标定。

为了保证PSD测量信号与导轨间距测量信号的同步，设计中选用了电感式接近开关来进行导轨接头位置的测量。如图12-16中的接近开关1和接近开关2。它们分别安装在

PSD测量装置上和导轨间距测量装置上。通过对同一导轨接头的先后测量就可以得到两电感接近开关的相对距离。接近开关3用来测量导轨安装支架。

为了测量轿箱行程，设计了一套由旋转式光学编码器和高精度滚动轴承组成的测距装置。该装置安装在PSD测量装置的底板上，测量中使滚动轴承与导轨面始终保持接触，且滚动轴承与旋转编码器具有固定的传动比，这样通过计数器记录编码器的读数便可以准确得到轿箱与测量装置的运行距离。

虚拟仪器测量系统硬件主要由传感器、信号调理电路、数据采集接卡和笔记本计算机4部分组成，如图12-17所示。

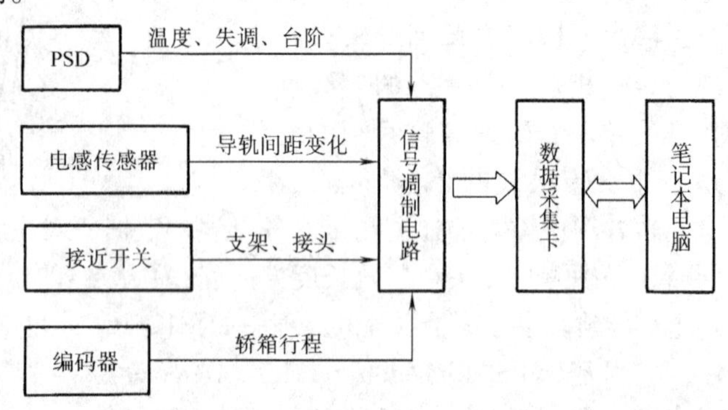


图12-17 电梯导轨多参数测量系统框图

位于测量系统前端的传感器部分是用于获取外部信息的关键部件。信号调理电路对前端各个传感器送来的原始测量信号进行放大、滤波、隔离、激励、辨向、细分等操作，使之成为采集卡可以接受的信号。对于PSD信号，原始信号为光电流信号，相应的调理电路部分要进行电流/电压转换，放大、滤波等处理；对于电感传感器，要进行信号的激励、调制、解调等操作；对于接近开关的数字量信号，要进行整形、隔离等操作；对于编码器输出信号，要进行细分、辨向等处理。数据采集卡选用的是NI公司的多功能数据采集卡DAQ－6024E，提供了16路单端通道或8路差分通道的12位模拟输入，两路12位模拟输出通道，8根数字I/O线和两个24位计数器/定时器。在本设计中，对于PSD和电感传感器的模拟信号采用了差分输入方式，有效地提高了测量系统的共模抑制能力。测量时，以行程测量装置中编码器的输出信号作为外触发源进行A/D触发采样，实现了对采样间隔的准确控制。

数据采集、数据显示、数据存储和数据分析模块由LabVIEW编程实现。软件提供了友好的虚拟仪器面板，用户可以方便地输入测量参数。通过按钮进行测量的控制和观测测量结果。

## 二、海底敷缆测量系统

海底敷设电缆、光缆等作业是电力、通信工业的常规工作。一般由水面动力船拖动水下挖沟埋缆机构(滑靴)来完成。该机构上功率强大的水泵向海底预定轨迹喷射强水流形成沟槽，缆线即埋其中。

海底敷缆测量系统是一套能对与敷缆有关的各种工作参数全面测量、实时处理、实时显示、全自动记录的测量系统，其原理图如图12-18所示。

被测数据分水上和水下两部分。水下部分包括水泵的水压、液压泵的油压、滑靴的水下深度和转角、敷缆机的纵倾和横倾角、以及滑靴两端的着地信号。水上部分主要测量拖

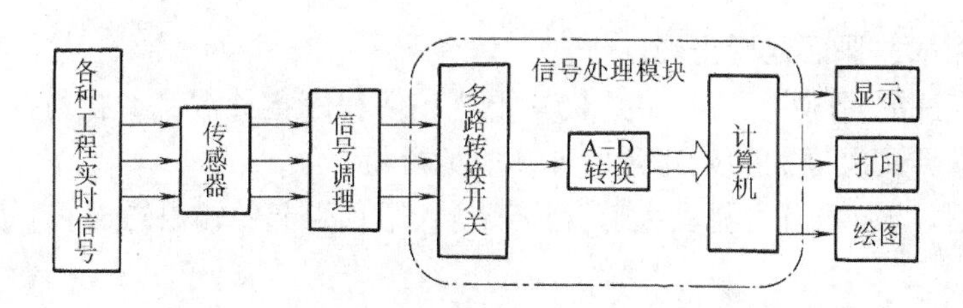


图 12-18　海底敷缆测量系统

缆的拉力、敷缆的张力以对敷缆速度实行控制。

水压、油压及水深采用压力传感器测得，并通过高精度、高稳定性的压力变送器输出 4～20mA 的标准电流信号。滑靴的转角、敷缆机的纵倾和横倾角采用可靠性高、工作范围大的磁阻式无接触倾斜角传感器测得。传感器在 -60°～+60°的范围内输出为 1～5V。着地信号利用行程开关来得到电路的开关量输入。敷缆张力采用力传感器来测量。其桥路输出灵敏度为 1.5mV/V 左右。

本测量系统要解决的主要问题是强干扰环境下的信号远距离传输。信号传输距离为水下 150m，水上 75m。信号在传输过程中会大大衰减，且受到强大的工频干扰。为此，硬件电路采用了模拟信号本地采集、本地数字化处理，远距离传输数字信号的方案。数字通信采用 RS-485 通信标准。由于采用平衡差动方式传输数据，抗干扰能力很强，共模范围为 -7～+12V，最大传输距离达 1200m。

系统的信号处理模块见图 12-19 所示。

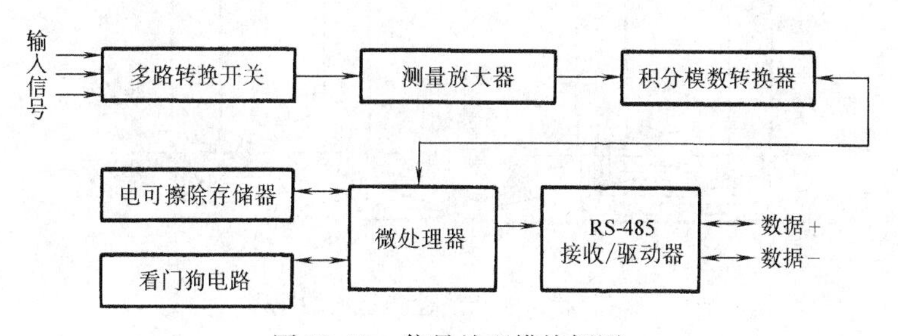


图 12-19　信号处理模块框图

信号处理模块中，多路转换开关用于轮流接通各路模拟信号并送到测量放大器进行处理。积分式模拟转换虽然速度不快，但能对噪声进行平滑，提高了系统的抗干扰能力。看门狗电路能确保微处理器受到干扰损害时程序的正常运行。电可擦除存储器则用来存储模块地址、波特率等设置参数。

抗干扰问题不能完全依靠硬件解决，软件的抗干扰措施也是整个系统抗干扰的重要环节。已采取的软件的抗干扰措施为

1）设置系统程序监视跟踪定时器。当系统运行出现故障时，计数器溢出，系统复位，重新运行系统程序。

2）设置当前输出寄存单元。当干扰破坏了输出时，系统及时查询寄存单元中的输出状态信息，及时纠正输出状态。

3）设置自检程序，并在单片机内的特定部位和某些特定单元设置了状态标志位。运

行中不断循环测试，保证运行正确。

4）设置程序指针陷阱。一旦单片机受干扰，使程序指针混乱，执行一段程序后会落入陷阱中，自动回到程序的初始化开始处，避免死机。

5）采用软件滤波法。可滤去大部分由于输入干扰引起的输出错误。

## 三、管道缺陷的漏磁检测系统

管道漏磁检测系统是采用漏磁法检测石油、天然气运输管道泄漏的无损检测系统。它利用油压差或者牵引机器人作为动力源，不需要耦合剂（超声法需要耦合剂），能够检测管内外表面的缺陷和腐蚀，该方法已被广泛用于油气管道、储罐罐底的腐蚀检测和钢丝绳、钢板、钢块等铁磁材料的无损检测中。

漏磁法检测管道的原理如图12-20所示，它采用一个外加磁场对管道进行磁化。当检测器在管内行走时，如果管壁没有缺陷，则磁力线闭合于管壁之内；如果管道有缺陷，则磁力线将穿出管壁而产生漏磁。漏磁场被检测装置的传感器检测到后经滤波、放大处理被记录到检测装置的存储器中，再经过数据的分析和相关处理，从而得出缺陷的参数。在用漏磁法对管道进行检测时，一般我们把管道漏磁检测装置称为“漏磁猪”。图12-21是一个管道漏磁猪的基本结构示意图，它主要包括牵引机器人、系统控制器、电源、漏磁传感器、数据处理器和位置记录仪等6部分。

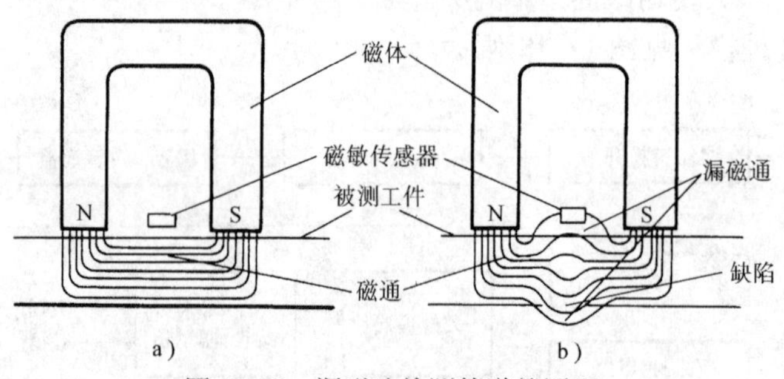


图12-20 漏磁法检测管道的原理

a）无缺陷 b）有缺陷

对于漏磁检测装置检测到的缺陷信号（见图12-22），还必须对其进行分析和处理来还原为缺陷的尺寸参数，实现缺陷的定量分析。图12-23是一个管道漏磁信号分析过程图，其中信号预处理的主要工作是信号的去噪、平滑处理、信号特征提取。通常采用自适应滤波和小波分析的方法来消除对包含在检测信号中的噪声。信号分类的主要工作是将漏磁信号中由于管道本身结构如法兰、焊缝、阀门等引起的信号和由于管道缺陷引起的信号区分开来。另外，由于除了管道缺陷之外影响漏磁信号的因素很多，如磁化强度、管线材质、检测器爬行速度、管道的残余应力等，为了对缺陷进行正确的特征提取和缺陷评估，必须进行仿真试验，得出不同因素对缺陷信号的影响规律，并对检测信号进行相关的

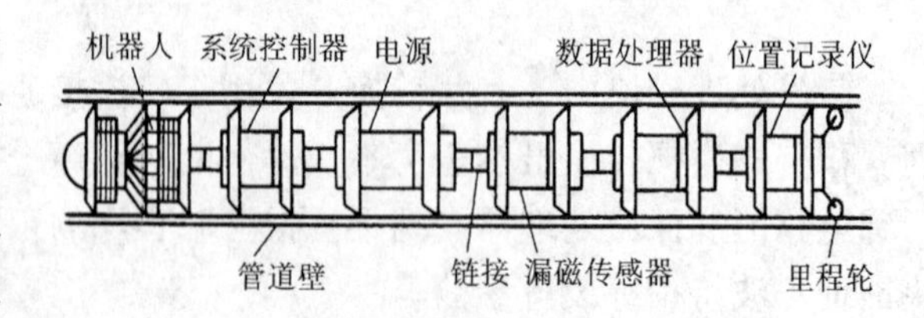


图12-21 管道漏磁猪的基本结构框图

信号补偿。对缺陷参数进行识别时，现在主要采用神经网络训练的方法，选择适当的神经网络形式和神经网络参数可以将检测信号正确变换为缺陷的形状和尺寸，目前常用的网络有径向基神经网络、BP 神经网络和小波神经网络。得出缺陷的尺寸参数以后我们就可以对管道的安全情况进行评估并确定相应的缺陷等级。

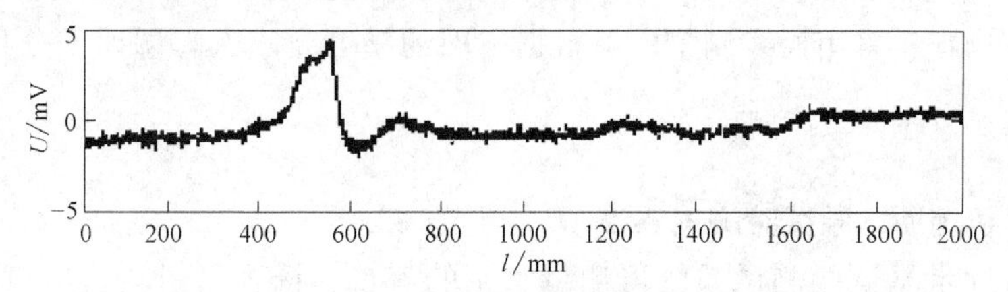


图 12-22　通孔缺陷的检测信号图

除了漏磁法，超声法也是常用的，它不限于只检测铁磁性管道。

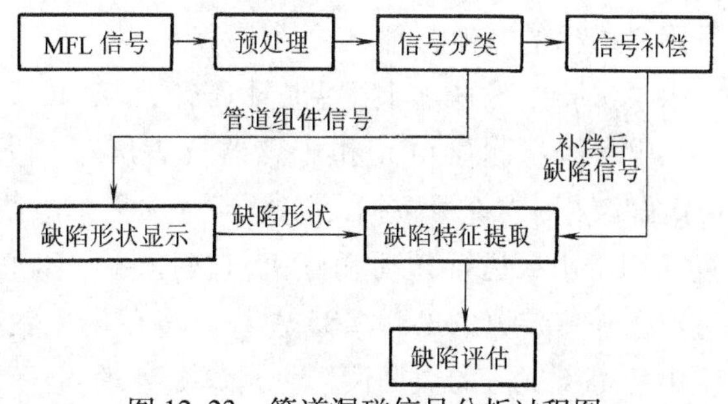


图 12-23　管道漏磁信号分析过程图

## 四、端面摩擦磨损试验机

端面摩擦磨损试验机用于试验检测试样的摩擦磨损性能，特别适合于评定自润滑轴承材料、表面薄层或层状复合材料、固体润滑材料的减摩耐磨特性和综合使用性能。

试验机设计方案的要点是设计一套具有对滑动速度、压力可调的滑动摩擦副机构，并在一定的运行条件和时间间隔内测定摩擦力和磨损量。系统包含运行条件测控和目标量检测。

试验机原理如图 12-24 所示。试验时，用旋转的上试件(圆环)与浮动的下试件(圆盘)端面接触形成滑动摩擦，上试件用由变频器控制的电机带动，可对旋转试样作无级调速(0 ~ 2400 转/分)，由变频器显示屏直接读取实时转速；通过工作台的上下移动，改变加在试件上的载荷(正压力，0 ~ 9800N)，用力传感器 2 实时测量载荷力；下试件的圆周上固定有一提供平衡力矩的钢丝绳 5，该绳的另一端连着力传感器 4，可实时测量其所平衡的摩擦力矩(0 ~ 13N · m)，由摩擦力矩和载荷的测量值即可求得试件材料在试验状态下的摩擦系数；端面摩擦磨损试验机还可连续对试样加热(室温 ~ 200℃)，这里采用 B 类 Pt100 电阻温度传感器测温，研究试样在不同温度下的摩擦系数；通过时间继电器还

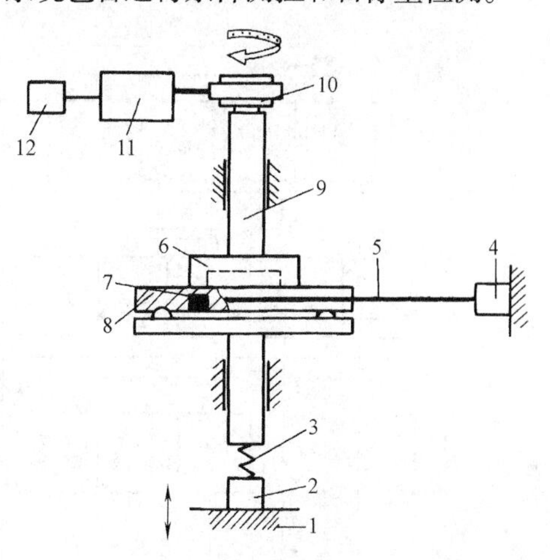


图 12-24　端面摩擦磨损试验机原理图
1—工作台　2—力传感器 1　3—加力弹簧
4—力传感器 2　5—钢丝绳　6—上试件
7—温度传感器　8—下试件　9—主轴
10—带轮　11—电动机　12—变频器

可设定不同的试验时间（0~99.99h），也可通过计算机软件计时。试验机通过计算机和试验数据处理专用软件对载荷、转速、试验温度、摩擦力矩等测量信号进行实时采集与处理，得到不同摩擦副配偶材料在不同表面状况（粗糙度、硬度等）及不同运动状态下（载荷、转速、温度等）的摩擦系数，以数据图表形式给出（或打印出）统计试验结果。试件磨损量采用离线测量，可根据不同的精度要求选择壁厚千分尺或其他的测长仪器。

### 五、计算机辅助水泵试验测试系统

计算机辅助水泵试验测试系统可测量水泵的流量、扬程（进口、出口压力）、轴功率、电动机功率和转速等5种参数。应用于目前广泛使用的各种水泵型式试验和出厂试验以及用户提出的其他各种试验。

水泵试验系统是由上下两层构成，如图12-25所示。其中低层的设备包括水泵、管路、供电系统、测量单元和传感器仪表屏等；上层的设备包括水泵数据采集测试装置（用于采集被测物理量数据，流量计算选择，电测功率挡位选择和流量调节），操作控制装置（用于水泵运行起动和停机监视控制）和工业控制计算机系统（用作为系统主机，通过数据采集装置的RS-485总线，将现场采集的数据传输到计算机中，完成水泵试验过程中各个工况点的数据读入、运算及处理）。

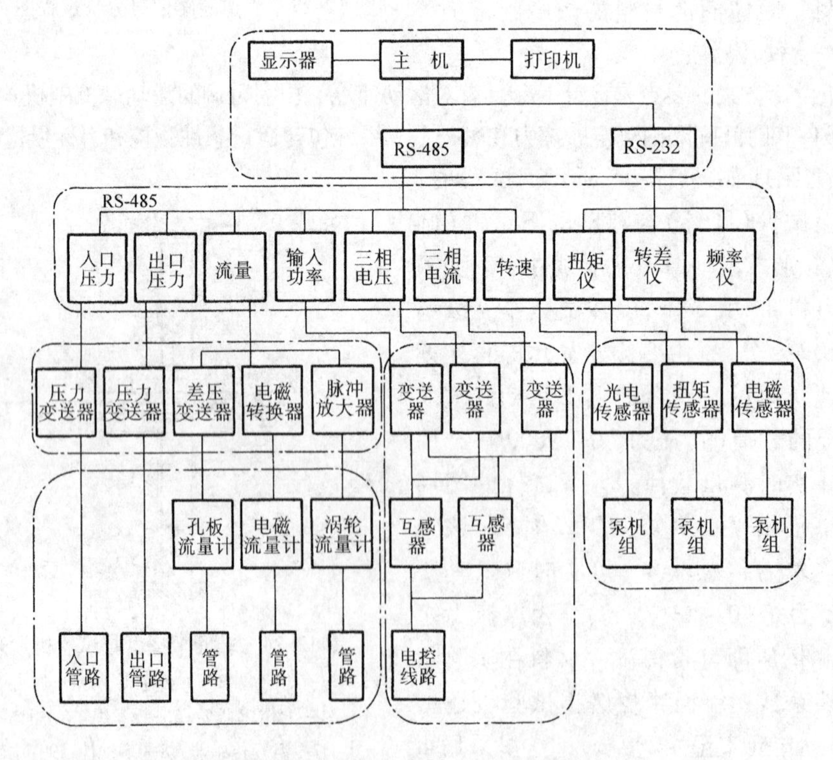


图12-25 计算机辅助水泵试验测试系统的构成

根据不同的工况，对于每一种参数，测试系统可以配置各种类型的传感器，采用不同的测试方法。其中流量测量采用电磁流量计，涡轮流量计或孔板流量计；扬程测量采用电容式压力变送器，测量入口、出口压力；轴功率测量采用扭矩测功法，同时测量输出功率和转速；电动机功率测量选用高精度电流电压互感器以及功率变送器；转速测量采用非接触式光电转速传感器或电磁感应转速传感器。

数据采集装置采用模块化结构，每一个物理量由一个标准化智能模块对这一数据进行采集、滤波、运算处理和传输，计算机系统自动完成数据的双向通信，并根据不同规格的泵产品自动完成参数设置、物理量的显示及数据的读取。

### 六、基于数字图像分析的深孔表面质量检测系统

本系统用于自动检测汽车制动主缸深孔内腔表面的质量，判断是否存在加工纹理不正常、砂眼或微小裂纹等缺陷。根据内孔表面不易观测不易触及的特点，本系统采用机器视觉检测方案。

被测工件内腔表面经光电探测杆成像，由 CCD 摄像头接收，通过视频捕获卡转换为数字图像信号进入计算机，再由专用软件处理后可由显示屏显示和打印机打印输出，如图 12-26 所示。

本系统主要的传感器是光电探测杆。它的结构及工作情况如图 12-26 所示。探测杆为一细长管体，在管体前端一侧开有固定尺寸的视窗，视窗内放置一 45°反射棱镜。在步进电动机的带动下，探测杆可在被测腔体内作水平进退和旋转运动，以保证被测表面各个部分均有机会落入视窗内，完成对整个内腔表面的检测。

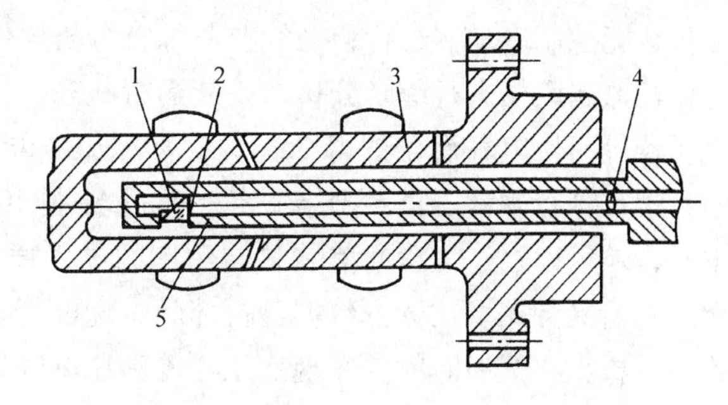

图 12-26 光电探测杆的结构

1—45°反射棱镜 2—视窗 3—被测工件 4—成像物镜 5—探测杆件

为使内腔表面图像被放大 30 倍仍具有足够的光强，在光电探测杆视窗两侧采用双光源对称照明。光电探测杆的光学成像系统位于系统的最前端，起到了提取原始图像信息的作用，是后续一切操作的基础。该成像系统的光路采用了适中的放大倍数和相对孔径，既满足了图像放大和光学分辨率的要求，又将衍射、像差和景深引起的像质下降控制在可接受的范围内。

本系统相关软件具有以下功能：

采用合适的滤波方法，剔除数字图像形成与采集过程中混入的典型噪声。

对滤波后的图像采用合理有效的二值化方法，能在一定的内腔表面照度变化的情况下，正确实施图像的二值化分割，以便进行后续分析与判别。

对目标物逐一实施轮廓跟踪，得到用于描述目标物形状的轮廓信息。根据典型目标物的形状特征参数，进行图像形状判别与分类。

本应用实例的设计思路也见于其他内表面的检测中，如直肠内窥镜等。

## 七、大型电力变压器综合在线监测系统

为保证供电系统的正常工作和提高供电质量，对大型电力变压器这样重要的电力设备运行状态的实时的不间断的监控显得非常重要。有一系列表征变压器运行状态的参数，诸如电压、电流、绝缘电阻、变压器油温、油位、油气压力、油气成分、噪声……等。

大型电力变压器综合在线监测系统利用先进的检测技术和手段，将多种检测装置综合在一起，实现了变压器运行状态的综合数据分析和处理，为变压器的状态维护提供可靠依据，本系统的应用为大型电力变压器等高压电气设备的长期安全运行提供更加安全的保障。综合在线监测系统集成了局部放电在线监测、油中溶解气体分析、温度负荷在线监测、综合状态特性分析和网络数据传输等技术，实时的多渠道采集各种运行数据，在线监测电力变压器等高压电气设备运行状态。其中，局部放电在线监测装置：采用最新声、光、电传感器、信号处理器、计算机等技术，连续记录高压电气设备局部放电的变化趋势；油溶解气体在线监测装置：动态监测高压电气设备油中溶解气体的含量和变化趋势，从而分析出设备的运行状况和潜在故障；温度负荷在线监控装置：根据被测设备的电压、电流、温度、负荷以及冷却器的工作状态，连续记录变压器的运行数据，分析其运行特性，智能控制冷却器运行；在线监测综合分析软件：对局放监测数据、油气监测数据、温度负荷监测数据进行综合分析，判断运行状态，记录参数及变化趋势，超限报警，估算出变压器等高压电气设备的寿命损失；数据服务器：控制各监测装置的运行，收集监测数据、运行分析软件，提供网络服务。通过多种网络传输技术，将监测结果传送到本地监控中心，还可以通过远程通信装置与已有的电力通信专用网、电话网、Internet 等通信网连接，将监测数据发往远方数据分析部门、配电管理系统及维护部门，实现远程监控和运行状态分析，在第一时间内发现变压器等高压电气设备内部潜伏性故障，根据综合监测数据的分析结果，估算出变压器的运行特性和寿命损失，为设备安全运行提供可靠依据。这种综合在线监测，可实现真正意义上的无人值守，避免事故发生，减少维护费用，为高压电气设备实施状态维护起到积极的促进作用。图 12-27 为该系统示意图。

## 八、海洋浮标

海洋是一个有待研究开发和利用的重要领域。目前大部分的海洋环境监测资料仍然依靠海洋监测站周期性采集海洋要素数据的方式获取。海洋浮标是一种现代化的海洋观测设施，它是伴随着海洋科学的发展，在传统技术的基础上发展起来的海洋监测新技术。

它具有全天候、全天时稳定可靠的收集海洋环境资料的能力，并能实现数据的自动采集、自动标示和自动发送。海洋浮标与卫星、飞机、调查船、潜水器及声波探测设备一起，组成了现代海洋环境主体监测系统，为海洋综合管理、海洋环境预报、预防和减轻海洋自然灾害、开发海洋、科学研究和国防建设提供长期、连续的海洋环境资料。

海洋浮标，一般分为水上和水下两部分，水上部分装有多种气象要素传感器，分别测量风速、风向、气温、气压、雨量和温度等气象要素；水下部分有多种水文要素传感器和

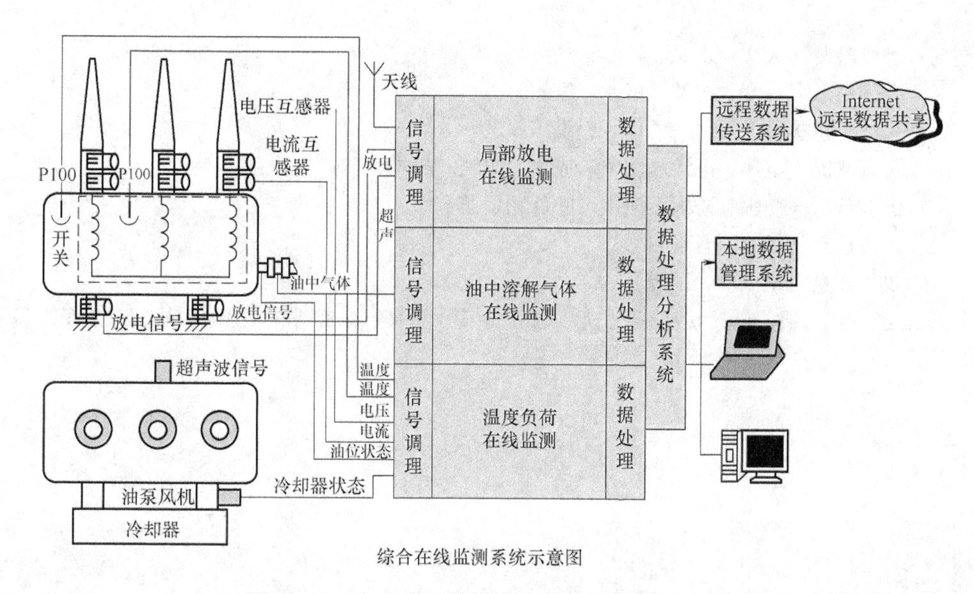


图 12-27　电力变压器综合在线监测系统示意图

生物要素传感器，分别测量波浪、海流、潮位、海温、盐度、$CO_2$、叶绿素、营养盐等海洋水文和生态要素。鉴于海上风雨、浪潮、盐雾等各种恶劣的工作环境，对传感器都要有特别高的密封等级要求，如 TP67 等。

各种传感器将采集到的信号，通过仪器自动处理，由发射机定时发出。地面监控中心通过传输网络将收到的信号经过处理后，就得到了人们所需要的资料。传输网络则根据不同的需要和条件提供多种选择，如点对点、GPRS/CDMA、以太网、互联网等。目前见到的有 GPRS/CDMA，即无线发送模块加移动通信模块方式；以及由岸基接收与监控设备、通信卫星、浮标汇聚节点和浮标传感器节点组成的无线卫星通信方式。浮标汇聚节点与多个浮标传感器节点信号连接，浮标汇聚节点与通信卫星无线通信，通信卫星与岸基接收设备无线通信。我国首次在北极成功布放的大型海洋浮标如图 12-28 所示。

图 12-28　我国首次在北极成功布放的大型海洋浮标

## 思　考　题

12-1　汽车 ECU 的基本组成是什么？请画出结构框图。

12-2　无线传感网络的数据通信传输方式有哪些？请设想海洋浮标的一种实施方案。

12-3　为什么说物联网是无线传感网络技术成功应用的巨大领域？

12-4　请分析一下“软件就是仪器”这句话。

## 习　　题

请设计一海上石油钻井平台的监测系统（部分）

包括：环境检测（天文、水文、地理、气象）
台体姿态（高度、摇摆、横倾、纵倾）
采油工艺参数（压力、温度、流量、深度）
设备状况（电压、电流、功率、应力、应变、扭矩、转速、轴温）
灾害预防（防火、防爆、防震、防外物侵袭）
指挥信息（视频、音频）
供给信息（水、电、油等）

任选其中一至二项，包括传感器型式、型号、信号调理、数据采集存储传输、监控等原理方案框图。

# 参考文献

[1] 施文康，余晓芬．检测技术［M］.3 版．北京：机械工业出版社，2010.
[2] 庄松林．我国仪器仪表与测量控制科技的发展［M］．天津：天津大学出版社，2011.
[3] 刘燕华．将科学仪器设备自主创新摆在科技工作的突出位置［M］．天津：天津大学出版社，2011.
[4] 丁天怀，李庆祥，等．测量控制与仪器仪表　现代系统集成技术［M］．北京：清华大学出版社，2005.
[5] 潘仲明．仪器科学与技术概论［M］．北京：高等教育出版社，2010.
[6] 王伯雄，王雪，陈非凡．工程测试技术［M］．北京：清华大学出版社，2006.
[7] 施文康，徐锡林．测试技术［M］．上海：上海交通大学出版社，1995.
[8] 孙传友，翁惠辉．现代检测技术及仪表［M］．北京：高等教育出版社，2006.
[9] 周杏鹏．现代检测技术［M］．北京：高等教育出版社，2010.
[10] 郑华耀．检测技术［M］．北京：机械工业出版社，2004.
[11] 蔡萍，赵辉．现代检测技术与系统［M］．北京：高等教育出版社，2002.
[12] 唐文彦．传感器［M］.4 版．北京：机械工业出版社，2006.
[13] 宋文绪，杨帆．传感器与检测技术［M］．北京：高等教育出版社，2009.
[14] 梁森，欧阳三泰，王侃夫．自动检测技术及应用［M］.2 版．北京：机械工业出版社，2011.
[15] 李新光．过程检测技术［M］．北京：机械工业出版社，2004.
[16] 林占江．电子测量技术［M］．北京：电子工业出版社，2003.
[17] 林德杰，等．电气测试技术［M］．北京：机械工业出版社，1995.
[18] 常新华，等．电子测量仪器技术手册［M］．北京：电子工业出版社，1992.
[19] 蒋焕文，孙续．电子测量［M］．北京：中国计量出版社，1988.
[20] 张广军．光电测试技术［M］．北京：电子工业出版社，2003.
[21] 李宝树．电磁测量技术［M］．北京：中国水利水电出版社，2007.
[22] 唐统一，赵伟．电磁测量［M］．北京：清华大学出版社，1997.
[23] 任吉林，林俊明，高春法．电磁检测［M］．北京：机械工业出版社，2000.
[24] 张近新，雷道振．非电量测试技术基础［M］．北京：北京航空航天大学出版社，2002.
[25] 严钟豪，谭祖根．非电量电测技术［M］.2 版．北京：机械工业出版社，2002.
[26] 林明邦，赵鸿林．机械量测量［M］．北京：机械工业出版社，1990.
[27] Schruefer E．电测技术［M］．殳伟群，译.8 版．北京：电子工业出版社，2005.
[28] Beckwith T G，Marangoni R D．机械量测量［M］．王伯雄，译．5 版．北京：电子工业出版社，2004.
[29] 王君，凌振宝．传感器原理及检测技术［M］．长春：吉林大学出版社，2003.
[30] 余成波．传感器与自动检测技术［M］.2 版．北京：高等教育出版社，2009.
[31] 李庆祥，等．现代精密仪器设计［M］．北京：清华大学出版社，2004.
[32] 裘祖荣．精密机械设计基础［M］．北京：机械工业出版社，2007.
[33] 国家技术监督局计量司．测量不确定度评定与表示指南［M］．北京：中国计量出版社，2000.
[34] 国家技术监督局计量司．通用计量术语及定义解释［M］．北京：中国计量出版社，2001.
[35] 国家技术监督局．国家计量技术规范汇编（一）［M］．北京：中国计量出版社，1991.
[36] 国家质量监督检验检疫总局．GB/T 6093—2001　几何量技术规范（GPS）　长度标准　量块［S］．北京：中国标准出版社，2001.
[37] 国家质量监督检验检疫总局．JJG 146—2011 量块［S］．北京：中国质检出版社，2012.
[38] 国家质量监督检验检疫总局，中国国家标准管理委员会．GB/T 3505—2009/ISO4287：1997 产品几

何技术规范（GPS） 表面结构 轮廓法 术语 定义及表面结构参数 [S]. 北京：中国标准出版社，2009.
[39] 国家质量监督检验检疫总局，中国国家标准管理委员会. GB/T 1031—2009 产品几何技术规范（GPS） 表面结构 轮廓法 粗糙度参数及其数值 [S]. 北京：中国标准出版社，2009.
[40] 费业泰. 误差理论及数据处理 [M]. 5版. 北京：机械工业出版社，2004.
[41] 邓善熙，秦树人. 测试信号分析与处理 [M]. 北京：中国计量出版社，2003.
[42] 樊尚春，周浩敏. 信号与测试技术 [M]. 北京：北京航空航天大学出版社，2002.
[43] 张思. 振动测试与分析技术 [M]. 北京：清华大学出版社，1992.
[44] 蒋蓁，罗均，谢少荣. 微型传感器及其应用 [M]. 北京：化学工业出版社，2005.
[45] 白春礼. 扫描隧道显微镜及其应用 [M]. 上海：上海科学技术出版社，1992.
[46] 陈长征，胡立新，等. 设备振动分析与故障诊断技术 [M]. 北京：科学技术出版社，2007.
[47] 彭东林，刘小康，张兴红，等. 高精度时栅位移传感器研究 [J]. 机械工程学报，2005，41（12）：126-129.
[48] 郁道银，谈恒英. 工程光学 [M]. 北京：机械工业出版社，2002.
[49] 孙长库，何明霞，王鹏. 激光测量技术 [M]. 天津：天津大学出版社，2008.
[50] 梁德沛. 机械参量动态测试技术 [M]. 重庆：重庆大学出版社，1987.
[51] 杜水友. 压力测量技术及仪表 [M]. 北京：机械工业出版社，2005.
[52] 狄长安. 工程测试技术 [M]. 北京：清华大学出版社，2008.
[53] 唐政清. 真空测量 [M]. 北京：宇航出版社，1992.
[54] 杨学山. 工程振动测量仪器和测试技术 [M]. 北京：中国计量出版社，2001.
[55] 孙渝生. 激光多普勒测量技术及其应用 [M]. 上海：上海科学技术文献出版社，1995.
[56] 郭秀中. 陀螺仪理论及应用 [M]. 北京：航空工业出版社，1987.
[57] 陈永冰，钟斌. 惯性导航原理 [M]. 北京：国防工业出版社，2007.
[58] 赵朝前. 力学计量 [M]. 北京：中国计量出版社，2004.
[59] 李树人. 转速测量技术 [M]. 北京：中国计量出版社，1986.
[60] 张有颐. 转矩测量技术 [M]. 北京：中国计量出版社，1986.
[61] 高维绿. 现代扭矩测量技术 [M]. 上海：上海交通大学出版社，1999.
[62] 戴莲瑾. 力学计量技术 [M]. 北京：中国计量出版社，1992.
[63] 金毅. 力值的测量史 [J]. 教学仪器与实验，2011，27（11）：6-7.
[64] 朱晓青. 过程检测控制技术与应用 [M]. 北京：冶金工业出版社，2002.
[65] 沙占友. 智能化集成温度传感器原理与应用 [M]. 北京：机械工业出版社，2002.
[66] 梁国伟，蔡武昌. 流量测量技术及仪表 [M]. 北京：机械工业出版社，2002.
[67] 孙春宝. 环境监测原理与技术 [M]. 北京：机械工业出版社，2007.
[68] 但德忠. 环境监测 [M]. 北京：高等教育出版社，2006.
[69] 张从. 环境评价教程 [M]. 北京：中国环境出版社，2002.
[70] 房云阁. 室内空气质量检测实用技术 [M]. 北京：中国计量出版社，2007.
[71] 刘志广，张华，李亚明. 仪器分析 [M]. 大连：大连理工大学出版社，2004.
[72] 张宝贵，韩长秀，毕成良. 环境仪器分析 [M]. 北京：化学工业出版社，2008.
[73] 郑重. 现代环境测试技术 [M]. 北京：化学工业出版社，2009.
[74] 费学宁. 现代水质监测分析技术 [M]. 北京：化学工业出版社，2005.
[75] 李国刚. 环境空气和废气污染物分析测试方法 [M]. 北京：化学工业出版社，2012.
[76] 崔九思. 室内环境检测仪器及应用技术 [M]. 北京：化学工业出版社，2004.
[77] 傅敏宁. PM2.5监测及评价研究进展 [J]. 气象与减灾研究，2011，34（4）：1-6.